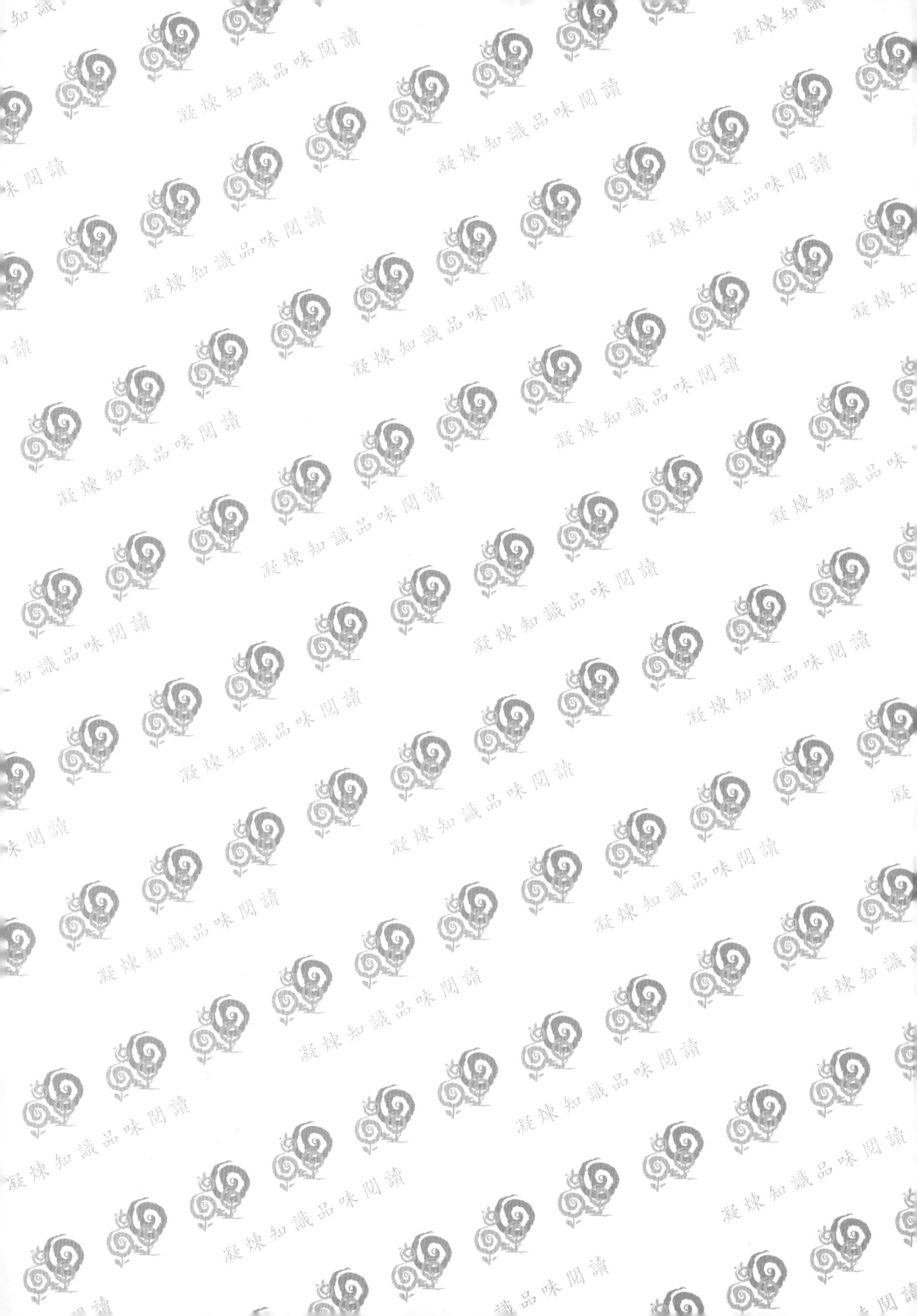
凝煉知識品味閱讀

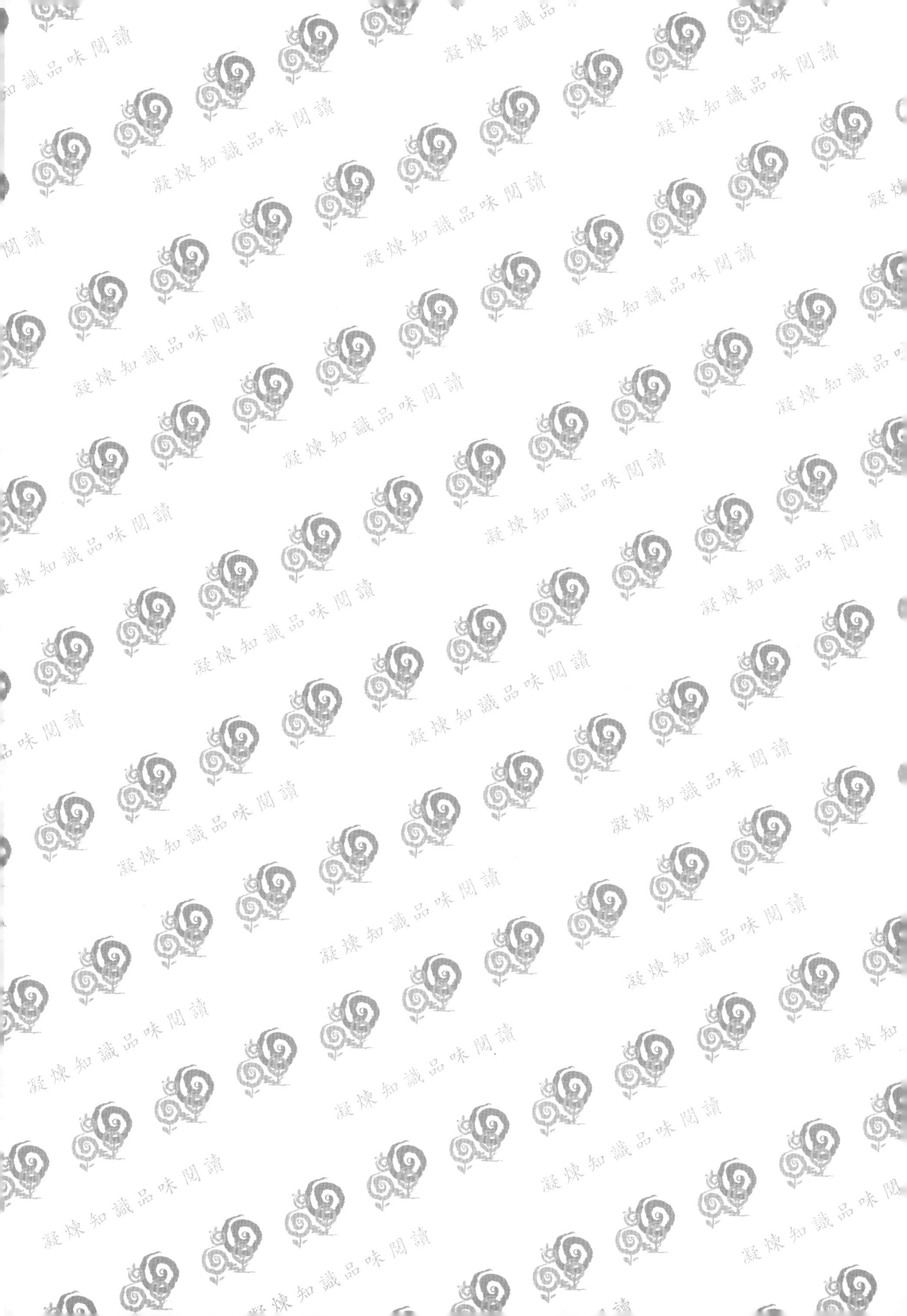

啟發性物理學

近代物理 I

——量子力學、凝聚態物理導論

林清涼　編著

五南圖書出版公司 印行

作者簡介

林清凉 1931年生於臺灣高雄縣，1954年畢業於臺灣大學物理系，1966年獲日本東京大學物理學博士。曾在該校及美國麻省州立大學 Amherst 分校和史丹福大學擔任研究員及訪問學者，專研原子核結構、核反應和介子交換流的功能。曾任臺灣大學物理系系主任，任內和同仁積極革新並且奠定自由、民主的學術和行政基礎，以及良好的研究環境，同時和沈君山教授排除一切障礙執行目前所謂的「通識教育」課程。目前是臺大物理系兼任教授。

序

中國古代雖在經典物理學方面有不少貢獻，卻在頻繁且長期的戰爭，以及封建的皇帝制度和價值觀的影響下，無法累積知識及經驗，於是獲得的知識及經驗難以形成系統，使得春秋戰國時期具備的物理學雛型，無法發揚光大。正在西方進入文藝復興，科技逐漸步入類似今日科研方法、理論實驗互動的時期，中國逆向地進入有史以來最封建的明朝。以致在16世紀末西洋科技傳入中國後，中國科技很快的遭到取代。所以目前我們所學的科技，可以說是外來貨。先消化它們，化爲我們的血和肉，才能產生創造創新的國貨。這個目標要靠普及科技知識，使它們深入人民生活，科技變爲無形中的生活必需品，且自然地出現用自己語言撰寫的教課書或自學用書才能達到。

科學已發展到各領域無法自限於狹窄範圍，而須交插互動前進的時代，物理學亦因而分爲經典物理和近代物理。個人很大膽地將經典物理，以類似人體動靜脈系統，分爲「力學」和「電磁學」。同樣的，亦將近代物理分爲兩大領域：主宰今日高科技領域的量子力學、原子分子和凝聚態物理，稱爲近代物理Ⅰ；而追究物質、相互作用根源，屬於基礎物理的原子核物理和基本粒子物理，則稱爲近代物理Ⅱ。至於鋪陳方式，則秉持撰寫力學和電磁學的一貫作法，盡量從物理現象、歷史淵源以及當時的物理背景來逼近問題核心及推導式子，以啓發思路，且能自學的方式展開解析過程，盼能達到普及科技教育和提升科技水平的目標。

以人能站立比喻近代物理，量子力學和狹義相對性理論相當於我們的兩條腿；狹義相對性理論是電磁學的本質，可將它歸類到電磁學領域，於是近代物理學的核心實爲量子力學。本書首先介紹，20世紀初葉一群年輕物理學家催生量子力學的奮鬥過程，盡量從原論文出發來推導非相對論 E. Schrödinger 方程式，然後探討它的內涵，將它應用到典型的束縛態（bound states）和非束縛態的基礎勢能散射問題，並且解釋週期表的形成。物理學家們在分析物理現象過程中，如何遇到和解決了：粒子及分布的統計性（statistics），全同粒子（identical particles），對稱性（symmetries）等問題，也將一一敘述。最後探討和生活密切相關的物質性質的凝態物理學。由於牽涉的範圍龐大且複雜，限於篇幅，僅介紹分子、半導體和超導體內的最基本問題。這些都是今日台灣製造業的重要基礎，是非相對論量子力學和電磁學帶來的產業化成果。

然而，物質的根源是甚麼？甚麼是相互作用的源頭？質量怎樣來的？電荷是甚麼？前兩問題是近代物理Ⅱ要介紹的內容，至於後兩者，仍然是尚待解決的科研問題。近代物理Ⅱ，包含原子核物理學和探討物質及相互作用根源的基本粒子物理學。本書詳述物理學家們如何將千變萬化的萬物、複雜現象、相互作用等等，歸類化約成簡單且有規律的理論或模型。至此處理微觀現象的量子力學，以及和電磁學有關的狹義相對性理論，自然地融合成一體，二象性（duality）也將是自然的現象。此時物理學和數學的精彩互動場面一一呈現，使我們享盡物理學的魅力。

至於人名和名詞，除了有名且大家熟悉的物理學家，例如：牛頓、庫侖…等之外一律使用原姓，首次出現的專有名詞附有英文名。物理量的測試採用的是國際通用的 MKSA 單位制（International System of Units，簡稱 SI 制），即長度使用公尺（m），質量、時間和電流分別使用公斤（Kg）、秒（s）和安培（A）為單位。四向量（矢量）演算是用 Bjorken-Drell（Relativistic Quantum Mechanics, McGraw-Hill Book Company（1964））的標誌，而角動量合成法則使用 A.R.Edmonds（Angular Momentum in Quantum Mechanics, Princeton University Press（1957））的標誌。

近代物理學涉及的範圍非常地廣泛，而且明顯的專業化，一個人往往很難同時持有不同領域的專長。不過在學習過程，不必一開始就學習很多領域，而是大致地瞭解物理學的發展藍圖，並從你將邁入的領域藍圖中，挑些關鍵課目，徹底地瞭解並融會貫通它們。換句話說，著重的是質而不是量，從深入慢慢地擴大範圍，以達到深博的境界。學學物理學家們如何解決問題、突破難關，洞察及挖掘隱藏在現象內部的物理，正是本套書努力表達的焦點。同時盡量地，將在科研工作上可能遇到的困難，初讀物理書籍或文獻時可能遭到的疑問，交待清楚，以滿足自學者的渴望。

許多人是本套書得以完成的推手，其中有幾位是需特別提到的。首先感謝河北大學物理通報社的吳祖仁教授及夫人趙國君女士的鼓勵和帶領我參訪多處超過500年之久，與物理相關的中國古老設施和建築物，其次要感謝的是台灣大學的吳財榮先生和白秀足女士的協助，尤其他們對我的食宿等問題的關照。北京李杰先生用心瞭解個人用繁體字和各種簡體字（中文和日文）寫成的原稿，漂亮的完成打字工作，我衷心感謝他。第十章量子力學內，有關中國原子和分子概念的發展史，是由中國科學院自然科學史研究所戴念祖教授執筆，在此表示感謝。

除近代物理Ⅱ外，本套書的力學、電磁學和近代物理Ⅰ，先後在中國大陸及臺灣出版。大陸版是由北京高等教育出版社負責印行，以《物理學基礎教程》為書名，分為上、中、下三冊；臺灣方面的出版工作在健行科技大學洪榮木教授及高雄大學施明昌教授協助下，由五南圖書出版公司負責印行。本書在臺灣出售的版稅收入一律捐給馮林基金會作為環境保護之用。

本書錯誤之處，祈讀者指教為盼。

林清涼　謹誌

臺灣大學物理系

目 錄

⊛第11章後半是原子核物理和基本粒子物理學簡介，歸爲近代物理 II

第 10 章

非相對論量子力學簡介

- ☞ 經典物理學
- ☞ 1900年前後約三十年的重要實驗和有關理論
- ☞ 量子論（quantum theory）
- ☞ 非相對論波動力學運動方程式
- ☞ Schrödinger 波動力學的實例
- ☞ 第十章的摘要
- ☞ 參考文獻和註
- ☞ 元素週期表

I.經典物理學

經典物理又稱古典物理，那麼應該有對應的今典物理（？）或近代物理；它們如何劃分、有什麼特徵和內涵差異呢？一般共認的是20**世紀初以前，含狹義相對論**，其所探討的是密切地和人的五官感覺，以及反應有關的現象，換句話說，**大致是探討宏觀現象**，相當於本章以前所探討的物理為經典物理。它們大約分成三大領域：力學、熱力學、電磁學（含光學）。

(1)第2章到第5章所探討的是牛頓力學，它涵蓋質點到連續體的剛體、流體力學、彈性體力學，自然地包含了振動和波動現象，一直到我們沒介紹的十八十九世紀的分析力學，整個稱為**經典力學**，又稱**牛頓力學**。經典力學的主軸是運動方程，其原型是牛頓的力 $\boldsymbol{F}$ 和加速度 $\boldsymbol{a}$ 的關係式（2－17）；其本質是探討**質點的運動**，無法直接應用到連續體，如流體、固體等的運動。除此之外，如果運動受到環境或體系本身的內部限制（constraints），以及僅有運動體系的能量、勢能時怎麼辦？同樣的運動，可從不同的角度切近，於是牛頓以後式（2－17）不斷地受到推廣及改良，建成一個龐大的力學殿堂，這工作大約在19世紀中葉告一段落。經典力學最大的問題是**絕對的時空觀**，在處理各種問題時自然地會遇到困難，例如19世紀處理帶電體的運動。於是在分析力學的後段不得不加上狹義相對論的修正（第九章Ⅳ），這些是經典力學涵蓋的範圍。

(2)再則是和溫度有關的，在第六章探討的熱力學和Maxwell-Boltzmann統計力學所涵蓋的領域。在十九世紀統一了過去的機械運動和熱運動，把機械能和熱統一成熱力學，是**用宏觀物理量**：壓力 P、溫度 T、體積 V 以及內能 U 來描述物理體系（physical system）和 T 有關的宏觀現象，不追究帶來熱現象的根源：微觀運動和微觀現象。談到微觀，原子分子數是多到無法追踪個個的運動，非使用「平均」和「概率論（probability theory）」不可。統計力學就是使用概率論來處理微觀粒子運動，以粒子群呈現的統計規則來表示物理體系的宏觀性質。這時，如果把構成體系的粒子看成個個可以區別的統計法，平常稱為經典統計力學。從微觀（原子分子）角度切入推導宏觀現象的觀點，起源於18世紀的J.Bernoulli（1736年）（Daniel Bernoulli 1700 ~ 1782，瑞士物理和數學家），他把氣體看成由分子構成，想用分子運動的平均量來說明Boyle-Charles定律式（6－1），（Robert Boyle, 1627年 ~ 1691，英國物理和化學家；Jacques-Alaxandre Céser Charles, 1762 ~ 1823，法國實驗物理學家），是氣體運動論的先驅者。到了19世紀末的1897年，J.J.Thomson（sir Joseph John Thomson, 1856 ~ 1940，英國理論和實驗物理學家）

發現電子，20 世紀初 1905 年，Einstein（Albert Einstein, 1879～1955，德、瑞士和美國理論物理學家）為了解釋光電效應引入的光量子、「光子（photon）」[1)]，這些電子群也好，光子群也好，都是無法相互區別的全同粒子（identical particle），自然地統計法和可區別的非全同粒子不同，所以我們不把處理全同粒子的統計力學歸入經典統計力學。

⑶另一個領域是同樣地在 19 世紀 Maxwell（James Clerk Maxwell, 1831～1879，英國物理學家）完成的電學、磁學和光學的綜合，這個綜合的衝擊最顯著，不但直接質疑牛頓力學的時空觀，並且質疑了以太的存在，帶來了狹義相對論的誕生，因此狹義相對論自然地歸到經典物理學的範圍內。電磁學不但它本身的問題，並且**帶電體的運動**牽涉到牛頓力學，另一方面電流引起**溫度變化**，加上電子是全同粒子引起的現象，不是過去的物理學所能應付的現象，例如牽涉到微觀世界，所以 19 世紀後半葉是物理學史上的重要轉折期。一般稱處理**宏觀世界的物理現象**的物理理論體系為**經典物理學**（classical physics），大致在 20 世紀初葉告一段落。

這樣地，19 世紀是整合當時以前的物理學，在統整合的過程中，**配合當時的數學和化學的互動**，在 19 世紀中葉後出現許多當時的物理學無法解決的實驗以及觀念問題，其中的以太和時空觀問題已在第九章解釋過不再重複，僅介紹和量子力量誕生有關的較重要實驗，以幫助瞭解 1900 年前後約 30 年，物理學界發生的問題，同時瞭解為什麼需要新力學的歷史脈動。

II. 1900 年前後約三十年的重要實驗和有關理論[2,3,4)]

這一章和下面的第十一章仍然使用 MKSA 單位制。

(A)微觀世界（microscopic world），氫原子的線譜（line spectrum）

在第二章力學(I)的開場白中，曾簡單地說明了宏觀和微觀的觀念，現以「人」為主來談宏微觀，至於更嚴格的定義留在量子力學再討論。

原子、分子的概念起源於古代人類於組成物質的本原的討論。古希臘和古羅馬人認為，組成物質的本原是「原子」，這一詞的希臘文本意是「不可分」。就「原子」或不可分的思想而論，古代中國人也曾有過這種觀念。

殷商甲骨文中有「小」字。它寫作三點（…），表示物的微細之意。兩邊各一點成「八」字，是分的意思。把中間一點分了又分，剩下不能再分的微點兒，便是「小」的形象。東漢許慎《說文解字》寫道：

「小，物之微也，從宀從八，見而分之。」

由此可見，「不可分」或「原子」的觀念出現於殷商時期。

戰國時期，「不可分」的觀念有儒家的「莫能破」，名家的「無內」，墨家的「端」等等。

孔子之孫、子思（483 ~ 402 B.C.）的著作《中庸》寫道：

「語大，天下莫能載；語小，天下莫能破焉。」

這句話的意思是：我們所說的「大」，是指無邊無際的宇宙，世界上沒有別的東西可以包容它；我們所說的「小」，是不能再分的物質微點，世界上沒有任何人可以把它再分割。《中庸》所言的「莫能破」，即今日所謂「不可分」。子思和古希臘 Dēmokritos（460 ~ 370 B.C.）幾乎同時提出「原子」的思想。

遺憾的是，雖然《中庸》是儒家經典之一，但在它成書後千餘年間幾乎無人理睬它所說的「莫能破」的觀念。從子思之後，一代代儒家弟子都像他們的鼻祖孔子一樣，把注意力集中在社會倫理上，對於老師本來就很少的自然哲學閃光並不過問。直到宋代，理學大師朱熹（1130 ~ 1200 A.D.）方又詮釋了這一觀念。

類似「莫能破」，名家惠施（約 370 ~ 310 B.C.）提出「無內」或「小一」的觀念：

「惠施歷物之意曰：至大無外，謂之大一；至小無內，謂之小一。」（《莊子・天下篇》）

惠施在歷數「物」之大小有無時提出「無外」、「無內」的概念，並分別命名它們爲「大一」、「小一」。其意思和子思的「大」、「小」觀念基本相同。

戰國時期，以墨翟（約 5 世紀 ~ 4 世紀初 B.C.）爲首的墨家又提出了「端」的概念：

「非半不𣃁（kǎn）則不動，說在端。」（《墨經・經下》）

分割物體一直分到沒有所謂半個（「非半」）的，不能再砍開的一個實體，就是「端」。墨家還以砍木頭爲例，教導人們如何分法會得到「不可分」的「端」。看來，「端」也是「原子」的概念。

春秋戰國時期，諸子蜂起、百家爭鳴。其中不少學派主張物質有不可分的實體存在。但是，他們都沒有進一步以此思想解釋千變萬化的世界，更沒有形成如同古希臘哲人的原子論。

宋代朱熹在詮釋「莫能破」中，將上述儒、名、墨三家思想統一起來。他說：

「莫能破，是極其小而言之。今以一發之微，尚有可破而爲二者。所謂莫能破，則足見其小。注中謂其小無內，亦是說其至小無去處了。」

「莫能載，是無外；莫能破，是無內。謂如物有至小而尚可破作兩邊者，是中著得一物在。若雲無內，則是至小，更不容破了。」（《四書朱子大全・中庸第十二章》）

朱熹對「莫能破」或「原子」概念解釋得何等淸楚！可惜，他亦僅僅停留在解釋字意上，而沒有用它解釋物質運動和自然現象的任何問題。古代中國人的原子觀念極爲薄弱。又過了幾百年，當西方傳教士把近代科學連同古希臘原子論帶入中國時，中國人才想起祖先的「莫能破」一詞，並且曾將兩方的「原子」一詞譯爲「莫能破」或「莫破」。（嚴復譯《穆勒名學》。北京：商務印書館，1981 年再版，第 218 ~ 219 頁）

然而，從不可分與可分、不連續與連續的觀念看，古代中國人關於物質的可分性與連續性的思想卻成爲傳統觀念。戰國時期另一名家公孫龍（約 320 ~ 250 B.C.）說：「一尺之棰，日取其半，永世不竭。」（《莊子・天下篇》）這正是物質無限可分的、連續的觀念。這種觀念集中體現在古代的「元氣」論上。

「元氣」或稱「精氣」、或簡稱「氣」是古代中國人在哲學上假想的一種無形物質。它起源於人們對呼吸空氣、雲雨下降與蒸發等自然現象的觀察總結。據《管子・內業》載，戰國時期的學者宋鈃、尹文等人就提了「氣」產生萬物的思想。在他們看來，「氣」存在於天上、地下、天地之間，甚至於人心中。它具有明暗、乾濕、運動等屬性。後來，元氣論又加入了《易經》中的陰陽概念。「氣有陰陽」，同一種氣就有兩種不同特性。氣成爲陰與陽二者對立統一的物質實在，便於解釋自然界中各種變化與運動現象。

中國歷史上的許多學者都對構架元氣論作出了自己的貢獻。漢代王充（27 ~ 約97 A.D.），宋代張載（1020 ~ 1077），明代王夫之（1619 ~ 1692）尤有建樹。他們認爲，元氣是精微的連續的物質形態，它充滿宇宙，貫一切實，盈一切虛。王充在《論衡》中說：「天去人高遠，其氣莽蒼無端末」；「天地，含氣之自然也。」張載在《正蒙》中說：「太虛者，氣之體」；「氣之聚散於太虛，猶冰凝釋於水，知太虛即氣，則無無。」王夫之在《張子正蒙注》中說：「凡虛空皆氣也。」在元氣論者看來，自然界分爲有形體與無形的「氣」兩種物質形態；所謂虛無的空間，實乃氣的基本形式之一，「太虛」成爲物質和空間二者共有的概念；他們否認「眞空」的存在。元氣論和原子論，彼此相對，東西相映。

古代人關於無形與有形、氣與物二者變化關係的論述尤有意義。宋代張載說：

「太虛不能無氣，氣不能不聚而爲萬物，萬物不能不散而爲太虛。循是出入，是皆不得已而然也。」

「其聚其散，變化之客形爾。」

「氣聚，則離明得施而有形；不聚，則離明不得施而無形。方其聚也，安得不謂之客；方其散也，安得遽謂之無。」

在張載看來，無形的氣總是發生或聚或散的運動變化。它聚合或凝縮，就產生使感官可覺察（即所謂「離明得施」）的有形物；有形物的消散或離析就成爲感官不可覺察（即「離明不得施」）的氣，復歸於無形的太虛之中。類似的看法，令當代科學哲學家感到驚訝！他們或者將元氣比喻爲「微波」與「放射能」，或者認爲它類似於「場」。由此可見，中國古代的元氣論在現代科學思想上具有不可低估的影響。

原子分子的概念在西方是起源於希臘。當時不是從實驗得來的結論而是推理想像：『組成物質且不可分割的最小單元叫*原子*』，這想法一直到17世紀才具體地被Descartes（René Descartes, 1596 ~ 1650，法國哲學、數學和物理學家）和Huygens（Christiaan Huygens, 1629 ~ 1695，荷蘭數學和實驗物理學家）使用來說明雪花結晶等的對稱性[3)]。接著是18世紀的J. Bernoulli首次使用：『具有物質本性的最小單元』的概念到Boyle-Charles定律上，並且獲得氣體壓力和分子速度的平方有關（參見式$(6-40)_{1\sim3}$），可惜建立於分子運動的J. Bernoulli的理論沒被當時的物理學家重視，原子分子的概念反被化學家重視。首先提出相當於今日原子量概念（1803年）的是Dalton（John Dalton；1766 ~ 1844，英國化學和物理學家），接著是Avogadro（Amedeo Avogadro；1776 ~ 1856，義大利物理和化學家），他在1811年從分子的觀點提出**Avogadro假說**，今日稱爲Avogadro定律：

同溫、同壓、同體積的氣體有同數的分子

這樣，原子分子的概念在化學界漸漸被肯定，終於在1869年Mendeleev（Dmitry

Ivanovich Mendeleev 1834 ~ 1907，俄國化學家），以原子量輕重和化學性順次排列了約 60 種元素，公布了今日我們所用的週期表雛型版，同時依元素的週期性預言了$_{21}$Sc（鈧）、$_{31}$Ga（鎵）和$_{32}$Ge（鍺）三元素的化學性質和存在，果然這三元素分別在 1875（Ga），1879（Sc）和 1886（Ge）被發現，之後原子分子觀念大約被科學家承認。不難想像 19 世紀的物理和化學的互動以及實驗的進步情形。

比較人的大小，原子分子是微觀世界，表示 19 世紀科學家的探索範圍已進入微觀世界。在 1884 年瑞士中學教師 Balmer（Johann Jakob Balmer, 1825 ~ 1898，瑞士數學和物理學家）分析氫原子光譜時，發現很有規則的線譜，其波長 λ 是：

$$\lambda = \frac{n^2}{n^2 - 4}b, \quad n = 3,4,5\cdots\cdots$$

b = 常量。其後不久，在 1890 年，同樣的光譜研究者 Rydberg（Johannes Robert Rydberg, 1854 ~ 1919，瑞典物理學家）發現氫以外的原子光譜，也是有規則的線譜，但他使用$\frac{1}{\lambda}$，即相當於使用頻率$\frac{\nu}{c}$來表示光譜線間的關係，c = 光速，結果獲得：

$$\frac{1}{\lambda} = R\left(\frac{1}{m^2} - \frac{1}{n^2}\right) \qquad (10-1a)$$

m 和 n 等於不同的正整數，R = 比例常數。如果用$\frac{1}{\lambda}$的表示法重寫 Balmer 的式子，則得和式（10 − 1a）完全同樣的式子，而 $m = 2, n = 3,4,5\cdots\cdots, b = 4/R$，稱爲 **Balmer** 系（series）。Rydberg 能獲如此漂亮的各元素的線譜間共同的表示式（10 − 1a），*其秘訣是用頻率表示*，這對物理學是個重大貢獻，影響了量子力學的誕生。他的光譜研究一直到 20 世紀初，並且歸納出如下結論：

(i) 各原子有它特有的光譜線系，

(ii) 每組線系內的每條譜線都滿足類似式（10 − 1a）的關係式，

即每組線系的頻率都由正整數 m 和 n 的$\frac{1}{m^2}$和$\frac{1}{n^2}$的差來表示。

Rydberg 稱 $Rc\times$(正整數)$^{-2}$ *爲光譜項*（spectral term），世稱(ii)爲 **Rydberg** *定則*（rule）。各元素的線譜間的共同常數 R 的大小約等於 1.09737×10^7/m（米）。

Rydberg 的成果，經當時的瑞士研究光譜的年輕物理學家 Ritz（Walther Ritz，1878 ~ 1909）的進一步研究發現：『Rydberg 規則無法用經典理論來解釋』。根據經典理論，原子輻射的頻率是由基本頻率 ν_0 和 ν_0 的整數倍組成；無法寫成（10 − 1a）的形式。同時發現每組系都有它自己該滿足的規則，這規則是量子力學奠定後，原子輻射時的選擇定則（selection rule，參見 Ⅳ(D)），所以焦點不是兩個譜項之差，而是*光譜項本身*。例如用 T_i 表示光譜項，且有如下頁上圖的躍遷系列：

$$T_3 - T_2 = Rc\left(\frac{1}{2^2} - \frac{1}{3^2}\right) \equiv \nu_{32}$$

$$T_2 - T_1 = Rc\left(\frac{1}{1^2} - \frac{1}{2^2}\right) \equiv \nu_{21}$$

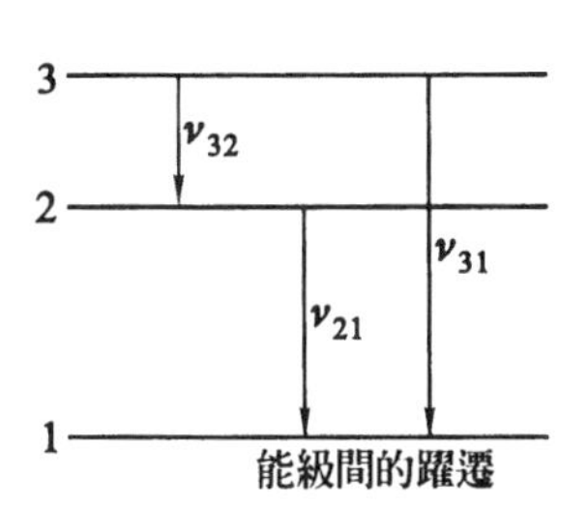

則由組合得：

$$T_3 - T_1 = (T_3 - T_2) + (T_2 - T_1)$$

$$= Rc\left(\frac{1}{1^2} - \frac{1}{3^2}\right) = \nu_{31}$$

c = 光速，於是從躍遷 ν_{32} 和 ν_{21} 可得無法直接獲得的頻率 ν_{31}，這是非常大的突破。量子力學奠定後，原子分子的能級（energy level）與量子化有關的正是光譜項本身（參見 V(B) 或式（10 − 17d）），從分析光譜，Ritz 竟然看出支配線譜的核心，因此在 1908 年 Ritz 提出如下的定則：

從原子光譜項的任意兩項差，可得
該原子的線譜波長或頻率。　　（10 − 1b）

稱為 **Ritz 結合則**（Ritz combination rule），又叫 Ritz 結合原理（Ritz combination principle），或 Rydberg-Ritz 結合原理；其形式和式（10 − 1a）相同，只是 m 和 n 的值不同，稱比例常數 R 為 **Rydberg 常數**，氫原子的 Rydberg 常數 R_H = （10967757.6 ± 1.2）$\frac{1}{m}$，右下指標代表氫（hydrogen）受到 Ritz 結合則的啓示，正在研究氫、氦氣光譜的 Paschen（Louis Carl Heinrich Friedrich Paschen, 1865 ~ 1947，德國實驗物理學家）不久便發現（1908）氫的另一線譜：

$$\frac{1}{\lambda} = R_H\left(\frac{1}{3^2} - \frac{1}{n^2}\right), \quad n = 4,5,6\cdots\cdots \qquad (10-1c)$$

稱為 **Paschen 系**，其後陸續的找到：

$$\frac{1}{\lambda} = R_H\left(\frac{1}{m'^2} - \frac{1}{n'^2}\right), \quad n' = m' + 1, m' + 2, \cdots\cdots \qquad (10-1d)$$

$$m' = \begin{cases} 1\cdots\cdots \text{稱 Lyman 系} \\ 4\cdots\cdots \text{稱 Brackett 系} \\ 5\cdots\cdots \text{稱 Pfund 系} \end{cases}$$

這些線譜的分布位置如下圖（$m \equiv m'$）：

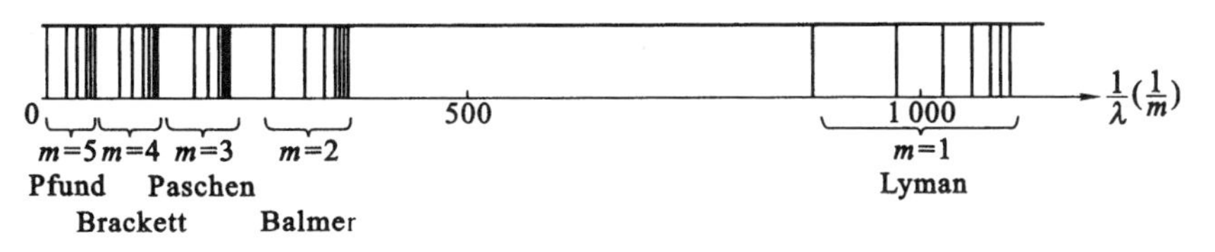

氫原子光譜

在第八章(I)(C)和(IV)(C)曾提到陽光被太陽周圍較冷的氣體吸收，帶來連續光譜中出現暗線（1860～1861），這些現象和式（10－1a）～（10－1d）是同質現象，只是當時沒找到如式（10－1a～d）的規則而已。按照Maxwell的電磁學理論，被加速的帶電體輻射的光譜是連續。例如被加速的電子，單位時間的輻射能量**R**[4]是：

$$\mathbf{R}=\frac{1}{4\pi\varepsilon_0}\frac{2}{3}\frac{e^2a^2}{c^3} \qquad (10-2)$$

R的單位是瓦特（watt），e = 電子電荷大小，a = 電子加速度大小，ε_0 = 眞空電容率，c = 光速。從式（10－2）只要電子有加速度 $\boldsymbol{a}$，它會連續地輻射電磁能，於是無法獲得非連續光譜的式（10－1a～d），這現象困擾了當時的科學家們，因爲式（10－1a～d）不但和經典物理學的信條：『一切變化過程是連續』不相容，並且其不連續性是$\frac{1}{n^2}$，$n=1,2,3\cdots\cdots$ 的形式出現，相當地不尋常，正整數 n 是怎麼來的，根本不知如何切入才好，成爲**經典物理學無法解決的線光譜問題**。

(B) 黑體輻射（black-body radiation）

1850年代光譜學是相當熱門的科研題，從光譜可得輻射源的成分、溫度、密度等信息，於是必須獲得完整的輻射源的所有輻射信息才行。黑體輻射構想是針對這個目的。無關入射方向、偏振情形，**能吸收所有的入射頻率的物體稱爲黑體**（black body），由於把所有的入射電磁波全吸收，無反射回來的電磁波，故物體呈黑色才稱爲黑體。反過來如果把這個物體加溫到某絕對溫度 T，則必定輻射與它吸收的光譜完全相同頻率的電磁波，稱爲**黑體輻射**。怎麼做才能高度近似地達到上述的黑體輻射呢？在科研上黑體是如右圖，被完全不透過輻射的壁包住，且維持在一定溫度 T 的空腔（cavity），其孔的大小遠遠地比內壁總面積小。於是電磁波一旦從孔進入腔內，便在腔內反射來反射去而在腔內被吸收，幾乎無法從孔出去，達到黑體的功能。將空腔浸在溫度 T 的溫漕，使空腔壁產生輻射，腔內充滿輻射能，達到熱平穩狀態時便從孔輻射出電磁波，這就是黑體輻射。

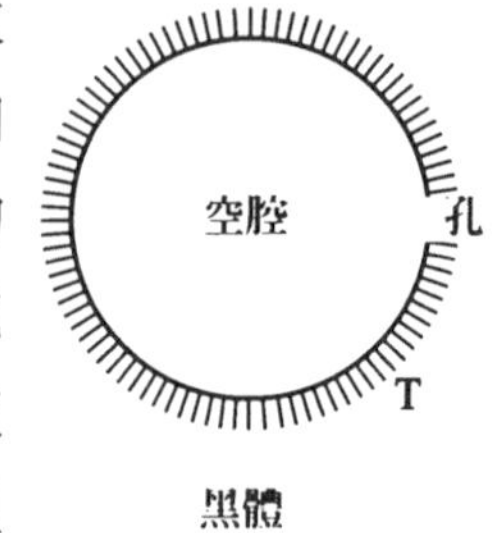

黑體

單位時間經單位面積輻射頻率 ν 的電磁波的能量 $K_T(\nu)$ 稱爲**光譜輻射率**（spectral radiance），其量綱 $[K_T(\nu)]=\frac{\mathrm{J}}{\mathrm{s\cdot m^2\cdot Hz}}=\frac{\mathrm{W}}{\mathrm{m^2\cdot Hz}}$，$K_T(\nu)$ 對所有的頻率的積分量稱爲**輻射率**（radiance）$\mathbf{K}_T$（溫度 T 時輻射光強 $I(T)$，參閱式（7－134a））：

$$\mathbf{K}_T \equiv \int_0^\infty K_T(\nu)\,\mathrm{d}\nu \qquad (10-3)$$

其量綱 [$\mathbf{K}_T$] $= \frac{\mathrm{W}}{\mathrm{m}^2}$。在1859年Kirchhoff (Gustav Robert Kirchhoff, 1824 ~ 1887，德國物理學家) 研究黑體輻射獲得如下結論：

$$\left.\begin{array}{l}\text{在絕對溫度 } T \text{ 的黑體輻射，其光譜} \\ \text{輻射率 } K_T(\nu) \text{ 僅和 } T \text{ 有關，和空} \\ \text{腔的物質、形狀以及大小無關。}\end{array}\right\} \qquad (10-4)$$

這稱爲 **Kirchhoff 定律**。到了 1879 年 Stefan (Josef Stefan, 1835 ~ 1893，奧地利物理學家) 從黑體輻射實驗獲得輻射率 $\mathbf{K}_T \propto T^4$；數年後的 1884 年 Boltzmann (Ludwig Eduard Boltzmann, 1844 ~ 1906，奧地利物理學家) 使用 Maxwell 電磁學和熱力學理論推導黑體輻射率而獲得：

$$\mathbf{K}_T = \sigma T^4, \quad \sigma \doteq 5.67 \times 10^{-8} \frac{\mathrm{W}}{\mathrm{m}^2 \cdot \mathrm{k}^4} \qquad (10-5)$$

故稱式 (10 – 5) 爲 **Stefan-Boltzmann 定律**。到了 1899 年 Lummer (Otto Richard Lummer, 1860 ~ 1925，德國物理學家) 和 E. Pringsheim 獲得如圖 10 – 1 的漂亮黑體輻射的光譜輻射率實驗曲線。T_l 和 T_h 分別表示低溫和高溫，溫度愈高 $K_T(\nu)$ 的最大值愈往高頻率方向移，形成圖上的小點曲線。式 (10–5) 的 K 表示溫度 Kelvin。

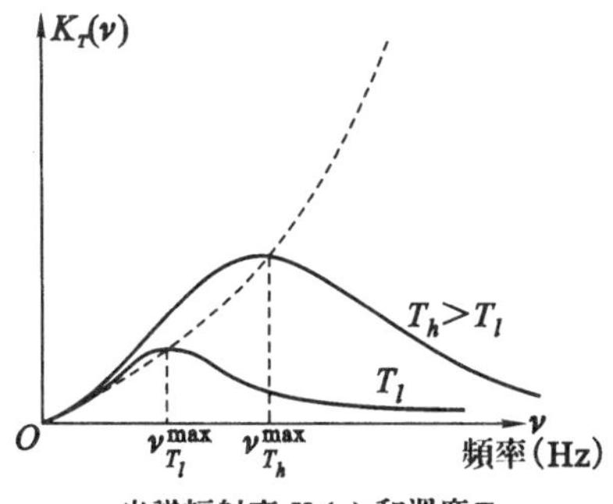

光譜輻射率 $K_T(\nu)$ 和溫度 T 以及頻率 ν 的關係

圖 10 – 1

19 世紀中葉光譜研究已有相當的基礎，於是 Lummer 的實驗一出來，便有不少科學家著手分析輻射能和頻率 ν 或波長 λ 的關係，想辦法找出輻射機制來重現實驗曲線圖 10 – 1，但都告失敗，因他們都立足於經典物理學的觀點：

「 輻射能是連續的 」

首次獲得突破的是 Planck (Max Karl Ludwig Planck, 1858 ~ 1947，德國理論物理學家)。開始時他同樣使用「 一切過程是連續 」的經典物理學信條，經過不少失敗，到了 1900 年夏天後，以物理學的「 分布函數 」(參見第六章 V) 的概念爲導航，以及過去科學家的成果爲基礎，加上天才的洞察力 (猜測？有興趣的讀者請看參考文獻(2)的 p465 ~ 470)，終於在 1900 年 10 月 19 日獲得如下公式：

$$\rho_T(\nu)\,\mathrm{d}\nu = \frac{8\pi\nu^2}{c^3}\,\frac{h\nu}{e^{\frac{h\nu}{kT}} - 1}\,\mathrm{d}\nu \qquad (10-6a)$$

這是有名的 **Planck 黑體輻射公式**，k = Boltzmann 常數，c = 光速，T = 絕對溫度，

h 稱爲 **Planck** 常數，是普適常數（universal constant），是微觀世界的核心常數。$\rho_T(\nu)\,d\nu$ 是頻率介於（$\nu+d\nu$）和 ν 之間的輻射能量密度，其 $[\rho_T(\nu)\,d\nu]=\frac{J}{m^3}$，而每一頻率 ν 的平均能量 $\langle\varepsilon(\nu)\rangle$ 是：

$$\langle\varepsilon(\nu)\rangle=\frac{h\nu}{e^{h\nu/kT}-1} \qquad (10-6b)$$

式（10−6b）是對應於經典物理學的能量均分律（equipartition law of energy）式（6−46），它和經典物理學的最大差別是，在一定溫度 T 下 $\langle\varepsilon(v)\rangle$ 不等於定值 kT，而是 v 的函數，僅在 $v\to0$ 時，$\lim\limits_{v\to0}\langle\varepsilon(v)\rangle=kT$[5]，並且 v 越大 $\langle\varepsilon(v)\rangle$ 值越小，如圖 10−2a。Planck 發現式（10−6a）的圖形圖 10−2b 和圖 10−1 相似，暗示式（10−6a）隱藏著未知真理，於是他開始尋找式（10−6a）的理論基礎，便夜以繼日地思考探討理論公式，經過約兩個月的努力終於在 1900 年 12 月 14 日從 Boltzmann 原理：

$$S=k\ln W \qquad (10-6c)$$

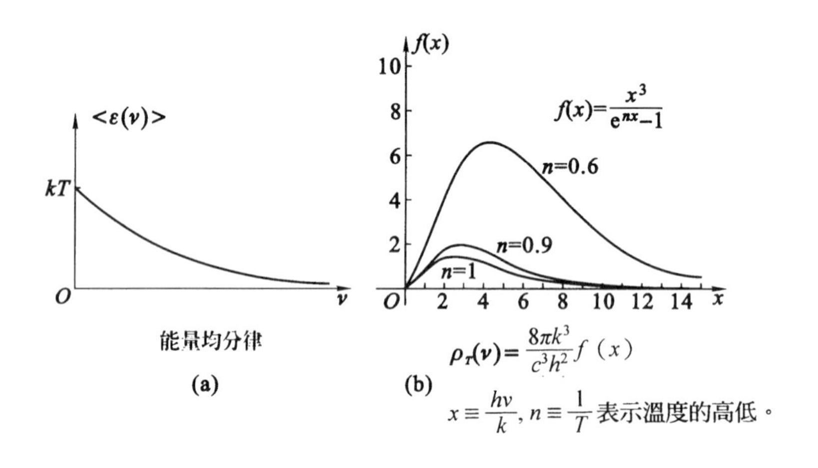

圖 10−2

S ＝熵（參見第六章 Ⅳ(F)），W ＝物理體系的狀態和，成功地推導出式（10−6a）。在推導過程中 Planck 使用了能量不連續的劃時代的想法：

$$\left.\begin{array}{l}\varepsilon,2\varepsilon,3\varepsilon,\cdots\cdots\cdots\\ \varepsilon\equiv h\nu\end{array}\right\} \qquad (10-7)$$

ε 稱爲能量子（energy quantum）。

接著介紹較直觀的推導法，證明確實需要「不連續的分立能量」（Planck 的原法參見文獻(2)）才能獲得式（10−6a）。從第六章式（6−57）得能量分布函數

$f(E) \propto \exp\left(-\frac{E}{kT}\right)$，所以能量 E 的平均 $\langle E \rangle$ 是：

$$\langle E \rangle_c = \frac{\int_0^\infty E e^{-\frac{E}{kT}} dE}{\int_0^\infty e^{-\frac{E}{kT}} dE} \cdots\cdots E = \text{連續量}$$

$$= \frac{-kTEe^{-\frac{E}{kT}}\Big|_0^\infty + kT\int_0^\infty e^{-\frac{E}{kT}} dE}{\int_0^\infty e^{-\frac{E}{kT}} dE} = kT \qquad (10-8a)$$

$$= \text{當 } T \text{ 固定時爲定值}$$

如果 E 不是連續量，而是由能量子組成：$E = n\varepsilon, \varepsilon \equiv h\nu, n = 0,1,2\cdots\cdots$，則得：

$$\langle E \rangle_d = \frac{\sum_{n=0}^{\infty} n\varepsilon e^{-\frac{n\varepsilon}{kT}}}{\sum_{n=0}^{\infty} e^{-\frac{n\varepsilon}{kT}}} \cdots\cdots\cdots\cdots E = \text{非連續量}$$

$$= \frac{\frac{\partial}{\partial\left(-\frac{1}{kT}\right)} \sum_{n=0}^{\infty} e^{-\frac{n\varepsilon}{kT}}}{\sum_{n=0}^{\infty} e^{-\frac{n\varepsilon}{kT}}}$$

但 $\sum_{n=0}^{\infty} e^{-\frac{n\varepsilon}{kT}} = \frac{1}{1 - e^{-\frac{\varepsilon}{kT}}}$

$$\therefore \quad \langle E \rangle_d = \frac{\frac{\partial}{\partial\left(-\frac{1}{kT}\right)} \frac{1}{(1 - e^{-\frac{\varepsilon}{kT}})}}{1/(1 - e^{-\frac{\varepsilon}{kT}})} = \frac{\varepsilon e^{-\frac{\varepsilon}{kT}}/(1 - e^{-\frac{\varepsilon}{kT}})^2}{1/(1 - e^{-\frac{\varepsilon}{kT}})}$$

$$= \frac{\varepsilon}{e^{\frac{\varepsilon}{kT}} - 1} = \frac{h\nu}{e^{h\nu/kT} - 1} = \text{式}(10-6b) \qquad (10-8b)$$

$\langle E \rangle$ 的右下標 c 和 d 分別表示連續和非連續，式（10－8b）是取代（10－8a）式的新能量均分律。那麼頻率在（$\nu + d\nu$）和 ν 間的能量是多少呢？必須算出在（$\nu + d\nu$）和 ν 間的能量子數，這有好多求法，最普通且較有物理意義的方法是**週期性邊界條件**（periodic boundary condition）的方法，是把波關在邊長 L 的立方空間，穩定後形成駐波。這時波不一定在邊界形成節點，下頁圖 (a) 是一個例子。只要波在邊界如下頁圖 (b)，波的振幅一樣，並且相位一樣就行。如果 ψ 爲波函數，週期性邊界條件是在 a 和 b 點滿足：

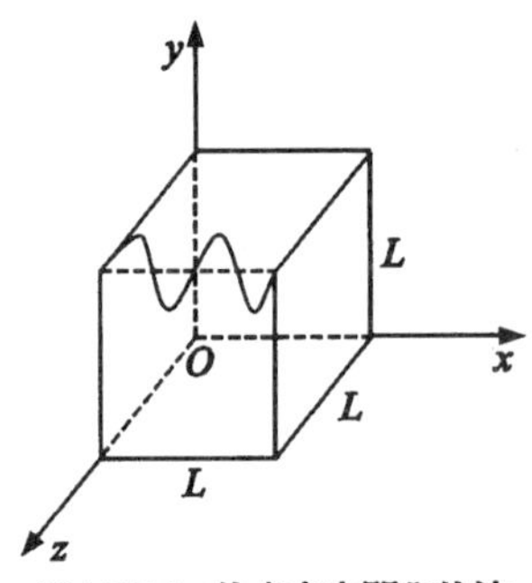

鎖在邊長L的立方空間內的波
(a)

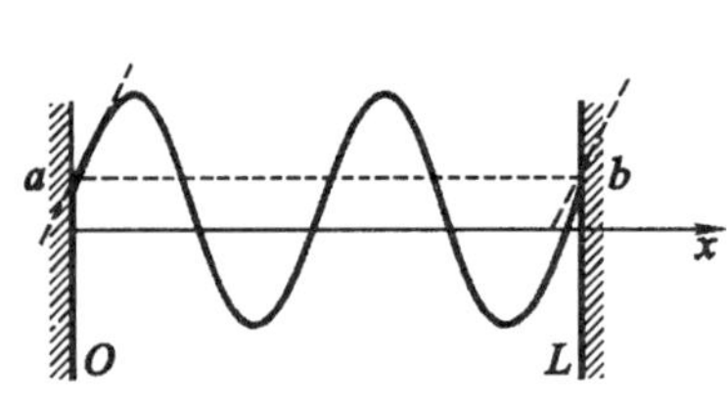

週期性邊界條件時波在邊界的表現情形
(b)

$$\psi(x=0)=\psi(x=L)$$
$$\left(\frac{\partial\psi}{\partial x}\right)_{x=0}=\left(\frac{\partial\psi}{\partial x}\right)_{x=L}$$

$$\therefore\quad L=n\lambda,\quad n=0,1,2\cdots\cdots \text{或} \frac{2\pi}{\lambda}L=2\pi n\equiv kL$$

λ = 波長，$2\pi/\lambda\equiv k$ 稱爲角波數，於是其微小變化是 $\mathrm{d}n=\frac{L}{2\pi}\mathrm{d}k$，故三維時得：

$$\mathrm{d}n_x\mathrm{d}n_y\mathrm{d}n_z=\left(\frac{L}{2\pi}\right)^3\mathrm{d}k_x\mathrm{d}k_y\mathrm{d}k_z$$

如果波是各向同性（isotropic），則上式變成：

$$\int_{\text{角度}}\mathrm{d}n_x\mathrm{d}n_y\mathrm{d}n_z=\int_{\text{角度}}\mathrm{d}^3n=\left(\frac{L}{2\pi}\right)^3\int_{\text{角度}}\mathrm{d}^3k=\left(\frac{L}{2\pi}\right)^3\int_0^{2\pi}\mathrm{d}\varphi\int_0^{\pi}\sin\theta\mathrm{d}\theta k^2\mathrm{d}k$$
$$=\frac{V}{(2\pi)^3}4\pi k^2\mathrm{d}k$$

V = 體積 L^3，θ和φ是角波數矢量$\boldsymbol{k}$的球座標角度$\boldsymbol{k}=(k,\theta,\varphi)$；使用頻率表示$k$的話，則 $k=\frac{2\pi}{\lambda}=\frac{2\pi}{c}\nu$，於是 $\mathrm{d}k=\frac{2\pi}{c}\mathrm{d}\nu$，所以上式變成：

$$\int_{\text{角度}}\mathrm{d}^3n=\frac{V}{c^3}4\pi\nu^2\mathrm{d}\nu$$

但電磁波的電磁場是在垂直於進行方向的平面上振動的橫波，平面的獨立自由度是2，相當於電磁波有兩個獨立的偏振自由度，所以在單位體積且頻率在（$\nu+\mathrm{d}\nu$）和ν間的能量子數（或狀態數）是：

$$2\int_{\text{角度}}\frac{\mathrm{d}^3n}{V}=\frac{8\pi}{c^3}\nu^2\mathrm{d}\nu \tag{10-8c}$$

而能量體積密度 $\rho_T(\nu)\mathrm{d}\nu$ 是式（10－8b）和（10－8c）之積：

$$\rho_T(\nu)\mathrm{d}\nu=\frac{8\pi\nu^2}{c^3}\frac{h\nu}{\mathrm{e}^{h\nu/kT}-1}\mathrm{d}\nu=\text{式}(10-6\mathrm{a}) \tag{10-8d}$$

這樣，Planck 以能量不連續且有能量子 $\varepsilon = h\nu$ 的創新觀念獲得式（10－6a），重現實驗圖 10－1，解決了黑體輻射的困擾，同時啓開了量子論之大門。在科學史上首次（1877）提出能量不連續且以能量單位「ε」來表示分子動能爲 $0, \varepsilon, 2\varepsilon, \cdots\cdots, n\varepsilon$ 的是 Boltzmann，不過他不是以「能量子」的物理觀念導進 ε，是一種數學處理方法，並且 Boltzmann 最後令 $\varepsilon \to 0$ [2]。

【Ex.10－1】使用式（10－8d）來推導Stefan-Boltzmann定律式（10－5）。黑體的能量密度 $\rho_T(\nu)d\nu$ 是以光速 c 射出，和從小孔立體角 $d\Omega/4\pi$ 來的因子 1/4 得：

$$\mathbf{K}_T = \frac{1}{4}\int_0^\infty c\rho_T(\nu)\,d\nu = \frac{2\pi(kT)^4}{(hc)^3}c\int_0^\infty \frac{x^3}{e^x-1}dx, \quad x \equiv \frac{h\nu}{kT}$$

$$= \frac{2\pi(kT)^4 c}{(hc)^3}\frac{\pi^4}{15} = \frac{\pi^2 c}{60}\frac{k^4}{(\hbar c)^3}T^4, \quad \hbar \equiv \frac{h}{2\pi}$$

Boltzmann 常數 $k \doteq 8.6174 \times 10^{-11}\text{MeV/k}$，$\hbar c \doteq 197.3271\ \text{MeV}\cdot\text{fm}$，$1\text{fm} = 10^{-15}\text{m}$

$$\therefore \quad \mathbf{K}_T \fallingdotseq 3.53927\times10^5 \frac{\text{MeV}}{\text{s}\cdot\text{m}^2\cdot\text{k}^4}T^4$$

$$\doteq 5.671\times10^{-8}\frac{\text{W}}{\text{m}^2\cdot\text{k}^4}T^4 \qquad (10-8e)$$

$$\doteq \text{式}(10-5)\text{的實驗值 } 5.67\times10^{-8}\frac{\text{W}}{\text{m}^2\cdot\text{k}^4}T^4$$

且和 $K_T(\nu)$ 有關的 $\rho_T(\nu)$ 的圖 10－2b 正是對應到圖 10－1，證明了式（10－7）的正確性。

Planck 的能量子 $\varepsilon = h\nu$ 假設，不但成功地重現黑體的光譜輻射率實驗圖 10－1，並且能算出和實驗同一數量級的輻射率式（10－8e），這個成就震撼同時鼓舞了當時的物理界，「能量不連續」的想法很快地引起大家的注意。式（10－8e）的大小是和求能量子數式（10－8c）的方法有關，於是出現了不少求狀態數的模型，其中最好的是 Debye（Peter Joseph William Debye, 1884 ~ 1966，出生在荷蘭的奧地利物理和化學家）的模型，看下面固體的定容熱容（heat capacity）。

(C) 固體的定容熱容[4]

從第六章 (III)，維持體積 V 不變的情況下使物體升高絕對溫度 T1 度所需的熱量 Q，稱爲定容熱容 C_V：

$$C_V = \left(\frac{\Delta Q}{\Delta T}\right)_V = \left(\frac{\Delta E}{\Delta T}\right)_V \qquad (10-9a)$$

ΔE 是 ΔQ 用能量表示的量，如果物體等於一個莫耳（mole），則稱爲莫耳熱容。1莫耳內由 Avogadro 定律有粒子數 $N \doteq 6.0221367 \times 10^{23}$，另由式（6－46）的經典能量均分律，每一個粒子的每一個獨立運動自由度所獲得的能量是 $\frac{1}{2}kT$，k = Boltzmann 常數。當固體吸收熱量，構成物體的各分子只能在自己的平衡位置做振動，振動時的運動能量分配，是由動能和勢能來平均分擔，加上空間是三維，於是每個分子獲得的能量是 $\left(2 \times \frac{kT}{2}\right) \times 3 = 3kT$，故 N 個分子需要的總能 E 是：

$$E = 3NkT = 3RT, \qquad R \equiv Nk$$

$$\therefore \quad C_V = \left(\frac{\mathrm{d}E}{\mathrm{d}T}\right)_V = 3R \doteq 5.96\,\frac{\text{cal}}{\text{mol} \cdot \text{k}} = \text{定量} \qquad (10-9\text{b})$$

式（10－9b）的 C_V 是和物體的種類以及溫度無關的定量，但實驗是如圖10－3和溫度 T 有關，並且 T 很小時 $C_V \propto T^3$，只在高溫如室溫300K時 C_V 才等於定量的式（10－9b），這式子稱爲 **Dulong-Petit** 定律（Pierre Louis Dulong, 1785年～1838，法國化學和物理學家），（Alexis Thérèse Petit, 1791～1820，法國物理學家）。在19世紀科學家們無法以當時的物理理論說明圖10－3的 C_V 的曲線部分；到了20世紀初雖然使用能量不連續的 Planck 的想法，仍然無法重現固體的 C_V 實驗曲線。在1912年 Debye 分析包含 Einstein 在內的理論後，發現毛病在於：『忽略了構成固體的分子間的相互作用，而使用各分子獨立地以單一頻率做振動求狀態數』。於是他引進分子間的相互作用觀念，把固體看成（不是獨立分子之意）做相互作用的振動連續彈性體，達到熱平衡時，固體的頻率 ν 該從0到和物體溫度 T 有關的值 ν_m 止。假定固體的波動是縱波，其波速 $= v$；由於縱波無偏振現象，不必乘2，於是從式（10－8c）得速度 v 的彈性縱波的狀態數 $\mathrm{d}^3 n$：

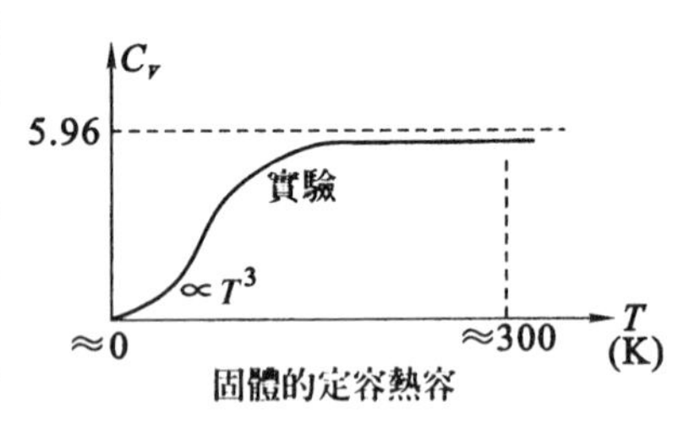

圖10－3

$$\mathrm{d}^3 n = \frac{4\pi V}{v^3}\nu^2 \mathrm{d}\nu \qquad (10-10\text{a})$$

現有 N 個分子互相作用，且在三維空間內振動；如果是均向振動，則最大的狀態數是 $3N$，

$$\left.\begin{aligned} \therefore \quad & \int_0^{\nu_m} \mathrm{d}^3 n = \frac{4\pi V}{v^3}\int_0^{\nu_m} \nu^2 \mathrm{d}\nu = \frac{4\pi V}{3v^3}\nu_m^3 = 3N \\ \text{或} \quad & \nu_m = v\left(\frac{9N}{4\pi V}\right)^{1/3} = \text{最大頻率} \end{aligned}\right\} \qquad (10-10\text{b})$$

每一個頻率的平均能量是由能量不連續得來的新能量均分律式（10－8b），於是總

能量 E 是：

$$E=\frac{4\pi V}{v^3}\int_0^{\nu_m}\frac{h\nu}{e^{h\nu/kT}-1}\nu^2 d\nu=\frac{4\pi Vh}{v^3}\left(\frac{kT}{h}\right)^4\int_0^{x_m}\frac{x^3 dx}{e^x-1}$$

$x\equiv\dfrac{h\nu}{kT},x_m=\dfrac{h\nu_m}{kT}\equiv\dfrac{Ⓗ}{T}$，$Ⓗ\equiv\dfrac{h\nu_m}{k}$ 稱爲 **Debye** 溫度，ν_m 叫 **Debye** 頻率。使用 x_m 和式（10 − 10b）以及氣體常量 $R\equiv Nk$，重寫上式得：

$$E=\frac{9RT}{x_m^3}\int_0^{\chi_m}\frac{x^3 dx}{e^x-1}=9R\frac{T^4}{Ⓗ^3}\int_0^{Ⓗ/T}\frac{x^3}{e^x-1}dx$$

$$\therefore\quad C_V=\left(\frac{dE}{dT}\right)_V=9R\left\{4\left(\frac{T}{Ⓗ}\right)^3\int_0^{Ⓗ/T}\frac{x^3}{e^x-1}dx-\frac{Ⓗ}{T}\frac{1}{e^{Ⓗ/T}-1}\right\}_V\qquad(10-10c)$$

求 C_V 時使用了 Leibniz 定律：當 $F(\alpha)=\int_u^v f(x,\alpha)dx$ 時

$$\frac{dF(\alpha)}{d\alpha}=\int_u^v\frac{\partial f}{\partial\alpha}dx+f(v,\alpha)\frac{dv}{d\alpha}-f(u,\alpha)\frac{du}{d\alpha}$$

式（10 − 10c）是著名的 Debye 的固體定容熱容式，帶有溫度量綱的 $Ⓗ=\dfrac{h\nu_m}{k}$，h 和 k 是普適常數，ν_m 是和求狀態數的模型有關的量，Debye 最初所用的是式（10 − 10b），是和熱容無直接關係，僅和固體如何做熱振動有關。固體的振動應該和溫度有關，且有許多不同的運動模式（mode of motion），求 ν_m 不是一件簡單的工作，於是 Ⓗ 可看成參數（parameter），尚未建立更好的理論以前，由實驗來決定。選某溫度 T 的 C_V 定好 Ⓗ，即定好 ν_m，然後從式（10 − 10c）求所需的 T 的 C_V，結果 Debye 獲得如圖 10 − 4，非常成功地重現了 C_V 的實驗圖。圖 10 − 4 是 $Ⓗ=395k$ 的鋁，其他好多固體都一樣地重現了實驗的 C_V 圖，並且在低溫時式（10 − 10c）的右邊第二項幾乎等於 0，只有右邊第一項，它是正比於 T^3 的項，這是 Debye 最成功之處，它來自式（10 − 10b），表示熱振動時固體的分子間確有相關關係（correlation）。Debye 是用了新能量均分律式（10 − 8b），它來自能量不連續且有能量子 $E=n\varepsilon$，$\varepsilon=h\nu$，於是圖 10 − 4 證明能量確實不連續。至於微觀世界的分子運動能量爲什麼是不連續？Planck 和 Debye 的理論都沒有回答這個問題。大家都對微觀世界的動力學問題有疑問，因而積極尋找新力學理論。

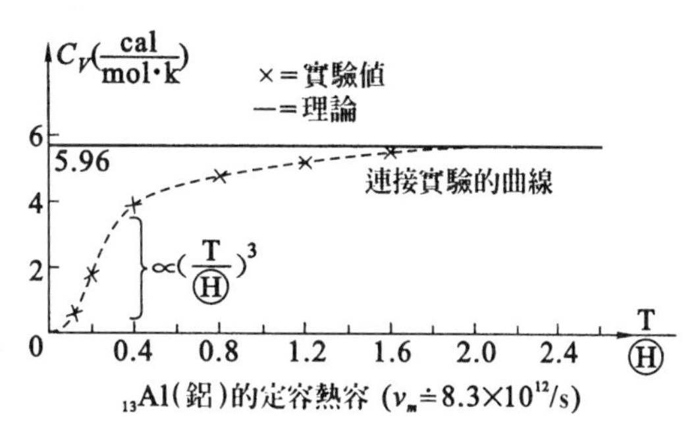

圖 10 − 4

【**Ex.10 − 2**】探討雙原子氣體的莫耳定容熱容 C_V（參考第六章 Ⅲ(B)）

由兩個相同的原子構成的分子稱爲雙原子分子（diatomic

molecule），如氫氣 H_2、氧氣 O_2、氮氣 N_2 等原子間有個堅強的結合鍵。一般地說，溫度很低時兩個原子緊緊地束縛在一起運動，類似一個粒子在三維空間內的平移運動（translational motion）。故獨立自由度是3，由式（6－46）的經典能量均分定律，1莫耳的雙原子分子的能量 E 是：

$$E = N_A \times 3 \times \frac{1}{2}kT = \frac{3}{2}RT$$

N_A = Avogadro數，k = Boltzmann常數，$R = N_A k$ = 氣體常數（gas constant）$\doteq 8.3145112 \dfrac{\text{J}}{\text{mol} \cdot \text{k}}$

∴ 莫耳定容熱容 C_V（平移）

$$= \left(\frac{\partial E}{\partial T}\right)_V = \frac{3}{2}R \equiv C_{V1}$$

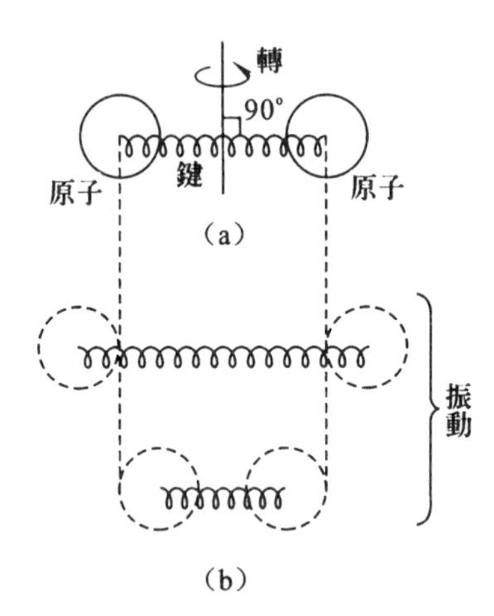

(a)
(b)

當溫度升高，構成分子的兩個原子，如右圖(a)，以垂直於兩原子的鍵爲軸開始轉動，於是兩個原子便在一個平面上轉，平面上的獨立自由度是2，故能量多了 $\frac{1}{2}RT \times 2 = RT$

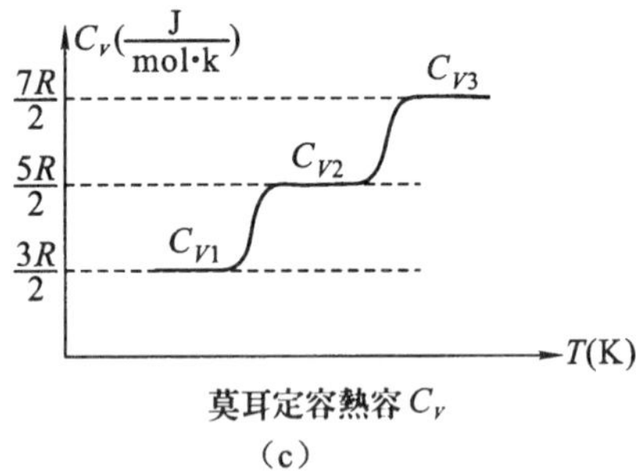

莫耳定容熱容 C_V
(c)

∴ C_V（平移＋轉動）

$$= \frac{3}{2}R + R = \frac{5}{2}R \equiv C_{V2}$$

溫度再升高時，則除了轉動，原子間的鍵開始鬆動，兩個原子如上圖(b)開始振動，又多了兩個自由度，

$$\therefore \quad C_V（平移＋轉動＋振動）= \frac{5}{2}R + R = \frac{7}{2}R \equiv C_{V3}$$

顯然，經典物理所給的 C_{V1}, C_{V2}, C_{V3} 都是定值，但實驗正如上圖(c)，從 C_{V1} 慢慢且連續地升到 C_{V2}，又從 C_{V2} 連續地升到 C_{V3}。**經典物理無法解釋連續變化的曲線部分**，主要問題在於能量均分律，該使用式（10－6b），以及像求式（10－8c）那樣地求獨立自由度的數目。

(D)光電效應（photoelectric effect）

以上(A)～(C)介紹的是和能量的連續不連續有關的現象，而獲得：

「在微觀世界需要能量不連續的觀念」

至於**為什麼能量會不連續是未解**。接著要介紹的是波動現象的電磁波，在某種情況下呈現出粒子性的一面。在 1887 年 H. R. Hertz（Heinrich Rudolph Hertz, 1857～1894，德國物理學家）正在驗證Maxwell預言的電磁波時發現：電磁波發生裝置，如圖 7−55 的電偶極放電板P_1和P_2，當被照射另一個高頻率光時，會促進P_1和P_2的放電。其後經過其他科學家（參見第七章參考文獻⒃）的研究歸納出下述結果：

⑴照射某固定金屬的光的頻率ν，必須超過某值ν_0才能從金屬游離電子出來，
⑵當$\nu<\nu_0$時無論光強多大，都無法從金屬游離出電子，
⑶當$\nu\geq\nu_0$時從金屬中游離出來的電子數和光強成正比，且**電子立刻出來**。

(10−11a)

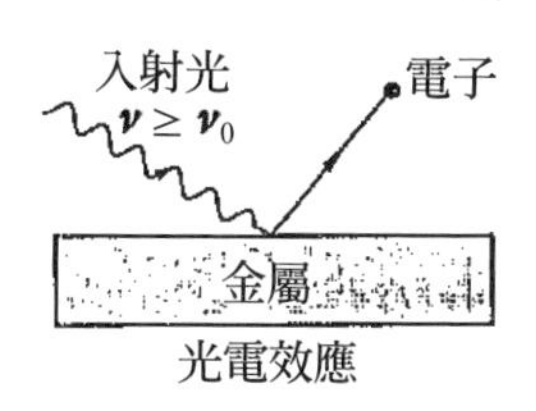

光電效應

如右上圖，這現象稱為**光電效應**，被釋放出來的電子稱為**光電子**（photoelectron）。依照Maxwell的電磁理論，光強愈強能量愈大（式（7−132）），按理金屬內的電子獲得的動能會和光強成比例才對，即光強愈大電子離開金屬的概率該愈大。為什麼一定要入射光頻率ν超過某值ν_0呢？ν_0和該金屬有什麼關係呢？並且當$\nu\geq\nu_0$時電子瞬間（目前所知的時間是 10^{-9}秒）地跑出來，10^{-9}秒怎麼夠電子從電磁波吸收足夠的動能呢？這現象確實為難了當時的物理學家。一直到 1905 年Einstein[1)]引入光量子，即光子（photon）觀念才獲得解決。Einstein 因此獲得 Nobel 獎。其想法是：

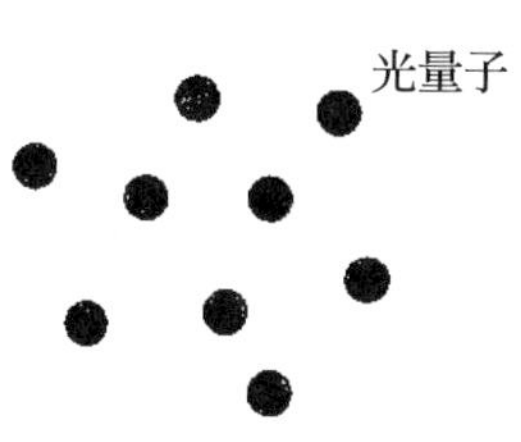

Einstein 的光量子

從光源射出的光，能量不是連續地分佈於空間，而是如右下圖，局限在空間各點（非常小的空間之意）的有限數目的光量子（light quantum）組成。

光量子會運動，它是整個被吸收或產生，不會分裂的能量子。

在 1905 年Planck的能量子大致被科學家接受後，注意力轉到式（10−1a～d）的線譜以及原子構造，這時Einstein似乎偏離了這路線。他好像注意到為什麼當$\nu\geq\nu_0$時電子才會瞬間地被游離出來，**要電子瞬間獲得能量的可能是，電磁能必須局限在極小的空間**，這光量子和電子接觸的一剎那便整個被電子吸收，電子在瞬間內獲得足夠的能量；這樣，解決了光電效應的時間和能量問題，卻帶來電磁波有：

「波動性和粒子性」

的二象性（duality），所以電磁波的二象性想法起源於Einstein。他假設**光量子的能量 $E = h\nu$，且其運動速度是光速 c**。在金屬內的電子要離開金屬必須克服金屬原子的引力，以及和其他電子的相互作用，於是需要用掉一部分能量 W，所以游離電子的動能 K 是進來的能量 E 和用掉的能量 W 之差：

$$K = E - W = h\nu - W$$

顯然、電子要離開金屬所要的能量應該和金屬的性質有關，對固定金屬的最起碼的能量 W_0 稱爲**功函數**（work function），是各金屬的特徵能（characteristic energy），這時的電子應該持有最大動能 K_{max}：

$$K_{max} = h\nu - W_0 \qquad (10-11b)$$

式（10－11b）是Einstein的光電效應公式，它確實能解釋式（10－11a）的三個實驗事實。首先要電子能離開金屬的最低頻率 ν_0 應該是電子動能等於0，ν_0 稱爲**臨界頻率**：

$$\nu_0 = \frac{W_0}{h}$$

所以 $\nu < \nu_0$ 時絕不可能有電子出來，而 $\nu \geqslant \nu_0$ 才能有游離電子。當 $\nu \geqslant \nu_0$ 而光強大表示有好多光量子 $nh\nu$，$n = 1,2,3\cdots\cdots$，於是出來的電子數目會和光強成比例；同時電子吸收光量子後能瞬間離開金屬。從式（10－11b）可得：

$$\frac{K_{max}}{e} = \frac{h\nu}{e} - \frac{W_0}{e}$$

e = 電子電荷大小。電子動能 K_{max} 可用右圖的裝置測量，其測量過程是：

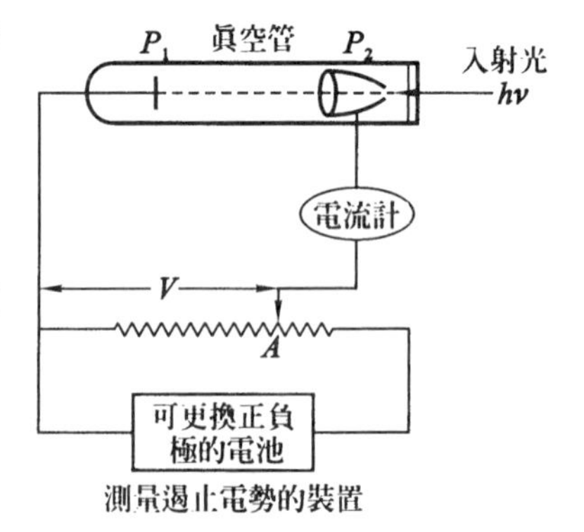

測量遏止電勢的裝置

(i) P_1 和 P_2 爲兩種不同金屬，

(ii) 先 P_2 接到電池負極，P_1 接正極，

(iii) 當入射光 $h\nu$，$\nu \geqslant \nu_0$ 進來，

(iv) 調整 A，當電壓 V 到了某值電流計便有電流，

(v) 表示 eV = 電子動能 K，

(vi) 對調 P_1 和 P_2 的電極，相當於(iv)的 V 變成「$-V$」，

(vii) 調整 A 到電流計根本沒電流通過，這時的電勢差 V_0 稱爲**遏止電勢**（stopping potential），這樣便可以測到確實的 $K_{max} = eV_0$

$$\therefore \quad V_0 = \frac{h\nu}{e} - \frac{W_0}{e} \qquad (10-11c)$$

如果式（10 – 11b）是正確，那麼式（10 – 11c）的遏止電勢 V_0 和入射光的頻率 ν 是一條直線，並且有臨界頻率 ν_0。在 1914 年 Millikan（Robert Andrews Millikan 1868 ~ 1953，美國物理學家），如右圖，他驗證了式（10 – 11c），證明了電磁波確實有粒子性（光子）的一面。

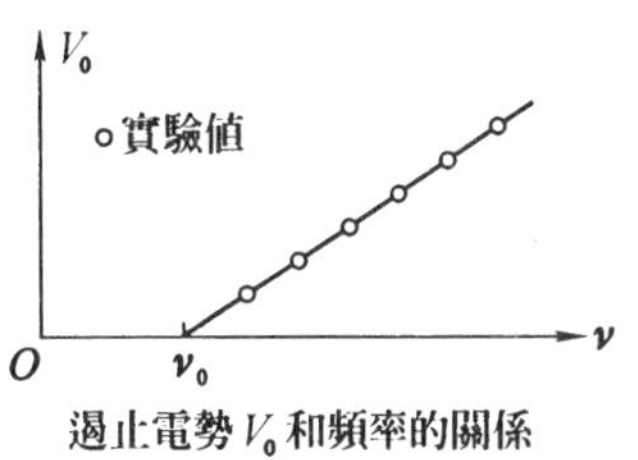

遏止電勢 V_0 和頻率的關係

【Ex.10 – 3】 距鋅($_{30}$Zn)金屬片 5m 處有個電功率 1W（瓦特）的點光源，電子要離開鋅的功函數是 4.2 eV。如果電子收集的能量來自光源照射到電子周圍，半徑 = 1.0 × 10^{-9}m 內的原子，則電子要花費多少時間才能離開金屬片？

吸收入射光的面積 $= \pi \times (1.0\times10^{-9}\text{m})^2 = \pi\times10^{-18}\text{m}^2 \equiv a$。

假定光源射出的光是各向同性，則只有 $\dfrac{a}{4\pi R^2}$ 的光對電子有用，

$$\therefore\quad 電子能收集的電功率\ P = 1W\times\frac{\pi\times10^{-18}\text{m}^2}{4\pi\times(5\text{m})^2} = 1\times10^{-20}\text{J/s}$$

$$\therefore\quad 所需時間\ t = \frac{4.2\text{eV}}{1\times10^{-20}\text{J/s}}\times\frac{1.6\times10^{-19}\text{J}}{1\text{eV}} = 67.2\text{s}$$

實際上，只要入射頻率 $\nu \geqslant \nu_0$，則約在 10^{-9} 秒電子就出來，這種不一致只能用光量子來解釋，電子一接到光立刻吸收光子而離開金屬表面。

(E) 康普頓效應（Compton effect）

Einstein 在 1905 年提出光量子之前，在 1903 年 J. J. Thomson 爲了解釋 X 射線引起的電離現象，提出光量子的想法[2]，不過沒引起物理學家的注意；直到 Einstein 解決光電效應的論文[1]發表之後才引起大家的注意，並且注意到波長甚短的電磁波才會呈現粒子性的一面。於是科學家們便使用 19 世紀末發現的 X 射線（1895 年）來做種種光學實驗，探討 X 射線和物質的相互作用、穿透力以及應用到醫學。在 1922 ~ 1923 年 Compton（Arthur Holly Compton, 1892 ~ 1962，美國實驗物理學家）發現如圖 10 – 5(a)，X 射線被散射體內的自由電子散射後波長變長，並且波長的變化僅和散射角 θ 有關，和入射光的波長以及散射體的種類無關的現象。設 λ_0 = 入射波長，λ' = 散射波長，則 $\Delta\lambda = \lambda' - \lambda_0$ 是 $\theta = 0$，$\Delta\lambda = 0$，θ 愈趨近於 180°，$\Delta\lambda$ 愈大，如圖 10 – 5(b)，即 $\Delta\lambda \propto (1-\cos\theta)$，如何得這個實驗關係呢？$X$ 射線是波長約從 10^{-8}m ~ 10^{-12}m 的電磁波。如果純粹從波動來分析圖 10 – 5(a)，當 X 光射到自

由電子 e，則電子 e 必和入射光一樣地振動，頻率不變的話，則散射光的波長也不變才正確，但實驗是波長如圖 10 － 5(b) 會變長，表示頻率變小，好像電子沒和入射 X 光共振。於是 Compton 採用 Einstein 的光量子，以光子和電子的彈性散射來分析自己的實驗。如圖 10 － 5(a)，取入射方向爲 x 軸，在散射面（入射線和散射線構成的平面）上取 y 軸垂直於 x 軸，則由動量守恆，被入射 X 光反衝（recoil）的電子必定在此散射面上。電磁波是狹義相對性理論（參見第九章），於是粒子的總能應該用式（9 － 51），並且從第七章 (IX)(c) 得光子是沒有靜止質量。所以：

電子總能 $E = \sqrt{P^2c^2 + (m_0c^2)^2}$，　m_0 = 電子靜止質量

光子總能 E_0 和 E' 各爲：$E_0 = P_0c$，　$E' = P'c$

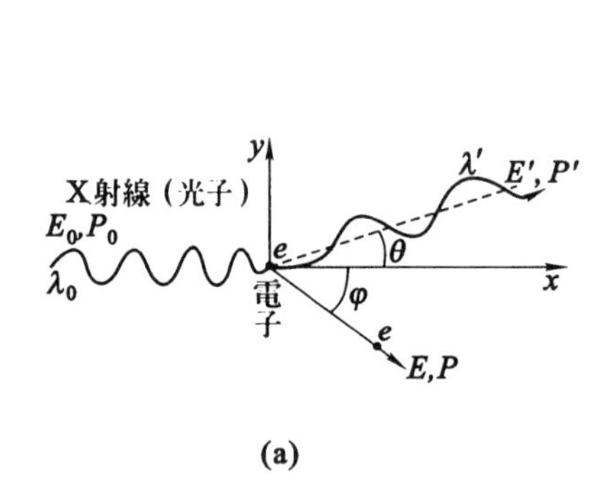

(a)

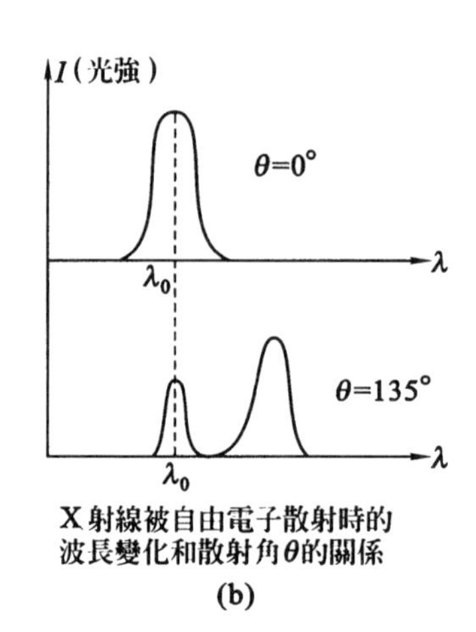

X 射線被自由電子散射時的波長變化和散射角 θ 的關係

(b)

圖 10 － 5

由 Einstein 的光子得 $E_0 = h\nu_0 = P_0\lambda_0\nu_0$ 得 $P_0 = h/\lambda_0$，同樣得 $P' = h/\lambda'$。假定尚未受到 X 光時電子是靜止的，則由能量和動量守恆得如下關係：

$$\text{能量守恆：} E_0 + m_0c^2 = E' + E$$

$$= E' + \sqrt{P^2c^2 + (m_0c^2)^2} \qquad (10-12a)$$

$$\text{動量守恆的}\begin{cases} x \text{ 成分：} P_0 = P'\cos\theta + P\cos\varphi & (10-12b) \\ y \text{ 成分：} 0 = P'\sin\theta - P\sin\varphi & (10-12c) \end{cases}$$

φ = 電子反衝角，由式（10 － 12b）和（10 － 12c）得：

$$(P_0 - P'\cos\theta)^2 + (P'\sin\theta)^2 = P^2(\cos^2\varphi + \sin^2\varphi)$$

$$\therefore \quad P_0^2 + P'^2 - 2P_0P'\cos\theta = P^2 \qquad (10-12d)$$

由式（10 － 12a）和（10 － 12d）得：

$$(E_0 - E' + m_0c^2)^2 = P^2c^2 + (m_0c^2)^2$$

或　$(E_0 - E')^2 + 2m_0c^2(E_0 - E') = (P_0^2 + P'^2 - 2P_0P'\cos\theta)c^2$

但 $E_0 = P_0c$，　$E' = P'c$，　$P_0 = h/\lambda_0$，　$P' = h/\lambda'$

$$\therefore \quad (P_0 - P')^2 + 2m_0c(P_0 - P') = P_0^2 + P'^2 - 2P_0P'\cos\theta$$

$$\therefore \quad 1 - \cos\theta = m_0c\left(\frac{1}{P'} - \frac{1}{P_0}\right) = \frac{m_0c}{h}(\lambda' - \lambda_0)$$

$$\therefore \quad \lambda' - \lambda_0 = \frac{h}{m_0c}(1 - \cos\theta) \qquad (10-12e)$$

式（10－12e）正是Compton自己獲得的實驗公式，至於比例係數是否$\frac{h}{m_0c}$，進一步的實驗結果是：

$$\Delta\lambda \equiv \lambda' - \lambda_0 = 0.0243(1 - \cos\theta)\text{Å} \qquad (10-13)$$

看一看$\frac{h}{m_0c} = \frac{6.6260755 \times 10^{-34}\text{J}\cdot\text{s}}{9.1093897 \times 10^{-31}\text{kg} \times 2.99792458 \times 10^8\text{m/s}} = 0.024263\text{Å}$，完全和式（10－13）的係數一致，再次證明在短波長 $\lambda \leqslant 10^{-8}$m 領域，電磁波會呈現粒子性（光子），故在這領域處理電磁波時須使用光子，其能量 $E = h\nu$，動量 $P = h/\lambda$。這動量關係是Compton首次使用的，沒有它和 $E = h\nu$ 關係是無法獲得式（10－12e）而重現實驗值；反過來，Compton效應正面地證明了電磁波有粒子性的一面，電磁波具有二象性。式（10－13）稱爲**Compton效應**，$\frac{h}{m_0c}$ 稱爲**電子的Compton波長**；後來稱任意粒子的慣性質量 M 時，$\frac{h}{2\pi Mc} \equiv \frac{\hbar}{Mc}$，$\hbar \equiv \frac{h}{2\pi}$，爲該粒子的Compton波長，用它來估計該粒子和其他粒子相互作用時的相互作用距（interaction range）的數量級，參考【**Ex.10－4**】。

【**Ex.10－4**】 核子間的相互作用是強相互作用，依照介子（meson）模型，當核子和核子相距較遠時，其相互作用是靠交換 π 介子來維持穩定；π 介子有正負電的 $\pi^{\pm}$ 和不帶電的 π^0。如下圖，兩質子 p 交換 π^0 時，p 和 p 間的距離約爲$\frac{\hbar}{m_{\pi^0}c}$，求兩 p 間距離是多少？$m_{\pi^0}c^2 \doteq 134.975\text{MeV}$。

$$\lambda_{\pi^0} = \frac{\hbar}{m_{\pi^0}c} = \frac{\hbar c}{m_{\pi^0}c^2} \doteq \frac{197.327\text{MeV}\cdot\text{fm}}{134.975\text{MeV}} \doteq 1.46\text{fm}$$

$$1\text{fm} = 10^{-15}\text{m}$$

表示相互作用在非常短的距離內進行。由於 $\lambda = \frac{\hbar}{mc}$，故當兩核子愈靠近，交換的介子的慣性質量愈大。實驗證明確是如此，但核子不能靠得太近，當兩核子間距離約爲 0.2fm 時，核子間突然相互排斥，其排斥勢能有數千 MeV。

(F) Zeeman 效應（Zeeman effect）[6)]

19世紀最後五年是物理學史上很重要的發現時期，首先是 Röntgen（Wilhelm Conrad Röntgen, 1845 ~ 1923，德國物理學家）在 1895 年發現比紫外光穿透力更強的光，它不但不受磁場的影響，並且感光作用更強，於是稱爲**X射線**（X ray）。翌年 1896 年 Becquerel（Antoine Henri Becquerel, 1852 ~ 1908，法國物理學家）發現鈾礦會輻射出比 Röntgen 發現的 X 射線的穿透性更強的射線，並且這射線是鈾礦自己放射出來的，同時和 X 射線一樣，不但不受磁場的影響，並且能電離氣體，於是稱鈾礦爲放射性物體。Becquerel 發現的射線是今日所稱的 γ 射線（γ ray），波長比 X 射線短，前者是從原子核輻射出來的，後者是原子輻射出來的電磁波。同 1896 年 Zeeman（Pieter Zeeman, 1865 ~ 1943，荷蘭實驗物理學家）發現光譜線在磁場內會分裂成更細的線，稱這現象爲 **Zeeman 效應**。隔年 1897 年 J.J.Thomson 發現電子，接著在 1898 年 Rutherford（Sir Ernest Rutherford, 1871 ~ 1937，英國物理學家）發現在磁場內行進方向會受影響的兩種射線，其中一種和 J.J.Thomson 發現的電子極端類似，稱爲 **β 射線**（後來肯定確實是電子），另一種是帶正電，他後來（1908年）肯定它爲氦（He）離子，稱爲 **α 射線**；α 和 β 射線都是**從放射性物質放射出來的帶電粒子**，其穿透力都不強。因爲都是帶電粒子，容易和物質產生電磁相互作用而失去能量。從物質射出的是粒子時使用「**放射**（emission）」，電磁波時使用「**輻射**（radiation）」，較符合物理稱呼，但常合起來稱爲「放射」或「輻射」，尤其醫院常使用「放射」這個名稱。

以上發現的這些現象和 (A) ~ (E) 的現象不同，和電磁波的二象性以及光譜有非連續的線譜不同的現象，而是**和物質的結構以及本質有關的問題**。事實上，光電效應已和金屬的結構有關了。Einstein 僅對現象做了分析，沒有追究爲什麼入射光的頻率必須 $\nu \geqslant \nu_0$，ν_0 是什麼？他的理論是唯象理論階段，根本問題未解決。現又碰到物質的結構和本質問題了，它們大致是：

$$\left.\begin{array}{l}\text{(i) X}, \gamma, \alpha \text{ 和 } \beta \text{ 射線是怎麼來的？} \\ \text{(ii) 爲什麼有的物質有放射性有的沒有？} \\ \text{(iii) 爲什麼 } \gamma \text{ 射線的穿透力大於 X 射線？} \\ \text{(iv) 非連續光譜的線譜，爲什麼在磁場內會分裂？}\end{array}\right\} \qquad (10-14)$$

針對 Zeeman 效應，Lorentz（Hendrik Antoon Lorentz, 1853 ~ 1928，荷蘭物理學家）從經典力學，設電子慣性質量 m，電荷 e 在磁場 $\boldsymbol{B}$ 下運動時，原來的電子振動頻率

ν_0 會分裂出 $\pm \dfrac{eB}{4\pi m} \equiv \pm \Delta\nu$ 的頻率，於是如右圖，光譜線會分裂成三條。結果 $\Delta\nu$ 和實驗的分裂值吻合得相當好，表示光譜線的分裂和電子的運動有密切的關係，這樣，Zeeman 效應被認爲沒問題了。至於式（10 － 14）的其他疑問仍然懸而未決，僅知放射 α 和 β 射線後物質的性質會變。接著出現種種原子模型，同時發現鈾以外的放射線物質。漸漸地弄清問題在於原子的結構。構成原子的正電和負電的分布情形該如何？怎樣才能維持電中性，以及力學上的穩定呢？

$(\nu_0 - \Delta\nu)$ ν_0 $(\nu_0 + \Delta\nu)$

(G) 發現原子核及核子

1897 ~ 1898 年發現帶負電的電子及帶正電的 α 粒子（α 射線）之後，J.J.Thomson 在 1903 年提出如圖 10 － 6(a) 的原子模型：『正電均勻地分布在整個原子，例如像西瓜肉，和正電荷同電量的電子是像西瓜籽樣地散在正電荷內以保原子的電中性，而西瓜是原子』。到了 1909 年 Geiger（Hans Wilhelm Geiger, 1882 ~ 1945，德國物理學家）和 P.L.Marsden 使用 α 射線來撞擊厚度 10^{-4}cm 的鋁（${}_{13}$Al）片時，α 粒子以高概率且大於 90° 的散射角被鋁靶彈回來，和 J.J.Thomson 的原子模型所給的散射截面大不相同，這現象使物理學家們懷疑，J.J.Thomson 的原子模型。於是在 1911 年 Rutherford 如圖 10 － 6(b)，使用 α 粒子撞擊金（${}_{79}$Au），令入射 α 粒子和靶 A 的垂直距離 b，稱爲**碰撞參數**（impact parameter），從大慢慢地變小，一直到和靶 A 正面碰撞；結果發現當 b 大時，如圖 10 － 6(b) 的 α_1，散射角 θ_1 遠小於 90°，散射角 θ 跟著 b 的減小而增大，到了 α 幾乎和 A 正面碰撞時，θ 幾乎接近於 180°。後來 Rutherford 使用金以外的金屬做靶，實驗結果和金一樣。於是 Rutherford 歸納出如圖 10 － 6(c) 的原子模型：『原子的正電荷 Ze 集中在大小約 10^{-14}m 的範圍，稱爲**原子核**（nucleus），帶負電的電子圍繞核運動，且形成殼層狀』接著他根據自己的模型，假定 α 和靶核的正電荷各爲 ze 和 Ze，且以庫侖力：

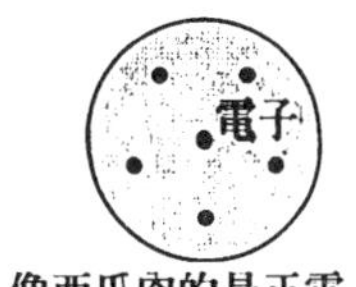

像西瓜肉的是正電，西瓜籽是負電的電子。J.J. Thomson 的原子模型。
(a)

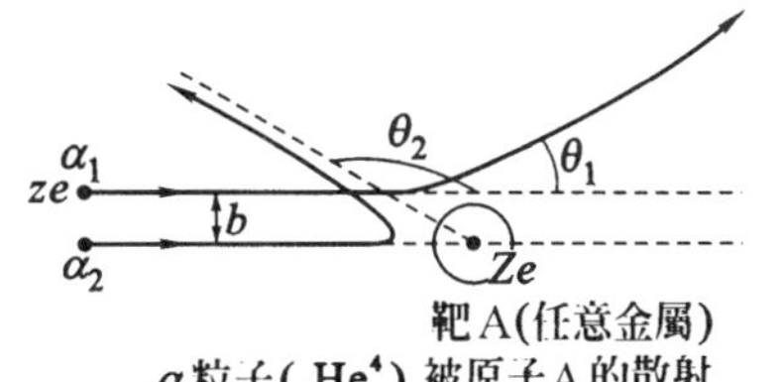

靶 A(任意金屬)
α 粒子（${}_2$He${}_2^4$）被原子 A 的散射
Rutherford 的 $A(\alpha,\alpha)A$ 散射
(b)

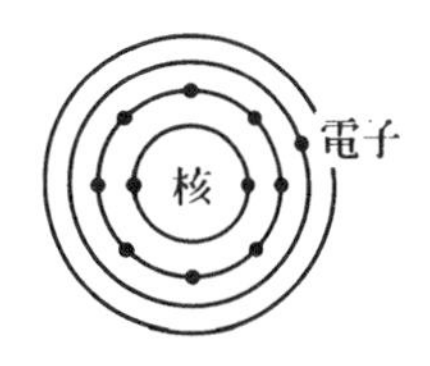

Rutherford 的原子模型
(c)

圖 10 － 6

$$\frac{1}{4\pi\varepsilon_0}\frac{zZe^2}{r^2}$$

相互作用，z 和 Z 分別爲 α 和靶核的原子序數，e = 電子電荷大小，r = α 和靶核的正電荷分布中心之間距離，推導 α 被靶原子核散射的散射截面積得（附錄 H）：

$$\frac{d\sigma}{d\Omega} = \left(\frac{1}{4\pi\varepsilon_0}\right)^2\left(\frac{zZe^2}{2Mv^2}\right)^2\frac{1}{\sin^4\frac{\theta}{2}} \qquad (10-15)$$

M 和 $\boldsymbol{v}$ 分別爲 α 粒子的慣性質量和入射速度，推導時假定靶核遠比 α 粒子重，θ 是散射角。式（10 – 15）確實重現了 Rutherford 的實驗，於是 Rutherford 的原子模型，很快地被大部分物理學家所接受。當時正在 Rutherford 實驗室進修的 N. Bohr（Niels Henrik David Bohr, 1885 ~ 1962，丹麥理論物理學家）感受最深刻（1912年），Bohr 使用 Rutherford 的原子模型成功地推導出式（10 – 1a）的光譜線（1913 年 1 月），開啓了量子論的大門（參閱下面 Ⅲ）。

Rutherford 不因爲發現原子核而停止追究核的眞相，他繼續用 α 粒子去撞擊各種原子，在 1919 年成功地發現了**質子**（proton）p，即氫原子核 ${}_1H_0^1 \equiv$ p：

$$\alpha + {}_7N_7^{14} \rightarrow {}_1H_0^1 + {}_8O_9^{17} \qquad (10-16a)$$

這是人工核反應的頭一次工作，這工作同時暗示**人工原子核反應的可能性**。後來 Rutherford 發現，一般原子的質量遠比電子和質子質量總和大得多，而預言（1920 年）核內有不帶電的電中性粒子稱爲**中子**（neutron）的存在。在 1932 年中子果然由他的弟子 J. Chadwick（Sir James Chadwick, 1891 ~ 1974，英國實驗物理學家），從分析居里夫人（Marie Curie, 1867 ~ 1934，出生波蘭，嫁給法國人的物理學家）的女兒 Iréne Curie 和丈夫 J. F. Joliot 所做的實驗：『α 粒子撞擊鈹(${}_4Be_5^9$)時產生穿透力很強的放射線』時找到。Curie 和 Joliot 解釋他們的實驗爲放射線，但 Chadwick 卻看成如下反應：

$$\alpha + {}_4Be_5^9 = {}_2He_2^4 + {}_4Be_5^9 \rightarrow {}_6C_6^{12} + {}_0n_1^1 \text{（中子）} \qquad (10-16b)$$

且成功地以中子 ${}_0n_1^1$ 順利地解釋那穿透力很強的放射線問題。這樣，找到了原子核的構成成分質子 p 和中子 n，p 和 n 統稱爲**核子**（nucleon），確立原子模型：

(Ⅰ) 核由質子和中子構成，大小約數 fm 到 10fm，1fm = 10^{-15}m；
(Ⅱ) 電子以殼層狀圍繞核不斷地運動，電子數 = 質子數；
(Ⅲ) 原子大小約數 Å，1Å = 10^{-10}m，呈電中性。

（10 – 16c）

Ⅲ. 量子論（quantum theory）

在(Ⅱ)挑選了一些1900年前後經典物理無法解釋的實驗，以及探討那些實驗的唯象理論（phenomenological theory）。那些實驗全和原子、分子、電子、原子核有關的微觀現象，加上波粒二象性，確實經典物理遇到了極大挑戰，使物理學家們自然地看到經典力學的使用界限，積極地開始尋找新力學，它應該是：

(Ⅰ)不但能解決微觀世界的動力學引起的現象，並且包含了經典力學；

(Ⅱ)能解釋波粒子二象性。

這樣，雖然要找的新力學理論核心很清楚，但不知如何切近才好，在這黑暗時期帶來曙光的是N.Bohr的原子理論。

(A) N.Bohr的原子模型[4,6]

(1) N.Bohr的理論

1912年在Rutherford實驗室進修的N.Bohr，以Rutherford的原子模型以及Rutherford用來推導式（10－15）的電磁相互作用，加上Planck-Einstein的量子化想法，在1913年1月發表了：『原子構造和光譜的理論』，這篇文章就是Bohr的原子模型理論，即：

「把Planck-Einstein的量子化概念，用在Rutherford原子模型的理論」

是和1900年Planck的黑體輻射引進：「能量不連續、能量子」，以及1905年Einstein的光電效應引入：「電磁波有粒子性、光子」的理論同樣重要的論文。但後兩篇論文都沒提到加速中的帶電體的輻射式（10－2）的問題，在微觀世界的這問題是Bohr的這篇論文的核心，是和前兩篇同地位的重要論文。現在讓我們一步一步地來追踪。

Bohr注意到，負電電子圍繞著正電核運動，正負電之間的庫侖力是引力，正如地球圍繞太陽，在太陽的萬有引力場下運動的地球，能維持穩定的週期轉動，是因爲有離心力。那麼電子圍繞核轉動時的力學平穩，同樣地，除了庫侖力之外該有和庫侖作用力相反方向的力學的離心力。任何一個物理體系，如果要維持穩定至少要有兩個互相牽制之力，例如有個向右之力，需要有個大小相等但方向向左之力來牽制，不然無法得到平衡的穩定現象。曲線運動是加速運動，電子帶有電且圍繞核轉，是加速運動卻沒有如式（10－2）的電磁輻射，這正是關鍵；所以要獲得突破，非從電子做圍繞的週期運動下手，並且來個創見不可。因此他針對轉動運動的動力學量、角動量下手：假設了角動量的量子化，並且進一步假設：『角動量量子化的電子運動狀態稱爲穩定態或定態（stationary state），在定態的電子能量是個定值，同時不會輻射』。那麼什麼狀態下電子才會輻射呢？是從高能量的定態躍遷到低能量的定態時才會輻射。接著是如何把這個靈感變成理論，才能獲得定量的式（10－1a ~ d）呢？Bohr的步驟如下：

(i) 電子和核的相互作用力是庫侖引力，$\frac{1}{4\pi\varepsilon_0}\frac{ze^2}{r^2}$ 向核的方向，電子依據經典力學的運動機制，如圖10－7圍繞核做運動。設核和電子都是點狀電荷，兩電荷之間距離爲 r，如圖10－7電子以 r 爲半徑做速度$\boldsymbol{v}$ 的等速率圓周運動，則由第二章(V)(C)得遠離核的離心力 $m_0\frac{v^2}{r}$，它和庫侖力保持平衡，電子才能獲得穩定運動：

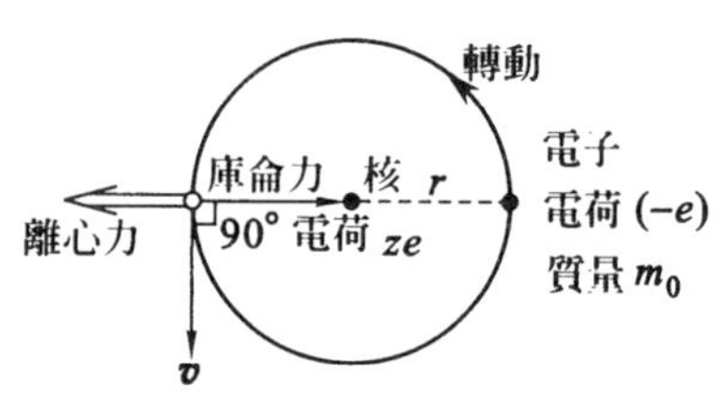

圖 10－7

$$\frac{1}{4\pi\varepsilon_0}\frac{ze^2}{r^2}=m_0\frac{v^2}{r} \qquad (10-17a)$$

(ii) 仿Planck的能量量子化，Bohr假設電子的角動量 L 是非連續量，稱爲角動量的量子化：

$$角動量大小\ L=|\boldsymbol{r}\times m_0\boldsymbol{v}|=m_0rv\equiv\frac{nh}{2\pi}=n\hbar \qquad (10-17b)$$

式（10－17b）的 nh，$n=1,2,\cdots\cdots$，除以2π是因爲電子繞一圈的角度是2π。解式（10－17a）和（10－17b）得：

$$\left.\begin{aligned} r&=4\pi\varepsilon_0\frac{n^2\hbar^2}{m_0ze^2}\\ v&=\frac{1}{4\pi\varepsilon_0}\frac{ze^2}{n\hbar},\quad \hbar\equiv\frac{h}{2\pi}\end{aligned}\right\} \qquad (10-17c)$$

(iii) $L=n\hbar$ 的狀態稱爲定態，在定態的情況下電子不輻射，其總能 E 是：

$$E=（動能）+（庫侖勢能）=\frac{m_0v^2}{2}-\frac{1}{4\pi\varepsilon_0}\frac{ze^2}{r}$$

將式（10－17c）代入上式得：

$$E=-\frac{1}{2}\frac{1}{4\pi\varepsilon_0}\frac{ze^2}{r}=-\left(\frac{1}{4\pi\varepsilon_0}\right)^2\frac{m_0(ze^2)^2}{2\hbar^2}\frac{1}{n^2}\equiv E_n \qquad (10-17d)$$

n 稱爲主量子數（principal quantum number）。式（10－17d）的能量不但不連續，並且是負值，表示電子無法自由地跑來跑去，被核束縛得緊緊的，稱爲束縛態（bounded state）。按照經典力學能自由運動的粒子的機械能 $E=$（動能＋勢能）

必須是正量，負量是被束縛的週期運動（參見附錄F）。式（10－17d）是角動量的量子化式（10－17b）帶來的結果，E_n 稱爲量子化能級（quantized energy level）；式（10－17d）也是非相對論量子力學式（10－37）的解，不得不令人欽佩N・Bohr的洞察力。

(iv) 當電子從能級 E_n 躍遷到能級 E_m 時，才有電磁波的輻射或吸收，其頻率 ν 是：

$$\nu = \frac{E_n - E_m}{h}, \quad \text{或角頻率}\ \omega = 2\pi\nu = \frac{E_n - E_m}{\hbar} \qquad (10-17e)$$

$E_n > E_m$ 時爲輻射，$E_n < E_m$ 時爲吸收，於是波長 $1/\lambda$ 是：

$$\frac{1}{\lambda} = \frac{\nu}{c} = \left\{\frac{1}{(4\pi\varepsilon_0)^2}\frac{m_0 e^4}{4\pi\hbar^3 c}\right\} z^2\left(\frac{1}{m^2} - \frac{1}{n^2}\right)$$

$$\equiv R_\infty z^2\left(\frac{1}{m^2} - \frac{1}{n^2}\right) \qquad (10-17f)$$

R_∞ 稱爲**Rydberg常數**，右下指標「∞」表示原子核的質量 $= \infty$，即原子核不動時的Rydberg值，原子序數 $z = 1$ 是氫，所以式（10－17f）正是式（10－1a）～（10－1d）。再來看一看 R_∞ 是否和Rydberg從實驗得來的 $R_H \doteq 1.1 \times 10^7 \frac{1}{m}$ 同數量級：

$$R_\infty = \left(\frac{e^2}{4\pi\varepsilon_0}\right)^2 \frac{m_0 c^2}{4\pi(\hbar c)^3} = (1.4399757\text{MeV}\cdot\text{fm})^2 \frac{0.51299906\text{MeV}}{4\pi(197.327053\text{MeV}\cdot\text{fm})^3}$$

$$= 10973891.8\frac{1}{m} \doteq R_H \qquad (10-17g)$$

這證明Bohr的理論是對的，於是轟動了當時的物理界，進一步肯定微觀世界需要：

量子化（quantization）操作。

量子化是什麼呢？例如量子化的電磁輻射能是 $\varepsilon = h\nu = \hbar\omega$ 的正整數倍式（10－7），電子的公轉運動角動量是 $\hbar$ 的正整數倍式（10－17b），那麼量子化的本質是什麼？不要像式（10－7），式（10－17b）那樣地假設，而是從基本原理獲得。這問題一直到1925年～1928年Dirac（Paul Adrien Maurice Dirac, 1902～1984，英國理論物理學家）提出狹義相對論量子力學後才定論。最簡單的說明是：

「將經典物理理論，轉換成量子理論時 （10－18）
的操作叫量子化（quantization）」

例如經典力學的動力學量的動量 $\boldsymbol{P}$，在量子力學時 $\boldsymbol{P}$ 是有操作能力的一種量，稱爲線性算符（linear operator）$\hat{\boldsymbol{P}}$，它作用到描述物理體系的狀態時才有物理意義，而 $\hat{\boldsymbol{P}}$ 的期待值（expectation value參見後面Ⅳ(B)），才對應到經典力學的 $\boldsymbol{P}$。算符 $\hat{\boldsymbol{P}}$ 的

帽「^」表示算符，所以 P 轉換成 $\hat{P}$ 的操作稱爲量子化。還有更多嚴謹的說明，這裡不再深入。

(2) N. Bohr 理論的內涵

Bohr假定電子的軌道是圓形，但沒有理由一定是圓形。於是在 1916 年 Sommerfeld（Arnold Johannes Wilhelm Sommerfeld, 1868 ~ 1951，德國數理物理學家）把 Bohr 的角動量量子化一般化到任意週期運動：

$$\oint p_i \mathrm{d}q_i = n_i h$$

「$\oint$」表示對一週期的積分，p_i = 廣義動量（座標 q_i 的量綱是長度時，$p_i = m \times \frac{\mathrm{d}q_i}{\mathrm{d}t}$，即動量，當 q_i 是無量綱的角度時，p_i 是角動量），q_i = 廣義座標（generalized coördinates），即（q_i, p_i）爲正則變量（canonical variables）。於是三維空間（球座標參見附錄 C）時便獲得三種量子數（n, l, m），n 對應 Bohr 的 n 稱爲**主量子數**，l 和電子的軌道運動有關，量子力學成立後稱爲**軌道量子數**（orbital quantum number, Sommerfeld 用的記號是 k 不是 l），m 和電子軌道的轉軸方向有關的量，取正和負整數是和空間量子化有關的物理量，量子力學成立後稱爲**方向量子數**（azimuthal quantum number），或**磁量子數**（magnetic quantum number，參見後面 V 的氫原子）。雖得三個量子數，不過量子化能量，對同一 n，不同的 l 和 m 都是相同的值，稱爲能量簡併（degeneracy）。於是 Sommerfeld 仍然無法說明，當時已經發現的 Balmer 譜線再分裂的現象；證明其理論和 Bohr 的理論同質的唯象論，僅是精細點而已。從式（10 - 17c）大致可以獲得氫原子的大小和電子的圍繞速度 v：

$$r(z=1, n=1) = \frac{4\pi\varepsilon_0}{e^2}\frac{(\hbar c)^2}{m_0 c^2} = \frac{(197.327053\mathrm{MeV}\cdot\mathrm{fm})^2}{1.4399757 \times 0.51099906\mathrm{MeV}^2\cdot\mathrm{fm}}$$

$$\doteq 0.529\text{Å} \qquad (10-19\mathrm{a})$$

$$v(z=1, n=1) = \frac{e^2}{4\pi\varepsilon_0}\frac{c}{\hbar c} = \frac{1.4399757 \times 2.99792458 \times 10^8\mathrm{MeV}\cdot\mathrm{fm}\cdot\frac{\mathrm{m}}{\mathrm{s}}}{197.327053\mathrm{MeV}\cdot\mathrm{fm}}$$

$$\doteq 2.19 \times 10^8\mathrm{cm/s} \qquad (10-19\mathrm{b})$$

$r \doteq 0.529\text{Å} \equiv r_B$ 稱爲 **Bohr 半徑**，是基態（ground state）氫原子的電子圍繞核時，對應於經典力學的軌道半徑。至於式（10 - 19b）表示電子的經典力學圖象（picture）的速度大小，其 $\frac{v}{c} \doteq \frac{1}{137}$，表示 $v \ll c$；於是從前章式（9 - 17），當 $v \ll c$ 時式（9 - 17）變成式（9 - 1）的 Galilei 變換，表示可以使用非相對性力學，

所以暗示 Bohr 的式（10 – 17a）式是合理的假定。不過要記住 Bohr 的理論是唯象論。在量子力學是**沒有速度 $\boldsymbol{v}$ 這個力學量**，只有**動量 $\hat{\boldsymbol{P}}$**，$\hat{\boldsymbol{P}}$ 的期待值除以質量才得對應於經典力學的速度 $\boldsymbol{v}$（參見式（10 – 53b））。一般地說，當 $\frac{|\boldsymbol{v}|}{c} \geqslant \frac{1}{20}$ 時必須使用相對論力學處理問題。

電子圍繞核運動的能量式（10 – 17d），是量子化的不連續量，以氫 $z = 1$ 爲例，其能級是：

$$E_n = \left\{ -\left(\frac{e^2}{4\pi\varepsilon_0}\right)^2 \frac{m_0 c^2}{2(\hbar c)^2} \right\} \frac{1}{n^2}$$

$$= -\frac{(1.4399757)^2 \times 0.51099906}{2 \times (197.327053)^2} \frac{\text{MeV}}{n^2}$$

$$= \begin{cases} -13.606\text{eV} \cdots\cdots\cdots\cdots & n = 1 \\ -3.401\text{eV} \cdots\cdots\cdots\cdots & n = 2 \\ -1.512\text{eV} \cdots\cdots\cdots\cdots & n = 3 \\ -0.085\text{eV} \cdots\cdots\cdots\cdots & n = 4 \\ \cdots\cdots\cdots\cdots\cdots\cdots\cdots\cdots & \\ 0 \cdots\cdots\cdots\cdots\cdots\cdots\cdots & n = \infty \end{cases}$$

最低能量 $E_{n=1} \doteqdot -13.6\text{eV}$ 稱爲**基態**，$n \neq 1$ 的能級稱爲**受激態**（excited state）或激發態，整個如圖 10 – 8。所以，要游離束縛態的電子，必須從外邊供給 $|E_n|$ 的能量，這能量 $|E_n|$ 稱爲氫電子的**分離能**（separation energy）。氫以外的原子，其電子數是兩個或兩個以上，電子不但和核並且和其他電子都有電磁相互作用，故對一個電子的能級不會是式（10 – 17d），顯然 Bohr 的上述理論無法應用到多電子原子。另外，推導式（10 – 17d）時假定了核是固定不動，但實際上原子核不可能是固定不動。核電子之間的庫侖力僅和核電子之間的距離有關，結果雖是核和電子的兩體問題，可通約成一體問題（參見 V 的氫原子），這時的質量稱爲約化質量，或稱爲**折合質量**（reduced mass）μ，它是 $\mu = \frac{Mm_0}{M + m_0}$，$M$ = 核的質量。所以當氫核不是固定時，電子質量 m_0 必須修正成 μ，得：

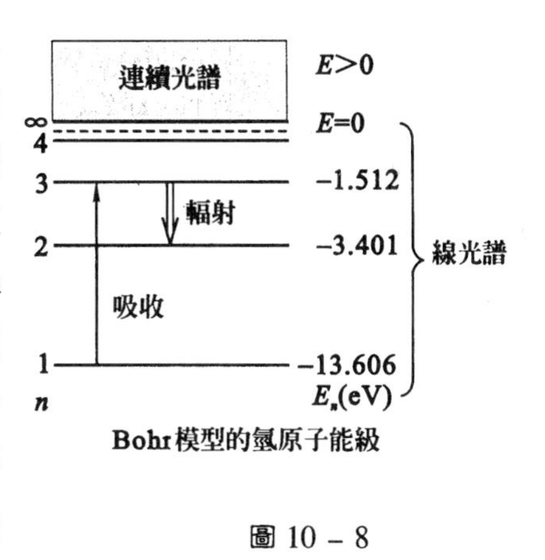

Bohr模型的氫原子能級

圖 10 – 8

$$E_{n'}=-\frac{1}{(4\pi\varepsilon_0)^2}\frac{\mu(Ze^2)^2}{2\hbar^2n^2}$$

氫核質量是質子質量 $M_p=938.27231\text{MeV}/c^2$，故約化質量是：

$$\mu({}_1\text{H}_0^1)=\frac{M_pm_0}{M_p+m_0}=\frac{938.27231\times0.51099906}{938.27231+0.51099906}\text{MeV}/c^2\doteq0.510721\text{MeV}/c^2$$

$$\therefore\quad\frac{\mu}{m_0}\doteq0.999455679\doteq1$$

所以對氫原子核的動或靜止影響不大，換句話說，式（10－17d）對氫原子是很好的近似式。

電子軌道的圖象，不會直接影響到動力學，不過角動量是直接和動力學有關；式（10－17b）該從動力學自然地產生才對。同樣地，電子的躍遷是怎麼來的，爲什麼電子非從定態 E_n 到另一定態 E_m 不可呢？這些動力學在 Bohr 的理論都沒有探討，僅描述現象的結果，所以大家仍然繼續且更積極地尋找新力學理論。

(B) Franck－Hertz 的實驗（1914 年）

從 Bohr 的量子化能級，雖然成功地重現光譜線條式（10－17f），以及獲得和實驗一致的 Rydberg 常數式（10－17g），但沒有直接驗證過 Rutherford 的原子模型圖 10－6(c)，其能級確實不連續，類似式（10－17d）。Bohr 發表論文的次年，1914 年 Franck（James Franck, 1882～1964，德、美實驗物理學家）和發現電磁波的 H.R.Hertz 的外甥 G.L.Hertz（Gustav Ludwig Hertz, 1887 年～1975，德國物理學家）共同使用如圖 10－9(a) 的裝置，電子去撞擊水銀（${}_{80}Hg_{114}^{194}$）氣體的實驗，而獲得圖 10－9(b) 的能階圖，E_1 是 Hg 的能級，$2E_1$ 和 $3E_1$ 不是能級（參閱下面說明），所以才用「能階」。圖 10－9(c) 驗證了 Rutherford-Bohr 的原子模型，證明原子確實有能級。因此 Franck 和 Hertz 在 1925 年獲得 Nobel 物理獎。他們的實驗是如圖 10－9(a)，F 是燈絲（filament），G_1 和 G_2 是柵極（gride），P＝板極（plate），G 是電流計，V_r 是推遲電壓（retarded potential），V_0 是加速用可變電壓，V 是燒 F 用的固

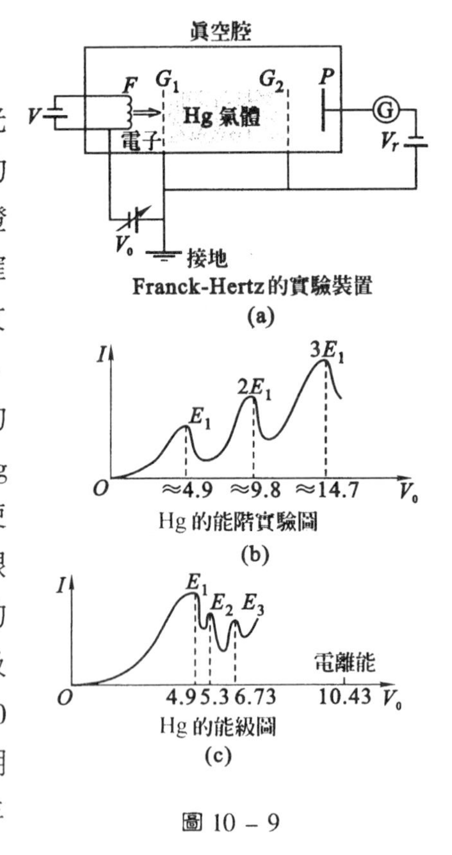

圖 10－9

定電壓，整個如圖 10 – 9(a) 放入眞空腔內，G_1 和 G_2 維持等電壓，步驟如下：

(i) 在燈絲 F 產生的電子（負電），用電壓 V_0 加速；

(ii) 獲得能量的電子穿過柵極 G_1，進入裝水銀氣體的 G_1 和 G_2 之間；

(iii) 電子便和水銀原子 Hg 碰撞，如果電子的能量小於 Hg 的第一激發態（first excited state）能 E_1，電子和 Hg 的碰撞是彈性碰撞，於是電子保持原能量往前跑到 G_2，雖 G_2 和 P 間有推遲電壓，普通 Vr 不大，約0.5伏特，電子能到達 P，於是電流計 G 有電流 I。

(iv) 升高加速電壓 V_0 到某值時，電子和 Hg 發生非彈性碰撞，電子的動能被轉移到 Hg，於是 Hg 被激發到 E_1，碰撞後電子雖到達 G_2，但沒能量來克服 G_2P 之間的 Vr，電子無法到達 P，故 G 的電流突然下降。

(v) 繼續升高 V_0，G 的電流 I 仍然下降，然後才上升；

(vi) 雖 V_0 超過4.9V，但在(iv)的非彈性碰撞的電子已幾乎沒有動能，有動能的已經到達 P；所以電子等於重新被加速，帶來更多的電子又獲得能激發 Hg 到第一激發態 E_1 的能量，和 Hg 碰撞後到 G_2 再到 P，於是電流 I 增大，這時的電壓等於（4.9 + 4.9）V = 9.8V，能量等於（$E_1 + E_1$）的 $2E_1$。

(vii) 重複(v)和(vi)得更大的電流，而電壓 =（9.8 + 4.9）V = 14.7V，能量是（$2E_1 + E_1$）= $3E_1$。如圖 10 – 9(b)；驗證 Hg 能級確實不連續，且第一激發態能 = 4.9eV。

(viii) 後來 Franck-Hertz 改良電路，以重複(iii) ~ (v)的過程，成功地激發了更高的 Hg 激發態：第二能級 E_2，第三能級 E_3……，以及獲得 Hg 的電離能（ionization energy）10.43eV 得圖 10 – 9(c)，即水銀原子的量子化能級 $E_1, E_2, E_3, \cdots\cdots$（參見練習題 12）。這樣，實證了 Bohr 的量子化能級理論，而 Bohr-Rutherford 的原子模型成眞（參考第七章參考文獻(15)）。Bohr-Sommerfeld 的原子模型理論被肯定，可以用它來研究光譜。

圖 10 – 9(c) 的各電流從最大值剛要往下降的那一點，由於在實驗圖 10 – 9(a) 的板極加上推遲作用的電壓 V_r，才使變化更加明顯，就是各能級的值。1900 年 Planck 的能量子假設，竟然在短短的 14 年內就開花成果，探明了原子構造和其能級；Rutherford, Bohr, Franck 和 Hertz 的這些成功，促進了使用電子和原子來做實驗探討微觀世界的風氣，以及帶來實驗和理論的互動。

(C) Stern-Gerlach 的實驗，發現內稟角動量[2,7~10]

凡要探究微觀世界，離不了外加電場或磁場。20 世紀初用外加電磁場來探討原子內幕的實驗不少，尤其在外加磁場 $\boldsymbol{B}$ 來研究光譜分裂現象，不但有分裂成奇數線條，並且有分裂成偶數條的。前者稱爲正常（normal）**Zeeman** 效應，是 19 世紀末 Lorentz 分析過的實驗（參見 Ⅱ(F)），後者稱爲反常或異常（abnormal）**Zeeman** 效應，對於它，不但 Lorentz 理論，並且 Bohr-Sommerfeld 的原子理論都無法解釋實驗。到了 1920 年 Sommerfeld 的弟子 Landé（Alfred Landé, 1888 年 ~ 1975，德、美理論物理學家）提出：Sommerfeld的磁量子數 m 不該整數，而引入半整數（half integer）的第四量子數 j（Landé 把 Sommerfeld 的 k 寫成 k_1，新引進來的寫成 k_2），稱爲內量子數（inner quantum number），使得 Sommerfeld 的磁量子數 m 值變成：$m = l - \frac{1}{2}, l - \frac{3}{2}, \cdots\cdots, \frac{1}{2}, -\frac{1}{2}, -\frac{3}{2}, \cdots\cdots, -\left(l - \frac{1}{2}\right)$，$l = 1,2,3\cdots\cdots$, 這樣，$m$ 有 $2l$ 個就得偶數。於是針對光譜分裂的 Zeeman 現象，理論和實驗都進行研究，其中最值得仔細研究的是 Stern（Otto Stern, 1888 ~ 1969，德、美實驗物理學家）和W. Gerlach在1921 ~ 1922年使用銀（$_{47}Ag$）做的Zeeman效應實驗。在 1896 年 Zeeman 已發現光譜的分裂和原子的電子有關，在原子模型奠定後的 1920 年代初，從 Zeeman 效應的角度來重新觀察原子結構的確是好方法，他們的實驗裝置如圖 10 - 10：

(i) H 是加熱銀（Ag）薄片，使它產生 Ag 原子氣體的熱源；
(ii) 經狹縫 S_1 和 S_2 聚集 Ag 氣體；
(iii) 然後如圖示使 Ag 氣體穿過與 Ag 射線垂直的不均勻磁場 $\boldsymbol{B}$；
(iv) 使穿過 $\boldsymbol{B}$ 後的 Ag 附著在玻璃板 G 上。

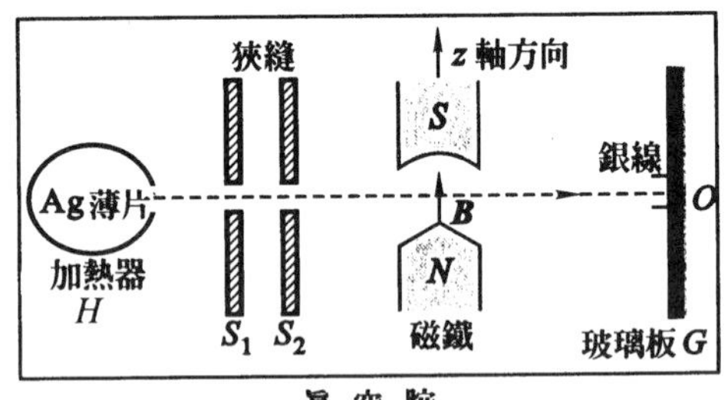

圖 10 - 10

本來以爲能看到三條附著在 G 上的銀線，但看到的是如圖示：『$\boldsymbol{B} = 0$時只有一條銀線在「O」的位置，$\boldsymbol{B} \neq 0$ 時是以「O」爲對稱的上下各一條，共兩條銀線』。Stern-Gerlach 爲了肯定銀原子不是特異性，便使用其他金屬做同樣的實驗，發現有：3 條、5 條和兩條的，肯定 Ag 原子在磁場下分成兩條銀線不是特例。那麼要如何解釋這個兩條的現象呢？於是整個 Zeeman 效應引起了物理學家們的高度注意，重新追究因果：

做實驗的想從實驗結果 → 找「物理」和「物理量」

做理論的想從實驗事實 → 找出「隱藏的規則或物理量」或者「創造理論」

Stern-Gerlach 當然也不例外，且察覺到圖 10 - 10 的實驗藏有玄機，於是更加仔細地進行實驗。如把圖 10 - 10 的實驗用圖 10 - 11a 代表，則 Stern-Gerlach 轉動磁鐵來改

變磁場 $\boldsymbol{B}$ 的方向，做了圖 10 – 11（b,c,d）的實驗。

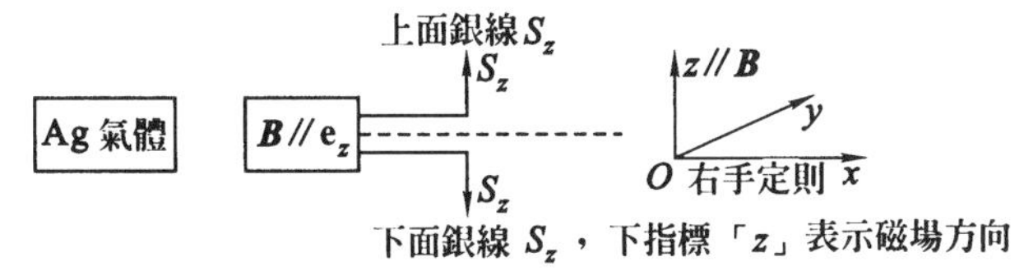

圖 10-10 實驗的縮寫，e_z=z 軸方向的單位矢量。

(a)

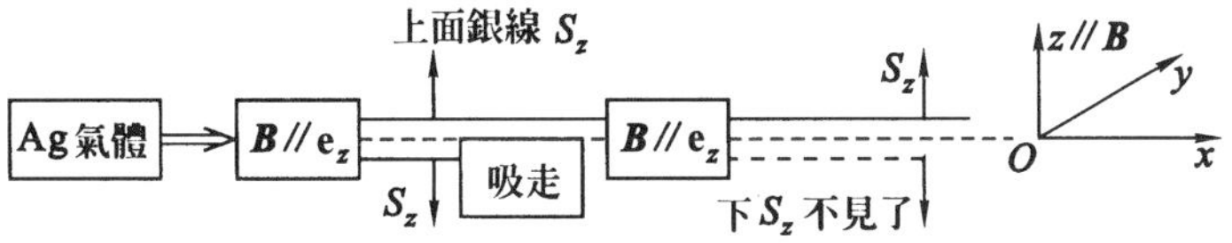

吸走下面的銀線，上面的不動讓它再經過完全一樣的磁場，最後僅得一條上面的銀線，下面的銀線不見了。

(b)

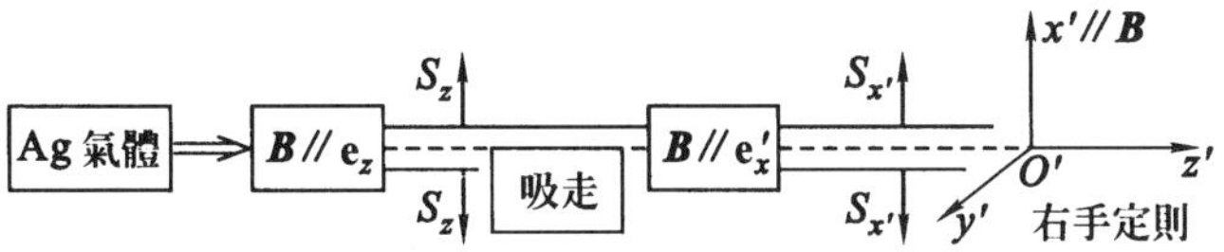

吸走下面的銀線，上面不動，讓它經過依右手定則設置的磁場，B//$e_{x'}$，結果又得兩條銀線。或者是吸走上面的銀線，保持下面不動，然後穿過 B//$e_{x'}$，獲得完全一樣的兩條銀線。

(c)

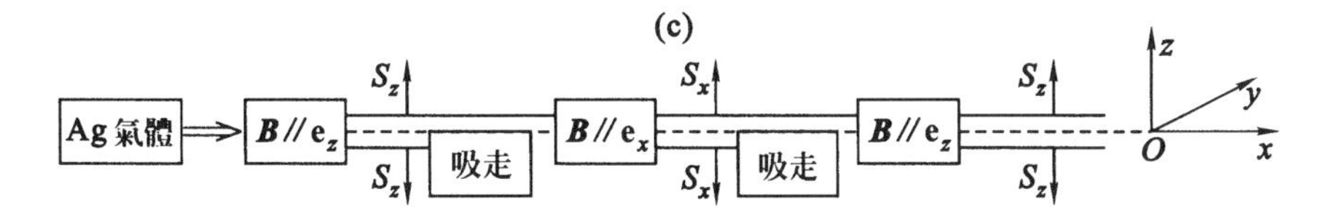

無論磁場如何，和吸走上或下最後仍然得兩條銀線。

(d)

Stern-Gerlach 的組合實驗

圖 10 – 11

Stern-Gerlach歸納如下：『無論磁場向那一方向，兩條銀線的間隔都一樣大小』並且證明了無論是正常或反常 Zeeman 效應，在磁場下分裂的光譜線條間隔都是一樣大小，並且其因次（量綱）都和角動量相同。接著是更有系統的實驗陸續地被發表，例如鹼元素（alkali element：Li（鋰），Na（鈉），K（鉀）……）都呈現兩條，鹼土（alkali earth）元素（Be（鈹），Mg（鎂），Ca（鈣）……）是兩條和三條共存。

如何解釋這些實驗是 1920 年代初葉的大問題之一，幾乎當時的大物理學家都參與討論[8)]，結果是：

如果要統一地說明各元素的光譜，除了 Bohr-Sommerfeld
的三個量子數（n, l, m）之外，還需要一個半整數
量子數 j，最後還要乘上定數「2」。

首先解釋因子「2」的謎的是 Stoner（Edmund Clifton Stoner, 1899 ~ 1968，英國物理學家），他使用殼層模型（shell model）分析週期表上的元素的光譜而獲得[8]：

(1) 電子數等於 2,8,18,32 的原子很穩定，
(2) 因子「2」來自電子有兩個內部自由度，
(3) 電子會把所有的軌道都占滿，各狀態都有一個電子。

當時同樣地使用殼層模型研究鹼和鹼土元素光譜理論的 Pauli（Wolfgang Pauli, 1900 ~ 1958，德國理論物理學家），洞察出 Stoner 的論文內涵，便以殼層模型計算原子的角動量值，在 1924 年底獲得如下結果[8]：

(i) 反常 Zeeman 效應是電子引起的現象，和已形成閉合殼層（closed shell）的電子無關；
(ii) 因子「2」來自沒有經典物理量可對應的、電子的量子論性質的二重性。 （10 − 20a）

翌年 1925 年 1 月從他的殼層模型又歸納出*不相容原理*（exclusion principle）[8]：

兩個或兩個以上的電子的量子數不可能相同 （10 − 20b）

換句話說，「一個狀態最多只能容納一個電子」，他又進一步說：

電子是全同粒子（identical particle），兩個電子互相交換不會得到新狀態 （10 − 20c）

事實上，式（10 − 20a）的(ii)對應 Stoner 的(2)，是來自電子的內稟角動量有兩個空間量子化值（$-\hbar/2$）和（$+\hbar/2$），*不過兩人都沒有表明「電子自旋」是原因*；至於不相容原理式（10 − 20b）便是 Stoner 的(3)，可惜 Stoner 沒有洞察出現象的物理內涵，因而失去了發現劃時代的不相容原理。Stoner 和 Pauli 的以上關係，和 Lorentz-Poincaré 和 Einstein 發現狹義相對論的關係一樣（參見第九章 Ⅰ(B)），眞是一念之差而失去大發現。

Stoner 所得的電子數 2,8,18,32,50 稱爲*原子幻數*（atomic magic number），2 是氦氣（${}_2He_2^4$），8 是氧（${}_8O_8^{16}$），18 是惰性氣體氬（${}_{18}Ar_{22}^{40}$），32 是鍺（${}_{32}Ge_{42}^{74}$），50 是錫（${}_{50}Sn_{70}^{120}$）都是穩定元素。這些幻數剛好等於 $2n^2$，n 是主量子數，1,2,3,4……；n^2 前面的因子「2」來自電子自然的兩個自由度，如果用量子數 m_s 表示，$m_s = \left(+\frac{1}{2}\right)$ 和 $\left(-\frac{1}{2}\right)$，則 Bohr-Sommerfeld 的量子數變成：

$$n = 1,2,3\cdots\cdots$$

$$l = 0,1,2\cdots\cdots, n-1$$
$$m = -l, (-l+1), \cdots\cdots, -1,0,1,\cdots\cdots (l-1), l$$
$$m_s = -\frac{1}{2}, \frac{1}{2}$$

即每個 l 有（$2l+1$）個的 m，由 Pauli 的不相容原理可知，每個 n 的狀態數是：

$$\sum_{l=0}^{n-1}(2l+1) = 1+3+\cdots\cdots+(2n-1) = n^2$$

加上每個電子有量子論性質的二重性，即 Stoner 的電子有兩個內部自由度 m_s，則得：

$$2 \times n^2 = 2n^2$$

順利地得出原子幻數。那麼產生 m_s 的物理量是什麼呢？

按照 Bohr 的原子模型和 Pauli 不相容原理，氦原子（$_2He_2^4$）有兩個電子，它們應該分在 $n=1$ 和 $n=2$ 的能級，但實驗是兩個電子的能量一樣，都在式（10－17d）的 $n=1$ 的能級，這時如使用 Pauli 的式（10－20a），電子有二重性，雖在 $n=1$，卻可以有向下和向上的兩種可能，便解決了 Bohr 原子模型無法解釋的 He 原子的問題。同樣將 Pauli 的式（10－20a）用到 Stern-Gerlach 的實驗，銀有 47 個電子，其殼層模型的電子組態（configuration，參見第七章參考文獻⒂或後面 V 的氫原子）是：

$1s^2$…………… 主層滿
$2s^2, 2p^6$…………… 主層滿
$3s^2, 3p^6, 3d^{10}$……… 主層滿
$4s^2, 4p^6, 4d^{10}$……… 亞層滿
（以上）由式（10－20a）(I)，這些電子和 Zeeman 效應無關

$5s^1$……………… 只有一個價電子，和 Zeeman 效應有關的電子

即 Ag 只有一個價電子，它和外磁場 $\boldsymbol{B}$ 作用下便會分成兩條線，便能順利地解釋反常 Zeeman 效應，但「**電子的二重性**」是怎麼來的仍然未解決？

首先解釋式（10－20a）的「電子的二重性」的是德國專攻物理的學生 Ralph Laer Krönig（當時 1925 年才 20 歲），他說：『Landé-Stoner 的第四個量子數來自電子的內稟轉動（internal rotation of the electron）[8]』，即電子自轉的第四個自由度。電子繞自己的軸旋轉（spin）便得角動量 $\boldsymbol{S}$，它伴隨 Bohr 磁偶矩 $\boldsymbol{\mu}_s = -\frac{e}{2m_e}\boldsymbol{S}$（$\boldsymbol{L}$ 用 $\boldsymbol{S}$ 代替，參見式（7－48a～e）以及第七章參考文獻㉒和外磁場 $\boldsymbol{B}$ 作用下產生取向能 $U = -\boldsymbol{\mu}_s \cdot \boldsymbol{B}$（式（7－49））帶來兩條銀線，兩條銀線僅和 $\boldsymbol{B}$ 的方向有關，順利地說明了 Stern-Gerlach 的圖 10－11 的所有實驗。不過 Krönig 對「電子

自旋」的想法沒有自信，便去請教 Pauli 時，當場算出經典力學圖象的電子自轉速度 v 超過光速 c（參見第七章參考文獻(23)），被 Pauli 責備：『不但違背狹義相對論，而且理論不自洽，量子論和經典力學混在一起……』，結果 Krönig 沒有發表他的這篇文章。另一方面，奧地利物理學家 Ehrenfest（Paul Ehrenfest, 1880 ~ 1933），獨立地同在 1925 年建議他的弟子 Ühlenbeck（George Eugene Ühlenbeck, 1900 ~ 1988，荷蘭出生的美國理論物理學家）和 Goudsmit（Samuel Abraham Goudsmit, 1902 年 ~ 1978，荷蘭出生的美國物理學家）一起研究原子物理的新發展。不久兩人以電子自旋的概念分析反常 Zeeman 效應的兩條線，獲得和 Krönig 一樣的結果（不含電子速度）。兩人高興地和老師 Ehrenfest 討論，Ehrenfest 不但贊許並且鼓勵立即寫成文章由他來投稿，同時要他們去請教 Lorentz 的意見。Lorentz 熱情地接待他們，並且和 Pauli 一樣，從經典物理算出電子的自轉速度超過光速（事實上，Pauli 和 Lorentz 都不應該使用經典力學）；兩人大吃驚趕緊向 Ehrenfest 要回他們的文章，但 Ehrenfest 已把他們的文章送到『自然（nature）』雜誌出版了，於是安慰他們說：『年輕人出點小毛病不要緊，以後有挽回的機會……』。這是 1925 年 10 月之事。到了 12 月「自旋電子」引起的事，被訪問 Bohr 的美國物理學家 L.H.Thomas 使用相對論成功地解決了電子自旋速度小於光速。Ühlenbeck 和 Goudsmit 便成爲發現電子內稟角動量（intrinsic angular momentum），俗稱自旋的物理學家。至於電子自旋絕不是電子繞著固定在空間的軸轉動，而是電子的固有角動量，才稱爲內稟角動量，這個量是使粒子不變成一點（數學的一點）的源，粒子才具有有限大小[9]。經典力學的自旋圖象[9]雖和電子的自旋本質上不同，但也不是構成物理體系的各成分都繞著固定軸轉，繞著固定軸轉是特殊情況。接著我們一起來探討電子自旋的眞面目。

如右圖所示，原子有個約數 fm 到 10fm 的帶正電的核，電子以殼層狀形式圍繞著核不斷地轉動，每一層都有表示其狀態的量子數。代表三維空間的三個獨立自由度有 n, l, m 三個，加上表示電子本身的內稟角動量的內稟自由度 s, m_s，共有五個自由度，故描述原子電子狀態從 Sommerfeld 的 n, l, m 變爲：

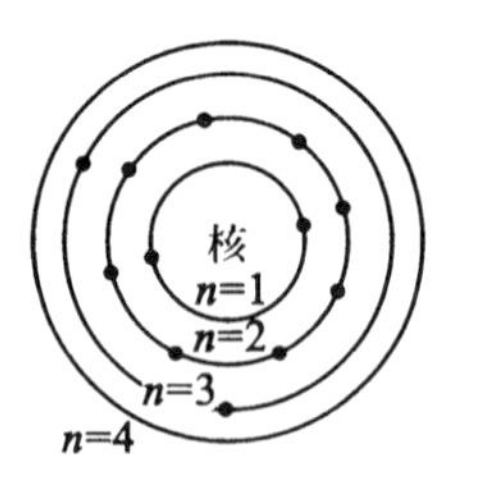

$$\begin{cases} n = 1,2,\cdots\cdots \\ l = 0,1,2,\cdots\cdots(n-1) \\ m = -l,\cdots,0,\cdots,l \\ m_s = -\dfrac{1}{2}, \dfrac{1}{2} \end{cases}$$

$$(n, l, m, s, m_s), \quad 或 (n, l, s, m, m_s)$$

由於自旋量子數 $S = \dfrac{1}{2}$ 是固定值，於是雖然獨立自由度和量子數數目是一致的，

但常省掉 s，以

$$(n, l, m, m_s) \tag{10－21a}$$

或

$$(n, l, j, m_j) \tag{10－21b}$$

四個量子數來描述原子電子的狀態，j 是總角動量 $\boldsymbol{J} = (\boldsymbol{L} + \boldsymbol{S})$ 的量子數，m_j 是 $\boldsymbol{J}$ 的第三成分的 Z 成分 $\boldsymbol{J}_z$ 的量子數。Pauli 的式（10－20a）就這樣地獲得證實；同時依他的不相容原理，週期表順利地完成，預言了新元素後 Pauli 仍然繼續追究電子自旋的眞相，以及自旋的數學表示，終於在1927年成功地找到電子自旋矩陣 $\hat{\boldsymbol{\sigma}}$，俗稱 **Pauli** 矩陣（Pauli matrix）：

$$\hat{\mathrm{S}} = \frac{\hbar}{2}\hat{\boldsymbol{\sigma}} \tag{10－22a}$$

同時光譜線條的等間隔分裂肯定了空間量子化的事實（參見第七章參考文獻 ㉔ 或後面 V 的氫原子）。沒有外磁場 $\boldsymbol{B}$ 作用時，磁量子數 m 和 m_s 是簡併，因爲軌道角動量 $\boldsymbol{L}$ 和內稟角動量 **S** 的方向是取所有的可能。當外磁場進來經過磁偶矩的角動量 $\boldsymbol{L}$ 和 $\boldsymbol{S}$，原子內部磁場 $\boldsymbol{B}_{int}$，產生複雜的耦合（coupling）現象，結果使 m 分裂成 $(-l)\hbar, (-l+1)\hbar, \cdots\cdots, 0\hbar, \cdots\cdots, (l-1)\hbar, l\hbar$ 的 $(2l+1)$ 的奇數條，以及 m_s 分裂成 $\left(\frac{1}{2}\hbar\right)$ 和 $\left(-\frac{1}{2}\hbar\right)$ 的兩條線譜，如圖 10－12。或者是 $\boldsymbol{L}$ 和 $\boldsymbol{S}$ 先耦合 $(\boldsymbol{L} + \boldsymbol{S}) = \boldsymbol{J}$，得總角動量之後再分裂成 $(-j\hbar), (-j+1)\hbar, \cdots\cdots, \left(-\frac{1}{2}\hbar\right), \frac{1}{2}\hbar, \cdots\cdots, j\hbar$ 的偶數線譜現象稱爲空間量子化（spatial quantization），或叫方向量子化。圖 10－12 上的 $|\boldsymbol{S}|$ 是表示自旋 $\boldsymbol{S}$ 的大小，是等於 $\sqrt{\frac{1}{2}\left(\frac{1}{2}+1\right)}\hbar = \frac{\sqrt{3}}{2}\hbar$（來源參閱 V 的氫原子，例如（10－116d）式）。Stern-Gerlach 的 Ag 實驗，Ag 的47個電子中，46個構成閉合殼層，其總角動量爲零，那麼就無法和外磁場 $\boldsymbol{B}$ 相互作用。第四十七個電子的軌道角動量 $\boldsymbol{L}$ 的大小又是0，只剩自旋 $\boldsymbol{S}$。它的磁偶矩和 $\boldsymbol{B}$ 相互作用後，自旋空間量子化成圖 10－12，於是 Ag 在 $\boldsymbol{B}$ 下留下兩條線如圖 10－10。當吸收其中任一條而 $\boldsymbol{B}$ 不變，只剩一條空間量子化線。不過，當你改變 $\boldsymbol{B}$ 的方向，自旋磁偶矩必須重新和 **B** 相互作用，帶來空間量子化現象而得兩條譜線，所以 Stern-Gerlach 的實驗發現了：

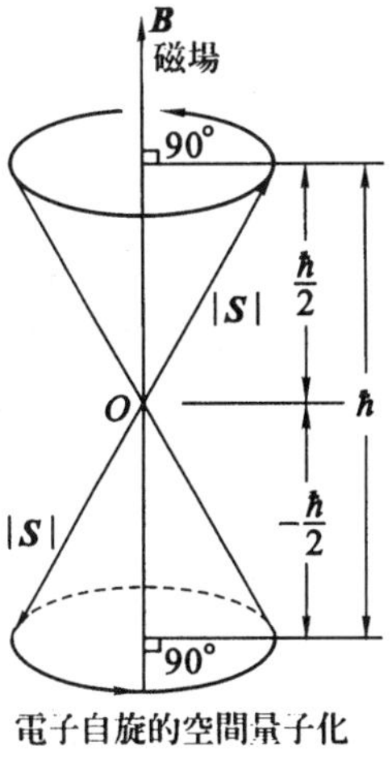

電子自旋的空間量子化

圖 10－12

$$\left\{\begin{array}{l}\text{電子的內稟角動量}\ \mathbf{S}\text{，}\\ \text{其量子數是}\frac{1}{2}\text{，大小是}\sqrt{\frac{1}{2}\left(\frac{1}{2}+1\right)}\hbar=\frac{\sqrt{3}}{2}\hbar\text{，}\\ \text{肯定了空間量子化現象。}\end{array}\right\} \qquad (10-22b)$$

帶來了 Pauli 不相容原理和 Pauli 矩陣（參閱【**Ex.10－5**】）。

1925 年是大豐收年，不但發現電子自旋，Heisenberg（Werner Karl Heisenberg, 1901 ~ 1976，德國理論物理學家）在 1925年4月 ~ 7月之間完成了矩陣量子力學的雛形，然後和 Born（Max Born, 1882 ~ 1970，德國、英國理論物理學家）以及 Jordan（Ernst Pascual Jordan, 1902年 ~ 1980，德國物理學家），以 Born 爲首，三人一起完成了今日所用的矩陣量子力學。大約和 Heisenberg 撰寫矩陣量子力學的同時，奧地利理論物理學家 Schrödinger（Erwin Schrödinger, 1887 ~ 1961）以 de Broglie（Duc Louis Victor de Broglie, 1892 ~ 1987，法國理論物理學家）波，又稱物質波（參見下面 (D)），即**二象性**，**以及疊加原理**（principle of super-position）的線性爲基礎發展波動量子力學。他從 1925 年 12 月到 1926 年 6 月共發表了和波動量子力學有關的七篇論文中，1926年1月的『量子化是本徵値問題 Ⅰ』推導出目前我們所用的波動方程式(參見 Ⅳ(A))，其他論文論述他的波動量子力學，把他的波動方程式實際，應用到氫原子以及當時發生的問題，證明他的波動方程式和 Heisenberg 的矩陣方程式是等質的。Heisenberg 和 Schrödinger 獲得的新力學稱爲**量子力學**（quantum mechanics），這名稱是根據 Born 在 1924 年首次論述大家正在尋找的、**需要量子化**動力學量的新力學稱爲量子力學，而取的名字。Schrödinger 的波動力學是**非相對論量子力學**，其理論**不含電子自旋的自由度**，於是物理學家們又開始尋找彌補這兩缺點的、更完善的理論，終於在 1928 年 Dirac 完成了這項工作，創建了相對論量子力學，涵蓋了牛頓力學的新力學「量子力學」誕生了。兩年後的 1930 年，Dirac 以他的有關量子力學的論文爲基礎，寫了一本到目前仍然是最好的藍本：『量子力學原理（The Principles of Quantum Mechanics）』[10]，內容有不少創新，其中最具代表性的是，爲了溝通 Heisenberg 表象（representation）和 Schrödinger 表象，以右矢量（ket vector）$|\psi\rangle$ 和左矢量（bra vector）$\langle\psi|$，來描述物理體系的狀態。這左右矢量的概念是目前最方便且最受歡迎的、用來探討微觀世界現象的符號[10]。另一個是爲了描述物理狀態的正交歸一化（orthonormalization）而創造的 δ 函數（delta function），此函數的影響深遠，它和變換理論，非連續變量都有關；目前不但是基礎科學，並且工程甚至於數量經濟學都使用它。回顧從 Planck（1900 年）到 Dirac（1928 年）的這段時期，尋找新力學的過程大致如下：

$\begin{pmatrix}\text{Planck}\\ \text{1900、能量子}\end{pmatrix} \Rightarrow \begin{pmatrix}\text{Einstein}\\ \text{1905、光量子}\\ \text{（電磁波的二象性）}\end{pmatrix} \Rightarrow \begin{pmatrix}\text{Bohr-Sommerfeld}\\ \text{1913、角動量量子化}\\ \text{空間量子化}\end{pmatrix}$

$\Rightarrow \begin{pmatrix}\text{Born-Heisenberg}\\ \text{1925、矩陣量子力學}\\ \text{（非相對論）}\end{pmatrix} \Rightarrow \begin{pmatrix}\text{de Broglie-Schrödinger}\\ \text{1924、物質波，1926、波動量子力學}\\ \text{（非相對論）}\end{pmatrix}$

$\Rightarrow \begin{pmatrix}\text{Dirac}\\ \text{1928、相對論量子力學}\end{pmatrix} \Rightarrow$ | 新力學 量子力學誕生 |

【Ex.10－5】 求 Pauli 矩陣 $\hat{\boldsymbol{\sigma}} = (\hat{\sigma}_x, \hat{\sigma}_y, \hat{\sigma}_z)$。

電子內稟角動量 $\boldsymbol{S}$ 的磁偶矩 $\boldsymbol{\mu}_s$ 的半經典公式是式（7－48c）：

$$\boldsymbol{\mu}_s = -g_s \frac{e}{2m_e}\boldsymbol{S}, \quad g_s = 2 + \frac{\alpha}{\pi} - 0.65696\left(\frac{\alpha}{\pi}\right)^2 + \cdots\cdots$$

α 是電磁相互作用的耦合常數（coupling constant），或稱精細結構常數（fine structure constant），m_e ＝電子質量，（$-e$）＝電子電荷。$\boldsymbol{\mu}_s$ 和外磁場 $\boldsymbol{B}_{\text{ext}}$ 相互作用後，電子獲得取向能式（7－49）：

$$U_B = -\boldsymbol{\mu}_s \cdot \boldsymbol{B}_{\text{ext}} = g_s \frac{e}{2m_e}\boldsymbol{S} \cdot \boldsymbol{B}_{\text{ext}}$$

於是電子的自旋 $\boldsymbol{S}$ 便如圖 10－12，圍繞著 $\boldsymbol{B}_{\text{ext}}$ 不斷地旋進或進動（precession）。設 $\boldsymbol{B}_{\text{ext}} /\!/ z$ 軸，則 $\boldsymbol{S}$ 在 $\boldsymbol{B}_{\text{ext}}$ 方向的投影 S_z，由 Stern-Gerlach 的實驗僅有兩個值：

$$\frac{\hbar}{2} \quad \text{和} \quad -\frac{\hbar}{2} \qquad (10-23\text{a})$$

兩個分離值相差 $\left\{\frac{\hbar}{2} - \left(-\frac{\hbar}{2}\right)\right\} = \hbar$，並且自旋 $\boldsymbol{S}$ 的大小等於 $\frac{\sqrt{3}}{2}\hbar$。如何把這些物理現象定量且簡單地表示出來呢？物理是導航，實驗往往會給我們靈感。首先注意到的是：

(i) U_B 是分離值（discrete value），故可以使用矩陣（matrix）；

(ii) 角動量是個矢量，所以自旋 $\boldsymbol{S}$ 是個矢量，故有分量；

(iii) $\boldsymbol{S}$ 和有三個分量的外磁場 $\boldsymbol{B}_{\text{ext}}$ 構成標積後產生標量，

$\therefore$　$\boldsymbol{S}$ 有三個分量，設爲（S_x, S_y, S_z）

(iv) 從圖 10－11(c)和 10－11(d)，$\boldsymbol{S}$ 的三個分量當中只有平行於 $\boldsymbol{B}_{\text{ext}}$ 的分量受到約束，當 $\boldsymbol{B}_{\text{ext}} /\!/ z$ 軸，則只有 S_z 受到約束而呈現式（10－23a）的兩個值：

$$\therefore \quad S_z = 2\text{行}2\text{列矩陣} \qquad (10-23b)$$

1926年 **Heisenberg-Born-Jordan** 已完成了矩陣力學，對應於經典力學的轉動生成元（generator）角動量 $\boldsymbol{J}$ 的分量間有如下關係（量力時變成算符，故戴上記號「^」）：

x　y　z

$$\hat{J}_x\hat{J}_y - \hat{J}_y\hat{J}_x \equiv [\hat{J}_x, \hat{J}_y] = i\hbar\hat{J}_z$$

那麼，同樣是角動量的電子自旋 $\boldsymbol{S}$ 也該有同樣的關係：

$$[\hat{S}_x, \hat{S}_y] = i\hbar\hat{S}_z \qquad (10-23c)$$

分量的右下指標可照右圖，順時針方向取向。從式（10−23a）和（10−23b）設：

$$\hat{S}_z \equiv \begin{pmatrix} \hbar/2 & 0 \\ 0 & -\hbar/2 \end{pmatrix} = \frac{\hbar}{2}\begin{pmatrix} 1 & 0 \\ 0 & -1 \end{pmatrix} \equiv \frac{\hbar}{2}\hat{\sigma}_z \qquad (10-23d)$$

同樣地，設：　$\hat{S}_x \equiv \frac{\hbar}{2}\hat{\sigma}_x,\ \hat{S}_y \equiv \frac{\hbar}{2}\hat{\sigma}_y$, 或 $\hat{\boldsymbol{S}} \equiv \frac{\hbar}{2}\hat{\boldsymbol{\sigma}}$　　(10−23e)

則式（10−23c）的演算可用無量綱量的 $\hat{\boldsymbol{\sigma}}$ 來代替演算。從式（10−23d）得：

$$\hat{\sigma}_z^2 = \begin{pmatrix} 1 & 0 \\ 0 & -1 \end{pmatrix}\begin{pmatrix} 1 & 0 \\ 0 & -1 \end{pmatrix} = \begin{pmatrix} 1 & 0 \\ 0 & 1 \end{pmatrix} \equiv \mathbf{1} = \text{單位矩陣} \qquad (10-23f)$$

同樣，可以假設：

$$\hat{\sigma}_x^2 = \mathbf{1}, \quad \hat{\sigma}_y^2 = \mathbf{1} \qquad (10-23g)$$

由式（10−23c）和（10−23e）得：

$$[\hat{\sigma}_x, \hat{\sigma}_y] = 2i\hat{\sigma}_z \qquad (10-23h)$$

從左邊乘 $\hat{\sigma}_x$，則上式變成：

$$\hat{\sigma}_x^2\hat{\sigma}_y - \hat{\sigma}_x\hat{\sigma}_y\hat{\sigma}_x = \hat{\sigma}_y - (2i\hat{\sigma}_z + \hat{\sigma}_y\hat{\sigma}_x)\hat{\sigma}_x = -2i\hat{\sigma}_z\hat{\sigma}_x = 2i\hat{\sigma}_x\hat{\sigma}_z$$

$$\therefore \quad \hat{\sigma}_x\hat{\sigma}_z + \hat{\sigma}_z\hat{\sigma}_x = 0$$

當 $\hat{\sigma}_z$ 等於 $\hat{\sigma}_x$，上式該變成 $2\hat{\sigma}_x^2 = 2\times\mathbf{1}$，於是得如下關係式：

$$\hat{\sigma}_i\hat{\sigma}_j + \hat{\sigma}_j\hat{\sigma}_i \equiv \{\hat{\sigma}_i, \hat{\sigma}_j\} = 2\delta_{ij}\mathbf{1}, \quad \delta_{ij} = \begin{cases} 0 \cdots\cdots i \neq j \\ 1 \cdots\cdots i = j \end{cases} \qquad (10-23i)$$

$i, j = 1, 2, 3$，對應地代表 x, y, z，從式（10−23h）和（10−23i）得：

$$\hat{\sigma}_i\hat{\sigma}_j = i\in_{ijk}\hat{\sigma}_k + \delta_{ij}\mathbf{1} \qquad (10-23j)$$

$\in_{ijk}$ 稱爲置換符號（permutation symbol）或稱 **Levi−Civita** 符號，

它是：

$$\in_{ijk}=\begin{cases}0\cdots\cdots\cdots\text{任意兩個相同}\\1\cdots\cdots\cdots\text{偶數次置換}\quad\text{但順次必是}\\-1\cdots\cdots\cdots\text{奇數次置換}\end{cases}$$

1 (x) → 2 (y) → 3 (z) → 1 (x)

利用式（10−23f）和（10−23j）來求 $\hat{\sigma}_x$ 和 $\hat{\sigma}_y$ 的具體形式，設：

$$\hat{\sigma}_x=\begin{pmatrix}a & b\\ c & d\end{pmatrix},\ \hat{\sigma}_y=\begin{pmatrix}a' & b'\\ c' & d'\end{pmatrix}$$

$$\therefore\quad \hat{\sigma}_x\hat{\sigma}_z=-i\hat{\sigma}_y$$

$$=\begin{pmatrix}a & b\\ c & d\end{pmatrix}\begin{pmatrix}1 & 0\\ 0 & -1\end{pmatrix}=\begin{pmatrix}a & -b\\ c & -d\end{pmatrix}=-i\begin{pmatrix}a' & b'\\ c' & d'\end{pmatrix}$$

$$=\begin{pmatrix}-ia' & -ib'\\ -ic' & -id'\end{pmatrix}$$

$$\therefore\quad \begin{cases}a=-ia'\\ b=ib'\\ c=-ic'\\ d=id'\end{cases}\qquad (10-24a)$$

又從式（10−23g）得 $\hat{\sigma}_x^2=\begin{pmatrix}a & b\\ c & d\end{pmatrix}\begin{pmatrix}a & b\\ c & d\end{pmatrix}=\begin{pmatrix}a^2+bc & ab+bd\\ ac+bc & bc+d^2\end{pmatrix}$

$$=\begin{pmatrix}1 & 0\\ 0 & 1\end{pmatrix}$$

$$\therefore\quad \begin{cases}a^2+bc=1\\ ab+bd=0\\ ac+dc=0\\ bc+d^2=1\end{cases}\qquad (10-24b)$$

解式（10−24a）和（10−24b）得下列兩套解答：

$$\left.\begin{matrix}a=0, & b=1, & c=1, & d=0\\ a'=0, & b'=-i, & c'=i, & d'=0\end{matrix}\right\}$$

$$\to\hat{\sigma}_x=\begin{pmatrix}0 & 1\\ 1 & 0\end{pmatrix},\ \hat{\sigma}_y=\begin{pmatrix}0 & -i\\ i & 0\end{pmatrix}\qquad (10-24c)$$

$$\left.\begin{matrix}a=0, & b=i, & c=-i, & d=0\\ a'=0, & b'=1, & c'=1, & d'=0\end{matrix}\right\}$$

$$\to\hat{\sigma}_x=\begin{pmatrix}0 & i\\ -i & 0\end{pmatrix},\ \hat{\sigma}_y=\begin{pmatrix}0 & 1\\ 1 & 0\end{pmatrix}\qquad (10-24d)$$

即從純數學有兩組解，那麼要採用那一套呢？**判斷完全由物理來決定**。內稟角動量是一種角動量，而角動量在經典力學已有完整的數學描述框架。角動量是可測量的物理量，故根據我們的三寶，其值必須實量。角動量描述轉動，對應到座標變換的生成元（generator），是量力的轉換算符，描述眞實的轉動必得實量。經典力學描述剛體轉動現象的 Euler（Leonhard Euler, 1707 ~ 1783，瑞士數學和物理學家）角的核心轉動軸之一是 y 軸，故爲了對 y 軸的轉動得實量必須取式（10 – 24c），所以得：

$$\boxed{\hat{\sigma}_x = \begin{pmatrix} 0 & 1 \\ 1 & 0 \end{pmatrix}, \quad \hat{\sigma}_y = \begin{pmatrix} 0 & -i \\ i & 0 \end{pmatrix}, \quad \hat{\sigma}_z = \begin{pmatrix} 1 & 0 \\ 0 & -1 \end{pmatrix}} \qquad (10-24e)$$

式（10 – 24e）稱爲 **Pauli 矩陣**。電子自旋算符是，$\hat{\boldsymbol{S}} = \frac{\hbar}{2}\hat{\boldsymbol{\sigma}}, \hat{\boldsymbol{\sigma}}$ = 純演算用，和物理無關。$\hat{\boldsymbol{\sigma}}$ 的性質是式（10 – 23g, h, i, j），並且從式（10 – 23g）可得：

$$\hat{\boldsymbol{S}}^2 = \frac{\hbar^2}{4}(\hat{\sigma}_x^2 + \hat{\sigma}_y^2 + \hat{\sigma}_z^2) = \frac{3}{4}\hbar^2\mathbf{1}$$

使得電子自旋大小等於$\frac{\sqrt{3}}{2}\hbar$，和實驗一致。

(D) de Broglie 波[2,6]

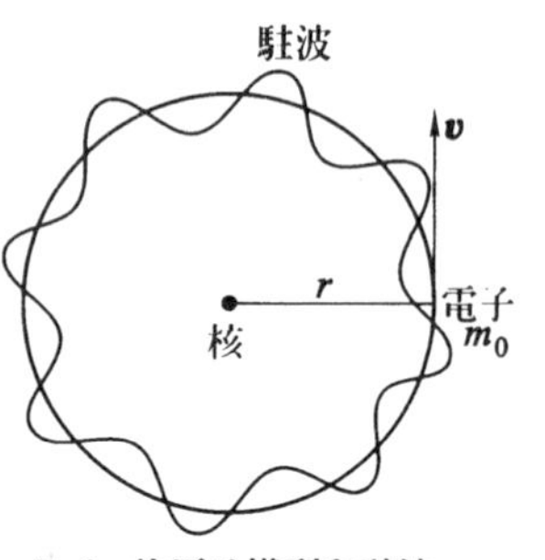

Bohr 的原子模型和駐波

圖 10 – 13

電磁波的波粒性在 1887 年肯定電磁波之後就引起物理界關心，那時的粒子性和 1905 年 Einstein 爲了解決光電效應提出的光量子的粒子性不同。前者是有慣性的粒子，後者是無慣性的粒子（參見 Ⅱ(D)）。Einstein 的光子概念不但成功地解決了光電效應，並且能解釋物體的輻射和吸收現象，於是他的電磁波的二象性想法衝擊了當時正在尋找新力學理論的物理界。本來學歷史的 de Broglie（Duc Louis Victor de Broglie 1892 ~ 1987 法國理論物理學家）受到環境，以及物理學家的哥哥的影響，立志研究量子論。爲了使光量子的粒子性和波動性的：

干涉、繞射、色散等

現象調和，著手研究分析力學和波動論間的類似性，以及幾何光學和波動光學的關係。如圖 10 – 13，de Broglie 把 Bohr 的穩定原子態式（10 – 17d）和波動的駐波（參見【**Ex.5 – 9**】）對應起來。設原子半徑等於 r，電子靜止質量 = m_0，圍繞核的速

度 $= \boldsymbol{v}$，駐波的波長 $= \lambda$，則形成駐波時圓周 $2\pi r$ 必等於 λ 的整數倍：

$$2\pi r = n\lambda, \quad n = 1,2,\cdots\cdots \qquad (10-25a)$$

另一方面電子的轉動是量子化的式（10 – 17b）：

$$L = m_0 r v = n\frac{h}{2\pi}, \quad n = 1,2\cdots\cdots \qquad (10-25b)$$

從式（10 – 25a）和（10 – 25b）消去 n 得：

$$m_0 r v = \frac{2\pi r}{\lambda}\frac{h}{2\pi}, \qquad \therefore \boxed{m_0 v = P（動量）= \frac{h}{\lambda}} \qquad (10-25c)$$

式（10 – 25c）是隱含在 de Broglie 的博士論文內，在 1924 年 11 月拿學位之前，先在 1924 年 4 月，由他的博士論文指導教授 Langevin（Paul Langevin, 1872 ~ 1946，法國物理學家）公布於衆。雖首次使用式（10 – 25c）的是 Compton（參見 II(E)），他爲了分析自己的實驗引入 $P = h/\lambda$，但開始著手研究粒子（如電子）的運動伴隨著波動的是 de Broglie。他從 1920 年先研究有粒子性的光子來解釋波動的特性：干涉和繞射，接著研究電子運動伴隨波動而得相速（phase velocity 參見第 5 章 II(B)），所以才稱式（10 – 25c）爲 de Broglie 關係式。所以：

$$\left.\begin{array}{l}\text{電子不但有粒子性還有波動性，}\\ \text{其波長}\lambda\text{、頻率}\nu\text{是}\ \lambda = \dfrac{h}{P}, \nu = \dfrac{E}{h}\end{array}\right\} \qquad (10-26)$$

P 和 E 分別爲電子動量和總能，de Broglie 自己稱這種粒子的另一種表象的波動爲相波（phase wave），通常稱爲 **de Broglie** 波或物質波（matter wave，是 1926 年 Schrödinger 首次稱呼的名詞）。1925 年 Schrödinger 獲得式（10 – 26）的消息後立即研究 de Broglie 的博士論文，終於導致他獲得波動力學的靈感，而做實驗的學者便開始驗證物質波。de Broglie 關係式（10 – 25c）的另種導法請參閱附錄 G 的 IV。

(E) Davison – German – G.P.Thomson 的實驗

de Broglie 提出物質波後，不少人想用電子來驗證其波動性。由於實驗必須在高眞空腔內做，在 1920 年代抽高眞空是高難度的技術。1927 年美國貝爾電話研究所的 Davison（Clinton Joseph Davison, 1881 ~ 1958，美國實驗物理學家）和他的同事 L.H.Germer 使用如圖 10 – 14(a) 的裝置獲得圖 10 – 14(b) 之繞射紋。F 是燈絲，產生電子用的，電子經過可變電源 V 後再經狹縫 S 聚集。獲得動能 eV 的電子垂直地射到鎳（$_{28}$Ni）單晶體散射，D 是探測器（detector），是斂集被 Ni 散射來的電子，結果是：

(1) 不是任意散射角 θ 都能得漂亮的圖 10 – 14(b)，θ 有選擇性，類似第八章的光的干涉、繞射現象那樣，Davison-German 的實驗在 $\theta = 50°$ 時得到的圖最好。

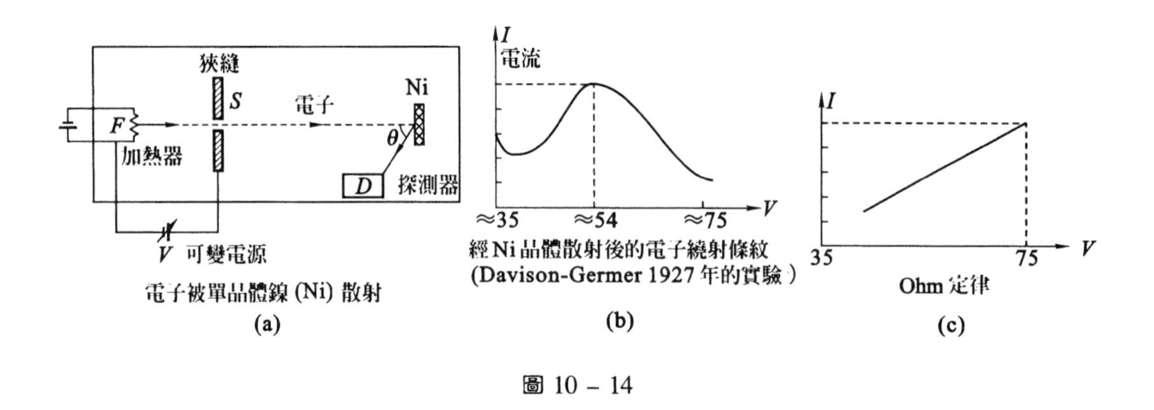

電子被單晶體鎳 (Ni) 散射
(a)

經 Ni 晶體散射後的電子繞射條紋
(Davison-Germer 1927 年的實驗)
(b)

Ohm 定律
(c)

圖 10－14

(ii) 電流 I 不會如圖 10－14(c) 地正比於電壓 V（式（7－25b））而是得圖 10－14(b)。以上這兩個事實是無法使用電子是粒子來說明，必須把電子看成波動才能解釋。後來 Davison-Germer 把電子強度降到幾乎僅有一個電子經過圖 10－14(a) 的 S，然後經非常長的時間斂集散射電子，仍然得圖 10－14(b)。同 1927 年英國實驗物理學家 G.P.Thomson（George Paget Thomson, 1892 ~ 1975, J.J.Thomson 的兒子）獨立地使用高能量電子穿透金屬薄片的實驗時，同樣發現繞射現象。這些實驗證明了 de Broglie 所提出的：

『構成物質的最小單位的粒子，如電子有波動性的一面，物質波的存在』。

三年後的 1930 年 Stern, Frisch（Otto Robert Frisch, 1904 ~ 1979，奧地利、英國物理學家）和 Estermann 使用氟化鋰（LiF）晶體來散射氫（${}_1\mathrm{H}_0^1$）和氦（${}_2\mathrm{He}_2^4$）而獲得繞射條紋，在 1945 年 Fermi（Enrico Fermi, 1901 ~ 1954，義大利理論和實驗物理學家），Marshall 和 Zinn 成功地拍攝到如右圖的中子和 X 射線經氯化鈉（NaCl）繞射的比較圖。進一步驗證了構成物質的基本粒子確實有波動性。再也沒有人懷疑 de Broglie 波的存在，所以不但電磁波有二象性，粒子（物質）也有波粒二象性式（10－26）。電子、氦氣、中子、氫等都是微觀世界的對象，和日常生活的宏觀世界的對象差得太遠了，如何處理確實是很大的挑戰。

X 射線繞射圖，中間暗，周圍有規則的亮點。

中子繞射圖，中間亮，且外有一個亮圈和周圍的有規則亮點。

【Ex.10－6】 使用經典力學的動能 $K.E.$ 和動量 $\boldsymbol{P}$ 的關係 $K.E. = \dfrac{P^2}{2m}$，求動能各爲 1MeV 和 10MeV 的電子和中子的 de Broglie 波長。那麼質量 = 0.1kg 速度大小 $|\boldsymbol{v}| = 15\mathrm{m/s}$ 的網球的 de Brogliae 波長是多少？中子質能 $m_nc^2 = 939.5731$ MeV，電子是 $m_ec^2 = 0.5099906$ MeV, $\hbar c = 197.327053$ MeV·fm。

$$\lambda = \frac{h}{P} = \frac{h}{\sqrt{2mK.E.}} = \frac{2\pi\hbar c}{\sqrt{2mc^2K.E.}}$$

① 中子的 de Broglie 波長 $\lambda_n = \frac{2\pi \times 197.327053}{\sqrt{2 \times 939.5731 \times 10}}\text{fm} \doteq 9.045\text{fm}$

$\doteq 1 \times 10^{-4}\text{Å}$

② 電子的 de Broglie 波長 $\lambda_e = \frac{2\pi \times 197.327053}{\sqrt{2 \times 0.5099906 \times 1}}\text{fm} \doteq$

$1227.638\ \text{fm} \doteq 1.2 \times 10^{-2}\text{Å}$

③ 網球的 de Broglie 波長 $\lambda = \frac{h}{P} = \frac{h}{mv} = \frac{6.6260755 \times 10^{-34}\text{J} \cdot \text{s}}{0.1\text{kg} \times 15\text{m/s}}$

$\doteq 4.417 \times 10^{-19}\ \text{fm} \doteq 4 \times 10^{-24}\text{Å}$

$$\therefore \quad \frac{\lambda}{\lambda_n} \doteq 4.6 \times 10^{-20}, \qquad \frac{\lambda}{\lambda_e} \doteq 3.4 \times 10^{-22}$$

顯然，在宏觀世界 de Broglie 波長小到無法觀察到波動性，故討論 de Broglie 波是沒有意義的。

練習題

(1) 使用 Planck 的能量子概念，說明火焰顏色隨著溫度的升高從紅色變到淡藍色的過程。

(2) 從式（10－6b），什麼情形下〈ε（ν）〉會等於經典物理的能量均分律 kT？

(3) 什麼叫量子化？在經典物理有沒有類似的物理量或現象？

(4) 比較 Planck 的能量子，Einstein 的光量子和 N. Bohr 的氫原子能級 E_n。

(5) 在光電效應，如電子是自由電子能不能得式（10－11b），而 Compton 效應的電子不是自由電子時式（10－12e）成不成立？

(6) 核子是以交換介子來相互作用，當核子相互靠得較近時交換的介子是比較重，如核子交換的是 ρ 介子，其質量能 $m_\rho c^2 \doteq 784$ MeV，仿【**Ex.10－4**】求相互作用矩的數量級。$\hbar c \doteq 197.327053$ MeV・fm。

(7) 使用式（10－17f）和（10－17g）求氫原子的 Balmer 和 Lyman 系列頭條線譜的波長。

(8) Rutherford 散射角微分截面（angular differential cross-section）$d\sigma/d\Omega$ 趨近於 ∞，當散射角 $\theta \to 0°$，這現象是違背了我們的三寶原則，你想（參考附錄(H)的推導過程）爲什麼會導致這種非物理的結果？

⑼ 點狀電荷 Ze 和（ $-e$ ）之間的庫侖力是 $-\frac{1}{4\pi\varepsilon_0}\frac{Ze^2}{r^3}\boldsymbol{r}$，$Z$ = 原子序數，r = 兩點狀電荷間之距離。求勢能 U 後在右圖上用圖說明 Bohr 模型的動能及總能 En。

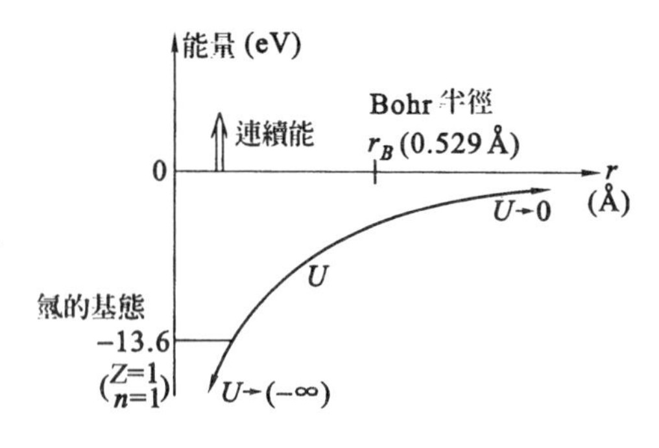

⑽ 氫分子是由兩個氫原子組成的 H_2，凡粒子要變成束縛態時，正如電子和氫核結合成束縛態的氫原子時，釋放能量才得穩定的基態 $E_{n=1}$ = -13.6eV 一樣，都會釋放一些能量，稱爲結合能（binding energy）；① 那麼 H_2 的基態能是正還是負？② 估計一下要游離基態 H_2 的一個電子大約要多少能量？（注意，基態能和結合能不同）。

（提示：每個電子受到兩個氫核的引力，兩個電子之間有斥力）

⑾ 假定用除了電荷相反外，其他完全和電子相同，即同質量同自旋的粒子，稱正電子（positron）取代氫原子核的質子，估計這個束縛態的基態能。這種束縛態粒子稱爲電子偶素（positronium）。（提示：核和電子變成同質量，顯然核無法固定不動了）。

⑿ 水銀 ${}_{80}\mathrm{Hg}^{194}_{114}$ 的 80 個電子，依照獨立粒子模型，量子數$\left(n, l, \frac{1}{2}, m, m_s\right)$指定的各態上的電子是（說明請參見第七章參考文獻 ⒂，或後面 V(B) 氫原子）：

$1s^2$

$2s^2, 2p^6$

$3s^2, 3p^6, 3d^{10}$

$4s^2, 4p^6, 4d^{10}, 4f^{14}$　　↑ 以上主殼層滿

$5s^2, 5p^6, 5d^{10}$　　亞殼層滿

$6s^2$　　亞殼層滿

$6s^2$ 的兩個電子是參與化學反應的價電子，也是獨立粒子模型用來計算能級用的電子。①Franck-Hertz 的實驗激發的是那個亞殼層電子？② 電子躍遷到圖 10 −（9c）的 E_1, E_2, E_3 時，按照上述電子的組態，被激發的電子可能會躍遷到那些組態呢？（水銀的亞殼層電子太多，相互作用下能級相當複雜，約有 600 條，在這裡是以獨立粒子模型做練習而已，$6s^2$ 以外的空層是 $6p, 7s, 5f$ 等）。

Ⅳ. 非相對論波動力學運動方程式

從 (Ⅱ) 和 (Ⅲ) 大約肯定了下列事實：

(Ⅰ) 在微觀世界，如電子、原子、原子核等，動力學量的能量 E，角動量 $\boldsymbol{L}$ 等都需要量子化，那麼如何從基本原理得到這些分立（discrete）物理量呢？

(Ⅱ) 微觀世界，粒子不但有粒子性：質量 m、電荷 q、能量 E、動量 $\boldsymbol{P}$ 等物理量的一面，又有波動性：波長 λ、頻率 ν、相速、干涉、繞射等現象的一面，即有二象性。那麼如何才能獲得滿足二象性的微觀世界理論呢？如何創造內涵 de Broglie 關係式 $\lambda = h/P, \nu = E/h$ 的理論呢？

對於離散頻率 ν，在經典力學的振動物體，像有「邊界條件」的氣管、弦、薄膜（membrane）等的振動頻率是分立值，不過不是從量子化來的，和 $E = nh\nu$ 有本質上的差異，因宏觀世界沒有 Planck 常量 h 的介入，也沒有類似微觀世界的 Planck 常量 h 的功能的普適常數。宏觀世界的分立值 ν 來自邊界條件，於是唯一可利用的是「邊界條件」這個觀念。例如「電子被氫原子核束縛」構成束縛態，暗示電子被關住的，是有邊界。於是對於(Ⅰ) 經典力學不是完全無緣，那麼經典力學的哪一部分有用呢？至於(Ⅱ) de Broglie 的二象性除了電磁波以外，在經典力學是完全找不到對應的物理量，非得創造或有新發現。故從 1920 年代初葉開始，物理學家們努力尋找內涵「量子化」和「二象性」的新力學。最先找到這新力學的是 24 歲的德國青年物理學家 Heisenberg（1925 年夏天）的矩陣量子力學，接著是奧地利物理學家 Schrödinger（1926 年 1 月）的波動力學。兩人的內容是同質，只是表象不同而已。Schrödinger 的表象較容易看出物理含義，並且演算也較容易接近，所以在下面僅介紹 Schrödinger 的波動力學。

Heisenberg 的矩陣力學也好，Schrödinger 的波動力學也好，都是處理如電子、原子、分子、原子核等的微觀世界問題，內涵二象性和量子化的理論體系，稱它為量子力學。量子力學所處理的物理體系，粒子數必須守恆；像輻射、放射、吸收、衰變等問題，由於粒子數不守恆，必須推廣量子力學讓它包含場，即需要量子場論（quantum theory of fields）。完成量子力學的 1928 年 Dirac 首先著手量子場論的工作，接著是 Heisenberg 和 Pauli 在 1929 ~ 1930 年完成了量子場論的基礎理論，在量子場論物質的二象性是必然的結果，自然的現象。量子力學和量子場論幾乎涉及到基礎科學的所有領域：物理、化學、生物學、天體物理等，甚至於和數學都有密切的互動。為了幫助瞭解，在表 10 - 1 中勉強地把經典力學和量子力學加以比較。

表 10 - 1

	經典力學	量子力學
數學工具	微積分（含偏微分）	微積分（含偏微分），變換理論，一些抽象數學
空間	有限座標軸空間， 【**Ex**】Euclid 空間	無限座標軸空間， 【**Ex**】Hilbert 空間
動力學量	能量 E，　動量 $\boldsymbol{P}$，　位置 $\boldsymbol{r}$	$E, \boldsymbol{P}, \boldsymbol{r}$ 變爲線性算符
本性	沒有二象性 粒子：質量 m，　電荷 q，　能量 E，　動量 $\boldsymbol{P}$，　位置 $\boldsymbol{r}$ 波動：波長 λ，　頻率 ν，　相速 $\boldsymbol{v}$，　群速 $\boldsymbol{v}_g$	有二象性， 粒子與波動量經 Planck 常數相互關連： $\lambda = h/P$，　$\nu = E/h$ 除了普適常數光速 c 外，沒有速度算符
運動方程式	實量（real quantities） 線性微分方程式爲基礎	一般地是複數量（complex quantities）， 線性微分方程式爲出發點
測量	依據需要能觀測到所需的正確度	受到觀測方法的影響，且對一組自伴算符（self adjoint operator）的正則物理量，必受到 Heisenberg 測不準原理的制約
對象	宏觀世界 宏觀世界線度約 $\geqslant 10^8$ 微觀世界線度	微觀世界 planck 常數 h 扮演主角

在量子力學，一般地說，力學量的觀測結果是概率值，如能觀測的力學量是 A，在量子力學它是自伴算符 $\hat{A}$，只能觀測到 $\hat{A}$ 的本徵值（eigenvalue）a（參見式（10 - 54）），所以觀測後物理體系必在 $\hat{A}$ 的本徵態（eigenstate）$|A\rangle$，表示如下：

$$\hat{A}\,|A\rangle = a\,|A\rangle \qquad (10-27)$$

式（10 - 27）稱爲 $\hat{A}$ 的本徵值方程式（eigenvalue equation）。對於一組不能對易，即作用順序不能顚倒，就是無法同時觀測的自伴正則力學量 $\hat{A}$ 和 $\hat{B}$，其觀測值必受到下述限制：

$$\Delta A \Delta B \geqslant \frac{1}{2}\hbar \qquad (10-28)$$

$\hbar \equiv \dfrac{h}{2\pi}$，$\Delta A \equiv \sqrt{\langle (\hat{A} - \langle \hat{A} \rangle)^2 \rangle}$，$\langle \hat{A} \rangle$ = 線性算符 $\hat{A}$ 的期待值（expectation value，參見下面(B)(4)），式（10－28）稱爲 Heisenberg 測不準原理。進一步內容參見(D)(3)。自從 Heisenberg 和 Schrödinger 從 1925 年夏天到 1926 年初創立量子力學後，在 1920 年代後半葉到 1930 年代初葉，量子力學很快地獲得物理學家們的肯定。原因是量子力學能解決過去累積的實驗，例如順利且漂亮地解決了氫原子光譜和躍遷問題，配上 Pauli 不相容原理後，完成了更完整的週期表，以及預測未找到的元素的物理化學性質，電子自旋自然地進入相對論量子力學理論內，同時預言了反粒子（anti-particle）的存在，並且按照預測順利地發現了反粒子，如 1932 年找到正電子（positron）；甚至於能定量地算出 α 粒子的衰變過程。過去的牛頓力學和 Maxwell 的電磁學是，從實驗一步一步地建立理論殿堂，量子力學完全不是，是藉助數學從理論架構往實驗方向進行的發展過程：

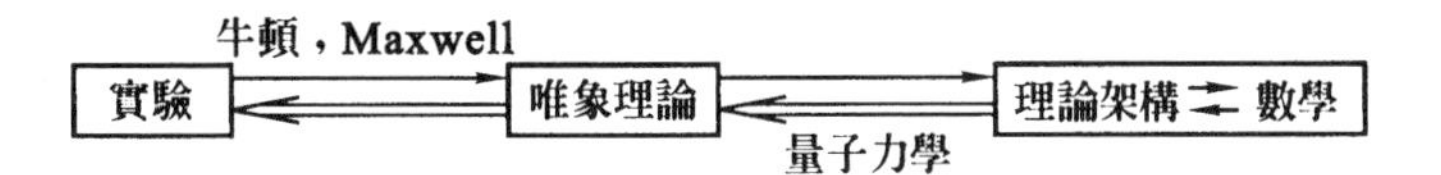

到目前（1998 年 11 月）爲止，量子力學的理論框架在微觀世界，一直到 10^{-15} 米的線度，不但尚未遇到任何困難，並且應用範圍越來越廣。相信在 21 世紀量子力學的內涵以及處理問題的方式，必將成爲日常生活不可或缺的一部分，接著介紹這方面的最起碼的常識。

(A) 推導 Schrödinger 波動方程式[4,11]

首先介紹 Schrödinger 的波動力學的原論文：『Quantization as a Problem of Proper Values（量子化是本徵值問題）（Part I）』，是篇充滿啓發性的論文。現在讓我們一起來共享 Schödinger 創造理論的過程，然後介紹通俗和經典物理有密切關係、較容易了解的推導法。Schödinger 是和那有名的經典統計力學的創始祖 Boltzmann（Ludwig Edward Boltzmann 1844 年 2/20 ~ 1906 年 9/5 奧地利物理學家），同屬維也納大學，是 Boltzmann 的崇拜者，相信受到 Boltzmann 遺留的影響不少。當 de Broglie 發表有關物質的雙象性（二象性）理論時，他剛好在瑞士，是 Zülich 大學的教授，立刻被 de Broglie 理論吸引住。在經典力學能解釋光的波動現象，又能用來解決粒子運動的理論是，分析力學內的 Hamilton Jacobi 理論[12]，於是 Schrödinger 使用了穩定態 Hamilton Jacobi 方程式：

$$H\left(q, \frac{\partial S}{\partial q}\right) = E \qquad (10-29)$$

H = Hamilton 函數，是描述物理體系的力學狀態的函數，E = 物理體系的總能，q

= 一般座標（指定位置用的座標，可帶長度量綱，也有不帶量綱的，如角度），S 是帶作用（action）量綱的作用函數，即 S 的量綱 $[S]$ =（能量）×（時間）。**關鍵是如何來尋找作用函數 S**，也許（我們猜想）Schrödinger 從他的崇拜者 Boltzmann 的原理：

$$\boldsymbol{S} = k\ln W \qquad (10-30)$$

$\boldsymbol{S}$ = 熵（參見第六章 Ⅳ(F)）k = Boltzmann 常數，W = 物理體系的狀態和，獲得靈感，Schrödinger 採取如下的作用函數：

$$S \equiv \kappa\ln\psi \qquad (10-31)$$

式（10－31）**確實是突破，是 Schrödinger 的創造，洞察力的結晶**，不得不令我們叫聲「棒極了」。在這裡要提醒大家的是，Planck 的突破也用了 Boltzmann 原理（參見式（10－6b）下面的說明及式（10－6c））。

接著 Schrödinger 從物理角度來解釋式（10－31）的各量，和設立解運動方程式用的要求，κ 應該和 S 同量綱 $[\kappa] = [S]$ =（能量）×（時間）= [Planck 常數 h]，對數函數「ln」是大家共用函數，不應該有量綱，故 ψ = 無量綱量，是描述物理體系的狀態函數，並且要求 ψ 和能量 E 必須滿足下述物理條件：

$$\psi = \begin{cases} \text{實函數} \\ \text{有限值} \\ \text{單值（single valued）函數} \\ \text{可微分到二階（second order）的連續函數} \end{cases} \qquad (10-32a)$$

$$E = \begin{cases} \text{自由粒子時 } E \text{ 是正值並且連續量} \\ \text{束縛態粒子時，} E \text{ 是負值，且是分立量（discrete quantities）} \end{cases} \qquad (10-32b)$$

式（10－32a）的實函數是因爲 ψ 爲對數函數，有限值是物理的要求，「可微分到二階」，可能從經典物理的運動方程式是時間或空間的二階微分來的靈感，至於式（10－32b）可能來自 Bohr 和 Rutherford 的結果的靈感。從式（10－31）得 $\frac{\partial S}{\partial q} = \frac{\kappa}{\psi}\frac{\partial\psi}{\partial q}$ = 一般動量 P；q 的量綱等於長度時 P 是動量，其量綱 $[P]$ =（質量）×（速度），q = 無量綱量時，P 是角動量，其量綱是（長度）乘（質量）乘（速度），將 $\frac{\partial S}{\partial q}$ 代入式（10－29）得：

$$H\left(q, \frac{\kappa}{\psi}\frac{\partial\psi}{\partial q}\right) = E \qquad (10-33a)$$

要得式（10－33a）的具體形式，必須要有具體的題目，這樣才有具體的 Hamilton 函數 H，又稱爲 Hamiltonian H。

(1) 氫原子的波動方程式 (I)[11]

氫原子有個帶正電 e 的核和一個帶負電（$-e$）的電子。假定兩者都是點（物理的點，即沒內部結構（Structureless）之意）粒子，且是非相對論理論，和 Coulomb 相互作用，則：

電子的動能 $K = \frac{1}{2m}\sum_{i=1}^{3} P_i^2$

Coulomb 勢能 $V = -\frac{1}{4\pi\varepsilon_0}\frac{e^2}{r}$

核
r
質量 m
電荷(−e)
電子
電荷e
氫原子

於是 Hamiltonian H =（動能）K +（勢能）V，將式（10－33a）的 $P_i = \frac{\kappa}{\psi}\frac{\partial\psi}{\partial q_i}$ 代入 H 得：

$$\therefore \quad H = \frac{1}{2m}(P_x^2 + P_y^2 + P_z^2) - \frac{1}{4\pi\varepsilon_0}\frac{e^2}{r}$$

$$= \frac{\kappa^2}{2m}\frac{1}{\psi^2}\left\{\left(\frac{\partial\psi}{\partial x}\right)^2 + \left(\frac{\partial\psi}{\partial y}\right)^2 + \left(\frac{\partial\psi}{\partial z}\right)^2\right\} - \frac{1}{4\pi\varepsilon_0}\frac{e^2}{r} = E$$

$$\therefore \quad \left(\frac{\partial\psi}{\partial x}\right)^2 + \left(\frac{\partial\psi}{\partial y}\right)^2 + \left(\frac{\partial\psi}{\partial z}\right)^2 - \frac{2m}{\kappa^2}\left(E + \frac{1}{4\pi\varepsilon_0}\frac{e^2}{r}\right)\psi^2 = 0 \qquad (10-33b)$$

式（10－33b）完全停留在經典力學階段，其解對應於經典力學的 Kepler（參見附錄(F)）問題的解：「軌道和能量都是連續變化」。量子論的任務是如何加上量子化條件，爲此 Schrödinger 採用了力學的變分原理：[12,13]

$$\delta J = \delta\int_{q_1}^{q_2} F\left(\psi, \frac{\partial\psi}{\partial q}, q\right)\mathrm{d}q \qquad (10-34a)$$

$$\text{Schrödinger 取 } F \equiv \left\{\sum_{i=1}^{3}\left(\frac{\partial\psi}{\partial x_i}\right)^2 - \frac{2m}{\kappa^2}\left(E + \frac{1}{4\pi\varepsilon_0}\frac{e^2}{r}\right)\psi^2\right\} \qquad (10-34b)$$

Schrödinger 取 F = 式（10－34b）是第二突破，表示經典力學的許多軌道中，滿足式（10－34a）者才是微觀世界的運動方程，即「量子化」條件以對式（10－34b）取變分來完成：

$$\delta J = \delta\int \mathrm{d}x\mathrm{d}y\mathrm{d}z\left\{\left(\frac{\partial\psi}{\partial x}\right)^2 + \left(\frac{\partial\psi}{\partial y}\right)^2 + \left(\frac{\partial\psi}{\partial z}\right)^2 - \frac{2m}{\kappa^2}\left(E + \frac{1}{4\pi\varepsilon_0}\frac{e^2}{r}\right)\psi^2\right\} = 0 \qquad (10-34c)$$

其演算過程如下：

$$\delta\psi^2 = \left(\frac{\partial}{\partial\psi}\psi^2\right)\delta\psi = 2\psi\delta\psi \qquad (10-35a)$$

$$\delta\left(\frac{\partial\psi}{\partial x}\right)^2=\left\{\frac{\partial}{\partial\left(\frac{\partial\psi}{\partial x}\right)}\left(\frac{\partial\psi}{\partial x}\right)^2\right\}\delta\left(\frac{\partial\psi}{\partial x}\right)$$

$$=2\left(\frac{\partial\psi}{\partial x}\right)\delta\left(\frac{\partial\psi}{\partial x}\right)=2\left(\frac{\partial\psi}{\partial x}\right)\frac{\partial}{\partial x}(\delta\psi)$$

執行對x的部分積分：

$$\int \mathrm{d}x\mathrm{d}y\mathrm{d}z\left\{2\left(\frac{\partial\psi}{\partial x}\right)\frac{\partial}{\partial x}(\delta\psi)\right\}$$

$$=\int \mathrm{d}y\mathrm{d}z\left\{\left[2\left(\frac{\partial\psi}{\partial x}\right)\delta\psi\right]_{x_1}^{x_2}-2\int \mathrm{d}x\left(\frac{\partial^2\psi}{\partial x^2}\right)\delta\psi\right\}$$

$$=2\int \mathrm{d}y\mathrm{d}z\left[\left(\frac{\partial\psi}{\partial x}\right)\delta\psi\right]_{x_1}^{x_2}-2\int \mathrm{d}x\mathrm{d}y\mathrm{d}z\left(\frac{\partial^2\psi}{\partial x^2}\right)\delta\psi \qquad (10-35\mathrm{b})$$

式（10－35b）右邊第一項是邊界積分，爲了瞭解其物理，考慮如右圖的物理體系，把空間用邊長 L 的立方體來代替，微小面積$\mathrm{d}y\mathrm{d}z$的法線是$\mathrm{d}x$，所以如用 n 代表法線，$\mathrm{d}f\equiv \mathrm{d}y\mathrm{d}z=$ 微小面積，則：

$$\int \mathrm{d}y\mathrm{d}z\left[\left(\frac{\partial\psi}{\partial x}\right)\delta\psi\right]_{x_1}^{x_2}=\left(\int_{q_1}^{q_2}\mathrm{d}f\left(\frac{\partial\psi}{\partial n}\right)\delta\psi\right)_{q=x}$$

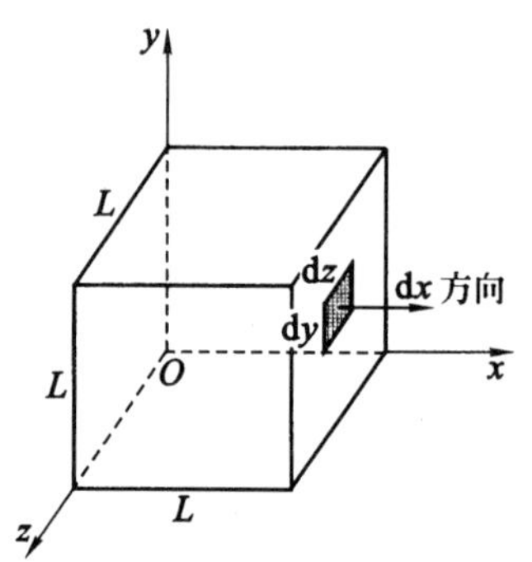

積分空間以邊長 L 的立方體來代替

同樣，進行 $\delta\left(\frac{\partial\psi}{\partial y}\right)^2$ 和 $\delta\left(\frac{\partial\psi}{\partial z}\right)^2$，則整個表面積分是：

$$\iint \mathrm{d}f\delta\psi\left(\frac{\partial\psi}{\partial n}\right) \qquad (10-35\mathrm{c})$$

將式（10－35a）～（10－35c）代入式（10－34c）得：

$$\frac{1}{2}\delta J=\iint df\delta\psi\left(\frac{\partial\psi}{\partial n}\right)-\iiint \mathrm{d}x\mathrm{d}y\mathrm{d}z\delta\psi\left\{\nabla^2\psi+\frac{2m}{\kappa^2}\left(E+\frac{1}{4\pi\varepsilon_0}\frac{e^2}{r}\right)\psi\right\}=0$$

$$(10-35\mathrm{d})$$

$$\nabla^2\equiv\frac{\partial^2}{\partial x^2}+\frac{\partial^2}{\partial y^2}+\frac{\partial^2}{\partial z^2}$$

上式積分必須對整個空間進行，$\mathrm{d}f$是無限大封閉表面的微小面積，$\frac{\partial\psi}{\partial n}=$ 沿 $\mathrm{d}f$法線的微分，n 是f的法線。變分量 $\delta\psi$ 不可能等於0，故式（10－35d）成立的充分條件是：

$$\nabla^2\psi+\frac{2m}{\kappa^2}\left(E+\frac{1}{4\pi\varepsilon_0}\frac{e^2}{r}\right)\psi=0 \qquad (10-36\mathrm{a})$$

$$\iint \mathrm{d}f\delta\psi\frac{\partial\psi}{\partial n}=0 \qquad (10-36\mathrm{b})$$

式（10－36a）稱爲**穩定態的**Schrödinger能量本徵值（energy eigenvalue）波動方程式，ψ稱爲能量本徵函數（energy eigenfunction），而式（10－36b）是ψ應該滿足的邊界條件。

接著Schrödinger用球座標（r,θ,φ）解式（10－36a）得能量本徵值（參見V(B)氫原子）E_n：

$$E_n = -\left(\frac{1}{4\pi\varepsilon_0}\right)^2 \frac{me^4}{2\kappa^2 n^2}, \quad n = 1,2,\cdots\cdots \qquad (10-36c)$$

爲了和Bohr的氫原子得同樣的值，即式（10－36c）等於$z=1$的式（10－17d）得：

$$\kappa = \hbar = \frac{h}{2\pi} \qquad (10-36d)$$

則非相對論電荷ze的原子核，和核外僅一個電子時的穩定態Schrödinger能量本徵值波動方程式是：

$$\boxed{-\frac{\hbar^2}{2m}\nabla^2\psi - \frac{1}{4\pi\varepsilon_0}\frac{ze^2}{r}\psi = E\psi} \qquad (10-37)$$

式（10－37）是1926年1月27日，Schrödinger關於波動力學的四大篇論文[11)]「量子化是本徵值問題」的頭一篇推導出來的方程式。能得此結果的關鍵是式（10－31）和式（10－34b），尤其是式（10－31），他在推導式子過程**沒有直接地使用de Broglie的二象性關係**$\lambda = h/P$**和**$\nu = E/h$。不過式（10－36d）是從Bohr的能量式（10－17d）來的，Bohr的式（10－17d）等於使用了式（10－25c），來自圖10－13，換言之，式（10－37）內涵de Broglie的二象性並且是穩定態圖10－13的方程式。確實，一個月後的1926年2月23日發表的第II篇論文，Schrödinger使用非穩定態的Hamilton-Jacobi方程式[11)]，並且直接使用de Broglie關係式，直接獲得式（10－37），他的第IV篇，即波動力學完結篇所得的是下面要講的式（10－39d）。

(2) 氫原子的波動方程式(II)[4)]

(a) 宏微觀世界概念

在這一小節中想使用另一方法來推導式（10－37），進入本題之前先來瞭解一下我們爲什麼會這樣做？1900年前後20年發生的最大問題可以說是輻射問題，例如黑體輻射和線譜，接著是光電效應，Compton效應和發現電子以及它的內稟角動量，解決這些問題時需要能量子式（10－7）光量子式（10－11b），量子化式（10

－17b）和式（10－22a）。仔細觀察這些公式，有一個共同量 $\hbar \equiv \dfrac{h}{2\pi}$，$h$ = Planck 常數，並且對象是原子或分子，它們的大小是 10^{-10}m 的數量級。對這些現象發現牛頓力學不能使用，那麼如何來判別「能」和「不能」使用牛頓力學呢？

(Ⅰ) 從物理體系的大小線度來大致地劃分。

這個劃分法在第二章的開場白處討論過了，不再提及，它是通俗說明法，不嚴謹。

(Ⅱ) 使用量綱爲「作用」的 $\hbar$ 來判別。

凡是原子、分子、電子參與的現象，其線度都是 10^{-10} ～ 10^{-15}m，質量是 10^{-27} ～ 10^{-31}Kg，明顯地，和我們在生活上遇到的毫米、厘米、米、毫克、克、千克截然不同的世界。在那種非常微小的世界，變化是不連續，物理量是量子化的分立值是很自然的現象。唯一可驚訝的是，在微觀世界的動力學量：『能量 $\boldsymbol{E}$、動量 $\boldsymbol{P}$、角動量 $\boldsymbol{L}$ 等』有著共同的量 $\hbar$，並且 $\hbar$ 是粒子和波動互相轉換時的轉換因子，扮演著類似微觀世界的主宰者角色。所以定義 $\hbar$ 可看成零的世界，即 $\hbar$ 不出現的世界爲**宏觀世界**（macroscopic world），$\hbar$ 扮演角色的世界爲**微觀世界**（microscopic world）；微觀世界有兩個特徵：動力學量是量子化的量，以及二象性的成立。

(b) 經典物理學最常遇到的運動方程式

牛頓的運動方程式，　力 $\boldsymbol{F}$ =（質量 m）×（加速度 $\mathrm{d}^2\boldsymbol{r}/\mathrm{d}t^2$），即：

$$m\frac{\mathrm{d}^2\boldsymbol{r}}{\mathrm{d}t^2} = \boldsymbol{F}$$

$m, \mathrm{d}^2\boldsymbol{r}/\mathrm{d}t^2$ 和 $\boldsymbol{F}$ 都是實量，例如簡諧振動方程式 $m\dfrac{\mathrm{d}^2\boldsymbol{r}}{\mathrm{d}t^2} = -K\boldsymbol{r}$，不但每一項都是實量，並且是線性微分程式（附錄(E)）。同樣地，Maxwell 的方程組，眞空時是（表 7－13）：

$$\nabla \cdot \boldsymbol{E} = \frac{1}{\varepsilon_0}\rho, \qquad \nabla \times \boldsymbol{E} = -\partial \boldsymbol{B}/\partial t$$

$$\nabla \cdot \boldsymbol{B} = 0, \qquad \nabla \times \boldsymbol{B} = \mu_0(\boldsymbol{J} + \varepsilon_0 \partial \boldsymbol{E}/\partial t)$$

每項都是實量，其在眞空內的電磁波方程式是：

$$\nabla^2\psi(x,y,z,t) = \frac{1}{c^2}\frac{\partial^2\psi(x,y,z,t)}{\partial t^2}, \quad \psi = \begin{cases}\boldsymbol{E}(x,y,z,t) \\ \boldsymbol{B}(x,y,z,t)\end{cases} \text{或}$$

形成線性微分方程式。於是描述宏觀世界的孤立體系的基本運動方程式，可歸納如下性質：

(Ⅰ) 運動方程的各項是實量，
(Ⅱ) 基楚運動方程式是線性微分方程式，　}　（10－38a）

並且能量 E、動量 $\boldsymbol{P}$、角動量 $\boldsymbol{L}$、靜止質量 m_0 和電荷 Q 是守恆量。經典物理學描述宏觀現象是成功的，在測量誤差範圍內是正確的；所以新力學在 $\hbar \to 0$ 的極限下，必須趨近於經典力學才行，換句話說，新力學應該涵蓋經典力學，同時 $E, \boldsymbol{P}, \boldsymbol{L}$ 和 Q 也要同樣地守恆。根據以上的討論，設下列三個要求來推導新力學的運動方程式：

(i) 滿足 de Broglie 的二象性：$P = h/\lambda, \quad E = h\nu$
(ii) 滿足疊加原理，即線性運動方程式，
(iii) 滿足能量 E 守恆，力學能 E = (動能 K) + (勢能 V)。　　(10－38b)

(c) 推導非相對論新運動方程式

非相對論的動能 $K = \dfrac{\boldsymbol{P}^2}{2m}, \boldsymbol{P}^2 \equiv \boldsymbol{P}\cdot\boldsymbol{P}$，$m$ = 運動粒子的靜止質量，由式(10－38b)(i)的 de Broglie 關係，動量 $P = \dfrac{\hbar}{\lambdabar} \equiv \hbar k, \hbar = h/2\pi, \lambdabar \equiv \lambda/2\pi$，波矢量 $\boldsymbol{k}$ 的大小 $|\boldsymbol{k}| = \dfrac{1}{\lambdabar} = \dfrac{2\pi}{\lambda}$，而能量 $E = h\nu = \hbar\omega$，角頻率 $\omega \equiv 2\pi\nu$，把這些關係代入式(10－38b)(iii)得：

$$K + V = \frac{\hbar^2 k^2}{2m} + V = \hbar\omega \qquad (10-38c)$$

爲了方便先假設勢能 V = 常量 V_0，和考慮空間一維的情形。由於 $V = V_0$，故式(10－38c)滿足自由振動(沒有作用力)產生的波動，例如眞空中的電磁波(參見第七章 IX(B))的要求，空間一維的眞空電磁波的波函數是(式(5－40))：

$$\phi(x,t) = A\sin(kx \pm \omega t)，或 \phi(x,t) = A\cos(kx \pm \omega t) \qquad (10-38d)$$

從這些波函數要得式(10－38c)式的 k^2，則 ϕ 必須對空間微分兩次，同理，如要得 ω 一次，則 ϕ 必須對時間微分一次：

$$\frac{\partial^2\phi}{\partial x^2} \to k^2, \quad \frac{\partial\phi}{\partial t} \to \omega$$

於是式(10－38c)表示由下式產生的結果：

$$\alpha\frac{\partial^2\phi}{\partial x^2} + V_0\phi = \beta\frac{\partial\phi}{\partial t} \qquad (10-38e)$$

α 和 β 是未定量。爲了滿足式(10－38b)(ii)，α 和 β 該是常量，而(10－38d)的線性組合是式(10－38e)的解。假設波是向 x 的正方向傳播，則波函數 ϕ 是：

$$\phi(x,t) = \gamma\sin(kx - \omega t) + \cos(kx - \omega t) \qquad (10-38f)$$

γ = 未定常數，將式(10－38f)代入式(10－38e)得：

$$(-\alpha k^2 + V_0 + \beta\omega\gamma)\cos(kx - \omega t) + (-\alpha k^2\gamma + V_0\gamma - \beta\omega)\sin(kx - \omega t) = 0$$

$\sin(kx - \omega t)$ 和 $\cos(kx - \omega t)$ 是解，不可能等於0，故上式要成立，則必須是：

$$\begin{cases} -\alpha k^2 + V_o + \beta\omega\gamma = 0 \\ -\alpha k^2\gamma + V_o\gamma - \beta\omega = 0 \end{cases}$$

解之，得

$$\beta\omega\gamma = -\beta\omega/\gamma, \quad 或\ \gamma^2 = -1$$

$$\therefore \quad \gamma = \pm \mathrm{i} \qquad (10-38g)$$

取 $\gamma = +\mathrm{i}$ 代入（$-\alpha k^2 + V_0 + \beta\omega\gamma$）$= 0$，得：

$$-\alpha k^2 + V_0 = -\mathrm{i}\beta\omega \qquad (10-38h)$$

比較式（10－38c）和式（10－38h）得：

$$\left.\begin{aligned} \alpha &= -\frac{\hbar^2}{2m} \\ \beta &= i\hbar \end{aligned}\right\} \qquad (10-39a)$$

將式（10－39a）代入式（10－38e）且恢復勢能原狀，便得：

$$-\frac{\hbar^2}{2m}\frac{\partial^2}{\partial x^2}\phi(x,t) + V\phi(x,t) = \mathrm{i}\hbar\frac{\partial\phi}{\partial t} \qquad (10-39b)$$

當 V = 常量 V_0 時上式解是：

$$\begin{aligned}\phi(x,t) &= \cos(kx-\omega t) + \mathrm{i}\sin(kx-\omega t) = e^{\mathrm{i}(kx-wt)} \qquad (10-39c)\\ &= 複數函數\end{aligned}$$

式（10－39b）就是 Schrödinger 波動方程式。那麼爲什麼和式（10－37）不同呢？式（10－37）是穩定態的氫原子能量本徵值波動方程式，是勢能 V 不是時間的函數，而且是三維。式（10－39b）的空間三維形式是：

$$\boxed{-\frac{\hbar^2}{2m}\nabla^2\phi(\boldsymbol{r},t) + V(\boldsymbol{r},t)\phi(\boldsymbol{r},t) = \mathrm{i}\hbar\frac{\partial\phi(\boldsymbol{r},t)}{\partial t}}$$

（10－39d）

上式的解 $\phi(\boldsymbol{r},t)$ 稱爲**波函數**（wave function），如果勢能不顯含時間 t，$V(\boldsymbol{r},t) = V(\boldsymbol{r})$，則使用變數分離法 $\phi(\boldsymbol{r},t) \equiv \psi(\boldsymbol{r})T(t)$ 代入式（10－39d）得：

$$T(t)\left\{-\frac{\hbar^2}{2m}\nabla^2\psi(\boldsymbol{r}) + V(\boldsymbol{r})\psi(\boldsymbol{r})\right\} = \psi(\boldsymbol{r})\left\{\mathrm{i}\hbar\frac{\mathrm{d}T}{\mathrm{d}t}\right\}$$

從左邊，右左兩邊用 $\psi(\boldsymbol{r})T(t)$ 除上式：

$$\frac{1}{\psi(\boldsymbol{r})}\left\{-\frac{\hbar^2}{2m}\nabla^2\psi(\boldsymbol{r}) + V(\boldsymbol{r})\psi(\boldsymbol{r})\right\} = \frac{1}{T}\left\{\mathrm{i}\hbar\frac{\mathrm{d}T}{\mathrm{d}t}\right\}$$

上式左邊只和空間有關，而右邊只和時間有關，因此整式等於和空間以及時間無關的量，它是什麼量呢？必須由上式左右的量綱來決定，其量綱是能量量綱，故設爲 E，結果是：

$$-\frac{\hbar^2}{2m}\nabla^2\psi(\boldsymbol{r}) + V(\boldsymbol{r})\psi(\boldsymbol{r}) = E\psi(\boldsymbol{r}) \qquad (10-39e)$$

$$i\hbar\frac{\mathrm{d}T}{\mathrm{d}t} = ET \qquad (10-39f)$$

很容易地得式（10－37），而式（10－39f）的解是：

$$T(t) = Ne^{-\mathrm{i}Et/\hbar} \qquad (10-39g)$$

所以波函數是：

$$\boxed{\phi(\boldsymbol{r},t) = Ne^{-\mathrm{i}Et/\hbar}\psi(\boldsymbol{r})} \qquad (10-39h)$$

N是積分未定常量，由物理意義來決定。式（10－39d）是 Schrödinger 的非相對論波動方程式，其穩定態的能量本徵值波動方程式是式（10－37），無論是式（10－39d）或式（10－37）**其一般解是複數函數**，類似 V = 常量 V_0 時的（10－39c）式，這是和實函數的經典波動函數最大的差異處。實量或實函數才能和觀測有關，Schrödinger 的複數波函數無法和觀測直接發生關係，這不但困擾了 Schrödinger 本人，同時，困擾了當時的物理界。當 Schrödinger 獲得式（10－37）之後，他立刻應用到當時的重要實驗[11)]，並且在短短的半年之內（1926年1月～1926年6月）共發表了六篇重要論文，不但成功地解釋了實驗，並且證明了 Heisenberg-Born-Jordan 的矩陣量子力學和他的波動量子力學是同一理論的兩種表象（representation）[11)]。所以物理學家們不得不相信 Schrödinger 的波動力學理論。Schrödinger 留下的問題是：

(i) 如何解釋複數波函數，
(ii) 如何推廣到相對論領域，
(iii) 如何使理論自然地內涵電子的內部自由度的內稟角動量，
(iv) 以及解釋 Pauli 的不相容原理。

（10－40）

式（10－40）成爲1920年代中葉物理學家們的焦點問題。在1928年 Dirac 完全解決了式（10－40）的(ii)和(iii)，至於(i)和(iv)是 Heisenberg-Schrödinger 量子力學理論內涵的問題，非直接切入理論內部不可。由 Born 和 Bohr 等人解決了(i)的困擾，不過以 Einstein 帶頭的一少部分物理學家一直到1980年代中業，都和 Born-Bohr 等人的看法對立。1928年 Dirac 奠定了相對論量子力學，接著1929年 Weyl（Hermann Weyl, 1885～1955，德國數學和物理學家）完成了 Abelian 規範場論之後，Born-Bohr 等人的看法漸漸地獲得優勢，後來又有實驗的支持，Born-Bohr 等人的看法大致被肯定[14)]，目前的量子力學和規範場論絕大部分是 Born-Bohr 的觀點。

(B) Schrödinger 波動方程式的內涵和物理解釋[4,6,14]

(1) Born 的概率解釋

Schrödinger的波動方程式（10 – 39d）的解式（10 – 39h），除了時間部分是純虛函數之外，一般地說，ψ（$\boldsymbol{r}$）是複數函數（complex function, 參見 V(B)）但由於能量本徵值方程式（10 – 37）不顯含虛數$\sqrt{-1}=\mathrm{i}$，其解有實函數。對於複數函數問題，Born 在 1926 年 6 ～ 7 月發表了看法[14]：

「焦點在觀測」

即如何解釋觀測量和波函數的關係，進入 Born 的看法之前先來比較經典力學和 Schrödinger 的波動力學，參見表 10 – 2。

表 10 – 2

	經典物理的波動力學	Schrödinger 的波動力學
時間變化	二次微分	一次微分
波動方程式	實數線性微分方程式 【Ex】$\nabla^2\varphi(\boldsymbol{r},t)=\frac{1}{c^2}\frac{\partial^2\varphi(\boldsymbol{r},t)}{\partial t^2}$， $\varphi=\begin{cases}\text{電場 } \boldsymbol{E} \text{ 或}\\ \text{磁場 } \boldsymbol{B}\end{cases}$	複數線性微分方程式 $\left(-\frac{\hbar^2}{2m}\nabla^2+V(\boldsymbol{r},t)\right)\phi(\boldsymbol{r},t)$ $=\mathrm{i}\hbar\frac{\partial\phi(\boldsymbol{r},t)}{\partial t}$
測量	直接能測量 $\varphi(\boldsymbol{r},t)$ $\because\ \varphi(\boldsymbol{r},t)$ = 實函數	無法直接測量 $\phi(\boldsymbol{r},t)$ $\because\ \phi(\boldsymbol{r},t)$ = 複數函數

在中學我們學到複數，它是擴大小學所學的實數而來的，從這角度觀察，量子力學的波函數 ϕ 涵蓋的範圍應該比 φ 廣，相當於 ϕ 把 φ 涵蓋進去。類似數學，如果要得實函數，則令 ϕ 及其共軛複數函數 ϕ^* 相乘便得：

$$\phi^*\phi=|\phi|^2=\text{實函數}\qquad(10-41a)$$

加上能測量，除了 $|\phi|^2$ = 實量之外還要滿足我們的三寶之一：『大小有限』的要求，即式（10 – 41a）不但要實量，並且還要正的有限量（positive definite quantity）：

$$|\phi(\boldsymbol{r},t)|^2\geqslant 0,\quad \text{且有限大小}\qquad(10-41b)$$

Born稱 $|\phi(\boldsymbol{r},t)|^2$ 爲在空間位置 $\boldsymbol{r}$，時間 t 時的物理體系狀態的概率密度（probability density）$\phi(\boldsymbol{r},t)$ 爲在 $(\boldsymbol{r},t)$ 的概率幅（probability amplitude）。從經典波動的觀點出發，表 10－2 的 $\varphi(\boldsymbol{r},t)$ 的數學解是平面波 $\varphi=\{A\exp[\mathrm{i}(\boldsymbol{k}\cdot\boldsymbol{r}-\omega t)]+B\exp[-\mathrm{i}(\boldsymbol{k}\cdot\boldsymbol{r}+\omega t)]\}$，是時空間任意點的概率都一樣的行進波。$\varphi(\boldsymbol{r},t)$ 爲電磁場時必須約化成 $\sin(\boldsymbol{k}\cdot\boldsymbol{r}\pm\omega t)$ 或 $\cos(\boldsymbol{k}\cdot\boldsymbol{r}\pm\omega t)$ 的實函數（參見第 5 章的波動或第七章 IX(B)），所以 Born 解釋 $\phi(\boldsymbol{r},t)$ 爲概率幅是很自然的，但量子力學的 $\phi(\boldsymbol{r},t)$ 和經典波動不同，無法約化爲實函數，是不許約化。$\phi(\boldsymbol{r},t)$ 是線性微分方程式的解，故由疊加原理 ϕ 的線性組合 $\Psi(\boldsymbol{r},t)=\sum_{i=1}^{n}C_i\phi_i(\boldsymbol{r},t)$ 也是原方程式的解，則各 ϕ_i 必須互相獨立，這相互獨立的物理稱爲波函數的正交性（orthogonality），表示如下：

$$\int\phi_i^*(\boldsymbol{r},t)\,\phi_j(\boldsymbol{r},t)\,\mathrm{d}^3x=0,\quad i\neq j \qquad (10-41\mathrm{c})$$

那麼 $i=j$ 時等於什麼量呢？$|\phi_i(\boldsymbol{r},t)|^2$ 是概率密度 $\rho(\boldsymbol{r},t)$，例如表示一個電子在 $(\boldsymbol{r},t)$ 的概率，則在全空間尋找電子必會找到電子，於是找到電子的概率是 100% 的 1，所以是：

$$\int\phi_i^*(\boldsymbol{r},t)\,\phi_i(\boldsymbol{r},t)\,\mathrm{d}^3x=\int|\phi_i^*(\boldsymbol{r},t)|^2\mathrm{d}^3x$$

$$\equiv\int\rho(\boldsymbol{r},t)\,\mathrm{d}^3x=1 \qquad (10-41\mathrm{d})$$

這稱爲波函數的歸一化（normalization）。通常將式（10－41c）和式（10－41d）合併起來表示：

$$\int\phi_i^*(\boldsymbol{r},t)\,\phi_j(\boldsymbol{r},t)\,\mathrm{d}^3x=\begin{cases}1, & i=j\\ 0, & i\neq j\end{cases}$$

$$\equiv\begin{cases}\delta_{ij}, & i,j\ \text{的變化是非連續時}\\ \delta(i-j), & i\ \text{和}\ j\ \text{的變化是連續時}\end{cases} \qquad (10-42)$$

而把「正交」和「歸一化」合起來創造一個新字，把式（10－42）稱爲 $\phi(\boldsymbol{r},t)$ 的正交歸一化性（orthonormality），簡稱正歸化，非連續時所用的 $\delta_{ij}=0$ 當 $i\neq j$，$\delta_{ij}=1$ 當 $i=j$，這是很熟悉的演算符號。至於連續時的 $\delta(i-j)$ 是 Dirac 在 1928 年創造的函數，稱爲 δ 函數，唸成「delta」函數，它的定義如下：

$$\delta(\xi-\xi_0)=0,\qquad \xi\neq\xi_0, \qquad (10-43\mathrm{a})$$

$$\delta(\xi-\xi_0)\to\infty\ (\text{很大}),\qquad \xi\to\xi_0 \qquad (10-43\mathrm{b})$$

$$\int_{\xi\text{的全空間}}\delta(\xi-\xi_0)\,\mathrm{d}\xi=1 \qquad (10-43\mathrm{c})$$

$\delta(\xi) = \delta(-\xi)$ 表示對稱函數，如下圖。　　(10－43d)

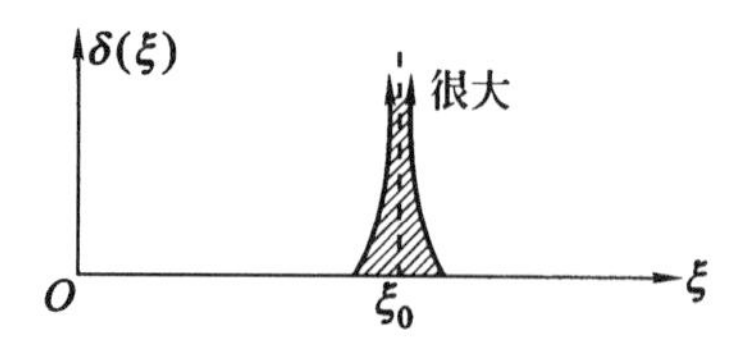

【Ex.10－7】設 $\{\psi_E(\boldsymbol{r})\}$ 是一組連續能量本徵值函數，則 $\{\psi_E(\boldsymbol{r})\}$ 必滿足如下關係：

$$\int \{\psi^*_{E'}(\boldsymbol{r})\psi_E(\boldsymbol{r})\,d^3x\}\,dE = \int \delta(E'-E)\,dE = 1$$

【Ex.10－8】一維諧振子（harmonic oscillator）的基態波函數 $\psi_0(x) = Ne^{-\frac{1}{2}\alpha^2x^2}$，$\alpha = \sqrt{m\omega/\hbar}$，$m$ = 諧振子質量，ω = 角頻率，求歸一化常數（normalization constant）N。

$$\int_{-\infty}^{\infty}\psi_0^*(x)\psi_0(x)\,dx = N^*N\int_{-\infty}^{\infty}e^{-\frac{1}{2}\alpha^2x^2}e^{-\frac{1}{2}\alpha^2x^2}dx$$

$$= |N|^2\int_{-\infty}^{\infty}e^{-\alpha^2x^2}dx = \frac{|N|^2}{\alpha}\sqrt{\pi} = 1$$

$$\therefore\quad N = \sqrt{\alpha/\sqrt{\pi}}$$

$\therefore$　歸一化波函數 $\psi_0(x) = \sqrt{\alpha/\sqrt{\pi}}\,e^{-\frac{1}{2}\alpha^2x^2}$

(2) 波函數的相位不定問題

這裡所要討論的相位（phase）不是指波動、振動等的週期現象，其在某時空間的物理值，例如簡諧振動的 $A\sin(\omega t_0+\alpha)$ 的 $(\omega t_0+\alpha)$ 稱爲時間 t_0 時的相位，有時只指 α 爲相位，而是指有個物理量 p，其絕對值平方 $|p|^2$ 等於 1 時，p 一定是指數函數，並且其指數是無量綱的純虛數函數 $i\theta$，$i=\sqrt{-1}$，θ = 任意無量綱實值函數：

$$p = e^{i\theta(\xi)} \tag{10－44a}$$

這 $\theta(\xi)$ 稱爲相位（**phase**）。如果用指數函數，表示正餘弦函數 $A\sin(\omega t_0+\alpha)$，或 $A\cos(\omega t_0+\alpha)$，則：

$$A\sin(\omega t_0+\alpha) = (Ae^{i(\omega t_0+\alpha)})\text{ 函數的虛部}$$

$$\equiv \mathrm{Im}(Ae^{i(\omega t_0+\alpha)})$$

$$A\cos(\omega t_0+\alpha) = (Ae^{i(\omega t_0+\alpha)}) \text{ 函數的實部}$$
$$\equiv \mathrm{Re}(Ae^{i(\omega t_0+\alpha)})$$

「Im」和「Re」分別爲取虛部和實部的符號，故由式（10－44a）的定義，$(\omega t_0+\alpha)$ 是相位。Schrödinger 的波動力學，其波函數是概率幅，帶有不定相位，因爲 ϕ 變成 $\phi e^{i\theta(\xi)}$ 且 ϕ 和 $e^{i\theta(\xi)}$ 可以對易時概率密度 $|\phi|^2$ 不變：

$$|\phi|^2 = (\phi e^{i\theta})^*(\phi e^{i\theta}) = e^{-i\theta}\phi^*\phi e^{i\theta} = \phi^* e^{-i\theta}e^{i\theta}\phi = \phi^*\phi$$

所以波函數有不定的和波函數 $\phi(\boldsymbol{r},t)$ 對易的相位函數 $p = e^{i\theta(\xi)}$，這事實簡稱爲**波函數的相位不定**。相位會影響干涉現象，是非常重要的量。相位不定暗示量子力學尚有好多未知現象。

(3) 連續性方程式（equation of continuity）

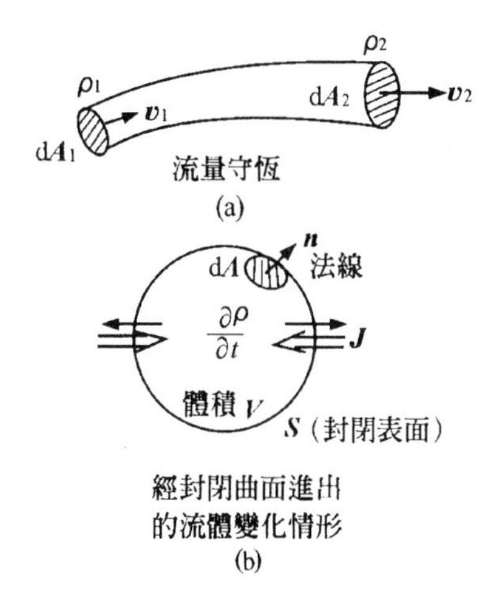

圖 10 － 15

在流體力學 Ⅲ(A) 曾介紹了連續性原理，即在流體的流域內，如果沒有源（source）和壑（sink），則如圖 10 － 15(a) 所示，每單位時間的流體質量是不變：

$$\rho_1 v_1 dA_1 = \rho_2 v_2 dA_2$$

表示流入的量等於流出的量，dA ＝ 橫切微小面積，v ＝ 流速，ρ ＝ 質量（或電荷）密度。這現象如果換成一個封閉曲面內的流體的時間變化，該如何表示呢？設 $\boldsymbol{J}$ ＝ 經單位面積單位時間的流體變化矢量，如圖 10 － 15(b) 在封閉曲面 S 內的質量（或電荷）密度 ρ 的時間變化 $\partial\rho/\partial t$，它一定等於從 S 進或出的流量：

$$\therefore \quad \begin{cases} \dfrac{\partial\rho}{\partial t} > 0 & \text{時 } \boldsymbol{J} \text{ 一定是向內（流進）} \\ \dfrac{\partial\rho}{\partial t} < 0 & \text{時 } \boldsymbol{J} \text{ 一定是向外（流出）} \end{cases}$$

設 S 上的微小面積 dA 的法線 $\boldsymbol{n}$ 以向外爲正，則經 S 的 $\boldsymbol{J}$ 的散度（附錄(B)）$\nabla\cdot\boldsymbol{J}$ 和 $\partial\rho/\partial t$ 的符號剛好相反：

$$+\frac{\partial\rho}{\partial t} = -\nabla\cdot\boldsymbol{J}$$

$$-\frac{\partial\rho}{\partial t} = +\nabla\cdot\mathbf{J}$$

$$\therefore \quad \boxed{\frac{\partial \rho}{\partial t} + \nabla \cdot \mathbf{J} = 0} \qquad (10-44b)$$

式（10－44b）稱爲連續性方程式。ρ ＝質量密度時上式表示質量守恆，而 $\boldsymbol{J}$ 叫質量流密度，其量綱［J］等於$\dfrac{千克}{面積 \cdot 時間}$；ρ ＝電荷密度時式（10－44b）表示電荷守恆，而 $\boldsymbol{J}$ ＝電流密度，其量綱［J］＝$\dfrac{安培}{面積}$。連續性方程式在量子力學仍然成立，因它表示經典物理學內的守恆量，守恆量在量子力學仍然成立，上面的 ρ 變成概率密度 $|\phi(\boldsymbol{r},t)|^2$，而 $\boldsymbol{J}$ 是概率流密度（probability current 或 flux density）$\boldsymbol{S}(\boldsymbol{r},t)$。它是什麼量呢？從式（10－44b）求量子力學的 $\partial\rho/\partial t$ 便能得到 $\boldsymbol{S}(\boldsymbol{r},t)$。將整個物理體系用個充分大的封閉曲面 S 包住，則在 S 內的 ρ 的時間變化是：

$$\frac{\partial}{\partial t}\int_V \rho \mathrm{d}^3 x = \frac{\partial}{\partial t}\int_V \phi^*(\boldsymbol{r},t)\phi(\boldsymbol{r},t)\mathrm{d}^3 x =$$

$$\int_V \left\{\left(\frac{\partial \phi^*}{\partial t}\right)\phi + \phi^*\left(\frac{\partial \phi}{\partial t}\right)\right\}\mathrm{d}^3 x \qquad (10-45a)$$

三維的 Schrödinger 方程式（10－39d）的共軛複數方程式是：

$$-\frac{\hbar^2}{2m}\nabla^2\phi^*(\boldsymbol{r},t) + V^\dagger(\boldsymbol{r},t)\phi^*(\boldsymbol{r},t) = -\mathrm{i}\hbar\frac{\partial \phi^*(\boldsymbol{r},t)}{\partial t}$$

$$(10-45b)$$

爲什麼在式（10－45b）對波函數 ϕ 和勢能 V 取不同的右上指標呢？由第二章式(68) V 是力源，等於動力學量，在量子力學、經典力學的動力學量是有行動操作能力的算符，該和無行動操作能力的物理量不同，故取共軛複數量時對前者使用自伴（self adjoint）符號「†」，唸成（dagger）。如 $\hat{\theta}$ 是算符，則 $\hat{\theta}^\dagger = [(\hat{\theta})^{\mathrm{T}}]^*$，$(\hat{\theta}^{\mathrm{T}})$ 是 $\hat{\theta}$ 的轉置算符，如果用矩陣成分表示 $\hat{\theta}^{\mathrm{T}}_{ij} = \hat{\theta}_{ji}$，即行和列對換的成分，而右上指標的「＊」，唸成「star」，是取共軛複數量（conjugate complex）的意思。如果勢能 V 是可觀測量（observable），它的期待值一定是個實量，這時候 $V^\dagger = V$。將這個性質和式（10－45b）以及式（10－39d）代入式（10－45a）便得：

$$\frac{\partial}{\partial t}\int_V \rho \mathrm{d}^3 x = \frac{i\hbar}{2m}\int_V \{\phi^*(\nabla^2\phi) - (\nabla^2\phi^*)\phi\}\mathrm{d}^3 x \qquad (10-45c)$$

在上式曾使用了 $\int V^+\phi^*\phi \mathrm{d}^3 x = \int \phi^* V\phi \mathrm{d}^3 x$。如 φ ＝時空間的標量函數，$\boldsymbol{v}$ ＝時空間的矢量函數，則由矢量分析（附錄(B)）得：

$$\nabla \cdot (\varphi \boldsymbol{v}) = (\nabla\varphi) \cdot \boldsymbol{v} + \varphi \nabla \cdot \boldsymbol{v}$$

取 $\boldsymbol{v}$ 爲 $\nabla\phi$ 或 $\nabla\phi^*$，由於 $\nabla^2 = \nabla \cdot \nabla$，於是將上式性質代入式（10－45c）得：

$$\frac{\partial}{\partial t}\int_V \rho d^3x = \frac{i\hbar}{2m}\int_V \nabla \cdot \{\phi^*(\nabla\phi) - (\nabla\phi^*)\phi\} d^3x$$

由第七章的參考文獻⑿的 Gauss 定理：

$$\int_V \nabla \cdot \boldsymbol{v} d^3x = \oint_S \boldsymbol{v} \cdot d\boldsymbol{A}$$

符號 $\oint$ 表示對整個封閉曲面積分。利用 Gauss 定理化簡上式的體積積分為面積積分：

$$\frac{\partial}{\partial t}\int \rho d^3x = \frac{i\hbar}{2m}\oint_S \{\phi^*(\nabla\phi) - (\nabla\phi^*)\phi\} \cdot d\boldsymbol{A}$$

$$= \frac{i\hbar}{2m}\oint_S \{\phi^*(\nabla\phi) - (\nabla\phi^*)\phi\}_n dA \qquad (10-45d)$$

被積分函數的右下指標 n 表示法線方向的成分，所以式（10－45d）右邊表示從封閉曲面 S 進出的概率流。如果物理體系沒有產生或湮滅概率的源或壑，則式（10－45d）該滿足連續方程式，於是對應於式（10－44b）定義如下式的概率流密度函數 $\boldsymbol{S}(\boldsymbol{r},t)$：

$$\boxed{\boldsymbol{S}(\boldsymbol{r},t) \equiv \frac{\hbar}{2im}\{\phi^*(\boldsymbol{r},t)(\nabla\phi) - (\nabla\phi^*)\phi(\boldsymbol{r},t)\}}$$

（10－46a）

先將 $\boldsymbol{S}$ 代入式（10－45d）再使用 Gauss 定理，把面積分轉換為體積分便得：

$$\frac{\partial}{\partial t}\int_V \rho d^3x = -\oint_S \boldsymbol{S} \cdot d\boldsymbol{A} = -\int_V \nabla \cdot \boldsymbol{S}(\boldsymbol{r},t) d^3x$$

或 $$\int_V \left\{\frac{\partial\rho}{\partial t} + \nabla \cdot \boldsymbol{S}(\boldsymbol{r},t)\right\} d^3x = 0$$

上式成立的充分條件是：

$$\frac{\partial\rho(\boldsymbol{r},t)}{\partial t} + \nabla \cdot \boldsymbol{S}(\boldsymbol{r},t) = 0 \qquad (10-46b)$$

式（10－46b）是量子力學的連續性方程式，處理散射現象時很有用的公式。

概率密度 ρ 由式（10－41b）是實量，其時間變化也是實量，所以 $\nabla \cdot \boldsymbol{S}$ 必是實量。算符 ∇（附錄(B)）是實算符，於是 $\boldsymbol{S}$ 必須實量。使用數學也可以證明 $\boldsymbol{S}$ 是實量，因為：

$$\phi^*(\nabla\phi) = ((\nabla\phi^*)\phi)^*$$

$$\therefore \quad \{\phi^*(\nabla\phi) - (\nabla\phi)^*\phi\} = \text{兩個共軛複數量之差} = \text{純虛量}$$

$$\therefore \quad \phi^*(\nabla\phi) - (\nabla\phi)^*\phi = 2\mathrm{Im}\{(\phi^*\nabla\phi)\}$$

或 $$\boldsymbol{S}(\boldsymbol{r},t) = -\frac{i\hbar}{m}\mathrm{Im}\{\phi^*(\nabla\phi)\} = \text{實量} \qquad (10-46c)$$

符號「Im」表示取 $\{\phi^*(\nabla\phi)\}$ 的虛數部分，它和 $i\hbar/m$ 相乘變爲實量，是可觀測量。

【Ex.10－9】 ⑴ 證明實波函數沒概率流密度 $\boldsymbol{S}$，⑵ 同時說明爲什麼當勢能不顯含時間時，概率密度 $\rho(\boldsymbol{r},t)$ 的時間微分等於 0。

⑴ 設 $\phi(\boldsymbol{r},t)$ = 實波函數，則 $\phi^*=\phi$

$$\therefore\quad \frac{\hbar}{2im}\{\phi^*(\nabla\phi)-(\nabla\phi^*)\phi\}$$

$$=\frac{\hbar}{2im}\{\phi(\nabla\phi)-(\nabla\phi)\phi\}=0$$

$\therefore\quad \boldsymbol{S}=0$，沒概率流密度。

⑵ 當勢能 $V(\boldsymbol{r},t)$ 不顯含時間時，式（10－39d）可化簡成式（10－39e）和（10－39f），則得式（10－39h），於是

$$\rho(\boldsymbol{r},t)=|\phi(\boldsymbol{r},t)|^2=N^*Ne^{iEt/\hbar}\psi^*(\boldsymbol{r})e^{-iEt/\hbar}\psi(\boldsymbol{r})$$

$$=|N|^2|\psi(\boldsymbol{r})|^2$$

得 $\rho(\boldsymbol{r},t)$ = 和時間無關，故 $\partial\rho/\partial t=0$，

$$\therefore\ \nabla\cdot\mathbf{S}=0$$

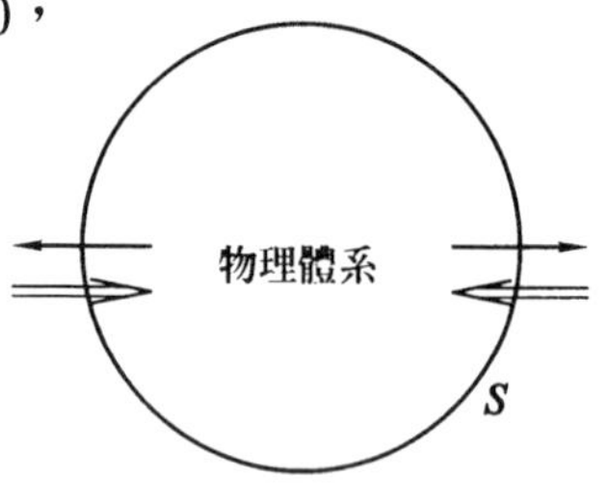

表示從物理體系的封閉表面進出的概率流等於 0，這意味著兩個可能：

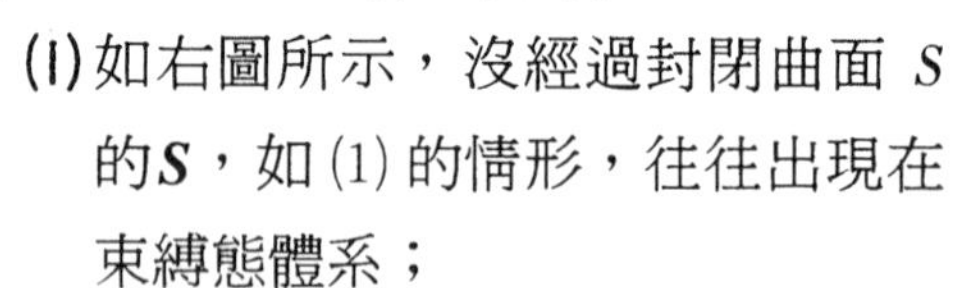

(Ⅰ) 如右圖所示，沒經過封閉曲面 S 的 $\boldsymbol{S}$，如 ⑴ 的情形，往往出現在束縛態體系；

(Ⅱ) 經 S 進來的 $\boldsymbol{S}$ = 經 S 出去的 $\boldsymbol{S}$。

⑷ 期待值（expectation value）

在第六章的 Ⅴ(B) 曾介紹過平均值式（6－41）以及均方根式（6－42），這些量在處理帶有「可能性」，即需要概率的問題時是必需的物理量。至於式（6－41）和（6－42）的物理內涵是什麼呢？曾在第六章 Ⅴ(C) 探討了最簡單的情形，例如【Ex.6－28】到【Ex.6－31】，其關鍵函數是分布函數，表示概率的分布情形。量子力學的概率密度 $|\phi(\boldsymbol{r},t)|^2$，對應於時空間分布函數在 $\boldsymbol{r}$ 和 t 的值，所以在量子力學要求物理量值時正如求平均值：

$$\text{經典物理的物理量 } A \text{ 的平均值} \langle A\rangle=\frac{\int(\text{分布函數})\times A\mathrm{d}^3x}{\int\text{分布函數 }\mathrm{d}^3x}\qquad(10-47\mathrm{a})$$

量子力學的物理量 A 的期待值 $\langle A \rangle \equiv \dfrac{\int \Phi^*(\boldsymbol{r},t) A \Phi(\boldsymbol{r},t)\,\mathrm{d}^3x}{\int \Phi^*(\boldsymbol{r},t)\Phi(\boldsymbol{r},t)\,\mathrm{d}^3x}$

$$(10-47\mathrm{b})$$

$\Phi(\boldsymbol{r},t)$ 是物理體系的狀態波函數（state ket）[10]，如果 $\Phi(\boldsymbol{r},t)$ 是歸一化的物理體系的狀態波函數 $\Phi(\boldsymbol{r},t)$，則式（10－47b）變成：

$$\langle A \rangle = \int \phi^*(\boldsymbol{r},t) A \phi(\boldsymbol{r},t)\,\mathrm{d}^3x \qquad (10-47\mathrm{c})$$

量子力學的物理量 A，一般地和波函數不對易，所以養成習慣，必須如式（10－47b）和（10－47c），把 A 夾在 ϕ^* 和 ϕ 之間，式（10－47b）和（10－47c）稱爲求物理量 A 的期待值。

描述力學現象，如果力學體系是保守系（conserved system，參見第二章Ⅶ(C)），只要瞭解體系的一般座標 $q_1, q_1, \cdots\cdots, q_n$ 和其共軛（conjugate）的一般動量 $p_1, p_2, \cdots\cdots, p_n$ 的時間變化就夠了，稱座標和動量（q_i, p_i），$i = 1, 2, \cdots\cdots, n$ 爲正則變量（canonical variables）。正則變量在保守量子力學體系，同樣地扮演關鍵物理量，共軛的 q_i 和 p_i 和經典分析力學一樣是不對易量。Schrödinger的波動方程式（10－39d），是以座標 $\boldsymbol{r}$ 爲基準的表象，稱爲 $\boldsymbol{r}$ 表象（$\boldsymbol{r}$ － representation），或稱爲Schrödinger表象，或座標表象（coördinates representation），$\boldsymbol{r}$ 以外的其它動力學量，如動量、角動量，變成用 $\boldsymbol{r}$ 來表示的具有操作能力的算符，現在我們使用例子來說明以上所討論的內容。

【Ex.10－10】 求 $\langle x^2 \rangle$（今後除了特別聲明，全用歸一化波函數）。

$$\langle x^2 \rangle = \int \phi^*(\boldsymbol{r},t)\, x^2 \phi(\boldsymbol{r},t)\,\mathrm{d}^3x$$

$\boldsymbol{r} = (x, y, z)$，故 x 和 ϕ 可以對易（顚倒順序）

$$\therefore \quad \langle x^2 \rangle = \int x^2 \phi^*(\boldsymbol{r},t)\phi(\boldsymbol{r},t)\,\mathrm{d}^3x$$

$$= \int \phi^*(\boldsymbol{r},t)\phi(\boldsymbol{r},t)\, x^2\,\mathrm{d}^3x$$

【Ex.10－11】 求 $\langle P_x \rangle$，P_x 是 x 的共軛動量，P_x 和 x 是不對易量。

$$\langle P_x \rangle = \int \phi^*(\boldsymbol{r},t) P_x \phi(\boldsymbol{r},t)\,\mathrm{d}^3x$$

現在 x 和 P_x 是共軛正則變量，是互不對易的量

$$\therefore \quad \langle P_x \rangle \neq \int \phi^*(\boldsymbol{r},t)\phi(\boldsymbol{r},t) P_x\,\mathrm{d}x$$

$$\neq \int P_x \phi^* (\boldsymbol{r}, t) \phi(\boldsymbol{r}, t) \mathrm{d}x$$

那麼，能不能利用 $P_x = mv_x = m\mathrm{d}x/\mathrm{d}t$，把 P_x 換成 x 的時間變化來演算呢？回答是否定！

量子力學不定義速度算符 $\boldsymbol{v}$　　（10－48）

量子力學是從分析力學出發，Hamiltonian H =（動能＋勢能），是座標 q_i 和動量 P_i 的函數，不是 q_i 和速度 v_i，$i = 1, 2, \cdots\cdots, n$ 的函數，如果要得速度的期待值，必須算出 $\langle \boldsymbol{P} \rangle$，然後除以質量 m，參閱下面(5)的 Ehrenfest 定理。

現在使用較容易瞭解的推導法來求 $\boldsymbol{r}$ 表象時的動量 $\boldsymbol{P}$ 的算符，不是嚴謹的方法。從式（10－39d），一維且不受任何作用的自由粒子，勢能 $V = 0$，其 Schrödinger 方程式是：

$$-\frac{\hbar^2}{2m}\frac{\partial^2 \phi(x,t)}{\partial x^2} = \mathrm{i}\hbar \frac{\partial \phi(x,t)}{\partial t}$$

設 $\phi(x,t) = \varphi(x) T(t)$，則得：

$$-\frac{\hbar^2}{2m}\frac{\mathrm{d}^2 \varphi(x)}{\mathrm{d}x^2} = E\varphi(x) \qquad (10-49\mathrm{a})$$

$$\mathrm{i}\hbar \frac{\mathrm{d}T(t)}{\mathrm{d}t} = ET(t) \qquad (10-49\mathrm{b})$$

$\sqrt{2mE/\hbar^2} \equiv k_x$，$k_x$ 的量綱〔k_x〕$= \frac{1}{\text{長度}}$，於是 k_x = 角波數

$$\therefore \quad \begin{cases} \varphi(x) = A\mathrm{e}^{\mathrm{i}k_x x} + B\mathrm{e}^{-\mathrm{i}k_x x} \\ T(t) = C\mathrm{e}^{-\mathrm{i}Et/\hbar} = C\mathrm{e}^{-\mathrm{i}\omega t}, \quad E \equiv \hbar\omega \end{cases}$$

$$\therefore \quad \phi(x,t) = N\mathrm{e}^{\mathrm{i}(k_x x - \omega t)} + D\mathrm{e}^{-\mathrm{i}(k_x x + \omega t)}, \quad N \equiv AC, \quad D \equiv BC$$

假定初始條件是波向 x 方向行進，則 $D = 0$

$$\therefore \quad \phi(x,t) = N\mathrm{e}^{\mathrm{i}(k_x x - \omega t)} \qquad (10-49\mathrm{c})$$

N 就是歸一化常數（normalization constant），式（10－49c）是諧振子產生的波，又稱爲正弦波（sinusoidal wave），或平面波（plane wave）。求 N 有兩個方法，一種是諧振子被限制在有限空間，一維的話，如限制在 $x = 0$ 到 $x = L$ 的範圍；另一個方法是使用 δ 函數的方法（參閱後面 V(A)(1)），這是平面波存在於無限大空間時的非常有用的方法，這裡採用前者：

$$\int_0^L \phi^*(x,t)\phi(x,t)\mathrm{d}x = N^* N \int_0^L \mathrm{e}^{-\mathrm{i}(k_x x - \omega t)} \mathrm{e}^{\mathrm{i}(k_x x - \omega t)} \mathrm{d}x = |N|^2 L = 1$$

$$\therefore \quad N = \frac{1}{\sqrt{L}}$$

$$\therefore \quad \phi(x,t) = \frac{1}{\sqrt{L}} e^{i(k_x x - \omega t)}$$

$$= \text{歸一化體系的狀態波函數} \qquad (10-49d)$$

$$\therefore \quad \frac{\partial \phi}{\partial x} = ik_x \frac{1}{\sqrt{L}} e^{i(k_x x - \omega t)} = ik_x \phi$$

量子力學滿足二象性，$\frac{1}{\lambda} = \frac{P}{h}$，或$\frac{2\pi}{\lambda} = k = \frac{2\pi}{h}P = \frac{P}{\hbar}$，即 $\hbar k = P$，將這關係代入上式得：

$$\hbar \frac{\partial \phi(x,t)}{\partial x} = i\hbar k_x \phi = iP_x \phi(x,t)$$

$$\text{或} \qquad P_x \phi(x,t) = -i\hbar \frac{\partial}{\partial x}\phi(x,t) \qquad (10-49e)$$

式（10－49e）表示 P_x 的功能等於「$-i\hbar \frac{\partial}{\partial x}$」，三維時：

$$\hat{\boldsymbol{P}} = \hat{\boldsymbol{P}}_x + \hat{\boldsymbol{P}}_y + \hat{\boldsymbol{P}}_z = \mathbf{e}_x \hat{P}_x + \mathbf{e}_y \hat{P}_y + \mathbf{e}_z \hat{P}_z$$

$$\therefore \quad \hat{\boldsymbol{P}} = -i\hbar\left(\mathbf{e}_x \frac{\partial}{\partial x} + \mathbf{e}_y \frac{\partial}{\partial y} + \mathbf{e}_z \frac{\partial}{\partial z}\right) \equiv -i\hbar \nabla \qquad (10-50a)$$

$$\nabla \equiv \mathbf{e}_x \frac{\partial}{\partial x} + \mathbf{e}_y \frac{\partial}{\partial y} + \mathbf{e}_z \frac{\partial}{\partial z}$$

$\mathbf{e}_{x、y、z} = x, y, z$ 軸的單位矢量，動量的冠號「＾」表示算符。式（10－50a）是 $\boldsymbol{r}$ 表象時的動量算符，即在量子力學時有行動性的動力學量動量 $\boldsymbol{P}$ 必須使用有操作能力的算符 $\hat{\boldsymbol{P}} = -i\hbar \nabla$。同樣地比較式（10－49b）的左右兩邊，則得 $\hat{E} \Leftrightarrow i\hbar \frac{\partial}{\partial t}$，能量是標量，沒有行動性，故不使用算符「$\hat{E}$」。從經典分析力學中，物理體系的總能 E 是 Hamiltonian$H$ 的測量值，在量子力學中 E 是H 的期待值，表示 H 是有行動性的，所以在量子力學中是算符：

$$\hat{H} = i\hbar \frac{\partial}{\partial t} \qquad (10-50b)$$

把式（10－50a）和（10－50b）代入經典力學的 Hamiltonian $H = \left(\frac{1}{2m}(\boldsymbol{P} \cdot \boldsymbol{P}) + V\right)$ 得：

$$\hat{H} = i\hbar \frac{\partial}{\partial t}$$

$$= \frac{1}{2m}(-i\hbar \nabla) \cdot (-i\hbar \nabla) + V(\boldsymbol{r}, t)$$

$$= -\frac{\hbar^2}{2m}\nabla^2 + V(\boldsymbol{r},t) \qquad (10-50c)$$

將式（10－50c）作用到波函數 $\phi(\boldsymbol{r},t)$ 便得式（10－39d）：

$$-\frac{\hbar}{2m}\nabla^2\phi(\boldsymbol{r},t) + V(\boldsymbol{r},t)\phi(\boldsymbol{r},t) = i\hbar\frac{\partial\phi(\boldsymbol{r},t)}{\partial t}$$

所以稱式（10－50a）和（10－50b）式爲 $\boldsymbol{r}$ 表象時，從經典力學轉換成量子力學的動力學量的量子化量，綜合 $\boldsymbol{r}$ 表象的動力學量的量子化於表 10－3。

表 10－3　$\boldsymbol{r}$ 表象的量子化動力學量

	經典力學	量子力學
座標	$\boldsymbol{r}$	$\hat{\boldsymbol{r}} = \boldsymbol{r}$
動量	$\boldsymbol{P}$	$\hat{\boldsymbol{P}} = -i\hbar\nabla$
總能	H	$\hat{H} = i\hbar\frac{\partial}{\partial t}$
角動量	$\boldsymbol{L}$	$\hat{\boldsymbol{L}} = \hat{\boldsymbol{r}}\times\hat{\boldsymbol{P}} = -i\hbar\boldsymbol{r}\times\nabla$

別忘了在推導過程中使用了二象性，換言之，表 10－3 的量子力學算符內涵二象性。

【Ex.10－12】 求 $\langle\hat{P}_x\rangle$ 的值。

$$\langle\hat{P}_x\rangle = \int_{-\infty}^{\infty}\phi^*\hat{P}_x\phi\,dx = \int_{-\infty}^{\infty}\phi^*\left(-i\hbar\frac{\partial}{\partial x}\phi\right)dx$$

假定 $\phi(x=\infty)=0$，$\phi(x=-\infty)=0$，對上式進行部分積分：

$$\langle\hat{P}_x\rangle = [\phi^*(-i\hbar\phi)]_{-\infty}^{\infty} - \int_{-\infty}^{\infty} - i\hbar\left(\frac{\partial\phi^*}{\partial x}\right)\phi\,dx$$

$$= \int_{-\infty}^{\infty}\left(i\hbar\frac{\partial}{\partial x}\phi^*\right)\phi\,dx$$

顯然　$\int\phi^*(\hat{P}_x\phi)\,dx \neq \int(\hat{P}_x\phi^*)\phi\,dx$

是　$\int\phi^*(\hat{P}_x\phi)\,dx = \int(\hat{P}_x^+\phi^*)\phi\,dx$　　參考**【Ex.10－18】**

【Ex.10－13】

如圖所示，質量 m 的粒子被束縛在一維的無限深井內，其勢能是：

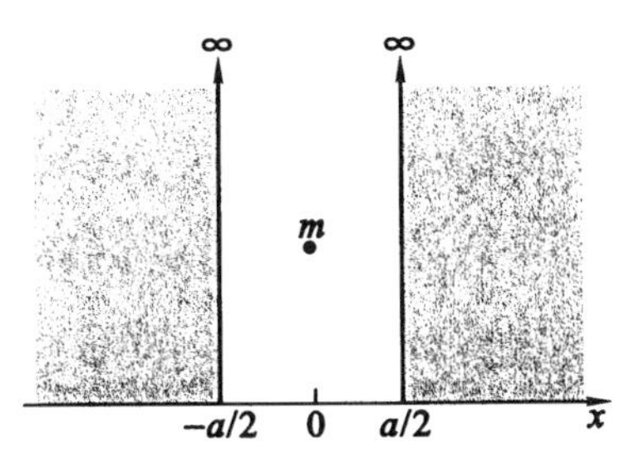

$$V(x)=\begin{cases}0, & |x|<a/2\\ \infty, & |x|\geqslant a/2\end{cases}$$

(1) 求波函數和能量本徵值。

(2) 求偶宇稱（even parity）狀態的 $\langle x\rangle$，$\langle x^2\rangle$，$\langle P\rangle$ 和 $\langle P^2\rangle$ 以及基態的 (Δx) (ΔP) 的值。

(1) 被放在井內的粒子 m，由於 $x=\pm\dfrac{a}{2}$ 時勢能是無限大，即無論粒子有多大的能量，勢能都比它更大，於是粒子永遠被關在井內，換句話說，$x=\pm a/2$ 時波函數等於0，粒子的運動方程式是：

$$-\frac{\hbar^2}{2m}\frac{\partial^2\phi(x,t)}{\partial x^2}=\mathrm{i}\hbar\frac{\partial\phi(x,t)}{\partial t}$$

設 $\phi(x,t)=\psi(x)T(t)$ 得：

$$-\frac{\hbar^2}{2m}\frac{1}{\psi}\frac{\mathrm{d}^2\psi}{\mathrm{d}x^2}=\mathrm{i}\hbar\frac{1}{T}\frac{\mathrm{d}T}{\mathrm{d}t}\equiv\text{常量 }E$$

$$\psi(x)=A\sin kx+B\cos kx,\qquad k\equiv\sqrt{2mE}/\hbar$$

$$T(t)=C\mathrm{e}^{-\mathrm{i}Et/\hbar}$$

代入邊界條件 $\phi\left(x=\pm\dfrac{a}{2},t\right)=\psi(x=\pm a/2)T(t)=0$，得：

$$\begin{cases}x=\dfrac{a}{2}:\ A\sin\dfrac{ka}{2}+B\cos\dfrac{ka}{2}=0 & (10-51\text{a})\\[2ex] x=-\dfrac{a}{2}:\ -A\sin\dfrac{ka}{2}+B\cos\dfrac{ka}{2}=0 & (10-51\text{b})\end{cases}$$

(I) {式（10−51a）−式（10−51b）}得：

$$2A\sin\frac{ka}{2}=0$$

如果 $A\neq0$ 而 $B=0$，則由上式得 $\dfrac{ka}{2}=n\pi$，$n=1,2,3\cdots\cdots$，那麼，n 為什麼沒0呢？因為 $n=0$ 時會得零的波函數（參見式（10－51d）），這是無意義的，故 $n=0$ 必須除外。

$$\begin{cases} E_n = \dfrac{\hbar^2}{2m}k^2 = \dfrac{(2n)^2\pi^2\hbar^2}{2ma^2} & (10-51c) \\ \psi_n(x) = A\sin\dfrac{2n\pi}{a}x & (10-51d) \end{cases}$$

當 $x \to -x$ 時，$\psi_n(-x) = -A\sin\frac{2n\pi}{a}x = -\psi_n(x)$，得奇宇稱（odd parity）[15]；$x \to -x$ 時波函數變符號的稱爲奇宇稱，不變符號的稱爲偶宇稱（even parity）。所以式（10－51d）是奇宇稱能量本徵函數，而式（10－51c）式是奇宇稱能量本徵值。

(ii)｛式（10－51a）＋式（10－51b）｝得：

$$2B\cos\frac{ka}{2} = 0$$

如果 $B \neq 0$ 而 $A = 0$，則由上式得 $\frac{ka}{2} = \frac{2n-1}{2}\pi$，$n = 1,2,3\cdots\cdots$

$$\therefore \begin{cases} E_n = \dfrac{\hbar^2k^2}{2m} = \dfrac{(2n-1)^2\pi^2\hbar^2}{2ma^2} & (10-51e) \\ \psi_n(x) = B\cos\dfrac{2n-1}{a}\pi x & (10-51f) \end{cases}$$

當 $x \to -x$ 時，$\psi_n(-x) = B\cos\frac{2n-1}{a}\pi x = \psi_n(x)$，得偶宇稱。比較式（10－51c）和（10－51e）得偶宇稱的 $n = 1$ 的能量最低，表示對稱性越高能量越低，基態是偶宇稱的 $n = 1$。式（10－51e）和式（10－51f）各爲偶宇稱能量本徵值和本徵函數。

(iii) 由歸一化條件決定未定量 AC 或 BC，偶宇稱時是：

$$\begin{aligned} \int_{-\infty}^{\infty}\phi^*\phi\,dx &= \int_{-a/2}^{a/2}\phi^*(x,t)\phi(x,t)\,dx \\ &= \int_{-a/2}^{a/2}(BC)^*(BC)e^{iEt/\hbar}e^{-iEt/\hbar}\cos^2 kx\,dx \\ &= |BC|^2\int_{-a/2}^{a/2}\frac{1}{2}(1+\cos 2kx)\,dx \\ &= \frac{a}{2}|BC|^2 + \frac{|BC|^2}{4k}(\sin ka + \sin ka) \end{aligned}$$

偶宇稱的 $ka = (2n-1)\pi$，故 $\sin ka = \sin(2n-1)\pi = 0$

$$\therefore \int_{-a/2}^{a/2}\phi^*\phi\,dx = \frac{a}{2}|BC|^2 = 1$$

$$\therefore BC = \sqrt{2/a}$$

∴ 偶宇稱的波函數 $\phi_n(x,t) = \sqrt{\frac{2}{a}}e^{-iE_nt/\hbar}\cos\frac{2n-1}{a}\pi x$

$$(10-51g)$$

(2) (i) $\langle x \rangle = \int_{-\infty}^{\infty} \phi_n^*(x,t)\, x \phi_n(x,t)\, dx$

$$= \frac{2}{a}\int_{-a/2}^{a/2} \left(\cos\frac{2n-1}{a}\pi x\right) x \left(\cos\frac{2n-1}{a}\pi x\right) dx$$

$$= \frac{1}{a}\int_{-a/2}^{a/2} x\left(1+\cos\frac{2\bar{n}\pi}{a}x\right) dx, \qquad \bar{n} \equiv 2n-1$$

$$= 0 \qquad (10-52a)$$

(ii) $\langle x^2 \rangle = \int_{-\infty}^{\infty} \phi_n^*(x,t)\, x^2 \phi_n(x,t)\, dx$

$$= \frac{1}{a}\int_{-a/2}^{a/2} x^2\left(1+\cos\frac{2\bar{n}\pi}{a}x\right) dx$$

$$= \frac{a^2}{12}\left(1-\frac{6}{(2n-1)^2\pi^2}\right) \qquad (10-52b)$$

(iii) $\langle \hat{P} \rangle = \int_{-\infty}^{\infty} \phi_n^*(x,t)\left(-i\hbar\frac{\partial}{\partial x}\right)\phi_n(x,t)\, dx$

$$= \frac{2}{a}(-i\hbar)\left(-\frac{\bar{n}\pi}{a}\right)\int_{-a/2}^{a/2}\cos\frac{\bar{n}\pi}{a}x\sin\frac{\bar{n}\pi}{a}x\, dx$$

$$= \frac{i\bar{n}\pi\hbar}{a^2}\int_{-a/2}^{a/2}\sin\frac{2\bar{n}\pi}{a}x\, dx$$

$$= -\frac{i\hbar}{2a}\left[\cos\frac{2\bar{n}\pi x}{a}\right]_{-a/2}^{a/2} = 0 \qquad (10-52c)$$

(iv) $\langle \hat{P}^2 \rangle = \int_{-\infty}^{\infty} \phi_n^*(x,t)(-i\hbar)^2\frac{\partial^2}{\partial x^2}\phi_n(x,t)\, dx$

$$= \frac{2}{a}(-i\hbar)^2\left(-\frac{\bar{n}^2\pi^2}{a^2}\right)\int_{-a/2}^{a/2}\cos^2\frac{\bar{n}\pi x}{a}\, dx$$

$$= \frac{2\bar{n}^2\pi^2\hbar^2}{a^3}\,\frac{1}{2}\int_{-a/2}^{a/2}\left(1+\cos\frac{2\bar{n}\pi x}{a}\right) dx$$

$$= \frac{(2n-1)^2\pi^2\hbar^2}{a^2} \qquad (10-52d)$$

(v) $\{(\Delta x)(\Delta P)\}_{n=1}$

$$= \left\{\sqrt{\langle (x-\langle x\rangle)^2\rangle}\sqrt{\langle (P-\langle P\rangle)^2\rangle}\right\}_{n=1},$$

$n=1$ 是基態

$$= \left\{\sqrt{\langle x^2\rangle-(\langle x\rangle)^2}\sqrt{\langle P^2\rangle-(\langle P\rangle)^2}\right\}_{n=1}$$

$$= \left\{\sqrt{\langle x^2\rangle\langle P^2\rangle}\right\}_{n=1}$$

$$= \hbar\sqrt{\frac{\pi^2}{12}\left(1-\frac{6}{\pi^2}\right)} \doteq 0.568\hbar \doteq \frac{1}{2}\hbar \qquad (10-52e)$$

這關係正是式(10 – 28)所提到的關係。

(C) Ehrenfest 定理[6)]

量子力學觀測的力學量是期待值，它和經典力學的力學量有什麼關係呢？例如經典力學的速度和力，對應於量子力學的是什麼樣的量呢？在 1927 年 9 月 Ehrenfest 證明了：『在保守力場下的量子力學的運動，其平均現象和經典力學的運動方程式所給出的運動現象相同』稱爲 **Ehrenfest 定理**。下面介紹兩個實例，其他的以此類推。

【Ex.10 – 14】 對應於經典力學的速度 $\mathbf{v} = \frac{d\boldsymbol{r}}{dt}$ 的量子力學量是什麼？

使用一維來探討，x 期待值的時間變化是：

$$\frac{d}{dt}\langle x\rangle = \frac{d}{dt}\int \phi^*(\boldsymbol{r},t)\,x\phi(\boldsymbol{r},t)\,d^3x$$

在 Schrödinger 表象中，算符都不是時間的函數，僅狀態函數 ϕ 是時間函數，故在上式對調積分操作和時間微分操作時，$dx/dt = 0$，

$$\therefore \quad \frac{d}{dt}\langle x\rangle = \int\left\{\left(\frac{\partial\phi^*}{\partial t}\right)x\phi + \phi^* x\left(\frac{\partial\phi}{\partial t}\right)\right\}d^3x$$

$$= \frac{i}{\hbar}\left\{\int\left(-\frac{\hbar^2}{2m}\nabla^2\phi^* + V^+\phi^*\right)x\phi\,d^3x\right.$$

$$\left. - \int\phi^* x\left(-\frac{\hbar^2}{2m}\nabla^2\phi + V\phi\right)d^3x\right\}$$

保守力場的勢能 V 是可觀測量（參見推導式（10 – 45c）的過程），於是 $V^+ = V$

$$\therefore \quad \frac{d}{dt}\langle x\rangle = \frac{i\hbar}{2m}\int\{\phi^* x(\nabla^2\phi)$$

$$- (\nabla^2\phi^*)x\phi\}\,d^3x \qquad (10-53a)$$

① $\int(\nabla^2\phi^*)x\phi\,d^3x = \int\left(\frac{\partial^2\phi^*}{\partial x^2} + \frac{\partial^2\phi^*}{\partial y^2} + \frac{\partial^2\phi^*}{\partial z^2}\right)x\phi\,dx\,dy\,dz$，

進行部分積分：

② $$\int\left(\frac{\partial^2\phi^*}{\partial x^2}\right)x\phi\,dx\,dy\,dz = \int\left\{\left(\frac{\partial\phi^*}{\partial x}\right)(x\phi)\,dy\,dz\right\}_{\text{表面}}$$

$$- \int\left(\frac{\partial\phi^*}{\partial x}\right)\frac{\partial}{\partial x}(x\phi)\,dx\,dy\,dz$$

上式右邊第一項是表面積積分的成分，如右圖的斜線面部分；同樣進行（$\frac{\partial^2 \phi^*}{\partial y^2}$ + $\frac{\partial^2 \phi^*}{\partial z^2}$）$x\phi$ 部分，則得整個表面 S 的表面積分。設表面積的微小面積 = $\mathrm{d}\boldsymbol{A}$

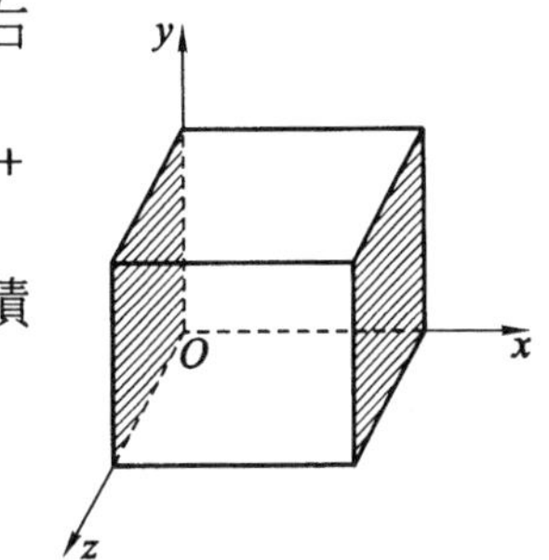

$$\therefore \quad \int (\nabla^2 \phi^*) x\phi \mathrm{d}^3 x = \int_S \{ (\boldsymbol{\nabla} \phi^*)(x\phi) \} \cdot \mathrm{d}\boldsymbol{A}$$

$$-\int \left\{ \left(\frac{\partial \phi^*}{\partial x}\right) \frac{\partial}{\partial x}(x\phi) + \left(\frac{\partial \phi^*}{\partial y}\right) \frac{\partial}{\partial y}(x\phi) + \left(\frac{\partial \phi^*}{\partial z}\right) \frac{\partial}{\partial z}(x\phi) \right\} \mathrm{d}^3 x$$

如果我們取充分大的封閉表面，在表面上 $\boldsymbol{\nabla} \phi^* = 0$，則上式右邊第一項 = 0，而第二項是 $\boldsymbol{\nabla} \phi^*$ 和 $\boldsymbol{\nabla}(x\phi)$ 的標積。

$$\therefore \quad \int (\nabla^2 \phi^*) x\phi \mathrm{d}^3 x = -\int (\boldsymbol{\nabla} \phi^*) \cdot [\boldsymbol{\nabla}(x\phi)] \mathrm{d}^3 x$$

對上式再次進行部分積分，同理在 S 上 $\phi^* = 0$ 則得：

$$\int (\nabla^2 \phi^*) x\phi \mathrm{d}^3 x = \int \phi^* \boldsymbol{\nabla} \cdot [\boldsymbol{\nabla}(x\phi)] \mathrm{d}^3 x$$

$$= \int \phi^* \nabla^2 (x\phi) \mathrm{d}^3 x$$

把這結果代入式（10 – 53a），則被積函數變成：

$$\phi^* x(\nabla^2 \phi) - (\nabla^2 \phi^*) x\phi = \phi^* \{ x\nabla^2 \phi - \nabla^2 (x\phi) \}$$

$$= \phi^* \left\{ x\left(\frac{\partial^2 \phi}{\partial x^2} + \frac{\partial^2 \phi}{\partial y^2} + \frac{\partial^2 \phi}{\partial z^2}\right) - \frac{\partial^2}{\partial x^2}(x\phi) - x\frac{\partial^2 \phi}{\partial y^2} - x\frac{\partial^2 \phi}{\partial z^2} \right\}$$

$$= \phi^* \left\{ x\frac{\partial^2 \phi}{\partial x^2} - \frac{\partial^2}{\partial x^2}(x\phi) \right\} = \phi^* \left(-2\frac{\partial \phi}{\partial x}\right)$$

$$\therefore \quad \frac{\mathrm{d}}{\mathrm{d}t}\langle x \rangle = -\frac{\mathrm{i}\hbar}{m}\int \phi^* \frac{\partial}{\partial x}\phi \mathrm{d}^3 x$$

$$= \frac{1}{m}\int \phi^* \left(-\mathrm{i}\hbar \frac{\partial}{\partial x}\right) \phi \mathrm{d}^3 x = \frac{1}{m}\int \phi^* \hat{P}_x \phi \mathrm{d}^3 x$$

$$\therefore \quad \frac{\mathrm{d}}{\mathrm{d}t}\langle x \rangle = \frac{\langle \hat{P}_x \rangle}{m}$$

同理得　$\frac{\mathrm{d}}{\mathrm{d}t}\langle y \rangle = \frac{\langle \hat{P}_y \rangle}{m}$，　$\frac{\mathrm{d}}{\mathrm{d}t}\langle z \rangle = \frac{\langle \hat{P}_z \rangle}{m}$

$$\therefore \quad \frac{d}{\mathrm{d}t}\langle \boldsymbol{r} \rangle = \frac{\langle \hat{\boldsymbol{P}} \rangle}{m} \qquad (10-53\mathrm{b})$$

式（10 – 53b）對應於經典力學 $\boldsymbol{v}=\frac{\mathrm{d}\boldsymbol{r}}{\mathrm{d}t}=\frac{\boldsymbol{P}}{m}$，於是式（10 – 53b）相當於量力的質量 m 的粒子速度。它到底是什麼樣的量呢？相對於運動範圍，如右圖，波函數 $\phi(\boldsymbol{r},t)$ 被局限在空間狹小的範圍時稱爲波包（wave packet），它隨著時間一般地變著形在空間移動，其移動速度便是 $\frac{\mathrm{d}}{\mathrm{d}t}\langle\boldsymbol{r}\rangle$。波包和非線性波動方程式的解的孤立子（soliton）不同，一般的孤立子形狀是不會隨著時間變化。

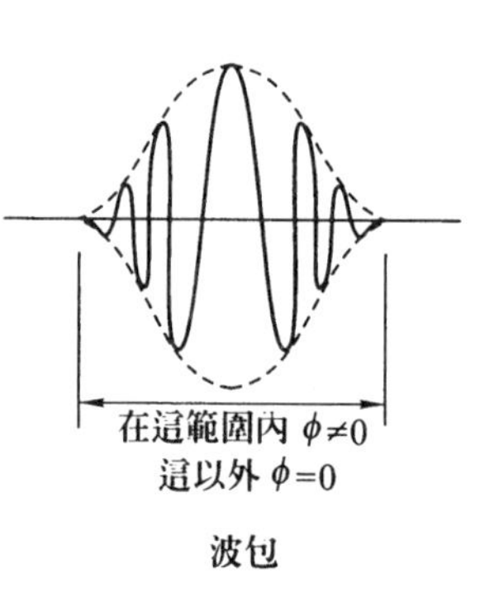

波包

【**Ex.10 – 15**】對應於經典力學的保守力 $\boldsymbol{F}=-\nabla V$ 的量子力學量，V = 勢能。

經典力學的力 $\boldsymbol{F}$ 是動量 $\boldsymbol{P}$ 的時間變化，故使用一維來探討 $\hat{P}_x$ 期待值的時間變化。

$$\begin{aligned}\frac{\mathrm{d}}{\mathrm{d}t}\langle\hat{P}_x\rangle&=\frac{\mathrm{d}}{\mathrm{d}t}\int\phi^*(\boldsymbol{r},t)\left(-\mathrm{i}\hbar\frac{\partial}{\partial x}\right)\phi(\boldsymbol{r},t)\,\mathrm{d}^3x\\&=-\mathrm{i}\hbar\left\{\int\left(\frac{\partial\phi^*}{\partial t}\right)\left(\frac{\partial\phi}{\partial x}\right)\mathrm{d}^3x+\int\phi^*\frac{\partial}{\partial x}\left(\frac{\partial\phi}{\partial t}\right)\mathrm{d}^3x\right\}\\&=\int\left(-\frac{\hbar^2}{2m}\nabla^2\phi^*+V^+\phi^*\right)\left(\frac{\partial\phi}{\partial x}\right)\mathrm{d}^3x\\&\quad-\int\phi^*\frac{\partial}{\partial x}\left(-\frac{\hbar^2}{2m}\nabla^2\phi+V\phi\right)\mathrm{d}^3x\\&=\int\phi^*\left(V\frac{\partial\phi}{\partial x}-\frac{\partial}{\partial x}V\phi\right)\mathrm{d}^3x\\&\quad+\frac{\hbar^2}{2m}\int\left\{\phi^*\frac{\partial}{\partial x}\nabla^2\phi-(\nabla^2\phi^*)\frac{\partial\phi}{\partial x}\right\}\mathrm{d}^3x\end{aligned}\tag{10 – 53c}$$

在上式用了 $V^+\phi^*=\phi^*V$（【*Ex*.**10 – 12**】），進行上式右邊第二項的部分積分：

$$\begin{aligned}\int(\nabla^2\phi^*)\left(\frac{\partial\phi}{\partial x}\right)\mathrm{d}x\mathrm{d}y\mathrm{d}z&=\int_S\left\{(\nabla\phi^*)\left(\frac{\partial\phi}{\partial x}\right)\right\}\cdot d\mathbf{A}\\&\quad-\int(\nabla\phi^*)\cdot\left\{\nabla\left(\frac{\partial\phi}{\partial x}\right)\right\}\mathrm{d}^3x\end{aligned}$$

S = 封閉曲面表面積（細節參見【**Ex.10 – 14**】），其微小面積 =

$d\mathbf{A}$，取充分大的封閉表面，在其表面上$\nabla\phi^* = 0$，則上式右邊第一項 = 0

$$\therefore \quad \int (\nabla^2\phi^*)(\frac{\partial\phi}{\partial x})dxdydz = -\int(\nabla\phi^*)\cdot\{\nabla(\frac{\partial\phi}{\partial x})\}d^3x$$

再作部分積分，同樣在充分大的 S 上 $\phi^* = 0$，則得：

$$-\int(\nabla\phi^*)\cdot\left\{\nabla(\frac{\partial\phi}{\partial x})\right\}d^3x$$

$$= -\int_S\left\{\phi^*[\nabla(\frac{\partial\phi}{\partial x})\right\}\cdot d\boldsymbol{A} + \int\phi^*\{\nabla^2(\frac{\partial\phi}{\partial x})\}d^3x$$

$$= \int\phi^*\{(\nabla^2(\frac{\partial\phi}{\partial x})\}d^3x = \int\phi^*\frac{\partial}{\partial x}(\nabla^2\phi)d^3x$$

將上式代入式（10 – 53c），右邊第二項剛好互相抵消。

$$\therefore \quad \frac{d}{dt}\langle\hat{P}_x\rangle = \int\phi^*\{V\frac{\partial\phi}{\partial x} - \frac{\partial}{\partial x}(V\phi)\}d^3x$$

$$= -\int\phi^*(\frac{\partial V}{\partial x})\phi d^3x = -\langle\frac{\partial V}{\partial x}\rangle$$

同理，得$\frac{d}{dt}\langle\hat{P}_y\rangle = -\langle\frac{\partial V}{\partial y}\rangle$，　$\frac{d}{dt}\langle\hat{P}_z\rangle = -\langle\frac{\partial V}{\partial z}\rangle$

$$\therefore \quad \frac{d}{dt}\langle\hat{\boldsymbol{P}}\rangle = \frac{d}{dt}(\langle\mathbf{e}_x\hat{P}_x\rangle + \langle\mathbf{e}_y\hat{P}_y\rangle + \langle\mathbf{e}_z\hat{P}_z\rangle)$$

$$= -(\langle\mathbf{e}_x\frac{\partial}{\partial x}V\rangle + \langle\mathbf{e}_y\frac{\partial}{\partial y}V\rangle + \langle\mathbf{e}_z\frac{\partial}{\partial z}V\rangle)$$

$$= -\langle\nabla V\rangle \qquad (10-53d)$$

$\mathbf{e}_{x,y,z}$ 是 x, y, z 軸的單位矢量，上式對應於經典力學的保守力：

$$\boldsymbol{F} = \frac{d\boldsymbol{p}}{dt} = -\nabla V \text{（第二章式(66)）}$$

(1) **本徵函數（eigenfunction）本徵值（eigenvalue）**

經上面兩個例題，希望能進一步瞭解和經典力學的差異與類比。Schrödinger 方程式（10 – 39d）能解的題目不多，絕大部分的題目是靠近似解法，或者是使用計算機（電腦）的數值解法。這裡我們僅介紹：

$$\begin{cases} V(\boldsymbol{r}, t) = 0 \cdots\cdots\cdots\cdots \text{自由粒子} \\ V(\boldsymbol{r}, t) = \dfrac{m\omega^2}{2}r^2 \cdots\cdots\cdots\cdots \text{各向同性諧振子但一維} \\ V(\boldsymbol{r}, t) = \kappa\dfrac{1}{r} \cdots\cdots\cdots\cdots \text{庫侖力} \end{cases}$$

這三種勢能是最基本的，並且能解的典範題，參閱下面 V。自由粒子雖不受任何力，但式（10 – 39d）是時空間的方程式，其解是波動，在空間自由自在傳遞的平面波；至於諧振子和庫侖力，勢能和時間無關，於是式（10 – 39d）能利用變數分離法，約化成能量本徵值方程式（10 – 37），這相當於探討平衡狀態的物理體系，其運動方程一般地可寫成如下形式：

$$\hat{Q}\psi(\boldsymbol{r},t) = 常量\ \kappa\psi(\boldsymbol{r},t) \tag{10 – 54}$$

$\hat{Q}$ 是任意算符，例如式（10 – 37）的 $\left(-\frac{\hbar^2}{2m}\nabla^2 + V\right)$，當 $\hat{Q}$ 作用到某函數 $\Psi(\boldsymbol{r},t)$ 時，一般地 Ψ 會變成另一種函數 $\Phi(\boldsymbol{r},t)$，不過，如果 $\hat{Q}$ 作用到某函數 $\psi(\boldsymbol{r},t)$ 而得式（10 – 54），$\psi(\boldsymbol{r},t)$ 本身乘上和 $\boldsymbol{r}$ 和 t **無關的常量時稱**式（10 – 54）爲 $\hat{Q}$ **的本徵值方程式**，常量 κ **稱爲** $\hat{Q}$ **的本徵值**，$\psi(\boldsymbol{r},t)$ 稱爲 $\hat{Q}$ 的本徵函數。式（10 – 37）的算符是能量算符 $\hat{H} = \left(-\frac{\hbar^2}{2m}\nabla^2 + V\right)$，其本徵值是能量 E，$\psi(\boldsymbol{r})$ 是 $\hat{H}$ 的本徵函數。量子力學的本徵函數 ψ 依物理體系的獨立自由度的數目 n，便有 n 個代表整數（integer）或半整數（half integer）的數來表示體系的狀態情形，指定狀態的這些數稱爲**量子數**（quantum number），本徵值也同樣和量子數有關，例如式（10 – 17d），這些物理意義必須解了題目才能眞正瞭解（參見 V(B)）。另一方面從式（10 – 54）得，算符僅有作用行動能力，**它必須作用於描寫體系的狀態函數上才有意義**，即才能得本徵值和體系的狀態信息的本徵函數，並且除了特別聲明，**算符必須作用於其右邊的量**，不是作用於左邊的量。既然 ψ 和體系的狀態信息有關，於是依物理要求 ψ 必須滿足：

$$\left.\begin{array}{l}(1)\ 有限（finite）大小，\\ \qquad 因 |\psi|^2 = 概率密度，和測量有關且測量值必須有限；\\ (2)\ 單值（single\ value）函數；\\ (3)\ 連續函數，因\ \psi\ 滿足二階微分方程。\end{array}\right\} \tag{10 – 55a}$$

有了這三個要求，觀測值或 ψ 所給的信息才有意義。由於 Schrödinger 的波動方程式是二階（second order）線性微分方程，故 ψ 的空間一階（first order）微分必須滿足下列條件：

$$\left.\begin{array}{l}(1)\ \nabla\psi = 有限\\ (2)\ \nabla\psi = 單值函數\\ (3)\ \nabla\psi = 連續函數\end{array}\right\} \tag{10 – 55b}$$

式（10 – 55a）和（10 – 55b）是解題時必須留意的條件。

(2) 從物理推想能量本徵函數

勢能不顯含時間 t 時，式（10 – 39d）便能約化成能量本徵方程式（10 – 39e），其一維方程是：

$$\frac{d^2\psi(x)}{dx^2}=\frac{2m}{\hbar^2}\{V(x)-E\}\psi(x) \qquad (10-56)$$

設勢能如圖 10 – 16(a) 且有關量如圖所示，則總能有兩種可能：$E>V_0$ 和 $E<V_0$，而 $E\to V_0$ 分爲從 $E>V_0$ 以及 $E<V_0$ 趨近於 V_0，故在下面僅探討 $E\gtrless V_0$ 的情形。

① $E>V_0$ 的情形

勢能的變化分三個區域，在各區域討論 $\psi(x)$ 的變化，然後應式（10 – 55a）和（10 – 55b）的要求，在 $V(x)$ 的變化點連接好 $\psi(x)$。

(i) $x>x_2$ 的區域

使用 $E_>$ 表示 $E>V_0$ 的能量，這時式（10 – 56）變成：

$$\frac{d^2\psi(x)}{dx^2}=-\frac{2m}{\hbar^2}(E_>-V_0)\psi(x)$$
$$=-\frac{2m}{\hbar^2}E'\psi(x)$$

$E'\equiv(E_>-V_0)>0$，於是 $\psi(x)$ 是正弦波：

$$\psi(x)=A\sin k_0x+B\cos k_0x$$

$$k_0\equiv\frac{\sqrt{2mE'}}{\hbar}$$，如圖 10 – 16(b) 所示

(ii) $x_1<x<x_2$ 的區域

$$\frac{d^2\psi(x)}{dx^2}=-\frac{2m}{\hbar^2}(E_>-V(x))\psi(x)$$

如把 $x_1<x<x_2$ 分成許多小區域，在每個區域都能近似地把 $V(x)$ 看成常量，顯然，這時的角波數是大於 k_0，所以得較大頻率的正弦波，如圖 10 – 16(b) 所示。

(iii) $x<x_1$ 的區域

這時 $V(x)\to\infty$，如果要式（10 – 56）右邊等於有限量的話，必須 $\psi(x)\to 0$，即波無法進入 $V(x)=\infty$ 的領域。並且 ψ 在交界點 x_2 必須滿足式（10 – 55a）和（10 – 55b）式的要求：「連續和等値」，於是獲得圖 10 – 16(b) 的 $\psi(x)$，這是使用物理推想的波函數 $\psi(x)$。

② $E<V_0$ 的情形

以 $E_<$ 表示 $E<V_0$ 的能量，則從圖 10 – 16(a) 在 x' 和 x'' 間的粒子，分別會穿過隧道到 $x<x'$ 以及 $x>x''$ 領域，但這兩領域的勢能產生的是斥力。在 $x<x'$ 領

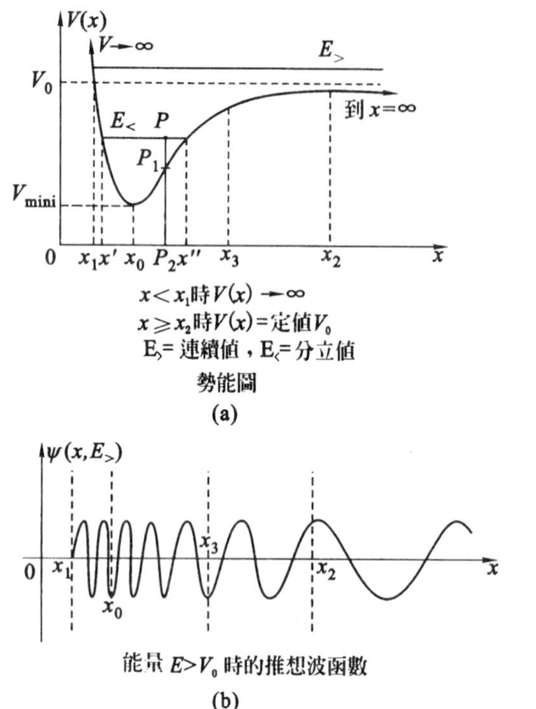

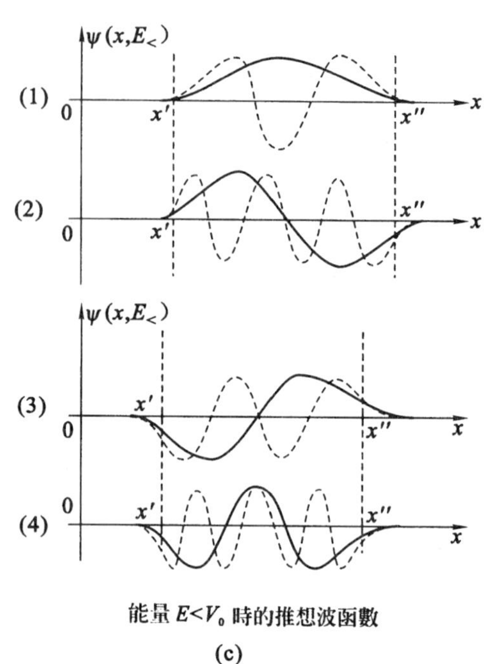

圖 10－16

域，粒子在 $x = x_1$ 處遇到 $V(x) = \infty$，無論粒子的動能多大，根本無法對抗這麼大的勢能，於是 $\psi(x = x_1) = 0$。在 $x > x''$ 領域，勢能雖然有限，但 $V(x)$ 延續到 $x = \infty$，無論粒子有多大的動能，$V(x)$ 一直阻擋著，於是 $\psi(x)$ 終會衰減下來，最後 $\psi(x) = 0$，結果粒子只能在 x' 和 x'' 之間來回振盪，**形成駐波的穩定束縛態，其能量 $E_<$ 是量子化的分立（discrete）值**；相對地 $E > V_0$ 時的 $E_>$ 能取任何值，即 $E_>$ 是連續值。如圖 10－16(b) 所示，粒子在勢能 $V(x)$ 井內任意點 P 的動能值 $\overline{PP_1}$ 和勢能值 $\overline{P_1P_2}$ 是隨時變動著，所以粒子在井內是不斷地運動著，其呈現出來的 $\psi(x)$ 是連續的波，其頻率 υ 的高低隨著 $E_<$ 的大小變化，$E_<$ 越大（小）υ 越大（小），只有在 $x < x'$ 和 $x > x''$，$\psi(x)$ 會衰減到0。現有如圖 10－16(c) 的(1)到(4)的四種可能，(1)是 $\psi(x)$ 從大於0的值衰減，υ 最低的是實線，表示基態，點線是激發態的一種。其他(2)到(4)依此類推，全是激發態，當然有更多的 υ。這些全是用物理推想出來的 $\psi(x)$，它們的每一個在 x' 和 x''，都必須和 $x < x'$ 以及 $x > x''$ 的波函數連續和同值才能得圖 10－16(c)。這種使用物理來推測、推想物理現象是非常重要的方法，在下面我們會找機會從各個方面來介紹這方法。

到這裡爲止，我們大致地介紹了非相對論量子力學的輪廓及內涵，同時提出了和測量有關的期待值及 Heisenberg 的測不準原理式(10 – 28),但沒有深入討論。物理是實驗科學,任何理論都必須通過實驗的驗證,沒有實驗肯定的理論是虛構的。接著一起來討論和測量有關的問題,以及由它引起的兩大派:Einstein 爲首,和 Born-Bohr 爲首的看法。

(D) 和測量有關的問題[4,6,7]

日常生活量時間、長度、面積、體積、質量、電流等等,我們都知道必須有基準的量「單位」;在國際標準制(system of international),簡稱**SI**制,長度用米或公尺(m),時間用秒(s),質量用千克或公斤(kg),電流用安培(A),這種直接和基準量比較的測量法稱爲**直接測量法**。測量法有好多種,例如利用和基準量的關係,經演算才能得出值的方法稱爲**間接測量法**。**任何測量都有誤差**,如何減少誤差,是測量學的焦點;目前一直到原子分子階段的各領域,都有非常好的測量技術,尤其宏觀世界,幾乎可達到所要的準確度,並且測量的順序幾乎不受影響。例如賽跑裁判員同時記錄賽跑者的位置 $\boldsymbol{r}$(進入決賽線)和進入決賽線時的速度,相當於動量 $\boldsymbol{P}$,這在微觀世界情況就不同了,我們**沒有辦法同時測量運動粒子的位置和動量**,換句話說,先測位置後緊跟著測動量,或倒過來測,結果是不同的。微觀世界的這個事實是 1927 年 Heisenberg 發現的, 稱爲 Heisenberg 測不準原理(uncertainty principle),這是微觀世界滿足二象性帶來的必然結果。要進入測不準原理之前,先來瞭解微觀世界和測量有關的一些問題。

(1) 穩定態(stationary state),躍遷(transition)

物理體系的狀態對外界,不隨著時間變化,其體系內部可以變化的稱爲**穩定態**。最初提出穩定態概念的是 N. Bohr,他爲了解釋:『照經典電磁理論,圍繞著原子核不斷地運動著的電子,不輻射電磁能,且使原子維持一定的大小』,這種不隨著時間變化的狀態稱爲穩定態。在穩定態的原子能量只能取分立值,如式(10 – 17d)。任何物理體系,如和外界隔絕,經內部自已的交互作用,**都向著對稱性最高,能量最低的方向進行**,有的體系能達到這個境界而穩定下來,這個能量最低的穩定態稱爲**基態**,如式(10 – 17d)的 $n = 1$ 的狀態,電子依然不斷地繞著原子核運動。但有的體系以分裂成兩個或兩個以上的小體系來完成穩定,分裂後的分體系各自形成穩定態,例如天然的 α 射線和 β 射線,都是母原子核以放出氦(He)原子和電子來達到自己的穩定。體系的穩定態一般地很多,依能量的高低分爲基態和第一、二、三、…… 激發態,當體系**和外界相互作用**,從一個穩定態到另一個穩定態的現象稱爲**躍遷**,這種和外界的相互作用引起的躍遷稱爲**受激躍遷**(stimulated transition），和外界無關，完全由內部自已的相互作用引起的躍遷稱爲**自發躍遷**（spontaneous transition）。無論那種躍遷，從高能量穩定態躍遷到低能量穩定態時，體系是對外輻射電磁波，或放射粒子，反過來便是吸收電磁波，或吸收粒子。

當物理體系的勢能和時間無關，或不顯含時間，式（10 – 39d）便能約化成能量本徵值波動方程式（10 – 39e）；**如果勢能確實描述體系的相互作用，則其能量本徵值必是個個不同，其對應的本徵函數必構成完全的正交組**。在量子力學中還要加上歸一化，於是構成**完全（或完備）正交歸一化集**（complete orthonormalized set）的本徵函數集｛ψ_n｝，並且沒有簡併性（degeneracy，參見下面）。這時我們才能測量體系的能量 E_n，而｛ψ_n｝所撐展的空間是描述體系的空間，稱爲 **Hilbert 空間**[10]，ψ_n 是 Hilbert 空間的座標軸，所以又稱｛ψ_n｝**爲正交歸一基**（orthonormalized basis）。因爲**必須構成「完全（complete）」的本徵函數，才能當做 Hilbert 空間的座標軸用**，於是常省掉「完全」這個字。如使用 Dirac 的矢量表示，圖 10 – 17 描述｛ψ_n｝撐展的 Hilbert 空間。當我們測量物理體系的能量時，表示物理體系狀態的波函數 Ψ 稱爲**狀態右矢量**（state ket 或 state ket vector）$|\Psi\rangle$，測量前它可以取任何的｛$|\psi_n\rangle$｝，即 Ψ 是 ψ_n 的線性組合：

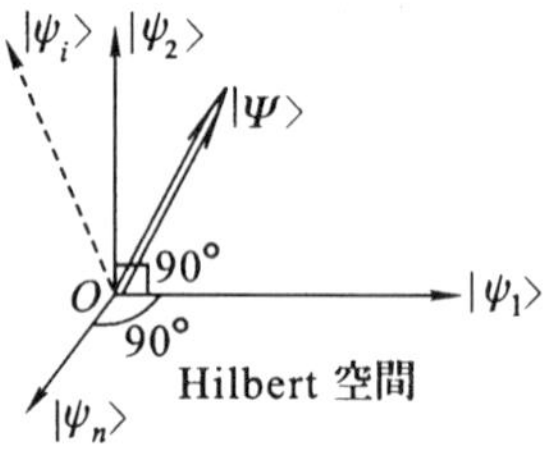

$\{|\psi_n\rangle\}$ 正交歸一基

$|\Psi\rangle$ = 體系狀態右矢量 (state ket)

圖 10 – 17

$$\Psi = \sum_n C_n \psi_n$$

Schrödinger 的波函數 ψ_n 是 Dirac 右矢量 $|\psi_n\rangle$ 的 $\boldsymbol{r}$ 表象，Hilbert 空間是線性矢量空間，故使用 Dirac 的右矢量（或左矢量）來表示，請注意矢量 $|\psi_n\rangle$ 和函數 ψ_n 的區別（波函數 $\psi_n(x) = \langle x|\psi_n\rangle$）。上式表示每一個 $|\psi_n\rangle$ 都有出現的概率，不過測量使體系躍遷到某一狀態 $|\psi_i\rangle$ 的話，測量的能量是：

$$\int \Psi^* \hat{H} \Psi \mathrm{d}\tau = \sum_n |C_n|^2 E_n$$

$$= E_i = \int \psi_i^* \hat{H} \psi_i \mathrm{d}\tau$$

即 $C_{n=i} = 1, C_{n\neq i} = 0$，$\mathrm{d}\tau$ 是獨立變數構成的微小體積，例如 $\mathrm{d}\tau = \mathrm{d}x\mathrm{d}y\mathrm{d}z$；測量結束後物理體系留在穩定態 ψ_i。

以上是以能量本徵值波動方程式爲例說明了如何測量物理體系的能量，測量其他物理量依此類推。當勢能無法完整地描述物理體系的全部相互作用時，同一個能量本徵值 E_i 會有兩個或兩個以上的本徵函數 $\varphi_{i1}, \varphi_{i2}, \cdots\cdots, \varphi_{il}$，這 E_i 稱爲**簡併能**（degenerate energy），對應的 φ_i 的數稱爲**簡併度**（degeneracy），例如現有 l 個

φ_i，所以簡併度是 l，測量時必須想辦法先解開簡併度。再來是使用能量本徵函數的正交歸一基來測量動量 $\hat{P}=-\mathrm{i}\hbar\nabla$ 時，是否同樣地體系會躍遷到某狀態 ψ_k 而計算：

$$\int\psi_k^*\hat{P}\psi_k\mathrm{d}\tau$$

便得 $\hat{P}$ 的量測值呢？答案是：

「一般來說不是」

除了 ψ_k 是 $\hat{\boldsymbol{P}}$ 的本徵函數，不然得不到 $\boldsymbol{P}=\int\psi_k^*\hat{\boldsymbol{P}}\psi_k\mathrm{d}\tau$，參考【**Ex.10－13**】或式（10－54），其他非 $\hat{H}$ 的物理量也是。

任何完全的本徵值微分方程式的解｛ψ_n｝都能做爲正交歸一基。當物理體系和外界相互作用，設其算符爲 $\hat{H}_{\text{int}}$，則體系相互作用後的狀態 Ψ_f 可使用｛ψ_n｝來線性展開：

$$\Psi_f=\sum_n C_n\psi_n \qquad (10-57\text{a})$$

於是物理體系從未和外界相互作用的穩定態 ψ_i，經 $\hat{H}_{\text{int}}$ 躍遷到 Ψ_f，其躍遷幅（transition amplitude）T_{fi} 是：

$$\boxed{T_{fi}=\int\Psi_f^*\hat{H}_{\text{int}}\psi_i\mathrm{d}\tau} \qquad (10-57\text{b})$$

式（10－57b）又稱爲躍遷矩陣（transition matrix），測量值是和 $|T_{fi}|^2$ 成正比，因爲除了和動力學有關的躍遷矩陣之外，整個物理體系還要滿足物理要求，例如角動量守恆、同位旋（isotopic spin，和電荷有關的量，參見第 11 章）守恆等的非動力學量會進來。

【**Ex.10－16**】 使用【**Ex.10－13**】的結果來探討相互作用 $\hat{H}_{\text{int}}=x$ 的躍遷矩陣。求在基態的粒子受到 x 的相互作用後會躍遷到什麼宇稱的激發態呢？

從式（10－51c）～（10－51f）得物理體系的能量本徵值和本徵函數：

$$\text{奇宇稱}^{15)}:\begin{cases}E_n=\dfrac{(2n)^2\pi^2\hbar^2}{2ma^2}\\[2ex]\varphi_n(x)=\sqrt{\dfrac{2}{a}}\sin\dfrac{2n\pi x}{a}\end{cases} \qquad (10-58\text{a})$$

$$\text{偶宇稱：}\begin{cases} E_n = \dfrac{(2n-1)^2\pi^2\hbar^2}{2ma^2} \\ \varphi_n(x) = \sqrt{\dfrac{2}{a}}\cos\dfrac{(2n-1)\pi x}{a} \qquad n = 1,2,3,\cdots\cdots \end{cases}$$

(10 - 58b)

基態是偶宇稱 $E_g = \dfrac{\pi^2\hbar^2}{2ma^2}$，$\varphi_g = \sqrt{\dfrac{2}{a}}\cos\dfrac{\pi x}{a}$，右下指標 g 表示基態。式(10 - 58a)和(10 - 58b)構成完全的本徵函數，但它們不是 $\hat{H}_{\text{int}} = x$ 的本徵函數，依式(10 - 57a)，躍遷後的 Ψ_f 是偶奇宇稱的線性組合：

$$\Psi_f = (C_1\sin Ax + C_2\cos Bx),\ A \equiv \frac{2n\pi}{a},\ B \equiv \frac{2n-1}{a}\pi$$

Ψ_f 理論上應該按照式(10 - 57a)展開。爲了一目瞭然，以上式代替，取奇偶宇稱的一般項的線性組合，接著必須重新歸一 Ψ_f，記得凡是新組合的，或動過的本徵函數必須重新進行歸一化操作：

$$\begin{aligned}
&\int_{-a/2}^{a/2}\Psi_f^*(x)\Psi_f(x)\,\mathrm{d}x \\
&= |C_1|^2\int_{-a/2}^{a/2}\sin^2 Ax\,\mathrm{d}x + |C_2|^2\int_{-a/2}^{a/2}\cos^2 Bx\,\mathrm{d}x \\
&\quad + (C_1^*C_2 + C_2^*C_1)\int_{-a/2}^{a/2}\sin Ax\cos Bx\,\mathrm{d}x \\
&= \frac{|C_1|^2}{2}\int_{-a/2}^{a/2}(1-\cos 2Ax)\,\mathrm{d}x + \frac{|C_2|^2}{2}\int_{-a/2}^{a/2}(1+\cos 2Bx)\,\mathrm{d}x \\
&\quad + \frac{C_1^*C_2 + C_2^*C_1}{2}\int_{-a/2}^{a/2}\{\sin(A+B)x + \sin(A-B)x\}\,\mathrm{d}x \\
&= \frac{a}{2}(|C_1|^2 + |C_2|^2) = 1
\end{aligned}$$

取 $|C_1|^2 = |C_2|^2 \equiv |N|^2$（可能性之一），則 $N = \dfrac{1}{\sqrt{a}}$

$$\therefore\quad \Psi_f(x) = \frac{1}{\sqrt{a}}(\sin Ax + \cos Bx)$$

$$\begin{aligned}
\therefore\quad \text{躍遷矩陣 } T_{fi} &= \int_{-a/2}^{a/2}\Psi_f^*(x)\,x\varphi_g(x)\,\mathrm{d}x \\
&= \frac{\sqrt{2}}{a}\int_{-a/2}^{a/2}(\sin Ax + \cos Bx)\,x\cos\frac{\pi}{a}x\,\mathrm{d}x
\end{aligned}$$

在處理問題，「估計」或者用物理先判斷是很重要的方法。先從數

學來分析 T_{fi} 是等於0還是不等於0，由於積分範圍如圖 10 – 18 是對稱空間，故如果被積分函數是圖 10 – 18a 的對空間的偶函數（實線或點線），積分後 T_{fi} 不等於零（估計在 x 軸上下的曲線包圍的面積，加減後必有剩餘）。像圖 10 – 18(b)，對空間是反對稱的奇函數，積分後 $T_{fi} = 0$，被積分函數 $\cos\frac{\pi x}{a}$ 和 $\cos Bx$ 是偶函數。但 x 和 $\sin Ax$ 是奇函數，即 $x \to (-x)$ 時會改變符號，所以：

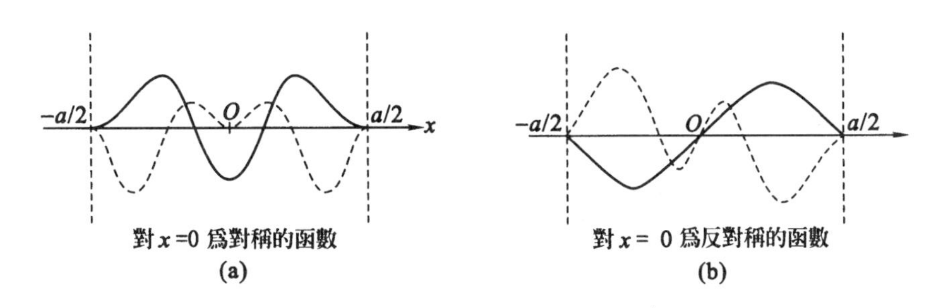

圖 10 – 18

$$(\sin Ax)\,x\cos\frac{\pi}{a}x = \text{偶函數}$$

$$\therefore \quad \text{積分} \neq 0$$

$$(\cos Bx)\,x\cos\frac{\pi}{a}x = \text{奇函數}$$

$$\therefore \quad \text{積分} = 0$$

最後得 $T_{fi} \neq 0$。現用實際演算來證明以上的分析過程。

(1) $$\int_{-a/2}^{a/2}(\sin Ax)\,x\cos\pi\frac{x}{a}\,dx$$

$$= \frac{1}{2}\int_{-a/2}^{a/2} x\left\{\sin\left(A+\frac{\pi}{a}\right)x + \sin\left(A-\frac{\pi}{a}\right)x\right\}dx$$

$$= \frac{1}{2}\left\{\left[-\frac{1}{A+\pi/a}x\cos\left(A+\frac{\pi}{a}\right)x - \frac{1}{A-\pi/a}x\cos\left(A-\frac{\pi}{a}\right)x\right]_{-a/2}^{a/2}\right.$$

$$\left. + \frac{1}{A+\pi/a}\int_{-\frac{a}{2}}^{\frac{a}{2}}\cos\left(A+\frac{\pi}{a}\right)x\,dx + \frac{1}{A-\pi/a}\int_{-\frac{a}{2}}^{\frac{a}{2}}\cos\left(A-\frac{\pi}{a}\right)x\,dx\right\}$$

$$= \left[\frac{1}{2(A+\pi/a)^2}\sin\left(A+\frac{\pi}{a}\right)x + \frac{1}{2(A-\pi/a)^2}\sin\left(A-\frac{\pi}{a}\right)x\right]_{-a/2}^{a/2}$$

$$= \begin{cases} -\dfrac{a^2}{(aA+\pi)^2}+\dfrac{a^2}{(aA-\pi)^2}=\dfrac{8na^2}{\pi^2(4n^2-1)^2}, & n=1,3,5\cdots\cdots \\ \dfrac{a^2}{(aA+\pi)^2}-\dfrac{a^2}{(aA-\pi)^2}=-\dfrac{8na^2}{\pi^2(4n^2-1)^2}, & n=2,4,6\cdots\cdots \end{cases}$$

(10 – 58c)

(2) $\displaystyle\int_{-a/2}^{a/2}(\cos Bx)\,x\cos\frac{\pi x}{a}\mathrm{d}x = \frac{1}{2}\int_{-a/2}^{a/2}x\left\{\cos\left(B+\frac{\pi}{a}\right)x+\cos\left(B-\frac{\pi}{a}\right)x\right\}\mathrm{d}x$

$$= \frac{1}{2}\left\{\left[\frac{1}{B+\pi/a}x\sin\left(B+\frac{\pi}{a}\right)x+\frac{1}{B-\pi/a}x\sin\left(B-\frac{\pi}{a}\right)x\right]_{-a/2}^{a/2}\right.$$

$$\left.-\frac{1}{B+\pi/a}\int_{-a/2}^{a/2}\sin\left(B+\frac{\pi}{a}\right)x\mathrm{d}x-\frac{1}{B-\pi/a}\int_{-a/2}^{a/2}\sin\left(B-\frac{\pi}{a}\right)x\mathrm{d}x\right\}$$

$$= \left[\frac{1}{2(B+\pi/a)^2}\cos(B+\pi/a)x+\frac{1}{2(B-\pi/a)^2}\cos\left(B-\frac{\pi}{a}\right)x\right]_{-a/2}^{a/2}$$

$$= 0 \qquad (10-58\text{d})$$

確實，被積分函數是偶函數時，積分得式（10 – 58c）不等於0，而奇函數時積分得式（10 – 58d）等於0，

$$\therefore \quad T_{fi}=\frac{\sqrt{2}}{a}\times\begin{cases}\dfrac{8na^2}{\pi^2(4n^2-1)^2}, & n=1,3,5,\cdots\cdots\\ -\dfrac{8na^2}{\pi^2(4n^2-1)^2}, & n=2,4,6,\cdots\cdots\end{cases}$$

(10 – 58e)

在【**Ex.10 – 13**】偶宇稱的 x 的期待值式（10 – 52a）是0，但 x 引起的躍遷是不等於零的式（10 – 58e），它是從基態的偶宇稱態躍遷到奇宇稱的激發態，爲什麼會改變宇稱呢？是因爲躍遷算符 x 是會改變宇稱的物理量。再者必須驗證求的 T_{fi} 的量綱是，和引起躍遷的算符量綱相等，算符的量綱 $[x]$ = 長度，而 T_{fi} 的量綱確實是帶長度量綱的 a。

如【**Ex.10 – 16**】，物理體系和外界相互作用不一定會躍遷，例如體系僅有偶宇稱態，則經「x」的作用 $T_{fi}=0$，所以躍遷必須滿足物理條件才能躍遷，這條件稱爲**選擇定則**或**選擇律**（selection rule），即在量子力學體系，和外界或內部相互作用時，物理體系從一個穩定態躍遷到另一個穩定態的**躍遷矩陣不等於零**，這時的前後狀態的量子數或者對稱性必須滿足的條件稱爲選擇定則。【**Ex.10 – 16**】的選擇定則是：前後狀態必須相反的宇稱。一般地滿足選擇定則的狀態很多，不過**不是各狀態的躍遷概率都一樣**，例如式（10 – 58e），量子數 n 越大概率越小。這非常

合理，因依式（10－58a）和（10－58b），n 越大能量本徵值越大，物理體系需要更多的能量才能躍遷，當然躍遷概率隨著 E_n 的增大而降低。

(2) 對易物理量，不對易物理量

任意兩個物理量算符 $\hat{A}$ 和 $\hat{B}$，其關係 $\hat{A}\hat{B}-\hat{B}\hat{A}\equiv[\hat{A},\hat{B}]$ 稱爲對易子（commutator），規定對易子值的關係式稱爲對易關係（commutation relation）；例如座標 $\hat{x}_i$ 及其共軛的動量 $\hat{P}_j$ 在量子力學的對易關係是：

$$[\hat{x}_i,\hat{x}_j]=0 \qquad (10-59a)$$

$$[\hat{P}_i,\hat{P}_j]=0 \qquad (10-59b)$$

$$[\hat{x}_i,\hat{P}_j]=\mathrm{i}\hbar\delta_{ij} \qquad (10-59c)$$

$\mathrm{i}=\sqrt{-1}$, $\hbar=h/2\pi$，h = Planck 常數，這些關係是 Born-Jordan-Heisenberg 在 1925 年夏天發表的式子，等於宣布量子力學的成立，開始時三人稱它們爲**量子力學的基礎關係式**，後來才稱爲**對易關係式**，或簡稱對易關係，而 Dirac 稱爲**量子條件**。式（10－59a～c）是經典分析力學[12]的正則變數量：一般座標 q_i 以及一般動量 P_i 的 Poisson（Siméon Denis Poisson, 1781～1840，法國數理物理學家）括號（Poisson bracket）演變來的量子括號，即量子條件[10]。式（10－59a～c）是一般形式，任何表象都能用，如果爲 $\boldsymbol{r}$ 表象，則由表（10－3）$\hat{x}_{i,j}\to x_{i,j}$，$\hat{P}_{i,j}\to -i\hbar\dfrac{\partial}{\partial x_{i,j}}$。那麼式（10－59a～c）表示什麼物理呢？式（10－59a）和（10－59b）表示 $\hat{x}_i$ 和 $\hat{x}_j$，$\hat{P}_i$ 和 $\hat{P}_j$ 是對易物理量，換句話說，$\hat{x}_i$ 和 $\hat{x}_j$，$\hat{P}_i$ 和 $\hat{P}_i$ 與測量的順序無關，即可以同時測量。式（10－59c）表示 $\hat{x}_i$ 和 $\hat{P}_i$ 是不對易物理量，於是 $\hat{x}_i$ 和 $\hat{P}_i$ 無法同時測量，即先測 $\hat{x}_i$ 接著測 $\hat{P}_i$ 不等於先測 $\hat{P}_i$ 後測 $\hat{x}_i$ 的值。所以對不對易物理量，**演算順序不許顚倒**，如非顚倒不可，必須多加對易關係值，$\hat{x}$ 和 $\hat{P}_x$ 的對易關係值是式（10－59c）的 $\mathrm{i}\hbar$ 的值，於是得：

$$\hat{x}\hat{P}_x=\hat{P}_x\hat{x}+\mathrm{i}\hbar$$

表 10－3 是滿足二象性的 $\boldsymbol{r}$ 表象的量子化動力學量，使用它們，我們獲得了 Schrödinger 波動方程。這表示 Schrödinger 波動方程式是 $\boldsymbol{r}$ 表象式。所以如果 Schrödinger 波動方程式的解 $\phi(\boldsymbol{r},t)$ 能夠滿足式（10－59a～c），則間接地證明式（10－59a～c）是滿足二象性：

$$\hat{x}_i\hat{x}_j\phi(\boldsymbol{r},t)=x_ix_j\phi(\boldsymbol{r},t)=x_jx_i\phi(\boldsymbol{r},t)=\hat{x}_j\hat{x}_i\phi(\boldsymbol{r},t)$$

$$\text{或}\quad [\hat{x}_i,\hat{x}_j]\phi(\boldsymbol{r},t)=0$$

但 $\phi(\boldsymbol{r},t)\neq 0$

$$\therefore\quad [\hat{x}_i,\hat{x}_j]=0$$

同樣地，可以證明 $\hat{P}_i\hat{P}_j\phi(\boldsymbol{r},t) = (-i\hbar)^2 \frac{\partial}{\partial x_i}\frac{\partial}{\partial x_j}\phi(\boldsymbol{r},t)$

$$= (-i\hbar)^2 \frac{\partial}{\partial x_j}\frac{\partial}{\partial x_i}\phi(\boldsymbol{r},t) = \hat{P}_j\hat{P}_i\phi(\boldsymbol{r},t)$$

$$\therefore \quad [\hat{P}_i, \hat{P}_j] = 0$$

使用一維的 $\hat{x}$ 和 $\hat{P}_x$ 來證明式（10－59c）：

$$\hat{x}\hat{P}_x\phi(\boldsymbol{r},t) = x(-i\hbar)\frac{\partial}{\partial x}\phi(\boldsymbol{r},t) = -i\hbar x\frac{\partial\phi}{\partial x}$$

$$\hat{P}_x\hat{x}\phi(\boldsymbol{r},t) = -i\hbar\frac{\partial}{\partial x}x\phi(\boldsymbol{r},t) = -i\hbar\phi - i\hbar x\frac{\partial\phi}{\partial x}$$

$$\therefore \quad (\hat{x}\hat{P}_x - \hat{P}_x\hat{x})\phi(\boldsymbol{r},t) = i\hbar\phi(\boldsymbol{r},t)$$

$$\therefore \quad [\hat{x}, \hat{P}_x] = i\hbar$$

至於較嚴謹的 $\boldsymbol{r}$ 表象的推導式（10－59a～c），由於數學見長，所以把它放在後面參考文獻(16)。

式（10－59a～c）又稱爲**第一量子化**（the first quantization）條件。**從經典物理到量子力學，量子化僅有一次**，哪有第一第二次呢？到了 1928 年，爲了處理多體問題（many body problem），以及有關粒子數變化的問題，如輻射、衰變等，和場有關的問題時，把量子條件式（10－59a～c）式推廣（勉強的比喻）：

$\hat{x} \to$ 場 $\psi(\boldsymbol{x},t)$ 算符（參見第 11 章 V(c)）

$\hat{P}_y \to \pi(\boldsymbol{y},t) = \dot{\psi}(\boldsymbol{y},t)$ 的正則共軛動量場算符

而獲得如下關係：

$$\left.\begin{aligned} &[\psi(\boldsymbol{x},t), \psi(\boldsymbol{y},t)] = 0 \\ &[\pi(\boldsymbol{x},t), \pi(\boldsymbol{y},t)] = 0 \\ &[\psi(\boldsymbol{x},t), \pi(\boldsymbol{y},t)] = i\hbar\delta^3(\boldsymbol{x}-\boldsymbol{y}) \end{aligned}\right\} \qquad (10-60a)$$

$\delta^3(\boldsymbol{x}-\boldsymbol{y})$ 是三維的 Dirac δ 函數。後來爲了演算方便，引進產生（creation）和湮沒（annihilation）算符，如分別爲 $a_i^\dagger, a_j$，由於 $a_i^\dagger, a_j$ 不帶量綱，於是對應於式（10－59a～c）的關係變成：

$$\left.\begin{aligned} &[a_i, a_j] = 0 \\ &[a_i^\dagger, a_j^\dagger] = 0 \\ &[a_i, a_j^\dagger] = \delta_{ij} \end{aligned}\right\} \qquad (10-60b)$$

像這樣的式（10－60a），或式（10－60b）的運算，尤其是式（10－60b），爲了要和量子化的式（10－59a～c）加以區別，俗稱爲**第二量子化**（the second quantization）（細節看 11 章後註 18）。

【**Ex.10－17**】使用【**Ex.10－13**】同時是 $\boldsymbol{r}$ 表象來證明（$\hat{x}\hat{P}_x - \hat{P}_x\hat{x}$）$= \mathrm{i}\hbar$。

以奇宇稱本徵函數 $\varphi_n(x) = \sqrt{\frac{2}{a}}\sin\frac{2n\pi x}{a}$ 爲例：

$$\int_{-a/2}^{a/2}\varphi_n^*(x)(\hat{x}\hat{P}_x - \hat{P}_x\hat{x})\varphi_n(x)\,\mathrm{d}x$$

$$= \int_{-a/2}^{a/2}\varphi_n^*(x)\left\{x\left(-\mathrm{i}\hbar\frac{\mathrm{d}}{\mathrm{d}x}\right) - \left(-\mathrm{i}\hbar\frac{\mathrm{d}}{\mathrm{d}x}\right)x\right\}\varphi_n(x)\,\mathrm{d}x$$

$$= -\mathrm{i}\hbar\frac{2}{a}\frac{2n\pi}{a}\int_{-a/2}^{a/2}\left(\sin\frac{2n\pi x}{a}\right)x\left(\cos\frac{2n\pi x}{a}\right)\mathrm{d}x$$

$$+\mathrm{i}\hbar\left\{\int_{-a/2}^{a/2}\varphi_n^*\varphi_n(x)\,\mathrm{d}x\right.$$

$$\left.+\frac{2}{a}\frac{2n\pi}{a}\int_{-a/2}^{a/2}\left(\sin\frac{2n\pi x}{a}\right)x\left(\cos\frac{2n\pi x}{a}\right)\mathrm{d}x\right\}$$

上式右邊第一項和第三項相互抵消，而第二項剛好由 $\varphi_n(x)$ 的歸一化得積分值等於 1。

$$\therefore\quad \int_{-a/2}^{a/2}\varphi_n^*(x)(\hat{x}\hat{P}_x - \hat{P}_n\hat{x})\varphi_n(x)\,\mathrm{d}x = \mathrm{i}\hbar$$

$$= \int_{-a/2}^{a/2}\varphi_n^*(x)\,\mathrm{i}\hbar\varphi_n(x)\,\mathrm{d}x$$

$$\therefore\quad \hat{x}\hat{P}_x - \hat{P}_x\hat{x} = [\hat{x}, \hat{P}_x] = i\hbar$$

量子力學內的算符不是統統可以測量的，可測量的算符 $\hat{Q}$，它作用到狀態函數 Ψ 也好，或作用到 Ψ^* 也好，該獲得同樣的量，並且是實量（real quantity），測量值即期待值是：

$$\int\Psi^*\hat{Q}\Psi\mathrm{d}\tau = \left(\int\Psi^*(\hat{Q}\Psi)\mathrm{d}\tau\right)^* = \int(\hat{Q}\Psi)^*\Psi\mathrm{d}\tau$$

$$= \int\Psi^*\hat{Q}^+\Psi d\tau \qquad (10-61a)$$

$$\therefore\quad \hat{Q}^+ = \hat{Q} \qquad (10-61b)$$

具有式（10－61b）性質的算符稱爲可觀測算符（observable 或 Hermitian operator 或 self adjoint operator）。$\hat{Q}^+$ 稱爲 $\hat{Q}$ 的 **Hermitian** 共軛（Hermitian conjugate 或 adjoint conjugate）算符，或簡稱共軛（conjugate）算符。爲什麼作用到 Ψ（相當於 Dirac 的右矢量）時用 $\hat{Q}$，而從右作用到（$\hat{Q}\Psi$）*（相當於 Dirac 的左向量）搬回右邊來時用 $\hat{Q}^+$ 呢？除了 Ψ 是 $\hat{Q}$ 的本徵函數，一般地：

$$\hat{Q}\Psi = \psi$$

即得完全不同的狀態 ψ，Ψ 爲 Ψ^* 的共軛複數（conjugate complex）狀態，在共軛複數空間，$\hat{Q}$ 變成 Hermitian 共軛算符 $\hat{Q}^+ = [(\hat{Q})^T]^*$，$(\hat{Q})^T$ 是 $\hat{Q}$ 的轉置算符，如果用矩陣成分（參考式（10－57b））表示 $\hat{Q}^T_{ij} = \hat{Q}_{ji}$，即行和列對換的成分，或 $\hat{Q}^+_{ji} = (\hat{Q}_{ij})^*$。如果 $\hat{Q}^+ = \hat{Q}$，這是特別情況，是可觀測算符才具有的性質。在式（10－61a）曾用了期待值是實量：$\int \Psi^* \hat{Q} \Psi d\tau = \left(\int \Psi^* \hat{Q} \Psi d\tau\right)^*$ 才獲得式（10－61b），所以才稱爲自伴（**self adjoint**）算符。動量 $\hat{\boldsymbol{P}}$ 是 Hermitian（或自伴）算符，因爲動量是可以測量的量：

$$\hat{\boldsymbol{P}}^+ = \hat{\boldsymbol{P}} \qquad (10-61c)$$

【**Ex.10－18**】證明動量算符 $\hat{\boldsymbol{P}}$ 是 Hermitian 算符。

$$\int \Psi^*(\boldsymbol{r},t)\hat{\boldsymbol{P}}\Psi(\boldsymbol{r},t)d\tau = \text{實量}$$

$$= \left(\int \Psi^*(\boldsymbol{r},t)\hat{\boldsymbol{P}}\Psi(\boldsymbol{r},t)d\tau\right)^*$$

$$= \int [\hat{\boldsymbol{P}}\Psi(\boldsymbol{r},t)]^*\Psi(\boldsymbol{r},t)d\tau$$

$$= \int [-i\hbar\nabla\Psi(\boldsymbol{r},t)]^*\Psi(\boldsymbol{r},t)d\tau$$

$$= \int \Psi^*(\boldsymbol{r},t)\hat{\boldsymbol{P}}^+\Psi(\boldsymbol{r},t)d\tau$$

進行演算 $\int [-i\hbar\nabla\Psi(\boldsymbol{r},t)]^*\Psi(\boldsymbol{r},t)d\tau$

$$= i\hbar\int(\nabla\Psi^*)\Psi d\tau$$

$$= i\hbar\int\left\{\left(\mathbf{e}_x\frac{\partial}{\partial x} + \mathbf{e}_y\frac{\partial}{\partial y} + \mathbf{e}_z\frac{\partial}{\partial z}\right)\Psi^*\right\}\Psi dxdydz$$

x 成分：$i\hbar\mathbf{e}_x\int\left(\frac{\partial\Psi^*}{\partial x}\right)\Psi dxdydz$

$$= \left[i\hbar\mathbf{e}_x\int\Psi^*\Psi dydz\right]_{-\infty}^{\infty} - i\hbar\mathbf{e}_x\int\Psi^*\frac{\partial\Psi}{\partial x}dxdydz$$

和【**Ex.10－14**】的操作一樣，考慮充分大的表面，則上式右邊第一項等於 0

$$\therefore \quad i\hbar\mathbf{e}_x\int\left(\frac{\partial\Psi^*}{\partial x}\right)\Psi dxdydz = \int\Psi^*\left(-i\hbar\mathbf{e}_x\frac{\partial}{\partial x}\right)\Psi dxdydz$$

$$= \int\Psi^*\mathbf{e}_x\hat{P}_x\Psi d\tau$$

同樣進行 y 和 z 成分的演算得：

$$\int[-\mathrm{i}\hbar\nabla\Psi]^*\Psi\mathrm{d}\tau=\int\Psi^*(\mathbf{e}_x\hat{P}_x+\mathbf{e}_y\hat{P}_y+\mathbf{e}_z\hat{P}_z)\Psi\mathrm{d}\tau$$

$$=\int\Psi^*\hat{\boldsymbol{P}}\Psi\mathrm{d}\tau=\int\Psi^*\hat{\boldsymbol{P}}^+\Psi\mathrm{d}\tau$$

$$\therefore\quad \hat{\boldsymbol{P}}^+=\hat{\boldsymbol{P}}$$

從以上演算得：

$$\int\Psi^*\hat{\boldsymbol{P}}\Psi\mathrm{d}\tau=\int(\hat{\boldsymbol{P}}\Psi)^*\Psi\mathrm{d}\tau \text{ 時 } \hat{\boldsymbol{P}} \text{ 稱爲 Hermitian 算符} \tag{10-61d}$$

從【**Ex.10－18**】的實際演算瞭解了，算符作用到 Ψ 和 Ψ^* 的差異，在 $\boldsymbol{r}$ 表象的 Schrödinger 波動力學，初學者最安全的方法是，直接使用部分積分來確定算符 $\hat{Q}$ 的 Hermitian 共軛算符 $\hat{Q}^+$，$\hat{Q}$ 和 $\hat{Q}^+$ 的實質關係是：

$$\hat{Q}\phi=\Psi\xleftrightarrow[\text{共軛複數}]{\text{互爲}}\hat{Q}^+\phi^*=\Psi^* \tag{10-62a}$$

並且

$$(\phi\Phi)^*=\Phi^*\phi^*,\qquad(\hat{A}\hat{B})^+=\hat{B}^+\hat{A}^+ \tag{10-62b}$$

$$\therefore\quad\left(\int\phi^*\hat{Q}\Phi\mathrm{d}\tau\right)^*=\int(\hat{Q}\Phi)^*\phi\mathrm{d}\tau \tag{10-62c}$$

$$\xlongequal[\text{(observable)}]{\hat{Q}=\text{可觀測算符}}\int\Phi^*\hat{Q}\phi\mathrm{d}\tau \tag{10-62d}$$

所以可利用式（10－62a ~ d）式的關係，從 $\hat{Q}$ 的躍遷矩陣得 $\hat{Q}^+$ 的躍遷矩陣。再則是量子力學處理的對象是微觀世界，不難想像測量的準確度一定是個大問題，加上對易關係。對易和不對易兩物理量的測量準確度應該有不同的先天性限制。對易的話算符相互獨立，互不糾纏，至於不對易算符便經對易關係值糾纏在一起。式（10－59c）的對易關係值「$\mathrm{i}\hbar$」來自二象性，換句話說，二象性影響不對易算符的測量值之間的關係。接著來探討這關係。

(3) Heisenberg 的測不準原理（uncertainty principle）

經典波動，波包的位置 x 和角波數 k 之間存在[17]如下關係：

$$\Delta x\Delta k_x\geqslant\frac{1}{2} \tag{10-63a}$$

$\Delta x,\Delta k_x$ 是式（6－43）的均方根偏差 $\Delta A\equiv\sqrt{\langle(A-\langle A\rangle)^2\rangle}$，$A=x,k_x$。如果將 de Broglie 的二象性關係 $P=h/\lambda=\hbar/\lambda\!\!\!^{-},\hbar=h/2\pi,\ \lambda\!\!\!^{-}=\lambda/2\pi$ 代入式（10－

63a）則得：

$$\Delta x\Delta k_x = \Delta x\Delta\left(\frac{2\pi}{\lambda}\right) = \Delta x\Delta(1/\lambda\!\!\!^-) = \Delta x\Delta P_x/\hbar$$

$$\therefore \quad \Delta x\Delta P_x \geqslant \frac{1}{2}\hbar \qquad (10-63b)$$

式（10－63b）是經典波動關係式引入 $P = h/\lambda$ 的結果，這式（10－63b）的關係，正是 1927 年 Heisenberg 能直接瞭解 **de Broglie** 二象性的物理，從量子力學推導出來的關係式。其推導過程是，當 $\hat{\alpha}$ 和 $\hat{\beta}$ 是兩個線性算符，設：

$$\hat{\alpha} - \langle\hat{\alpha}\rangle \equiv \hat{A}$$

$$\hat{\beta} - \langle\hat{\beta}\rangle \equiv \hat{B}$$

$\langle\hat{\alpha}\rangle$ 和 $\langle\hat{\beta}\rangle$ 是 $\hat{\alpha}$ 和 $\hat{\beta}$ 的期待值，而 $\hat{A}^2$ 和 $\hat{B}^2$ 的期待值是：

$$\int_{-\infty}^{\infty}\Psi^*\hat{A}^2\Psi dx\int_{-\infty}^{\infty}\Psi^*\hat{B}^2\Psi dx$$

$$= \int_{-\infty}^{\infty}(\hat{A}^+\Psi^*)(\hat{A}\Psi)dx\int_{-\infty}^{\infty}(\hat{B}^+\Psi^*)(\hat{B}\Psi)dx$$

$$= \int_{-\infty}^{\infty}|\hat{A}\Psi|^2dx\int_{-\infty}^{\infty}|\hat{B}\Psi|^2dx \qquad (10-63c)$$

在線性空間我們有 Schwartz 不等式：

$$\int_{-\infty}^{\infty}|f|^2dx\int_{-\infty}^{\infty}|g|^2dx \geqslant \left|\int_{-\infty}^{\infty}f^*g\,dx\right|^2 \qquad (10-63d)$$

量子力學的波函數撐展的空間是線性空間，算符是線性算符，所以式（10－63c）式直接能使用式（10－63d）：—省略寫積分上下限—

$$\therefore \quad \int_{-\infty}^{\infty}|\hat{A}\Psi|^2dx\int_{-\infty}^{\infty}|\hat{B}\Psi|^2dx \geqslant \left|\int(\hat{A}^+\Psi^*)(\hat{B}\Psi)dx\right|^2$$

$$= \left|\int\Psi^*\hat{A}\hat{B}\Psi dx\right|^2$$

$$= \left|\int\Psi^*\left\{\frac{1}{2}(\hat{A}\hat{B}-\hat{B}\hat{A})+\frac{1}{2}(\hat{A}\hat{B}+\hat{B}\hat{A})\right\}\Psi dx\right|^2$$

設積分值 $\quad \int\Psi^*\hat{A}\hat{B}\Psi dx \equiv E, \quad \int\Psi^*\hat{B}\hat{A}\Psi dx \equiv F$

$$\therefore \int|\hat{A}\Psi|^2dx\int|\hat{B}\Psi|^2dx \geqslant \frac{1}{4}\{(E-F)+(E+F)\}^*\{(E-F)+(E+F)\}$$

$$= \frac{1}{4}\{|E-F|^2+|E+F|^2+(E-F)^*(E+F)+(E+F)^*(E-F)\}$$

但是 $\quad E^* = \left(\int\Psi^*\hat{A}\hat{B}\Psi dx\right)^* = \int(\hat{A}\hat{B}\Psi)^*\Psi dx$

$$= \int (B\Psi)^* \hat{A}\Psi \mathrm{d}x = \int \Psi^* \hat{B}\hat{A}\Psi \mathrm{d}x = F$$

同理 $F^* = E$

$$\therefore \quad \int |\hat{A}\Psi|^2 \mathrm{d}x \int |\hat{B}\Psi|^2 \mathrm{d}x \geqslant \frac{1}{4}\{|E - F|^2 + |E + F|^2\}$$

$$= \frac{1}{4}\left\{\left|\int \Psi^* (\hat{A}\hat{B} - \hat{B}\hat{A}) \Psi \mathrm{d}x)\right|^2 + \left|\int \Psi^* (\hat{A}\hat{B} + \hat{B}\hat{A}) \Psi \mathrm{d}x\right|^2\right\}$$

假定 $\int \Psi^* (\hat{A}\hat{B} + \hat{B}\hat{A}) \Psi \mathrm{d}x = 0$ （10－63e）

則得

$$\int_{-\infty}^{\infty} \Psi^* \hat{A}^2 \Psi \mathrm{d}x \int_{-\infty}^{\infty} \Psi^* \hat{B}^2 \Psi \mathrm{d}x \geqslant \frac{1}{4}\left|\int_{-\infty}^{\infty} \Psi^* [\hat{A}, \hat{B}] \Psi \mathrm{d}x\right|^2$$

但是

$$[\hat{A}, \hat{B}] = [(\hat{\alpha} - \langle \hat{\alpha} \rangle), (\hat{\beta} - \langle \hat{\beta} \rangle)]$$

$$= [\hat{\alpha}, \hat{\beta}] + [\langle \hat{\alpha} \rangle, \langle \hat{\beta} \rangle] - [\langle \hat{\alpha} \rangle, \hat{\beta}] - [\hat{\alpha}, \langle \hat{\beta} \rangle]$$

因 $\langle \hat{\alpha} \rangle$ 和 $\langle \hat{\beta} \rangle$ 不是算符，而是期待值，故

$$[\langle \hat{\alpha} \rangle, \hat{\beta}] = \langle \hat{\alpha} \rangle \hat{\beta} - \hat{\beta} \langle \hat{\alpha} \rangle = \langle \hat{\alpha} \rangle (\hat{\beta} - \hat{\beta}) = 0,$$

同理

$$[\hat{\alpha}, \langle \hat{\beta} \rangle] = 0, \quad [\langle \hat{\alpha} \rangle, \langle \hat{\beta} \rangle] = 0,$$

於是 $[\hat{A}, \hat{B}] = [\hat{\alpha}, \hat{\beta}]$

$$\therefore \quad \int \Psi^* \hat{A}^2 \Psi \mathrm{d}x \int \Psi^* \hat{B}^2 \Psi \mathrm{d}x$$

$$= \int \Psi^* (\hat{\alpha} - \langle \hat{\alpha} \rangle)^2 \Psi \mathrm{d}x \int \Psi^* (\hat{\beta} - \langle \hat{\beta} \rangle)^2 \Psi \mathrm{d}x$$

$$\equiv (\Delta\alpha)^2 (\Delta\beta)^2$$

$$\therefore \quad (\Delta\alpha)^2 (\Delta\beta)^2 \geqslant \frac{1}{4}\left|\int_{-\infty}^{\infty} \Psi^* [\hat{\alpha}, \hat{\beta}] \Psi \mathrm{d}x\right|^2 \qquad (10-63\mathrm{f})$$

式（10－63f）是線性算符的一般式，如果 $\hat{\alpha}$ 和 $\hat{\beta}$ 不對易，且 $\hat{\alpha}$ 和 $\hat{\beta}$ 的量綱乘積等於 $\hbar$（作用）的量綱，而大小等於 $\hbar$，即 $\int_{-\infty}^{\infty} \Psi^* [\hat{\alpha}, \hat{\beta}] \Psi \mathrm{d}x = \langle [\hat{\alpha}, \hat{\beta}] \rangle \equiv \pm \mathrm{i}\hbar$，則稱式（10－63f）為 Heisenberg 的測不準原理。例如 $\hat{\alpha} = \hat{x}, \hat{\beta} = \hat{P}_x$，則得：

$$(\Delta x)^2 (\Delta P_x)^2 \geqslant \frac{1}{4}\left|\int_{-\infty}^{\infty} \Psi^* (\hat{x}\hat{P}_x - \hat{P}_x\hat{x}) \Psi \mathrm{d}x\right|^2$$

上式右邊

$$= \frac{1}{4}\left| -\mathrm{i}\hbar \int_{-\infty}^{\infty} \Psi^* \left(x\frac{\partial}{\partial x} - \frac{\partial}{\partial x}x\right) \Psi \mathrm{d}x\right|^2$$

$$= \frac{1}{4}\left|\mathrm{i}\hbar \int_{-\infty}^{\infty} \Psi^* \Psi \mathrm{d}x\right|^2$$

$$= \frac{\hbar^2}{4}$$

$$\therefore \quad \Delta x \Delta P_x \geqslant \frac{\hbar}{2}, \qquad 並且得 [\hat{x}, \hat{P}_x] = i\hbar \qquad (10-64a)$$

這是1927年Heisenberg發現的結果，稱爲**Heisenberg的測不準原理**，是量子力學的二象性在測量時的具體形式，充分地表現出二象性的物理。由於期待值是能直接測量的量，所以測不準原理是把de Broglie的二象性，量子力學的核心概念，應用到實驗時，表示一對不對易可觀測算符的測量值準確度的受限情形，這是多麼精彩的原理啊！數學（Schwartz不等式）和物理配合得如此精彩。根據測不準原理式（10－64a），右邊的量綱［h］＝（能量）×（時間），我們曾稱這量綱爲「作用（action）」，它是分析力學的核心物理量「作用I」的量綱：

$$I \equiv \int_{t_i}^{t_f} L(q, \dot{q}, t)\,\mathrm{d}t$$

L ＝｛（動能）－（勢能）｝量。I的極值$\delta I = 0$便是經典力學的運動方程式，q ＝一般座標，$\dot{q} = \mathrm{d}q/\mathrm{d}t$ ＝一般速度。從這角度思考，式（10－64a）左邊的算符必和運動有關的動力學量，顯然動量$\hat{P}$是動力學量。式（10－64a）的另一個有趣結果是，當均方根偏差Δx和Δp_x之中的一個趨近於0，另一個便趨近於無限大，這個現象在日常生活很容易找到，例如一些相互關連的兩件事或問題，最好不要對單獨的一件拼命下工夫，否則另一件一定會嚴重受害或受損，你說物理精彩不精彩呢？不過測不準原理僅表示測不準程度，沒交代測量操作如何影響對象。

【Ex.10－19】 能量E和時間t雖然是對易量，但它們滿足一個是和動力學有關的物理量E，另一個是扮演變化的參數量時間t，兩者的量綱積是「作用」，於是ΔE和Δt應該有式（10－64a）的關係。

由de Broglie的二象性關係式$E = h\nu = \hbar\omega$，故$\Delta E = \hbar\Delta\omega$，角頻率$\omega$的量綱是$\frac{1}{時間}$

$$\therefore \qquad \Delta E \Delta t \doteq \hbar \qquad (10-64b)$$

$(\Delta E)^2 = \int \Psi^* (\hat{H} - \langle \hat{H} \rangle)^2 \Psi \mathrm{d}\tau$，$\hat{H}$ ＝物理體系的全能算符（Hamiltonian），$\langle \hat{H} \rangle$是$\hat{H}$的期待值。

$$\therefore \quad \int \Psi^* (\hat{H} - \langle \hat{H} \rangle)^2 \Psi \mathrm{d}\tau$$

$$= \int \Psi^* \{\hat{H}^2 - 2\hat{H}\langle \hat{H} \rangle + (\langle \hat{H} \rangle)^2\} \Psi \mathrm{d}\tau$$

$$= \int \Psi^* \hat{H}^2 \Psi \mathrm{d}\tau - 2\langle \hat{H} \rangle \int \Psi^* \hat{H} \Psi \mathrm{d}\tau + (\langle \hat{H} \rangle)^2 \int \Psi^* \Psi \mathrm{d}\tau$$

如果 $(\Delta E)^2 = 0$，則 $\int \Psi^* \hat{H}^2 \Psi \mathrm{d}\tau = E\int \Psi^* \hat{H}\Psi \mathrm{d}\tau = E^2$，表示 Ψ 是 $\hat{H}$ 的本徵函數，或物理體系是穩定態，於是除了從外邊有作用進來，物理體系是永遠停留在總能量 E 的狀態，即 $\Delta t = \infty$：

$$\Delta E \to 0 \qquad \text{時} \qquad \Delta t \to \infty$$

如果 $\Delta E \neq 0$，則物理體系不是在穩定態，最多是處於準穩定態，於是體系遲早會躍遷，除了容易受外界影響而產生受激躍遷之外，同時有自發躍遷的可能，不過 Heisenberg 的測不準原理是和觀測有關的，所以不含後者的躍遷。

【Ex.10－20】 微觀世界的許多粒子都有壽命（life time），於是必須在他們的壽命時間內測量它們的質量。中子的質量是 $939.5653\text{MeV}/c^2$，壽命是 886.7 秒，c = 光速，求所測的質量的大約的準確度 $\Delta m/m$。如何從半寬度求壽命呢？

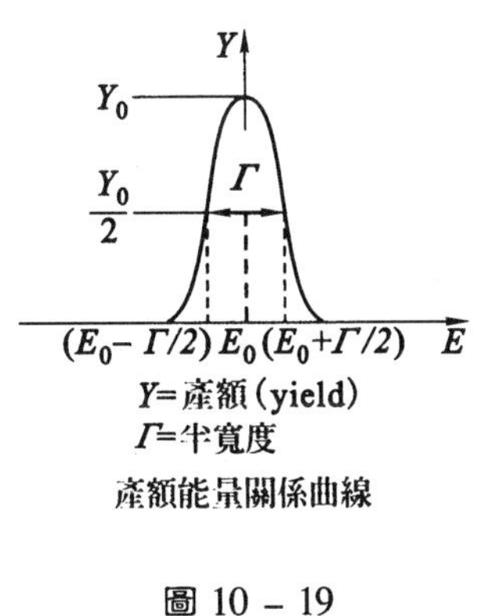

圖 10－19

(1) $$\frac{\Delta m}{m} = \frac{\Delta mc^2}{mc^2} = \frac{\Delta E}{E} \doteq \frac{\hbar/\Delta t}{E}$$

$$= \frac{6.582122 \times 10^{-22}\ \text{MeV}\cdot\text{s}}{886.7\ \text{s} \times 939.5653\ \text{MeV}}$$

$$\doteq 7.9 \times 10^{-28}$$

所以所測量的中子質量相當地正確，由 $\frac{\Delta m}{m} = \frac{\hbar}{E\Delta t} = \frac{\hbar}{mc^2\Delta t}$，得知質量愈輕壽命越短，也就越難測靜止質量 m，只能測出 mc^2 的存在範圍。如圖 10－19，以最高值 Y_0 時的能量 E_0 爲中心的分布，m 是此分布的平均值，$\frac{Y_0}{2}$ 時的能量幅 Γ 稱爲半寬度（half width），所以半寬度越大粒子越不穩定，很快就會衰變。

(2) 目前半寬度最大的是扮演弱相互作用，質量約 $91\text{GeV}/c^2$ 的 Z^0 粒子，它的半寬度 $\Gamma \doteq 2.49\text{GeV}$，半寬度相當於 ΔE，故從式（10－64b）得其壽命 Δt 是：

$$\Delta t \doteq \frac{\hbar}{\Delta E} \doteq \frac{\hbar}{2.49\ \text{GeV}} = \frac{6.582122 \times 10^{-22}\ \text{MeV}\cdot\text{s}}{2490\ \text{MeV}}$$

$$\doteq 2.6 \times 10^{-25}\ \text{s}$$

相當地短命。

【Ex.10－21】 假定氫原子的電子，相當於被關在【Ex.10－13】的無限深井內，求電子的運動速率的均方根偏差值 Δv；電子質量 $m = 0.511$ MeV/c^2，深井寬度 $a = 1$Å。

設測量電子位置的均方根偏差 $\Delta x = 1$Å，則由式（10－64a）得

$$\Delta P_x \doteq \frac{\hbar}{\Delta x}$$

$$\therefore \quad \Delta v \doteq \frac{\Delta P_x}{m} = \frac{\hbar}{m\Delta x} = \frac{\hbar cc}{mc^2 \Delta x}$$

$$= \frac{197.327\text{MeV}\cdot\text{fm}\times 2.9979\times 10^{8}\text{m/s}}{0.511\text{MeV}\times 10^{-10}\text{m}} \doteq 1.16\ \text{cm/s}$$

(4) Einstein 和 Born-Bohr 對量子力學的看法

以上所介紹的是根據 Born-Bohr 的看法，綜合其核心看法是：

(i) 人無法直接觀察到原子、分子、電子、光子等等的行爲，於是邏輯上無法排除人的主觀成分，並且無法完全去除測量儀器和物理體系間的相互作用影響，觀測獲得的結果是統計平均值，概率性看法是量子力學的本質。

(ii) 人們對微觀世界的認識受到 Planck 作用量 $\hbar$ 的限制（Heisenberg 的測不準原理），於是客觀認識存在極限。

當時的 Einstein 無法接受以上兩點，他和 Bohr 公開辯論過，結果 Einstein 雖表面上承認了 Born-Bohr 等人的看法，但他內心一直認爲：『自然界或物理體系的運動規律是不受觀測的影響，建立於本質是概率統計性的量子力學理論，不是完備的理論，外在世界是獨立於人的感覺，所以科學的基礎理論應建立於客觀的邏輯框架上』。

我們認爲 Born-Bohr 和 Einstein 的觀點沒有本質上的衝突，事實上創造量子力學的 Heisenberg 和 Schrödinger 好像沒有說過量子力學是最終理論，或完備理論。它是階段性理論，得到的觀測是概率性，不是決定性。

練習題

(1) 寫下你所瞭解的和 Planck 常數 h 有關的物理量和物理現象。

(2) Planck 常數 $h \doteq 6.6260755\times 10^{-34}$J・s，如果 h 的大小是 1J・s，那麼估計我們居住的世界該變成多大？

(3) 在日常生活中我們看不到電子，那麼如何證明確有電子？這時它是粒子還是波動呢？舉例說明之。

(4) 比較電子被關在寬度 $a = 1\text{Å}$ 的【**Ex.10－13**】的基態能和 Bohr 理論的基態能大小，爲什麼兩個基態能會差那麼大？電子的質量 mc^2 是 0.511MeV。

MKSA 制的 $\dfrac{e^2}{4\pi\varepsilon_0} \doteq 1.44\ \text{MeV}\cdot\text{fm}$。

(5) 電磁波和電子的相互作用產生的 Compton 波長 $\lambda_c = \dfrac{h}{m_o c}$, m_0 = 電子的靜止質量，λ_c 和 de Borglie 波長 $\lambda = \dfrac{h}{p}$ 是否一樣？P = 電子的動量。

(6) 波函數的歸一化値 $\int \phi^*(\boldsymbol{r},t)\phi(\boldsymbol{r},t)d\tau$ 是否一定要定義爲 1？如果定義爲任意值 N，物理會不會受影響？「1」和「N」哪一個方便？

(7) 仿【**Ex.10－16**】，如果物理體系和外界的相互作用 $\hat{H}_{\text{int}} = \alpha\hat{x}^2$，$\alpha$ 的量綱 $[\alpha] = \dfrac{\text{能量}}{(\text{長度})^2}$ 的常量，則從基態躍遷時的選擇律是什麼？

(8) 仿【**Ex.10－17**】，使用【**Ex.10－13**】的偶宇稱本徵函數 $\psi_n(x) = \sqrt{\dfrac{2}{a}}\cos\dfrac{(2n-1)\pi}{a}x$，證明 $\hat{x}\hat{p}_x - \hat{p}_x\hat{x} = i\hbar$。

(9) 設 $\hat{a}\hat{b} - \hat{b}\hat{a} \equiv [\hat{a},\hat{b}]$, $\hat{c}\hat{d} + \hat{d}\hat{c} \equiv \{\hat{c},\hat{d}\}$，前者稱爲對易符號，而後者稱爲反對易符號，證明或求下列關係式：

(i) $[\hat{A},\hat{B}+\hat{C}] = [\hat{A},\hat{B}] + [\hat{A},\hat{C}]$,

(ii) $\{\hat{A},\hat{B}+\hat{C}\} = \{\hat{A},\hat{B}\} + \{\hat{A},\hat{C}\}$,

(iii) $[\hat{A},\hat{B}\hat{C}] = ?$

(iv) $\{\hat{A},\hat{B}\hat{C}\} = ?$

(10) 測不準原理什麼時候用？內涵是什麼？

(11) 畫【**Ex.10－13**】的奇宇稱 $\psi_n(x) = \sqrt{\dfrac{2}{a}}\sin\dfrac{2n\pi x}{a}$，$n = 1,2,3$ 的本徵函數以及它們的概率圖。

(12) 說明任一可觀測算符（observable）$\hat{Q} = \hat{Q}^+$ 的本徵函數與正交歸一基及狀態函數的關係。

V. Schrödinger 波動力學的實例[4,6,7]

在前節大略地介紹了量子力學的框架以及內涵，量子力學針對的是微觀世界的問題，不但涵蓋了微觀世界的幾乎所有的領域：『原子、分子、低能量的原子核物理、天文物理、化學、生物學（含醫學）、等離子體物理、凝聚態物理、低溫物理、材料科學、近代光學等等』，並且影響了哲學、藝術。在本節僅介紹一些最基本的 Schrödinger 方程式的應用實例。

(A) 和時間無關的簡單勢能下的粒子運動

(1) 自由粒子運動

在第二章經典力學式(62)和(63)，外力等於零，勢能不一定等於零，所以當勢能 $V=0$，粒子是不受任何約束的自由粒子（free particle），則Schrödinger方程式是：

$$-\frac{\hbar^2}{2m}\nabla^2\phi(\boldsymbol{r},t)=\mathrm{i}\hbar\frac{\partial\phi(\boldsymbol{r},t)}{\partial t}$$

經變數分離 $\phi(\boldsymbol{r},t)\equiv\psi(\boldsymbol{r})T(t)$ 得：

$$-\frac{\hbar^2}{2m}\frac{1}{\psi}\nabla^2\psi=\mathrm{i}\hbar\frac{1}{T}\frac{\mathrm{d}T}{\mathrm{d}t}\equiv E$$

$$T(t)=N\exp\left(-\mathrm{i}\frac{Et}{\hbar}\right) \qquad (10-65\mathrm{a})$$

$$\nabla^2\psi(\boldsymbol{r})=-\frac{2mE}{\hbar^2}\psi(\boldsymbol{r})\equiv-k^2\psi(\boldsymbol{r}) \qquad (10-65\mathrm{b})$$

E = 總能，k = 角波數 $=\frac{2\pi}{\lambda}$，λ = 波長。式（10－65a）是勢能 $V\neq V(t)$ 時，Schrödinger 方程式的時間部分的一般解，式（10－65b）是能量 E 的本徵值方程式，由於是自由粒子，$E>0$ 並且能取任意值。如要瞭解數學式子所含的物理意義，最好的方法是使用直角座標，然後探討所得的量的量綱，就曉得是什麼物理量。不過直角座標對一些問題是很不容易解的，例如連心力（central force）問題，使用直角座標幾乎無法解，但使用球座標（附錄(C)）就很容易解。式（10－65b）是諧振子的類似式，故其解是[18]：

$$\psi(\boldsymbol{r})=A_1\mathrm{e}^{\mathrm{i}(\boldsymbol{k}\cdot\boldsymbol{r})}+B_1e^{-\mathrm{i}(\boldsymbol{k}\cdot\boldsymbol{r})}$$

所以波函數是：

$$\begin{aligned}\phi(\boldsymbol{r},t)&=A\mathrm{e}^{\mathrm{i}(\boldsymbol{k}\cdot\boldsymbol{r}-\omega t)}+B\mathrm{e}^{-\mathrm{i}(\boldsymbol{k}\cdot\boldsymbol{r}+\omega t)}\\&=A\mathrm{e}^{-\mathrm{i}(\omega t-\boldsymbol{k}\cdot\boldsymbol{r})}+B\mathrm{e}^{-\mathrm{i}(\omega t+\boldsymbol{k}\cdot\boldsymbol{r})}\end{aligned} \qquad (10-65\mathrm{c})$$

未定常數，即歸一化常數（normalization constant）$A\equiv NA_1, B\equiv NB_1$，且設 $E=\hbar\omega$，ω = 角頻率。式（10－65c）右邊第一項表示波向著 $\boldsymbol{r}$ 增大的方向，第二項是向著 $\boldsymbol{r}$ 減少的方向，即「$-\boldsymbol{r}$」方向的波；在初始條件（initial condition）下，答案是式（10－65c）右邊兩項中的一項而已。使用一維推想，式（10－65c）右邊第一項是 $\exp[-\mathrm{i}(\omega t-k_x x)]$，是向 x 的正方向的波，而第二項是 $\exp[-\mathrm{i}(\omega t+k_x x)]$ 是向 x 的負方向的波。凡是時間和空間以 ωt 和 $\boldsymbol{k}\cdot\boldsymbol{r}$ 的組合：

$$\boldsymbol{k}\cdot\boldsymbol{r}\pm\omega t \text{ 或 } \omega t\pm\boldsymbol{k}\cdot\boldsymbol{r}$$

出現在同一函數內是表示行進波（traveling wave，參見第五章 II），所以式（10－65c）表示正弦行進波（sinusoidal traveling wave），或稱爲平面波（plane wave），因爲其波陣面（wave front）形成一個平面才得這名稱。

設 $Ae^{i(\boldsymbol{k}\cdot\boldsymbol{r}-\omega t)}\equiv\phi_+(\boldsymbol{r},t)$，$Be^{-i(\boldsymbol{k}\cdot\boldsymbol{r}+\omega t)}\equiv\phi_-(\boldsymbol{r},t)$，則對應的動量期待值是[18]：

$$\begin{aligned}
\langle\hat{\boldsymbol{P}}_+\rangle &= \int\phi_+^*(\boldsymbol{r},t)\hat{\boldsymbol{P}}\phi_+(\boldsymbol{r},t)\,d^3x \\
&= |A|^2\int e^{-i(\boldsymbol{k}\cdot\boldsymbol{r}-\omega t)}(-i\hbar\nabla)e^{i(\boldsymbol{k}\cdot\boldsymbol{r}-\omega t)}d^3x \\
&= |A|^2\int e^{-i(\boldsymbol{k}\cdot\boldsymbol{r}-\omega t)}(-i\hbar)(i\boldsymbol{k})e^{i(\boldsymbol{k}\cdot\boldsymbol{r}-\omega t)}d^3x \\
&= \hbar\boldsymbol{k}\int\phi_+^*(\boldsymbol{r},t)\phi_+(\boldsymbol{r},t)\,d^3x
\end{aligned}$$

如果 $\int\phi_+^*(\boldsymbol{r},t)\phi_+(\boldsymbol{r},t)\,d^3x=1$（參見下面），則 $\langle\hat{\boldsymbol{P}}_+\rangle=\hbar\boldsymbol{k}=\boldsymbol{P}$ 是方向和大小都確定（definite）的正値動量值，同樣得：

$$\langle\hat{\boldsymbol{P}}_+^2\rangle=\int\phi_+^*(\boldsymbol{r},t)\hat{\boldsymbol{P}}^2\phi_+(\boldsymbol{r},t)\,d^3x=(\hbar\boldsymbol{k})\cdot(\hbar\boldsymbol{k})=\boldsymbol{P}\cdot\boldsymbol{P}\equiv\boldsymbol{P}^2$$

$$\begin{aligned}
\langle\hat{\boldsymbol{P}}_-\rangle &= \int\phi_-^*(\boldsymbol{r},t)\hat{\boldsymbol{P}}\phi_-(\boldsymbol{r},t)\,d^3x \\
&= |B|^2\int e^{i(\boldsymbol{k}\cdot\boldsymbol{r}+\omega t)}(-i\hbar\nabla)e^{-i(\boldsymbol{k}\cdot\boldsymbol{r}+\omega t)}d^3x \\
&= -\hbar\boldsymbol{k}\int\phi_-^*(\boldsymbol{r},t)\phi_-(\boldsymbol{r},t)\,d^3x
\end{aligned}$$

同樣 ϕ_- 歸一化時 $\langle\hat{\boldsymbol{P}}_-\rangle=-\hbar\boldsymbol{k}=-\boldsymbol{p}$ 是方向和 $\boldsymbol{p}$ 相反的動量值。如果初始條件是向 $\boldsymbol{r}$ 增大的方向的波，則 $A\neq0$，$B=0$ 故 $\phi=\phi_+$，而動量均方根偏差是：

$$\begin{aligned}
(\Delta\boldsymbol{p})^2 &= \langle(\hat{\boldsymbol{P}}-\langle\hat{\boldsymbol{P}}\rangle)^2\rangle=\langle(\hat{\boldsymbol{P}}_+-\langle\hat{\boldsymbol{P}}_+\rangle)^2\rangle \\
&= \langle\hat{P}_+^2\rangle-(\langle\hat{P}_+\rangle)^2=\boldsymbol{P}^2-\boldsymbol{P}\cdot\boldsymbol{P}=0 \qquad (10-65d)
\end{aligned}$$

則 Heisenberg 的測不準原理 $(\Delta x)(\Delta P_x)$ 的 $(\Delta P_x)=\sqrt{\overline{P_x^2}-\overline{P}_x^2}=0$，於是 $\Delta x=\infty$ 才能滿足 $(\Delta x)(\Delta P_x)\geqslant\frac{\hbar}{2}$。這表示什麼呢？現在平面波的動量 $\boldsymbol{P}$ 是確定量，確定的動量表示能量 E 也是確定量，因動能和 $\boldsymbol{P}$ 有關，$E=$（動能）＋（勢能）＝動能，於是 $\Delta E=0$。確定的動量 $\boldsymbol{P}=\hbar\boldsymbol{k}$ 和能量 $E=\hbar\omega$，表示角波數 $\boldsymbol{k}$ 和角頻率 ω 是確定值，得到波以等概率分布在全空間，無法測得位置，所以 $\Delta x=\infty$。在推導式（10－65d）的過程，用了 $\int\phi_\pm^*(\boldsymbol{r},t)\phi_\pm(\boldsymbol{r},t)\,d^3x=1$ 的歸一化條

件。平面波是以等概率分布在全空間，如果空間有限沒問題，當空間很大立刻會想到積分值有可能遇到無限大的情形。分別對這兩種情況求歸一化常數 A 和 B。

(a) 有限空間時的正交歸一化

普通處理的物理體系是有限空間，爲了積分上的方便使用如右圖的邊長 L 的立方體做爲體系存在的空間，能量 E = 動能 $=\dfrac{\boldsymbol{P}^2}{2m}=\dfrac{\hbar^2\boldsymbol{k}^2}{2m}$，$\boldsymbol{P}^2=\boldsymbol{P}\cdot\boldsymbol{P}$，$\boldsymbol{k}^2=\boldsymbol{k}\cdot\boldsymbol{k}$，於是

邊長L的立方盒的1/8圖

同一能量 E 的不同的兩個狀態是，角波數大小 $|\boldsymbol{k}_l|=|\boldsymbol{k}_n|$ 相等，但方向不同的兩個平面波，爲了表明波數將波函數 $\phi_\pm(\boldsymbol{r},t)$ 寫成 $\phi_\pm(\boldsymbol{r},t,\boldsymbol{k})$：

$$\begin{aligned}
\therefore\quad &\int\phi_+^*(\boldsymbol{r},t,\boldsymbol{k}_l)\,\phi_+(\boldsymbol{r},t,\boldsymbol{k}_n)\,\mathrm{d}^3x\\
&=A^*(k_l)A(k_n)\int \mathrm{e}^{-\mathrm{i}(\boldsymbol{k}_l\cdot\boldsymbol{r}-\omega t)}\mathrm{e}^{\mathrm{i}(\boldsymbol{k}_n\cdot\boldsymbol{r}-\omega t)}\mathrm{d}^3x\\
&=A^*(k_l)A(k_n)\int \mathrm{e}^{\mathrm{i}(\boldsymbol{k}_n-\boldsymbol{k}_l)\cdot\boldsymbol{r}}\mathrm{d}^3x\\
&=A^*(k_l)A(k_n)\int_{-L/2}^{L/2}\mathrm{e}^{\mathrm{i}(\boldsymbol{k}_n-\boldsymbol{k}_l)_x x}\mathrm{d}x\int_{-L/2}^{L/2}\mathrm{e}^{\mathrm{i}(\boldsymbol{k}_n-\boldsymbol{k}_l)_y y}\mathrm{d}y\int_{-L/2}^{L/2}\mathrm{e}^{\mathrm{i}(\boldsymbol{k}_n-\boldsymbol{k}_l)_z z}\mathrm{d}z\\
&=A^*(k_l)A(k_n)\prod_{j=1}^{3}\left[\frac{1}{\mathrm{i}(\boldsymbol{k}_n-\boldsymbol{k}_l)_j}\mathbf{e}^{\mathrm{i}(\boldsymbol{k}_n-\boldsymbol{k}_l)_j x_j}\right]_{-L/2}^{L/2}\\
&=A^*(k_l)A(k_n)\prod_{j=1}^{3}\frac{\mathrm{e}^{\mathrm{i}(\boldsymbol{k}_n-\boldsymbol{k}_l)_j L/2}-\mathrm{e}^{-\mathrm{i}(\boldsymbol{k}_n-\boldsymbol{k}_l)_j L/2}}{2\mathrm{i}}\,\frac{1}{(\boldsymbol{k}_n-\boldsymbol{k}_l)_j/2}\\
&=A^*(k_l)A(k_n)L^3\prod_{j=1}^{3}\frac{\sin(\boldsymbol{k}_n-\boldsymbol{k}_l)_j L/2}{(\boldsymbol{k}_n-\boldsymbol{k}_l)_j L/2}
\end{aligned}\qquad(10-65\mathrm{e})$$

$\prod_{j=1}^{3}\xi_j=\xi_1\xi_2\xi_3$ 的相乘符號，$\lim\limits_{\xi\to0}\dfrac{\sin\xi}{\xi}=\lim\limits_{\xi\to0}\dfrac{\xi-\frac{1}{3!}\xi^3+\frac{1}{5!}\xi^5-\cdots}{\xi}=1$，於是當 $\boldsymbol{k}_n\to\boldsymbol{k}_l$ 時式（10－65e）變成 $A^*(k_l)A(k_l)L^3=|A|^2L^3=1$，則得 $A=1/L^{3/2}$，同理得 $B=1/L^{3/2}$。當 $\boldsymbol{k}_n\neq\boldsymbol{k}_l$，雖然物理體系是有限，由於行進波到 r 很大的地方仍然有波，故 L 仍然不小，因此 $\sin\{(\boldsymbol{k}_n-\boldsymbol{k}_l)_j L/2\}$，便在「＋1」和「－1」之間振盪，而式（10－65e）的分母是大值，於是：

$$\prod_{j=1}^{3}\frac{\{\sin(\boldsymbol{k}_n-\boldsymbol{k}_l)_j L/2\}}{\{(\boldsymbol{k}_n-\boldsymbol{k}_l)_j L/2\}}\doteq 0$$

$$\therefore\int\phi_+^*(\boldsymbol{r},t,\boldsymbol{k}_l)\,\phi_+(\boldsymbol{r},t,\boldsymbol{k}_n)\,\mathrm{d}^3x=|A|^2L^3\times\begin{cases}\delta_{k_n,k_l}\cdots\cdots\boldsymbol{k}=\text{分立值}\\ \delta(\boldsymbol{k}_n-\boldsymbol{k}_l)\cdots\cdots\boldsymbol{k}=\text{連續值}\end{cases}$$

（10－66a）

同樣地演算 ϕ_-，所以正交歸一化平面波是：

$$\left.\begin{aligned}\phi_+(\boldsymbol{r},t)&=\frac{1}{L^{3/2}}e^{i(\boldsymbol{k}\cdot\boldsymbol{r}-\omega t)}\\ \phi_-(\boldsymbol{r},t)&=\frac{1}{L^{3/2}}e^{-i(\boldsymbol{k}\cdot\boldsymbol{r}+\omega t)}\end{aligned}\right\}\qquad(10-66b)$$

這種歸一化稱爲盒子歸一化（box normalization）。下面介紹處理散射問題時最有用的歸一化方法。

(b) 無限大空間時的正交歸一化

使用的方法與推導式（10－65e）相同，只是空間是無限大，普通使用求極限的方法來達成：

$$\begin{aligned}&\int\phi_+^*(\boldsymbol{r},t,\boldsymbol{k}_l)\phi_+(\boldsymbol{r},t,\boldsymbol{k}_n)\,d^3x\\ &=\lim_{g\to\infty}A^*(k_l)A(k_n)\iiint_{-g}^{g}e^{-i(\boldsymbol{k}_l\cdot\boldsymbol{r}-\omega t)}e^{i(\boldsymbol{k}_n\cdot\boldsymbol{r}-\omega t)}d^3x\\ &=A^*(k_l)A(k_n)\lim_{g\to\infty}\prod_{j=1}^{3}\int_{-g}^{g}e^{i(\boldsymbol{k}_n-\boldsymbol{k}_l)_j x_j}dx_j \qquad (10-67a)\\ &=A^*(k_l)A(k_n)\lim_{g\to\infty}\prod_{j=1}^{3}\left[\frac{1}{i(\boldsymbol{k}_n-\boldsymbol{k}_l)_j}e^{i(\boldsymbol{k}_n-\boldsymbol{k}_l)_j x_j}\right]_{-g}^{g}\\ &=(2\pi)^3A^*(k_l)A(k_n)\lim_{g\to\infty}\prod_{j=1}^{3}\left\{\frac{1}{\pi(\boldsymbol{k}_n-\boldsymbol{k}_l)_j}\frac{e^{i(\boldsymbol{k}_n-\boldsymbol{k}_l)_j g}-e^{-i(\boldsymbol{k}_n-\boldsymbol{k}_l)_j g}}{2i}\right\}\\ &=(2\pi)^3A^*(k_l)A(k_n)\prod_{j=1}^{3}\left\{\lim_{g\to\infty}\frac{\sin(\boldsymbol{k}_n-\boldsymbol{k}_l)_j g}{\pi(\boldsymbol{k}_n-\boldsymbol{k}_l)_j}\right\}\end{aligned}$$

如果 $\boldsymbol{k}_n\to\boldsymbol{k}_l$ 的速度和 $g\to\infty$ 的速度相同，則：

$$\lim_{\substack{g\to\infty\\ \boldsymbol{k}_n\to\boldsymbol{k}_l}}\sin(\boldsymbol{k}_n-\boldsymbol{k}_l)_j g=\text{有限數}$$

（看【**Ex.6－18**】和【**Ex.6－19**】），但分母趨近於 0，故得：

$$\lim_{g\to\infty}\frac{\sin(\boldsymbol{k}_n-\boldsymbol{k}_l)_j g}{\pi(\boldsymbol{k}_n-\boldsymbol{k}_l)_j}\Rightarrow\begin{cases}\infty\cdots\cdots \boldsymbol{k}_n=\boldsymbol{k}_l\\ 0\cdots\cdots \boldsymbol{k}_n\neq\boldsymbol{k}_l\end{cases}$$

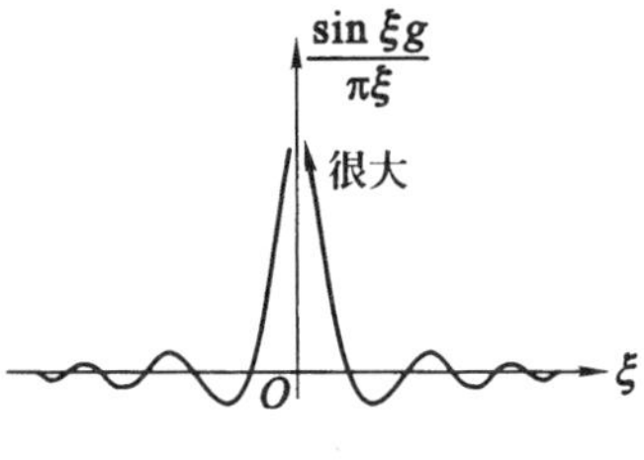

上式性質滿足 1928 年 Dirac 創造的 δ 函數的式（10－43a,b）以及式（10－43c）的要求（圖 10－20），因爲 $\xi=(\boldsymbol{k}_n-\boldsymbol{k}_l)_j$ 時：

$\xi\equiv(\boldsymbol{k}_n-\boldsymbol{k}_l)_j$

δ 函數的一種：

$\lim_{g\to\infty}\frac{\sin g\xi}{\pi\xi}=\delta(\xi)$

圖 10－20

$$\int_{-\infty}^{\infty}\lim_{g\to\infty}\frac{\sin(\boldsymbol{k}_n-\boldsymbol{k}_l)_j g}{\pi(\boldsymbol{k}_n-\boldsymbol{k}_l)_j}d\xi=\frac{1}{\pi}\int_{-\infty}^{\infty}\lim_{g\to\infty}\frac{\sin g\xi}{g\xi}d(g\xi)=\frac{1}{\pi}\pi=1$$

$$\therefore \quad \lim_{g\to\infty}\frac{\sin g\xi}{\pi\xi} = \delta(\xi) \tag{10-67b}$$

$$\therefore \quad \int\phi_+^*(\boldsymbol{r},t,\boldsymbol{k}_l)\,\phi_+(\boldsymbol{r},t,\boldsymbol{k}_n)\,\mathrm{d}^3x$$

$$= (2\pi)^3|A|^2\delta(\boldsymbol{k}_n-\boldsymbol{k}_l)_x\,\delta(\boldsymbol{k}_n-\boldsymbol{k}_l)_y\,\delta(\boldsymbol{k}_n-\boldsymbol{k}_l)_z$$

$$= (2\pi)^3|A|^2\delta^3(\boldsymbol{k}_n-\boldsymbol{k}_l) \tag{10-67c}$$

$$\Longrightarrow \delta^3(\boldsymbol{k}_n-\boldsymbol{k}_l)$$

$$\therefore \quad A = \frac{1}{(2\pi)^{3/2}} \tag{10-67d}$$

同樣地，可得 $B = \dfrac{1}{(2\pi)^{3/2}}$，於是無限大空間時正交歸一化平面波是：

$$\left.\begin{aligned}\phi_+(\boldsymbol{r},t) &= \frac{1}{(2\pi)^{3/2}}\mathrm{e}^{\mathrm{i}(\boldsymbol{k}\cdot\boldsymbol{r}-\omega t)}\\ \phi_-(\boldsymbol{r},t) &= \frac{1}{(2\pi)^{3/2}}\mathrm{e}^{-\mathrm{i}(\boldsymbol{k}\cdot\boldsymbol{r}+\omega t)}\end{aligned}\right\} \tag{10-67e}$$

以上的操作法稱為 δ **函數正交歸一化法**，是非常有用的演算法，尤其是處理散射問題；同時從式 (10 – 67a) 和式 (10 – 67c) 得一維和三維的 δ 函數：

$$\delta(k_x) = \frac{1}{2\pi}\int \mathrm{e}^{-\mathrm{i}k_x x}\mathrm{d}x \tag{10-68a}$$

$$\boxed{\delta^3(\boldsymbol{k}) = \frac{1}{(2\pi)^3}\int \mathrm{e}^{-\mathrm{i}\boldsymbol{k}\cdot\boldsymbol{r}}\mathrm{d}^3x} \tag{10-68b}$$

式 (10 – 68b) 是三維空間的 δ 函數的積分形式，$\delta^3(\boldsymbol{k})$ 也可以簡寫成 $\delta(\boldsymbol{k})$，其非積分形式的函數形式有很多種。凡是能滿足式 (10 – 43a) ~ (10 – 43c) 性質的函數就是 δ 函數，例如右圖的階梯函數 Ⓗ (x) 的微分是很有用的 δ 函數：

$$Ⓗ(x) = \lim_{\epsilon\to 0}\frac{1}{2\pi\mathrm{i}}\int_{-\infty}^{\infty}\frac{1}{k+i\epsilon}\mathrm{e}^{\mathrm{i}kx}\mathrm{d}k \tag{10-69a}$$

$$\frac{\mathrm{d}Ⓗ}{\mathrm{d}x} = \frac{1}{2\pi}\int_{-\infty}^{\infty}\mathrm{e}^{\mathrm{i}kx}\mathrm{d}k = \delta(x) \tag{10-69b}$$

故三維時是：

$$\boxed{\delta^3(\boldsymbol{r}) = \frac{1}{(2\pi)^3}\int_{-\infty}^{\infty}\mathrm{e}^{\mathrm{i}\boldsymbol{k}\cdot\boldsymbol{r}}\mathrm{d}^3k} \tag{10-69c}$$

(2) 階梯勢能 (step potential energy)

探討質量 m 的粒子受到如圖 10 – 21 的勢能作用時的運動現象。

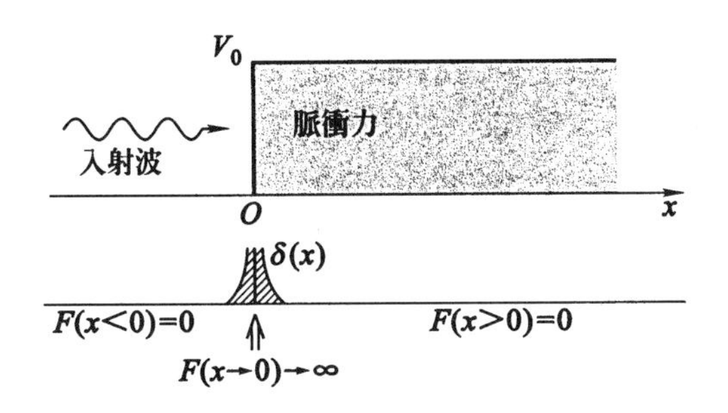

圖 10－21

$$V(x)=\begin{cases}V_0, & x\geqslant 0\\ 0, & x<0\end{cases}$$

這種勢能稱爲**階梯勢能**。先用經典力學的圖象（picture）來分析粒子的運動，從第二章式(66)得作用力 $\boldsymbol{F}=-\dfrac{\mathrm{d}V(x)}{\mathrm{d}x}\mathbf{e}_x$，於是得：

$$F(x)=\begin{cases}0, & x<0\\ \infty, & x=0 \quad \text{當粒子總能 } E<V_0\\ 0, & x>0\end{cases}$$

假定粒子從左邊進來，一直到 $x=0$ 之前沒有任何力，但到 $x=0$ 的瞬間受到非常大的力，把粒子彈回去，所費時間 $\Delta t\doteq 0$，這種力稱爲**脈衝力**（impulsive force），因 $\int F\mathrm{d}t=\Delta P=\{$（反射動量）－（入射動量）$\}$＝有限量，這叫**脈衝**，所以才稱爲脈衝力。不過當 $E>V_0$ 時，粒子不會在 $x=0$ 處被彈回，順利地從左端跑到右端。那麼在量子力學時粒子的運動是怎樣的呢？

(i) $E<V_0$ 時的粒子運動

從經典力學的觀點，機械能（mechanical energy 最好譯成力學能）$E=\{$（動能 $\dfrac{P^2}{2m}$）＋（勢能 V）$\}$，現在 $E<V$ 表示 $\dfrac{P^2}{2m}$ 是負值，於是動量 P 變成純虛數，這是不可能的，換句話說：『粒子無法進入 $x>0$ 的勢能 V_0 的領域』，但量子力學可不然，只要 $V_0\neq\infty$ 粒子就能進去，現以實際解題來證明。

$x<0$	$x>0 \quad (E<V_0)$
Schrödinger 能量本徵方程式： $-\frac{\hbar^2}{2m}\frac{d^2}{dx^2}\psi_1 = E\psi_1$ 或 $\frac{d^2}{dx^2}\psi_1 = -\frac{2mE}{\hbar^2}\psi_1 \equiv -k_1^2\psi_1$ $k_1 \equiv \sqrt{2mE}/\hbar$ $\therefore \quad \psi_1(x) = Ae^{ik_1x} + Be^{-ik_1x}$ 由式（10－39g）且 $E \equiv \hbar\omega$ 得波函數： $\phi_1(x,t) = A_1e^{i(k_1x-\omega t)} + B_1e^{-i(k_1x+\omega t)}$ $A_1e^{i(k_1x-\omega t)}$ = 向「$+x$」方向行進的平面波 = 入射波， $A_1 \equiv AN$ $B_1e^{-i(k_1x+\omega t)}$ = 向「$-x$」方向行進的平面波 = 反射波， $B_1 \equiv BN$	Schrödinger 能量本徵方程式： $-\frac{\hbar^2}{2m}\frac{d^2}{dx^2}\psi_2 + V_0\psi_2 = E\psi_2$ 或 $\frac{d^2}{dx^2}\psi_2 = \frac{2m(V_0-E)}{\hbar^2}\psi_2 \equiv k_2^2\psi_2$ $k_2 \equiv \sqrt{2m(V_0-E)}/\hbar$ $\therefore \quad \psi_2(x) = Ce^{k_2x} + De^{-k_2x}$ $\psi_2(x)$ 無法和式（10－39g）組合成： $k_2x \pm \omega t$ 的函數，故 $\psi_2(x)$ 無法構成波。由於勢能一直到 $x=\infty$，於是粒子動能必會衰竭到 0，即邊界條件（boundary condition）是： $\psi_2(x) = 0 \quad$ 當 $x=\infty$ $\therefore \quad C=0$ $\therefore \quad \psi_2(x) = De^{-k_2x}$

A, B, D 是未定常數，由邊界條件（參見式（10－55a～b））和歸一化條件來決定，波函數的時間部分式（10－39g）$T(t) = N\exp(-i\omega t)$ 是固定形式，它和能量本徵函數 $\exp(\pm ikx)$ 的組合產生的波的行進方向，剛好 $\exp(+ikx)$ 時是向「$+x$」方向，$\exp(-ikx)$ 時是向「$-x$」方向，即指數的正負號和 x 的正負號一致，不是指數（$\pm ikx$）的正負號來確定傳波方向，必須和時間部分組合來決定傳波方向，這一點務必注意。

(a) 決定未定常數

由式（10－55a～b）式，波函數必須在邊界 $x=0$ 左右銜接好：

$$\psi_1(x=0) = \psi_2(x=0) \qquad \text{得：} \qquad A+B=D$$

$$\left(\frac{d\psi_1}{dx}\right)_{x=0} = \left(\frac{d\psi_2}{dx}\right)_{x=0}, \qquad \text{得：} \qquad ik_1(A-B) = -k_2D$$

解上述兩式得：

$$\left.\begin{aligned} A &= \frac{D}{2}\left(1+\frac{ik_2}{k_1}\right) \\ B &= \frac{D}{2}\left(1-\frac{ik_2}{k_1}\right) \end{aligned}\right\} \qquad (10-70a)$$

顯然，$|A| = |B|$，於是 $\psi_1(x)$ 是駐波（standing wave），故能量本徵函數 $\psi(x)$ 和波函數 $\phi(x,t)$ 分別爲：

$$\psi(x) = \begin{cases} \psi_1(x) = \dfrac{D}{2}\left(1+\dfrac{\mathrm{i}k_2}{k_1}\right)\mathrm{e}^{\mathrm{i}k_1x} + \dfrac{D}{2}\left(1-\dfrac{\mathrm{i}k_2}{k_1}\right)\mathrm{e}^{-\mathrm{i}k_1x} \\ \qquad\quad = D\cos k_1x - D\dfrac{k_2}{k_1}\sin k_1x & x \leqslant 0 \\ \psi_2(x) = D\mathrm{e}^{-k_2x} & x \geqslant 0 \end{cases}$$

$$\phi(x,t) = \psi(x)\mathrm{e}^{-\mathrm{i}\omega t} = \begin{cases} \left(D\cos k_1x - D\dfrac{k_2}{k_1}\sin k_1x\right)\mathrm{e}^{-\mathrm{i}\omega t} & x \leqslant 0 \\ D\mathrm{e}^{-k_2x}\mathbf{e}^{-\mathrm{i}\omega t} & x \geqslant 0 \end{cases}$$

（10 – 70b）

剩下的未定常數是由歸一化來確定。從式（10 – 70b）將 D 和 $\exp(-\mathrm{i}\omega t)$ 合併成 $D\mathrm{e}^{-\mathrm{i}\omega t}$，表示振幅是隨著時間而振盪，同時 $\phi(x \geqslant 0, t) \neq 0$，顯然粒子會進入經典物理禁域，即 $x > 0$ 的領域。

(b) 粒子出現的概率

概率密度 $\rho(x,t) = \phi^*(x,t)\phi(x,t)$

$$= \begin{cases} |D|^2\left(\cos k_1x - \dfrac{k_2}{k_1}\sin k_1x\right)^2, & x \leqslant 0 \\ |D|^2\mathrm{e}^{-2k_2x}, & x \geqslant 0 \end{cases} \qquad (10-70\mathrm{c})$$

式（10 – 70c）確實是有限的正值（參見式（10 – 41a,b））至於 $\rho(x,t)$ 的分布情形如何呢？只有正確地畫式（10 – 70c）的圖。爲了畫圖必須求 ρ 的一次和二次的空間微分來加以判別：

$$\left(\frac{\mathrm{d}\rho}{\mathrm{d}x}\right)_{x\leqslant 0} = 2|D|^2\left(\cos k_1x - \frac{k_2}{k_1}\sin k_1x\right)(-k_1\sin k_1x - k_2\cos k_1x) = 0$$

$$\therefore \quad \tan k_1x = \frac{k_1}{k_2}, \qquad 或 \tan k_1x = -\frac{k_2}{k_1} \qquad (10-70\mathrm{d})$$

$$\left(\frac{\mathrm{d}^2\rho}{\mathrm{d}x^2}\right)_{x\leqslant 0} = 2|D|^2\Big\{(-k_1\sin k_1x - k_2\cos k_1x)^2 + \left(\cos k_1x - \frac{k_2}{k_1}\sin k_1x\right)(-k_1^2\cos k_1x + k_1k_2\sin k_1x)\Big\}$$

再來看看 $\left(\dfrac{\mathrm{d}^2\rho}{\mathrm{d}x^2}\right)_{x\leqslant 0}$ 有無極值，將式（10 – 70d）代入上式，並且用 $\cos\theta = \dfrac{1}{\sec\theta}, \sec^2\theta = (1+\tan^2\theta)$ 的三角關係式得：

$$\left(\frac{d^2\rho}{dx^2}\right)_{x\leqslant 0} \text{的極值} = \begin{cases} \dfrac{4mV_0}{\hbar^2}|D|^2 > 0, & \text{當 } \tan k_1 x = \dfrac{k_1}{k_2}\text{，得極小} \\ \dfrac{-4mV_0}{\hbar^2}|D|^2 < 0, & \text{當 } \tan k_1 x = -\dfrac{k_2}{k_1}\text{，得極大} \end{cases}$$

上結果表示 $\rho(x,t)$ 是振盪函數。同樣將式（10－70d）代入式（10－70c）得 $\rho(x,t)_{x\leqslant 0}$ 的極值：

$$\rho(x,t)_{x\leqslant 0}\text{的極值} = \begin{cases} 0 & \tan k_1 x = \dfrac{k_1}{k_2}\text{，極小點的值} \\ \dfrac{V_0}{E}|D|^2 & \tan k_1 x = -\dfrac{k_2}{k_1}\text{，極大點的值} \end{cases} \quad (10-70e)$$

目前的 $\rho(x,t)$ 和時間無關，即 $\rho(x,t) = \rho(x)$，它與能量本徵函數 $\psi(x)$ 的關係如圖 10－22 所示。

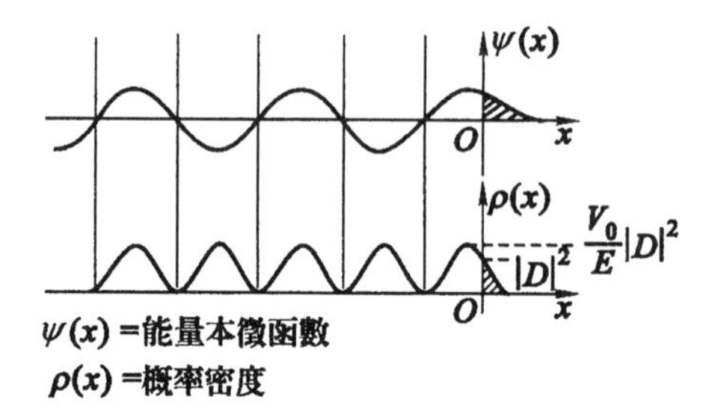

圖 10－22

圖 10－22 很明顯地表示著 $\rho(x\geqslant 0) = |D|^2\exp(-2k_2x) \neq 0$，雖 $E < V_0$ 粒子仍然會進入 $x\geqslant 0$ 的領域，在 $x\geqslant 0$ 找到粒子的概率不等於 0。這是和經典力學最大的不同之處，是量子力學帶來的現象，稱這現象爲**量子效應**（quantum effect）；不過由於勢能 V_0 一直延伸到 $x = \infty$，粒子終於會精疲力盡，如圖 10－22 的斜線陰影部分，$\psi\to 0, \rho\to 0$，x 越大 ρ 越小。

那麼粒子會穿透 $x > 0$ 的領域多深呢？$\rho(x\geqslant 0) = |D|^2\exp(-2k_2x)$ 變成 $\dfrac{|D|^2}{e}$ 的深度 Δx 稱爲**穿透距離**（penetration distance），即：

$$\exp(-2k_2x) \to \exp(-1)$$

$$\therefore \quad \Delta x = \frac{1}{2k_2} \doteq \frac{1}{k_2} = \frac{\hbar}{\sqrt{2m(V_0-E)}} \quad (10-71a)$$

而在 $x\geqslant 0$ 滯留的時間約多久呢？由測不準原理得：

$$\Delta P \doteq \frac{\hbar}{\Delta x} = \sqrt{2m(V_0-E)}$$

$$\therefore \quad \Delta E \doteq \frac{(\Delta P)^2}{2m} = V_0 - E$$

$$\therefore \quad \Delta t \doteq \frac{\hbar}{\Delta E} = \frac{\hbar}{V_0 - E} \quad (10-71b)$$

【Ex.10－22】 質量 $mc^2 \doteq 0.511$ MeV的電子能量 $E=20$ eV遇到 $V_0=100$ eV的階梯勢能，求電子的穿透距離 Δx 和滯留時間 Δt。

由式（10－71a）

$$\Delta x \doteq \frac{\hbar}{\sqrt{2m(V_0-E)}} = \frac{\hbar c}{\sqrt{2mc^2(V_0-E)}}$$

$$= \frac{197.327\ \text{MeV}\cdot\text{fm}\times 10^3}{\sqrt{2\times 0.511\times(100-20)\,\text{MeV}^2}}$$

$$\doteq 2.18\times 10^{-9}\text{cm} \doteq 0.22\text{Å}$$

由式（10－71b）

$$\Delta t \doteq \frac{\hbar}{V_0-E} = \frac{6.582122\times 10^{-22}\ \text{MeV}\cdot\text{s}}{(100-20)\times 10^{-6}\text{MeV}}$$

$$\doteq 8.23\times 10^{-18}\text{s}$$

(c) 反射係數 R

粒子雖會進入 $x>0$ 的領域，但遲早都會被趕回來，換句話從圖10－21的左端進來的粒子遲早都會被趕回，所以反射係數（reflection coefficient）該等於1才對，接著來看看波函數式（10－70b）是否眞的滿足這個物理現象。反射係數 R 是：

$$\boxed{R \equiv \frac{|\text{概率流（probability flux）的反射部}|}{|\text{概率流的入射部}|}} \qquad (10-72)$$

概率流是式（10－46a）的概率流密度函數 $\boldsymbol{S}(\boldsymbol{r},t)$ 來的：

$$\boldsymbol{S}(\boldsymbol{r},t) = \frac{\hbar}{2im}\{\phi^*(\boldsymbol{r},t)\nabla\phi(\boldsymbol{r},t) - (\nabla\phi^*)\phi(\boldsymbol{r},t)\}$$

$$= \frac{\hbar}{2im}\{\psi^*(\boldsymbol{r})\nabla\psi(\boldsymbol{r}) - (\nabla\psi^*)\psi(\boldsymbol{r})\}$$

(10－73a)

本徵函數 $\psi(x)$ 的入射部是 Ae^{ik_1x}，反射部是 Be^{-ik_1x}，所以式（10－73a）的 x 成分是：

$$\text{概率流反射部} = \frac{\hbar}{2im}|B|^2\left(e^{ik_1x}\frac{d}{dx}e^{-ik_1x} - e^{-ik_1x}\frac{d}{dx}e^{ik_1x}\right)e_x$$

$$= -\frac{\hbar k_1}{m}|B|^2 e_x = -\frac{\boldsymbol{P}_1}{m}|B|^2 = -\boldsymbol{v}_1|B|^2$$

$$\text{概率流入射部} = \frac{\hbar}{2im}|A|^2\left(e^{-ik_1x}\frac{d}{dx}e^{ik_1x} - e^{ik_1x}\frac{d}{dx}e^{-ik_1x}\right)e_x$$

$$= \frac{\hbar k_1}{m}|A|^2 e_x = \frac{\boldsymbol{P}_1}{m}|A|^2 = \boldsymbol{v}_1|A|^2$$

$\hbar k_1 \mathrm{e}_x \equiv \boldsymbol{P}_1 =$ 動量，$\dfrac{\boldsymbol{P}_1}{m} \equiv \boldsymbol{v}_1 =$ 速度，上述結果確實是入射波的動量和反射波的動量是互爲反方向，$\mathrm{e}_x = x$ 軸方向的單位矢量。

$$\therefore \quad R = \frac{v_1 |B|^2}{v_1 |A|^2} = \frac{\frac{1}{4}|D|^2\left(1+\frac{\mathrm{i}k_2}{k_1}\right)\left(1-\frac{\mathrm{i}k_2}{k_1}\right)}{\frac{1}{4}|D|^2\left(1-\frac{\mathrm{i}k_2}{k_1}\right)\left(1+\frac{\mathrm{i}k_2}{k_1}\right)} = 1 \qquad (10-73\mathrm{b})$$

確定實現了我們的物理預測：反射係數 $= 1$。按照經典波動理論，在交界處，波不但有反射並且有透射。如果傳波領域無源和壑，則流量必守恆，表示透射係數 T 必爲 0：

$$\boxed{\text{透射係數（transmission coefficient）} T \equiv \frac{|\text{概率流的透射部}|}{|\text{概率流的入射部}|}} \qquad (10-74)$$

從流量守恆 $(R+T)=1$，所以上述討論的題目的 $T=0$，現在實際來演算一下是否眞的如此。

$$\text{概率流的透射部} = \frac{\hbar}{2\mathrm{i}m}|D|^2\left(\mathrm{e}^{-k_2x}\frac{\mathrm{d}}{\mathrm{d}x}\mathrm{e}^{-k_2x} - \mathrm{e}^{-k_2x}\frac{\mathrm{d}}{\mathrm{d}x}\mathrm{e}^{-k_2x}\right) = 0$$

$$\therefore \quad T = 0$$

(ii) $E > V_0$ 時的粒子運動

從經典力學，只要 $E > V_0$ 粒子只是在 $x = 0$ 處受到動量的變化時，稍搖晃了一下但仍然繼續前進。$(E - V_0)$ 越大，搖晃程度越小，無論如何，粒子是不會在 $x = 0$ 處被彈回來的，如下圖繼續運動的動量從 P_1 變成 P_2 而已。至於量子力學，粒子會在 $x = 0$ 處被彈回。$(E - V_0)$ 越大，被彈回來的程度越低。接下來看看定量情形。

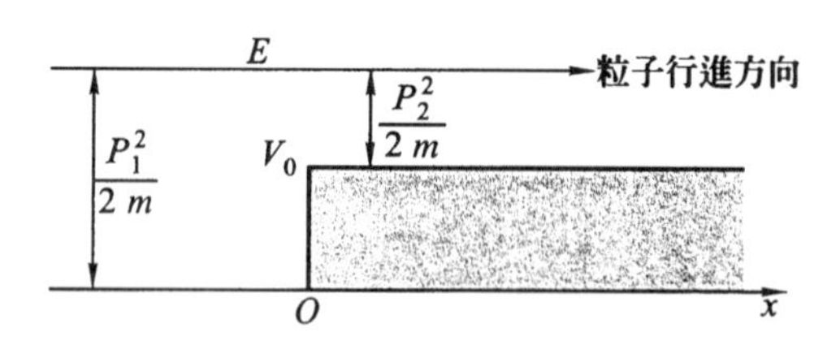

$x<0$	$x>0$ 且 $E>V_0$
Schrödinger 能量本徵方程式： $-\frac{\hbar^2}{2m}\frac{d^2}{dx^2}\psi_1(x)=E\psi_1(x)$ 或 $\frac{d^2}{dx^2}\psi_1(x)=-\frac{2mE}{\hbar^2}\psi_1(x)$ $\equiv -k_1^2\psi_1(x)$ $k_1\equiv\sqrt{2mE/\hbar^2}$ $\therefore\quad \psi_1(x)=Ae^{ik_1x}+Be^{-ik_1x}$	Schrödinger 能量本徵方程式： $-\frac{\hbar^2}{2m}\frac{d^2}{dx^2}\psi_2(x)+V_0\psi_2(x)=E\psi_2(x)$ 或 $\frac{d^2}{dx^2}\psi_2=-\frac{2m}{\hbar^2}(E-V_0)\psi_2$ $\equiv -k_2^2\psi_2(x)$ $k_2\equiv\sqrt{2m(E-V_0)}/\hbar$ $\therefore\quad \psi_2(x)=Ce^{ik_2x}+De^{-ik_2x}$

本徵函數 $\psi_{1,2}$ 和式（10－39g）的時間部分 $T(t)=N\exp(-i\omega t)$，$E\equiv\hbar\omega$，組合便得波函數，則 Ae^{ik_1x} 和 Ce^{ik_2x} 是向 x 的正方向的波，而 Be^{-ik_1x} 和 De^{-ik_2x} 是向 x 的負方向的波。在 $x<0$ 的領域，波在 $x=0$ 處被反射，於是向 x 的正方向和負方向的波都存在，但是在 $x>0$ 的領域，沒有新的勢能來反射波，所以不可能有向 x 負方向的波存在：

$$\therefore\quad D=0$$

故能量本徵函數 $\psi(x)$ 是：

$$\psi(x)=\begin{cases}\psi_1(x)=Ae^{ik_1x}+Be^{-ik_1x} & x\leqslant 0\\ \psi_2(x)=Ce^{ik_2x} & x\geqslant 0\end{cases}\qquad(10-75a)$$

波函數必依照式（10－55a,b）在邊界 $x=0$ 銜接：

$$\psi_1(x=0)=\psi_2(x=0)\text{ 得：}\qquad A+B=C$$

$$\left(\frac{d\psi_1}{dx}\right)_{x=0}=\left(\frac{d\psi_2}{dx}\right)_{x=0}\text{ 得：}\qquad k_1(A-B)=k_2C$$

$$\therefore\quad\begin{cases}B=\dfrac{k_1-k_2}{k_1+k_2}A\\[2ex] C=\dfrac{2k_1}{k_1+k_2}A\end{cases}\qquad(10-75b)$$

將式（10－75b）代入式（10－75a）得本徵函數 $\psi(x)$ 和波函數：

$$\psi(x)=\begin{cases}\psi_1(x)=Ae^{ik_1x}+A\dfrac{k_1-k_2}{k_1+k_2}e^{-ik_1x}, & x\leqslant 0\\[2ex] \psi_2(x)=A\dfrac{2k_1}{k_1+k_2}e^{ik_2x}, & x\geqslant 0\end{cases}\qquad(10-75c)$$

$$\phi(x,t)=\psi(x)e^{-i\omega t}$$

$$= \begin{cases} \phi_1(x,t) = \dfrac{2A}{k_1+k_2}(k_1\cos k_1x + ik_2\sin k_1x)e^{-i\omega t}, & x \leqslant 0 \\ \phi_2(x,t) = A\dfrac{2k_1}{k_1+k_2}e^{i(k_2x-\omega t)}, & x \geqslant 0 \end{cases}$$

(10 - 75d)

(a) 粒子出現的概率

概率密度 $\rho(x,t) = \phi^*(x,t)\phi(x,t)$

$$= \begin{cases} \dfrac{4}{(k_1+k_2)^2}|A|^2(k_1\cos k_1x - ik_2\sin k_1x) \\ \qquad \times (k_1\cos k_1x + ik_2\sin k_1x), & x \leqslant 0 \\ \left(\dfrac{2k_1}{k_1+k_2}\right)^2|A|^2 = \text{定值}, & x \geqslant 0 \end{cases}$$

$\rho(x,t)$ = 確實是正的有限值，並且和時間無關，$\rho(x,t) = \rho(x)$，其空間分布情形只好算$\dfrac{d\rho}{dx}$和$\dfrac{d^2\rho}{dx^2}$來畫圖：

$$\left(\frac{d\rho(x)}{dx}\right)_{x\leqslant 0} = \frac{4|A|^2}{(k_1+k_2)^2}\frac{d}{dx}(k_1^2\cos^2 k_1x + k_2^2\sin^2 k_1x)$$

$$= -\frac{8k_1(k_1-k_2)}{k_1+k_2}|A|^2\sin k_1x\cos k_1x$$

$\dfrac{8k_1(k_1-k_2)}{(k_1+k_2)}$是不等於 0，如果要$\left(\dfrac{d\rho}{dx}\right)_{(x\leqslant 0)}=0$來找極值點，只有如下可能：

$$\left.\begin{cases} \sin k_1x=0，\text{得：} & k_1x=n\pi, \\ \cos k_1x=0，\text{得：} & k_1x=\dfrac{2n-1}{2}\pi \end{cases} ,\ n=1,2\cdots\cdots \right\} \quad (10-75e)$$

再則看看$\left(\dfrac{d^2\rho}{dx^2}\right)_{x\leqslant 0}$在條件式（10 - 75e）下有無極值：

$$\left(\frac{d^2\rho(x)}{dx^2}\right)_{x\leqslant 0} = -\frac{8k_1(k_1-k_2)}{k_1+k_2}|A|^2\frac{d}{dx}\sin k_1x\cos k_1x$$

$$= -\frac{8k_1^2(k_1-k_2)}{k_1+k_2}|A|^2\cos 2k_1x$$

$$= \begin{cases} <0， & \text{當 } k_1x = n\pi\text{，得極大} \\ >0， & \text{當 } k_1x = \dfrac{2n-1}{2}\pi\text{，得極小} \end{cases}$$

顯然，$\rho(x)$ 在 $x \leqslant 0$ 的領域是振盪函數，其極值是把式（10 - 75e）代入 $\rho(x,t)$，所得的值：

$$\rho(x,t)_{x\leqslant 0}\text{的極值} = \begin{cases} \dfrac{4k_1^2}{(k_1+k_2)^2}|A|^2, & \text{極大} \\ \dfrac{4k_2^2}{(k_1+k_2)^2}|A|^2, & \text{極小} \end{cases} \quad (10-75\text{f})$$

按照式（10－55a,b）波函數必須在交界 $x=0$ 銜接，另一方面依照式（5－24），能量是正比於振幅平方，在無源和無壑的能量是守恆的，於是 $\psi_1(x=0)=\psi_2(x=0)$，並且 $\left(\dfrac{d\psi_1}{dx}\right)_{x=0}=\left(\dfrac{d\psi_2}{dx}\right)_{x=0}$ 但 $\psi_1(x)$ 有入射和反射兩項，而 $\psi_2(x)$ 僅有和 ψ_1 的入射波同向的波，三個波的振幅是：

$$\frac{k_1-k_2}{k_1+k_2}A < A < \frac{2k_1}{k_1+k_2}A\text{，且 } k_2 < k_1$$

本徵函數 $\psi(x)$ 是複數函數，無法畫圖。取其實部 $\text{Re}\psi(x)$ 作代表來和 $\rho(x)$ 對比於圖 10－23：**當能量守恆，本徵函數 $\psi_1(x)$ 和 $\psi_2(x)$ 必如圖 10－23 所示，在波峰或波谷處銜接**，以達到 $E(x\leqslant 0)=E(x\geqslant 0)$。圖 10－23 的 $\rho(x)$ 的另一種畫法參閱練習題 (1) 和 (2)。

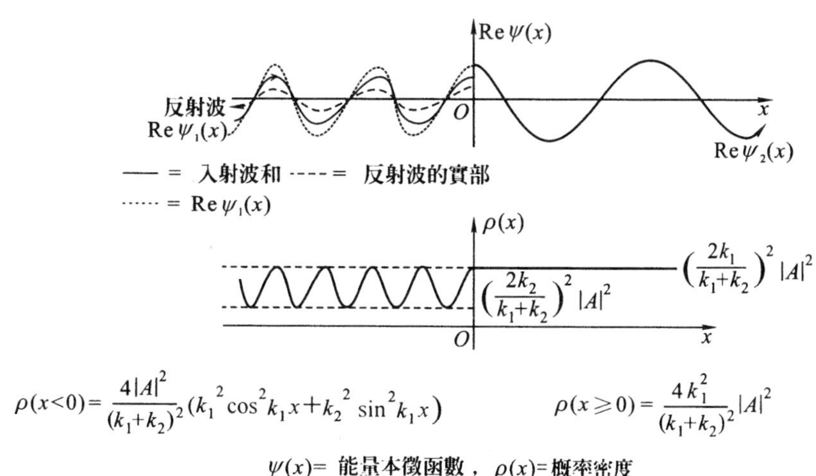

圖 10－23

(b) 反射係數 R 和透射係數 T

$$\text{反射係數 } R = \frac{|\text{概率流的反射部}|}{|\text{概率流的入射部}|}$$

$$= \frac{\left(\dfrac{k_1-k_2}{k_1+k_2}\right)^2|A|^2\left|\dfrac{\hbar}{2im}\left(e^{ik_1x}\dfrac{d}{dx}e^{-ik_1x}-e^{-ik_1x}\dfrac{d}{dx}e^{ik_1x}\right)\right|}{|A|^2\left|\dfrac{\hbar}{2im}\left(e^{-ik_1x}\dfrac{d}{dx}e^{ik_1x}-e^{ik_1x}\dfrac{d}{dx}e^{-ik_1x}\right)\right|}$$

$$= \left(\frac{k_1 - k_2}{k_1 + k_2}\right)^2 = \left(\frac{1 - \sqrt{1 - \frac{V_0}{E}}}{1 + \sqrt{1 - \frac{V_0}{E}}}\right)^2 \neq 0 \qquad (10-76a)$$

顯然，$R \neq 0$，這是量子效應。當 $E > V_0$ 時，經典力學是 $R = 0$。由於無源和無壑，於是流量必須守恆，即 $R + T = 1$。

$$\therefore \quad T = 1 - R = 1 - \left(\frac{k_1 - k_2}{k_1 + k_2}\right)^2 = \frac{4k_1 k_2}{(k_1 + k_2)^2}$$

現在來具體演算看看 T 是否眞的如上式的值：

$$\text{透射係數 } T = \frac{|\text{概率流透射部}|}{|\text{概率流入射部}|}$$

$$= \frac{\left(\frac{2k_1}{k_1 + k_2}\right)^2 |A|^2 \left| \frac{\hbar}{2im} \left(e^{-ik_2 x} \frac{d}{dx} e^{ik_2 x} - e^{ik_2 x} \frac{d}{dx} e^{-ik_2 x} \right) \right|}{|A|^2 \left| \frac{\hbar}{2im} \left(e^{-ik_1 x} \frac{d}{dx} e^{ik_1 x} - e^{ik_1 x} \frac{d}{dx} e^{-ik_1 x} \right) \right|}$$

$$= \frac{4k_1 k_2}{(k_1 + k_2)^2} = 1 - R \qquad (10-76b)$$

無論 $E < V_0$ 或 $E > V_0$，我們都看到量子效應，那麼如何統一地描述 $E < V_0$ 和 $E > V_0$ 的反射係數 R 和透射係數 T 的圖呢？如果定義 $\frac{E}{V_0} \equiv x$，則式（10－76a）是：

$$R = \left(\frac{1 - \sqrt{1 - \frac{1}{x}}}{1 + \sqrt{1 - \frac{1}{x}}}\right)^2, \qquad x \geqslant 1 \qquad (10-76c)$$

當 $E < V_0$，x 是小於 1，於是 $\sqrt{1 - \frac{1}{x}}$ = 虛數

$$\therefore \quad R(x < 1) \Rightarrow \frac{\left|1 - \sqrt{1 - \frac{1}{x}}\right|^2}{\left|1 + \sqrt{1 - \frac{1}{x}}\right|^2} = 1$$

上式相當於式（10－73b）的結果，所以目前只要探討式（10－76c）的極值就夠了，此時需要 $\frac{dR}{dx}$ 和 $\frac{d^2R}{dx^2}$ 的變化情形：

$$\frac{dR}{dx} = \frac{d}{dx}\left(\frac{1 - \sqrt{1 - \frac{1}{x}}}{1 + \sqrt{1 + \frac{1}{x}}}\right)^2 = \frac{-2\left(1 - \sqrt{1 - \frac{1}{x}}\right)}{x^2 \sqrt{1 - \frac{1}{x}} \left(1 + \sqrt{1 - \frac{1}{x}}\right)^3}$$

$\frac{\mathrm{d}R}{\mathrm{d}x}=0$的解是：$x=\infty$

$$\frac{\mathrm{d}^2R}{\mathrm{d}x^2}=\frac{\mathrm{d}}{\mathrm{d}x}\left\{\frac{-2\left(1-\sqrt{1-\frac{1}{x}}\right)}{x^2\sqrt{1-\frac{1}{x}}\left(1+\sqrt{1-\frac{1}{x}}\right)^3}\right\}=\frac{2+4\sqrt{1-\frac{1}{x}}-\frac{1}{x}}{x^4\left(1-\frac{1}{x}\right)^{\frac{3}{2}}\left(1+\sqrt{1-\frac{1}{x}}\right)^4}$$

$$\therefore\quad \lim_{x\to\infty}\frac{\mathrm{d}^2R}{\mathrm{d}x^2}=0$$

於是 R 是沒有極大和極小的曲線，並且 $\lim\limits_{x\to\infty}R=0,\ \lim\limits_{x\to1}R=1$。至於透射係數 $T=(1-R)$ 的情形是：

$$T=\frac{4\sqrt{1-\frac{1}{x}}}{\left(1+\sqrt{1-\frac{1}{x}}\right)^2}$$

$$\lim_{x\to\infty}T=1,\quad \lim_{x\to1}T=0$$

而 R 和 T 在 $x=0$ 到 $x\to\infty$ 間的值及圖是：

$x\equiv\frac{E}{V_0}$	$0\sim1\cdots\cdots$	$1.01\cdots\cdots$	$1.03\cdots\cdots$	$10\cdots\cdots\cdots$	∞
R	1 都是 1	0.672	0.502	0.0007	0
$T=1-R$	0 都是 0	0.328	0.498	0.9993	1

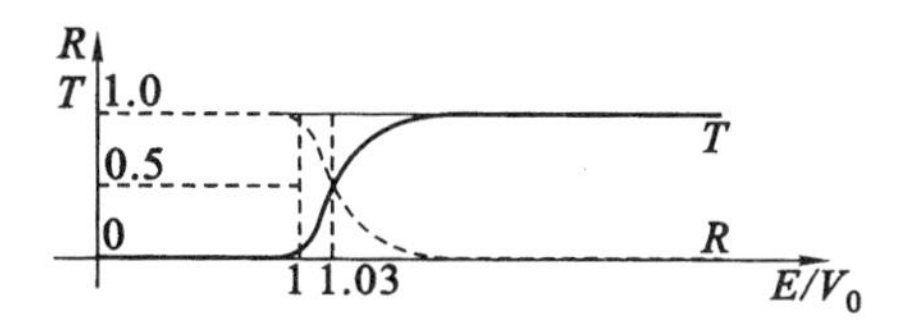

雖然 $E>V_0$，從圖上很明顯地看到，當 E 不很大時，有 $R\neq0$ 的量子效應。

(3) 勢能壘（barrier potential energy）

這是很有用的例題，最初處理這問題的是 Gamow（George Gamow, 1904～1968，俄裔美籍理論物理學家），他在 1928 年成功地說明了 α 射線，是重核內的 α 粒子穿過勢能壘跑到核外來的就是 α 射線，稱爲 **Gamow 隧道效應**（tunnel effect，參見下面）。二次大戰時便應用到薄膜光濾波器，戰後應用到半導體零件，例如隧道二極管（tunnel diode）。勢能壘是：

$$V(x)=\begin{cases}V_0, & 0\leqslant x\leqslant a\\ 0, & x<0,\quad x>a\end{cases}$$

和階梯勢能一樣，如果經典力學的話，$R=1, T=0$ 當 $E<V_0$，而當 $E>V_0$ 時，粒子雖在動量變化的 $x=0$ 和 $x=a$ 處搖晃了一下，但繼續前進，於是 $R=0, T=1$。量子力學時情形就不同了，加上勢能存在於有限空間，如圖 10 – 24，從左邊領域 (Ⅰ) 入射的粒子能穿過領域 (Ⅱ) 的有限高度和厚度的勢能壘跑到右邊領域 (Ⅲ)，所以除了 $\frac{E}{V_0}\to\infty$，無論 $E>V_0$ 或 $E<V_0$，反射係數和透射係數都是：

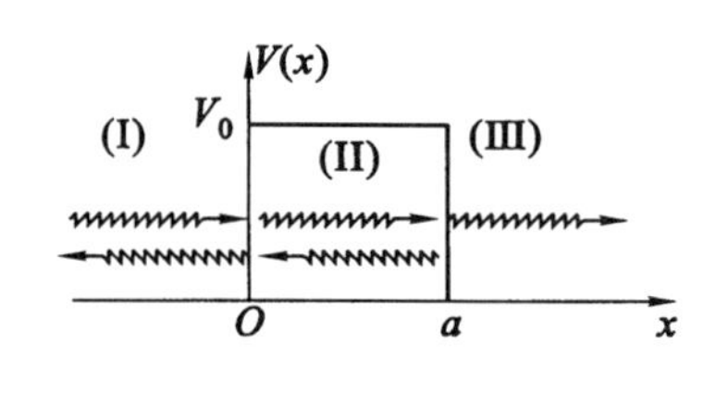

圖 10 – 24

$$0<R<1$$
$$0<T<1$$

(Ⅰ) $E<V_0$ 的情形

由於勢能和時間無關，Schrödinger 波動方程式（10 – 39d）可約化成能量本徵方程式（10 – 37）或式（10 – 39e），則按照圖 10 – 24 各領域的情形是：

領域 (Ⅰ) $x<0$	領域 (Ⅱ) $0\leqslant x\leqslant a$	領域 (Ⅲ) $x>a$
能量本徵方程式： $-\frac{\hbar^2}{2m}\frac{d^2\psi_1}{dx^2}=E\psi_1$ $\therefore\ \psi_1(x)=Ae^{ik_1x}+Be^{-ik_1x}$ $k_1\equiv\frac{\sqrt{2mE}}{\hbar}$ 邊界條件：$x\to-\infty$ $\psi_1=$ 有限函數 在 $x=0$ 必會被反射，於是： $A\neq0$ $B\neq0$	$-\frac{\hbar^2}{2m}\frac{d^2\psi_2}{dx^2}+V_0\psi_2=E\psi_2$ $\therefore\ \psi_2(x)=Fe^{-k_2x}+Ge^{k_2x}$ $k_2\equiv\frac{\sqrt{2m(V_0-E)}}{\hbar}$ 由於 $x=0\sim a$ 是有限值， $\therefore\ \begin{cases}F\neq0\\ G\neq0\end{cases}$	$-\frac{\hbar^2}{2m}\frac{d^2\psi_3}{dx^2}=E\psi_3$ $\therefore\ \psi_3(x)=Ce^{ik_3x}+De^{-ik_3x}$ $k_3\equiv\frac{\sqrt{2mE}}{\hbar}=k_1$ 在領域 (Ⅲ) 沒新勢能來反射了，故向 x 負方向的波該為 0，配合波函數的時間部 $T(t)=Ne^{-i\omega t}$，$E\equiv\hbar\omega$，De^{-ik_3x} 是向 x 負方向的波。 $\therefore\ D=0$ 邊界條件：$x\to\infty$，$\psi_3=$ 有限函數

由式（10－55a,b），本徵函數必須在勢能變化的邊界銜接好，從這些邊界條件來決定未定常數 A,B,C,G,F，故在邊界 $x=0$ 和 $x=a$ 得：

$$\psi_1(x=0)=\psi_2(x=0):\qquad A+B=F+G$$

$$\left(\frac{d\psi_1}{dx}\right)_{x=0}=\left(\frac{d\psi_2}{dx}\right)_{x=0}:\qquad ik_1(A-B)=k_2(G-F)$$

$$\psi_2(x=a)=\psi_3(x=a):\qquad Ge^{k_2a}+Fe^{-k_2a}=Ce^{ik_1a}$$

$$\left(\frac{d\psi_2}{dx}\right)_{x=a}=\left(\frac{d\psi_3}{dx}\right)_{x=a}:\qquad k_2(Ge^{k_2a}-Fe^{-k_2a})=ik_1Ce^{ik_1a}$$

解上面四個式子時，由於未定量有5個，故有一個未定量無法決定，它是用歸一化來確定。目前有興趣的是穿過勢能壘跑到領域 (Ⅲ) 的粒子信息，於是留下未定量 C：

$$\left\{\begin{aligned}
A&=C\left\{\cosh(k_2a)+i\frac{k_2^2-k_1^2}{2k_1k_2}\sinh(k_2a)\right\}e^{ik_1a}\\
B&=-i\left(C\frac{k_1^2+k_2^2}{2k_1k_2}\sinh(k_2a)\right)e^{ik_1a}\\
F&=\frac{C}{2}\left(1-i\frac{k_1}{k_2}\right)e^{(k_2+ik_1)a}\\
G&=\frac{C}{2}\left(1+i\frac{k_1}{k_2}\right)e^{(-k_2+ik_1)a}
\end{aligned}\right\}\qquad(10-77a)$$

顯然，和階梯勢能的結果式（10－70a）不同，階梯勢能時 $|A|=|B|$ 引起 $x<0$ 領域的 $\psi_1(x)$ 構成駐波；但（10－77a）式的 $|A|\neq|B|$，是 $|A|^2=|C|^2+|B|^2$，這表示入射強度 $|A|^2$ 等於反射強度 $|B|^2$ 加上穿隧到 (Ⅲ) 領域的強度 $|C|^2$，換句話說，流量守恆。由於本徵函數的係數式（10－77a）相當繁雜，使用數學的類似式（10－70e）或（10－75f）的方法來討論概率密度相當費時，所以改用物理方法，先重寫式（10－77a）的 A：

$$A=C\left\{\cosh(k_2a)-i\frac{k_1^2+k_2^2}{2k_1k_2}\sinh(k_2a)+i\frac{k_2}{k_1}\sinh(k_2a)\right\}e^{ik_1a}\qquad(10-77b)$$

上式右邊第二項就是 B，於是在 $x<0$ 的領域扮演駐波，至於領域 (Ⅱ) $0\leqslant x\leqslant a$ 的空間部是 $e^{\pm k_2x}$，無法和時間部式（10－39g）的 $e^{-i\omega t}$，$E\equiv\hbar\omega$，組成行進波的 $\pm i(kx\pm\omega t)$ 因子，但領域 (Ⅲ) $x>a$ 是向正 x 方向行進的平面波。

(a) 粒子出現的概率

將式（10－77a,b）代入 $\psi_{1,2,3}(x)$ 並乘上時間部 $e^{-i\omega t}$ 得波函數 $\phi(x,t)$：

$$\phi(x,t)=\begin{cases}\phi_1(x,t)=\psi_1(x)e^{-i\omega t}=-iC\dfrac{k_1^2+k_2^2}{2k_1k_2}\sinh(k_2a)\left(e^{i(k_1x-\omega t)}+e^{-i(k_1x+\omega t)}\right)e^{ik_1a}\\ \qquad+C\left(\cosh(k_2a)+i\dfrac{k_2}{k_1}\sinh(k_2a)\right)e^{ik_1a}e^{i(k_1x-\omega t)}, \qquad x<0\\ \phi_2(x,t)=\psi_2(x)e^{-i\omega t}=\dfrac{C}{2}\left\{\left(1-i\dfrac{k_1}{k_2}\right)e^{-k_2(x-a)}+\left(1+i\dfrac{k_1}{k_2}\right)e^{k_2(x-a)}\right\}e^{i(k_1a-\omega t)}\\ \qquad=C\left\{\cosh[k_2(x-a)]+i\dfrac{k_1}{k_2}\sinh[k_2(x-a)]\right\}e^{i(k_1a-\omega t)}, \quad 0\leqslant x\leqslant a\\ \phi_3(x,t)=\psi_3(x)e^{-i\omega t}=Ce^{i(k_1x-\omega t)}, \qquad x>a\end{cases} \tag{10-77c}$$

現依據各領域的情況來逐步地討論概率密度，$\rho(x,t)=\phi^*(x,t)\phi(x,t)$。$\phi_1(x,t)$ 右邊第一項是如圖 10－25a 的駐波，它的概率密度大小是 $\phi_1^*(x,t)\phi_1(x,t)$ 的駐波係數的絕對值平方：

$$|C|^2\left(\frac{k_1^2+k_2^2}{k_1^2}\right)^2\left(\frac{k_1}{2k_2}\right)^2\sinh^2(k_2a)=|C|^2\left(\frac{V_0k_1}{2Ek_2}\right)^2\sinh^2(k_2a)\equiv P_1$$

P_1 是 $\rho_1(x)$ 駐波部的極大值。$\phi_1(x,t)$ 右邊第二項是如圖 10－25b 的向正 x 方向行進的平面波，其概率是處處都一樣的常量，是等於平面波係數的絕對值平方：

$$|C|^2\left\{\cosh^2(k_2a)+\left(\frac{k_2}{k_1}\right)^2\sinh^2(k_2a)\right\}=|C|^2\left\{1+\frac{V_0}{E}\sinh^2(k_2a)\right\}\equiv P_2$$

這 P_2 不可能是 $\rho_1(x)$ 駐波部的極小值，因爲平面波是入射波的一部分和反射波產生駐波以外的部分。所以領域(Ⅰ)$x<0$ 的 $\rho_1(x,t)=\rho_1(x)$ 是圖 10－25a 和 10－25b 的 ρ_1 之和的圖（10－25c）。至於領域(Ⅱ)$0\leqslant x\leqslant a$ 的 $\rho_2(x,t)=\rho_2(x)$ 是：

$$\begin{aligned}\rho_2&=\phi_2^*(x,t)\phi_2(x,t)\\&=|C|^2\left\{\cosh^2[k_2(x-a)]+\left(\frac{k_1}{k_2}\right)^2\sinh^2[k_2(x-a)]\right\}\\&=|C|^2\left\{1+\frac{V_0}{E}\sinh^2[k_2(x-a)]\right\}\end{aligned}$$

$$\lim_{x\to a}\rho_2(x)=|C|^2=\rho_3(x)$$

$$\begin{aligned}\lim_{x\to 0}\rho_2(x)&=|C|^2\left\{1+\frac{V_0}{E}\sinh^2(k_2a)\right\}\\&=P_2\end{aligned}$$

整個空間的概率分布如圖 10－25d 所示。這結果非常合乎物理，從 $x=-\infty$ 進來的波，一部分在 $x=0$ 被反射，它和入射的一部分構成駐波；入射波的未被反射的部

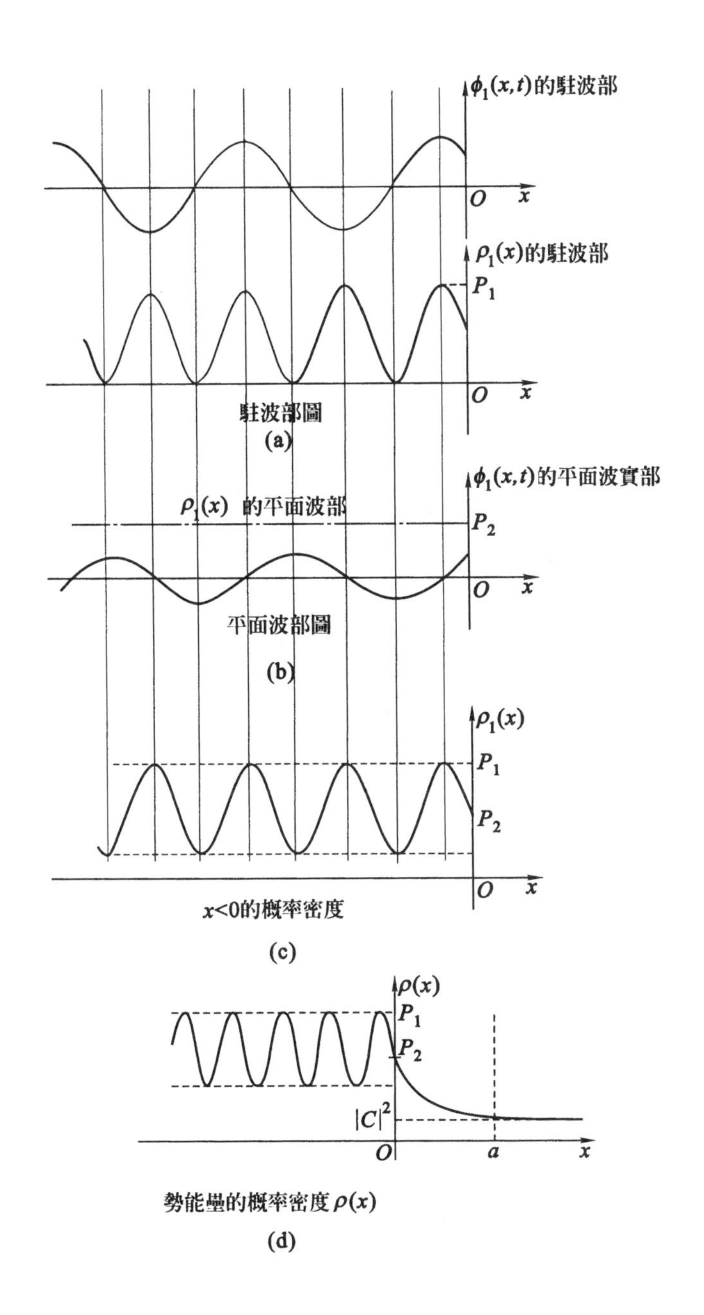

圖 10－25

分透射進入勢能壘，受到勢能壘內部的斥力，透射波慢慢地減弱，能到達 $x = a$ 的透射波才能在 $x = a$ 進入 $x > a$ 的自由領域，這種幸運者僅是透射波的一部分而已，所以 $\rho(x = a) < \rho(x = 0)$。那麼能進入 $x > a$ 的透射係數是多少呢？

(b) 透射係數 T

由式（10－74），必須求概率流的入透射部，則：

$$T=\frac{|S(Ce^{i(k_1x-\omega t)})|}{|S(Ae^{i(k_1x-\omega t)})|}\qquad S = 概率流密度$$

$$=\frac{\left|\frac{\hbar}{2im}\left\{e^{-ik_1x}\frac{d}{dx}e^{ik_1x}-e^{ik_1x}\frac{d}{dx}e^{-ik_1x}\right\}\right||C|^2}{\left|\frac{\hbar}{2im}\left\{e^{-ik_1x}\frac{d}{dx}e^{ik_1x}-e^{ik_1x}\frac{d}{dx}e^{-ik_1x}\right\}\right||A|^2}$$

$$=\frac{\frac{\hbar k_1}{m}|C|^2}{\frac{\hbar k_1}{m}|A|^2}=\frac{v_1|C|^2}{v_1|A|^2}=\frac{|C|^2}{|A|^2},\qquad v_1\equiv\frac{\hbar k_1}{m}$$

將式(10 – 77a)代入上式得：

$$T=\left[\cosh^2(k_2a)+\frac{1}{4}\left(\frac{k_2^2-k_1^2}{k_1k_2}\right)^2\sinh^2(k_2a)\right]^{-1}$$

$$=\left[1+(\sinh^2(k_2a))\left(1+\frac{1}{4}\frac{(k_2^2-k_1^2)^2}{k_1^2k_2^2}\right)\right]^{-1}$$

$$=\left[1+\frac{\sinh^2(k_2a)}{4\frac{E}{V_0}\left(1-\frac{E}{V_0}\right)}\right]^{-1}=\left[1+\frac{(e^{k_2a}-e^{-k_2a})^2}{16\frac{E}{V_0}\left(1-\frac{E}{V_0}\right)}\right]^{-1}$$

$$=\left[1+\frac{e^{2k_2a}(1-2e^{-2k_2a}+e^{-4k_2a})}{16\frac{E}{V_0}(1-\frac{E}{V_0})}\right]^{-1}\qquad(10-78a)$$

如果 $k_2a\gg1$，則上式大約是：

$$T\doteq\left(\frac{e^{2k_2a}}{16\frac{E}{V_0}\left(1-\frac{E}{V_0}\right)}\right)^{-1}=16\frac{E}{V_0}\left(1-\frac{E}{V_0}\right)e^{-2k_2a}=16\frac{E}{V_0}\left(1-\frac{E}{V_0}\right)e^{-2\sqrt{2m(V_0-E)}\,a/\hbar}$$

$$(10-78b)$$

顯然 $T\neq0$，雖然 $E<V_0$，只要 V_0 是有限高有限厚，質量 m 的粒子都會穿透勢能壘跑到 $x>a$ 的自由領域，這現象稱爲隧道效應(tunnel effect)，是1928年Gamow首先發現的現象，他獲得的公式是把式(10 – 78b)一般化式。

原子核內是帶正電的質子和電中性的中子，質子間有庫侖斥力，於是重原子核的電磁力無法忽視，引起重原子核的電磁不穩定性。經原子核內部的相互作用，核內會形成氦核團(α cluster)，它和其他質子間有庫侖斥力，但又有來自核力的引力，於是氦核所受的勢能場如圖10 – 26。當氦核的總能 E，經核內的相互作用獲得正值，便有機會穿透到 $r>r'$ 的自由空間，它就是 α 射線(α-ray)。Gamow把 $V(r)$ 勢能壘畫成如圖10 – 26所示，分成很多如圖10 – 24的長方形勢能壘，對每一個微小長方形勢能壘，式(10 – 78b)都是成立的，於是 α 粒子從 r_0 穿透到 r' 的

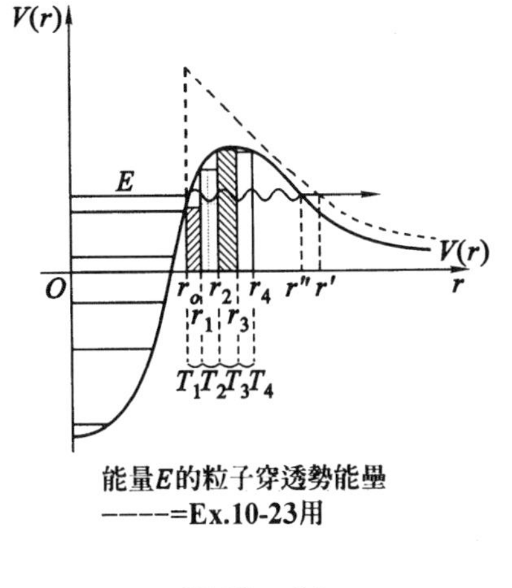

圖 10 – 26

穿透係數 T 是，一層一層地衰減下去，故得：

$$T = T_1 \times T_2 \times T_3 \times \cdots\cdots$$

$$\therefore T \propto e^{\frac{-\sqrt{8m[V(r_1)-E]}}{\hbar}dr_1} e^{\frac{\sqrt{8m[V(r_2)-E]}}{\hbar}dr_2} \cdots$$

指數函數 $e^A e^B e^C e^D \cdots\cdots = e^{A+B+C+D+\cdots\cdots}$，從這個指數函數的特性得到：

$$T \propto e^{-\int_{r_0}^{r'} \frac{\sqrt{8m[V(r)-E]}}{\hbar}dr} \tag{10 – 78c}$$

式（10 – 78c）稱爲 **Gamow 公式**（Gamow's formula）又稱爲 Gamow-Condon-Gurney 公式。Gamow 用上式成功地算出重原子核放射出 α 粒子的 α 衰變率（decay rate）而聞名，參見【**Ex.10 – 23**】。

【Ex.10 – 23】 探討 ${}_{92}U^{238}_{146}$（鈾）的 α 衰變率 R（參考 **Ex.11 – 44**（近代物理 II））。

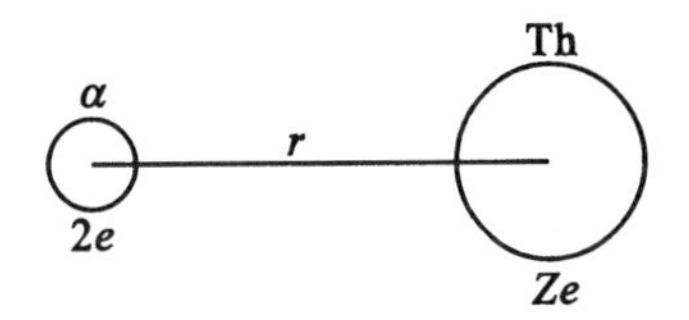

庫倫勢能 $V(r) = \dfrac{1}{4\pi\varepsilon_0}\dfrac{2Ze^2}{r}$
e=電子電荷大小
Z= 釷的原子序數 =90
(a)

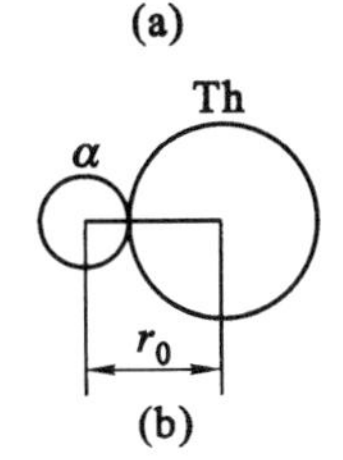

(b)

鈾的 α 衰變是 ${}_{92}U^{238}_{146} \rightarrow {}_{90}Th^{234}_{144}$（釷）+ ${}_2He^4_2$（氦，α 粒子）

首先要有較正確的圖 10 – 26 的勢能函數，這是未知函數。現從物理學角度來粗略地設定勢能函數，然後定性地探討 α 衰變。如圖 10 – 26，在鈾核內形成的 α 粒子要穿透的勢能，假定是如右圖(a)的兩點電荷間的庫侖勢能 $V(r)$。另一方面，從電子、質子等被靶核的彈性散射歸納出來的核半徑 R 是：

$$R = r'_0 \times A^{1/3}\text{fm}, \qquad r'_0 \doteqdot 1.17 \sim 1.5$$

A = 原子質量數。圖（10 – 26）的 r_0 和 r' 是相當重要的量，卻沒固定的方法，這裡採用如右圖 (b) 取 α 和釷核相接觸的半徑之和爲 r_0，並且使用 $r_0' = 1.17$：

$$r_0 = 1.17 \times (4^{1/3} + 234^{1/3})\text{ fm}$$
$$= 9.067\text{fm} \doteqdot 9\text{fm}$$

這相當於把圖 10 – 26 的實線勢能用點線的庫侖勢能來近似，在 r_0 的

$V(r=r_0)$ 最大。接著我們再從鈾衰變出來的 α 的能量實驗值 $E_\alpha = 4.2$ MeV，近似地獲得圖 10－26的 r' 來做依據值，然後把 r' 看成參數，逐漸地減小 r' 值，爲什麼是減小 r' 值，而不是增加 r' 值呢？因爲核力是短距（short range）相互作用，而庫侖力是長距（long range）相互作用，故圖 10－26 的核力勢能不可能是 $V(r)$，核勢能衰減地非常快。r' 的依據值是：

$$E_\alpha = V(r) = \frac{1}{4\pi\varepsilon_0}\frac{2e\times 90e}{r'} = 4.2\ \text{MeV}$$

$$\therefore \quad r' = \frac{e^2}{4\pi\varepsilon_0}\frac{180}{4.2\ \text{MeV}} \doteq 1.44\ \text{MeV}\cdot\text{fm}\times\frac{180}{4.2\ \text{MeV}} \doteq 61.7\ \text{fm}$$

這是式（10－78c）的被積分函數剛好等於0。爲了被積分函數等於實量，必須取小一點的 r'，所以取 $r' \equiv 61$ 做爲 r' 參數的始發值（starting value）。在鈾核內形成的 α，每到鈾核的表面便會以式（10－78c）的概率穿透到核外，所以穿透概率 T 是：

$$T = e^{-\int_{r_0}^{r'}\sqrt{\frac{8m_\alpha[V(r)-E_\alpha]}{\hbar^2}}dr} \qquad (10-79\text{a})$$

α 粒子的質量 $m_\alpha \doteq 4.0026033$amu，1amu $= 1.6605402\times10^{-27}$kg 或者是 1amu $= 931.49432\ \text{MeV}/c^2$，$c$ = 光速。以「fm」作單位算 $8m_\alpha[V(r)-E_\alpha]/\hbar^2$ 得：

$$\therefore \quad \frac{8m_\alpha}{\hbar^2}[V(r)-E_\alpha]$$

$$\doteq \frac{8\times4.003\times931.494}{(197.327)^2}\left(1.44\times\frac{180}{r}-4.2\right)$$

$$\doteq \frac{198.55}{r}-3.22$$

這樣一來，上式的 r 和式（10－79a）的 dr 都變成無量綱量，都以「fm」作單位大小，即 $r_0 = 9, r' = 61$。至於 α 會碰 U^{238} 表面的時間是從圖 10－26 得：

$$\frac{\text{來回距離 } r_0}{\alpha \text{ 的速度 } v} = \frac{2r_0}{v} \equiv \text{時間 } t \qquad (10-79\text{b})$$

一旦從鈾出來的 α 只有動能 $\frac{1}{2}m_\alpha v^2 = E_\alpha$

$$\therefore \ v = \sqrt{\frac{2E_\alpha}{m_\alpha}} = \sqrt{\frac{2\times4.2}{4.003\times931.494}}c \doteq 0.0475c = 1.423\times10^7\ \frac{\text{m}}{\text{s}}$$

$$\therefore \quad \frac{v}{2r_0} \doteq 7.9\times10^{20}\,\frac{1}{\text{s}} \qquad (10-79\text{c})$$

衰變率 R 是單位時間的穿透概率：

$$R = \frac{\text{穿透概率 } T}{\text{時間 } t} = \frac{v}{2r_0}T = \sqrt{\frac{E_\alpha}{2m_\alpha r_0^2}}\,T \qquad (10-79\text{d})$$

把以上所有的數值代入式（10 – 79d）得：

$$\text{衰變率 } R = \left(7.9\times10^{20}\,\mathrm{e}^{-\int_9^{61}\sqrt{\frac{198.55}{r}-3.22}\,\mathrm{d}r}\right)\frac{1}{\text{s}}$$

$$\doteq 1.80\times10^{-19}\,\frac{1}{\text{s}} \qquad (10-79\text{e})$$

一年約爲 3.15×10^{7} 秒，則式（10 – 79e）的 $R^{-1}\doteq 1.76\times10^{11}$ 年，這數目顯然不合理，式（10 – 79a）式的積分上限 r' 該爲較小才對，變化 r' 所得的 R 是：

r'（fm）	61	50	40	30
$R\left(\frac{1}{\text{s}}\right)$	1.80×10^{-19}	1.05×10^{-16}	5.82×10^{-12}	3.88×10^{-5}

U^{238} 的 α 粒子衰變率的實驗值 $R_{\text{exp}}\doteq 5\times10^{-18}\,\frac{1}{\text{s}}$，所以其 r' 介於 50fm 到 61fm 之間，確實理論重現實驗，同時證明式（10 – 79a）的正確性，即確實有隧道效應。

(ii) $E > V_0$

這問題本質上和 $E < V_0$ 的情形一樣，只是把領域(II)$0\leqslant x\leqslant a$ 的 ψ_2 變成：

$$\psi_2(x) = F\mathrm{e}^{-\mathrm{i}kx} + G\mathrm{e}^{\mathrm{i}kx} \qquad (10-80\text{a})$$

$$k \equiv \frac{\sqrt{2m(E-V_0)}}{\hbar}$$

於是式（10 – 77a）的未定量 A, B, F, G 內的雙曲函數（hyperbolic function）變爲普通的三角函數而透射係數式（10 – 78a）變成：

$$\begin{cases} \sinh(k_2a) \xrightarrow{E>V_0} \sin ka \\ \cosh(k_2a) \longrightarrow \cos ka \\ (V_0-E) \longrightarrow (E-V_0) \end{cases}$$

$$T(E>V_0)=\left(1+\frac{\sin^2(ka)}{4\frac{E}{V_0}\left(\frac{E}{V_0}-1\right)}\right)^{-1}=\left[1+\frac{\sin^2\sqrt{\frac{2mV_0a^2}{\hbar^2}\left(\frac{E}{V_0}-1\right)}}{4\frac{E}{V_0}\left(\frac{E}{V_0}-1\right)}\right]^{-1}$$

（10－80b）

由於式（10－80b）具有週期變化的正弦函數，T 便有繞射紋（diffraction pattern），於是反射係數 R 也有繞射紋，參見圖 10－27。T 的最大值 $\sin ka=0$ 時出現：

$$\therefore\quad ka=n\pi$$

$$\text{或 } a=\frac{n\pi}{k}=\frac{n\lambda}{2},\quad n=1,2,3\cdots\cdots \qquad (10-80c)$$

即勢能壘的厚度 a 等於半波長的正整數倍時 $T(E>V_0)=$ 最大值 1，這時稱爲**共振透射**（resonance transmission），或共振穿透。在圖 10－27 中，依照下表的量，畫了三種式（10－80b）的透射係數 T 和反射係數 $R=1-T$，可以看出漂亮的繞射紋，$\xi=\dfrac{E}{V_0}$。

圖	粒子質量 m（MeV）		勢能 V_0（MeV）	勢能壘厚度 a（fm）
a	質子	938.2723	10	10
b	α 粒子	3728.4022	5	10
c	α 粒子	3728.4022	5	20

反射係數及透射係數的繞射紋來自量子效應，如右圖入射波不但在 $x=0$ 被反射，在 $x=a$ 也被反射，於是波便在 $x=0$ 和 $x=a$ 之間來回振盪。這現象當 $\dfrac{E}{V_0}\equiv\xi$ 越接近於 1，越顯著，同時同一個 ξ 值 a 愈大振盪愈激烈，如圖 10－27 的 (b) 和 (c)。ξ 趨近於 ∞ 時 $T\to1, R\to0$，獲得經典物理的結果。

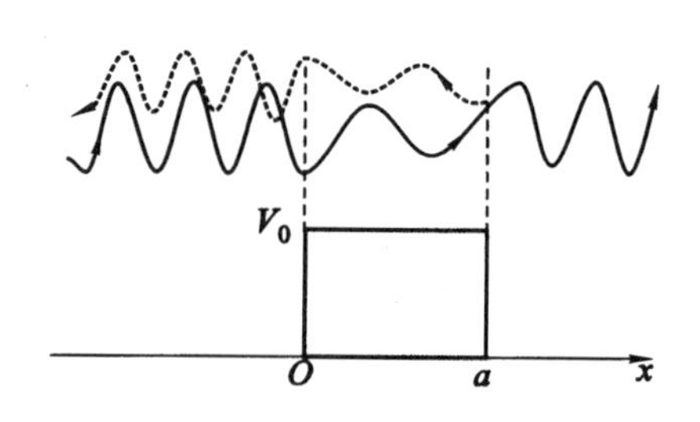

(4) 有限深對稱方位阱勢能

從 (1) ～ (3) 探討的是平面波的特性和散射問題，接著是探討束縛態和物理體系狀態的宇稱問題，其中最簡單的是【**Ex.10－13**】，再則就是如圖 10－28(a) 的有限深方位阱：

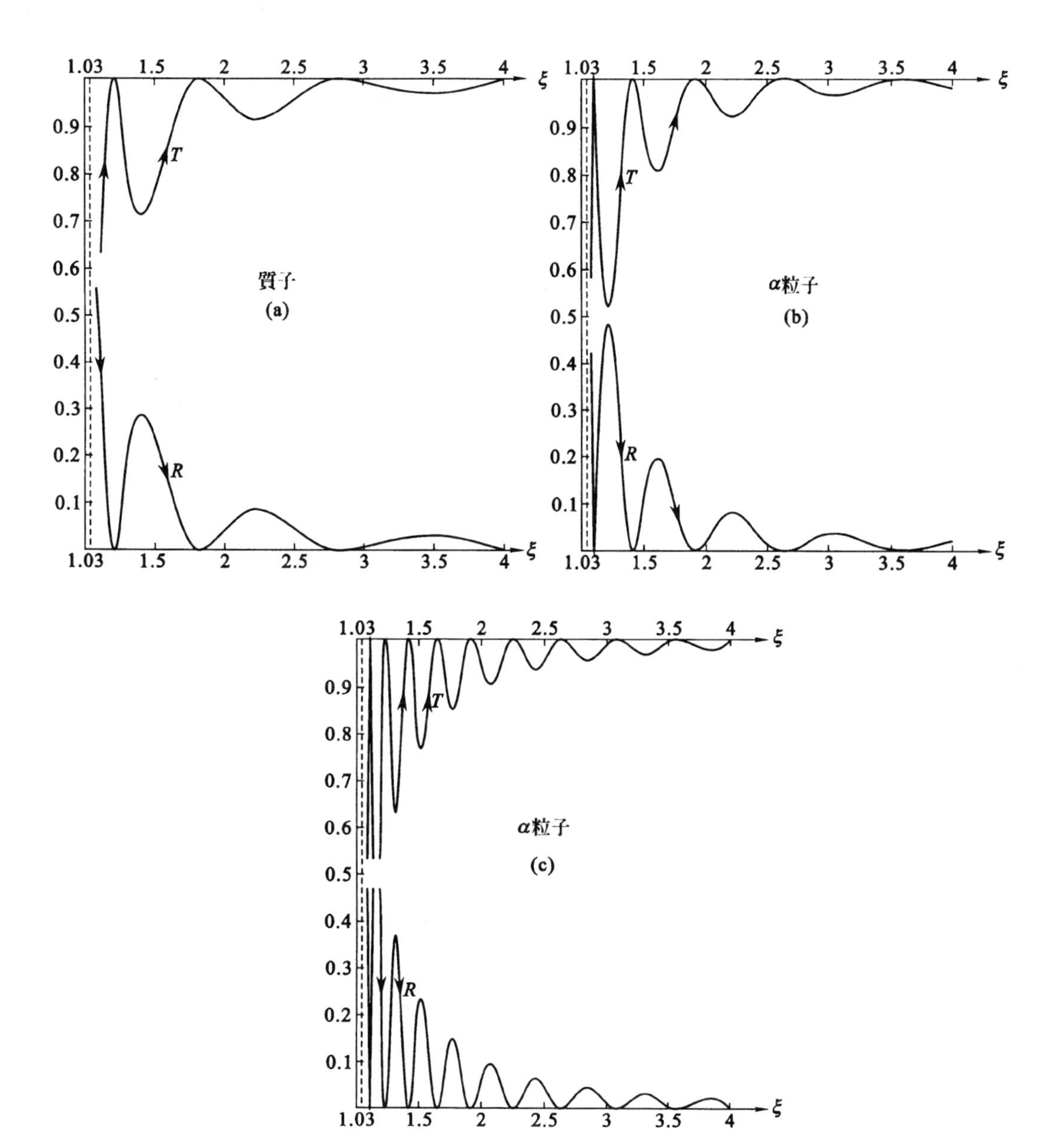

圖 10 - 27

$$V(x) = \begin{cases} 0, & -\frac{a}{2} < x < \frac{a}{2} \\ V_0, & x \leqslant -\frac{a}{2}, \quad \frac{a}{2} \leqslant x \end{cases}$$

和前面一樣，總能 E 可大於小於 V_0 的兩種情形，$E > V_0$ 時和階梯勢能本質上相同，如果波從左邊進來，它會在 $x = 0$ 和 $x = a$ 搖晃，但繼續向右前進。如用波描述其角波數在領域(Ⅰ)和(Ⅲ)相同，領域(Ⅱ)是較大的角波數，如圖 10－28b，這和束縛態無關，故不再深入討論。在此我們僅討論 $E < V_0$ 的情形。這種情形的近似例子很多，例如最簡單的核內核子的運動，其 V_0 大約 50MeV，阱寬 $a \doteq 10\text{fm}$，再則在金屬內運動的電子，金屬結構的有規則原子核，對電子是類似圖 10－28c 的規則方位阱，稱爲週期方位阱（periodic square well）。

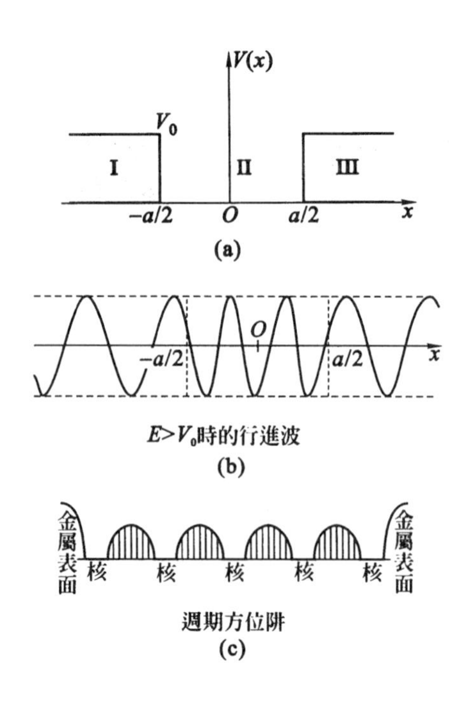

圖 10－28

(Ⅰ) $E < V_0$ 時的能量本徵函數 $\psi(x)$

(Ⅰ)　$x < -\frac{a}{2}$	(Ⅱ)　$-\frac{a}{2} < x < \frac{a}{2}$	(Ⅲ)　$\frac{a}{2} < x$
能量本徵波動方程式： $\left(-\frac{\hbar^2}{2m}\frac{d^2}{dx^2} + V_0\right)\psi_1(x) = E\psi_1$ $\therefore\ \psi_1(x) = Ce^{k_1 x} + De^{-k_1 x}$ $k_1 \equiv \frac{\sqrt{2m(V_0 - E)}}{\hbar}$ 由於本徵函數必須是有限量，即 $\psi_1(x \to -\infty) =$ 有限 $\therefore\ D = 0$	$-\frac{\hbar^2}{2m}\frac{d^2}{dx^2}\psi_2(x) = E\psi_2$ $\therefore\ \psi_2(x) = A'e^{ik_2 x} + B'e^{-ik_2 x}$ $= A\sin k_2 x + B\cos k_2 x$ $k_2 \equiv \frac{\sqrt{2mE}}{\hbar}$ 由於束縛態必形成駐波，所以才用正餘弦三角函數來表示。	$\left(-\frac{\hbar^2}{2m}\frac{d^2}{dx^2} + V_0\right)\psi_3(x) =$ $E\psi_3$ $\therefore\ \psi_3(x) = Fe^{k_1 x} + Ge^{-k_1 x}$ 同樣地 $\psi_3(x \to \infty) =$ 有限 $\therefore\ F = 0$

$$\therefore \psi(x) = \begin{cases} \psi_1(x) = Ce^{k_1 x}, & x < -\frac{a}{2} \\ \psi_2(x) = A\sin k_2 x + B\cos k_2 x, & -\frac{a}{2} < x < \frac{a}{2} \\ \psi_3(x) = Ge^{-k_1 x}, & \frac{a}{2} < x \end{cases} \qquad (10-81a)$$

波函數 $\phi(x,t) = \psi(x)\mathrm{e}^{-\mathrm{i}Et/\hbar} \equiv \psi(x)\mathrm{e}^{-\mathrm{i}\omega t}$,　$E = \hbar\omega$　(10－81b)

勢能延伸到 $x = \pm\infty$，雖然波會進到 $x > \frac{a}{2}$ 和 $x < -\frac{a}{2}$ 的領域，但遲早都會被勢能趕回，所以 ψ_1 和 ψ_3 才變成衰減函數；結果被關在 $-\frac{a}{2} < x < \frac{a}{2}$ 內的波形成駐波，構成穩定態。在勢能內衰減的情形，由於勢能 $V(x)$ 是對稱函數：

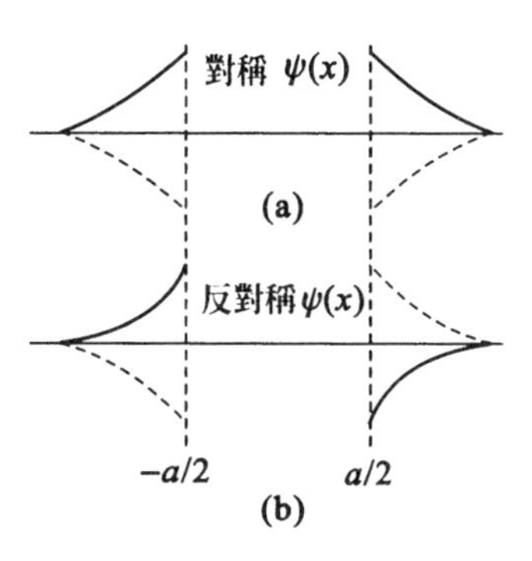

$$V(-x) = V(x)$$

所以 $\psi(x)$ 有如右圖 (a) 的對稱衰竭，和右圖 (b) 的反對稱衰減，前者的 $\psi(x)$ 是偶函數，即偶宇稱（even parity），後者是奇函數，即奇宇稱（odd parity）。**在對稱勢能下偶奇宇稱不會混在一起**，所以 $\psi_2(x)$ 的 $\sin k_2x$ 和 $\cos k_2x$ 不會同時出現，偶宇稱時只有 $\cos k_2x$，奇宇稱時僅有 $\sin k_2x$。至於未定常數是由邊界條件的波函數的連續性式（10－55a, b）來決定：

$$\psi_1\left(x = -\frac{a}{2}\right) = \psi_2\left(x = -\frac{a}{2}\right):$$

$$-A\sin\frac{k_2a}{2} + B\cos\frac{k_2a}{2} = C\mathrm{e}^{-k_1a/2} \qquad (10-82\mathrm{a})$$

$$\left(\frac{\mathrm{d}\psi_1}{\mathrm{d}x}\right)_{x=-\frac{a}{2}} = \left(\frac{\mathrm{d}\psi_2}{\mathrm{d}x}\right)_{x=-\frac{a}{2}}:$$

$$k_2\left(A\cos\frac{k_2a}{2} + B\sin\frac{k_2a}{2}\right) = k_1C\mathrm{e}^{-k_1a/2} \qquad (10-82\mathrm{b})$$

$$\psi_2\left(x = \frac{a}{2}\right) = \psi_3\left(x = \frac{a}{2}\right):$$

$$A\sin\frac{k_2a}{2} + B\cos\frac{k_2a}{2} = G\mathrm{e}^{-k_1a/2} \qquad (10-82\mathrm{c})$$

$$\left(\frac{\mathrm{d}\psi_2}{\mathrm{d}x}\right)_{x=\frac{a}{2}} = \left(\frac{\mathrm{d}\psi_3}{\mathrm{d}x}\right)_{x=-\frac{a}{2}}:$$

$$k_2\left(A\cos\frac{k_2a}{2} - B\sin\frac{k_2a}{2}\right) = -k_1G\mathrm{e}^{-k_1a/2} \qquad (10-82\mathrm{d})$$

由式（10－82a）和（10－82c）得：

$$2A\sin\frac{k_2a}{2} = (G - C)\mathrm{e}^{-k_1a/2} \qquad (10-82\mathrm{e})$$

$$2B\cos\frac{k_2a}{2} = (G + C)\mathrm{e}^{-k_1a/2} \qquad (10-82\mathrm{f})$$

由式（10－82b）和（10－82d）得：

$$2Bk_2\sin\frac{k_2a}{2} = (G+C)k_1e^{-k_1a/2} \qquad (10-82g)$$

$$2Ak_2\cos\frac{k_2a}{2} = -(G-C)k_1e^{-k_1a/2} \qquad (10-82h)$$

首先來探討偶奇宇稱無法同時存在的事實：當 $A=0, G-C=0$，但 $G+C\neq 0, B\neq 0$ 時，則由式（10－82f）和（10－82g）得：

$$k_2\tan\frac{k_2a}{2} = k_1 \qquad (10-83a)$$

式（10－83a）是 $\psi_2(x)$ 等於偶函數的結果。

當 $B=0, G+C=0$，但 $G-C\neq 0, A\neq 0$ 時，則由式（10－82e）和（10－82h）得：

$$k_2\cot\frac{k_2a}{2} = -k_1 \qquad (10-83b)$$

式（10－83b）是 $\psi_2(x)$ 等於奇函數的結果。從式（10－83a,b），很明顯地可以看出式（10－83a）和（10－83b）不能同時成立，如果同時成立便得：

$$k_2\left(\tan\frac{k_2a}{2}+\cot\frac{k_2a}{2}\right) = k_2\left(\tan\frac{k_2a}{2}+\frac{1}{\tan\frac{k_2a}{2}}\right)$$

$$= \frac{k_2}{\tan\frac{k_2a}{2}}\left(\tan^2\frac{k_2a}{2}+1\right) = 0$$

當 $\frac{k_2}{\tan\frac{k_2a}{2}}\neq 0$ 時 $\tan^2\frac{k_2a}{2}=-1$ 或 $\tan\frac{k_2a}{2}=\pm i$，但 $\tan\frac{k_2a}{2}=$ 實量，所以獲得不合理的結果，或由式（10－83a）和（10－83b）左右兩邊各自相乘便得不合理的 $k_2^2=-k_1^2$。

∴ $\begin{cases}\text{在對稱勢能下，}\\ \text{偶奇宇稱不會混在一起。}\end{cases}$ （10－83c）

式（10－83c）可用哈密頓算符 $\hat{H}$ 和宇稱算符 $\hat{P}$ 的對易性來嚴謹地證明，同時可利用勢能的對稱性處理本題，不過對初學者上述方法較容易瞭解，很多量子力學的著作是採用對稱性的方法，有興趣的讀者請參考其他量子力學的著作。所以本徵函數有兩套：

(a) 偶宇稱狀態 ⟷ 式（10－81a）的 $A=0, G=C$

則由式（10－82c）得：$B\cos\frac{k_2a}{2} = Ge^{-k_1a/2}$

$$\text{或}\quad G = Be^{k_1 a/2}\cos\frac{k_2 a}{2} = C$$

$$\therefore\quad \psi_e(x) = \begin{cases} B\left(e^{k_1 a/2}\cos\dfrac{k_2 a}{2}\right)e^{k_1 x}, & x < -\dfrac{a}{2} \\ B\cos k_2 x, & -\dfrac{a}{2} < x < \dfrac{a}{2} \\ B\left(e^{k_1 a/2}\cos\dfrac{k_2 a}{2}\right)e^{-k_1 x}, & \dfrac{a}{2} < x \end{cases} \quad (10-84a)$$

本徵函數的右下指標「e」表示偶宇稱，並且是：

$$k_2\tan\frac{k_2 a}{2} = k_1 \quad (10-84b)$$

(b) 奇宇稱狀態←——→ 式（10－81a）的 $B = 0, G = -C$

則由式（10－82c）得：

$$A\sin\frac{k_2 a}{2} = Ge^{-k_1 a/2}$$

$$\text{或}\quad G = Ae^{k_1 a/2}\sin\frac{k_2 a}{2} = -C$$

$$\therefore\quad \psi_0(x) = \begin{cases} -A\left(e^{k_1 a/2}\sin\dfrac{k_2 a}{2}\right)e^{k_1 x}, & x < -\dfrac{a}{2} \\ A\sin k_2 x, & -\dfrac{a}{2} < x < \dfrac{a}{2} \\ A\left(e^{k_1 a/2}\sin\dfrac{k_2 a}{2}\right)e^{-k_1 x}, & \dfrac{a}{2} < x \end{cases} \quad (10-85a)$$

$\psi_0(x)$ 的右下指標「0」表示奇宇稱，並且是：

$$k_2\cot\frac{k_2 a}{2} = -k_1 \quad (10-85b)$$

(ii) $E < V_0$ 時的能量本徵值

對稱勢能引起體系狀態有明確的宇稱，於是各狀態有其對應於宇稱的能量本徵值。

(a) 偶宇稱狀態的能量本徵值

由式（10－84b）得：

$$\sqrt{\frac{2mE}{\hbar^2}}\tan\sqrt{\frac{mEa^2}{2\hbar^2}} = \sqrt{\frac{2m(V_0 - E)}{\hbar^2}} \quad (10-86a)$$

解上式便得能量本徵值 E，但直接解很困難，常常使用圖解法，即分別畫出上式左邊和右邊之圖，兩圖的交點就是 E，方法如下。上式的左右兩邊各乘$\frac{a}{2}$，並且設：

$$\varepsilon \equiv \sqrt{\frac{mEa^2}{2\hbar^2}}$$

$$\therefore \quad \varepsilon\tan\varepsilon = \sqrt{\frac{mV_0a^2}{2\hbar^2} - \varepsilon^2}$$

$$\text{設} \quad \left\{\begin{aligned} P(\varepsilon) &= \varepsilon\tan\varepsilon \\ Q(\varepsilon) &= \sqrt{\frac{mV_0a^2}{2\hbar^2} - \varepsilon^2}\text{，或 } Q^2 + \varepsilon^2 = \frac{mV_0a^2}{2\hbar^2} \end{aligned}\right\} \qquad (10-86b)$$

當 V_0 和 a 已知時，則 $(Q^2+\varepsilon^2) =$ 常量 $\frac{mV_0a^2}{2\hbar^2}$，於是得圓，半徑 $= \sqrt{\frac{mV_0a^2}{2\hbar^2}}$，至於 $P(\varepsilon)$ 是：

$$P(\varepsilon) = \begin{cases} 0 & \text{當 } \varepsilon = n\pi \ \leftarrow \varepsilon \text{可等於 0，故} n=0 \text{ 開始} \\ \infty & \text{當 } \varepsilon = \frac{2n+1}{2}\pi, \quad n=0,1,2 \end{cases}$$

畫 $P(\varepsilon)$ 和 $(Q^2+\varepsilon^2)$ 之圖，兩曲線的交點如圖 10－29。

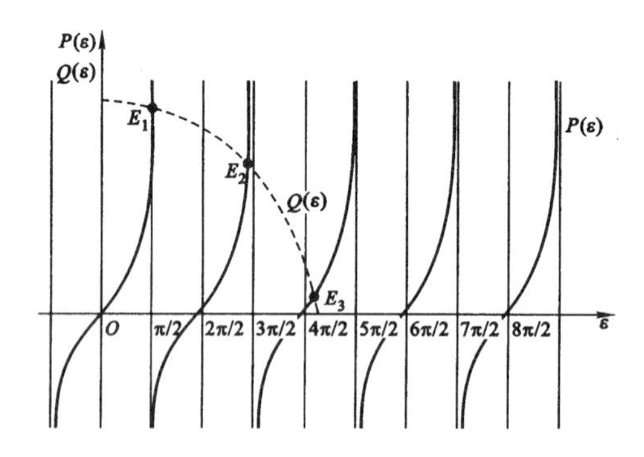

圖 10－29

要討論問題需用的函數最好化成無量綱函數，式（10－86b）是無量綱函數。對任意方位阱的 V_0，和 a 都有其對應的無量綱半徑 $\sqrt{\frac{mV_0a^2}{2\hbar^2}}$，以它爲半徑、圖 10－29 的座標原點 0 爲圓心畫圓，該圓和 $P(\varepsilon)$ 曲線的交點就是能量本徵值 E。圖 10－29 的本徵值是圖上的三個黑點：E_1, E_2, E_3。從圖 10－29 可歸納出下述關係：

$\sqrt{\frac{mV_0a^2}{2\hbar^2}} \equiv R$	$0 < R < \pi$	$\pi < R < 2\pi$	$2\pi < R < 3\pi$	…	$n\pi < R < (n+1)\pi$
能量本徵值的數目	1	2	3	…	$n+1$（$n = 0,1,\cdots$）

圖（10－29）的半徑 R 是大於 2π 一點兒，故有 3 個本徵值

(b) 奇宇稱狀態的能量本徵值

由式（10－85b）得：

$$\sqrt{\frac{2mE}{\hbar^2}}\cot\sqrt{\frac{mEa^2}{2\hbar^2}}=-\sqrt{\frac{2m(V_0-E)}{\hbar^2}} \qquad (10-86c)$$

上式兩邊各乘 $\frac{a}{2}$ 使式（10－86c）變成無量綱量後，使用圖解法求能量本徵值，設 $\varepsilon=\sqrt{\frac{mEa^2}{2\hbar^2}}$，則式（10－86c）是：

$$-\varepsilon\cot\varepsilon=\sqrt{\frac{mV_0a^2}{2\hbar^2}-\varepsilon^2}$$

設 $\left\{\begin{array}{l} P'(\varepsilon)=-\varepsilon\cot\varepsilon \\ Q(\varepsilon)=\sqrt{\frac{mV_0a^2}{2\hbar^2}-\varepsilon^2}, \qquad \text{或 } Q^2+\varepsilon^2=\frac{mV_0a^2}{2\hbar^2}\equiv R^2 \end{array}\right\}$

$$(10-86d)$$

$$P'(\varepsilon)=\begin{cases}0 & \text{當 } \varepsilon=\frac{2n-1}{2}\pi, \quad n=1,2,3,\cdots\cdots \\ \infty & \text{當 } \varepsilon=n\pi，\because\varepsilon\neq0，\therefore n=1 \text{ 開始}\end{cases}$$

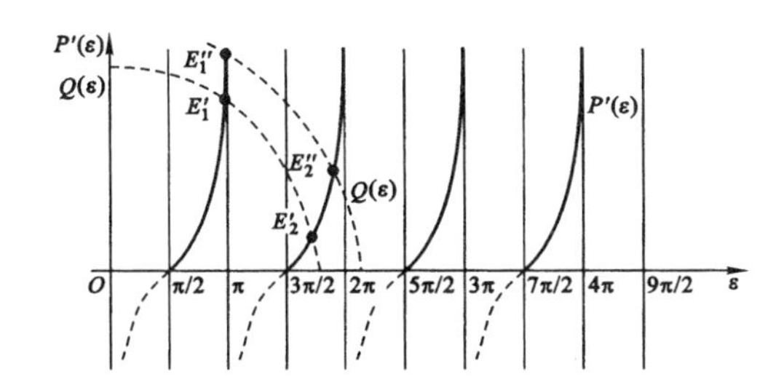

圖 10－30

以式（10－86d）的半徑 R、圖 10－30 的座標原點 0 為圓心畫的圓和 $P'(\varepsilon)$ 的交點是能量本徵值 E'_1 和 E'_2，從圖 10－30 歸納得下述關係：

$\sqrt{\frac{mV_0a^2}{2\hbar^2}}\equiv R$	$\frac{\pi}{2}<R<\frac{3\pi}{2}$	$\frac{3\pi}{2}<R<\frac{5\pi}{2}$	……	$\frac{2n-1}{2}\pi<R<\frac{2n+1}{2}\pi$
能量本徵值數目	1	2	……	$n\ (n=1,2\cdots\cdots)$

圖 10 – 30 的 E''_1 和 E''_2 是使用和圖（10 – 29）同一半徑 R 的本徵值，從圖 10 – 29 和 10 – 30 很容易地看出，同一 V_0 和 a 的偶宇稱本徵值，低於奇宇稱本徵值，表示偶宇稱比奇宇稱穩定，基態是偶宇稱，如圖 10 – 31(a)，E_{ei} = 偶宇稱能級，E_{oi} = 奇宇稱能級。各 E_{ei} 和 E_{oi} 的本徵函數是：

$$\psi_{ei}(-x) = \psi_{ei}(x)$$

$$\psi_{oi}(-x) = -\psi_{oi}(x), \qquad i = 1,2\cdots\cdots$$

圖 10 – 31(a) 的對應本徵函數如圖 10 – 31(b)。

現如 $V_0 \to \infty$，則波函數無法侵入 $x < -\frac{a}{2}$，和 $x > \frac{a}{2}$ 領域，因 $k_1 = \frac{\sqrt{2m(V_0 - E)}}{h} \to \infty$

於是式（10 – 81a）式的 $\psi_1\left(x \leqslant -\frac{a}{2}\right) = 0$，和 $\psi_3\left(x \geqslant \frac{a}{2}\right) = 0$，只剩駐波的 $\psi_2\left(-\frac{a}{2} < x < \frac{a}{2}\right)$，這正是【**Ex.10 – 13**】。

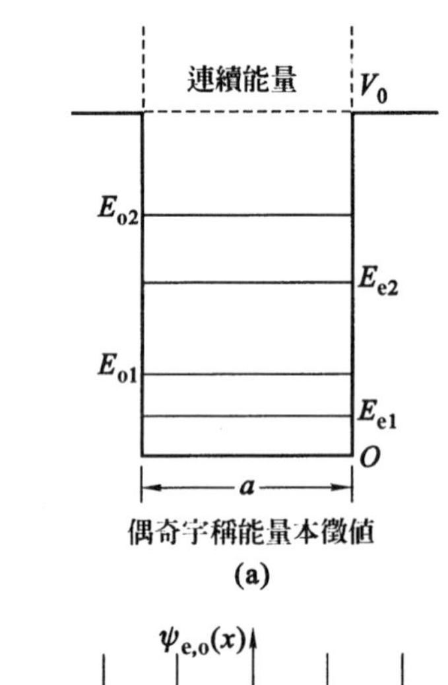

偶奇宇稱能量本徵值

(a)

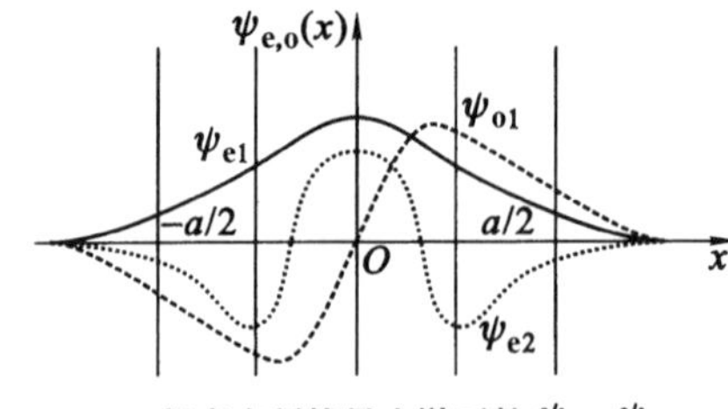

偶奇宇稱能量本徵函數 ψ_{ei}, ψ_{oi}

(b)

圖 10 – 31

【**Ex.10－24**】探討無限深對稱方位阱勢能的基態。

從圖 10－31a 得基態是偶宇稱，由式（10－86a）當 $V_0 \to \infty$，則 $\tan\sqrt{\frac{mEa^2}{2\hbar^2}} \to \infty$，這是：

$$\sqrt{\frac{mEa^2}{2\hbar^2}} = \frac{2n+1}{2}\pi, \qquad n = 0,1,2\cdots\cdots$$

$$\therefore \quad E_n = \frac{(2n+1)^2\pi^2\hbar^2}{2ma^2} = \text{式}(10-51\text{e})$$

式（10－51e）的 $n = 1,2,3\cdots$，如果要 n 從 0 開始，則式（10－51e）的（$2n-1$）要改爲（$2n+1$）。顯然，基態是 $n=0$，即 $E_0 = \frac{\pi^2\hbar^2}{2ma^2}$，$E_0$ 稱爲零點能（Zero point energy），這表示質量 m 的粒子**最穩定的狀態不是靜止**，仍然以 E_0 的能量在 $x = -\frac{a}{2}$ 和 $x = \frac{a}{2}$ 之間來回運動，正是 Heisenberg 的測不準原理帶來的結果（細節參見式（10－89）下面的說明），其 $\Delta x = a$，而 $\Delta P_x \doteq \frac{\hbar}{a}$，

$$\therefore \quad \Delta E = \frac{(\Delta P)^2}{2m} = \frac{\hbar^2}{2ma^2} \neq 0$$

這現象是量子效應，如果經典力學的話，能量最低且最穩定狀態是粒子處於靜止狀態。1997 年獲得 Nobel 獎的華裔美國科學家朱棣文，在 10^{-8}K（絕對溫度）下仍然觀察到原子的運動。依照 Heisenberg 的測不準原理，當溫度 $T \to 0$K，原子的零點能是 $\frac{1}{2}h\nu = \frac{1}{2}\hbar\omega$（看下面(5)）。

利用零點能可以證明原子核內不可能有電子，電子質量 $m_e \doteq 0.511\ \text{MeV}/c^2$，原子核最大也不過是 10fm，則零點能 E_0 是：

$$E_0(\text{電子}) = \frac{\pi^2\hbar^2}{2m_e a^2} = \frac{(\pi\hbar c)^2}{2m_e c^2 a^2} = \frac{(\pi \times 197.327)^2}{2 \times 0.511 \times (10)^2}\text{MeV}$$

$$\doteq 3760\ \text{MeV} \doteq 3.8\ \text{GeV}$$

能量相當大，現來算其動量。由式（9－51）得 $E^2 = P^2c^2 + (m_0c^2)^2$，$1\ \text{MeV} \doteq 1.6022 \times 10^{-13}\text{J}$，

$$P = \frac{1}{c}\sqrt{E^2 - (m_0c^2)^2}$$

$$\doteq \frac{1}{3 \times 10^8}\sqrt{(3760)^2 - (0.511)^2} \times 1.6022 \times 10^{-13}\text{kg} \cdot \frac{\text{m}}{\text{s}}$$

$$\doteq 0.02 \text{ kg} \frac{\text{m}}{\text{s}}$$

$$\therefore \quad v = \frac{P}{m_e} \doteq \frac{0.02}{9.11 \times 10^{-31}} \frac{\text{m}}{\text{s}} \doteq 2.2 \times 10^{28} \text{m/s} \gg c$$

這是不可能的速度，所以核內不可能有電子。另外從庫侖勢能的大小來看，能不能束縛 $E_0 \doteq 3.8\text{GeV}$ 的電子在核內；目前最大的核是原子序數 $z = 111$，其庫侖勢能 V_c 是：

$$V_c = \frac{1}{4\pi\varepsilon_0}\frac{ze^2}{r} = \frac{e^2}{4\pi\varepsilon_0}\frac{z}{r} \doteq 1.44 \times \frac{111}{10}\text{MeV} \doteq 16 \text{ MeV}$$

$V_c \ll E_0$ 根本無法束縛電子在 10fm 的核內。那麼換爲質子行不行呢？質子的質量 $m_p \doteq 938.272 \text{ MeV/c}^2$，

$$E_0（質子）\equiv E_0^p = \frac{\pi^2\hbar^2}{2m_p a^2} \doteq \frac{(\pi \times 197.327)^2\text{MeV}}{2 \times 938.272 \times 10^2} \doteq 2.05 \text{ MeV}$$

很明顯，$V_c = 16$ MeV 足夠束縛質子在核內。

零點能 $E_0 \propto \frac{1}{m}$，於是 m 愈大 E_0 愈小；另一方面 $E_0 \propto \frac{1}{a^2}$，故對同一質量 m，a 愈小 E 愈大，即把質量 m 的粒子關的空間愈小愈費力。這和壓制一個人時，壓得愈緊愈費力一樣，眞是好玩的物理現象，物理眞是太棒了。

(5) 一維的簡諧振子（simple harmonic oscillator）

諧振子是簡諧振動源，在經典力學是所有複雜振動的母振動，即任何複雜振動都能以各種不同頻率的簡諧振動來合成，其數學運算稱爲 Fourier 分析法。同樣地在微觀世界，諧振子波動方程式的解，構成完備正交歸一化組（參見 Ⅳ(D) 或圖（10－17）），可用來撐展 Hilbert 空間，做爲正交歸一基，所以複雜的波動方程式的解，可用它們來線性展開[17]，例如 $\Psi = \sum_n c_n\psi_n$，ψ_n = 諧振子解。

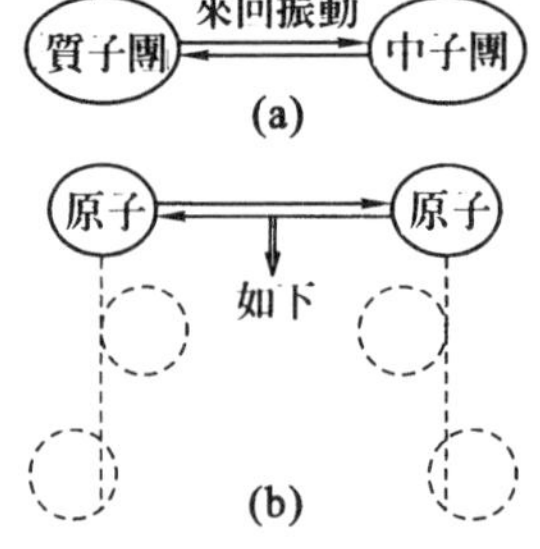

在微觀世界可用諧振子來近似的運動不少，例如構成原子核的核子相互作用後分成質子團和中子團在核內來回振動，產生巨共振（giant resononce）如右圖 (a)，再則是雙原子分子，如右圖 (b) 在兩原子的連線上振動，產生分子的振動譜。爲了幫助瞭解，把宏微觀的諧振子比較列在表 10－4。

表 10－4　宏微觀的諧振子比較

經　典　力　學	量　子　力　學
運動方程式：$m\frac{d^2x}{dt^2}=-kx$ $=-(\nabla V)_x$ $V=$位能$=\frac{k}{2}x^2$ 解：$x=x_0\sin(\omega t+\delta)$ 或$=x_0\cos(\omega t+\delta')$ $x_0=$最大位移	運動方程式：$-\frac{\hbar^2}{2m}\frac{d^2\psi}{dx^2}+\frac{k}{2}x^2\psi=E\psi(x)$ 解：$\psi_n(x)=\frac{1}{\sqrt{2^n n!}}\left(\frac{\alpha}{\pi}\right)^{1/4}e^{-\alpha x^2/2}H_n(\sqrt{\alpha}x)$ $\alpha\equiv\frac{m\omega}{\hbar}$ $H_n(\sqrt{\alpha}x)=$ Hermite　多項式 $n=0,1,2\cdots\cdots$
$\omega=2\pi\nu=\sqrt{k/m}$ 能量：$E=\frac{1}{2}kx_0^2$ $E=$連續量，當x_0是連續變化時	能量：$E=E_n=(n+\frac{1}{2})\hbar\omega$ $E_n=$分離值，稱爲量子化能量 $E_0=\frac{1}{2}\hbar\omega$ 稱爲零點能 由於勢能$V(-x)=V(x)$，故本徵函數有明確的宇稱，且宇稱$=(-)^n$，$n=$偶數時ψ_n是偶宇稱，$n=$奇數時ψ_n是奇宇稱。

(I) 解一維的簡諧振子波動方程式

這是最標準的解法，爲了初學者我們將詳細地加以說明。諧振子波動方程式是：

$$-\frac{\hbar^2}{2m}\frac{d^2\psi}{dx^2}+\frac{k}{2}x^2\psi(x)=E\psi(x) \qquad (10-87a)$$

$k=$ Hooke 常數，它和角頻率 ω 和質量 m 的關係是 $k=m\omega^2$。曾常提醒過：「大家共用的函數是無量綱，同樣地大家共用的數學方程式也是無量綱」。所以爲了一般性，先把式（10－87a）約化成無量綱方程式；式（10－87a）的常數量綱是：

$$\left.\begin{aligned}\alpha\equiv\frac{m\omega}{\hbar}，量綱[\alpha]=\frac{1}{(長度)^2}\\ \beta\equiv\frac{2mE}{\hbar^2}，量綱[\beta]=\frac{1}{(長度)^2}\end{aligned}\right\} \qquad (10-87b)$$

設無量綱變數：$\xi\equiv\sqrt{\alpha}x$ （10－87c）

$$\therefore \quad \begin{cases} \dfrac{d\psi}{dx} = \dfrac{d\psi}{d\xi}\dfrac{d\xi}{dx} = \sqrt{\alpha}\,\dfrac{d\psi}{d\xi} \\ \dfrac{d^2\psi}{dx^2} = \dfrac{d}{dx}\left(\dfrac{d\psi}{d\xi}\dfrac{d\xi}{dx}\right) = \dfrac{d^2\psi}{d\xi^2}\left(\dfrac{d\xi}{dx}\right)^2 + \dfrac{d\psi}{d\xi}\dfrac{d^2\xi}{dx^2} = \alpha\,\dfrac{d^2\psi}{d\xi^2} \end{cases}$$

將上述這些量代入式（10 – 87a）便得無量綱微分方程式：

$$\frac{d^2\psi(\xi)}{d\xi^2} + \left(\frac{\beta}{\alpha} - \xi^2\right)\psi(\xi) = 0 \qquad (10-87d)$$

這樣，便可以自由自在地使用數學工具。諧振子勢能 $V(x) = \frac{1}{2}kx^2$ 是如右圖所示，$V \to \infty$ 當 $x \to \pm\infty$，於是質量 m 的粒子永遠被束縛在勢能內，無法自由，利用此性質先求 $\xi \to \infty$ 時的 $\psi(\xi)$ 的函數形式。

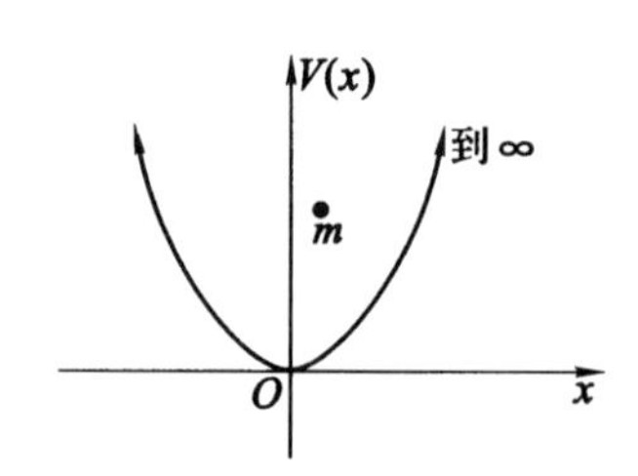

(a) $\xi \to \infty$

當 $\xi \to \infty$，式（10 – 87d）的 β/α 相對於 ξ^2 變成很小，可以忽略，於是式（10 – 87d）變成：

$$\frac{d^2\psi}{d\xi^2} - \xi^2\psi = 0$$

所以上式的解是 $e^{\xi^2/2}$ 和 $e^{-\xi^2/2}$，一般解是它們的線性組合：

$$\psi(\xi \to \infty) \doteq Ae^{+\xi^2/2} + Be^{-\xi^2/2}$$

但本徵函數 $\psi(\xi \to \infty)$ = 有限，故 $A = 0$

$$\therefore \quad \psi(\xi \to \infty) = Be^{-\xi^2/2} \qquad (10-87e)$$

(b) ξ = **有限**

從式（10 – 55a, b）本徵函數必是單值且連續的有限函數，於是 $\psi(\xi)$ 除了 $\xi \to \infty$ 時的限制發散的 $e^{-\xi^2/2}$ 之外，還有描述 ξ = 有限時的物理體系狀態的函數，設爲 $H(\xi)$，則得：

$$\psi(\xi) \equiv e^{-\xi^2/2}H(\xi) \qquad (10-88a)$$

如何來決定未定函數 $H(\xi)$ 呢？完全由物理體系的運動方程式式（10 – 87d）、邊界條件、以及所得的 $\psi(\xi)$ 的獨立性，例如正交性來決定。依照問題性質有很多方法，最好的方法是利用數學上已經存在的正交函數（orthogonal function）滿足的微分方程式，於是儘量把物理體系的運動方程式經過變換操作，約化成已存在的數學微分方程式，則解就是這個數學微分方程式的函數。另一個有用的方法是冪級數展開（power series expansion）法，熟悉這方法的話非常有用，所以兩個方法都加以介紹。

(c) 利用數學上已有的微分方程式求解

為了把式（10−88a）代入式（10−87d），先做微分：

$$\frac{d\psi(\xi)}{d\xi}=-\xi e^{-\xi^2/2}H(\xi)+e^{-\xi^2/2}\frac{dH(\xi)}{d\xi}$$

$$\frac{d^2\psi}{d\xi^2}=-2\xi e^{-\xi^2/2}\frac{dH}{d\xi}+e^{-\xi^2/2}\frac{d^2H}{d\xi^2}+\xi^2 e^{-\xi^2/2}H-e^{-\xi^2/2}H$$

代入式（10−87d）後整理得：

$$\frac{d^2H(\xi)}{d\xi^2}-2\xi\frac{dH(\xi)}{d\xi}+\left(\frac{\beta}{\alpha}-1\right)H(\xi)=0 \qquad (10-88b)$$

數學已有在 $-\infty<\xi<\infty$ 的空間內，互為正交的第 n 次 Hermite 多項式（Hermite polynomial）函數 $H_n(\xi)$ 滿足的微分方程式：

$$\frac{d^2H_n(\xi)}{d\xi^2}-2\xi\frac{dH_n(\xi)}{d\xi}+2nH_n(\xi)=0 \qquad (10-88c)$$

$$H_n(\xi)=(-)^n e^{\xi^2}\frac{d^n}{d\xi^n}e^{-\xi^2} \qquad (10-88d)$$

$n=0, 1, 2\cdots\cdots$（參見（10−95c）式）

比較式（10−88b）和式（10−88c），當 $\left(\frac{\beta}{\alpha}-1\right)=2n$ 便得式（10−87d）的解：

$$\left.\begin{array}{l}\psi_n(\xi)=N_n e^{-\xi^2/2}H_n(\xi),\quad \xi=\sqrt{\alpha}x\\ n=\frac{1}{2}\left(\frac{\beta}{\alpha}-1\right),\ \alpha=m\omega/\hbar,\ \beta=2mE/\hbar^2\\ \text{或}\quad E_n=\left(n+\frac{1}{2}\right)\hbar\omega,\ E_n\text{稱爲量子化能量}\\ \qquad n=0, 1, 2\cdots\cdots,\ n\text{稱爲量子數}\end{array}\right\} \qquad (10-89)$$

由於 $H_n(\xi)$ 是正交函數，故 $\psi_n(\xi)$ 也是正交函數，但沒歸一化，因此需要歸一化操作。N_n 是為了這個目的的歸一化常數。（10−89）式的 E_n 顯然沒簡併，每一個 E_n 僅有一個 ψ_n，加上 ψ_n 是解析解（analytic solution），換句話說，ψ_n 構成完全正交歸一化集，所以 $\{\psi_n\}$ 可做為 Hilbert 空間的正交歸一基。基態是 $n=0$，品質 m 的粒子仍然持有能量 $E_0=\frac{1}{2}\hbar\omega$，稱 E_0 為**諧振子的零點能**，粒子以 E_0 不斷地運動著，這現象和 Heisenberg 的測不準原理的要求相一致，怎麼說呢？因為：

測不準原理：　$\Delta P_x\Delta x\doteq\hbar$

$$\therefore\quad \Delta x=\hbar/\Delta P_x$$

總能均方根偏差 $\Delta E = \Delta T$（動能）$+ \Delta V$（勢能）$= \frac{1}{2m}(\Delta P)^2 + \frac{k}{2}(\Delta x)^2$

$$\therefore \quad \Delta E = \frac{(\Delta P_x)^2}{2m} + \frac{k\hbar^2}{2(\Delta P_x)^2}$$

假定 $\Delta E \rightarrow 0$

則 $(\Delta P_x)^4 \doteq mk\hbar^2$， 或 $\Delta P_x = (mk\hbar^2)^{1/4}$

$\therefore$ ΔE 的最小值的數量級（order）$\doteq \frac{(\Delta P_x)^2}{2m} = \frac{\hbar}{2}\sqrt{\frac{k}{m}} = \frac{1}{2}\hbar\omega$

$=$ 零點能

量子力學的核心思想是二象性，二象性的產物測不準原理與量子效應的零點能有關，這是必然的結果，這就是爲什麼常說零點能是 Heisenberg 的測不準原理帶來的結果；事實是：**零點能是量子效應，不是測不準原理產生的結果**，只是用測不準原理能獲得零點能的數量級，以及引起粒子不能靜止而已。如果粒子靜止，則 $\Delta x = 0$，而 $\Delta P = \infty$，於是無法得到有限大的 ΔE，違背了物理要求。

(d) 冪級數展開法求解

設 $H(\xi) \equiv \xi^s \sum_{n=0}^{\infty} a_n \xi^n$， $s \geqslant 0$ 的參數（parameter）

$$= \xi^s (a_0 + a_1\xi + a_2\xi^2 + a_3\xi^3 + \cdots\cdots) \qquad (10-90)$$

$$\frac{\mathrm{d}H}{\mathrm{d}\xi} = s\xi^{s-1}\sum_{n=0}^{\infty} a_n\xi^n + \xi^s \sum_{n=1}^{\infty} na_n\xi^{n-1}$$

$$\frac{\mathrm{d}^2H}{\mathrm{d}\xi^2} = s(s-1)\xi^{s-2}\sum_{n=0}^{\infty} a_n\xi^n + 2s\xi^{s-1}\sum_{n=1}^{\infty} na_n\xi^{n-1} + \xi^s\sum_{n=2}^{\infty} n(n-1)a_n\xi^{n-2}$$

代入式（10 - 88b）得：

$$\left[s(s-1)\xi^{s-2} - 2s\xi^s + \left(\frac{\beta}{\alpha} - 1\right)\xi^s\right]\sum_{n=0}^{\infty} a_n\xi^n$$

$$+ [2s\xi^{s-2} - 2\xi^s]\sum_{n=1}^{\infty} na_n\xi^n + \xi^S\sum_{n=2}^{\infty} n(n-1)a_n\xi^{n-2} = 0$$

重新排列上式：

$$\left[s(s-1)\xi^{s-2} - 2s\xi^s + \left(\frac{\beta}{\alpha} - 1\right)\xi^s\right](a_0 + a_1\xi) + 2a_1(s\xi^{s-1} - \xi^{s+1})$$

$$+ \sum_{n=2}^{\infty}\left\{[s(s-1) + n(n-1) + 2sn]a_n\xi^{n+s-2} + \left(\frac{\beta}{\alpha} - 1 - 2s - 2n\right)a_n\xi^{n+s}\right\}$$

$$= 0$$

則根據 ξ 的指數得下列係數：

$$\xi^{s-2}:\quad s(s-1)a_0=0$$

$$\therefore\quad s=0,1\quad 或\ a_0=0 \tag{10-91a}$$

$$\xi^{s-1}:\quad s(s-1)a_1+2a_1s=s(s+1)a_1=0$$

$$\therefore\quad s=0,-1,\quad 或\ a_1=0 \tag{10-91b}$$

$$\xi^{s}:\quad -2sa_0+\left(\frac{\beta}{\alpha}-1\right)a_0+[s(s-1)+2+4s]a_2$$

$$=\left(\frac{\beta}{\alpha}-1-2s\right)a_0+(s+2)(s+1)a_2=0$$

$$\xi^{s+1}:\quad (-2s-2)a_1+\left(\frac{\beta}{\alpha}-1\right)a_1+[s(s-1)+6+6s]a_3$$

$$=\left(\frac{\beta}{\alpha}-3-2s\right)a_1+(s+3)(s+2)a_3=0$$

………………

從以上各項關係，可歸納得：

$$\xi^{s+n}:\quad \left(\frac{\beta}{\alpha}-1-2n-2s\right)a_n+(s+n+2)(s+n+1)a_{n+2}=0 \tag{10-91c}$$

從式(10－91a)和(10－91b)得 $s=0$，代入上式得：

$$a_{n+2}=\frac{2n+1-\beta/\alpha}{(n+1)(n+2)}a_n \tag{10-91d}$$

式(10－91d)的級數係數 a_n 的項差是2，於是級數有兩套：

①$a_0\neq 0, a_1=0$　則由式(10－90)得

$$H_n(\xi)=偶函數，n=0,2,4, \tag{10-91e}$$

②$a_0=0, a_1\neq 0$　則由式(10－90)得

$$H_n(\xi)=奇函數，n=1,3,5, \tag{10-91f}$$

這式(10－91e,f)表示偶奇函數不混在一起，反映體系狀態有明確的宇稱，顯然是由對稱勢能 $V(x)=V(-x)$ 引起的必然結果。那麼 $H_n(\xi)$ 是否可用函數表示呢？接下來研究 $H_n(\xi)$ 的具體形式。我們儘量用函數來表示 $H_n(\xi)$，這樣數學演算時才會發揮威力。

當 $n\to$很大，式(10－91d)可近似成如下關係：

$$\frac{a_{n+2}}{a_n}\doteq\frac{2n}{n^2}=\frac{2}{n} \tag{10-92a}$$

指數函數 e^{ξ^2} 的相鄰兩展開項 ξ^n 和 ξ^{n+2} 的係數比，在大 n 時就是式(10－92a)：

$$e^{\xi^2}=\sum_{m=0}^{\infty}\frac{(\xi^2)^m}{m!}=1+\frac{\xi^2}{1!}+\frac{\xi^4}{2!}+\cdots\cdots+\frac{(\xi^2)^m}{m!}+\frac{(\xi^2)^{m+1}}{(m+1)!}+\cdots\cdots$$

如果以 $2m \equiv n$ 來表示，則 ξ^{2m+2} 和 ξ^{2m} 的係數比是：

$$\left(\frac{1}{\left(\frac{n}{2}+1\right)!}\right)\Bigg/\left(\frac{1}{\left(\frac{n}{2}\right)!}\right)=\frac{1}{\frac{n}{2}+1}\underset{n\text{很大}}{=\!=\!=}\frac{2}{n}=\text{式}(10-92\text{a})$$

$$(10-92\text{b})$$

式（10 – 92b）表示：當 n 很大時，式（10 – 91d）所表示的級數如下：

$a_0 \neq 0$ 時：

$$a_0+a_2\xi^2+a_4\xi^4+\cdots=a_0\left(1+\frac{a_2}{a_0}\xi^2+\cdots+\frac{a_{2n}}{a_0}\xi^{2n}+\cdots\right)$$

$$\underset{n\text{很大}}{=\!=\!=}\text{常數}\,c\mathrm{e}^{\xi^2} \qquad (10-92\text{c})$$

$a_1 \neq 0$ 時：

$$a_1\xi+a_3\xi^3+a_5\xi^5+\cdots=a_1\xi\left(1+\frac{a_3}{a_1}\xi^2+\cdots+\frac{a_{2n+1}}{a_1}\xi^{2n}+\cdots\right)$$

$$\underset{n\text{很大}}{=\!=\!=}\text{常數}\,c'\xi\mathrm{e}^{\xi^2} \qquad (10-92\text{d})$$

將式（10 – 92c,d）代入式（10 – 88a）得：

$$\psi(\xi\rightarrow\text{大})=\begin{cases}c\mathrm{e}^{-\xi^2/2}\mathrm{e}^{\xi^2}=c\mathrm{e}^{\xi^2/2}\cdots\cdots\cdots\cdots\text{偶宇稱解}\\ c'\mathrm{e}^{-\xi^2/2}\xi\mathrm{e}^{\xi^2}=c'\xi\mathrm{e}^{\xi^2/2}\cdots\cdots\text{奇宇稱解}\end{cases} \qquad (10-92\text{e})$$

$$\therefore \quad \lim_{\xi\rightarrow\infty}\psi(\xi)\rightarrow\infty \qquad (10-92\text{f})$$

式（10 – 92f）是非物理現象，於是式（10 – 90）的級數必須終止在 $\psi(\xi)$ 獲得有限值的項，表示展開係數的式（10 – 91d）的 $a_{n+2}=0$，則比 a_{n+2} 大的係數都爲零而得有限值的 $\psi(\xi)$。

$$\therefore \quad 2n+1-\frac{\beta}{\alpha}=0, \quad \text{或} \quad \frac{\beta}{\alpha}=2n+1 \qquad (10-92\text{g})$$

式（10 – 92g）剛好和式（10 – 88b）要和式（10 – 88c）一致的條件相同，故可得和式（10 – 89）相同的能量本徵值 E_n。同時暗示我們，式（10 – 90）的 $H(\xi)$ 就是 Hermite 多項式式（10 – 88d）$H_n(\xi)$，解就是式（10 – 89）的 $\psi_n(\xi)$。從式（10 – 88d）可得 Hermite 多項式，現列於表 10 – 5。

表 10－5　Hermite 多項式

$H_{2n}(\xi)$ ⟷ 偶宇稱（10－91e）式	$H_{2n+1}(\xi)$ ⟷ 奇宇稱（10－91f）式
$H_0(\xi)=1$	$H_1(\xi)=2\xi$
$H_2(\xi)=-2+4\xi^2$	$H_3(\xi)=-12\xi+8\xi^3$
$H_4(\xi)=12-48\xi^2+16\xi^4$	$H_5(\xi)=120\xi-160\xi^3+32\xi^5$
………	………

表 10－5 的 Hermite 多項式確實滿足式（10－91e,f）和（10－92c,d）的要求，故式（10－90）的 $H(\xi)$ 可以用 Hermite 多項式 $H_n(\xi)$，並且得知 $H_n(\xi)$ 的 $n=$ 偶數時諧振子狀態是偶宇稱，$n=$ 奇數時是奇宇稱，本徵函數是式（10－89）的 $\psi_n(\xi)$，剩下的工作是求歸一化常數 N_n。

(ii) 求歸一化常數 N_n [19]

一般解波動方程式是件繁雜的工作，儘量利用已有的數學方程式、函數以及各種近似法。諧振子和接著要介紹的氫原子是，兩個最基本並且能獲得解析解的波動方程式：數學和物理配合得非常合適和奧妙。這兩個波動方程式所要用的數學工具，數學家早在 18,19 世紀就開發出來了，將要進入 21 世紀的我們怎麼可以不稍微瞭解一下呢？現在來看看數學和物理互動的實況。從式（10－89）$\psi_n(\xi)$ 與多項式 $H_n(\xi)$ 有關，如直接使用式（10－88d）的 $H_n(\xi)$ 來推算 N_n，只能做近似計算，通常是找出「產生」像 $H_n(\xi)$ 的這種函數的母函數，稱爲**生成函數**（generating function）來代替 $H_n(\xi)$ 處理繁雜的演算。關鍵是如何去找生成函數呢？題目做多了，簡單的生成函數自己可以造，造的時候必須滿足下述條件：

(1) 生成函數 S 除了含問題函數，例如 $H_n(\xi)$ 的變數 ξ 之外，還要含調節用的變數 s，即參數；對應於 $H_n(\xi)$ 的 s 相當於式（10－90）的 s。

(2) S 必須與問題函數，例如 $H_n(\xi)$ 有關，由於 $H_n(\xi)$ 是多項式，故必須以多項式形式出現：

$$\sum_{n=0}^{\infty} H_n(\xi) \qquad (10-93a)$$

(3) 從問題函數的奇異點，例如 $\xi\to 0, \xi\to\infty$，或邊界條件等找出問題函數的行爲，例如 $H_n(\xi\to\pm\infty)$ 的式（10－92b）而得：

$$H_n(\xi)\Rightarrow e^{\xi^2}$$

(4) e^{ξ^2} 是發散函數，故必須乘上控制發散的含參數 s 的函數 $e^{-(s-\xi)^2}$，以確保 S 的有限性：

$$S(\xi,s)=e^{\xi^2-(s-\xi)^2} \qquad (10-93b)$$

(5) 指數函數的展開 $e^x=\sum_{n=0}^{\infty}\frac{x^n}{n!}$，於是式（10－93a）必須修正成：

$$\sum_{n=0}^{\infty}\frac{H_n(\xi)}{n!}s^n \qquad (10-93c)$$

最後獲得 Hermite 多項式 $H_n(\xi)$ 的生成函數如下：

$$\boxed{\begin{aligned}S(\xi,s)&=e^{\xi^2-(s-\xi)^2}\\&=e^{-s^2+2s\xi}\\&=\sum_{n=0}^{\infty}\frac{H_n(\xi)}{n!}s^n\end{aligned}} \qquad (10-94)$$

指數函數是個很容易運算的函數，尤其與「乘」和「除」有關的問題儘量利用它；再則對數函數 $\ln x$，和「加」，「減」有關的問題時儘量利用對數函數。

①$H_n(\xi)$ 的關係式

(a)
$$\frac{\partial S}{\partial\xi}=2se^{-s^2+2s\xi}=\sum_{n=0}^{\infty}\frac{2s^{n+1}}{n!}H_n(\xi)=\sum_{n=0}^{\infty}\frac{s^n}{n!}\frac{dH_n(\xi)}{d\xi}$$

從上式左右兩邊的 s^n 的項得：

$$\frac{2H_{n-1}}{(n-1)!}=\frac{H'_n}{n!},\quad H'_n\equiv\frac{dH_n(\xi)}{d\xi}$$

$$\therefore\quad \boxed{H'_n=2nH_{n-1}} \qquad (10-95a)$$

(b)
$$\frac{\partial S}{\partial s}=(-2s+2\xi)e^{-s^2+2s\xi}=\sum_{n=0}^{\infty}\frac{-2s+2\xi}{n!}s^nH_n(\xi)$$

$$=\sum_{n=1}^{\infty}\frac{s^{n-1}}{(n-1)!}H_n(\xi)$$

從上式左右兩邊的 s^n 的項得：

$$\frac{2\xi H_n}{n!}-\frac{2H_{n-1}}{(n-1)!}=\frac{H_{n+1}}{n!}$$

$$\therefore\quad \boxed{H_{n+1}(\xi)=2\xi H_n(\xi)-2nH_{n-1}(\xi)} \qquad (10-95b)$$

(c) 如果有個函數 f，它是（$s-\xi$）的函數 $f(s-\xi)$，則 $\frac{\partial f}{\partial s}=-\frac{\partial f}{\partial\xi}$，於是從式（10－94）得：

$$\frac{\partial^n S}{\partial s^n}=e^{\xi^2}\frac{\partial^n}{\partial s^n}e^{-(s-\xi)^2}=e^{\xi^2}\left\{(-)^n\frac{\partial^n}{\partial \xi^n}e^{-(s-\xi)^2}\right\}$$

$$=\frac{\partial^n}{\partial s^n}\sum_{m=0}^{\infty}\frac{s^m}{m!}H_m(\xi)=H_n(\xi)+\sum_{m=n+1}^{\infty}\frac{s^m}{m!}H_m(\xi)$$

故當 $s=0$ 時從上式得：

$$\boxed{H_n(\xi)=(-)^n e^{\xi^2}\frac{d^n}{d\xi^n}e^{-\xi^2},\qquad n=0,1,2\cdots\cdots} \quad (10-95c)$$

得出式（10－88d），在獲得式（10－95c）所用的 $s=0$ 的條件正是在式（10－91a,b）得出的結果。這樣更瞭解式（10－90）展開 $H(\xi)$ 時為什麼多了 ξ^s 的因數的意義了。

②$\psi_n(x)$ 的正交歸一化

從式（10－89）$\int_{-\infty}^{\infty}|\psi_n(\xi)|^2dx=|N_n|^2\int_{-\infty}^{\infty}e^{-\xi^2}(H_n(\xi))^2dx$

$$=|N_n|^2\frac{1}{\sqrt{\alpha}}\int_{-\infty}^{\infty}e^{-\xi^2}H_n^2d\xi=1 \quad (10-96a)$$

利用生成函數式（10－94）來涉及 H_n，由於式（10－96a）的被積分函數除了 H_n 之外尚有 $e^{-\xi^2}$，所以必須多乘 $e^{-\xi^2}$ 在生成函數上，同時要使用不同的參數：

$$\int_{-\infty}^{\infty}e^{-s^2+2s\xi}e^{-t^2+2t\xi}\underbrace{e^{-\xi^2}}d\xi=e^{-s^2-t^2}e^{(t+s)^2}\int_{-\infty}^{\infty}e^{-[\xi-(t+s)]^2}d\xi$$

$$=e^{2ts}\int_{-\infty}^{\infty}e^{-y^2}dy\leftarrow y\equiv\xi-(t+s)$$

$$=\sqrt{\pi}e^{2ts}=\sqrt{\pi}\sum_{n=0}^{\infty}\frac{(2ts)^n}{n!}$$

$$=\sum_{n=0}^{\infty}\sum_{m=0}^{\infty}\frac{s^nt^m}{n!\,m!}\int_{-\infty}^{\infty}H_n(\xi)H_m(\xi)e^{-\xi^2}d\xi$$

從上式的 $n=m$ 和 $n\neq m$ 的左右兩邊得：

$$\int_{-\infty}^{\infty}(H_n(\xi))^2e^{-\xi^2}d\xi=\sqrt{\pi}2^nn!\text{，當 } n=m \quad (10-96b)$$

$$\int_{-\infty}^{\infty}H_n(\xi)H_m(\xi)e^{-\xi^2}d\xi=0\text{，當 } n\neq m \quad (10-96c)$$

式（10－96c）證明 Hermite 函數 $H_n(\xi)$ 是正交函數，但不是歸一化函數。將式（10－96b）代入式（10－96a）得歸一化常量 N_n：

$$N_n=\sqrt{\frac{\sqrt{\alpha}}{\sqrt{\pi}2^nn!}},\quad N_n\text{ 的量綱 }[N_n]=\frac{1}{\sqrt{\text{長度}}} \quad (10-96d)$$

$$\therefore \quad \psi_n(\xi) = \frac{1}{\sqrt{\sqrt{\pi}2^n n!}} e^{-\xi^2/2} H_n(\xi)$$

所以諧振子的能量本徵函數是：

$$\psi_n(x) = \sqrt{\frac{\sqrt{\alpha}}{\sqrt{\pi}2^n n!}} e^{-\frac{\alpha x^2}{2}} H_n(\sqrt{\alpha}x) = \text{正交歸一化函數} \quad (10-97)$$

$\psi_n(x)$ 的量綱 $[\psi_n] = [N_n] = \frac{1}{\sqrt{\text{長度}}}$，並且有明確的宇稱，$n =$ 偶數時，ψ_n 是偶宇稱，$n =$ 奇數時 ψ_n 是奇宇稱。式（10－97）顯然是 $\lim\limits_{x \to \infty} \psi_n(x) = 0$ 的束縛態。將表 10－5 中的各項代入式（10－97）得 $\psi_n(x)$ 的圖 10－32。

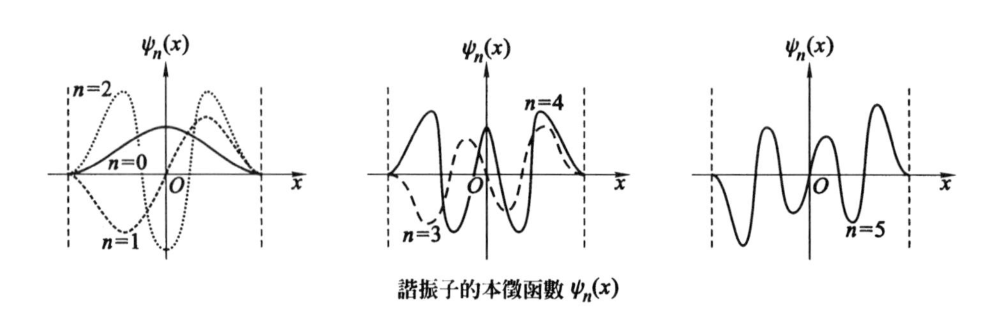

圖 10－32

(Ⅲ) 和經典力學的諧振子對照

在第二章力學 Ⅴ(C) 和 Ⅵ(A)，(B)，曾討論過諧振子的簡諧振動，如圖 10－33(a) 放在光滑水平面上的無任何摩擦力及外勢能（由於同高度、萬有引力勢能等於無作用）的彈簧，用外力從平衡位置 $x = 0$ 拉到 $x = x_0$，外力作的功全轉換爲彈簧在 $x = x_0$ 的勢能 $U = \frac{1}{2}kx_0^2$；彈簧內部產生的 Hooke 應力「$-kx$」，把 U 轉換成動能 $T = \frac{m}{2}v^2, v = \frac{dx}{dt}$。彈簧回到 $x = 0$ 時 $U = 0$，而所有勢能變成動能 $\frac{1}{2}kx_0^2 = \frac{m}{2}v_{max}^2$，產生最大速度 v_{max}；彈簧便以 T 和 U 互換方式在 $x = -x_0$ 和 $x = +x_0$ 之間來回振動。在量子力學，要找到質量

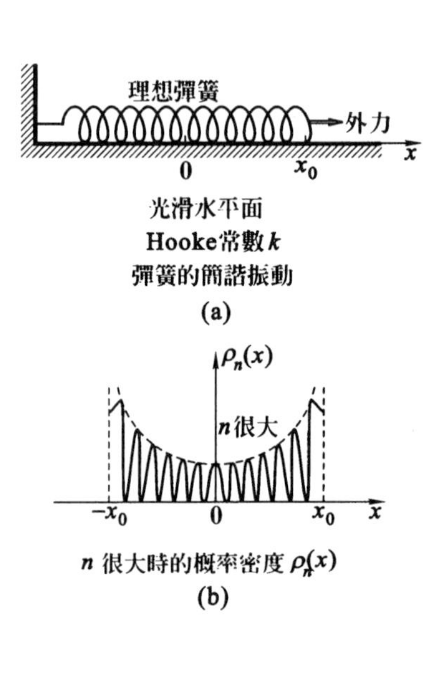

圖 10－33

m的粒子，在狀態 $\psi_n(x)$ 的概率密度 $\rho_n(x) = |\psi_n(x)|^2$ 是圖 10－33(b)。在 $x = 0$ 的概率最小，$x = \pm x_0$ 的概率最大。這現象剛好對應到，在經典力學的簡諧振動，動能 T 在 $x = 0$ 最大而 $x = \pm x_0$ 時是最小的 $T = 0$。換句話說，粒子在 $x = 0$ 時跑得最快很難捉到，但在 $x = \pm x_0$ 粒子幾乎跑不動（轉換點的瞬間現象）最容易捉捕。就因爲這種宏微觀世界現象的對應，N. Bohr 說：「當量子數很大時量子力學的結果重現經典力學的結果」，但這是粗略的導引而已，還是以 Planck 常數 h 的 $\hbar \equiv \dfrac{h}{2\pi}$ 作爲判別量，$\hbar$ 扮演角色時必須使用量子力學，$\hbar$ 可看成0，或根本不出現時便使用經典力學。

【Ex.10－25】 $\begin{cases}\text{諧振子體系和外邊的相互作用 } \hat{H}_{\text{int}} = \Lambda\hat{x}\text{，}\Lambda\text{ 的量綱 }[\Lambda] = \text{能量} \\ /\text{長度，}\Lambda = \text{常數，求 } \hat{H}_{\text{int}}\text{ 的躍遷矩陣（transition matrix）。}\end{cases}$

假定外力進來時體系的狀態是 $\psi_m(x)$，和 $\hat{H}_{int}$ 作用後體系變爲 $\psi_n(x)$；在 $\boldsymbol{r}$ 表象相互作用算符 $\hat{x} = x$，在演算過程中省略 Λ，則躍遷矩陣是：

$$\int_{-\infty}^{\infty} \psi_n^*(x)\Lambda\hat{x}\psi_m(x)\,\mathrm{d}x = \Lambda\int_{-\infty}^{\infty}\psi_n(x)x\psi_m(x)\,\mathrm{d}x$$

先約化成無量綱量 $\xi = \sqrt{\alpha}x$，因爲所用的數學公式是無量綱，

$$\therefore \quad \int_{-\infty}^{\infty}\psi_n(x)x\psi_m(x)\,\mathrm{d}x$$

$$= \frac{1}{\alpha}N_nN_m\int_{-\infty}^{\infty}H_n(\xi)\xi H_m(\xi)\mathrm{e}^{-\xi^2}\mathrm{d}\xi \qquad (10-98\text{a})$$

式（10－98a）除了 Hermite 函數外多了 $\xi\mathrm{e}^{-\xi^2}$，於是使用生成函數式（10－94）時必須乘上 $\xi\mathrm{e}^{-\xi^2}$：

$$\int_{-\infty}^{\infty}\mathrm{e}^{-s^2+2s\xi}\mathrm{e}^{-t^2+2t\xi}\xi\mathrm{e}^{-\xi^2}\mathrm{d}\xi$$

$$= \mathrm{e}^{2ts}\int_{-\infty}^{\infty}\mathrm{e}^{-y^2}(y+t+s)\,\mathrm{d}y, \quad y \equiv \xi-(t+s)$$

$$= (t+s)\mathrm{e}^{2ts}\sqrt{\pi} + \mathrm{e}^{2ts}\int_{-\infty}^{\infty}y\mathrm{e}^{-y^2}\mathrm{d}y$$

$$= (t+s)\mathrm{e}^{2ts}\sqrt{\pi}$$

$$= \sqrt{\pi}\sum_{n=0}^{\infty}\frac{2^n(s^{n+1}t^n + s^nt^{n+1})}{n!}$$

$$= \sum_{n=0}^{\infty}\sum_{m=0}^{\infty}\frac{s^nt^m}{n!\,m!}\int_{-\infty}^{\infty}H_n(\xi)\xi H_m(\xi)\mathrm{e}^{-\xi^2}\mathrm{d}\xi$$

$$(10-98\text{b})$$

比較式（10－98b）左右兩邊的係數得：

(i) $m = n+1$：

$$\sqrt{\pi}\frac{2^n s^n t^{n+1}}{n!} = \frac{s^n t^{n+1}}{n!(n+1)!}\int_{-\infty}^{\infty} H_n \xi H_{n+1} e^{-\xi^2} d\xi$$

或 $$\int_{-\infty}^{\infty} H_n(\xi)\xi H_{n+1}(\xi) e^{-\xi^2} d\xi = \sqrt{\pi}2^n(n+1)!$$

（10－98c）

$$\therefore \int_{-\infty}^{\infty} \psi_n^*(x)\, x \underbrace{\psi_{n+1}}_{m}(x)\, dx$$

$$= \frac{1}{\alpha}\sqrt{\frac{\sqrt{\alpha}}{\sqrt{\pi}2^n n!}}\sqrt{\frac{\sqrt{\alpha}}{\sqrt{\pi}2^{n+1}(n+1)!}}(n+1)!\,2^n\sqrt{\pi}$$

$$= \frac{1}{\sqrt{\alpha}}\sqrt{\frac{n+1}{2}}, \qquad m = n+1 \qquad (10-98d)$$

(ii) $m = n-1$：

$$\sqrt{\pi}\frac{s^n t^{n-1} 2^{n-1}}{(n-1)!} = \frac{s^n t^{n-1}}{n!(n-1)!}\int_{-\infty}^{\infty} H_n(\xi)\xi H_{n-1}(\xi) e^{-\xi^2} d\xi$$

或 $$2^{n-1} n!\sqrt{\pi} = \int_{-\infty}^{\infty} H_n(\xi)\xi H_{n-1}(\xi) e^{-\xi^2} d\xi$$

$$\therefore \int_{-\infty}^{\infty} \psi_n^*(x)\, x \underbrace{\psi_{n-1}}_{m}(x)\, dx$$

$$= \frac{1}{\alpha}\sqrt{\frac{\sqrt{\alpha}}{\sqrt{\pi}2^n n!}}\sqrt{\frac{\sqrt{\alpha}}{\sqrt{\pi}2^{n-1}(n-1)!}}2^{n-1} n!\sqrt{\pi}$$

$$= \frac{1}{\sqrt{\alpha}}\sqrt{\frac{n}{2}}, \qquad m = n-1 \qquad (10-98e)$$

(iii) $m \neq n \pm 1$：式（10－98b）的左右兩邊沒有 $s^n t^{n\pm l}$，$l \neq 1$ 的項

$$\therefore \int_{-\infty}^{\infty} \psi_n^*(x)\, x\psi_{m\neq n\pm1}(x)\, dx = 0 \qquad (10-98f)$$

所以諧振子和外界的相互作用 $\hat{H}_{\text{int}} = \Lambda\hat{x}$ 的選擇定則是 $\Delta n = \pm 1$.

【Ex.10－26】求簡諧振動勢能 $V = \frac{1}{2}kx^2$ 的期待值。

V 的期待值 $\equiv \langle n|V|n\rangle$

$$= \int_{-\infty}^{\infty} \psi_n^*(x)\frac{k}{2}x^2\psi_n(x)\, dx$$

$$= \frac{k}{2}\frac{1}{\alpha^{3/2}}\int_{-\infty}^{\infty} \psi_n^*(\xi)\xi^2\psi_n(\xi)\, d\xi \qquad (10-99a)$$

由式（10－94）得：

$$\frac{k}{2}\frac{1}{\alpha^{3/2}}\int_{-\infty}^{\infty}\xi^2 e^{-\xi^2}e^{-s^2+2s\xi}e^{-t^2+2t\xi}d\xi$$

$$=\frac{k}{2\alpha^{3/2}}e^{2ts}\int_{-\infty}^{\infty}(y+t+s)^2 e^{-y^2}dy,\quad y=\xi-(t+s)$$

$$=\frac{k}{2\alpha^{3/2}}e^{2ts}\left\{(t+s)^2\sqrt{\pi}+\frac{1}{2}\sqrt{\pi}\right\}$$

$$=\frac{k\sqrt{\pi}}{4\alpha^{3/2}}\sum_{n=0}^{\infty}2^n\frac{2t^{n+2}s^n+2t^n s^{n+2}+4t^{n+1}s^{n+1}+t^n s^n}{n!}$$

$$=\frac{k}{2}\frac{1}{\alpha^{3/2}}\sum_{n=0}^{\infty}\sum_{m=0}^{\infty}\frac{s^n t^m}{n!\,m!}\int_{-\infty}^{\infty}\xi^2 e^{-\xi^2}H_n(\xi)H_m(\xi)d\xi$$

（10－99b）

由於是期待值，故 $m=n$，於是從上式左右兩邊的 $s^n t^n$ 項得：

$$\frac{\sqrt{\pi}}{2}\left(\frac{2^n}{n!}+\frac{2^{n+1}}{(n-1)!}\right)t^n s^n=\frac{t^n s^n}{(n!)^2}\int_{-\infty}^{\infty}\xi^2 e^{-\xi^2}(H_n(\xi))^2 d\xi$$

$$\therefore\quad\int_{-\infty}^{\infty}H_n(\xi)\xi^2 H_n(\xi)e^{-\xi^2}d\xi=\frac{\sqrt{\pi}}{2}(2n+1)2^n n!$$

$$\therefore\quad\langle n|V|n\rangle=\frac{k}{2}\frac{1}{\alpha^{3/2}}|N_n|^2\int_{-\infty}^{\infty}H_n(\xi)\xi^2 H_n(\xi)e^{-\xi^2}d\xi$$

$$=\frac{k}{2}\frac{1}{\alpha^{3/2}}\frac{\sqrt{\alpha}}{\sqrt{\pi}2^n n!}\frac{\sqrt{\pi}}{2}(2n+1)2^n n!$$

$$=\frac{k}{2}\frac{2n+1}{2\alpha}=\frac{m\omega^2}{2}\frac{2n+1}{2\frac{m\omega}{\hbar}}=\frac{1}{2}\left(n+\frac{1}{2}\right)\hbar\omega$$

$$\therefore\quad\langle n|V|n\rangle=\frac{1}{2}E_n\qquad(10-99c)$$

但總能 E_n 是動能 T 的期待值 $\langle n|T|n\rangle$ 和勢能期待值 $\langle n|V|n\rangle$ 之和，

$$\therefore\quad\langle n|T|n\rangle=E_n-\langle n|V|n\rangle=\frac{1}{2}E_n$$

或

$$\langle n|T|n\rangle=\langle n|V|n\rangle=\frac{1}{2}E_n\qquad(10-99d)$$

式（10－99d）的關係稱為 **Virial 定理**，是諧振子的特徵之一。Virial 定理是表示被局限在有限空間運動的粒子，其動能的平均值

$\langle T \rangle$，和勢能 V 的如下關係的平均值相等：

$$\langle T \rangle = \frac{1}{2} \langle \sum_{i=1}^{n} x_i \frac{\partial V}{\partial x_i} \rangle \qquad (10-100a)$$

x_i = 獨立自由座標，n = 獨立自由度的數。一維的簡諧運動的 $V = \frac{k}{2}x^2$,

$$\therefore \quad x\frac{\partial V}{\partial x} = kx^2$$

$$\therefore \quad \frac{1}{2}\langle x\frac{\partial V}{\partial x} \rangle = \langle \frac{k}{2}x^2 \rangle = \langle V \rangle = \langle T \rangle \qquad (10-100b)$$

式（10－100b）的經典力學結果和量子力學的結果式（10－99d）一致，也證明了 Ehrenfest 定理。

【**Ex.10－27**】求諧振子各狀態的均方根偏差（Δx）（ΔP）。

$$\Delta x \equiv \sqrt{\langle (\hat{x} - \langle \hat{x} \rangle)^2 \rangle} = \sqrt{\langle x^2 \rangle - (\langle x \rangle)^2}$$

$$\Delta P \equiv \sqrt{\langle (\hat{P} - \langle \hat{P} \rangle)^2 \rangle} = \sqrt{\langle \hat{P}^2 \rangle - (\langle \hat{P} \rangle)^2}$$

$\langle \quad \rangle$ 表示期待值，由式（10－98f）得 $\langle x \rangle = 0$，而 $\langle x^2 \rangle$ 是和勢能有關，$\langle \hat{P}^2 \rangle$ 是和動能有關，於是唯一要計算的是 $\langle \hat{P} \rangle$：

$$\begin{aligned}\langle \hat{P} \rangle &= \int_{-\infty}^{\infty} \psi_n^*(x)\left(-\mathrm{i}\hbar\frac{\partial}{\partial x}\right)\psi_n(x)\,\mathrm{d}x \\ &= \int_{-\infty}^{\infty} \psi_n^*(\xi)\left(-\mathrm{i}\hbar\frac{\partial}{\partial \xi}\right)\psi_n(\xi)\,\mathrm{d}\xi \\ &= -\mathrm{i}\hbar\,|N_n|^2\int_{-\infty}^{\infty} \mathrm{e}^{-\xi^2}H_n(\xi)\frac{\mathrm{d}H_n(\xi)}{\mathrm{d}\xi}\mathrm{d}\xi\end{aligned}$$

由式（10－95a）$\mathrm{d}H_n/\mathrm{d}\xi = 2nH_{n-1}$，再由式（10－96c）得：

$$\langle \hat{P} \rangle = -\mathrm{i}\hbar\,|N_n|^2 2n\int_{-\infty}^{\infty} \mathrm{e}^{-\xi^2}H_nH_{n-1}\mathrm{d}\xi = 0 \qquad (10-101a)$$

$$\therefore \quad \begin{cases}(\Delta x)^2 = \langle x^2 \rangle = \frac{2}{k}\langle V \rangle = \frac{1}{k}E_n \\ (\Delta P)^2 = \langle \hat{P}^2 \rangle = 2m\langle T \rangle = 2m\frac{1}{2}E_n = mE_n\end{cases} \qquad (10-101b)$$

$$\therefore \quad (\Delta x)(\Delta P) = \sqrt{\frac{m}{k}}E_n = \frac{1}{\omega}\left(n+\frac{1}{2}\right)\hbar\omega = \left(n+\frac{1}{2}\right)\hbar \qquad (10-101c)$$

$$n = 0,1,2\cdots\cdots$$

$\therefore$　$(\Delta x)(\Delta P) \geqslant \frac{1}{2}\hbar$，得 Heisenberg 的測不準原理。

在解諧振子波動方程式的過程中，介紹了如何處理問題，如何尋找數學函數，如何創造或找出已有的數學工具。希望讀者學會這種精神和方法，儘量發揮到其他領域和其他問題；記住：「物理永遠是導航」，根據物理要求去大膽地猜，判斷而開創新路，數學是工具，工具不夠時以物理要求自己創造數學。牛頓爲了解決運動現象的那個

「瞬間變化」

創造了微分、偏微分，爲了解決天體運動問題創造了曲線座標（curvilinear coördinates）來替代直角座標（Cartesian coördinates）的不方便。到了近代，不得不佩服 Planck 大膽地假設能量子，Einstein 大膽地挑戰牛頓的絕對時空觀，這是科學家的基本態度：

「錯了就改」

接著是 Dirac 爲了本徵函數的獨立性，最大概率定爲 1 而引出的正交歸一化性創造了 δ 函數。21 世紀快到了，即將迎接以物理爲立足點的電子時代的 21 世紀，讓我們再來練習一個題目：解氫原子的波動方程式，進一步學習在本題目所學的技巧，來結束非相對論量子力學的初步介紹。

(B) 氫原子（hydrogen atom）

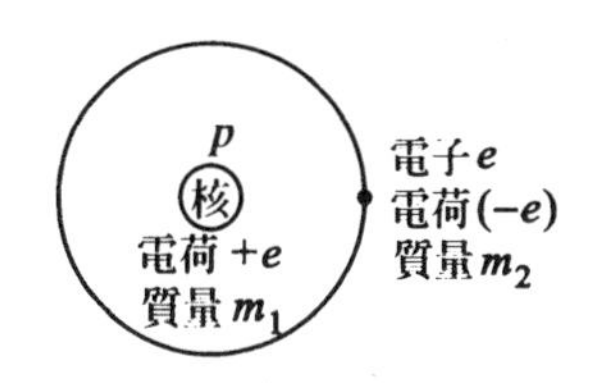

氫原子是週期表內最輕，結構最簡單的元素，如右圖所示，核內只有一個帶正電的質子 p，核外僅有一個帶負電的電子 e，以保持電中性。從經典物理的角度，正負電產生庫侖引力，電子爲了不陷入核內，最好圍繞核轉動，用離心力來對抗庫侖引力。不過帶電體有了加速運動必會輻射電磁能，使得電子慢慢地失去能量，圍繞旋轉的圈的半徑會愈來愈小，最終還是和質子的正電中和。但自然界沒有出現這樣情況，於是 1913 年 N. Bohr 提出他的唯象理論，核心是：「角動量的量子化和穩定態的電子不輻射」，而獲得負的束縛能式（10－17d），牢牢地把電子束縛在核外使它繞其旋轉。，不過 Bohr 的這兩個條件是人爲地引入的，不是從基礎理論自然地產生的結果。1926年1月27日 Schrödinger的量子力學的第一篇論文，是從第一原理（the first principle）出發，獲得了式（10－37）同時立刻用來解氫原子的問題，成功的獲得式（10－17d）並且獲得角動量的量子化、穩定態時電子不輻射的必然結

果，現就來介紹 70 多年前 Schrödinger 解氫原子的過程，爲了初學者的方便我們儘量詳細地說明。

(1) Schrödinger 的氫原子波動方程式

如圖 10－34 是核的質子 m_1 和電子 m_2 構成的二體體系（two-body system），假定 m_1 和 m_2 間的相互作用是庫侖相互作用。爲了一般化把核的電荷設爲 ze，z ＝ 原子序數，則庫侖勢能是：

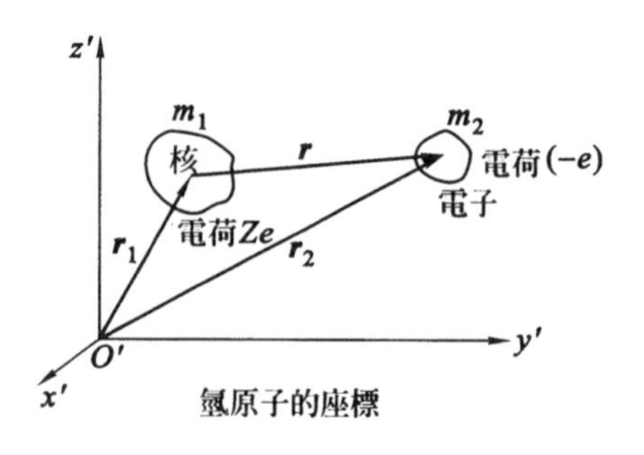

圖 10－34

$$V(r) = -\frac{1}{4\pi\varepsilon_0}\frac{ze^2}{r}$$

$$r = |\boldsymbol{r}_2 - \boldsymbol{r}_1|$$

僅與 m_1 及 m_2 的電荷分布中心的連接距離 r 有關的保守力（conservative force）。在這種保守力的作用下運動的電子的角動量必定守恆（參見第二章 V(F)），同時能夠把二體體系約化成一體問題。圖 10－34 的波動方程式是：

$$\left[\left(-\frac{\hbar^2}{2m_1}\nabla^2_{r_1}\right) + \left(-\frac{\hbar^2}{2m_2}\nabla^2_{r_2}\right) + V(r)\right]\psi_T(\boldsymbol{r}_1,\boldsymbol{r}_2) = E_T\psi_T(\boldsymbol{r}_1,\boldsymbol{r}_2) \tag{10－102}$$

右下標「T」表示整個體系，算符 ∇^2 的右下標 r_1 和 r_2 各代表對變數 $\boldsymbol{r}_1$ 和 $\boldsymbol{r}_2$ 的算符。現做如下的變數變換：

$$\left.\begin{aligned}\boldsymbol{R} &= \frac{m_1\boldsymbol{r}_1 + m_2\boldsymbol{r}_2}{m_1 + m_2}\\ \boldsymbol{r} &\equiv \boldsymbol{r}_2 - \boldsymbol{r}_1\end{aligned}\right\} \tag{10－103a}$$

$$\therefore \quad \left\{\begin{aligned}\boldsymbol{r}_1 &= \boldsymbol{R} - \frac{m_2}{m_1 + m_2}\boldsymbol{r}\\ \boldsymbol{r}_2 &= \boldsymbol{R} + \frac{m_1}{m_1 + m_2}\boldsymbol{r}\end{aligned}\right. \tag{10－103b}$$

式（10－103a）的 $\boldsymbol{r}$ 已內涵著電子受到核的引力，經過式（10－103b）的變換20）後式（10－102）變成：

$$\left[-\frac{\hbar^2}{2M}\nabla^2_R - \frac{\hbar^2}{2\mu}\nabla^2_r + V(r)\right]\psi_T(\boldsymbol{R},\boldsymbol{r}) = E_T\psi_T(\boldsymbol{R},\boldsymbol{r}) \tag{10－103c}$$

$$\left.\begin{aligned}M &\equiv m_1 + m_2\\ \frac{1}{\mu} &\equiv \frac{1}{m_1} + \frac{1}{m_2}，\text{或 } \mu = \frac{m_1 m_2}{m_1 + m_2}\end{aligned}\right\} \tag{10－103d}$$

M 表示整個體系的質量，$\boldsymbol{R}$ 是質心座標，μ 稱爲折合質量（reduced mass），如 $E_T \equiv (E_{CM} + E)$，E_{CM} = 質心運動總能，E = 電子相對於核運動的總能，並且 $\psi_T = \psi_{CM}\psi$，則式（10－103c）可寫成如下式：

$$-\frac{\hbar^2}{2M}\nabla_R^2\psi_{CM}(\boldsymbol{R}) = E_{CM}\psi_{CM}(\boldsymbol{R})$$

$$\left[-\frac{\hbar^2}{2\mu}\nabla_r^2 + V(r)\right]\psi(\boldsymbol{r}) = E\psi(\boldsymbol{r})$$

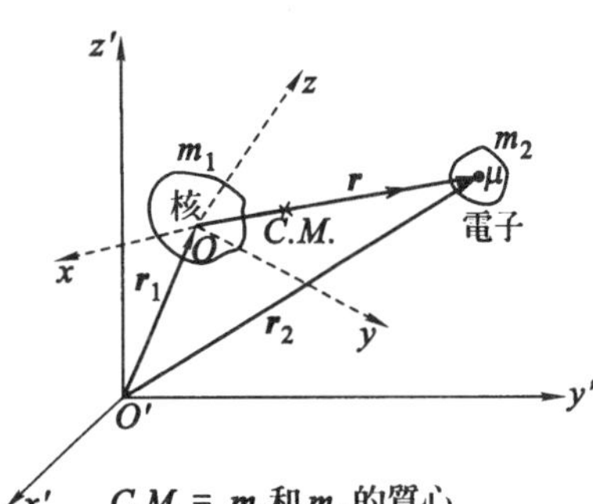

圖 10－35

顯然，質量 M 的質心運動，和式（10－65b）相同的自由粒子運動，於是其解是：

$$k_{CM} = \sqrt{\frac{2ME_{CM}}{\hbar^2}} = \text{質心的角波數}$$

$$\psi_{CM}(\boldsymbol{R}) = N_{CM}e^{i\boldsymbol{k}_{CM}\cdot\boldsymbol{R}} \qquad (10-103e)$$

式（10－103e）表示整個氫原子做著自由自在的運動。至於電子，它變成質量 μ 的折合粒子，受到核電勢的作用，在庫侖勢能場 $V(r)$ 內運動，圖 10－34 的電子約化成圖 10－35 的折合粒子 μ 的運動。由於 $V(r)$ 僅和 μ 所在的徑矢量大小 $|\boldsymbol{r}| = r$ 有關，和方向無關的球對稱函數，所以最好使用球座標來解折合粒子 μ 的運動方程式，它是：20）

$$\left[-\frac{\hbar^2}{2\mu}\nabla_r^2 + V(r)\right]\psi(\boldsymbol{r})$$
$$= -\frac{\hbar^2}{2\mu}\left[\frac{1}{r^2}\frac{\partial}{\partial r}\left(r^2\frac{\partial}{\partial r}\right) + \frac{1}{r^2\sin\theta}\frac{\partial}{\partial\theta}\left(\sin\theta\frac{\partial}{\partial\theta}\right) + \frac{1}{r^2\sin^2\theta}\frac{\partial^2}{\partial\varphi^2}\right]\psi(r,\theta,\varphi)$$
$$+ V(r)\psi(r,\theta,\varphi) = E\psi(r,\theta,\varphi) \qquad (10-104)$$

質量 m_1 和 m_2 的粒子，相互作用的勢能僅和 m_1m_2 的相對座標 $r = |\boldsymbol{r}_2 - \boldsymbol{r}_1|$ 有關時，一定能經過式（10－103a）的變數變換，約化成一體的折合質量 μ 的波動方程式（10－104）。r, θ, φ 是折合粒子 μ 的質心的徑矢量 $\boldsymbol{r}$ 的球座標（附錄(C)），式（10－104）是二體問題的式（10－102）約化成爲一體的波動方程。解一體問題至少比解二體問題容易得多，約化後的電子質量 μ 比原來的電子質量 m_2 小，$\mu = \frac{m_2}{1 + m_2/m_1} < m_2$，除了 $m_1 \rightarrow \infty$。$\mu < m_2$ 是約化過程電子必須付出的代價，這是非常合理的現象。如果從質量和能量是等價的狹義相對論的觀點來看，一個自由自在的電子動能一定比必須和別的粒子相互作用時的動能大些；所以自由時的質量 $m_{free} \geq m_{non}$，m_{non} = 不自由時的質量，或在多體內時的質量。粒子所帶的電荷也有同樣的性質，於是在多體內所用的粒子質量和電荷稱爲有效質量（effective mass）m_{eff}

和有效電荷（effective charge）e_{eff}，它們是：

$$m_{\text{eff}} < m_{\text{free}}, \qquad e_{\text{eff}} < e_{\text{free}} \tag{10-105}$$

式（10－105）的 m_{eff} 和折合質量不同，是多體效果，但想法的本質相同。剩下的問題是解式（10－104），和解諧振子時相類似，儘量利用已有的數學工具，但導航永遠是物理。

(2) 解式（10－104）

觀察式（10－104），只要逐步先乘 $r^2\sin^2\theta$ 把 φ 變數部分開，再除 $\sin^2\theta$ 便可以分開 r 和 θ 的部分，這就是說明了可以使用變數分離法處理式（10－104），設：

$$\psi(r,\theta,\varphi) \equiv R(r)\Theta(\theta)\Phi(\varphi) \tag{10-106a}$$

將式（10－106a）代入式（10－104）得：

$$\frac{1}{\Phi}\frac{\mathrm{d}^2\Phi}{\mathrm{d}\varphi^2} = -\frac{1}{R}\sin^2\theta\frac{\mathrm{d}}{\mathrm{d}r}\left(r^2\frac{\mathrm{d}R}{\mathrm{d}r}\right) - \frac{1}{\Theta}\sin\theta\frac{\mathrm{d}}{\mathrm{d}\theta}\left(\sin\theta\frac{\mathrm{d}\Theta}{\mathrm{d}\theta}\right) - \frac{2\mu}{\hbar^2}r^2\sin^2\theta[E - V(r)] \equiv -m^2 \tag{10-106b}$$

因爲（10－106b）式的左右兩邊都是無量綱量，所以必須等於一個與 r, θ, φ 都無關的常數，那麼怎麼挑選這個常數呢？物理是導航，Φ 是波函數的一部分，必須單值且有限的連續函數。先看 Φ 的部分，其形式和諧振子方程式相同，所以設常數爲「$-m^2$」，則得：

$$\begin{cases} \dfrac{\mathrm{d}^2\Phi}{\mathrm{d}\varphi^2} = -m^2\Phi & (10-106c) \\ -\dfrac{1}{R}\dfrac{\mathrm{d}}{\mathrm{d}r}\left(r^2\dfrac{\mathrm{d}R}{\mathrm{d}r}\right) - \dfrac{1}{\sin\theta}\dfrac{1}{\Theta}\dfrac{\mathrm{d}}{\mathrm{d}\theta}\left(\sin\theta\dfrac{\mathrm{d}\Theta}{\mathrm{d}\theta}\right) - \dfrac{2\mu}{\hbar^2}r^2[E - V(r)] = -\dfrac{m^2}{\sin^2\theta} & (10-106d) \end{cases}$$

式（10－106d）的 r 部分和 θ 部分雖然都是無量綱，但由於此式關係複雜，看不出類似已知的運動，於是僅令 r 和 θ 分離後等於未定常數 α：

$$\frac{1}{R}\frac{\mathrm{d}}{\mathrm{d}r}\left(r^2\frac{\mathrm{d}R}{\mathrm{d}r}\right) + \frac{2\mu r^2}{\hbar^2}[E - V(r)] = \frac{m^2}{\sin^2\theta} - \frac{1}{\sin\theta}\frac{1}{\Theta}\frac{\mathrm{d}}{\mathrm{d}\theta}\left(\sin\theta\frac{\mathrm{d}\Theta}{\mathrm{d}\theta}\right) \equiv \alpha \tag{10-106e}$$

$$\frac{1}{r^2}\frac{\mathrm{d}}{\mathrm{d}r}\left(r^2\frac{\mathrm{d}R}{\mathrm{d}r}\right) + \frac{2\mu}{\hbar^2}[E - V(r)]R = \alpha\frac{R}{r^2} \tag{10-107}$$

$$-\frac{1}{\sin\theta}\frac{\mathrm{d}}{\mathrm{d}\theta}\left(\sin\theta\frac{\mathrm{d}\Theta}{\mathrm{d}\theta}\right) + \frac{m^2}{\sin^2\theta}\Theta = \alpha\Theta \tag{10-108}$$

(Ⅰ) 式（10－106c）的解，Φ 的解

$$\Phi(\varphi) = Ae^{im\varphi} + Be^{-im\varphi}$$

上式是數學的一般解，但 φ 是球座標的變數，$\varphi = 0 \sim 2\pi$。從波函數的單值要求 Φ 必須：

$$\Phi(0) = \Phi(2\pi)$$

並且必須歸一化：

$$\int_0^{2\pi} \Phi^*(\varphi)\Phi(\varphi)\,d\varphi = 1$$

於是 Φ 的解只要爲：

$$\Phi(\varphi) = N_\varphi e^{im\varphi} \qquad (10-109a)$$

由 Φ 的歸一化得 $N_\varphi = \dfrac{1}{\sqrt{2\pi}}$，並且 $m = 0, \pm 1, \pm 2\cdots$ 就能滿足 $\Phi(\varphi)$ 的單值性，

$$\therefore \quad \boxed{\Phi_m(\varphi)\ \frac{1}{\sqrt{2\pi}}e^{im\varphi}, \quad m = 0, \pm 1, \pm 2, \cdots\cdots} \qquad (10-109b)$$

(ii) 式（10－108）的解，Ⓗ 的解

解式（10－108）同解諧振子方程式一樣，先看看數學上有沒有類似的公式，沒有的話就用級數法解。首先來化簡式（10－108），設：

$$\cos\theta \equiv \xi$$

由於 θ 的變化範圍是 $\theta = 0 \sim \pi$，故 ξ 是：$-1 \leqslant \xi \leqslant 1$

$$\frac{d}{d\theta} = \frac{d\xi}{d\theta}\frac{d}{d\xi} = -\sin\theta\frac{d}{d\xi}$$

或

$$\frac{d}{d\xi} = -\frac{1}{\sin\theta}\frac{d}{d\theta}$$

$$\frac{d^2}{d\theta^2} = \frac{d}{d\theta}\frac{d}{d\theta} = \frac{d}{d\theta}\left(-\sin\theta\frac{d}{d\xi}\right) = -\cos\theta\frac{d}{d\xi} - \sin\theta\frac{d}{d\theta}\frac{d}{d\xi}$$

$$= -\cos\theta\frac{d}{d\xi} - \sin\theta\left(\frac{d\xi}{d\theta}\frac{d^2}{d\xi^2}\right) = -\cos\theta\frac{d}{d\xi} + \sin^2\theta\frac{d^2}{d\xi^2}$$

把上述關係式代入式（10－108）後整理得：

$$(1-\xi^2)\frac{d^2Ⓗ}{d\xi^2} - 2\xi\frac{dⒽ}{d\xi} + \left(\alpha - \frac{m^2}{1-\xi^2}\right)Ⓗ = 0 \qquad (10-110a)$$

數學的協同 Legendre 微分方程式（associated Legendre differential equation）正是式（10－110a）的形式：

$$(1-\xi^2)\frac{d^2P_l^{\overline{m}}}{d\xi^2} - 2\xi\frac{dP_l^{\overline{m}}}{d\xi} + \left(l(l+1) - \frac{\overline{m}^2}{1-\xi^2}\right)P_l^{\overline{m}}(\xi) = 0$$

$$(10-110b)$$

式（10－110a）的 m 是式（10－109b）可取正和負的整數，不過 m^2 永遠是正整數，而式（10－110b）的$\overline{m}$ 是正整數，這時如果取 $\alpha \equiv l(l+1)$ 則Ⓗ（ξ）是：

$$Ⓗ(\xi) = N_{l\overline{m}} P_l^{\overline{m}}(\xi), \qquad N_{l\overline{m}} = \text{歸一化常數}$$

或

$$Ⓗ_{l\overline{m}}(\theta) = N_{l\overline{m}} P_l^{\overline{m}}(\cos\theta), \qquad \alpha = l(l+1) \qquad (10-110c)$$

使用級數法解同樣獲得式（10－110c），此地不討論了，方法和解諧振子的式（10－90）到（10－92e）式相同。式（10－110c）的 $P_l^{\overline{m}}$ 稱為協同 Legendre 多項式，它在數學上已被研究[19]得相當徹底的正交實函數，但沒歸一化，其正交性是：

$$\int_{-1}^{1} P_l^{\overline{m}}(\xi) P_{l'}^{\overline{m}}(\xi) d\xi = \frac{2}{2l+1} \frac{(l+\overline{m})!}{(l-\overline{m})!} \delta_{ll'} \qquad (10-111a)$$

當 m 取負值時是：

$$P_l^{-\overline{m}}(\xi) = (-)^{\overline{m}} \frac{(l-\overline{m})!}{(l+\overline{m})!} P_l^{\overline{m}}(\xi) \qquad (10-111b)$$

所以 m 可取正和負值的協同 Legendre 多項式是：

$$P_l^m(\xi) = \frac{1}{2^l l!} (1-\xi^2)^{m/2} \frac{d^{l+m}}{d\xi^{l+m}} (\xi^2-1)^l \qquad (10-111c)$$

$$-l \leqslant m \leqslant l, \quad l = 0,1,2\cdots\cdots$$

於是從式（10－110c）和（10－111a）得：

$$\int_{-1}^{1} Ⓗ_{l\overline{m}}(\xi) Ⓗ_{l'\overline{m}}(\xi) d\xi = N_{l\overline{m}}^* N_{l'\overline{m}} \int_{-1}^{1} P_l^{\overline{m}}(\xi) P_{l'}^{\overline{m}}(\xi) d\xi$$

$$= |N_{l\overline{m}}|^2 \frac{(l+\overline{m})!}{(l-\overline{m})!} \frac{2}{2l+1} \delta_{ll'} = \delta_{ll'}$$

$$\therefore \quad N_{l\overline{m}} = \sqrt{\frac{(l-\overline{m})!}{(l+\overline{m})!} \frac{2l+1}{2}} \qquad (10-112a)$$

$$\therefore \quad Ⓗ_{l\overline{m}}(\theta) = \sqrt{\frac{(2l+1)(l-\overline{m})!}{2(l+\overline{m})!}} P_l^{\overline{m}}(\cos\theta) \qquad (10-112b)$$

$$l = 0,1,2\cdots\cdots; \quad \overline{m} = 0,1,2,\cdots\cdots, l$$

如果要 m 包含正值和負值，則由式（10－111b,c）需要多加一個相 $(-)^m$，而式（10－112b）變成：

$$\boxed{Ⓗ_{lm}(\theta) = (-)^m \sqrt{\frac{2l+1}{2} \frac{(l-m)!}{(l+m)!}} P_l^m(\cos\theta)}$$

（10－113）

現把 $\Phi_m(\varphi)$ 和Ⓗ$_{lm}(\theta)$ 合併變成式（10－104）的角度部分的解：

$$Ⓗ_{lm}(\theta)\Phi_m(\varphi) = (-)^m\sqrt{\frac{2l+1}{4\pi}\frac{(l-m)!}{(l+m)!}}e^{im\varphi}P_l^m(\cos\theta) \quad (10-114)$$

$$\equiv Y_{lm}(\theta,\varphi)$$

$Y_{lm}(\theta,\varphi)$ 稱爲**球諧函數**（spherical harmonic function），表示在單位半徑的球面上的變化情形的函數；顯然它是式（10－104）的角度部分的本徵函數，如果不設式（10－106a），而改爲：

$$\psi(r,\theta,\varphi) = R_{nl}(r)Y_{lm}(\theta,\varphi) \quad (10-115a)$$

則式（10－104）變成：

$$\frac{1}{R_{nl}}\left\{\frac{d}{dr}\left(r^2\frac{d}{dr}\right)+\frac{2\mu}{\hbar^2}r^2[E-V(r)]\right\}R_{nl}(r)$$

$$= -\frac{1}{Y_{lm}}\left\{\frac{1}{\sin\theta}\frac{\partial}{\partial\theta}\left(\sin\theta\frac{\partial}{\partial\theta}\right)+\frac{1}{\sin^2\theta}\frac{\partial^2}{\partial\varphi^2}\right\}Y_{lm}(\theta,\varphi)$$

$$\equiv \alpha = l(l+1)$$

$$\therefore \begin{cases}\left\{-\frac{\hbar^2}{2\mu}\frac{1}{r^2}\frac{d}{dr}\left(r^2\frac{d}{dr}\right)+V(r)+\frac{\hbar^2}{2\mu}\frac{l(l+1)}{r^2}\right\}R_{nl}(r) = ER_{nl}(r) & (10-115b)\\ -\left\{\frac{1}{\sin\theta}\frac{\partial}{\partial\theta}\left(\sin\theta\frac{\partial}{\partial\theta}\right)+\frac{1}{\sin^2\theta}\frac{\partial^2}{\partial\varphi^2}\right\}Y_{lm}(\theta,\varphi) = l(l+1)Y_{lm}(\theta,\varphi) & (10-116a)\end{cases}$$

而 $l = 0,1,2,\cdots\cdots,\quad m = -l,(-l+1),\cdots\cdots,-1,0,1,\cdots\cdots(l-1),l$

（10－116b）

式（10－116a）是球諧函數 $Y_{lm}(\theta,\varphi)$ 的微分方程式，其算符是角動量算符 $\hat{L}^2$：

$$-\left\{\frac{1}{\sin\theta}\frac{\partial}{\partial\theta}\left(\sin\theta\frac{\partial}{\partial\theta}\right)+\frac{1}{\sin^2\theta}\frac{\partial^2}{\partial\varphi^2}\right\} \equiv \hat{L}^2 \quad (10-116c)$$

故得 $\hat{L}^2$ 的本徵值方程式（eigenvalue equation of angular momentum）：

$$\hat{L}^2\hbar^2Y_{lm}(\theta,\varphi) = l(l+1)\hbar^2Y_{lm}(\theta,\varphi) \quad (10-116d)$$

$Y_{lm}(\theta,\varphi)$ 和 $l(l+1)$ 分別爲 $\hat{L}^2$ 的本徵函數和本徵值。因動力學量的角動量是有量綱的，於是角動量的大小是 $\sqrt{l(l+1)\hbar^2} = \sqrt{l(l+1)}\hbar$。由於 $Ⓗ_{lm}(\theta)$ 和 $\Phi_m(\varphi)$ 都是正交歸一化函數，所以在式（10－114）定義的 $Y_{lm}(\theta,\varphi)$ 是正交歸一化函數：

$$\int Y_{lm}^*(\theta,\varphi)Y_{l'm'}(\theta,\varphi)d\Omega = \delta_{ll'}\delta_{mm'} \quad (10-117a)$$

$$\int d\Omega \equiv \int_0^{2\pi}d\varphi\int_{-1}^{1}d\xi = \int_0^{2\pi}d\varphi\int_{-1}^{1}d(\cos\theta) = \int_0^{2\pi}d\varphi\int_0^{\pi}\sin\theta d\theta$$

使用 θ 和 φ 表示的 $Y_{lm}(\theta,\varphi)$ 多項式是：

$$Y_{lm}(\theta,\varphi) = (-)^l \frac{1}{2^l l!}\sqrt{\frac{2l+1}{4\pi}\frac{(l+m)!}{(l-m)!}}e^{im\varphi}\frac{1}{\sin^m\theta}\frac{d^{l-m}}{d(\cos\theta)^{l-m}}(\sin\theta)^{2l}$$

(10－117b)

式(10－117a)和(10－117b)是很有用的公式，把較常用的 Y_{lm} 的 $l = 0,1,2$ 求出的值列在後註(21)

(iii) 式(10－107)的解，$R(r)$ 的解

由式(10－110c)得知 $\alpha = l(l+1)$ 代入式(10－107)並且乘$\left(-\frac{\hbar^2}{2\mu}\right)$得：

$$-\frac{\hbar^2}{2\mu}\frac{1}{r^2}\frac{d}{dr}\left(r^2\frac{d}{dr}\right)R + \left[V(r) + \frac{\hbar^2}{2\mu}\frac{l(l+1)}{r^2}\right]R(r) = ER(r)$$

(10－118)

原來是二體的式(10－102)，核 m_1 和電子 m_2 的動能$\sum_{i=1}^{2}\left(-\frac{\hbar^2}{2m_i}\nabla^2_{r_i}\right)$，加上它們之間的相互作用勢能 $V(r)$，經過式(10－103b)的變換被約化成爲一體的波動方程式(10－104)，結果電子的質量變成折合質量 $\mu < m_2$，同時一體的折合粒子除了 $V(r)$ 之外，如式(10－118)多了一項作用勢能：

$$\frac{\hbar^2}{2\mu}\frac{l(l+1)}{r^2} = \text{斥力勢能} \qquad (10-119a)$$

因從第二章式(66)，力 $\boldsymbol{F} = -\nabla U(r)$，則式(10－119a)產生的力是：

$$\boldsymbol{f} = -\mathbf{e}_r\frac{d}{dr}\left(\frac{\hbar^2}{2\mu}\frac{l(l+1)}{r^2}\right) = \frac{\hbar^2}{\mu}\frac{l(l+1)}{r^3}\mathbf{e}_r = \text{斥力} \qquad (10-119b)$$

$\mathbf{e}_r = \boldsymbol{r}$ 方向的單位矢量

而核 m_1 和電子 m_2 間的力是庫侖引力 F_c：

$$\mathbf{F}_c = -\mathbf{e}_r\frac{d}{dr}V(r) = -\mathbf{e}_r\frac{d}{dr}\left(-\frac{1}{4\pi\varepsilon_0}\frac{ze^2}{r}\right) = -\frac{1}{4\pi\varepsilon_0}\frac{ze^2}{r^2}\mathbf{e}_r$$

(10－119c)

斥力 $\boldsymbol{f}$ 是離心力，它和 $\boldsymbol{F}_c$ 引力抗衡以維持折合粒子 μ 的穩定，所以稱：

$$V(r) + \frac{\hbar}{2\mu}\frac{l(l+1)}{r^2} \equiv V_{\text{eff}}$$

V_{eff} 爲有效勢能(effective potential)(請回想 N. Bohr 的式(10－17a))。

接著解式(10－107)，必然要引進數學來，於是先把式(10－107)變成無量綱式，設：

$$\beta \equiv \sqrt{-\frac{2\mu E}{\hbar^2}}, \quad \rho \equiv 2\beta r \qquad (10-120)$$

$$\therefore \qquad \frac{\mathrm{d}}{\mathrm{d}r}=\frac{\mathrm{d}\rho}{\mathrm{d}r}\frac{\mathrm{d}}{\mathrm{d}\rho}=2\beta\frac{\mathrm{d}}{\mathrm{d}\rho}$$

代入式（10－107）得：

$$\left\{\frac{4\beta^2}{\rho^2}\left(2\beta\frac{\mathrm{d}}{\mathrm{d}\rho}\right)\left(\frac{1}{4\beta^2}\rho^2 2\beta\frac{\mathrm{d}}{\mathrm{d}\rho}\right)-\beta^2-\frac{2\mu}{\hbar^2}V(r)-\frac{4\beta^2}{\rho^2}l(l+1)\right\}R(r)$$

$$=\left\{\frac{4\beta^2}{\rho^2}\frac{\mathrm{d}}{\mathrm{d}\rho}\left(\rho^2\frac{\mathrm{d}}{\mathrm{d}\rho}\right)-\beta^2-\frac{2\mu}{\hbar^2}\left(-\frac{2\beta ze^2\kappa}{\rho}\right)-\frac{4\beta^2}{\rho^2}l(l+1)\right\}R=0$$

$$\therefore \quad \left\{\frac{1}{\rho^2}\frac{\mathrm{d}}{\mathrm{d}\rho}\left(\rho^2\frac{\mathrm{d}}{\mathrm{d}\rho}\right)+\left[-\frac{1}{4}-\frac{l(l+1)}{\rho^2}+\frac{\gamma}{\rho}\right]\right\}R(\rho)=0 \qquad (10-121)$$

$$\kappa\equiv\frac{1}{4\pi\varepsilon_0},\quad \gamma\equiv\frac{\kappa\mu ze^2}{\beta\hbar^2} \qquad (10-122)$$

(a) 求漸近解（asymptotic solution），$\rho\to\infty$ 時的解

從邊界求解的大致情形，當 $\rho\to\infty$ 式（10－121）的主要項是：

$$\frac{\mathrm{d}^2R}{\mathrm{d}\rho^2}+\frac{2}{\rho}\frac{\mathrm{d}R}{\mathrm{d}\rho}+\left(\frac{\gamma}{\rho}-\frac{l(l+1)}{\rho^2}-\frac{1}{4}\right)R=0\Rightarrow\frac{\mathrm{d}^2R}{\mathrm{d}\rho^2}-\frac{1}{4}R=0$$

所以漸近解是：

$$R(\rho\to\infty)=A\mathrm{e}^{-\frac{1}{2}\rho}+B\mathrm{e}^{\frac{1}{2}\rho} \qquad (10-123\text{a})$$

由於波函數必須有限，於是式（10－123a）的 $B=0$

$$\therefore \quad R(\rho\to\infty)=A\mathrm{e}^{-\frac{1}{2}\rho} \qquad (10-123\text{b})$$

於是 $\rho=$ 有限時的解可設爲：

$$R(\rho)\equiv\mathrm{e}^{-\frac{1}{2}\rho}F(\rho) \qquad (10-123\text{c})$$

$F(\rho)$ 是 ρ 的未定函數。把式（10－123c）代入式（10－121）得：

$$\frac{\mathrm{d}^2F}{\mathrm{d}\rho^2}+\left(\frac{2}{\rho}-1\right)\frac{\mathrm{d}F}{\mathrm{d}\rho}+\left[\frac{\gamma-1}{\rho}-\frac{l(l+1)}{\rho^2}\right]F=0 \qquad (10-124)$$

式（10－124）是 $F(\rho)$ 該滿足的微分方程式，所以必須解它才能得 F。

(b) 解式（10－124），$F(\rho)$ 的解

使用級數來解（10－124）式，設：

$$F(\rho)=\rho^s\sum_{\nu=0}^{\infty}a_\nu\rho^\nu,\quad s\geqslant 0 \qquad (10-125\text{a})$$

爲什麼知道 $s\geqslant 0$ 呢？因式（10－107）的 $R(r)$，$r=0\sim\infty$，所以當 $s<0$ 時會出現 $\frac{1}{\rho^s}$ 而引起發散現象，即 $\lim\limits_{\rho\to 0}\frac{1}{\rho^s}\to\infty$，因此 $s\geqslant 0$。式（10－125a）的 s 的功能和式（10－90）的 s 的功能相同，是和生成函數有關的重要參數[22)]。如果式（10－123c）是所需要的解，則將式（10－125a）代入 $F(\rho)$ 的微分方程式（10－124），該得 $s\geqslant 0$ 的解：

$$\frac{dF}{d\rho} = s\rho^{s-1}\sum_{\nu=0}^{\infty} a_\nu\rho^\nu + \rho^s\sum_{\nu=1}^{\infty}\nu a_\nu\rho^{\nu-1}$$

$$\frac{d^2F}{d\rho^2} = s(s-1)\rho^{s-2}\sum_{\nu=0}^{\infty} a_\nu\rho^\nu + 2s\rho^{s-1}\sum_{\nu=1}^{\infty}\nu a_\nu\rho^{\nu-1} + \rho^s\sum_{\nu=2}^{\infty}\nu(\nu-1)a_\nu\rho^{\nu-2}$$

將以上結果代入式（10－124）後整理便得：

$$[s(s+1)-l(l+1)]\rho^{s-2}\sum_{\nu=0} a_\nu\rho^\nu + (2s+2)\rho^{s-1}\sum_{\nu=1}\nu a_\nu\rho^{\nu-1}$$

$$+(\gamma-1-s)\rho^{s-1}\sum_{\nu=0} a_\nu\rho^\nu + \rho^s\sum_{\nu=2}\nu(\nu-1)a_\nu\rho^{\nu-2} - \rho^s\sum_{\nu=1}\nu a_\nu\rho^{\nu-1} = 0$$

重新排列上式後得：

$$[s(s+1)-l(l+1)](a_0+a_1\rho)\rho^{s-2}$$

$$+[(\gamma-s-1)a_0+(2s+2)a_1+(\gamma-s-1)a_1\rho]\rho^{s-1} - a_1\rho^s$$

$$+\sum_{\nu=2}^{\infty}\{[s(s+1)-l(l+1)+(2s+2)\nu+\nu(\nu-1)]a_\nu\rho^{s+\nu-2}$$

$$+(\gamma-s-\nu-1)a_\nu\rho^{s+\nu-1}\} = 0 \qquad (10-125\text{b})$$

式（10－125b）各項的係數是：

ρ^{s-2}： $[s(s+1)-l(l+1)]a_0 = 0$ （10－125c）

ρ^{s-1}： $(\gamma-s-1)a_0+[(s+1)(s+2)-l(l+1)]a_1 = 0$

ρ^{s}： $(\gamma-s-2)a_1+[(s+2)(s+3)-l(l+1)]a_2 = 0$

ρ^{s+1}： $(\gamma-s-3)a_2+[(s+3)(s+4)-l(l+1)]a_3 = 0$

……

從以上 $\rho^{s-2} \sim \rho^{s+1}$ 的係數變化可歸納出 $\rho^{s+\nu-1}$ 的係數：

$\rho^{s+\nu-1}$：

$$[\gamma-s-(\nu+1)]a_\nu+[(s+\nu+1)(s+\nu+2)-l(l+1)]a_{\nu+1} = 0$$

（10－125d）

從式（10－125c）得：$s = l$，而 $l = 0,1,2\cdots\cdots$，所以確實地 $s \geqslant 0$，將 $s = l$ 代入式（10－125d）得：

$$a_{\nu+1} = \frac{\nu+l+1-\gamma}{(\nu+1)[\nu+2(l+1)]}a_\nu \qquad (10-125\text{e})$$

式（10－125a）的級數必須是有限項才能保證 $R(\rho)$ 是有限值函數，所以當 $a_{\nu+1} = 0$，則由式（10－125e）大於 $a_{\nu+1}$ 的項統統等於零而得有限項級數。

$$\therefore \quad \nu+l+1 = \gamma \equiv n, \quad 或 \nu = n-l-1 \qquad (10-125\text{f})$$

$\gamma = \dfrac{\kappa\mu ze^2}{\beta\hbar^2}, \beta = \sqrt{-\dfrac{2\mu E}{\hbar^2}}$，而 $\nu = 0,1,2\cdots\cdots$， $l = 0,1,2\cdots\cdots$，於是 $n = 1,2\cdots\cdots$

$$\therefore \quad E = -\kappa^2 \frac{\mu z^2 e^4}{2n^2\hbar^2} = -\left(\frac{1}{4\pi\varepsilon_0}\right)^2 \frac{\mu(ze^2)^2}{2n^2\hbar^2} \equiv E_n \qquad (10-126)$$

$$n = 1,2,\cdots\cdots$$

式（10－126）正是於1913年N.Bohr獲得的氫原子能級式（10－17d），不過這次是從運動方程式自然地獲得 E_n，沒有做過任何動力學上的假設。將以上結果代入式（10－123c）得：

$$R(\rho) = N\mathrm{e}^{-\rho/2}\rho^l \sum_{\nu=0}^{n-l-1} a_\nu \rho^\nu$$

$$\equiv R_{nl}(\rho) \qquad (10-127)$$

N 是歸一化常數，n 稱爲**主量子數**，l 與角動量有關的**軌道量子數**（orbital quantum number），或稱爲軌道角動量量子數。因爲是和電子圍繞核運動有關的量，不是電子的內部自由度來的內稟角動量。

使用多項式表示的式（10－127）不便於使用，最好利用已有的函數。式（10－125a）的 s 已定好了，將式（10－125a）改用函數來表示：

$$F(\rho) = \rho^l L(\rho) \qquad (10-128a)$$

$$\therefore \begin{cases} \dfrac{\mathrm{d}F}{\mathrm{d}\rho} = l\rho^{l-1}L + \rho^l L', \quad L' \equiv \mathrm{d}L/\mathrm{d}\rho \\ \dfrac{\mathrm{d}^2F}{\mathrm{d}\rho^2} = l(l-1)\rho^{l-2}L + 2l\rho^{l-1}L' + \rho^l L'', \quad L'' = \mathrm{d}^2L/\mathrm{d}\rho^2 \end{cases}$$

將這些結果代入式（10－124）後整理便得如下微分方程式：

$$\rho L'' + [2(l+1) - \rho]L' + (\gamma - l - 1)L = 0 \qquad (10-128b)$$

數學的協同Laguerre（associated laguerre）微分方程式[19]是：

$$\rho \frac{\mathrm{d}^2 L_q^p}{\mathrm{d}\rho^2} + (p + 1 - \rho)\frac{\mathrm{d}L_q^p}{\mathrm{d}\rho} + (q - p)L_q^p(\rho) = 0 \qquad (10-129)$$

如果 $p = 2l+1, q = \gamma + l = n + l$，則式（10－129）和式（10－128b）完全同一形式，表示式（10－128a）的 $L(\rho)$，可用正交但沒有歸一化的協同Laguerre實函數 $L_q^p(\rho)$ 來代替：

$$\therefore \quad R_{nl}(\rho) = -N\mathrm{e}^{-\rho/2}\rho^l L_{q=n+l}^{p=2l+1}(\rho) \qquad (10-130)$$

$L_q^p(\rho)$ 稱爲**協同Laguerre多項式**，其具體形式如下式（10－131），所以式（10－130）右邊必須多乘一個「－」[22]。

$$L_{n+l}^{2l+1}(\rho) = \sum_{\nu=0}^{n-l-1} \frac{(-)^{1+\nu}[(n+l)!]^2\rho^\nu}{(n-l-\nu-1)!(\nu+2l+1)!\nu!}$$

$$(10-131)$$

(c) 求歸一化常數 N

求多項式函數組成的本徵函數的矩陣、歸一化常數時，最有用的方法是使用多項式函數的生成函數，例如曾在諧振子的式（10 – 96a ~ d）所做的過程，先找或造協同 Laguerre 多項式 $L_q^p(\rho)$ 的生成函數 $U_p(\rho, s)$。這是 1926 年 5 月 10 日 Schrödinger 投稿的有關量子力學的第三篇文章用的函數[22)]：

$$\boxed{\begin{aligned} U_p(\rho, s) &= (-)^p \frac{1}{(1-s)^{p+1}} s^p e^{-\frac{\rho s}{1-s}} \\ &= \sum_{q=p}^{\infty} \frac{L_q^p(\rho)}{q\,!} s^q, \quad 0 \leqslant s < 1 \end{aligned}} \tag{10 – 132}$$

$$\therefore \int_0^{\infty} R_{nl}^*(\rho) R_{nl}(\rho) r^2 dr = |N|^2 \int_0^{\infty} e^{-\rho} \rho^{2l} L_{n+l}^{2l+1}(\rho) L_{n+l}^{2l+1}(\rho) \rho^2 d\rho \frac{1}{(2\beta)^3} \tag{10 – 133a}$$

式（10 – 133a）右邊多了 $e^{-\rho}\rho^{2l+2} \equiv e^{-\rho}\rho^{p+1}, p = 2l+1$，於是使用生成函數時必須多乘這個因子：

$$\begin{aligned} &\int_0^{\infty} e^{-\rho}\rho^{p+1} U_p(\rho, s) U_p(\rho, t) d\rho \\ &= \sum_{q=p}^{\infty} \sum_{q'=p}^{\infty} \int_0^{\infty} e^{-\rho}\rho^{p+1} \frac{L_q^p L_{q'}^p}{q\,!\,q'\,!} s^q t^{q'} d\rho \\ &= \frac{(-)^{p+p} s^p t^p}{(1-s)^{p+1}(1-t)^{p+1}} \int_0^{\infty} e^{-\rho - \frac{\rho s}{1-s} - \frac{\rho t}{1-t}} \rho^{p+1} d\rho \\ &= \frac{(st)^p}{[(1-s)(1-t)]^{p+1}} \int_0^{\infty} e^{-\rho \frac{1-ts}{(1-s)(1-t)}} \rho^{p+1} d\rho \\ &= \frac{(st)^p}{[(1-s)(1-t)]^{p+1}} \frac{[(1-s)(1-t)]^{p+2}}{(1-ts)^{p+2}} (p+1)\,! \\ &= (st)^p (p+1)\,! (1-s-t+st) \sum_{\kappa=0}^{\infty} \frac{(p+1+\kappa)\,!}{(p+1)\,!\,\kappa\,!} (st)^{\kappa} \\ &= (1-s-t+st) \sum_{\kappa=0}^{\infty} \frac{(p+\kappa+1)\,!}{\kappa\,!} (st)^{\kappa+p} \end{aligned} \tag{10 – 133b}$$

比較式（10 – 133b）兩邊的 $(st)^{\kappa+p}$ 之項得：

$$\frac{(p+\kappa+1)\,!}{\kappa\,!} + \frac{(p+\kappa)\,!}{(\kappa-1)\,!} = \int_0^{\infty} e^{-\rho}\rho^{p+1} \frac{L_{\kappa+p}^p(\rho) L_{\kappa+p}^p(\rho)}{[(\kappa+p)\,!]^2} d\rho \tag{10 – 133c}$$

設 $\kappa + p \equiv n + l = \kappa + 2l + 1$，或 $\kappa = n - l - 1$，則式（10 – 133c）可約化成式（10 – 133a）：

$$\int_0^{\infty} e^{-\rho}\rho^{2l+2}L_{n+l}^{2l+1}(\rho)L_{n+l}^{2l+1}(\rho)d\rho$$

$$=\frac{(n+l+1)![(n+l)!]^2}{(n-l-1)!}+\frac{[(n+l)!]^3}{(n-l-2)!}$$

$$=\frac{2n[(n+l)!]^3}{(n-l-1)!}$$

$$\therefore\quad \int_0^{\infty}[R_{nl}(r)]^2r^2dr=|N|^2\frac{1}{(2\beta)^3}\frac{2n[(n+l)!]^3}{(n-l-1)!}=1$$

$$\therefore\quad N=\sqrt{(2\beta)^3\frac{(n-l-1)!}{2n[(n+l)!]^3}}$$

$$=\sqrt{\left(\frac{2z}{na_0}\right)^3\frac{(n-l-1)!}{2n[(n+l)!]^3}}\equiv N_{nl} \qquad (10-133d)$$

$$a_0\equiv\frac{4\pi\varepsilon_0}{e^2}\frac{\hbar^2}{\mu} \qquad (10-133e)$$

當核質量 $m_1 \gg$ 電子質量 m_2 時，式（10－103d）的折合質量 $\mu \doteq m_2$，這時的 $a_0 = \frac{4\pi\varepsilon_0}{e^2}\frac{\hbar^2}{m_2}$ 剛好是 1913 年 N.Bohr 所得的式（10－17c）的 $n=1, z=1$ 的式（10－19a）Bohr 半徑。

$$\therefore\quad \boxed{R_{nl}(\rho)=-\sqrt{\left(\frac{2z}{na_0}\right)^3\frac{(n-l-1)!}{2n[(n+l)!]^3}}e^{-\rho/2}\rho^l L_{n+l}^{2l+1}(\rho)} \qquad (10-134)$$

$$n=1,2,3,\cdots\cdots;\quad l=0,1,2,\cdots\cdots(n-1)$$

式（10－134）右邊多了一個負號是來自協同 Laguerre 多項式的展開式（10－131），其右邊的相 $(-)^{1+\nu}$ 產生的結果，$\rho\equiv 2\beta r$，$\beta=\sqrt{-2\mu E/\hbar^2}$.

(iv) 摘要

氫原子的能量本徵方程：

$$\sum_{i=1}^{2}\left(-\frac{\hbar^2}{2m_i}\nabla_{r_i}^2-\frac{1}{4\pi\varepsilon_0}\frac{ze^2}{|\boldsymbol{r}_2-\boldsymbol{r}_1|}\right)\psi_T(\boldsymbol{r}_1,\boldsymbol{r}_2)=E_T\psi_T(\boldsymbol{r}_1,\boldsymbol{r}_2) \qquad (10-102)$$

經過變數變換：

$$\boldsymbol{R}=\frac{m_1\boldsymbol{r}_1+m_2\boldsymbol{r}_2}{m_1+m_2},\quad \boldsymbol{r}\equiv\boldsymbol{r}_2-\boldsymbol{r}_1,\quad 0\leqslant s\leqslant 1 \qquad (10-103a)$$

得折合質量 $\mu=\frac{m_1m_2}{m_1+m_2}$ 的一體波動方程式：

$$\left\{-\frac{\hbar^2}{2\mu}\left[\frac{1}{r^2}\frac{\partial}{\partial r}\left(r^2\frac{\partial}{\partial r}\right)+\frac{1}{r^2\sin\theta}\frac{\partial}{\partial\theta}\left(\sin\theta\frac{\partial}{\partial\theta}\right)+\frac{1}{r^2\sin^2\theta}\frac{\partial^2}{\partial\varphi^2}\right]-\frac{1}{4\pi\varepsilon_0}\frac{ze^2}{r}\right\}\psi_{nlm}(r,\theta,\varphi)$$

$$= E_n\psi_{nlm}(r,\theta,\varphi) \quad (10-104)$$

$$\boxed{\begin{aligned}\psi_{nlm}(r,\theta,\varphi) &= R_{nl}(r)\Theta_{lm}(\theta)\Phi_m(\varphi)\\ &= R_{nl}(r)Y_{lm}(\theta,\varphi)\end{aligned}} \quad (10-135)$$

$$Y_{lm}(\theta,\varphi) = (-)^m\sqrt{\frac{2l+1}{4\pi}\frac{(l-m)!}{(l+m)!}}\mathrm{e}^{\mathrm{i}m\varphi}P_l^m(\cos\theta) \quad (10-114)$$

$$R_{nl}(\rho) = -\sqrt{\left(\frac{2z}{na_0}\right)^3\frac{(n-l-1)!}{2n[(n+l)!]^3}}\mathrm{e}^{-\rho/2}\rho^l L_{n+l}^{2l+1}(\rho) \quad (10-134)$$

$$\rho \equiv \frac{2z}{na_0}r, \quad a_0 \equiv 4\pi\varepsilon_0\frac{\hbar^2}{\mu e^2} \xlongequal[m_1 \gg m_2]{} 0.529\text{Å} = \text{Bohr 半徑}$$

$$E_n = -\frac{1}{(4\pi\varepsilon_0)^2}\frac{\mu(ze^2)^2}{2n^2\hbar^2} \quad (10-126)$$

$n = 1,2,3,\cdots\cdots,\infty$ = 主量子數

$l = 0,1,2,\cdots\cdots,(n-1)$ = 軌道量子數

$m = 0, \pm 1, \pm 2,\cdots\cdots, \pm l$ = 磁量子數（magnetic quantum number）

$P_l^m(\cos\theta)$ 和 $L_q^p(\rho)$ 分別稱爲協同 Legendre 和協同 Laguerre 函數，且滿足如下關係式：

$$(1-\xi^2)\frac{\mathrm{d}^2P_l^{\overline{m}}(\xi)}{\mathrm{d}\xi^2}-2\xi\frac{\mathrm{d}P_l^{\overline{m}}(\xi)}{\mathrm{d}\xi}+\left(l(l+1)-\frac{\overline{m}^2}{1-\xi^2}\right)P_l^{\overline{m}}(\xi) = 0$$

(10 – 110b)

$$\overline{m} \equiv |m|$$

$$\rho\frac{\mathrm{d}^2L_q^p(\rho)}{\mathrm{d}\rho^2}+(p+1-\rho)\frac{\mathrm{d}L_q^p(\rho)}{\mathrm{d}\rho}+(q-p)L_q^p(\rho) = 0$$

(10 – 129)

其多項式和生成函數是：

$$P_l^m(\xi) = \frac{1}{2^l l!}(1-\xi^2)^{m/2}\frac{\mathrm{d}^{l+m}}{\mathrm{d}\xi^{l+m}}(\xi^2-1)^l \quad (10-111c)$$

$$-l \leqslant m \leqslant l, \quad l = 0,1,2\cdots\cdots$$

$$L_{n+l}^{2l+1}(\rho) = \sum_{\nu=0}^{n-l-1}\frac{(-)^{1+\nu}[(n+l)!]^2}{(n-l-\nu-1)!(\nu+2l+1)!\nu!}\rho^\nu \quad (10-131)$$

$$U_p(\rho,s) = (-)^p\frac{1}{(1-s)^{p+1}}s^p\mathrm{e}^{-\frac{\rho s}{1-s}}$$

$$= \sum_{q=p}^{\infty} \frac{L_q^p(\rho)}{q!} s^q, \quad 0 \leqslant s < 1 \qquad (10-132)$$

折合質量 μ 的粒子的能量本徵函數 $\psi_{nlm}(\boldsymbol{r}) = \psi_{nlm}(r,\theta,\varphi)$ 是正交歸一化函數：

$$\int \psi^*_{n'l'm'}(r,\theta,\varphi)\psi_{nlm}(r,\theta,\varphi) r^2 \sin\theta \mathrm{d}r\mathrm{d}\theta\mathrm{d}\varphi$$

$$= \int_o^\infty R_{n'l'}(r) R_{nl}(r) r^2 \mathrm{d}r \int Y^*_{l'm'}(\theta,\varphi) Y_{lm}(\theta,\varphi) \mathrm{d}\Omega$$

$$= \delta_{n'n}\delta_{l'l}\delta_{m'm} \qquad (10-136)$$

並且 $\{\psi_{nlm}\}$ 構成完全正交歸一化集。

(3) 探討 $\psi_{nlm}(r,\theta,\varphi)$ 的含義及帶來的物理意義

氫原子的二體問題，由於相互作用僅和核以及電子的電荷分布中心間的距離 r 有關，所以可約化成質量爲折合質量 μ 的一體問題，其解是式（10－135）的 $\psi_{nlm}(r,\theta,\varphi)$。雖然 Laguerre $L_g^p(r)$ 和 Legendre $P_l^m(\cos\theta)$ 都是正交的實函數，但和 φ 角有關的 $\Phi_m(\varphi)$ 是正交歸一化的純虛函數，結果 $\psi_{nlm}(r,\theta,\varphi)$ 變成複數函數，無法直接和實驗比較來驗證其眞實性。另一方面 $\psi_{nlm}(r,\theta,\varphi)$ 和三個整數 n,l,m 有關，和 ψ_{nlm} 對應的能量本徵值 E_n 僅和 n 有關，**不是每一組的 (n,l,m) 都有對應的能量**，這是怎麼一回事呢？有沒有其他種類的整數再進到能量本徵函數 ψ_{nlm} 來？描寫電子的束縛運動情形 ψ_{nlm} 是否夠了？電子有沒有內部結構呢？在下面將以 ψ_{nlm} 爲核心討論這些問題。

(i) 量子數，空間量子化（space quantization）

指定物理體系量子狀態的一組數稱爲**量子數**，既然是體系狀態必定能觀測，如果 $\hat{A},\hat{B},\hat{C}\cdots\cdots$ 爲描述體系運動的物理量算符，並且觀測物理體系時，其本徵值 $a,b,c\cdots\cdots$ 和觀測 $\hat{A},\hat{B},\hat{C}\cdots\cdots$ 的順序無關的話，則 $\hat{A},\hat{B},\hat{C}\cdots\cdots$ 可互相對易（參閱Ⅳ(D)），所以也可以稱物理體系的最大觀測算符的本徵值的集（set）爲量子數。$\hat{A},\hat{B},\hat{C}\cdots\cdots$ 的本徵值爲分離值時，其觀測值 $a,b,c\cdots\cdots$ 與整數或半整數有關，於是構成一組數。任何物理體系，必有體系的總能量 E。E 的算符就是描述體系的 Hamiltonian $\hat{H}$。$\hat{H}$ 是物理體系的最大觀測算符 $\hat{A},\hat{B},\hat{C}\cdots\cdots$ 中的一個，即：

$$\hat{A},\hat{B},\hat{C}\cdots\cdots,\hat{H}\cdots\cdots$$

凡能和 $\hat{H}$ 對易的算符是守恆量，所以又可以稱指定物理體系的守恆量的本徵值的整數或半整數的集爲量子數。顯然量子數有上述三種同質但不同說詞；記得量子數必須和可觀測算符有關。例如氫原子的 ψ_{nlm}，n 和體系總能 E_n，l 和角動量式（10－116d），至於 m 是和角動量的第三成分有關的量。電子圍繞著核轉動，使用經典力學來考慮，轉動的任意瞬間都有其轉動的瞬間軸，角動量矢量 $\hat{L}$ 是向著軸的方向，$\hat{L}$ 在描述體系的座標的 z 軸，稱第三軸 x_3 的投影 L_3。L_3 在量子力學時的本徵值 $m\hbar$ 的 m 就是 ψ_{nlm} 的 m。那麼如何選描述體系運動的座標軸的方向呢？

氫原子的電子和核的相互作用僅和核以及電子電荷分布中心的距離 r 有關，和 r 的方向無關，於是座標軸的 x_3 指向那個方向都可以。如取核電勢能中心（potential center）爲座標原點 O，則電子在半徑 r 的球面上所受的作用力到處都一樣，換句話說，x_3 軸可經過球面上任何點。不過，當外力進來，這外力必須電磁場才會影響電子的運動；電場 $\boldsymbol{E}$ 會作功不方便，但磁場 $\boldsymbol{B}$ 不作功僅影響電子的運動方向，是電子的運動產生的內磁場和外磁場 $\boldsymbol{B}$ 的相互作用產生的結果。這種內外磁場的相互作用的結果，電子一面抗核引力，一面抗 $\boldsymbol{B}$，平衡的結果是電子如圖 10 – 36。電子的角動量 $\boldsymbol{L}$ 圍繞著 $\boldsymbol{B}$ 做進動運動（precession motion）。經原點 O 取和 $\boldsymbol{B}$ 平行的軸爲 x_3，然後依照右手定則取 x_1 和 x_2 軸，這時的 x_3 軸稱爲量子化軸（quantization axis），從 $\boldsymbol{B}$ 進來一直到 $\boldsymbol{L}$ 的旋進的整個過程稱爲空間量子化現象。這時 $\boldsymbol{L}$ 和 x_3 軸的角度不是任意的，必須滿足 L_3 的本徵值，即：

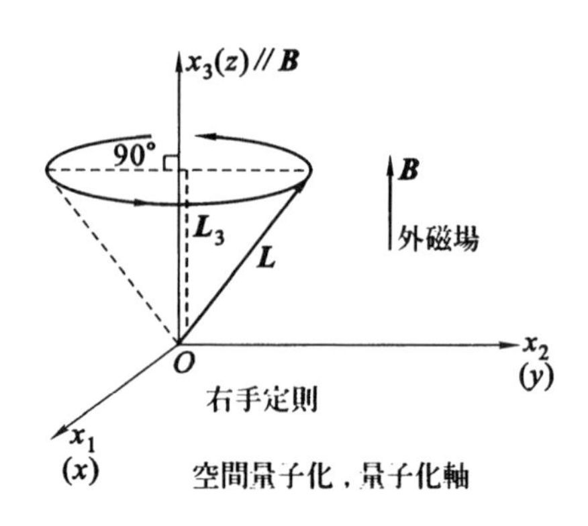

圖 10 – 36

$$\hat{L}_3\hbar\psi_{nlm}(r,\theta,\varphi) = \hbar R_{nl}(r)\hat{L}_3 Y_{lm}(\theta,\varphi)$$
$$= m\hbar R_{nl}(r) Y_{lm}(\theta,\varphi)$$
$$= m\hbar\psi_{nlm}(r,\theta,\varphi) \qquad (10-137\text{a})$$

$$m = -l,(-l+1),\cdots\cdots,(-1),0,1,\cdots\cdots,(l-1),l \qquad (10-137\text{b})$$

即相鄰的本徵值差 $|\Delta m| = 1\hbar$，即同一個角動量的本徵值式（10 – 116d）的 l，在外磁場的作用下分裂成如式（10 – 137b）的（$2l+1$）個成分，這現象正是 1896 年 Zeeman 發現的 Zeeman 效應。l 等於 $0,1,2,\cdots\cdots,(n-1)$ 的正整數，故譜線分裂成奇數條，即 Schrödinger 的氫原子理論自然地能獲得正常 Zeeman 效應。至於異常 Zeeman 效應的兩條光譜線，Schrödinger 理論無能爲力，它是和電子的內部自由度有關的內稟角動量 $\boldsymbol{S}$ 在外磁場 $\boldsymbol{B}$ 的作用下分裂的譜線。

$\psi_{nlm}(r,\theta,\varphi)$ 和電子的內部自由度無關，僅描述電子在我們的生活空間中，Euclid 的三度空間的運動情形，這時的電子的獨立自由度只用三個：(x,y,z) 或 (r,θ,φ)。所以只要有三個互爲獨立且可以同時測量的力學量來描述就足夠了，通常挑選的是物理體系的全能算符 Hamiltonian $\hat{H}$，能描述電子轉動的角動量 $\hat{\boldsymbol{L}}$，至於第三個力學量沒有一定的限制，只要能和 $\hat{H}$ 以及角動量大小有關的 $\hat{\boldsymbol{L}}^2$ 對易（commute）的物理量就可以了。$\hat{\boldsymbol{L}}$ 的成分$(\hat{L}_x\hat{L}_y\hat{L}_z)$的那一個都可以，不過除了特有目的，慣例是取 $\hat{\boldsymbol{L}}_z$。$\hat{H}$，$\hat{\boldsymbol{L}}^2$ 和 $\hat{L}_3$ 的算符、本徵值、本徵函數各爲：

式（10－104）：$\left[-\frac{\hbar^2}{2\mu}\nabla_r^2+V(r)\right]\psi(\boldsymbol{r})\equiv\hat{H}\psi(\boldsymbol{r})=E\psi(\boldsymbol{r})$

$$E=E_n=-\frac{1}{(4\pi\varepsilon_0)^2}\frac{\mu(ze^2)^2}{2n^2\hbar^2} \qquad (10-138a)$$

式（10－116c,d）：$\hat{\boldsymbol{L}}^2\hbar^2Y_{lm}=-\hbar^2\left\{\frac{1}{\sin\theta}\frac{\partial}{\partial\theta}\left(\sin\theta\frac{\partial}{\partial\theta}\right)+\frac{1}{\sin^2\theta}\frac{\partial^2}{\partial\varphi^2}\right\}Y_{lm}$

$$=l(l+1)\hbar^2Y_{lm}(\theta,\varphi) \qquad (10-138b)$$

$$\hat{L}_3=(\hat{\boldsymbol{r}}\times\hat{\boldsymbol{P}})_3/\hbar=(\hat{x}\hat{P}_y-\hat{y}\hat{P}_x)/\hbar$$

$$=-\mathrm{i}x\frac{\partial}{\partial y}+\mathrm{i}y\frac{\partial}{\partial x}=-\mathrm{i}\frac{\partial}{\partial\varphi}$$ [20]

$$\therefore\quad \hat{L}_3\hbar\psi_{nlm}(\boldsymbol{r})=\hbar R_{nl}(r)\left(-\mathrm{i}\frac{\partial}{\partial\varphi}Y_{lm}(\theta,\varphi)\right)$$

$$=m\hbar R_{nl}(r)Y_{lm}(\theta,\varphi)$$

$$=m\hbar\psi_{nlm}(\boldsymbol{r}) \qquad (10-138c)$$

$\hat{\boldsymbol{L}}^2$ 和 $\hat{L}_3$ 是和 $\hat{H}$ 對易的（省略證明）量，確實它們的本徵值被整數（n,l,m）所支配；從守恆量的角度來看，在連心力下運動的角動量是守恆的，且軸對稱轉動時，其在軸上的成分也是守恆的，連心力是保守力（conservative force），於是機械能守恆，所以 $\hat{H}$，$\hat{\boldsymbol{L}}^2$ 和 $\hat{L}_3$ 的本徵值的整數（n,l,m）是量子數，希望讀者徹底地瞭解了量子數。我們使用的角動量算符是無量綱量。

(ii) 簡併（degeneracy）

從式（10－138a～c）知道：必須三個整數同時出現才能確定體系的量子狀態，每一個狀態該有它自己的能量，但式（10－138a）的能級 E_n 僅和n有關，而和l以及 m 無關，換句話說，同一個 n 下有很多狀態，這現象稱爲**能量簡併**（degeneracy of energy），同一個 n 下的狀態數稱爲**簡併度**，那麼簡併度有多少呢？$n=1,2,3,\cdots\cdots,\infty$；　$l=0,1,2,\cdots\cdots,(n-1)$；　$m=-l,\cdots,0,\cdots l$，m 有（$2l+1$）個，於是簡併度是：

$$\sum_{l=0}^{n-1}(2l+1)=\frac{n[1+(2n-1)]}{2}=n^2 \qquad (10-139)$$

式（10－139）是同一個 n 下的能量簡併度，但 n^2 還不是氫原子電子能級的眞正簡併度，因爲在每一個狀態 $\psi_{nlm}(\boldsymbol{r})$ 的電子，還有它內部自由度引起的內稟角動量

S。**S** 在外磁場的作用下空間量子化如右圖，沿著外磁場方向分爲 $\pm\frac{1}{2}\hbar$ 的 $\hat{S}_3\hbar$ 的角動量本徵值。所以式（10 – 139）還要乘兩倍才是眞正的能量簡併度，同時電子的能量本徵函數式（10 – 135）式的 $\psi_{nlm}(\boldsymbol{r})$ 必須修正，使它含有電子自旋自由度，內部自旋是獨立於外部自由度 $\boldsymbol{r}=(r,\theta,\varphi)$，因此自旋本徵函數 $\chi_{sm_s}(\boldsymbol{\sigma})$，可以和 ψ_{nlm} 直接相乘：

$$\psi_{nlm}(r,\theta,\varphi)\chi_{sm_s}(\boldsymbol{\sigma}) \equiv \Psi_{nlsmm_s}(\boldsymbol{r},\boldsymbol{\sigma}) \qquad (10-140a)$$

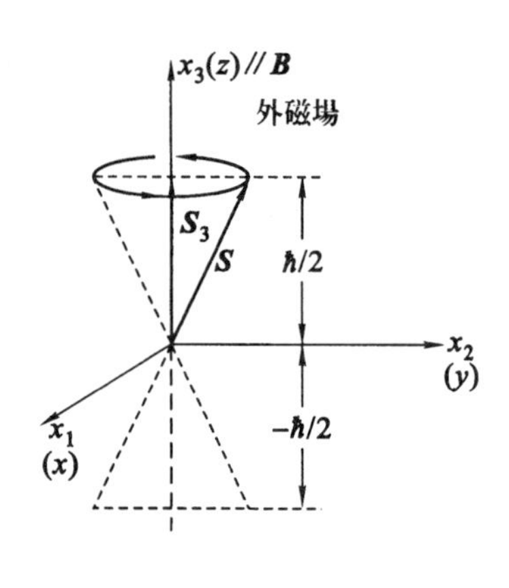

圖 10 – 37

$\boldsymbol{\sigma}$ 是 Pauli 的 $\boldsymbol{\sigma}$ 矩陣，$\boldsymbol{S}\equiv\frac{\hbar}{2}\boldsymbol{\sigma}$（參見【**Ex.10 – 5**】），右下標 s 和 m_s 分別爲 $\hat{\boldsymbol{S}}^2$ 和 $\hat{S}_3$ 的量子數，χ_{sm_s} 是 $\hat{\boldsymbol{S}}^2$ 和 $\hat{S}_3$ 的本徵函數：

$$\hat{\boldsymbol{S}}^2\hbar^2\chi_{sm_s}(\boldsymbol{\sigma}) = s(s+1)\hbar^2\chi_{sm_s}(\boldsymbol{\sigma}), \quad s=\frac{1}{2} \qquad (10-140b)$$

$$\hat{S}_3\hbar\chi_{sm_s}(\boldsymbol{\sigma}) = m_s\hbar\chi_{sm_s}(\boldsymbol{\sigma}) \qquad (10-140c)$$

電子自旋大小 $\hat{\boldsymbol{S}}^2$ 的量子數 $s=\frac{1}{2}$ 是固定值，於是 χ_{sm_s} 有時寫成 $\chi_{1/2\ m_s}$，或乾脆省掉 $\frac{1}{2}$，僅寫成 χ_{m_s}。含自旋的本徵函數，依相互作用的情形，角動量 **L** 和 **S** 先合成總角動量 **J** 後再來和外力較勁：

$$\boldsymbol{J} = \boldsymbol{L} + \boldsymbol{S}$$

這時的式（10 – 140a）變成：

$$\left[\psi_{nlm}(r,\theta,\varphi)\chi_{sm_s}(\boldsymbol{\sigma})\right]_{jm_j} \equiv \Psi_{nlsjm_j}(\boldsymbol{r},\boldsymbol{\sigma}) \qquad (10-140d)$$

j 和 m_j 是總角動量 $\hat{J}^2$ 和 J_3 的量子數：

$$J^2\hbar^2\Psi_{nlsjm_j}(\boldsymbol{r},\boldsymbol{\sigma}) = j(j+1)\hbar^2\Psi_{nlsjm_j}(\boldsymbol{r},\boldsymbol{\sigma})$$

$$\hat{J}_3\hbar\Psi_{nlsjm_j}(\boldsymbol{r},\boldsymbol{\sigma}) = m_j\hbar\Psi_{nlsjm_j}(\boldsymbol{r},\boldsymbol{\sigma})$$

式（10 – 140d）左邊的中括號是表示角動量的合成。使用式（10 – 140a）或式（10 – 140d），視物理體系的內容來選，這時的能量總簡併度是：

$$2n^2 \qquad (10-140e)$$

那麼爲什麼會帶來這麼大的簡併度呢？核和電子的相互作用的庫侖電勢能 $V(r)$ 是球對稱，無方向性的連心力，座標軸的 x_3 軸有無限多的方向；還好量子數的本質是，相鄰兩量子數的差是：

$$\Delta 量子數 = \pm 1 \quad (10-141)$$

例如 $\Delta n = \pm 1, \Delta l = \pm 1, \Delta m = \pm 1$，這是量子化的必然結果，因此把無限多的可能性縮減到式（10 – 139）。顯然要解除簡併，必須使座標軸的 x_3 有明確的方向，相當於破壞高度的球對稱，唯一的方法是從外邊加力，並且這個力僅影響電子運動而不能改變能量，這種力就是磁場，令角動量 $\boldsymbol{L}$ 和 $\boldsymbol{S}$ 如圖 10 – 36 和 10 – 37 的空間量子化，這是爲什麼稱 ψ_{nlm} 的 m 爲磁量子數的由來，m 又稱方位量子數（azimuthal quantum number），因外磁場 $\boldsymbol{B}$ 帶來 x_3 方向。外加磁場只解除了 $\hat{L}_3$ 和 $\hat{S}_3$ 的簡併，至於解除角動量 $\hat{\boldsymbol{L}}^2$ 的簡併，必須來自原子內部的其他相互作用，這裡我們不再深入，是庫侖相互作用太簡單了，它是最重要的相互作用。

(iii) 宇稱（parity）[15]

經典物理的基礎方程式，無論使用右手定則或左手定則座標都是同樣的形式，即把方程式的空間座標從 $\boldsymbol{r}$ 變成（$-\boldsymbol{r}$），方程式的形式不變。這表示方程式所描述的物理現象，對空間反演（space inversion）不變，稱爲宇稱守恆（parity conservation）。同樣地，在量子力學時，如果描述物理體系的全能算符 Hamiltonian $\hat{H}$，對空間反演的變換不變的話，則 $\hat{H}$ 所描述的體系現象的宇稱必守恆。例如【**Ex.10 – 16**】是宇稱守恆的例子。在基態的粒子受到 $\hat{H}_{\text{int}} = x$ 的作用後體系的宇稱是基態的偶宇稱和 $\hat{H}_{\text{int}}$ 的奇宇稱之積的奇宇稱，於是從宇稱守恆，體系的終態必須是奇宇稱的激發態。所以瞭解描述體系的本徵函數的宇稱，處理問題時很方便。氫原子的庫侖勢能 $V(r)$ 是球對稱勢能，是連心力，故本徵函數必有明確的宇稱，以及角動量守恆，而且角動量量子數 l 會反映到宇稱上。

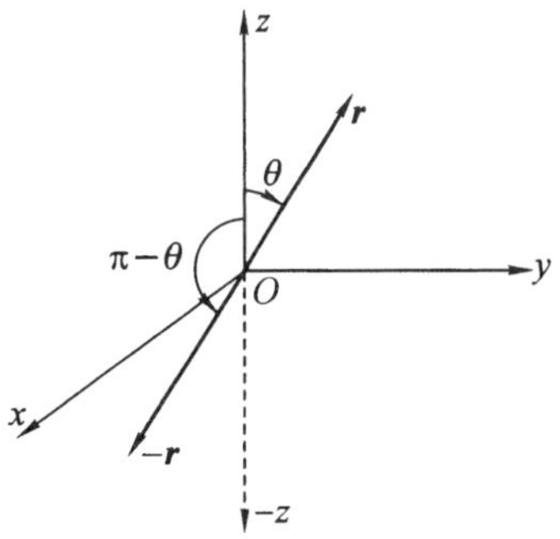

如右圖將 $\boldsymbol{r} = (r, \theta, \varphi)$，變換成（$-\boldsymbol{r}$），則得：

$$r \rightarrow r$$

$$\theta \rightarrow \pi - \theta$$

$$\varphi \rightarrow \pi + \varphi$$

則從式（10 – 109b）、（10 – 111c）（10 – 113）得：

$$e^{im\varphi} \rightarrow e^{im(\pi+\varphi)} = e^{im\pi} e^{im\varphi} = (-)^m e^{im\varphi}$$

$$\Theta_{lm}(\theta) \rightarrow \Theta_{lm}(\pi - \theta) = N_{lm} P_l^m(-\cos\theta)$$

$$= N_{lm}(-)^{l+m} P_l^m(\cos\theta)$$

$$= (-)^{l+m}\Theta_{lm}(\theta)$$

$$\therefore\ \psi_{nlm}(-\boldsymbol{r}) = (-)^{l+m+m}R_{nl}(r)\Theta_{lm}(\theta)\Phi_m(\varphi)$$

$$= (-)^{l}\psi_{nlm}(\boldsymbol{r}) \qquad (10-142)$$

所以 $\psi_{nlm}(\boldsymbol{r})$ 的宇稱確實和量子數 l 有關，l = 偶數時電子在偶宇稱狀態，l = 奇數時電子狀態是奇宇稱。除了上述的空間反演的宇稱之外，如果粒子有內部構造時還有內稟宇稱（intrinsic parity），請參閱後註 15。電子到目前（1998 年 12 月）爲止，一直探究到 10^{-17}cm 尚未找到內部構造是目前肯定有慣性質量的唯一基本粒子；今年（1998）夏天雖獲得了微中子（neutrino）有質量且沒內部構造的信息，但尚未做最後的肯定。

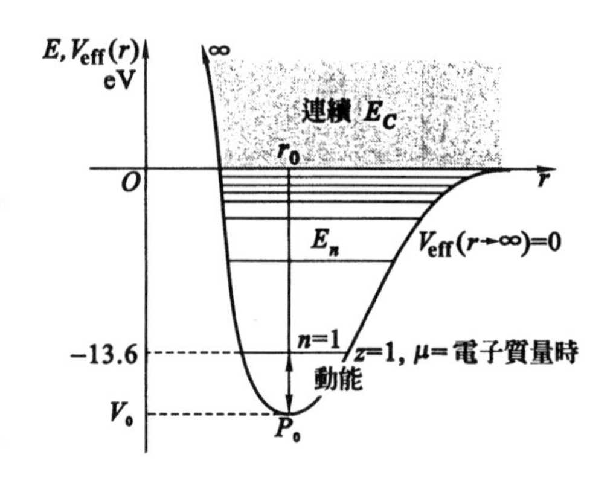

$$V_0 = \left(\frac{ze^2}{4\pi\varepsilon_0}\right)^2\frac{-\mu}{2l(l+1)\hbar^2}$$

$$V(r) = -\frac{1}{4\pi\varepsilon_0}\frac{ze^2}{r} = \text{庫侖勢能}$$

$$V_{\text{eff}}(r) = V(r) + \frac{\hbar^2}{2\mu}\frac{l(l+1)}{r^2} = \text{有效勢能}$$

$$E_n = -\left(\frac{ze^2}{4\pi\varepsilon_0}\right)^2\frac{\mu}{2n^2\hbar^2}$$

$n = 1, 2, \cdots\cdots, \infty$

$l = 1, 2, \cdots\cdots(n-1)$

$l = 0$ 時 $V_{\text{eff}} = V(r)$ 不在圖上

有效勢能及能級圖

圖 10 － 38

(iv) 能量本徵值，零點能

任意線性算符 $\mathscr{L}$，如果它滿足下式：

$$\mathscr{L}\phi = \Lambda\phi \qquad (10-143)$$

$$\Lambda = \text{標量}$$

則稱 ϕ 和 Λ 爲 $\mathscr{L}$ 的本徵函數和本徵值，而稱式（10 － 143）爲 Λ 的本徵值方程式。凡被束縛在有限空間的物理體系，如果相互作用勢能 V 不顯含時間，則體系的波動方程式經變數分離後，必能約化成能量本徵方程式：

$$\left(-\frac{\hbar^2}{2m}\nabla^2 + V\right)\psi(\boldsymbol{r}) \equiv \hat{H}\psi(\boldsymbol{r}) = E\psi(\boldsymbol{r})$$

$\hat{H}$ 稱爲體系的 Hamiltonian，$\psi(\boldsymbol{r})$ 和 E 分別稱爲 $\hat{H}$ 的本徵函數和本徵值；由於 $\hat{H}$ 是體系的全能算符，其量綱［H］= 能量，所以又稱 ψ 和 E 爲能量本徵函數和本徵值。一般地 E 含有分離部 E_n 和連續部 E_c。例如圖 10 － 38 是氫原子的勢能和能級圖，E 的最低值不是零，而是 $E_{n=1} \doteqdot -13.6$eV，表示電子仍然運動著，於是又稱爲零點能。凡是在束縛勢能（binding potential energy）場內運動的粒子，其最低能量都不會等於零，而是有限值，表示粒子不斷地運動著，這是量子效應。從 Heisenberg 的測不準原理，粒子是不該靜止，因爲粒子被束縛在有限空間，因此線

度均方根偏差 Δx = 有限，則由 $\Delta x \Delta P_x \geqslant \hbar/2$ 得 ΔP 也等於有限大小，表示粒子的動量不等於零，所以束縛態的最低能級常稱爲零點能。那麼電子在勢能場內做什麼樣的運動呢？要瞭解這現象，必須先瞭解概率幅（probability amplitude）$\psi_{nlm}(r,\theta,\varphi)$ 的各種性質。

(v) 概率密度 $|\psi_{nlm}(\boldsymbol{r})|^2$，概率幅 $\psi_{nlm}(\boldsymbol{r})$ 的一些性質

經典力學是有明確的粒子運動軌道，粒子的位置和動量是肯定的，但在量子力學僅知道粒子在空間任意點的概率，它是概率幅 ψ_{nlm} 的絕對值平方。所以先瞭解 ψ_{nlm} 的性質是必需條件。

(a) 原點附近的 $\psi_{nlm}(r,\theta,\varphi)$

由於使用沒內部構造的核和電子，點狀粒子間的庫侖勢能 $V(r) = -\dfrac{1}{4\pi\varepsilon_0}\dfrac{ze^2}{r}$

$$\therefore \quad \lim_{r\to 0} V(r) \to \infty$$

但式（10－134）和（10－135）的 $\psi_{nlm}(\boldsymbol{r}) = R_{nl}(r)Y_{lm}(\theta,\varphi)$

$= -N_{nl}\rho^l e^{-\rho/2}L_{n+l}^{2l+1}(\rho)Y_{lm}(\theta,\varphi)$ 含有 ρ^l 因子。$\rho = \dfrac{2z}{na_0}r$，於是得：

$$\lim_{r\to 0}\psi_{nlm}(\boldsymbol{r}) \to 0$$

$$\therefore \quad \lim_{r\to 0}\psi_{nlm}(\boldsymbol{r})V(r) = \text{有限值} \qquad (10-144)$$

式（10－144）表示點狀粒子庫侖勢能當 $l \neq 0$ 時不會帶來麻煩，至於 $l = 0$ 時由式（10－117b）、（10－131）和（10－134）各得：

$$Y_{00} = \frac{1}{\sqrt{4\pi}}$$

$$R_{n0}(\rho) = -\sqrt{\left(\frac{2z}{na_0}\right)^3 \frac{(n-1)!}{2n(n!)^3}} \sum_{\nu=0}^{n-1}(-)^{\nu+1} \times \frac{(n!)^2}{(n-\nu-1)!(\nu+1)!\nu!}\rho^\nu e^{-\rho/2} \qquad (10-145)$$

$$= \text{球對稱函數}$$

$$\therefore \quad \lim_{r\to 0}\psi_{n00}(\boldsymbol{r}) = \frac{1}{\sqrt{4\pi}}\lim_{r\to 0}R_{n0}(r) \to 0$$

於是 $l = 0$ 時式（10－144）仍然成立。當 $l = 0$ 時 $\psi_{nlm}(\boldsymbol{r}) = \dfrac{1}{\sqrt{4\pi}}R_{n0}(r)$ = 球對稱，即電子可以出現在核旁，這是和 Bohr 模型最大的差異。Bohr 爲了要避免電子掉入核內才如式（10－17b）假定了角動量的量子化，且令角動量大小 $|\boldsymbol{L}| \equiv n'\hbar, n' = 1,2\cdots\cdots$；Bohr 的 n' 對應 Schrödinger 理論的軌道量子數 l，但 $l = 0,1,2,\cdots\cdots,(n-1)$，即含有 $l = 0$，有關和 Bohr 模型的對比在下面再詳細討論，

以幫助進一步瞭解唯象理論（Bohr模型）和從第一原理出發的Schrödinger理論的本質差異。可惜我們在本章不介紹 Dirac 的相對論性量子力學，不然更能深入瞭解經典力學和量子力學的差異（參見近代物理 II 的附錄(I)）。

【Ex.10 − 28】 求徑矢量大小 $|\boldsymbol{r}| = r$ 的期待值。

$$\langle r\rangle = \int \psi^*_{nlm}(\boldsymbol{r})\, r\psi_{nlm}(\boldsymbol{r})\, r^2 \sin\theta \mathrm{d}r\mathrm{d}\theta\mathrm{d}\varphi$$

$$= |N_{nl}|^2 \int_0^\infty R^*_{nl}(r) r^3 R_{nl}(r)\mathrm{d}r \int Y^*_{lm}(\theta,\varphi) Y_{lm}(\theta,\varphi)\sin\theta\mathrm{d}\theta\mathrm{d}\varphi$$

$$= \frac{1}{(2\beta)^4}\left(\frac{2z}{na_0}\right)^3 \frac{(n-l-1)!}{2n[(n+l)!]^3}\int \mathrm{e}^{-\rho}\rho^{2l+3}(L^{2l+1}_{n+l}(\rho))^2\mathrm{d}\rho,$$

$$\rho = 2\beta r = \frac{2z}{na_0} r$$

利用式(10 − 132) 的 Laguerre 生成函數，$p \equiv 2l+1, q \equiv n+l$ 得：

$$\int_0^\infty \mathrm{e}^{-\rho}\rho^{p+2} U_p(p,s) U_p(p,t)\mathrm{d}\rho$$

$$= \sum_{q=p}^\infty \sum_{q'=p}^\infty \int_0^\infty \mathrm{e}^{-\rho}\rho^{p+2}\frac{L^p_q L^p_{q'}}{q!\,q'!} s^q t^{q'}\mathrm{d}\rho$$

$$= \frac{(st)^p}{[(1-s)(1-t)]^{p+1}}\int_0^\infty \mathrm{e}^{-\left(\rho+\frac{\rho s}{1-s}+\frac{\rho t}{1-t}\right)}\rho^{p+2}\mathrm{d}\rho$$

$$= \frac{(st)^p}{[(1-s)(1-t)]^{p+1}}\int_0^\infty \mathrm{e}^{-\frac{1-ts}{(1-t)(1-s)}\rho}\rho^{p+2}\mathrm{d}\rho$$

$$= \frac{(st)^p}{[(1-s)(1-t)]^{p+1}}\frac{(p+2)!}{\left(\frac{1-ts}{(1-t)(1-s)}\right)^{p+3}}$$

$$= \frac{[(1-s)(1-t)]^2}{(1-ts)^{p+3}}(p+2)!(st)^p,$$

使用$\dfrac{1}{(1-\xi)^{p+1}} = \displaystyle\sum_{k=0}^\infty \frac{(p+k)!}{p!\,k!}\xi^k$

$$= (p+2)!(st)^p \sum_{k=0}^\infty \frac{(1-2s+s^2)(1-2t+t^2)}{k!(p+2)!}(p+k+2)!(ts)^k$$

$$= \sum_{k=0}^\infty \frac{(p+k+2)!}{k!}(ts)^{k+p} \times$$

$$[1-2s(1-2t+t^2)+s^2(1-2t+t^2)-2t+t^2] \qquad (10-146\mathrm{a})$$

比較式(10 − 146a) 兩邊的$(ts)^{k+p}$ 的係數：

$$\int_0^\infty \mathrm{e}^{-\rho}\rho^{p+2}(L^p_{k+p}(\rho))^2\mathrm{d}\rho$$

$$= [(k+p)!]^2\left\{\frac{(p+k+2)!}{k!} + 4\frac{(p+k+1)!}{(k-1)!} + \frac{(p+k)!}{(k-2)!}\right\}$$

$$= \frac{[(k+p)!]^3}{k!}\{(p+k+2)(p+k+1) + 4k(p+k+1) + k(k-1)\}$$

取 $k + p \equiv n + l$,則 $k = n + l - p = n - l - 1$

$$\therefore \int_0^\infty e^{-\rho}\rho^{2l+3}(L_{n+l}^{2l+1}(\rho))\,d\rho = \frac{[(n+l)!]^3}{(n-l-1)!}(6n^2 - 2l^2 - 2l)$$

(10 – 146b)

$$\therefore \int \psi_{nlm}^*(\boldsymbol{r})\, r\psi_{nlm}(\boldsymbol{r})\,d^3x$$

$$= \frac{1}{(2\beta)^4}\left(\frac{2z}{na_0}\right)^3 \frac{(n-l-1)!}{2n[(n+l)!]^3}\frac{[(n+l)!]^3}{(n-l-1)!}2[3n^2 - l(l+1)]$$

$$= \left(\frac{a_0}{2z}\right)[3n^2 - l(l+1)] \qquad (10-146c)$$

【Ex.10 – 29】 求徑矢量大小 r 的倒數 $\frac{1}{r}$ 的期待值，這相當於求庫侖勢能 $V(r)$ 的期待值。

$$\langle\frac{1}{r}\rangle = \int \psi_{nlm}^*(\boldsymbol{r})\,\frac{1}{r}\psi_{nlm}(\boldsymbol{r})\,d^3x$$

$$= |N_{nl}|^2\int_0^\infty R_{nl}^* r R_{nl}\,dr\int Y_{lm}^*(\theta,\varphi)Y_{lm}(\theta,\varphi)\sin\theta\, d\theta\, d\varphi$$

$$= \frac{1}{(2\beta)^2}\left(\frac{2z}{na_0}\right)^3 \frac{(n-l-1)!}{2n[(n+l)!]^3}\int_0^\infty e^{-\rho}\rho^{2l+1}(L_{n+l}^{2l+1}(\rho))^2\,d\rho,$$

$$\rho = 2\beta r = \frac{2z}{na_0}r$$

使用 Laguerre 的生成函數式（10 – 132），且設 $p \equiv 2l + 1, q \equiv n + l$ 得：

$$\int_0^\infty e^{-\rho}\rho^p U_p(p,s)\,U_p(p,t)\,d\rho$$

$$= \sum_{q=p}^\infty\sum_{q'=p}^\infty\int_0^\infty e^{-\rho}\rho^p\,\frac{L_q^p L_{q'}^p}{q!\,q'!}s^q t^{q'}\,d\rho$$

$$= \frac{(st)^p}{[(1-s)(1-t)]^{p+1}}\int_0^\infty e^{-\left(\rho+\frac{\rho s}{1-s}+\frac{\rho t}{1-t}\right)}\rho^p\,d\rho$$

$$= \frac{(st)^p}{[(1-s)(1-t)]^{p+1}}\int_0^\infty e^{-\frac{1-ts}{(1-s)(1-t)}\rho}\rho^p\,d\rho$$

$$= \frac{(st)^p}{[(1-s)(1-t)]^{p+1}} p! \frac{[(1-t)(1-s)]^{p+1}}{(1-ts)^{p+1}}$$

$$= p!(st)^p \sum_{k=0}^{\infty} \frac{(p+k)!}{p!k!}(ts)^k$$

$$= \sum_{k=0}^{\infty} \frac{(p+k)!}{k!}(ts)^{p+k}$$

比較上式左右兩邊的 $(ts)^{p+k}$ 項得：

$$\int_0^\infty e^{-\rho}\rho^p (L_{p+k}^p(\rho))^2 d\rho = \frac{[(p+k)!]^3}{k!}$$

取 $p+k=n+l$，則 $k=n+l-p=n-l-1$，然後和上式一起代入 $\langle \frac{1}{r} \rangle$ 的式子便得：

$$\langle \frac{1}{r} \rangle = \frac{1}{(2\beta)^2}\left(\frac{2z}{na_0}\right)^3 \frac{(n-l-1)!}{2n[(n+l)!]^3} \frac{[(n+l)!]^3}{(n-l-1)!}$$

$$= \left(\frac{2z}{na_0}\right)\frac{1}{2n} = \frac{z}{n^2 a_0} \qquad (10-147a)$$

庫侖勢能的期待值 $\langle V(r) \rangle = -\frac{ze^2}{4\pi\varepsilon_0}\langle \frac{1}{r} \rangle$

$$\therefore \langle V(r) \rangle = -\frac{ze^2}{4\pi\varepsilon_0}\frac{z}{n^2 a_0} = -\left(\frac{ze^2}{4\pi\varepsilon_0}\right)^2 \frac{m_e}{n^2\hbar^2}, \quad m_e = \text{電子質量}$$

$$(10-147b)$$

氫原子的能量本徵值 $E_n = -\left(\frac{ze^2}{4\pi\varepsilon_0}\right)^2 \frac{\mu}{2n^2\hbar^2}, \mu = \frac{m_N m_e}{m_N + m_e}, m_N =$ 核的質量；當 $m_N \gg m_e$ 時 $\mu \doteq m_e$，所以在 $m_N \gg m_e$ 時 $\langle V(r) \rangle = 2E_n$。這關係是一般性的，任何勢能 $U(r)$，只要 $U(r) \propto \frac{1}{r}$，則 $\langle U(r) \rangle = 2 \times$（能量本徵值）。這關係類似諧振子的勢能期待值和體系能量本徵值之間有一定的關係一樣，所以有時稱 $\langle V(r) \rangle = 2E_n$ 爲庫侖勢能的 Virial 定理（方便稱呼）。所以動能 T 的期待值 $\langle T \rangle = E_n - \langle V \rangle = -E_n =$ 正值，很合理。

(b) 徑向概率密度（radial probability density）

由於核和電子間的相互作用是連心力，所以才使用球座標（附錄(c)）解 Schödinger 波動方程而獲得了解（10－135）式：

$$\psi_{nlm}(r,\theta,\varphi) = R_{nl}(r) Y_{lm}(\theta,\varphi)$$

$R_{nl}(r) =$ 正交歸一化實函數，$Y_{\theta,\varphi}$ 是正交歸一化複數函數。電子出現在空間任意

微小體積 $d\tau$ 內的概率是如圖 10－39(a)：

$$\psi_{nlm}^{*}(\boldsymbol{r})\psi_{nlm}(\boldsymbol{r})d\tau = \psi_{nlm}^{*}(\boldsymbol{r})\psi_{nlm}(\boldsymbol{r})r^2\sin\theta drd\theta d\varphi$$

將上式對角度積分就是如圖 10－39(b)，電子出現在 r 和 $(r+dr)$ 之間球殼的概率 $P_{nl}(r)dr$：

$$\begin{aligned} P_{nl}(r)dr &\equiv \int_0^{\pi}d\theta\int_0^{2\pi}d\varphi\psi_{nlm}^{*}(\boldsymbol{r})\psi_{nlm}(\boldsymbol{r})r^2\sin\theta \\ &= r^2R_{nl}^{*}(r)R_{nl}(r)dr\int_0^{\pi}d\theta\int_0^{2\pi}d\varphi Y_{lm}^{*}(\theta,\varphi)Y_{lm}(\theta,\varphi)\sin\theta \\ &= r^2(R_{nl}(r))^2dr \end{aligned} \tag{10－148}$$

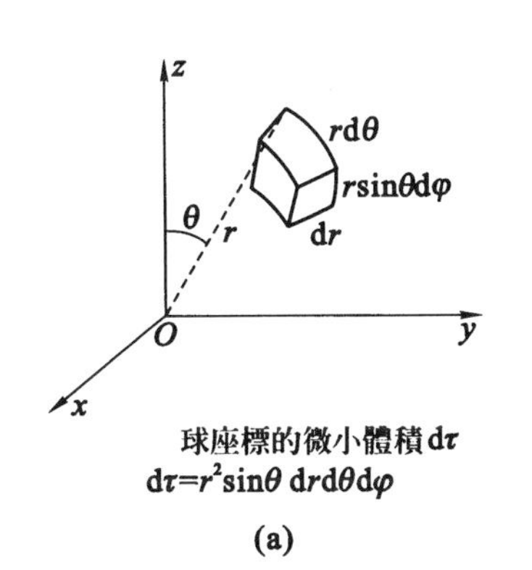

(a)

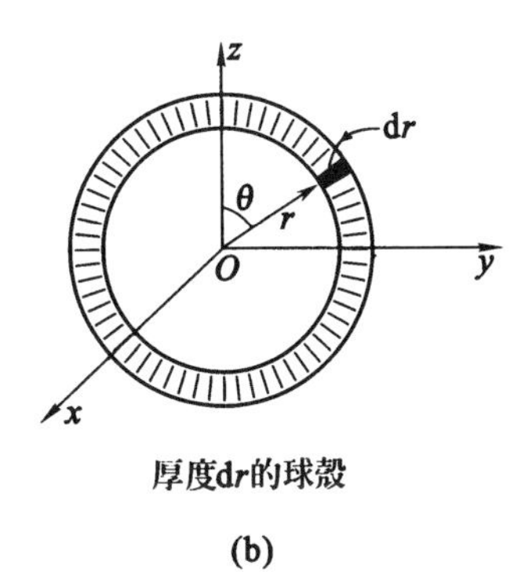

(b)

圖 10－39

從式（10－131）和（10－134）得 $R_{nl}(r)$ 是球對稱函數，故 $P_{nl}dr$ 是球對稱分布的概率，$P_{nl}(r)$ 稱爲徑向概率密度。那麼 $P_{nl}(r)$ 的實際分布情形如何呢？把 $P_{10}(r)$ 和 $P_{20}(r)$ 畫在圖 10－40（a,b）。

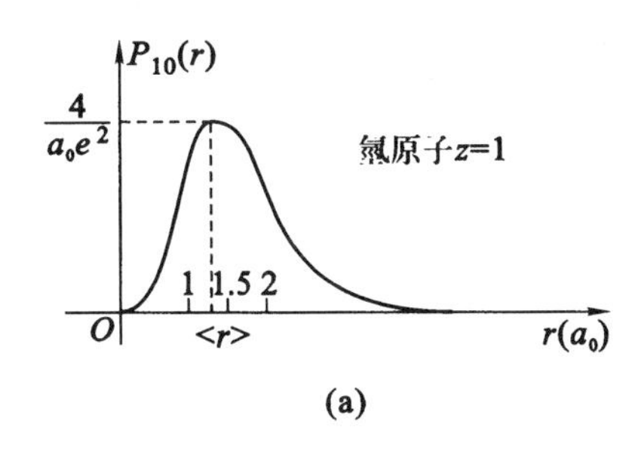

(a)

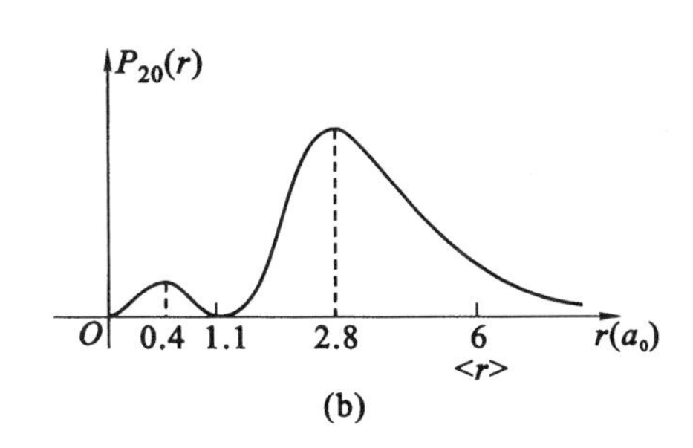

(b)

圖 10－40

從式（10－131）和（10－134）得 $R_{10}(r)$ 和 $R_{20}(r)$：

$$R_{10}(r) = -\left(\frac{z}{a_0}\right)^{3/2}2e^{-zr/a_0}L_1^1(2\beta r)$$

$$= 2\left(\frac{z}{a_0}\right)^{3/2} e^{-zr/a_0} \qquad (10-149a)$$

$$R_{20}(r) = \left(\frac{z}{2a_0}\right)^{3/2}\left(2-\frac{zr}{a_0}\right)e^{-zr/(2a_0)} \qquad (10-149b)$$

$$\therefore \quad P_{10}(r) = r^2(R_{10})^2 = 4\left(\frac{z}{a_0}\right)^3 r^2 e^{-2zr/a_0} \qquad (10-149c)$$

$$\frac{dP_{10}(r)}{dr} = 8\left(\frac{z}{a_0}\right)^3\left(1-\frac{z}{a_0}r\right)re^{-2zr/a_0}$$

令$\dfrac{dP_{10}}{dr} = 0$得$r = a_0/z$，這是圖 10 – 40(a) 的極大點位置，因爲：

$$\frac{d^2P_{10}}{dr^2} = 8\left(\frac{z}{a_0}\right)^3\left\{1-\frac{4z}{a_0}r+2\left(\frac{z}{a_0}\right)^2r^2\right\}e^{-2zr/a_0}$$

$$\left(\frac{d^2P_{10}}{dr^2}\right)_{r=a_0/z} = 8\left(\frac{z}{a_0}\right)^3(1-4+2)e^{-2} < 0$$

故 P_{10} 有極大值在 $r = a_0/z$，另一方面從【**Ex.10 – 28**】的式（10 – 146c）得 $n = 1, l = 0$時的$\langle r \rangle = \dfrac{3}{2}\dfrac{a_0}{z} > \dfrac{a_0}{z}$。同樣地得：

$$P_{20}(r) = r^2(R_{20}(r))^2 = \left(\frac{z}{2a_0}\right)^3\left\{4r^2-4\frac{z}{a_0}r^3+\left(\frac{z}{a_0}\right)^2r^4\right\}e^{-zr/a_0} \qquad (10-149d)$$

$$\frac{dP_{20}(r)}{dr} = \left(\frac{z}{2a_0}\right)^3\left\{8-16\left(\frac{z}{a_0}\right)r+8\left(\frac{z}{a_0}\right)^2r^2-\left(\frac{z}{a_0}\right)^3r^3\right\}re^{-zr/a_0}$$

令 $dP_{20}/dr = 0$ 得三個實數解：

$$r = \begin{cases} 0.40396 \doteq 0.4 \equiv r_1 \\ 1.05901 \doteq 1.1 \equiv r_2 \\ 2.76631 \doteq 2.8 \equiv r_3 \end{cases} \qquad 取了\ z = 1, a_0 = 0.529\text{Å}$$

將 r_1, r_2 和 r_3 分別代入$\left(\dfrac{d^2P_{20}}{dr^2}\right)_{z=1}$，$r_1$ 和 r_3 時$\left(\dfrac{d^2P_{20}}{dr^2}\right)_{z=1}$小於零表示極大，而 r_2 時大於零表示極小，另一方面由式（10 – 146c）得 $n = 2, l = 0$時$\langle r \rangle = 6a_0/z$，將這些結果畫在圖 10 – 40(b)。氫原子的原子序數 $z = 1$，則 P_{10} 的極大點 $r = a_0$，這是 Bohr 模型式（10 – 19a）式的 Bohr 半徑 $r_B \doteq 0.529$Å，再次看到 Bohr 模型和 Schrödinger 理論的對應。

圖 10 – 40 表示電子在徑矢量方向出現的概率，不過本徵函數尚有角度 Y_{lm} 部分，雖徑向概率 $P_{nl}(r) \neq 0$，但總概率是 $|\psi_{nlm}(r,\theta,\varphi)|^2 = (R_{nl}(r))^2 \times |Y_{lm}(\theta,\varphi)|^2$，於是角度概率密度 $|Y_{lm}(\theta,\varphi)|^2$ 等於零的話，找到電子的概

率就等於零。例如 $|Y_{1,\pm1}|^2 = \frac{3}{8\pi}\sin^2\theta$（參見後註21），其圖如圖 10－41(a)，假定如圖 10－41(b)，$P_{21}(r)$ 的最大概率是厚度 Δr 的球殼，則兩者的乘積變成圖 10－41(c)。當然徑向概率不是像圖 10－41(b) 那樣地突變，而是如圖 10－40（a,b）那樣逐漸地變小。

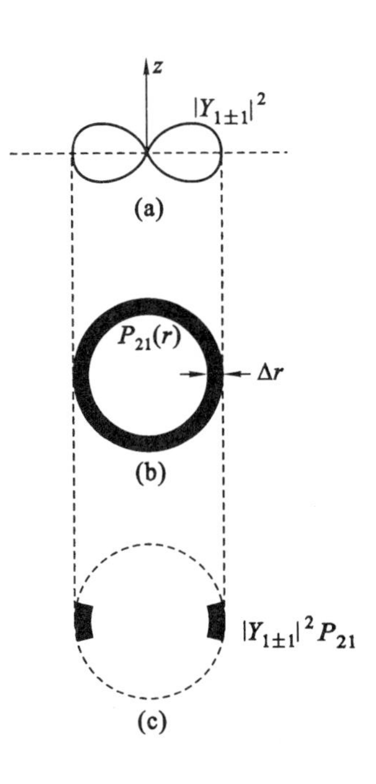

圖 10－41

(c) 徑向本徵函數 $R_{nl}(r)$ 的節點（nodes）

徑向能量本徵微分方程式（10－115b）：

$$\left\{\frac{1}{r^2}\frac{\mathrm{d}}{\mathrm{d}r}\left(r^2\frac{\mathrm{d}}{\mathrm{d}r}\right)+\frac{2\mu}{\hbar^2}[E-V(r)]-\frac{l(l+1)}{r^2}\right\}R(r)$$

$$=\left\{\left(\frac{\mathrm{d}^2}{\mathrm{d}r^2}+2\frac{1}{r}\frac{\mathrm{d}}{\mathrm{d}r}\right)+\frac{2\mu}{\hbar^2}[E-V(r)]-\frac{l(l+1)}{r^2}\right\}R(r)$$

$$=0$$

波函數必須單值、有限且連續，要滿足這些條件，從上式的微分部，有二次及一次微分，得 ∇R 和 R 必須連續且有限才行。同樣地，上式的微分以外的項也必須有限才行。由於使用了點粒子的庫侖勢能 $V(r)=-\frac{1}{4\pi\varepsilon_0}\frac{ze^2}{r}$，結果 $\lim_{r\to0}V(r)\to\infty$，因此在解上式的式（10－125a）曾要求 $\lim_{r\to0}R(r)\to0$，其結果如式（10－144）$\lim_{r\to0}R(r)V(r)$ ＝有限，所以 $R(r=0)=0$，不是 $R(r)=0$ 的解。$R_{nl}(r)=0$ 時徑向概率密度 $P_{nl}=r^2|R_{nl}(r)|^2=0$，故 P_{nl} 的節點就是 $R_{nl}(r)$ 的解，又稱 R_{nl} 的節點。從式（10－131）和（10－134）看出，$R_{nl}(r)$ 是（$n-1$）次到（$n-l-1$）次的多項式，所以其最大的節點數＝（$n-1$），直到（$n-l-1$）。例如圖 10－40，P_{10} 沒節點，P_{20} 有一個節點。瞭解節點數有什麼好處呢？可以知道徑向概率密度有多少極大點。於是能粗略地畫出或瞭解 $P_{nl}(r)$ 的情形；例如 $P_{21}(r)$，其節點＝2－1－1＝0，故 $P_{21}(r)$ 大致如右圖。

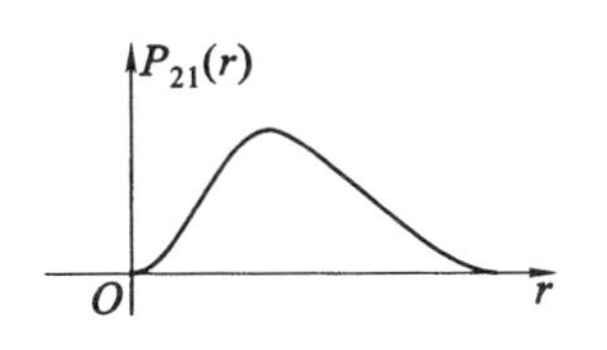

(d) 角度概率密度（angular probability density），殼層構造

總概率密度 $P=\psi^*_{nlm}(\boldsymbol{r})\psi_{nlm}(\boldsymbol{r})$

$$=R^*_{nl}(r)R_{nl}(r)Ⓗ^*_{lm}(\theta)Ⓗ_{lm}(\theta)\Phi^*_m(\varphi)\Phi_m(\varphi) \qquad (10-150a)$$

$\Phi_m(\varphi)=\frac{1}{\sqrt{2\pi}}e^{im\varphi}$，故 $\Phi_m^*\Phi_m=1$，表示 $\varphi=0$ 到 $\varphi=2\pi$ 都是同一概率，軸對稱的概率分布使得 P 和 φ 無關，唯一的方向性是來自 θ，於是稱 $|\Theta_{lm}(\theta)|^2$ 爲 P 的方向調制因子（modulation factor）。從式（10－131）（10－134）得 $R_{nl}^*(r)R_{nl}(r)=(R_{nl}(r))^2$，並且是球對稱函數，同時由 R 的節點，把球對稱的分布分成殼層狀；如圖 10－40 所示。$n=1$ 時最大概率分布是 $r=a_0(z=1)$ 的球殼，$n=2$ 時有兩個球殼，外球殼的概率大於內球殼的概率。那麼 $|\Theta_{lm}(\theta)|^2$ 對這些球殼扮演什麼樣的角色呢？

$$\sum_{m=-l}^{l}P=\sum_{m=-l}^{l}(R_{nl}(r))^2|\Theta_{lm}(\theta)|^2=(R_{nl}(r))^2\sum_{m=-l}^{l}|\Theta_{lm}(\theta)|^2$$
$$\equiv P(n,l) \qquad (10-150b)$$

$P(n,l)$ 是球對稱，$P(n,l)$ 所構成的殼層稱爲**亞殼層**（subshell），對 $P(n,l)$ 的軌道量子數 l 也加起來：

$$\sum_{l=0}^{n-1}P(n,l)=\sum_{l=0}^{n-1}\sum_{m=-l}^{l}|\psi_{nlm}(\boldsymbol{r})|^2=P(n) \qquad (10-150c)$$

$P(n)$ 也是球對稱函數，$P(n)$ 所構成的殼層稱爲**主殼層**（pincipal shell）。$P(n)$ 僅和 n 有關，但 $P(n,l)$ 是和 n,l 有關；同一 n 不同的 l 緊接著，不同的 n 相距的較大，在光譜學中這些主、亞殼層有如表 10－6 的名稱，各主殼層有式（10－140e）$2n^2$ 的電子數，而各亞殼層的電子數是 $2(2l+1)$，前面的因子「2」表示內稟角動量的兩個自由度。

表 10－6　殼層名稱及電子數

主殼層 n	1	2	3	4	5	6	7	……	
層名	K	L	M	N	O	P	Q	……	
電子數	$2n^2$								
亞殼層 l	0	1	2	3	4	5	6	7	……
狀態名	s	p	d	f	g	h	i	j	……
電子數	$2(2l+1)$								

【**Ex.10－30**】求亞殼層 $n=2,l=1$ 的 $P(2,1)$ 概率函數。

$$P(2,1)=\sum_{m=-1}^{1}|\psi_{21m}(\boldsymbol{r})|^2$$
$$=(R_{21}(r))^2\sum_{m=-1}^{1}|Y_{1m}(\theta,\varphi)|^2$$

由式（10－131）和（10－134）得：

$$R_{21}(r)=\left(\frac{z}{2a_0}\right)^{3/2}\frac{zr}{\sqrt{3}a_0}e^{-\frac{zr}{2a_0}}$$

由後註21得：

$$Y_{1,\pm1}(\theta,\varphi)=\mp\sqrt{\frac{3}{8\pi}}(\sin\theta)\mathbf{e}^{\pm i\varphi}$$

$$Y_{1,0}(\theta,\varphi)=\sqrt{\frac{3}{4\pi}}\cos\theta$$

$$\therefore\quad P(2,1)=\left(\frac{z}{2a_0}\right)^3\frac{z^2r^2}{3a_0^2}e^{-zr/a_0}\times\left(\frac{3}{4\pi}\sin^2\theta+\frac{3}{4\pi}\cos^2\theta\right)$$

$$\therefore\quad P(2,1)=\frac{1}{32\pi}\left(\frac{z}{a_0}\right)^5r^2e^{-zr/a_0}$$

＝球對稱函數

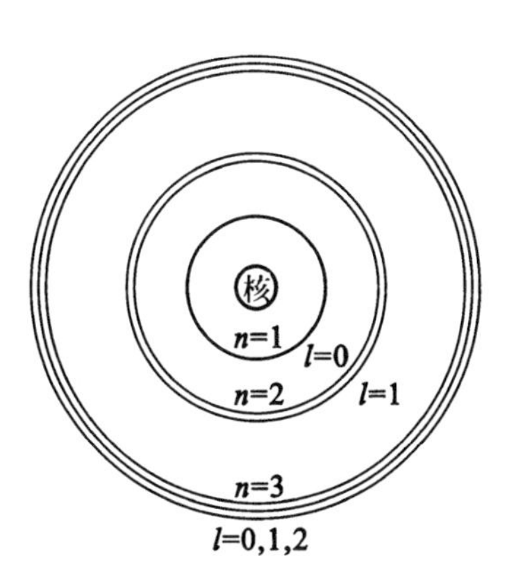

原子的殼層構造

圖10－42

至於 $P(2,0)=P_{20}/r^2=\{$式（10－149d）$\div r^2\}=$球對稱函數，$n=2$ 的殼層構造如圖10－42所示。

【Ex.10－31】 求 $n=2$ 主殼層的 $P(2)$ 概率函數。

$$P(2)=\sum_{l=0}^{1}\sum_{m=-l}^{l}|\psi_{n=2,lm}(\boldsymbol{r})|^2$$

$$=|\psi_{200}(\boldsymbol{r})|^2+|\psi_{21-1}(\boldsymbol{r})|^2+|\psi_{210}(\boldsymbol{r})|^2+|\psi_{211}(\boldsymbol{r})|^2$$

由式（10－131）和（10－134）得：

$$R_{20}(r)=\left(\frac{z}{2a_0}\right)^{3/2}\left(2-\frac{zr}{a_0}\right)e^{-\frac{zr}{2a_0}}$$

$$R_{21}(r)=\left(\frac{z}{2a_0}\right)^{3/2}\frac{zr}{\sqrt{3}a_0}e^{-\frac{zr}{2a_0}}$$

$Y_{1m}(\theta,\varphi)$ 如**【Ex.10－30】**所示，$Y_{00}=\frac{1}{\sqrt{4\pi}}$，所以 $P(2)=P(2,0)+P(2,1)$：

$$\therefore\quad P(2)=\frac{1}{32\pi}\left(\frac{z}{a_0}\right)^3e^{-zr/a_0}\left\{\left(2-\frac{zr}{a_0}\right)^2+\left(\frac{zr}{a_0}\right)^2\right\}$$

＝球對稱函數

(C) 週期表（periodic table）

氫原子是目前自然界存在的所有 92 種元素中，構造最簡單質量最輕的元素，其初步結構，非相對性的 Schrödinger 量子力學就足夠了。由於這些理由在前 (B) 節中徹底地解氫原子的能量本徵微分方程，並且討論了能量本徵函數 $\psi_{nlm}(\boldsymbol{r})$ 的內涵，獲得了電子概率分布是很有規則的殼層狀，每層的電子數是受量子數 n 和 l 的支配，有一定的規律，每主殼層的總電子數式（10 － 140e）所給的數目 2,8,18,32,50…… 剛好是 1920 年代初葉 Stoner 分析週期表上的元素光譜所得的「原子幻數」（atomic magic number）（參見 Ⅲ(C)）。這種理論和實驗值的一致不是偶然的，進一步把 Pauli 原理式（10 － 20b）用到 Schiödinger 的氫原子理論，使每一組量子數（$nlsm_lm_s$）最多只允許一個電子，竟然能順利地說明，在 1869 年 Mendeleev 以原子量的輕重和化學性順次排列出來的週期表（參見 Ⅱ(A)）。這個驚人的一致不但物理學界，並且化學界都振奮起來。週期表上除氫以外的原子是有兩個或兩個以上的電子，它們一方面和核，另一方面和其他電子都有電磁相互作用，並且比氫原子重；所以要定量地說明週期表上氫以外的元素性質，必須解更複雜的 Schrödinger 波動方程。最簡單的是將複雜的多體電磁相互作用勢能，利用自洽（self consistency）方法求平均勢能，約化成類似氫原子，僅有一個電子的問題來解決元素最起碼的結構，這種方法稱爲獨立粒子模型（independent particle model）。但在下面的說明比獨立粒子模型更簡略，完全用上述 (B) 的結果，僅有一個電子的氫原子的理論結果來定性地說明週期表。指定電子狀態的量子數是：

$$\left.\begin{array}{ll}\text{內稟角動量量子數} & s=\dfrac{1}{2}\\ \text{內稟角動量磁量子數} & m_s=-\dfrac{1}{2},\dfrac{1}{2}\\ \text{主量子數} & n=1,2,\cdots\cdots,\infty\\ \text{軌道角動量量子數} & l=0,1,2,\cdots\cdots,(n-1)\\ \text{軌道角動量磁量子數} & m_l=-l,\cdots\cdots,-1,0,1,\cdots\cdots,l\end{array}\right\}\quad(10-151)$$

把這些內容列在表 10 － 7。

表 10－7　氫原子的量子數，各狀態的電子數

內稟角動量 s	$\frac{1}{2}$															
主量子數 n	1	2		3			4				5					………
軌道量子數 l	0	0	1	0	1	2	0	1	2	3	0	1	2	3	4	………
磁量子數的個數 m_l	0	0	3	0	3	5	0	3	5	7	0	3	5	7	9	………
磁量子數的個數 m_s	2	2	2	2	2	2	2	2	2	2	2	2	2	2	2	………
$2(2l+1)$ 亞殼層電子數	2	2	6	2	6	10	2	6	10	14	2	6	10	14	18	………
$2n^2$ 主殼層電子數	2	8		18			32				50					………

從表10－7一目瞭然地能看出各主量子數 n 下的，亞殼層間的規則性，又得主殼層的總電子數 z 是 Stoner 的原子幻數。原子序數，即原子的總電子數 z 等於幻數的原子氦（$z=2$），氖（$z=10$，等於 $2+8$），氬（$z=18$，等於 $2+8+8$），氪（$z=36$，等於 $2+8+18+8$）等都是惰性的穩定氣體，它們是主殼層或亞殼層填滿幻數電子2,8,18的元素。原子序數 z 等於幻數的元素是惰性氣體氦（He, $z=2$），大氣成分的氧氣（O_2, $z=8$），惰性氣氬（Ar, $z=18$）和金屬鍺（Ge, $z=32$），用來包裝糖果的錫（Sn, $z=50$）都是穩定元素。再則表10－7和週期表（後注23）的關係，在解氫原子時從二體約化成一體，其徑向方程式（10－107）多了一項斥力勢能 $\frac{\hbar^2}{2\mu}\frac{l(l+1)}{r^2}$（參見式（11－118）和式（10－119a）），這個勢能的經典圖象是離心力，由式（10－115b）和式（10－119b），離心力大小 f 是：

$$f=\frac{1}{\mu}\frac{L^2}{r^3}=\frac{1}{\mu}\frac{|\boldsymbol{r}\times\boldsymbol{P}|^2}{r^3} \qquad (10-152a)$$

$\boldsymbol{L}=\boldsymbol{r}\times\boldsymbol{P}=$ 經典角動量，假定等速率圓周運動，則 $\boldsymbol{r}\perp\boldsymbol{p}$, $|\boldsymbol{r}\times\boldsymbol{p}|=r\mu v$，於是：

$$f=\frac{\mu v^2}{r}=\text{經典力學的離心力} \qquad (10-152b)$$

所以 l 和離心力大小有關，l 愈大離心力愈大。在表10－7的殼層構造，$l\geqslant 2$ 的亞殼層由於離心力勢能式（10－119a）的存在，元素結構在填裝電子時會被擠到更大的主殼層去：

$$\left.\begin{array}{l} n(l=2)\longrightarrow(n+1)\\ n(l=3)\longrightarrow(n+2)\\ n(l=4)\longrightarrow(n+3)\\ \cdots\cdots\cdots\cdots\cdots\cdots \end{array}\right\} \qquad (10-153)$$

這就是說，$n = 3$ 的 $l = 2$ 的亞殼層移到 $n = 4$ 主殼層，$n = 4$ 的 $l = 2$ 移到 $n = 5$ 等等， 分別得 Sc（鈧，$z = 21$） ~ Zn（鋅，$z = 30$）；Y（釔，$z = 39$） ~ Cd（鎘，$z = 48$）；La（鑭，$z = 57$），Hf（鉿，$z = 72$） ~ Hg（汞，$z = 80$）等等各 10 個元素出現在週期表的 $n = 4,5,6$ 族內[23]。至於 La 和 Hf 之間有 14 個元素是屬於 $n = 4$ 的 $l = 3$ 的亞殼層移到 $n = 6$ 的主殼層，由於從 La 到 Lu（鎦，$z = 71$）的15個元素的化學性類似，所以把它們放在一起稱爲**鑭系**（Lanthanides）**元素**；同樣地，$n = 5$ 的 $l = 3$ 的亞殼層移到 $n = 7$ 的主殼層，從 Ac（錒，$z = 89$）到 Lr（鐒，$z = 103$）的 15 個元素有類似的化學性質，就把它們放在一起稱爲**錒系**（Actinides）元素；[23] 鑭錒系的 Ce（鈰，$z = 58$） ~ Lu以及 Th（釷，$z = 90$） ~ Lr 間各有 14 個元素屬於 $l = 3$ 的亞殼層元素。結果 $n = 3$ 的 $l = 0$，1 亞殼層的 8 個電子留在 $n = 3$ 的原來族內，它們是 Na（鈉，$z = 11$） ~ Ar（氬，$z = 18$）的8個元素；而 $n = 2$ 本來僅有 $l = 0$，1 的亞殼層的 Li（鋰，$z = 3$） ~ Ne（氖，$z = 10$）的8個元素；$n = 1$ 僅有 $l = 0$ 的亞殼層的兩個電子的氫和氦，就這樣地非常漂亮地解釋了週期表的各元素的初步結構，各元素的最基本的能量本徵函數是式（10 - 140a）或式（10 - 140d），質量較輕的元素和較重的元素，分別傾向於式（10 - 140a）和式（10 - 140d），前者的 $\Psi_{nlsm_l m_s}$（$\boldsymbol{r},\boldsymbol{\sigma}$）稱爲角動量 LS 偶合函數，後者的 $\Psi\ nlsjm_j$（$\boldsymbol{r},\boldsymbol{\sigma}$）稱爲角動量 JJ 偶合（coupling）函數。這裡不再深入介紹角動量方面的內容（參見第 11 章 I(C)）。

簡單的非相對性 Schrödinger 波動方程式，竟然如此成功地再現 1869 年 Mendeleev，以原子量的輕重和化學性質順次排列出來的週期表，科學家們不得不相信量子力學；後來就依據量子力學的理論，預言 1926 年尙未找到的元素，並且在加速器內造出在自然界不存在的壽命較短的元素 Np（錼 $z = 93$）到目前（1998年秋）的 Uub（$z = 112$）的人造元素，奠定了元素的結構以及力學的基礎理論，它就是量子力學，所以在化學內的物理化學是以量子力學爲基礎的領域。另一方面在 1895 年 Röntgen發現的 X 射線的來源也被解決了，它是電子從大 n_i 能級 E_{n_i} 躍遷到低 n_f 能級 E_{n_f} 時所輻射的波長介於 1Å ~ 10^{-2}Å 電磁波：

$$\text{頻率}\ \nu = \frac{E_{n_i} - E_{n_f}}{h}$$

$$\text{波長}\ \lambda = c/\nu$$

h = Planck 常數，c = 光速，n_f 大約爲 1 或 2，而 $n_i \geqslant 4$。依據輻射出的能量的大小分爲硬軟 X 射線，（$E_{n_i} - E_{n_f}$）愈大 X 射線愈硬（hard X-ray），反過來稱爲軟 X 射線（soft X-ray）。由原子最外殼層間的躍遷輻射出來的電磁波，波長是介於 4000Å ~ 7000Å 的可見光範圍。至於比 X 射線的波長更短的 γ 射線，是和電子的躍遷無關，它是來自原子核內的核子（nucleon），在核內能級間的躍遷釋放出的電磁波。

從量子力學理論推導出來的電子組態（configuration），不但能說明原子以及分子的物理性質，並且能解釋化學性質，例如化學鍵，原子價，它是由最外、未填滿的亞殼層的電子來決定，最重要的是 $l=0$，1 亞殼層的電子。例如由表 10－7，要填滿 $l=1$ 需要 6 個電子，如僅填 3 個，這個元素可以給掉 $l=1$ 的 3 個電子，變成正三價，也可以搶來三個電子變成負三價。一般地說亞殼層的電子數少於 $2(2l+1)$ 的一半時，原子是乾脆給掉電子而變成正原子價，超過 $2(2l+1)$ 的一半時往往是搶來電子變成負原子價。原子的原子價的正或負，完全視原子本身給掉電子或搶來電子，是那一種較方便且容易來決定。量子力學都能解決這種細節，所以不難想像為什麼 1920 年代末葉以後，科學會迅速發展。今日已進入信息時代，其基礎表面上是電子學和光電，但它們是建立在量子力學的基礎上；量子力學已涉及到醫學、農業、甚至於經濟學，藝術等，幾乎影響到各領域。對量子力學的入門介紹，到這裡告一段落，希望以上的內容能幫助大家在 21 世紀學習、發展物理學有所幫助。

練習題

(1) 數學的複數指數函數 $\exp(i\xi)=\cos\xi+i\sin\xi$，$\xi=$ 實數，或實函數；利用它證明式（10－70b）式 $\phi(x\leqslant 0,t)=\frac{D}{2}(1+ik_2/k_1)\exp[i(k_1x-\omega t)]+\frac{D}{2}(1-ik_2/k_1)\exp[-i(k_1x+\omega t)]$ 是駐波，試說明 $\phi(x\leqslant 0,t)$ 的振幅的絕對值平方和概率密度 $\rho(x,t)$ 的最大值（參考圖 10－22）的關係。

(2) ① 寫下式（10－75c）的 ψ_1 的波函數後，重新組合成駐波和平面波（行進波）形式。② 平面波是全空間的概率都一樣，故一維時為：

$$\phi(x,t)=N\exp[\pm i(kx\pm\omega t)]$$

$$\therefore\ \rho(x,t)=\phi^*(x,t)\phi(x,t)$$

$$=|N|^2=\text{常量（右圖）}$$

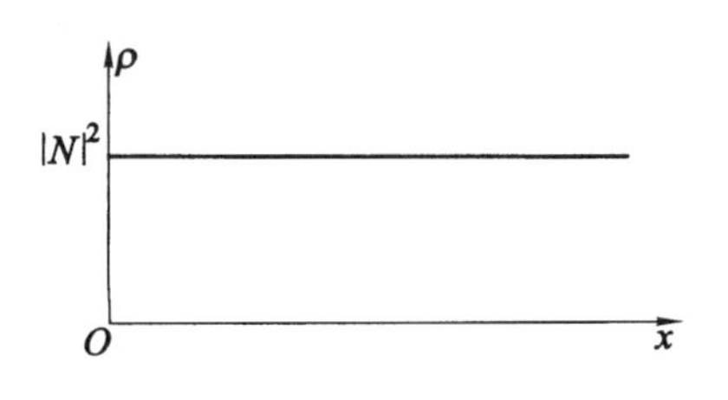

使用平面波的這種特性和駐波的性質（參考圖 10－22）畫出圖 10－23。

(3) 如下頁圖的對稱勢能壘，使用 $V(x)=V(-x)$ 的對稱性，求 $E<V_0$ 時的能量本徵函數及透射係數 T。

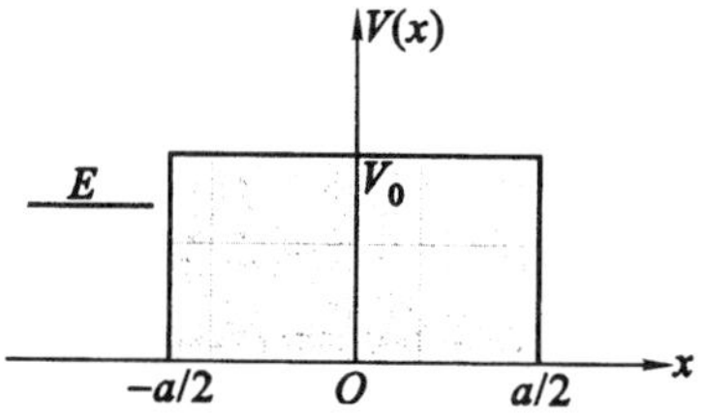

(4) ① 使用式（10 − 77a）證明 $|A|^2 = |B|^2 + |C|^2$ ② 求勢能壘 $E < V_0$ 時的反射係數 R，則從上 ① 的結果以及透射係數 T，試證明（$R + T$）$= 1$。

(5) 試說明爲什麼對稱勢能的能量本徵函數必有明確的宇稱，且基態必是偶宇稱。

(6) Gamow 使用圖 10 − 26 推導式（10 − 78c）時爲什麼不是 $T = \sum_i T_i$，而是 $T = \prod_i T_i$ 呢？$\prod_i a_i \equiv a_1 a_2 a_3 \cdots\cdots$ 的符號。

(7) 仿【**Ex.10 − 24**】中求電子在核內速度的方法來求質子在核內的速度，結果如何，有沒有意義？試說明爲什麼電子和質子差這麼大。如改用非相對論能量 $E = \dfrac{P^2}{2m}$ 的話，速度是多少？這時有沒有意義，爲什麼？

(8) 爲什麼束縛態的能量本徵值必小於零的負值，而非束縛態（unbound state）的能量本徵值是大於零的正值呢？那麼勢能 = 0 的能量本徵值呢？

(9) 氫原子的電子不但有質量有電荷，並且不斷地運動著，有軌道角動量和內稟角動量。使用經典圖象，電子軌道用封閉圓，內稟角動量用電子繞著，類似地球的自轉軸自轉，則由第七章的式（7 − 47），各產生軌道磁偶矩 $\boldsymbol{\mu}_l$ 和自旋磁偶矩 $\boldsymbol{\mu}_s$。你認爲氫原子的電子除了和核之間有電的庫侖相互作用外，有沒有其他相互作用？

(10) 仿【**Ex.10 − 28**】和【**Ex.10 − 29**】求氫原子的徑矢量大小 r^2 的期待值 $\langle r^2 \rangle$。

答：$\langle r^2 \rangle = \dfrac{a_0^2 n^2}{2z^2}\left[5n^2 - 3l(l+1) + 1\right]$。

(11) 比較 N. Bohr 模型和 Schrödinger 的氫原子理論以及結果。

(12) 使用氫原子徑向本徵函數 $R_{nl}(r)$ 的節點來估計 $P_{21}(r)$ 的圖，同時從式（10 − 131）和（10 − 134）求 $R_{21}(r)$ 後嚴格地推算 $r^2(R_{21}(r))^2$ 的極點並畫圖，證明估計圖和數學計算所得的圖一樣。

(13) 利用表 10 − 7 定人的第一養分氧氣的 ${}_8\mathrm{O}_8^{16}$，日常生活的必需品食鹽 NaCl 的 ${}_{11}\mathrm{Na}_{12}^{23}$（鈉），${}_{17}\mathrm{Cl}_{18}^{35}$（氯），導電性最好和次好的 ${}_{47}\mathrm{Ag}_{60}^{107}$（銀）和 ${}_{29}\mathrm{Cu}_{34}^{63}$（銅）的原子價。各元素的左下標表示質子數，即電子數，就是原子序數 z；右下標是中子數，右上標是質子數和中子數之和的質量數（mass number）。

第十章的摘要

(I) 經典物理學：Euclid空間，疊加原理，連續變化，實量。

(II) 重要實驗：{ 黑體輻射，線譜，比熱，光電效應，Compton效應，Rutherford，Franck-Hertz, Stern-Gerlach, G. P. Thomson的實驗。

(III) N. Bohr的模型：角動量量子化，穩定態不輻射。

(IV) de Broglie的假說：二象性：$P = h/\lambda$，$E = h\nu$，h = Planck常數。

(V) Schrödinger波動力學：Hilbert空間，疊加原理，二象性，守恆量，概率。

(1) 量子化：{ 算符，可觀測算符（Hermitian共軛算符），不可觀測算符；對易，不對易。

(2) 概率密度：概率幅，正交，歸一化，概率流密度。

(3) 物理體系狀態：{ 波函數，狀態函數，能量本徵函數，宇稱；能量本徵值，量子數，空間量子化，簡併，零點能。

(4) 測量：{
- 完全正交歸一化基，
- 期待值，
- Heisenberg測不準原理，【Ex】$\Delta x \Delta P_x \geqslant \dfrac{\hbar}{2}$
- 穩定態，
- 躍遷，選擇定則。

(5) 應用：{
- 簡單的勢能散射：自由粒子，階梯勢能，勢能壘，
- 【Ex】反射係數，透射係數，隧道效應。
- 束縛態：有限深方位阱，一維諧振子，氫原子。
- 週期表：{
  - 主殼層 $\sum_{l=0}^{n-1}\sum_{m=-l}^{l} |\psi_{nlm}(\boldsymbol{r})|^2$
  - 亞殼層 $\sum_{m=-l}^{l} |\psi_{nlm}(\boldsymbol{r})|^2$
  - 原子結構
  - 原子幻數：$2, 8, 18, 32, 50, \cdots\cdots = 2n^2, \qquad n = 1, 2, 3\cdots\cdots$

(VI) 內稟自由度：內稟角動量 $\boldsymbol{S}$

【Ex】電子：$\langle \hat{\mathbf{S}}^2 \rangle = s(s+1)\hbar^2, \quad s = \dfrac{1}{2}$

內稟宇稱：定核子內稟宇稱 = 偶宇稱

【Ex】π介子的內稟宇稱 = 奇宇稱

參考文獻和註

1）范岱年等編譯：愛因斯坦文集第二卷，臺灣凡異出版社，1991, $P37 \sim 53$。

2）潘永祥、王錦光主編：物理學簡史，湖北教育出版社，1991，第10,12,13章。

3）Sheldon L. Glashow：From Alchemy to Quarks, Brooks/Cole Publishing Company Pacific Grove, CA, 1994, *Chapters*6,10章。

4）Robert Eisberg and Robert Resnick：Quantum Physics of Atoms, Molecules, Solids, Nuclei, and Particles, John Wiley and Sons, Inc., 2nd ed., 1985。

5）

$$\lim_{\nu \to b} \frac{h\nu}{e^{\frac{h\nu}{kT}} - 1} = \lim_{\nu \to b} \frac{h\nu}{\frac{h\nu}{kT}\left[1 + \frac{1}{2\,!}\left(\frac{h\nu}{kT}\right) + \frac{1}{3\,!}\left(\frac{h\nu}{kT}\right)^2 + \cdots + \frac{1}{n\,!}\left(\frac{h\nu}{kT}\right)^{n-1}\right]}$$

$$= \lim_{\nu \to b} \frac{kT}{1 + \frac{1}{2\,!}\left(\frac{h\nu}{kT}\right) + \frac{1}{3\,!}\left(\frac{h\nu}{kT}\right)^2 + \cdots + \frac{1}{n\,!}\left(\frac{h\nu}{kT}\right)^{n-1}}$$

$$= \begin{cases} kT \cdots\cdots b \to 0 \\ 0 \cdots\cdots b \to \infty \end{cases}$$

故 $\frac{h\nu}{e^{\frac{h\nu}{kT}} - 1} = kT \frac{x}{e^x - 1} \equiv kTf(x)$， $x \equiv \frac{h\nu}{kT}$

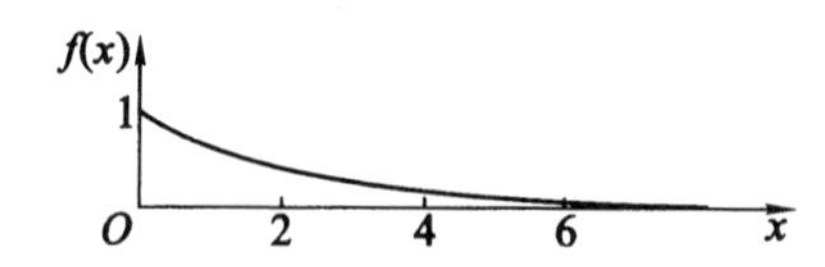

6）Robert Martin Eisberg：Fundamentals of Modern Physics, John Wiley & Sons, Inc., 1961,。

Linus Pauling and E. Bright Wilson：Introduction to Quantum Mechanics, McGraw-Hill Book Company, 1935。

Stephen Gasiorowicz：Quantum Physics, Jehn Wiley and Sons, Inc., 1974。

David Park：Introduction to the Quantum Theory, McGraw-Hill Book Company, 3rd. ed., 1992。

Walter Greiner：Quantum Mechanics—An Introduction, Vol. 1, Springer-Verlag, 1989。

7）Jun John Sakurai（editor：San Fu Tuan）：Modern Quantum Mechanics, The Benjamin/Cummings Publishing Company, Inc., 1985。

8）Ian Duck and ECG Sudarshan：Pauli and the Spin-Statistics Theorem, World Scientific, 1997。

Sin-itiro Tomonaga（translated by Takeshi Oka）：The Story of Spin, The University of Chicago Press, 1997。

9）經典力學的自旋

有 n 個粒子的物理體系，粒子質量 m_α，$\alpha = 1,2\cdots\cdots, n$，如下頁圖在相互作用下運

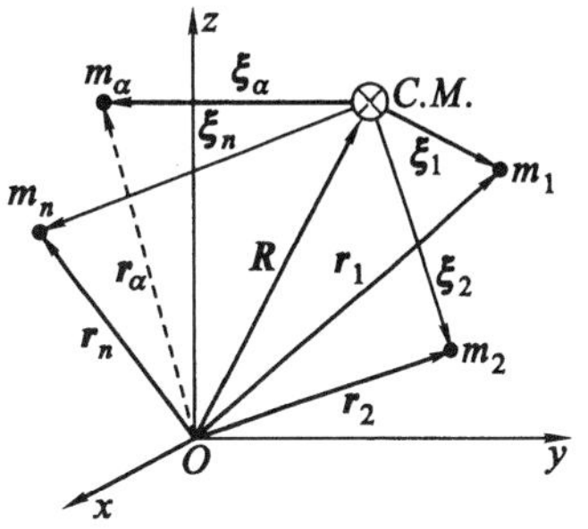

動著。$\boldsymbol{r}_\alpha$ 和 $\boldsymbol{\xi}_\alpha$ 分別爲各粒子從固定座標（x, y, z）的原點「O」和從質心 $C.M.$ 的位置徑矢量（radial vector），$\boldsymbol{R}$ 是質心的徑矢量：

$$\boldsymbol{R} = \left(\sum_{\alpha=1}^{n} m_\alpha \boldsymbol{r}_\alpha\right) / \left(\sum_{\alpha=1}^{n} m_\alpha\right) = \frac{1}{M}\sum_{\alpha=1}^{n} m_\alpha \boldsymbol{r}_\alpha \quad (1)$$

則體系的總角動量 $\boldsymbol{L} = \sum_{\alpha=1}^{n} \boldsymbol{L}_\alpha = \sum_{\alpha=1}^{n} (\boldsymbol{r}_\alpha \times m_\alpha \boldsymbol{v}_\alpha)$，$\boldsymbol{v}_\alpha = \mathrm{d}\boldsymbol{r}_\alpha/\mathrm{d}t \equiv \dot{\boldsymbol{r}}_\alpha$

由圖得：$\boldsymbol{r}_\alpha = \boldsymbol{R} + \boldsymbol{\xi}_\alpha \quad (2)$

$$\therefore \quad \boldsymbol{L} = \sum_{\alpha=1}^{n} m_\alpha (\boldsymbol{R} + \boldsymbol{\xi}_\alpha) \times (\dot{\boldsymbol{R}} + \dot{\boldsymbol{\xi}}_\alpha)$$

$$= \sum_{\alpha=1}^{n} m_\alpha \{(\boldsymbol{R} \times \dot{\boldsymbol{R}}) + (\boldsymbol{\xi}_\alpha \times \dot{\boldsymbol{R}}) + (\boldsymbol{R} \times \dot{\boldsymbol{\xi}}_\alpha) + (\boldsymbol{\xi}_\alpha \times \dot{\boldsymbol{\xi}}_\alpha)\}$$

但是由式(1)和(2)得 $\sum_{\alpha=1}^{n} m_\alpha (\boldsymbol{\xi}_\alpha \times \dot{\boldsymbol{R}}) = \sum_{\alpha} m_\alpha \{(\boldsymbol{r}_\alpha - \boldsymbol{R}) \times \dot{\boldsymbol{R}}\} = M\boldsymbol{R} \times \dot{\boldsymbol{R}} - M\boldsymbol{R} \times \dot{\boldsymbol{R}} = 0$

同理得 $\sum_{\alpha=1}^{n} m_\alpha (\boldsymbol{R} \times \dot{\boldsymbol{\xi}}_\alpha) = 0$

$$\therefore \quad \boldsymbol{L} = \boldsymbol{R} \times (M\dot{\boldsymbol{R}}) + \sum_{\alpha=1}^{n} \boldsymbol{\xi}_\alpha \times (m_\alpha \dot{\boldsymbol{\xi}}_\alpha) = \boldsymbol{R} \times \boldsymbol{P}_{CM} + \sum_{\alpha=1}^{n} \boldsymbol{\xi}_\alpha \times \boldsymbol{P}_{\xi\alpha}$$

$$\equiv \boldsymbol{L}_{C.M.} + \boldsymbol{L}_{\text{spin}}$$

$\boldsymbol{P}_{CM} \equiv M\dot{\boldsymbol{R}}$ = 質心動量，$\boldsymbol{P}_{\xi\alpha} \equiv m_\alpha \dot{\boldsymbol{\xi}}_\alpha$ = 每個粒子對質心的動量，所以 $\boldsymbol{R} \times \boldsymbol{P}_{CM}$ 是質心以座標原點「O」爲固定點的角動量 $\boldsymbol{L}_{CM}$，$\boldsymbol{\xi}_\alpha \times \boldsymbol{P}_{\xi\alpha}$ 是每個粒子以質心爲固定點的角動量 $\boldsymbol{L}_{\xi\alpha}$，於是稱 $\sum_{\alpha=1}^{n} \boldsymbol{L}_{\xi\alpha}$ 爲這個系統的自旋角動量 $\boldsymbol{L}_{\text{spin}}$，右下標 spin 表示自旋。顯然每個粒子是自由地繞著質心轉動，根本沒有繞著固定軸轉動。只有剛體（rigid body）才有可能繞著固定軸轉動，並且已知道：物體只要有角動量，必占有空間有限大小，因角動量需要有徑矢量。

10）Paul Adrien Maurice Dirac：The Principles of Quantum Mechanics, 4th ed. Oxford University Press, 1958.

我們的生活空間是三維，即最多可以使用三個獨立變數來描述生活現象。從附錄(B)，如下頁右上圖直角座標上的任意矢量 $\boldsymbol{V}$，可使用其成分（V_x, V_y, V_z），且這些成分能用各座標軸的單位矢量（$\mathbf{e}_x, \mathbf{e}_y, \mathbf{e}_z$）來表示：

$$\boldsymbol{V} = \boldsymbol{V}_x + \boldsymbol{V}_y + \boldsymbol{V}_z$$

$$= \mathbf{e}_x(\boldsymbol{e}_x \cdot \boldsymbol{V}) + \boldsymbol{e}_y(\mathbf{e}_y \cdot \boldsymbol{V}) + \mathbf{e}_z(\mathbf{e}_z \cdot \boldsymbol{V})$$

$$\equiv \sum_{i=1}^{3} \mathbf{e}_i (\mathbf{e}_i \cdot \boldsymbol{V}) \quad (1)$$

如果座標軸數是有限，並且軸是實軸，由它們撐展的空間稱爲 Euclid 空間（有關 Euclid 參見第六章參考文獻(5)）。在本世紀初 Hilbert（David Hilbert, 1862 ~ 1943，德國數學家，是 H.Minkowski 的好友）爲了要處理積分方程，把 Enclid 空間推廣到：

(Ⅰ) 無限多（動態數）座標軸，

(Ⅱ) 座標軸一般地是複數（含實數軸，純虛數軸），

(Ⅲ) 各軸互相垂直（表示相互獨立）。

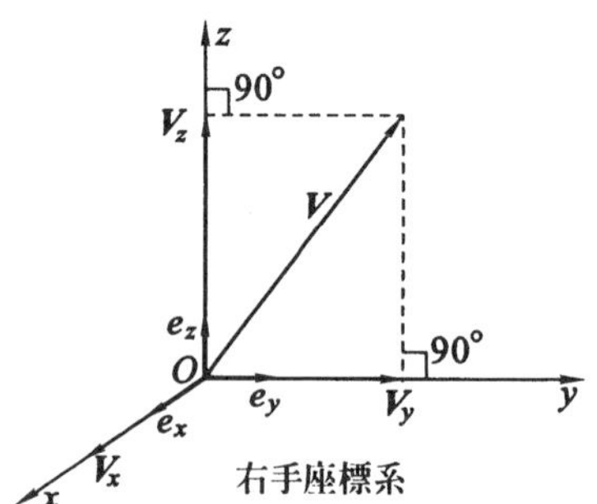

圖 1

這樣的線性（向量）空間稱爲 **Hilbert 空間**。量子力學使用的空間就是 Hilbert 空間，微觀世界的物理體系的狀態 ψ，是 Hilbert 空間的右矢量 $|\psi\rangle$，Dirac 稱它爲 **ket vector**，參見圖 2。$|\psi\rangle$ 對應於圖 1 的 $\boldsymbol{V}$，單位右矢量（$|\mathbf{e}_1\rangle, |\mathbf{e}_2\rangle, \cdots\cdots |\mathbf{e}_n\rangle$）對應於圖 1 的單位矢量，不過座標軸數是無限多。爲了和 Euclid 空間的矢量區分，Dirac 使用下記號：

$$|\ \rangle$$

表示右矢量，把所代表的物理量，以符號方式放入「$|\ \rangle$」內。例如表示物理體系狀態常使用希臘字：$\Psi, \psi, \phi, \varphi$ 等，得 Hilbert 空間的狀態右矢量：

$$|\Psi\rangle, |\psi\rangle, |\phi\rangle, |\varphi\rangle \text{ 等}$$

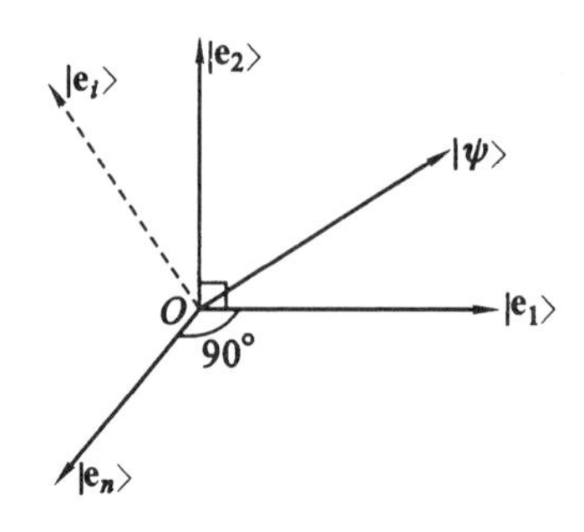

圖 2

對於任意右矢量常用的是：

$$|\alpha\rangle, |\beta\rangle, |\delta\rangle \text{ 等等。}$$

座標軸的單位右矢量我們使用 $|\mathbf{e}_i\rangle$，$i = 1,2,3,\cdots\cdots\cdots$；稱$\{|\mathbf{e}_i\rangle\}$爲右矢量基（base kets），仿式(1)任意狀態右矢量（state ket）變成：

$$|\psi\rangle = \sum_i |\mathbf{e}_i\rangle\langle\mathbf{e}_i|\psi\rangle \qquad (2)$$

式(2)的 $\langle\mathbf{e}_i|\psi\rangle$ 對應於(1)式的標積 $\mathbf{e}_i \cdot \boldsymbol{V}$，那麼 $\langle\mathbf{e}_i|$ 或「$\langle\ |$」是什麼？在 Euclid 空間任意矢量 $\boldsymbol{v}$ 的標積或內積（scalar product）$\boldsymbol{v} \cdot \boldsymbol{v}$ = 標量（scalar quantity），同樣地要在 Hilbert 空間得標量也算標積，那要怎麼辦？右矢量一般地是複數量，在中學代數，要得任意複數 Z 的實數時，是令 Z 和其共軛數 Z^* 相乘：

$$ZZ^* = \text{實數}$$

於是 Dirac 創造了右矢量的**共軛複數矢量**（conjugate complex vector）「$\langle\ |$」稱作**左矢量**（bra vector），它和右矢量「$|\ \rangle$」的標積是：

$$\langle\ |\ \rangle \qquad (3)$$

例如狀態量的標積 $\langle\psi|\psi\rangle$，單位矢量的標積是 $\langle\mathbf{e}_i|\mathbf{e}_j\rangle$。同樣地，Dirac 定義了矢積或外積（vector product）：

$$|\ \rangle\langle\ | \qquad (4)$$

在 Euclid 空間，任意兩矢量 $\boldsymbol{A}$ 和 $\boldsymbol{B}$ 的外積 $\boldsymbol{A} \times \boldsymbol{B}$ = 矢量，但 Hilbert 空間的式(4)不是右

矢量，也不是左矢量，變成一個有操作能力的算符 operator，這一點要特別留意。例如式(2)的每一成分 $|\mathbf{e}_i\rangle\langle\mathbf{e}_i|\psi\rangle$ 可以看成算符 $|\mathbf{e}_i\rangle\langle\mathbf{e}_i|$ 作用到 $|\psi\rangle$，變成 $|\psi\rangle$ 在 Hilbert 空間第「i」軸的成分 $|\mathbf{e}_i\rangle\langle\mathbf{e}_i|\psi\rangle$ =（單位方向 $|\mathbf{e}_i\rangle$ 乘大小 $\langle\mathbf{e}_i|\psi\rangle$），類似式(1)的 V_x 或 V_y 或 V_z。至於左矢量基 $\{\langle\mathbf{e}_i|\}$ 所撐展的空間稱爲右矢量基 $\{|\mathbf{e}_i\rangle\}$ 撐展空間的**共軛複數空間**（conjugate complex space），或反過來互相稱呼，即兩空間互爲共軛複數。Dirac 的左（bra）右（ket）矢量的名稱靈感來自英文的括弧（bracket），把這個字的中間「c」字去掉，分成：「bra」和「ket」，同時變化括弧符號（ ）爲〈 | 和 | 〉，所以也俗稱爲尖括號，即左尖括號，右尖括號。

11）E. Schrödinger：Collected Papers on Wave Mechanics, tanslaled from the second Garman edition (1929), Blackie & Son Limited.

12）Herbert Goldstein：Classical Mechanics, Addison-Wesley, 2nd ed., 1980.

13）Jerry B. Marion：Classical Dynamics of Particles and Systems, Academic Press., 2nd ed., 1970.

14）The Lesson of Quantum Theory, Niels Bohr Centenary Symposium, ed. Jorrit de Boer, Erik Dal and Ole Ulbeck, North-Holland, 1985.

Schrödinger, Centenary Celebration of a Polymath, ed. C. W. Kilmister, Cambridge University Press, 1987.

Proc. 2nd. Int. Symp.： Foundations of Quantum Mechanics, ed.M . Namiki et al, Physical Society of Japan, Tokyo, 1987.

15）空間反演（space inversion）和字稱（parity）

描述物理體系的運動必須使用座標，例如直角座標（x, y, z）；粒子在空間的 P 位置，其徑向量 $\boldsymbol{r}$ =（x, y, z）。將 $\boldsymbol{r}$ 往反方向轉到 P' 的 $-\boldsymbol{r}$ =（$-x, -y, -z$），這操作稱爲**空間反演變換**（transformation of space inversion）。空間反演變換後物理量隨著變，有的會變符號，有的不變，依其變不變符號定義名稱：

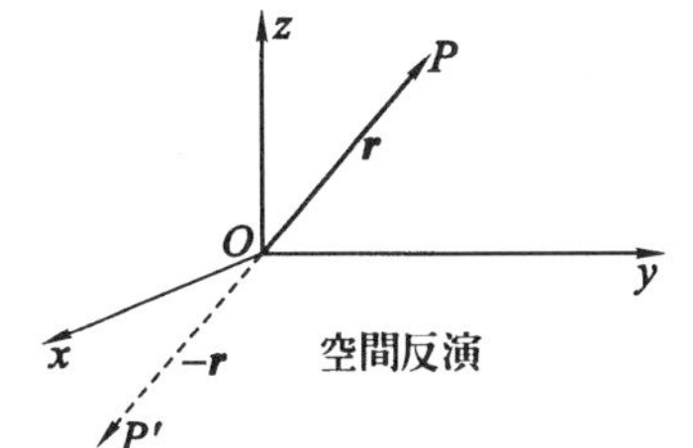

變換前的 Euclid 空間 $\boldsymbol{r}$ =（x, y, z）	變換後的 Euclid 空間 $-\boldsymbol{r}$ =（$-x, -y, -z$）
標量（scalar）$\varphi(\boldsymbol{r})$	$+\varphi(-\boldsymbol{r})$　稱爲純標量，或標量 $-\varphi(-\boldsymbol{r})$　稱爲贋標量（pseudo scalar） 【Ex】體積 $xyz \longrightarrow -xyz$

矢量速度 $\boldsymbol{v}$ = d$\boldsymbol{r}$/dt	$-\boldsymbol{v}=-$d$\boldsymbol{r}$/dt 稱爲極矢量（polar vector） 【Ex】速度 $\boldsymbol{v}$，加速度 $\boldsymbol{a}$，力 $\boldsymbol{F}$，電場 $\boldsymbol{E}$，動量 $\boldsymbol{P}$，
角動量 $\boldsymbol{L}=\boldsymbol{r}\times\boldsymbol{P}$	$\boldsymbol{L}=(-\boldsymbol{r})\times(-\boldsymbol{P})=\boldsymbol{r}\times\boldsymbol{P}$ 不變符號 稱爲贋矢量（pseudo vector） 或軸矢量（axial vector） 【Ex】角動量 $\boldsymbol{L}$，力矩 $\boldsymbol{\tau}$，磁場 $\boldsymbol{B}$
量子力學的本徵函數 $\psi(\boldsymbol{r})$	$\psi(-\boldsymbol{r})=+\psi(\boldsymbol{r})$　稱爲偶宇稱 $\psi(-\boldsymbol{r})=-\psi(\boldsymbol{r})$　稱爲奇宇稱

設 $\hat{P}$ 爲空間反演變換算符，則連續作用 $\hat{P}$ 兩次在 $\psi(\boldsymbol{r})$ 上，$\psi(\boldsymbol{r})$ 必須恢復原狀：

$$\hat{P}\hat{P}\psi(\boldsymbol{r})=\hat{P}^2\psi(\boldsymbol{r})=\psi(\boldsymbol{r})$$

即 $\hat{P}^2$ 的本徵值是 1，於是 $\hat{P}$ 的本徵值是 ± 1，才引起偶宇稱和奇宇稱。以上討論的是空間反演變換的對稱性問題。在微觀世界，粒子除了上述宇稱之外，有粒子固有的內稟宇稱（intrinsic parity），讓我們稱上述的 Euclid 空間引起的宇稱爲外稟宇稱（extrinsic parity），所以微觀世界的粒子具有內、外稟宇稱。內稟宇稱是先定義基準粒子的內稟宇稱，然後在反應或者衰變的過程中，依據物理的要求：「宇稱守恆，宇稱不變化」來決定其他粒子的內稟宇稱。基準粒子是取核子的質子和中子，規定其內稟宇稱爲「+1」，即定爲偶宇稱，結果 π 介子和 K 介子的內稟宇稱是「-1」的奇宇稱，重子（baryons）Λ°、$\sum^{\pm,0}$,Ξ°,Ξ^{-}, 和 Ω^{-} 全是「+1」的偶內稟宇稱，和我們關係最密切的光子是「-1」，即奇內稟宇稱。

至於相互作用，一直到本世紀 50 年代初葉，認爲外稟宇稱是守恆的；後來對於弱相互作用引起的衰變現象發現理論和實驗不符。在 1956 年李政道和楊振寧從理論證明：「弱相互作用時外稟宇稱不守恆，並且推導出如何使用實驗來驗證的公式」，緊接著吳健雄驗證了李楊的理論，於是翌年 1957 年李楊獲得 Nobel 獎，驚動了整個華人。到今年 1998 年華人獲 Nobel 獎的除了李楊之外，物理獎得主還有丁肇中（1976），朱棣文（1997）和崔琦（1998），化學獎得主是李遠哲（1987）。其餘的強相互作用和電磁相互作用，外稟宇稱是守恆量。

16）當我們要描述物理體系（physeical system）的運動現象時，必須選擇合適的座標。和生活最密切的是直角座標，座標軸的量綱［x_i］= 長度，最熟悉的是如右圖的三維 Euclid 空間。如果用（x_1, x_2, x_3）代替（x, y, z），則各座標軸的單位矢量是（$\mathbf{e}_1, \mathbf{e}_2, \mathbf{e}_3$,），有了$\{\mathbf{e}_i\}$, i = 1,2,3 就足夠描述我們所在的位置：

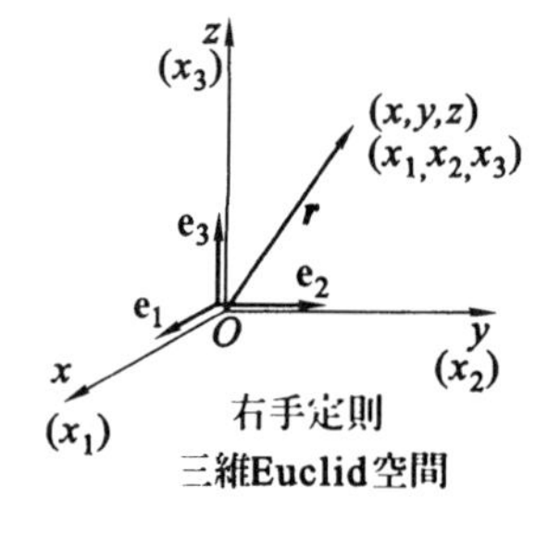

右手定則
三維Euclid空間

$$\boldsymbol{r} = x_1\mathbf{e}_1 + x_2\mathbf{e}_2 + x_3\mathbf{e}_3$$
$$= \boldsymbol{x}_1 + \boldsymbol{x}_2 + \boldsymbol{x}_3$$

即（$\mathbf{e}_1,\mathbf{e}_2,\mathbf{e}_3$）$\equiv \{\mathbf{e}_i\}$是完全（或完備）的正交歸一化。什麼叫完全呢？表示完整，足夠描寫任何三維 Euclid 空間的任意位置的徑矢量 $\boldsymbol{r}$；「正交」表示各座標軸是獨立、不重疊，所以互相垂直，相互間的投影等於 0：

$$\mathbf{e}_i \cdot \mathbf{e}_j = 0, \qquad i \neq j$$

至於歸一化是各 $\mathbf{e}_i$ 的長度等於 1：

$$\mathbf{e}_i \cdot \mathbf{e}_i = 1$$

正交歸一化合起來寫成：

$$\mathbf{e}_i \cdot \mathbf{e}_j = \delta_{ij} = \begin{cases} 0 \cdots\cdots\cdots i \neq j \\ 1 \cdots\cdots\cdots i = j \end{cases}$$

同樣地，在微觀世界，要描述物理體系的現象，也需要完全正交歸一化基。由於和測量有直接關係，故任意可觀測算符（observable operator，或 observable）的本徵右矢量（eigenkets）$|\psi_n>$ 都可以用來作完全正交歸一化基$\{|\psi_n>\}$。於是和 Euclid 空間一樣，物理體系的狀態右矢量（state ket）$|\Psi>$ 便可以用$\{|\psi_n>\}$來表示（右圖）。用表示位置（position）$\hat{\boldsymbol{r}}$ 算符的本徵右矢量作為完全正交歸一基的稱為 $\boldsymbol{r}$ 表象（$\boldsymbol{r}$-representation，或 position representation，或 configuration representation, Schrödinger representation），這些在本文(IV)(B) 說明過了，且將 $\boldsymbol{r}$ 表象的量整理在表 10－3。如果使用動量算符 $\hat{\boldsymbol{P}}$ 的本徵右矢量做為完全正交歸一化基的稱為 $\boldsymbol{P}$ 表象，或動量表象（$\boldsymbol{P}$-representation, 或 momentum representation）；不形成完全集（complete set）的不能稱為表象，動量是可觀測算符，故其本徵右矢量必定形成完全正交歸一化集。$\boldsymbol{r}$ 表象最容易懂，同時為了和三維的 Euclid 空間對應起來加深瞭解，我們使用 $\boldsymbol{r}$ 表象以及 Dirac 的左右矢量來說明。

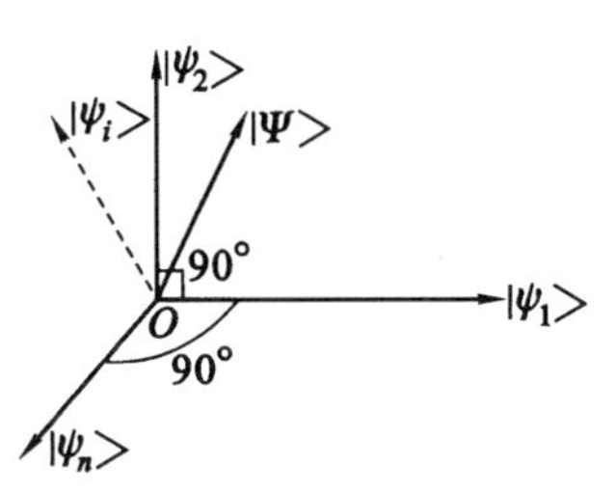

$|\Psi>$＝體系狀態右向量
$|\psi_n>$＝正交歸一化基 Hilbert空間

(A) 位置算符 $\hat{\boldsymbol{x}}$

記號「^」表示算符（operator），則在 $\boldsymbol{r}$ 表象下是：

$$\hat{\boldsymbol{x}} | \boldsymbol{x} \rangle = \boldsymbol{x} | \boldsymbol{x} \rangle$$

成分：
$$\hat{x}_i | \boldsymbol{x} \rangle = x_i | \boldsymbol{x} \rangle$$

$$\therefore \quad \hat{x}_i\hat{x}_j | \boldsymbol{x} \rangle = \hat{x}_i x_j | \boldsymbol{x} \rangle = x_j\hat{x}_i | \boldsymbol{x} \rangle = x_j x_i | \boldsymbol{x} \rangle$$

$$\therefore \quad (\hat{x}_i\hat{x}_j - \hat{x}_j\hat{x}_i) | \boldsymbol{x} \rangle = (x_j x_i - x_i x_j) | \boldsymbol{x} \rangle = 0$$
$$= [\hat{x}_i, \hat{x}_j] | \boldsymbol{x} \rangle$$

但 $\hat{x}$ 的本徵右矢量 $|x\rangle \neq 0$

$$\therefore \quad \boxed{[\hat{x}_i, \hat{x}_j] = 0} \tag{1}$$

(B) 位(平)移(translation)

物理體系的狀態 $= |x'\rangle \longrightarrow$ 變到另一狀態 $|x''\rangle = |x' + dx'\rangle$

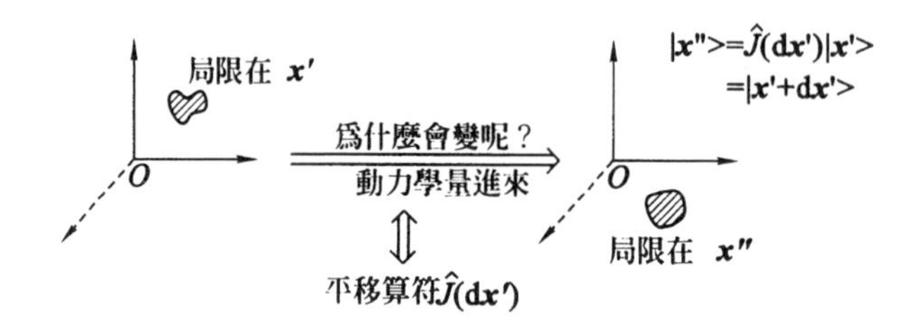

圖一

上圖表示體系的位移情形。位移是個連續變化，如何來找引起體系連續變化的動力學變量(dynamical variable)呢?在這裡使用的方法是：將位移引起的許多物理現象歸納出四種性質，然後找出滿足這四種性質的動力學量，即算符。當物理體系和外界無任何相互作用時，物理體系是個封閉體系(closed system)，所以：

(I) 概率必須守恆：

$$\langle x'' | x'' \rangle = \langle x' | \hat{J}^{+}(dx') \hat{J}(dx') | x' \rangle = \langle x' | x' \rangle$$

$$\therefore \quad \hat{J}^{+}\hat{J} = \mathbf{1} \quad 或 \ \hat{J}^{+}(dx') = \hat{J}^{-1}(dx') \tag{2}$$

(II) 位移：

$$|x\rangle \xrightarrow[\hat{J}(dx')]{} |x'\rangle \xrightarrow[\hat{J}(dx'')]{} |x''\rangle$$

$$= |x\rangle \xrightarrow[\hat{J}(dx' + dx'')]{} |x''\rangle$$

$$\therefore \quad \hat{J}(dx'')\hat{J}(dx') = \hat{J}(dx' + dx'') \tag{3}$$

(III) 來回位移等於位置不變：

$$\left(|x\rangle \underset{\hat{J}(-dx')}{\overset{\hat{J}(dx')}{\rightleftharpoons}} |x'\rangle \right)$$

$$\therefore \quad \hat{J}(dx')\hat{J}(-dx') = \mathbf{1}, \quad \mathbf{1} = 單位算符$$

$$或 \quad \hat{J}^{-1}(dx') = \hat{J}(-dx') \tag{4}$$

(IV) 當 $\lim_{dx \to 0} \hat{J}(dx)$ 時等於不動：

$$|x\rangle \xrightarrow[\lim_{d\vec{x} \to 0} \hat{J}(d\vec{x})]{} |x\rangle$$

$$\therefore \quad \lim_{d\vec{x} \to 0} \hat{J}(dx) = \mathbf{1} \tag{5}$$

以上四種性質式(2)~(5)形成群的性質，利用這四種性質來找出隱藏在 $\hat{J}$ 內的動力學量。考慮無限小位移(infinitesimal displacement)，由式(5)可設如下式：

$$\hat{J}(\mathrm{d}\boldsymbol{x}) \equiv \mathbf{1} + a\hat{\boldsymbol{K}}\cdot\mathrm{d}\boldsymbol{x} \tag{6}$$

$\hat{J}$ 是算符且無量綱，因 $\mathbf{1}$ 是無量綱，故式(6)右邊的無限小位移量 $\mathrm{d}\boldsymbol{x}$ 必須和有量綱的矢量算符在一起，a 是 Lagrange 未定係數且無量綱。由於位移是可觀測的現象，於是未定算符 $\hat{\boldsymbol{K}}$ 是個 Hermitian 算符 $\hat{\boldsymbol{K}}^{+}=\hat{\boldsymbol{K}}$，則由式(2)得：

$$\begin{aligned}\hat{J}^{+}(\mathrm{d}\boldsymbol{x})\hat{J}(\mathrm{d}\boldsymbol{x}) &= (\mathbf{1}+a\hat{\boldsymbol{K}}\cdot\mathrm{d}\boldsymbol{x})^{+}(\mathbf{1}+a\hat{\boldsymbol{K}}\cdot\mathrm{d}\boldsymbol{x})\\ &= (\mathbf{1}+a^{*}\hat{\boldsymbol{K}}^{+}\cdot\mathrm{d}\boldsymbol{x})(\mathbf{1}+a\hat{\boldsymbol{K}}\cdot\mathrm{d}\boldsymbol{x})\\ &= (\mathbf{1}+a^{*}\hat{\boldsymbol{K}}\cdot\mathrm{d}\boldsymbol{x})(\mathbf{1}+a\hat{\boldsymbol{K}}\cdot\mathrm{d}\boldsymbol{x})\\ &\doteq \mathbf{1}+(a^{*}+a)\hat{\boldsymbol{K}}\cdot\mathrm{d}\boldsymbol{x}=\mathbf{1}\end{aligned}$$

$$\therefore\quad a^{*}+a=0$$

$$\therefore\quad a=\text{純虛數}\equiv\pm\mathrm{i} \tag{7}$$

取 $a=-\mathrm{i}$，則得位移算符：

$$\hat{J}(\mathrm{d}\boldsymbol{x}) = \mathbf{1}-\mathrm{i}\hat{\boldsymbol{K}}\cdot\mathrm{d}\boldsymbol{x} \tag{8}$$

接著來檢查式(8)是否滿足位移算符 $\hat{J}$ 的四種性質式(2)～(5)：

$$\begin{aligned}\hat{J}^{+}(\mathrm{d}\boldsymbol{x}')\hat{J}(\mathrm{d}\boldsymbol{x}') &= (\mathbf{1}+\mathrm{i}\hat{\boldsymbol{K}}^{+}\cdot\mathrm{d}\boldsymbol{x}')(\mathbf{1}-\mathrm{i}\hat{\boldsymbol{K}}\cdot\mathrm{d}\boldsymbol{x}')\\ &= (\mathbf{1}+\mathrm{i}\hat{\boldsymbol{K}}\cdot\mathrm{d}\boldsymbol{x}')(\mathbf{1}-\mathrm{i}\hat{\boldsymbol{K}}\cdot\mathrm{d}\boldsymbol{x}')\\ &\doteq \mathbf{1}\\ &= \hat{J}(\mathrm{d}\boldsymbol{x}')\hat{J}^{+}(\mathrm{d}\boldsymbol{x}') \qquad \text{滿足式(2)}\end{aligned}$$

$$\begin{aligned}\hat{J}(\mathrm{d}\boldsymbol{x}'')\hat{J}(\mathrm{d}\boldsymbol{x}') &= (\mathbf{1}-\mathrm{i}\hat{\boldsymbol{K}}\cdot\mathrm{d}\boldsymbol{x}'')(\mathbf{1}-\mathrm{i}\hat{\boldsymbol{K}}\cdot\mathrm{d}\boldsymbol{x}')\\ &\doteq \mathbf{1}-\mathrm{i}\hat{\boldsymbol{K}}\cdot(\mathrm{d}\boldsymbol{x}'+\mathrm{d}\boldsymbol{x}'')\\ &= \hat{J}(\mathrm{d}\boldsymbol{x}'+\mathrm{d}\boldsymbol{x}'') \qquad \text{滿足式(3)}\end{aligned}$$

$$\begin{aligned}\hat{J}(\mathrm{d}\boldsymbol{x}')\hat{J}(-\mathrm{d}\boldsymbol{x}') &= (\mathbf{1}-\mathrm{i}\hat{\boldsymbol{K}}\cdot\mathrm{d}\boldsymbol{x}')(\mathbf{1}+\mathrm{i}\hat{\boldsymbol{K}}\cdot\mathrm{d}\boldsymbol{x}')\\ &\doteq \mathbf{1} \qquad \text{滿足式(4)}\end{aligned}$$

$$\lim_{\mathrm{d}\boldsymbol{x}'\to 0}\hat{J}(\mathrm{d}\boldsymbol{x}') = \mathbf{1} \qquad \text{滿足式(5)}$$

所以式(8)確實是所求的無限小位移算符，其動力學算符 $\hat{\boldsymbol{K}}$ 的量綱 $[K]=\frac{1}{\text{長度}}$，這種量綱在波動力學的物理量是波數：$K=\frac{1}{\lambda}$。

(C) 位移的生成（generator）算符

(1) $\hat{x}$ 和 $\hat{K}$ 的關係

位置算符 $\hat{\boldsymbol{x}}$ 和 $\hat{J}(\mathrm{d}\boldsymbol{x})$ 的關係如何呢？算符必須有作用對象才有意義。在物理學問題中，算符必須作用在狀態右矢量（state ket）才有物理意義，並且算符間的性質也是作用在狀態右矢量上才能知道：

$$\begin{aligned}\hat{\boldsymbol{x}}\hat{J}(\mathrm{d}\boldsymbol{x}')\mid\boldsymbol{x}'\rangle &= \hat{\boldsymbol{x}}\mid\boldsymbol{x}'+\mathrm{d}\boldsymbol{x}'\rangle\\ &= (\boldsymbol{x}'+\mathrm{d}\boldsymbol{x}')\mid\boldsymbol{x}'+\mathrm{d}\boldsymbol{x}'\rangle \qquad (9)\end{aligned}$$

$$\hat{J}(\mathrm{d}\boldsymbol{x}')\hat{\boldsymbol{x}}|\boldsymbol{x}'\rangle = \hat{J}(\mathrm{d}\boldsymbol{x}')\boldsymbol{x}'|\boldsymbol{x}'\rangle = \boldsymbol{x}'\hat{J}(\mathrm{d}\boldsymbol{x}')|\boldsymbol{x}'\rangle$$
$$= \boldsymbol{x}'|\boldsymbol{x}'+\mathrm{d}\boldsymbol{x}'\rangle$$
$$\therefore \quad (\hat{\boldsymbol{x}}\hat{J}(\mathrm{d}\boldsymbol{x}') - \hat{J}(\mathrm{d}\boldsymbol{x}')\hat{\boldsymbol{x}})|\boldsymbol{x}'\rangle = [\hat{\boldsymbol{x}},\hat{J}(\mathrm{d}\boldsymbol{x}')]|\boldsymbol{x}'\rangle$$
$$= \mathrm{d}\boldsymbol{x}'|\boldsymbol{x}'+\mathrm{d}\boldsymbol{x}'\rangle \doteq \mathrm{d}\boldsymbol{x}'|\boldsymbol{x}'\rangle$$
$$\therefore \quad [\hat{\boldsymbol{x}},\hat{\boldsymbol{J}}(\mathrm{d}\boldsymbol{x}')] \doteq \mathrm{d}\boldsymbol{x}' \qquad (10)$$

但是，$[\hat{\boldsymbol{x}},\hat{J}(\mathrm{d}\boldsymbol{x}')] = [\hat{\boldsymbol{x}},(\mathbf{1}-\mathrm{i}\hat{\boldsymbol{K}}\cdot\mathrm{d}\boldsymbol{x}')] = -\mathrm{i}(\hat{\boldsymbol{x}}\hat{\boldsymbol{K}}\cdot\mathrm{d}\boldsymbol{x}' - \hat{\boldsymbol{K}}\cdot\mathrm{d}\boldsymbol{x}'\hat{\boldsymbol{x}})$ (11)

從式(9)知 $\hat{x}$ 的方向，在$\{|\boldsymbol{x}'\rangle\}$構成的 Hilbert 空間內和(10)式的 $\mathrm{d}\boldsymbol{x}'$ 是同方向，即如果：

$$\mathrm{d}\boldsymbol{x}' \,/\!/\, \hat{x}_i \text{ 的方向}$$

則式(11)的標積 $\sum_j \hat{K}_j \mathrm{d}\boldsymbol{x}'_j$ 中僅「i 方向」的留下來，即：

$$\hat{\boldsymbol{K}}\cdot\mathrm{d}\boldsymbol{x}' \longrightarrow \hat{K}_j \mathrm{d}\boldsymbol{x}'_j \delta_{ij}$$

因此式(11)最好用分量來表示：

$$[\hat{x}_i,\hat{J}_j(\mathrm{d}\boldsymbol{x}')] = [\hat{x}_i,\hat{J}(\mathrm{d}x_j')]$$
$$= -\mathrm{i}(\hat{x}_i\hat{K}_j - \hat{K}_j\hat{x}_i)\mathrm{d}\boldsymbol{x}'_j\delta_{ij} \overset{}{\underset{\text{式}(10)}{=\!=\!=}} \mathrm{d}\boldsymbol{x}'_i$$

因為 $\hat{J}(\mathrm{d}\boldsymbol{x}'_j)$ 是平移算符（translation operator），所以方向是否相同，這很重要，因而才有 δ_{ij}。從上式得：

$$[\hat{x}_i,\hat{K}_j] = \mathrm{i}\delta_{ij} \qquad (12)$$

式(12)是很重要的關係式，但看不出操作位移的動力學量（dynamical variable）的影子。

(2) de Broglie 的二象性

de Broglie 的假設：
$$\lambda = \frac{h}{P} = \frac{h/2\pi}{P/2\pi} = \frac{\hbar}{P/2\pi}$$

或
$$\frac{2\pi}{\lambda} \equiv \frac{1}{\lambda\!\!\!^{-}} = \frac{P}{\hbar}$$

$$\therefore \quad \boldsymbol{k} = \overrightarrow{\left(\frac{1}{\lambda\!\!\!^{-}}\right)} = \frac{\mathbf{p}}{\hbar} \qquad (13)$$

把式(13)代入式(8)和(12)各得：

$$\hat{J}(\mathrm{d}\boldsymbol{x}) = \mathbf{1} - \mathrm{i}\frac{\hat{\boldsymbol{P}}\cdot\mathrm{d}\boldsymbol{x}}{\hbar} \qquad (14)$$

$$\hat{\boldsymbol{P}} = \text{位移生成算符}$$

$$\boxed{[\hat{x}_i,\hat{P}_j] = \mathrm{i}\hbar\delta_{ij}} \qquad (15)$$

式(15)是量子化結果，或稱式(15)為量子化條件，或第一量子化條件；即對同一物理體系，或者同一粒子無法同時很準確地測量 $\hat{x}_i$ 和 $\hat{P}_i$ 的期待值，必定受到 Heisenberg 測不準原理的限制：

$$(\Delta x_i)(\Delta P_i) \geqslant \frac{\hbar}{2}$$

接著要探討的是能不能同時準確地測量 $\hat{P}_i$ 和 $\hat{P}_j$ 的期待值，$\hat{\boldsymbol{P}}$ 是位移生成算符，測量 $\hat{P}_i$ 的期待值後，接著測量 $\hat{P}_j$ 的期待值，那麼就要看看有限位移的情形了。

(3) 有限位移（finite translation）

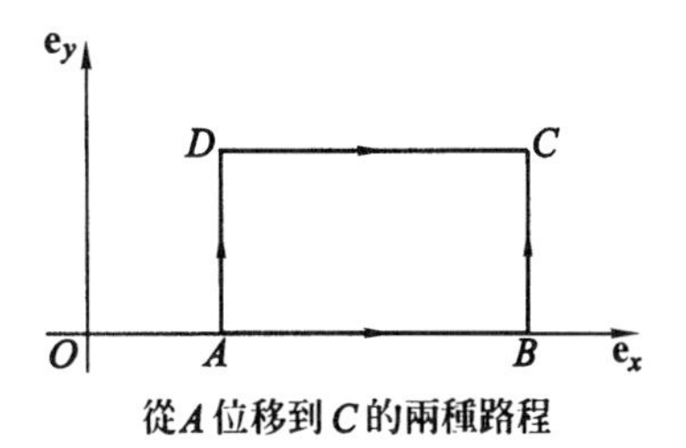

從 A 位移到 C 的兩種路程

（圖二）

如右圖所示，設向 $\mathbf{e}_x$ 方向位移有限大小 $\Delta x'$：

$$\hat{\mathcal{J}}(\Delta x', \mathbf{e}_x)\,|\,\boldsymbol{x}'\rangle = |\,x' + \Delta x', \mathbf{e}_x\rangle$$

因 $\mathbf{e}_x$ 方向以外的不變，所以右矢量才變成上式情形。為了要使用式(15)的無限小位移以及式(3)的性質，把 $\Delta x'$ 分成許多無限小段：

$$\lim_{N\to\infty}\frac{\Delta x'}{N} = \text{無限小的 } \Delta x'$$

$$N = \text{正整數}$$

$$\therefore\ \hat{\mathcal{J}}(\Delta x', \mathbf{e}_x)\,|\,\boldsymbol{x}'\rangle = \lim_{N\to\infty}\left(1 - \frac{\mathrm{i}\hat{P}_x}{\hbar}\frac{\Delta x'}{N}\right)\left(1 - \frac{\mathrm{i}\hat{P}_x}{\hbar}\frac{\Delta x'}{N}\right)\cdots\cdots\left(1 - \frac{\mathrm{i}\hat{P}_x}{\hbar}\frac{\Delta x'}{N}\right)|\,\boldsymbol{x}'\rangle$$

$$= \lim_{N\to\infty}\left(1 - \frac{\mathrm{i}\hat{P}_x}{\hbar}\frac{\Delta x'}{N}\right)^N |\,\boldsymbol{x}'\rangle,\quad \hat{P}_x = \hat{\boldsymbol{P}}\cdot\mathbf{e}_x$$

上式右邊是指數函數 $\mathrm{e}^{\xi} = \lim_{N\to\infty}\left(1 - \frac{\xi}{N}\right)^N$ 的定義式，

$$\therefore\quad \hat{\mathcal{J}}(\Delta x', \mathbf{e}_x) = \exp\left(-\mathrm{i}\frac{\hat{P}_x}{\hbar}\Delta x'\right) \tag{16}$$

同樣地向 $\mathbf{e}_y$ 方向的有限位移是：

$$\hat{\mathcal{J}}(\Delta y', \mathbf{e}_y)\,|\,\boldsymbol{x}'\rangle = \exp\left(-\mathrm{i}\frac{\hat{P}_y}{\hbar}\Delta y'\right)|\,\boldsymbol{x}'\rangle,\quad \hat{P}_y = \hat{\boldsymbol{P}}\cdot\mathbf{e}_y \tag{17}$$

所以圖上從 $A\to B\to C$ 的位移算符是從式(16),(17)和(3)得：

$$\hat{\mathcal{J}}(A\to B\to C) = \hat{\mathcal{J}}(\Delta y', \mathbf{e}_y)\hat{\mathcal{J}}(\Delta x', \mathbf{e}_x)$$

$$= \hat{\mathcal{J}}(\Delta x'\mathbf{e}_x + \Delta y'\mathbf{e}_y)$$

同樣地 $A\to D\to C$ 是

$$\hat{\mathcal{J}}(A\to D\to C) = \hat{\mathcal{J}}(\Delta x', \mathbf{e}_x)\hat{\mathcal{J}}(\Delta y', \mathbf{e}_y)$$

$$= \hat{\mathcal{J}}(\Delta y'\mathbf{e}_y + \Delta x'\mathbf{e}_x)$$

但由圖得：

$$\hat{\mathcal{J}}(\Delta x'\mathbf{e}_x + \Delta y'\mathbf{e}_y) = \hat{\mathcal{J}}(\Delta y'\mathbf{e}_y + \Delta x'\mathbf{e}_x)$$

$$\therefore\quad [\hat{\mathcal{J}}(\Delta y', \mathbf{e}_y), \hat{\mathcal{J}}(\Delta x', \mathbf{e}_x)]$$

$$= \left[\exp\left(-\mathrm{i}\frac{\hat{P}_y}{\hbar}\Delta y'\right), \exp\left(-\mathrm{i}\frac{\hat{P}_x}{\hbar}\Delta x'\right)\right]$$

$$= \left[\left(\mathbf{1} - \mathrm{i}\frac{\hat{P}_y}{\hbar}\Delta y' - \frac{(\hat{P}_y\Delta y')^2}{2\hbar^2} + \cdots\cdots\right), \left(\mathbf{1} - \mathrm{i}\frac{\hat{P}_x}{\hbar}\Delta x' - \frac{(\hat{P}_x\Delta x')^2}{2\hbar^2} + \cdots\cdots\right)\right]$$

$$\doteq -\frac{(\Delta x')(\Delta y')}{\hbar^2}[\hat{P}_y, \hat{P}_x] = 0$$

但 $\Delta x' \neq 0, \Delta y' \neq 0$，所以 $[\hat{P}_y, \hat{P}_x] = 0$

$$\therefore \quad \boxed{[\hat{P}_i, \hat{P}_j] = 0} \tag{18}$$

式(1),(15),(18) 就是本文內的式（10－59a,b,c），也就是經典力學的（Poisson）括弧（Poisson bracket）在量子力學的形式。現把經典分析力學和量子力學的座標 q_i 以及其正則共軛動量 P_i 的對易關係比較列於下表：

	經　典　力　學	量　子　力　學
座標 動量	q_i P_i	$\hat{q}_i = \hat{q}_i^+$（Hermitian 算符） $\hat{P}_i = \hat{P}_i^+$
對易關係	$[q_i, q_j]_{\text{P.B.}} = 0$ $[P_i, P_j]_{\text{P.B.}} = 0$ $[q_i, p_j]_{\text{P.B.}} = \delta_{ij}$	$[\hat{q}_i, \hat{q}_j] \equiv \hat{q}\hat{q}_j - \hat{q}\hat{q}_i = 0$ $[\hat{P}_i, \hat{P}_j] = 0$ $[\hat{q}_i, \hat{P}_j] = \mathrm{i}\hbar\delta_{ij}$

P.B. ≡ Poisson 括弧

量子力學的對易關係是量子化條件，是滿足 de Broglie 二象性，不是從 Poisson 括弧的假設來的關係。對易關係值「$\mathrm{i}\hbar$」的 $\mathrm{i} = \sqrt{-1}$ 是從推導式 (7) 時用了 $\hat{\boldsymbol{K}}^+ = \hat{\boldsymbol{K}}$，是要求 Hermitian 算符才獲得的結果，而 $\hbar$ 是從 de Broglie 二象性的式 (13) 來的量；所以式 (1),(15),(18) 是量子化條件，是量子力學的核心關係式。請看下面例子便會深入瞭解 i 和 Hermitian 的關係，同時瞭解「i」在量子力學中所扮演角色的重要性；在量子力學中「i」和「$\hbar$」的重要性是同等的。

【Ex】 有三個算符 $\hat{A}, \hat{B}, \hat{C}$，它們的關係是 $[\hat{A}, \hat{B}] = \hat{C}$，並且 $\hat{A}$ 和 $\hat{B}$ 的量綱乘積等於 $\hbar$，如果它們是 Hermitian 算符，則 $\hat{C} = \mathrm{i}\hbar\mathbf{1}$，而 $\mathbf{1}$ = 單位算符。

$$[\hat{A}, \hat{B}] = \hat{A}\hat{B} - \hat{B}\hat{A} = \hat{C}$$

$$\therefore \quad \hat{C}^+ = (\hat{A}\hat{B} - \hat{B}\hat{A})^+ = \hat{B}^+\hat{A}^+ - \hat{A}^+\hat{B}^+ = -[\hat{A}^+, \hat{B}^+] \tag{19}$$

由於量綱 $[A][B] = \hbar$，故 $\hat{C}$ 的量綱 $[C] = \hbar$，最簡單的算符是設 $\hat{C} \equiv \hbar\mathbf{1}$，這樣的 $\hat{C}$ 無法滿足式(19)，無法造出一個負號；不過，當設 $\hat{C} \equiv \mathrm{i}\hbar\mathbf{1}$ 時，便能滿足式(19)。

$\therefore \quad [\hat{q}_i, \hat{P}_j] = \mathrm{i}\hbar\delta_{ij}$ 的「i」是 Hermitian 算符的必然產物。

同時上述對易關係暗示著 $\hat{q}_i$ 和 $\hat{P}_j$ 的量綱積 = 作用的量綱，

作用量綱 = 能量 × 時間 = $\hbar$ 的量綱。

在上面所介紹的位移算符式⑭或⑯式全依照圖一所示，也就是圖三的情形，座標原點不動，而體系從 Q 點移動到 P 點，

$$\therefore \quad \hat{J}(d\boldsymbol{x}')\,|\,\boldsymbol{x}'\rangle = |\,\boldsymbol{x}' + d\boldsymbol{x}'\rangle$$

（這裡是正號）

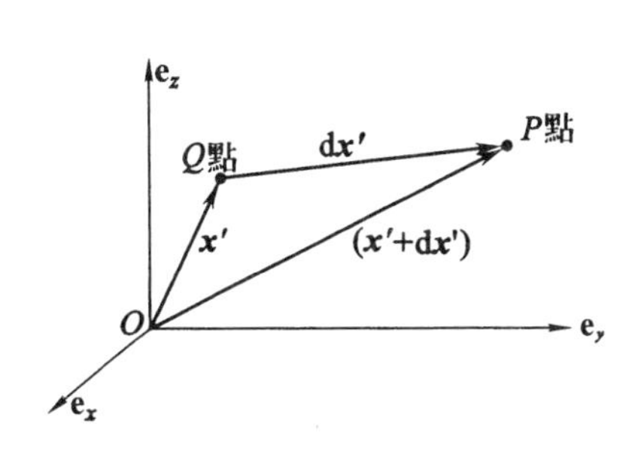

圖三

而要求位移生成算符是可觀測算符，自然地獲得：

$$\hat{J}(d\boldsymbol{x}') = \exp\left(-i\frac{\hat{\boldsymbol{P}}\cdot d\boldsymbol{x}'}{\hbar}\right)$$

（負號才能滿足式⒂）

上式 $\hat{J}$ 的結果是在式⑺選了 $a = -i$ 來的結果。但有些書的位移算符是採用如圖四，把座標原點 O 移動「$-d\boldsymbol{x}'$」，然後從用新座標原點 O' 來描述位移現象：

$$\hat{T}(d\boldsymbol{x}')\,|\,\boldsymbol{x}'\rangle \equiv |\,\boldsymbol{x}' - d\boldsymbol{x}'\rangle \qquad (20)$$

（這裡是負號）

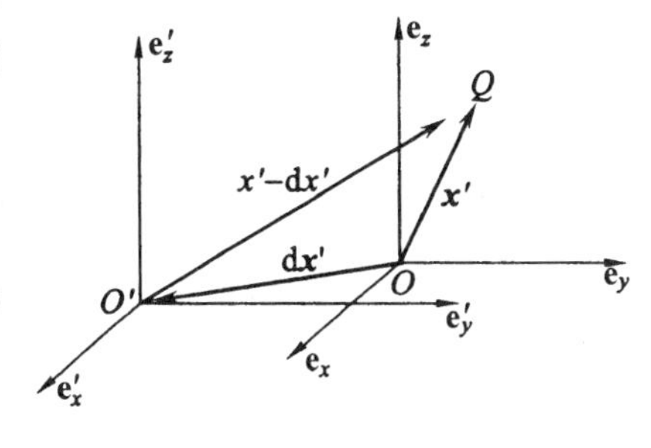

圖四

那麼式⑯和式⒇有什麼差異呢？從圖三可以看出式⑯的操作是：

(Ⅰ) 物理體系的狀態變了，即從 Q 變到 P，
(Ⅱ) 座標不動，於是動力學量的算符不變，

(21)

但式⒇的操作圖四是：

(Ⅰ) 物理體系的狀態不變，仍然在 Q 點，
(Ⅱ) 於是描述動力學現象的量變了，從原座標原點 O 定義的量變到從新原點 O' 定義的算符，換句話說是算符變。

(22)

式㉑的圖象稱為 **Schrödinger 圖象** Schrödinger波動方程式（10－39d）是波動函數隨著時間變化的圖象，所以我們才採用圖三的式⑯。式㉒的圖象稱為 **Heisenberg 圖象**，是和經典力學對應的圖象，因經典力學的物理體系沒有描述體系的波函數，體系的變化是用動力學量，如位置 $\boldsymbol{r}$、動量 $\boldsymbol{P}$、角動量 $\boldsymbol{L}$ 等的變化來描寫。不過**物理現象是和描述的圖象無關**，確實，Schrödinger 於 1926 年發表的第四篇論文[11]已證明了他的圖象和 Heisenberg 圖象相同，可以互換，所以我們只要使用便於解題的圖象，因為不影響物理結果；除了 Schrödinger 和 Heisenberg 圖象之外，尚有相互作用圖象（interaction *picture*)(參閱近代物理 II 的 V(C)(2))。

17) 線性(linearity),線性空間(linear space 或 vector space),線性算符(Linear operator),波包(wave packet):

在討論波包之前需要簡單地瞭解什麼叫線性?在本文內常提到線性,所以需要藉這機會整理一下和「線性」有關的名詞。

(A) 線性是什麼呢?

簡單一句話:是矢量的特性之一,凡能守恆:

(1) 向量的和,以及
(2) 其標量(scalar)倍 } (1)

性質的稱爲**線性**,量子力學是建立在這個線性基礎之上,但沒直接用這個名詞,而使用疊加原理,推導 Schrödinger 波動方程式時所用的原理,具體呈現出來的是式(10-37),(10-39d)的線性微分方程式(參見附錄 E)。Schrödinger 的波函數,如用 Dirac 的右矢量表示,便是右矢量的 $\boldsymbol{r}$ 表象,於是波函數的相加就是相當於右矢量之和,波函數乘任意標量倍,相當於矢量的標量倍。波函數相加,標量倍,波函數的本性不變,就是上面式(1)性質的守恆。所以說成如下就容易瞭解線性:

量子力學的疊加原理象徵的性質就是線性。

(B) 線性空間是什麼空間?

我們的生活空間,三維的 Euclid 空間就是線性空間,可用三根互爲獨立的矢量(x,y,z)軸來撐展(直角座標時),於是線性空間又稱爲矢量空間(vector space)。較嚴謹地說,有下面式(2),(3),(4)性質的空間叫線性空間。

一群矢量($\boldsymbol{u},\boldsymbol{v},\boldsymbol{w}\cdots\cdots$)的集合 $V,\boldsymbol{u},\boldsymbol{v},\boldsymbol{w}\cdots\cdots$ 稱爲 V 的成分,成分間:

(I) 滿足加法法則
(II) 可以乘有限大的標量倍 } 仍然屬於 V

對於**(I)**必須滿足下列性質:

(1) $(\boldsymbol{u}+\boldsymbol{v})+\boldsymbol{w}=\boldsymbol{u}+(\boldsymbol{v}+\boldsymbol{w})$ ……… 結合律
(2) $\boldsymbol{u}+\boldsymbol{v}=\boldsymbol{v}+\boldsymbol{u}$ ……… 交換律
(3) 必有大小 0 的向量 $\boldsymbol{0}$
$\therefore \boldsymbol{0}+\boldsymbol{u}=\boldsymbol{u}$
(4) 任意矢量 $\boldsymbol{u}$ 必有其反方向矢量($-\boldsymbol{u}$)
$\therefore \boldsymbol{u}+(-\boldsymbol{u})=\boldsymbol{0}$ (2)

對於**(II)**必須滿足下列性質:

設 a,b 爲標量,V 內的任意矢量的 a 倍 $a\boldsymbol{u}$,則在 V 內便可以定義 $a\boldsymbol{u}$ 矢量,於是得:

$$\left.\begin{aligned}&(1)\,ab\boldsymbol{u} = a(b\boldsymbol{u})\\&(2)\,1\boldsymbol{u} = \boldsymbol{u}\\&(3)\,a(\boldsymbol{u}+\boldsymbol{v}) = a\boldsymbol{u}+a\boldsymbol{v}\cdots\cdots\cdots \text{矢量分配律}\\&(4)\,(a+b)\boldsymbol{u} = a\boldsymbol{u}+b\boldsymbol{u}\cdots\cdots\cdots \text{標量分配律}\end{aligned}\right\} \qquad (3)$$

在 V 占有的空間，可以把所有的成分線性組合：

$$\sum_{i=1}^{N} a_i \boldsymbol{u}_i \qquad (4)$$

a_i = 標量，只有 $a_1 = a_2 = \cdots\cdots = a_N = 0$，才得0，這時的式(4)關係稱爲線性獨立；如果 N 有最大値 $N_{\max}$，則稱 V 爲 $N_{\max}$ 維空間，如果不存在 $N_{\max}$，則 V 爲 ∞ 維空間。量子力學使用的空間正是 ∞（動態量）維的線性空間且矢量 $\boldsymbol{u}_i$ 一般地是複數量，寫成右矢量形式 $|u_i>$。

(C) 線性算符是什麼？

簡單地說，其解爲滿足疊加原理的算符稱爲線性算符。如果以 $\hat{L}_i$，$i = 1,2,\cdots\cdots$，表示線性算符，$\psi_k, k = 1,2\cdots\cdots$，表示其解，即 $\hat{L}_i$ 要作用的對象，則有如下性質時稱 $\hat{L}_i$ 爲線性算符：

(1) $\hat{L}_i(\psi_1 + \psi_2) = \hat{L}_i\psi_1 + \hat{L}_i\psi_2$

(2) $\hat{L}_i(a\psi_k) = a\hat{L}_i\psi_k$

(3) $(\hat{L}_1 + \hat{L}_2)\psi_k = \hat{L}_i\psi_k + \hat{L}_2\psi_k$

(4) $\hat{L}_1\hat{L}_2\psi_k = \hat{L}_1(\hat{L}_2\psi_k)$

$\hat{L}_1\hat{L}_2$ 也是線性，當 $[\hat{L}_1,\hat{L}_2] = 0$，則 $\hat{L}_1(\hat{L}_2\psi_k) = \hat{L}_2(\hat{L}_1\psi_k)$，但一般不成立，其解 ψ_k，$k = 1,2\cdots\cdots$ 滿足疊加原理。有了這些概念之後便能深入瞭解波包的內涵。

(D) 波包

線性波動方程式的解，波函數，它僅存在於空間狹窄範圍，像個波塊，它會隨著時間在空間（一般地會變形）移動，這種波稱爲波包。非線性波動方程式的解，由於有非線性，結果產生存在於空間狹窄範圍內的波，但這種波不稱爲波包，例如孤立子（soliton）。那麼波包是怎麼形成的呢？是線性波動方程式的解的疊加結果，即解的線性組合的結果。現用最簡單的平面波來疊加，設角波數 k 在很小的 $2\Delta k$ 的範圍內連續變化的一群平面波。於是角頻率 ω 也隨著角波數連續變化成 $\omega(k)$，振幅也是 $a(k)$，於是疊加波 $\Psi(x,t)$ 是：

$$\Psi(x,t) = \int_{k_0-\Delta k}^{k_0+\Delta k} a(k)\cos[\omega(k)t - kx]\,\mathrm{d}k, \qquad k_0 = \text{連續變化的中心點} \qquad (5)$$

相速度（phase velocity）$v_p = \frac{\mathrm{d}x}{\mathrm{d}t} = \frac{\omega(k = k_0)}{k_0} \equiv \frac{\omega_0}{k_0}$ （6）

群速度（group velocity）$v_g = \left(\frac{\mathrm{d}\omega}{\mathrm{d}k}\right)_{k=k_0} \equiv \left(\frac{\mathrm{d}\omega}{\mathrm{d}k}\right)_{k_0}$ （7）

假定振幅的變化不大，即 $a(k) \doteq a(k_0)$，則 $a(k)$ 可以提到積分外邊；同時角頻率可以近似如下：

$$\begin{aligned}\omega(k) &= \omega[k_0 + (k - k_0)]\\ &= \omega(k_0) + (k - k_0)\left(\frac{\partial\omega}{\partial k}\right)_{k_0} + \frac{(k-k_0)^2}{2!}\left(\frac{\partial^2\omega}{\partial k^2}\right)_{k_0} + \cdots\cdots\cdots\cdots\\ &\doteq \omega(k_0) + (k - k_0)\left(\frac{\partial\omega}{\partial k}\right)_{k_0}\end{aligned} \quad (8)$$

$$\therefore \Psi(x,t) \doteq a(k_0)\int_{k_0-\Delta k}^{k_0+\Delta k}\cos\left\{\left[\omega(k_0) - k_0\left(\frac{\partial\omega}{\partial k}\right)_{k_0}\right]t + \left[\left(\frac{\partial\omega}{\partial k}\right)_{k_0}t - x\right]k\right\}\mathrm{d}k$$

$$= a(k_0)\left[\frac{\sin\left\{\left[\omega_0 - k_0\left(\frac{\partial\omega}{\partial k}\right)_{k_0}\right]t + \left[\left(\frac{\partial\omega}{\partial k}\right)_{k_0}t - x\right]k\right\}}{\left(\frac{\partial\omega}{\partial k}\right)_{k_0}t - x}\right]_{k_0-\Delta k}^{k_0+\Delta k}$$

$$= a(k_0)\left\{\frac{\sin\left\{[\omega_0 t - k_0 x] + \Delta k\left[\left(\frac{\partial\omega}{\partial k}\right)_{k_0}t - x\right]\right\} - \sin\left\{[\omega_0 t - k_0 x] - \Delta k\left[\left(\frac{\partial\omega}{\partial k}\right)_{k_0}t - x\right]\right\}}{\left(\frac{\partial\omega}{\partial k}\right)_{k_0}t - x}\right\}$$

但是 $(\omega_0 t - k_0 x) = \omega_0\left(t - \frac{k_0}{\omega_0}x\right) = \omega_0\left(t - \frac{1}{\lambda\nu}x\right)$，而 $x = v_p t = \lambda\nu t$

$$\therefore \quad \omega_0 t - k_0 x = 0 \quad (9)$$

加上 $\sin(-\theta) = -\sin\theta$

$$\therefore \quad \Psi(x,t) = 2a(k_0)\frac{\sin\left\{\left[\left(\frac{\partial\omega}{\partial k}\right)_{k_0}t - x\right]\Delta k\right\}}{\left(\frac{\partial\omega}{\partial k}\right)_{k_0}t - x} \quad (10)$$

設 $\left[\left(\frac{\partial\omega}{\partial k}\right)_{k_0}t - x\right]\Delta k \equiv \xi$

$$\therefore \quad \Psi(x,t) = 2\Delta k a(k_0)\frac{\sin\xi}{\xi} \quad (11)$$

但：
$$\begin{cases}\lim\limits_{\xi\to 0}\frac{\sin\xi}{\xi} = 1\\ \lim\limits_{\xi\to\pi}\frac{\sin\xi}{\xi} = 0\end{cases}$$

於是獲得如下頁圖的波包。顯然，Δk 是控制波包寬度的要素。那麼 Δk 和半寬度 Δx（高度的一半高時的寬度）的關係如何呢？

當 $t = 0$，則式⑽是：

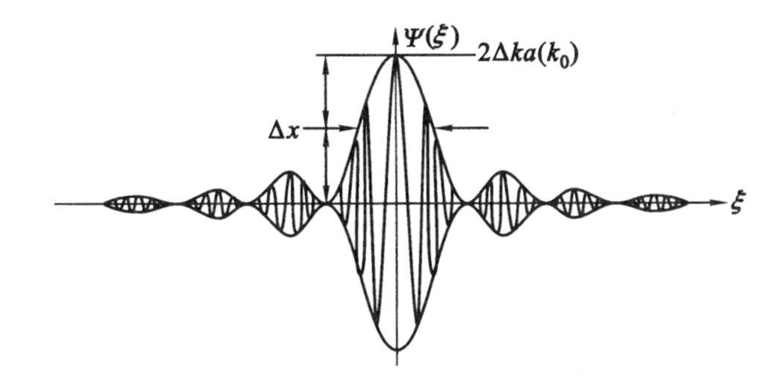

$$\Psi(x,0)=2a(k_0)\frac{\sin\Delta kx}{x}$$

$$=0 \qquad 當\ \Delta kx=\pm\pi$$

$$\therefore \qquad \Delta k\Delta x\doteq\frac{2\pi}{2}=\pi \qquad (12)$$

Δk 和 Δx 剛好形成反比關係，Δk 增加時 Δx 減少；Δk 減少時 Δx 增加。所以要獲得波包 Δk 不可以太大，同時從式(10)得波包會隨著時間越來越寬而高度變低。如果 Δk 是 $2\pi\Delta k'$，則式(12)變成 $\Delta k'\Delta x=\frac{1}{2}$；假定 de Broglie 假設成立，則 $P=\hbar k$

$$\therefore \quad \Delta P\Delta x\geqslant\frac{1}{2}\hbar \qquad 成立，但經典力學沒二象性。$$

18）平面波是簡諧振子造成的波，是最簡單的波，卻是最重要的波，因為任何複雜的波都能用平面波線性疊加而成，其波動方程式和解必須能隨時寫出來才行，非相對論的波動方程式是：

$$-\frac{\hbar^2}{2m}\nabla^2\phi(\boldsymbol{r},t)=\mathrm{i}\hbar\frac{\partial\phi(\boldsymbol{r},t)}{\partial t} \qquad (1)$$

經變數分離 $\phi(\boldsymbol{r},t)=T(t)\psi(\boldsymbol{r})$

$$\therefore \begin{cases}\mathrm{i}\hbar\dfrac{\mathrm{d}T}{\mathrm{d}t}\equiv ET，或\ T(t)=N\exp\left(-\dfrac{\mathrm{i}Et}{\hbar}\right) & (2)\\ \nabla^2\psi(\boldsymbol{r})=-\dfrac{2m}{\hbar^2}E\psi(\boldsymbol{r})\equiv-k^2\psi(\boldsymbol{r}) & (3)\end{cases}$$

E 的量綱 $[E]$ = 能量，k 的量綱 $[k]=\frac{1}{長度}$，所以 k 是角波數 $\frac{2\pi}{\lambda}$，λ = 波長。現用直角座標來解式(3)：

$$\nabla^2\psi(\boldsymbol{r})=\left(\frac{\partial^2}{\partial x^2}+\frac{\partial^2}{\partial y^2}+\frac{\partial^2}{\partial z^2}\right)\psi(\boldsymbol{r})=-(k_x^2+k_y^2+k_z^2)\psi(\boldsymbol{r})$$

設 $\psi(\boldsymbol{r})=X(x)Y(y)Z(z)$，則上式變成：

$$\frac{1}{X}\frac{\mathrm{d}^2X}{\mathrm{d}x^2}+\frac{1}{Y}\frac{\mathrm{d}^2Y}{\mathrm{d}y^2}+\frac{1}{Z}\frac{\mathrm{d}^2Z}{\mathrm{d}z^2}=-k_x^2-k_y^2-k_z^2$$

充分條件是：

$$\frac{d^2X}{dx^2}=-k_x^2X,\qquad \frac{d^2Y}{dy^2}=-k_y^2Y,\qquad \frac{d^2Z}{dz^2}=-k_z^2Z$$

$$\therefore\quad \left\{\begin{aligned} X(x)&=A'_x e^{ik_x x}+B'_x e^{-ik_x x}\\ Y(y)&=A'_y e^{ik_y y}+B'_y e^{-ik_y y}\\ Z(z)&=A'_z e^{ik_z z}+B'_z e^{-ik_z z}\end{aligned}\right\} \tag{4}$$

兩邊乘上時間之後：

$$X(x)T(t)=A_x e^{i(k_x x-\omega t)}+B_x e^{-i(k_x x+\omega t)},$$

$$E\equiv\hbar\omega,\qquad A_x\equiv A'_x N,\qquad B_x\equiv B'_x N$$

則 $\exp\{i(k_x x-\omega t)\}$，是向 x 的正方向傳的波，而 $\exp\{-i(k_x x+\omega t)\}$ 是沿 x 的負方向傳的波，

$$\because\qquad k_x x\pm\omega t=\text{常數}\ \kappa\ \text{時}$$

$$\frac{dx}{dt}=\mp\frac{\omega}{k_x}=\mp v\,(\text{波速})$$

所以向（$+\boldsymbol{r}$）的方向行進的波是：

$$\psi_+(\boldsymbol{r})=A'_xA'_yA'_z e^{i(k_x x+k_y y+k_z z)}\equiv A_1 e^{i\boldsymbol{k}\cdot\boldsymbol{r}} \tag{5}$$

向（$-\boldsymbol{r}$）方向行進的波是：

$$\psi_-(-\boldsymbol{r})=B'_xB'_yB'_z e^{-i\boldsymbol{k}\cdot\boldsymbol{r}}\equiv B_1 e^{-i\boldsymbol{k}\cdot\boldsymbol{r}} \tag{6}$$

一般地：

$$\psi(\boldsymbol{r})=\psi_+(\boldsymbol{r})+\psi_-(\boldsymbol{r})=A_1 e^{i\boldsymbol{k}\cdot\boldsymbol{r}}+B_1 e^{-i\boldsymbol{k}\cdot\boldsymbol{r}} \tag{7}$$

$$\therefore\quad \phi(\boldsymbol{r},t)=Ae^{i(\boldsymbol{k}\cdot\boldsymbol{r}-\omega t)}+Be^{-i(\boldsymbol{k}\cdot\boldsymbol{r}+\omega t)} \tag{8}$$

至於

$$\nabla e^{i\boldsymbol{k}\cdot\boldsymbol{r}}=\sum_i e_i\frac{\partial}{\partial x_i}e^{i\boldsymbol{k}\cdot\boldsymbol{r}}=\sum_i e_i ik_i e^{i\boldsymbol{k}\cdot\boldsymbol{r}}=i\boldsymbol{k}e^{i\boldsymbol{k}\cdot\boldsymbol{r}}$$

$e_i=x_i$ 軸的單位矢量。

19）Leonard I. Shiff：Quantum Mechanics, 3rd ed., McGraw-Hill 1968。

Philip M. Morse & Herman Feshbach：Methods of Theoretical Physics Part I, McGraw-Hill（臺灣版權），虹橋書局 1978。

Geoge Arfken：Mathematical Methods for Physicists, Academic Press, 2nd ed.（臺灣版權），開發書局 1970。

20）證明

$$-\frac{\hbar^2}{2m_1}\nabla_{r_1}^2-\frac{\hbar^2}{2m}\nabla_{r_2}^2=-\frac{\hbar^2}{2M}\nabla_R^2-\frac{\hbar^2}{2\mu}\nabla_r^2$$

$\boldsymbol{R}$ 和 $\boldsymbol{r}$ 各爲質心和相對座標：

$$\left.\begin{aligned}\boldsymbol{R}&=\frac{m_1\boldsymbol{r}_1+m_2\boldsymbol{r}_2}{m_1+m_2}\\ \boldsymbol{r}&\equiv\boldsymbol{r}_2-\boldsymbol{r}_1\end{aligned}\right\}\Rightarrow\left.\begin{aligned}\boldsymbol{r}_1&=\boldsymbol{R}-\frac{m_2}{M}\boldsymbol{r}\\ \boldsymbol{r}_2&=\boldsymbol{R}+\frac{m_1}{M}\boldsymbol{r}\end{aligned}\right\} \tag{1}$$

$$M \equiv m_1 + m_2$$

設 $\boldsymbol{R} \equiv (X, Y, Z)$，　$\boldsymbol{r} \equiv (x, y, z)$ 　　(2)

使用兩種方法來證明，希望讀者經過這些推導過程能熟練偏微分方法。

(A) 直角座標 (Cartesian coördenates)

$$\nabla_{r_i}^2 = \frac{\partial^2}{\partial x_i^2} + \frac{\partial^2}{\partial y_i^2} + \frac{\partial^2}{\partial z_i^2}, \quad i = 1,2$$

$$\frac{\partial}{\partial x_1} = \frac{\partial X}{\partial x_1}\frac{\partial}{\partial X} + \frac{\partial x}{\partial x_1}\frac{\partial}{\partial x}$$

$$\frac{\partial^2}{\partial x_1^2} = \frac{\partial}{\partial x_1}\frac{\partial}{\partial x_1} = \left(\frac{\partial X}{\partial x_1}\right)^2\frac{\partial^2}{\partial X^2} + 2\frac{\partial X}{\partial x_1}\frac{\partial x}{\partial x_1}\frac{\partial^2}{\partial X\partial x} + \left(\frac{\partial x}{\partial x_1}\right)^2\frac{\partial^2}{\partial x^2}$$

$$\because \quad \frac{\partial^2 X}{\partial x_1^2} = 0, \quad \frac{\partial^2 x}{\partial x_1^2} = 0$$

$$\begin{aligned}\therefore \quad \sum_{i=1}^{2}\left(-\frac{\hbar^2}{2m_i}\nabla_{r_i}^2\right) = \sum_{i=1}^{2}\Bigg\{-\frac{\hbar^2}{2m_i}\Bigg[&\left(\frac{\partial X}{\partial x_i}\right)^2\frac{\partial^2}{\partial X^2} + \left(\frac{\partial Y}{\partial y_i}\right)^2\frac{\partial^2}{\partial Y^2} + \left(\frac{\partial Z}{\partial z_i}\right)^2\frac{\partial^2}{\partial Z^2} \\ &+ 2\frac{\partial X}{\partial x_i}\frac{\partial x}{\partial x_i}\frac{\partial^2}{\partial X\partial x} + 2\frac{\partial Y}{\partial y_i}\frac{\partial y}{\partial y_i}\frac{\partial^2}{\partial Y\partial y} + 2\frac{\partial Z}{\partial z_i}\frac{\partial z}{\partial z_i}\frac{\partial^2}{\partial Z\partial z} \\ &+ \left(\frac{\partial x}{\partial x_i}\right)^2\frac{\partial^2}{\partial x^2} + \left(\frac{\partial y}{\partial y_i}\right)^2\frac{\partial^2}{\partial y^2} + \left(\frac{\partial z}{\partial z_i}\right)^2\frac{\partial^2}{\partial z^2}\Bigg]\Bigg\}\end{aligned} \quad (3)$$

但是由式(1)：

$$\begin{cases} X = \dfrac{m_1x_1 + m_2x_2}{M}, & Y = \dfrac{m_1y_1 + m_2y_2}{M}, & Z = \dfrac{m_1z_1 + m_2z_2}{M} \\ x = x_2 - x_1, & y = y_2 - y_1, & z = z_2 - z_1 \end{cases}$$

$$\therefore \begin{cases} \dfrac{\partial X}{\partial x_i} = \dfrac{m_i}{M}, & \dfrac{\partial Y}{\partial y_i} = \dfrac{m_i}{M}, & \dfrac{\partial Z}{\partial z_i} = \dfrac{m_i}{M} \\ \dfrac{\partial x}{\partial x_2} = 1 & \dfrac{\partial y}{\partial y_2} = 1 & \dfrac{\partial z}{\partial z_2} = 1 \\ \dfrac{\partial x}{\partial x_1} = -1, & \dfrac{\partial y}{\partial y_1} = -1, & \dfrac{\partial z}{\partial z_1} = -1 \end{cases} \quad (4)$$

把式(4)代入式(3)得：

$$\begin{aligned}&\sum_{i=1}^{2}\left(-\frac{\hbar^2}{2m_i}\nabla_{r_i}^2\right) \\ &= \sum_{i=1}^{2}\Bigg\{\left(\frac{\partial^2}{\partial X^2} + \frac{\partial^2}{\partial Y^2} + \frac{\partial^2}{\partial Z^2}\right)\left[-\frac{\hbar^2}{2m_i}\left(\frac{m_i}{M}\right)^2\right] - \frac{\hbar^2}{2m_i}\left(\frac{\partial^2}{\partial x^2} + \frac{\partial^2}{\partial y^2} + \frac{\partial^2}{\partial z^2}\right) \\ &\quad + \left[\left(-\frac{\hbar^2}{2m_1}\right)\left(-\frac{2m_1}{M}\right) + \left(-\frac{\hbar^2}{2m_2}\right)\left(\frac{2m_2}{M}\right)\right]\left(\frac{\partial^2}{\partial X\partial x} + \frac{\partial^2}{\partial Y\partial y} + \frac{\partial^2}{\partial Z\partial z}\right)\Bigg\} \\ &= -\frac{\hbar^2}{2M}\left(\frac{\partial^2}{\partial X^2} + \frac{\partial^2}{\partial Y^2} + \frac{\partial^2}{\partial Z^2}\right) - \frac{\hbar^2}{2}\left(\frac{1}{m_1} + \frac{1}{m_2}\right)\left(\frac{\partial^2}{\partial x^2} + \frac{\partial^2}{\partial y^2} + \frac{\partial}{\partial z^2}\right)\end{aligned}$$

設 $\dfrac{1}{m_1}+\dfrac{1}{m_2}\equiv\dfrac{1}{\mu}$, $\dfrac{\partial^2}{\partial X^2}+\dfrac{\partial^2}{\partial Y^2}+\dfrac{\partial^2}{\partial Z^2}\equiv\nabla_R^2$, $\dfrac{\partial^2}{\partial x^2}+\dfrac{\partial^2}{\partial y^2}+\dfrac{\partial}{\partial z^2}\equiv\nabla_r^2$

$$\therefore\quad -\frac{\hbar^2}{2m_1}\nabla_{r_1}^2-\frac{\hbar^2}{2m_2}\nabla_{r_2}^2=-\frac{\hbar^2}{2M}\nabla_R^2-\frac{\hbar^2}{2\mu}\nabla_r^2 \tag{5}$$

(B) 球座標 (spherical coördinates)

$$\boldsymbol{r}=(x,y,z),\quad \begin{Bmatrix} x=r\sin\theta\cos\varphi \\ y=r\sin\theta\sin\varphi \\ z=r\cos\theta \end{Bmatrix} \tag{6}$$

$$\therefore\quad \begin{Bmatrix} r^2=x^2+y^2+z^2 \\ \cos\theta=\dfrac{z}{r},\qquad \tan\varphi=\dfrac{y}{x} \end{Bmatrix} \tag{7}$$

$$\therefore\begin{Bmatrix} \dfrac{\partial r}{\partial x}=\dfrac{x}{r}=\sin\theta\cos\varphi, & \dfrac{\partial r}{\partial y}=\dfrac{y}{r}=\sin\theta\sin\varphi, & \dfrac{\partial r}{\partial z}=\dfrac{z}{r}=\cos\theta \\ \dfrac{\partial\theta}{\partial x}=\dfrac{1}{\sin\theta}\dfrac{xz}{r^3}=\dfrac{\cos\theta\cos\varphi}{r}, & \dfrac{\partial\theta}{\partial y}=\dfrac{1}{\sin\theta}\dfrac{yz}{r^3}=\dfrac{\cos\theta\sin\varphi}{r}, & \dfrac{\partial\theta}{\partial z}=-\dfrac{x^2+y^2}{\sin\theta r^3}=-\dfrac{\sin\theta}{r} \\ \dfrac{\partial\varphi}{\partial x}=-\dfrac{y}{x^2+y^2}=-\dfrac{\sin\varphi}{r\sin\theta}, & \dfrac{\partial\varphi}{\partial y}=\dfrac{x}{x^2+y^2}=\dfrac{\cos\varphi}{r\sin\theta}, & \dfrac{\partial\varphi}{\partial z}=0 \end{Bmatrix} \tag{8}$$

$$\frac{\partial}{\partial x}=\frac{\partial r}{\partial x}\frac{\partial}{\partial r}+\frac{\partial\theta}{\partial x}\frac{\partial}{\partial\theta}+\frac{\partial\varphi}{\partial x}\frac{\partial}{\partial\varphi}$$

$$\frac{\partial^2}{\partial x^2}=\frac{\partial r}{\partial x}\left\{\frac{\partial}{\partial r}\left(\frac{\partial r}{\partial x}\frac{\partial}{\partial r}\right)\right\}+\frac{\partial\theta}{\partial x}\left\{\frac{\partial}{\partial\theta}\left(\frac{\partial r}{\partial x}\frac{\partial}{\partial r}\right)\right\}+\frac{\partial\varphi}{\partial x}\left\{\frac{\partial}{\partial\varphi}\left(\frac{\partial r}{\partial x}\frac{\partial}{\partial r}\right)\right\}$$

$$+\frac{\partial r}{\partial x}\left\{\frac{\partial}{\partial r}\left(\frac{\partial\theta}{\partial x}\frac{\partial}{\partial\theta}\right)\right\}+\frac{\partial\theta}{\partial x}\left\{\frac{\partial}{\partial\theta}\left(\frac{\partial\theta}{\partial x}\frac{\partial}{\partial\theta}\right)\right\}+\frac{\partial\varphi}{\partial x}\left\{\frac{\partial}{\partial\varphi}\left(\frac{\partial\theta}{\partial x}\frac{\partial}{\partial\theta}\right)\right\}$$

$$+\frac{\partial r}{\partial x}\left\{\frac{\partial}{\partial r}\left(\frac{\partial\varphi}{\partial x}\frac{\partial}{\partial\varphi}\right)\right\}+\frac{\partial\theta}{\partial x}\left\{\frac{\partial}{\partial\theta}\left(\frac{\partial\varphi}{\partial x}\frac{\partial}{\partial\varphi}\right)\right\}+\frac{\partial\varphi}{\partial x}\left\{\frac{\partial}{\partial\varphi}\left(\frac{\partial\varphi}{\partial x}\frac{\partial}{\partial\varphi}\right)\right\}$$

$$=\left(\frac{\partial r}{\partial x}\right)^2\frac{\partial^2}{\partial r^2}+\left\{\left(\frac{\partial r}{\partial x}\right)\left[\frac{\partial}{\partial r}\left(\frac{\partial r}{\partial x}\right)\right]+\left(\frac{\partial\theta}{\partial x}\right)\left[\frac{\partial}{\partial\theta}\left(\frac{\partial r}{\partial x}\right)\right]+\left(\frac{\partial\varphi}{\partial x}\right)\left[\frac{\partial}{\partial\varphi}\left(\frac{\partial r}{\partial x}\right)\right]\right\}\frac{\partial}{\partial r}$$

$$+\left(\frac{\partial\theta}{\partial x}\right)^2\frac{\partial^2}{\partial\theta^2}+\left\{\left(\frac{\partial r}{\partial x}\right)\left[\frac{\partial}{\partial r}\left(\frac{\partial\theta}{\partial x}\right)\right]+\left(\frac{\partial\theta}{\partial x}\right)\left[\frac{\partial}{\partial\theta}\left(\frac{\partial\theta}{\partial x}\right)\right]+\left(\frac{\partial\varphi}{\partial x}\right)\left[\frac{\partial}{\partial\varphi}\left(\frac{\partial\theta}{\partial x}\right)\right]\right\}\frac{\partial}{\partial\theta}$$

$$+\left(\frac{\partial\varphi}{\partial x}\right)^2\frac{\partial^2}{\partial\varphi^2}+\left\{\left(\frac{\partial r}{\partial x}\right)\left[\frac{\partial}{\partial r}\left(\frac{\partial\varphi}{\partial x}\right)\right]+\left(\frac{\partial\theta}{\partial x}\right)\left[\frac{\partial}{\partial\theta}\left(\frac{\partial\varphi}{\partial x}\right)\right]+\left(\frac{\partial\varphi}{\partial x}\right)\left[\frac{\partial}{\partial\varphi}\left(\frac{\partial\varphi}{\partial x}\right)\right]\right\}\frac{\partial}{\partial\varphi}$$

$$+2\left\{\frac{\partial r}{\partial x}\frac{\partial\theta}{\partial x}\frac{\partial^2}{\partial r\partial\theta}+\frac{\partial\theta}{\partial x}\frac{\partial\varphi}{\partial x}\frac{\partial^2}{\partial\theta\partial\varphi}+\frac{\partial\varphi}{\partial x}\frac{\partial r}{\partial x}\frac{\partial^2}{\partial\varphi\partial r}\right\} \tag{9}$$

同樣地得$\dfrac{\partial^2}{\partial y^2}$和$\dfrac{\partial^2}{\partial z^2}$，只是把(9)式的 $x\rightarrow y, x\rightarrow z$

$$\therefore\quad \frac{\partial^2}{\partial x^2}+\frac{\partial^2}{\partial y^2}+\frac{\partial^2}{\partial z^2}$$

$$=\left[\left(\frac{\partial r}{\partial x}\right)^2+\left(\frac{\partial r}{\partial y}\right)^2+\left(\frac{\partial r}{\partial z}\right)^2\right]\frac{\partial^2}{\partial r^2}+\left[\left(\frac{\partial\theta}{\partial x}\right)^2+\left(\frac{\partial\theta}{\partial y}\right)^2+\left(\frac{\partial\theta}{\partial z}\right)^2\right]\frac{\partial^2}{\partial\theta^2}$$

$$+\left[\left(\frac{\partial\varphi}{\partial x}\right)^2+\left(\frac{\partial\varphi}{\partial y}\right)^2+\left(\frac{\partial\varphi}{\partial z}\right)^2\right]\frac{\partial^2}{\partial\varphi^2}+2\left[\frac{\partial r}{\partial x}\frac{\partial\theta}{\partial x}+\frac{\partial r}{\partial y}\frac{\partial\theta}{\partial y}+\frac{\partial r}{\partial z}\frac{\partial\theta}{\partial z}\right]\frac{\partial^2}{\partial r\partial\theta}$$

$$+2\left[\frac{\partial\theta}{\partial x}\frac{\partial\varphi}{\partial x}+\frac{\partial\theta}{\partial y}\frac{\partial\varphi}{\partial y}+\frac{\partial\theta}{\partial z}\frac{\partial\varphi}{\partial z}\right]\frac{\partial^2}{\partial\theta\partial\varphi}+2\left[\frac{\partial\varphi}{\partial x}\frac{\partial r}{\partial x}+\frac{\partial\varphi}{\partial y}\frac{\partial r}{\partial y}+\frac{\partial\varphi}{\partial z}\frac{\partial r}{\partial z}\right]\frac{\partial^2}{\partial\varphi\partial r}$$

$$+\left\{\frac{\partial r}{\partial x}\left[\frac{\partial}{\partial r}\frac{\partial r}{\partial x}\right]+\frac{\partial r}{\partial y}\left[\frac{\partial}{\partial r}\frac{\partial r}{\partial y}\right]+\frac{\partial r}{\partial z}\left[\frac{\partial}{\partial r}\frac{\partial r}{\partial z}\right]\right\}\frac{\partial}{\partial r}$$

$$+\left\{\frac{\partial\theta}{\partial x}\left[\frac{\partial}{\partial\theta}\frac{\partial r}{\partial x}\right]+\frac{\partial\theta}{\partial y}\left[\frac{\partial}{\partial\theta}\frac{\partial r}{\partial y}\right]+\frac{\partial\theta}{\partial z}\left[\frac{\partial}{\partial\theta}\frac{\partial r}{\partial z}\right]\right\}\frac{\partial}{\partial r}$$

$$+\left\{\frac{\partial\varphi}{\partial x}\left[\frac{\partial}{\partial\varphi}\frac{\partial r}{\partial x}\right]+\frac{\partial\varphi}{\partial y}\left[\frac{\partial}{\partial\varphi}\frac{\partial r}{\partial y}\right]+\frac{\partial\varphi}{\partial z}\left[\frac{\partial}{\partial\varphi}\frac{\partial r}{\partial z}\right]\right\}\frac{\partial}{\partial r}$$

$$+\left\{\frac{\partial r}{\partial x}\left[\frac{\partial}{\partial r}\frac{\partial\theta}{\partial x}\right]+\frac{\partial r}{\partial y}\left[\frac{\partial}{\partial r}\frac{\partial\theta}{\partial y}\right]+\frac{\partial r}{\partial z}\left[\frac{\partial}{\partial r}\frac{\partial\theta}{\partial z}\right]\right\}\frac{\partial}{\partial\theta}$$

$$+\left\{\frac{\partial\theta}{\partial x}\left[\frac{\partial}{\partial\theta}\frac{\partial\theta}{\partial x}\right]+\frac{\partial\theta}{\partial y}\left[\frac{\partial}{\partial\theta}\frac{\partial\theta}{\partial y}\right]+\frac{\partial\theta}{\partial z}\left[\frac{\partial}{\partial\theta}\frac{\partial\theta}{\partial z}\right]\right\}\frac{\partial}{\partial\theta}$$

$$+\left\{\frac{\partial\varphi}{\partial x}\left[\frac{\partial}{\partial\varphi}\frac{\partial\theta}{\partial x}\right]+\frac{\partial\varphi}{\partial y}\left[\frac{\partial}{\partial\varphi}\frac{\partial\theta}{\partial y}\right]+\frac{\partial\varphi}{\partial z}\left[\frac{\partial}{\partial\varphi}\frac{\partial\theta}{\partial z}\right]\right\}\frac{\partial}{\partial\theta}$$

$$+\left\{\frac{\partial r}{\partial x}\left[\frac{\partial}{\partial r}\frac{\partial\varphi}{\partial x}\right]+\frac{\partial r}{\partial y}\left[\frac{\partial}{\partial r}\frac{\partial\varphi}{\partial y}\right]+\frac{\partial r}{\partial z}\left[\frac{\partial}{\partial r}\frac{\partial\varphi}{\partial z}\right]\right\}\frac{\partial}{\partial\varphi}$$

$$+\left\{\frac{\partial\theta}{\partial x}\left[\frac{\partial}{\partial\theta}\frac{\partial\varphi}{\partial x}\right]+\frac{\partial\theta}{\partial y}\left[\frac{\partial}{\partial\theta}\frac{\partial\varphi}{\partial y}\right]+\frac{\partial\theta}{\partial z}\left[\frac{\partial}{\partial\theta}\frac{\partial\varphi}{\partial z}\right]\right\}\frac{\partial}{\partial\varphi}$$

$$+\left\{\frac{\partial\varphi}{\partial x}\left[\frac{\partial}{\partial\varphi}\frac{\partial\varphi}{\partial x}\right]+\frac{\partial\varphi}{\partial y}\left[\frac{\partial}{\partial\varphi}\frac{\partial\varphi}{\partial y}\right]+\frac{\partial\varphi}{\partial z}\left[\frac{\partial}{\partial\varphi}\frac{\partial\varphi}{\partial z}\right]\right\}\frac{\partial}{\partial\varphi}\qquad(10)$$

把式(8)代入式(10)得：

$$\frac{\partial^2}{\partial x^2}+\frac{\partial^2}{\partial y^2}+\frac{\partial^2}{\partial z^2}=\frac{\partial^2}{\partial r^2}+\frac{1}{r^2}\frac{\partial^2}{\partial\theta^2}+\frac{1}{r^2\sin^2\theta}\frac{\partial^2}{\partial\varphi^2}+\frac{2}{r}\frac{\partial}{\partial r}+\frac{\cos\theta}{r^2\sin\theta}\frac{\partial}{\partial\theta}$$

$$=\frac{1}{r^2}\frac{\partial}{\partial r}\left(r^2\frac{\partial}{\partial r}\right)+\frac{1}{r^2\sin\theta}\frac{\partial}{\partial\theta}\left(\sin\theta\frac{\partial}{\partial\theta}\right)+\frac{1}{r^2\sin^2\theta}\frac{\partial^2}{\partial\varphi^2}\qquad(11)$$

21）球諧函數 $Y_{lm}(\theta,\varphi)$ 是下面微分方程式的解：

$$-\left\{\frac{1}{\sin\theta}\frac{\partial}{\partial\theta}\left(\sin\theta\frac{\partial}{\partial\theta}\right)+\frac{1}{\sin^2\theta}\frac{\partial^2}{\partial\varphi^2}\right\}Y_{lm}(\theta,\varphi)=l(l+1)Y_{lm}(\theta,\varphi)$$

$Y_{lm}(\theta,\varphi)$ 的具體形式（或式（10－117b））是：

$$Y_{lm}(\theta,\varphi)=(-)^l\frac{1}{2^l l!}\sqrt{\frac{2l+1}{4\pi}\frac{(l+m)!}{(l-m)!}}e^{im\varphi}\frac{1}{\sin^m\theta}\frac{d^{l-m}}{d(\cos\theta)^{l-m}}(\sin\theta)^{2l}$$

$$l=0,1,2,\cdots\cdots;\ -l\leqslant m\leqslant l$$

$$Y_{00}=\frac{1}{\sqrt{4\pi}}$$

$$Y_{11}=-\frac{1}{2}\sqrt{\frac{3}{4\pi}\frac{2}{1}}e^{i\varphi}\frac{1}{\sin\theta}\sin^2\theta=-\sqrt{\frac{3}{8\pi}}e^{i\varphi}\sin\theta$$

$$Y_{10}=-\frac{1}{2}\sqrt{\frac{3}{4\pi}}\frac{\mathrm{d}}{d(\cos\theta)}\sin^2\theta=-\frac{1}{2}\sqrt{\frac{3}{4\pi}}\frac{d}{d(\cos\theta)}(1-\cos^2\theta)$$

$$=-\frac{1}{2}\sqrt{\frac{3}{4\pi}}(-2\cos\theta)=\sqrt{\frac{3}{4\pi}}\cos\theta$$

$$Y_{1-1}=-\frac{1}{2}\sqrt{\frac{3}{4\pi}\frac{1}{2}}\mathrm{e}^{-\mathrm{i}\varphi}\sin\theta\left(\frac{\mathrm{d}}{\mathrm{d}(\cos\theta)}\right)^2(1-\cos^2\theta)=\sqrt{\frac{3}{8\pi}}\mathrm{e}^{-\mathrm{i}\varphi}\sin\theta$$

$$Y_{22}=\frac{1}{2^2 2!}\sqrt{\frac{5}{4\pi}\frac{4!}{1}}\mathrm{e}^{2\mathrm{i}\varphi}\frac{1}{\sin^2\theta}(\sin\theta)^4=\sqrt{\frac{15}{32\pi}}\mathrm{e}^{2\mathrm{i}\varphi}\sin^2\theta$$

$$Y_{21}=\frac{1}{2^2 2!}\sqrt{\frac{5}{4\pi}\frac{3!}{1}}\mathrm{e}^{\mathrm{i}\varphi}\frac{1}{\sin\theta}\frac{\mathrm{d}}{\mathrm{d}(\cos\theta)}(1-\cos^2\theta)^2$$

$$=\frac{1}{8}\sqrt{\frac{15}{2\pi}}\mathrm{e}^{\mathrm{i}\varphi}\frac{1}{\sin\theta}2(1-\cos^2\theta)(-2\cos\theta)=-\sqrt{\frac{15}{8\pi}}\mathrm{e}^{\mathrm{i}\varphi}\sin\theta\cos\theta$$

$$Y_{20}=\frac{1}{2^2 2!}\sqrt{\frac{5}{4\pi}}\left(\frac{\mathrm{d}}{\mathrm{d}(\cos\theta)}\right)^2(1-\cos^2\theta)^2$$

$$=\frac{1}{8}\sqrt{\frac{5}{4\pi}}(-4+12\cos^2\theta)=\sqrt{\frac{5}{16\pi}}(3\cos^2\theta-1)$$

$$Y_{2-1}=\frac{1}{2^2 2!}\sqrt{\frac{5}{4\pi}\frac{1}{3!}}\mathrm{e}^{-\mathrm{i}\varphi}\sin\theta\left(\frac{\mathrm{d}}{\mathrm{d}(\cos\theta)}\right)^3(1-\cos^2\theta)^2=\sqrt{\frac{15}{8\pi}}\mathrm{e}^{-\mathrm{i}\varphi}\sin\theta\cos\theta$$

$$Y_{2-2}=\frac{1}{2^2 2!}\sqrt{\frac{5}{4\pi}\frac{1}{4!}}\mathrm{e}^{-2\mathrm{i}\varphi}\sin^2\theta\left(\frac{\mathrm{d}}{\mathrm{d}(\cos\theta)}\right)^4(1-\cos^2\theta)^2=\sqrt{\frac{15}{32\pi}}\mathrm{e}^{-2\mathrm{i}\varphi}\sin^2\theta$$

22）解氫原子的徑矢量大小 $r=|\boldsymbol{r}|$ 部分的微分方程式：

$$\left\{\frac{1}{r^2}\frac{\mathrm{d}}{\mathrm{d}r}\left(r^2\frac{\mathrm{d}}{\mathrm{d}r}\right)+\left[\frac{2\mu}{\hbar^2}(E-V(r))-\frac{l(l+1)}{r^2}\right]\right\}R(r)=0 \qquad (1)$$

$$V(r)=-\frac{1}{4\pi\varepsilon_0}\frac{ze^2}{r}\equiv-k\frac{ze^2}{r},k\equiv\frac{1}{4\pi\varepsilon_0}，設\ \rho\equiv2\beta r,\beta^2\equiv-\frac{2\mu E}{\hbar^2}$$

$\gamma\equiv\dfrac{k\mu ze^2}{\beta\hbar^2}$，設這些量的最大目的是約化成無量綱方程式，以便於使用數學工具，代入式(1)得：

$$\frac{\mathrm{d}^2R(\rho)}{\mathrm{d}\rho^2}+\frac{2}{\rho}\frac{\mathrm{d}R(\rho)}{\mathrm{d}\rho}+\left(\frac{\gamma}{\rho}-\frac{l(l+1)}{\rho^2}-\frac{1}{4}\right)R(\rho)=0 \qquad (2)$$

物理永遠是導航，波函數必須單值（single value），連續（continuous）且有限（finite）；r 即 ρ 的變化範圍是 0 到 ∞，使用這些邊界條件，或者是函數的奇點（singularity），先決定函數 $R(\rho)$ 的初步形狀，當 $\rho\to\infty$ 時，式(2)是：

$$\frac{\mathrm{d}^2R}{d\rho^2}-\frac{1}{4}R=0$$

$$\therefore\quad R(\rho)=A\mathrm{e}^{\frac{\rho}{2}}+B\mathrm{e}^{-\frac{\rho}{2}}$$

但 $\lim\limits_{\rho\to\infty}R(\rho)=$ 有限，故 $A=0$，於是 $\rho=$ 有限時可以設爲：

$$R(\rho)\equiv\mathrm{e}^{-\frac{\rho}{2}}F(\rho) \qquad (3)$$

$F(\rho)$ 是未定函數，它從式(3)必須滿足式(2)的要求來決定，將式(3)代入式(2)得：

$$\frac{d^2F(\rho)}{d\rho^2}+\left(\frac{2}{\rho}-1\right)\frac{dF(\rho)}{d\rho}+\left[\frac{\gamma-1}{\rho}-\frac{l(l+1)}{\rho^2}\right]F(\rho)=0 \qquad (4)$$

找一找已有的數學方程式有沒有類似式(4)的方程式，但沒有找到，因此最好使用級數來解：

$$F(\rho)\equiv\rho^s\sum_{\nu=0}^{\infty}a_\nu\rho^\nu \qquad (5)$$

從式(4)和(5)得 $s=l$ 和 $s=-(l+1)$，但 $\lim_{\rho\to0}R(\rho)=$ 有限，於是 $s=l$ 才可以，另一方面 $R(\rho)$ 必須處處有限，因此式(5)的級數必須是有限項以確保 $R(\rho)$ 爲有限。令 a_ν 項後都爲零，而得能量本徵值：

$$\gamma=\nu+l+1\equiv n$$

$$E_n=-\frac{1}{(4\pi\varepsilon_0)^2}\frac{\mu(ze^2)^2}{2n^2\hbar^2},\qquad n=1,2,3\cdots\cdots$$

同時得本徵函數：

$$R(\rho)=Ne^{-\frac{\rho}{2}}\rho^l\sum_{\nu=0}^{n-l-1}a_\nu\rho^\nu \qquad (6)$$

$N=$ 歸一化常數，像式(5)的多項式表示是不便於使用，最好尋找已有的函數，這時必須先把式(5)表示成函數形式：

$$F(\rho)\equiv\rho^lL(\rho) \qquad (7)$$

從式(4),(7)得：

$$\rho\frac{d^2L}{d\rho^2}+[2(l+1)-\rho]\frac{dL}{d\rho}+(\gamma-l-1)L(\rho)=0 \qquad (8)$$

(a) 協同 Laguerre 微分方程式，協同 Laguerre 多項式

數學的 Laguerre 微分方程式 $L_q(\rho)$ 非常接近於式(8)，它是：

$$\rho\frac{d^2L_q}{d\rho^2}+(1-\rho)\frac{dL_q}{d\rho}+qL_q(\rho)=0 \qquad (9)$$

通常像式(8)和式(9)的關係，僅差個正整數，往往使用微分就可以解決。微分式(9)p 次便得：

$$\frac{d}{d\rho}:\rho L'''_q+[1+(1-\rho)]L''_q+(q-1)L'_q=0,\qquad L'_q\equiv\frac{dL_q}{d\rho}\text{ 等等}$$

$$\frac{d^2}{d\rho^2}:\rho L_q^{(4)}+[2+(1-q)]L_q^{(3)}+(q-2)L_q^{(2)}=0$$

$$\frac{d^3}{d\rho^3}:\rho L_q^{(5)}+[3+(1-\rho)]L_q^{(4)}+(q-3)L_q^{(3)}=0$$

…………………

$$\frac{d^p}{d\rho^p}:\rho L_q^{(p+2)}+[p+(1-\rho)]L_q^{p+1}+(q-p)L_q^{(p)}=0 \qquad (10)$$

上式也可以表示成如下關係：

$$\left\{\rho\frac{\mathrm{d}^2}{\mathrm{d}\rho^2}+(p+1-\rho)\frac{\mathrm{d}}{\mathrm{d}\rho}+(q-p)\right\}\frac{\mathrm{d}^pL_q}{\mathrm{d}\rho^p}=0$$

這時如果定義：

$$L_q^p(\rho)\equiv\frac{\mathrm{d}^p}{\mathrm{d}\rho^p}L_q \qquad (11)$$

則式(10)變成：

$$\rho\frac{\mathrm{d}^2L_q^p}{\mathrm{d}\rho^2}+(p+1-\rho)\frac{\mathrm{d}L_q^p}{\mathrm{d}\rho}+(q-p)L_q^p(\rho)=0 \qquad (12)$$

式(12)稱爲協同 **Laguerre** 微分方程式。當 $p=2l+1, q=n+l$，則式(8)和式(12)完全同一形式，於是式(7)的 $L(\rho)$ 可以使用協同 **Laguerre** 多項式 $L_q^p(\rho)$

$$\begin{aligned}R(\rho)&=-Ne^{-\frac{\rho}{2}}\rho^lL_{n+l}^{2l+1}(\rho) \qquad (13)\\&\equiv R_{nl}(\rho)\end{aligned}$$

式(13)$R(\rho)$ 右邊的負號來自協同 Laguerre 多項式的定義式，請參閱下面的推導過程。

(b) 生成函數 (generating function)

Laguarre 函數 $L_q(\rho)$ 的生成函數 $U(\rho,s)$ 是：

$$U(\rho,s)=\frac{e^{-\frac{\rho s}{1-s}}}{1-s}=\sum_{q=0}^{\infty}\frac{L_q(\rho)}{q!}s^q \qquad (14)$$

$$0\leqslant s<1$$

從式(8)要得式(12)只要微分式(8) p 次。同樣地，微分式(14) $\frac{\partial^p}{\partial\rho^p}$ 便能得 $L_q^p(\rho)$ 的生成函數，這就是 Schrödinger 於 1926 年發表的有關量子力學的第三篇論文中所用的生成函數 $U_p(\rho,s)$：

$$\frac{\partial}{\partial\rho}: \qquad \frac{\partial U}{\partial\rho}=\frac{e^{-\frac{\rho s}{1-s}}}{1-s}\,\frac{-s}{1-s}=\sum_{q=1}^{\infty}\frac{s^q}{q!}\frac{\mathrm{d}L_q}{\mathrm{d}\rho}$$

$$\frac{\partial^2}{\partial\rho^2}: \qquad \frac{\partial^2U}{\partial\rho^2}=\frac{e^{-\frac{\rho s}{1-s}}}{1-s}\left(\frac{-s}{1-s}\right)^2=\sum_{q=2}^{\infty}\frac{s^q}{q!}\frac{\mathrm{d}^2L_q}{\mathrm{d}\rho^2}$$

………………

$$\frac{\partial^p}{\partial\rho^p}: \qquad \frac{\partial^pU}{\partial\rho^p}=\frac{(-s)^p}{(1-s)^{p+1}}e^{-\frac{\rho s}{1-s}}=\sum_{q=p}^{\infty}\frac{s^q}{q!}\frac{\mathrm{d}^pL_q}{\mathrm{d}\rho^p}=\sum_{q=p}^{\infty}\frac{L_q^p(\rho)}{q!}s^q$$

所以 $L_q^p(\rho)$ 的生成函數 $\frac{\partial^pU}{\partial\rho^p}\equiv U_p(\rho,s)$ 是：

$$U_p(\rho,s)=(-)^p\frac{s^p}{(1-s)^{p+1}}e^{-\frac{\rho s}{1-s}}=\sum_{q=p}^{\infty}\frac{s^q}{q!}L_q^p(\rho) \qquad (15)$$

$$0\leqslant s<1$$

從式(15)可以導出 $L_q^p(\rho)$ 的展開式，將式(15)左邊的指數函數展開後比較兩邊係數便能得出結果：

$$(-)^p \frac{s^p}{(1-s)^{p+1}} e^{-\frac{\rho s}{1-s}} = \sum_{n=0}^{\infty} \frac{(-)^p s^p}{(1-s)^{p+1}} \frac{1}{n!}\left(-\frac{\rho s}{1-s}\right)^n$$

$$= \sum_{n=0}^{\infty} \frac{(-)^{n+p}\rho^n}{n!} s^{n+p} \frac{1}{(1-s)^{n+p+1}} \equiv I$$

但是
$$\frac{1}{(1-x)^{n+1}} = \sum_{k=0}^{\infty} \frac{(n+k)!}{n!\,k!} x^k, \quad 當 -1 < x < 1$$

$$\therefore \quad I = \sum_{n=0}^{\infty} \frac{(-)^{n+p}\rho^n}{n!} s^{n+p} \sum_{m=0}^{\infty} \frac{(n+p+m)!}{(n+p)!\,m!} s^m \qquad (16)$$

式(16)的加算，n 和 m 都是從 $0 \to \infty$，於是可以適當地調節加算的變數 n 或 m：

令
$$m \Rightarrow (m - n - p = m - (n+p))$$

$$\therefore \begin{cases} m = 0 \longrightarrow (m = n+p) \\ m = \infty \longrightarrow (m = \infty) \end{cases}$$

$$\therefore \quad \sum_{m=0}^{\infty} \longrightarrow \sum_{m=n+p}^{\infty} \qquad (17)$$

$$\therefore \quad I = \sum_{n=0}^{\infty} \frac{(-)^{n+p}\rho^n}{n!} s^{n+p} \sum_{m=n+p}^{\infty} \frac{(n+p+m-n-p)!}{(n+p)!\,(m-n-p)!} s^{m-n-p}$$

$$= \sum_{n=0}^{\infty} \frac{(-)^{n+p}\rho^n}{n!} \sum_{m=n+p}^{\infty} \frac{m!}{(n+p)!\,(m-n-p)!} s^m \qquad (18)$$

式(18)的 $\sum_{n=0}^{\infty}$ 和 $\sum_{m=n+p}^{\infty}$ 所加的數，相當於下圖的黑點部分，這些黑點又相當於如下加法：

$$m \Rightarrow (m = p \to m = \infty)$$

$$n \Rightarrow (n = 0 \to n = m - p)$$

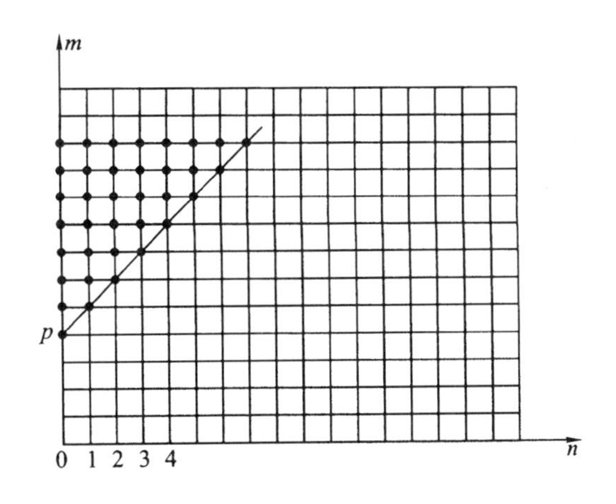

於是式(18)變成：

$$I = \sum_{m=p}^{\infty} \frac{m!\,s^m}{(n+p)!\,(m-n-p)!} \sum_{n=0}^{m-p} \frac{(-)^{n+p}}{n!}\rho^n$$

令 $n \rightarrow k$, $m \rightarrow q$

$$\therefore \quad I = \sum_{q=p}^{\infty} \frac{q!\,s^q}{(k+p)!\,(q-k-p)!} \sum_{k=0}^{q-p} \frac{(-)^{k+p}}{k!}\rho^k$$

$$= \sum_{q=p}^{\infty} \frac{s^q}{q!} L_q^p(\rho)$$

$$\therefore \quad L_q^p(\rho) = \sum_{k=0}^{q-p} \frac{(q!)^2}{(k+p)!\,(q-k-p)!} \frac{(-)^{k+p}}{k!}\rho^k \qquad (19)$$

$$p = 2l+1, \quad q = n+l\text{，而}(-)^{2l} = 1$$

$$\therefore \quad L_{n+l}^{2l+1}(\rho) = \sum_{k=0}^{n-l-1} \frac{(-)^{1+k}[(n+l)!]^2\rho^k}{(k+2l+1)!\,(n-l-k-1)!\,k!} \qquad (20)$$

式(20)右邊的每一項由於有 $(-)^{1+k} = -(-)^k$，*於是從式(6)換成使用式(12)以及式(20)定義的協同 Laguarre 多項式 $L_{n+l}^{2l+1}(\rho)$ 的式(13)時，必須乘上負號「－」*。函數、多項式的定義在物理數學書往往有微小的差異，所以使用數學公式、函數、多項式時必須非常小心，必須從頭到尾採用統一的定義，不然會帶來嚴重的符號差異，得到錯誤結果。氫原子太重要了，是 Schrödinger 波動程式首次應用獲得的成果，它是週期表的理論根據，預言了新元素，這是爲什麼費了這麼大的篇幅解本文的式（10－104）。數學部分主要參考了：

Richard Courant and David Hilbert：Methods of Mathematical Physics, Vol. 1, 英譯本，Interscience Pub.,。1962。

23）週期表

直到 1860 年已找到 60 多種元素，於是化學家們開始尋找元素間的關係，在 1864 年英國化學家 John Newlands 將已有元素，依原子質量的大小排列後發現有週期性。1868 年德國化學家 J.L.von Meyer 發現，按原子量大小排列的原子體積也有週期性變化，翌年 1869 年俄國化學家 D.I.Mendeleev 除了原子量大小之外，*考慮了元素的化學性*，將當時的 64 種元素排成週期表，於是把以前純照原子量排列的元素，從化合物性質，把部分的順序反過來，它們是：

原來順序	碘（I,127（原子量））	碲（Te,128）	鎳（Ni,59）	鈷（Co,59）
Mendeleev 的順序	碲（Te,128）	碘（I,127）	鈷（Co,59）	鎳（Ni,59）

同時從元素的週期性預言了，當時尚未找到的四種元素和它們的性質，在他的週期表上留空位給這四種元素，它們是：

鈧（Sc，預估原子量 45），　鎵（Ga,68），　鍺（Ge,70），　鉿（Hf,180）

前三種元素分別在1879年（Sc），1875年（Ga），1886（Ge）被發現，並且它們的性質幾乎和Mendeleev預言的性質相同。為了能進一步瞭解Mendeleev的貢獻，先來瞭解目前的週期表（在後面）：

(1) 原子序數（atomic number）＝原子的質子數＝原子的電子數，使用符號「Z」表示；

質量數（mass number）＝原子的質子數P和中子數N之和，用符號「A」表示，故A＝正整數；如果用「E」表示元素名稱，則元素的表示法有許多種：

$$ {}_ZE_N^A \text{（本書用這種）}, \qquad {}_Z^AE_N, \quad A = P + N = Z + N $$

$$ Z\overset{\bar{A}}{E},\ {}_Z\overset{\bar{A}}{E},\ {}^Z\underset{\bar{A}}{E},\ {}_Z\underset{\bar{A}}{E} $$

下面四種是通常的週期表所使用，$\bar{A}$＝同Z不同A的元素的平均原子量（參見後面的演算）；專家用的週期表，依使用的需要有不同的資料環繞「E」，唯一共同的資料是，原子序數和平均原子量$\bar{A}$必定要有，在週期表$\bar{A}$簡稱為原子量。

(2) 週期表的橫行，即主量子數n之行，稱為**週期**：

n	1	2	3	……
週期	1	2	3	……

目前的人造元素已到$n=7$，即第七週期的$Z=112$（1998年春），它會到$Z=118$。

(3) 週期表的縱行稱為**族**，同族元素最外殼層的電子組態是相同的，族的電子組態是和軌道量子數l有關，例如週期表第一族，最左邊的縱行鹼元素，其最外殼層是ns^1，$n=1,2,\cdots\cdots,7$

(4) 右端的縱行是主層或亞層滿的元素，故非常穩定，把它稱為惰性氣體，或叫鈍氣（目前較少用這名字了），其原子價＝0，目前尚未造出$z=118$的惰性氣體。

在1860年從$z=1\sim z=92$的92種元素中，僅有64種，尚未發現的有28種，它們是：

$$ z = 21,\quad 31,\quad 32,\quad 39,\quad 43,\quad 59\sim 67,\quad 69\sim 72 $$
$$ 75,\quad 84,\quad 85,\quad 87,\quad 88,\quad 89,\quad 91 $$

以上25種元素中有三種列在Mendeleev的週期表上，但我們不知道應該對應於那個z的元素，它們是Yi（60（原子量）），Di（95）和沒有元素卻有原子量180；以及$z=2,10,18,36,54,86$的6種惰性元素，共28種。

除了未找到的元素，和$n=5, n=6$週期有些元素順序和今日的顛倒之外，Mendeleev幾乎完成了今日週期表的雛型。最驚人的是他的$n=1\sim n=4$（不含惰性元素）的週期完全和今日的週期表內容一致，所預言的$n=4$週期的${}_{21}Sc$, ${}_{32}Ge$和${}_{31}Ga$的性質，和今日所知的這些元素的性質沒有任何出入。這種成就必然地帶動了物理和化學的大躍進。19 世紀中葉，光譜學相當地發達，加上 19 世紀末的三大發現：電子（1897），X 射線（1895），放射線（1896），更加刺激研究物質最小單元的原子，尤其是 X 射線的研究。20 世紀初葉很有系統地測定原子的特徵 X 射線（characteristic X-ray），參見圖（11 – 6），依波長分成 K, L, M 等群的光譜，於是慢慢地看出原子有結構。Mendeleev 後不但元素增加了，且適當地顚倒 $n = 5$ 和 6 週期的元素的錯誤順序；同時從氫開始給元素號碼，稱爲原子序數，但不是今日的原子序數意義，故暫用「元素號碼」名稱。在 1913 年 Moseley（Henry Gwyn Jeffreys Moseley, 1887 ~ 1915，英國物理學家）從研究 $_{13}Al \sim {}_{50}Sn$ 元素的特徵 X 射線光譜，推導出 K – X 射線的頻率 ν，和週期表的元素號碼 Z 間的關係式：

$$\sqrt{\nu} = a(Z - b)$$

a 和 b 是和特徵 X 射線有關的常數，這關係式稱爲 **Moseley 定律**。不久他從軍參加第一次世界大戰，不幸戰死戰場。後來發現其他 L, M, N 等的特徵 X 射線也有同樣的規律，並且肯定了元素號碼 Z = 原子的電子數，就稱 Z 爲原子序數（atomic number）。到了 1919 年英國物理學家 Rutherford 發現質子後，Z 也是原子的質子數。

如前所述，週期表上的各元素，依需要、內容有點差異，例如氫、碳、氧元素，代表元素的符號 H, C, O 分別取它們的英文名的頭一個字母，而在表上有如下表示者：

$${}^{1}H^{1.00797} \qquad {}^{6}C^{12.01115} \qquad {}^{8}O^{15.99971}$$

$1S^1 \qquad 1S^2 2S^2 2P^2 \qquad 1S^2 2S^2 2P^4$

${}^{1}H$	${}^{6}C$	${}^{8}O$
1.00797	12.01115	15.99971
Hydrogen	carbon	oxygen

……………………………………

$nl^{2(2l+1)}$ 稱爲元素電子組態符號，n = 主量子數 $= 1, 2, \cdots\cdots, \infty$，$l$ = 軌道量子數 $= 0, 1, 2, \cdots\cdots, (n-1)$，$2(2l+1)$ 表示各 l 亞殼層的總電子數。各元素上面或下面有小數點的數目稱爲原子質量（atomic mass，或 atomic weight，由於 weight（重量）= {mass（質量）× g（重力加速度）}，故最近十幾年都不用 weight 了）或原子量；原子質量是怎麼來的呢？照道理週期表上的原子量 $\overline{A}$ 該是：

$$\overline{A} \doteq \{Zm_p + (A - Z)m_n + Zm_e\} - \text{電子結合能}\ \varepsilon$$

m_p, m_n, m_e 分別爲質子、中子、電子質量，上式是各原子的大約的原子質量，但週期表上每種元素的原子量不是上式，而是同一 Z 值不同 A 的原子的原子質量的平均值。在 19 世紀上半葉已發現同樣的化學性質，卻質量不同的原子了，但沒有深入探討這些原子的眞正差異是在哪裡，便使用同 Z 不同質量的原子的平均值做爲元素的原子質量。最初定元素的原子質量是以最輕的氫元素爲基準，設爲 1 來定其他元素的原子質量；後來改用氧原子 ${}_{8}O_{8}^{16}$ 爲基準，定爲 16 來定其他元素的原子質量，到了 1960 年改爲遠比氧原子穩定的碳原子 ${}_{6}C_{6}^{12}$ 做基準來定其他元素的原子質量。請分淸楚原子（atom）和元素

（element），原子是質子數 Z，中子數 N 一定，元素僅指同一 Z 而已，同一 Z 可以有不同 N 的原子，稱爲同位素（isotope）；如果元素沒有同位素，那種元素就是原子，但目前沒有一種元素沒同位素的。目前週期表各元素的原子質量是：

(1) 取原子 $_6C_6^{12}$ 爲基準，

(2) 標準狀態下 1mole 的 $_6C_6^{12}$ 定爲 12g。

則一個碳 $_6C_6^{12}$ 原子的質量

$$m_c = \frac{12\text{g}}{\text{Avogadro 數}} = \frac{12\text{g}}{N_A}$$

$$= \frac{12\text{g}}{6.0221367 \times 10^{23}} \doteq 19.926482 \times 10^{-27}\text{kg}$$

把 $\frac{12\text{g}}{N_A}$ 定義爲 12 原子質量單位（atomic mass unit 簡稱 amu 或 u），故一個 amu 是：

$$1\text{amu} \equiv \frac{1}{N_A}\text{g} \doteq 1.6605402 \times 10^{-27}\text{kg}$$

第六章熱力學後註(2)的，1u 和 m_c 的數值的小數點第三位以後和此地不同，是因爲使用了不同的 N_A，此地是最新（1998 年）的數值。實驗精確度不斷地在提高，所以必須注意最新的實驗數值。19 世紀上半葉的所謂化學性質相同、質量不同的原子，到了 20 世紀上半葉找到原子核的質子（proton, 1919）和中子（neutron, 1932）後才肯定是質子數相同，中子數不同的原子，或元素，即同位素。各種元素都有不少同位素，有的壽命很短，有的壽命很長，所以週期表上的原子質量是穩定同位素的各原子質量，以 amu 表示的平均值。以和生物最密切的氫（$_1$H），碳（$_6$C）和氧（$_8$O）的穩定同位素，它們的存在百分比爲例求它們的原子質量。

	Z	A	原子質量（amu）	穩定同位素百分比（%）
氫（$_1H_N^A$）	1	1	1.007825	99.985
		2	2.014102	0.015
碳（$_6C_N^A$）	6	12	12.000000（基準）	98.89
		13	13.003355	1.11
氧（$_8O_N^A$）	8	16	15.994915	97.760
		17	16.999131	0.038
		18	17.999159	0.202

故各元素在週期表上的原子質量 $\overline{A}$ 是：

$$\overline{A}_\text{H} = (1.007825 \times 0.99985 + 2.014102 \times 0.00015)\text{amu} \doteq 1.007981\text{amu} \doteq 1.00798\text{amu}$$

$\overline{A}_C$ = （12 × 0.9889 + 13.003355 × 0.0111）amu ≐ 12.01114amu ≐ 12.0111amu

$\overline{A}_O$ = （15.994915 × 0.9776 + 16.999131 × 0.00038 + 17.999159 × 0.00202）amu

≐ 15.99971amu ≐ 16amu

在週期表上氫、碳、氧元素（不是原子）的原子質量各爲1.00798,12.0111,16。

那麼週期表有什麼用處呢？大約有下述用處：

① 什麼樣的元素有類似的化學和物理性質，只要瞭解同族中任意元素的性質，其他元素的性質便可以大致推測出來；

② 可預言尚未找到的其他元素的性質，同位素的性質；並且週期表上各週期，各族都有其大致的性質：

③ 同族元素的化學和物理性質大致爲：

(I) 最左邊第一族，Z 越大活性越強，並且其氧化物溶於水的鹼性也隨著 Z 增強，稱爲鹼性元素，易和非金屬化合，原子價是「+1價」。第十七族的右邊第二縱行，其活性隨著 Z 的增加而減弱，其氧化物的水溶液也隨著 Z 的增大而酸性變弱，易和金屬化合，原子價是「−1價」，這族俗稱鹵素（halogen）。

(II) 左邊第一和第二族，除了氫，同族元素的熔點和沸點都隨 Z 的增大而下降；相反地，右邊第十六和第十七族是隨 Z 的增大而升高。

④ 各週期元素的化學和物理性質大致是：

(I) 同一週期的元素，其金屬性從左向右遞減，逐漸地變成非金屬，到了第18族的惰性元素，扮演著金屬和非金屬的交界似的，非常穩定，過了它又從金屬開始的另一週期。氧化物的水溶液的鹼性由左向右地減弱。如從右的第十七族向左，則其非金屬性和酸性逐漸減弱，而變成金屬性和鹼性

(II) 同一週期的元素，元素的比重，熔點和沸點隨著 Z 的增加而增大，一般在週期中間是最大，然後隨著 Z 的增加而下降。

如此地，可以瞭解各元素的大致的物理和化學性質。現把週期表和元素的英文名列於下面。

元素週期表

氫原子本徵函數

$\psi_{nlsmm_s}^{(r,\theta,\varphi,\sigma)}$

$n = 1, 2, \cdots\cdots \infty$

$l = 0, 1, 2, \cdots\cdots (n-1)$

$s = 1/2$

$m = -l, \cdots, 0, l$

$m_s = -1/2, 1/2$

原子序數 ← 19 K → 元素符號

鉀 → 元素名稱 注*的是人造元素

原子量 ← 39.0933

← $l = 2$ →（3–12族）

金屬 → 非金屬（84 Po 與 85 At 之間為界）

週期 (n) \ 族	I_A 1	II_A 2	III_B 3	IV_B 4	V_B 5	VI_B 6	VII_B 7	8	VIII_B 9	10	I_B 11	II_B 12	III_A 13	IV_A 14	V_A 15	VI_A 16	VII_A 17	VIII_A 18	電子層	VIII_A 電子數
1	1 H 氫 1.00794(7)																	2 He 氦 4.002602(2)	K	2
2	3 Li 鋰 6.941(2)	4 Be 鈹 9.012182(3)											5 B 硼 10.811(7)	6 C 碳 12.0107(8)	7 N 氮 14.0067(2)	8 O 氧 15.9994(3)	9 F 氟 18.9984032(5)	10 Ne 氖 20.1797(6)	L K	8 2
3	11 Na 鈉 22.989770(2)	12 Mg 鎂 24.3050(6)											13 Al 鋁 26.981538(2)	14 Si 矽 28.0855(3)	15 P 磷 30.973761(2)	16 S 硫 32.065(5)	17 Cl 氯 35.453(2)	18 Ar 氬 39.948(1)	M L K	8 8 2
4	19 K 鉀 39.0983(1)	20 Ca 鈣 40.078(4)	21 Sc 鈧 44.955910(8)	22 Ti 鈦 47.867(1)	23 V 釩 50.9415(1)	24 Cr 鉻 51.9961(6)	25 Mn 錳 54.938049(9)	26 Fe 鐵 55.845(2)	27 Co 鈷 58.933200(9)	28 Ni 鎳 58.6934(2)	29 Cu 銅 63.546(3)	30 Zn 鋅 65.39(2)	31 Ga 鎵 69.723(1)	32 Ge 鍺 72.64(1)	33 As 砷 74.92160(2)	34 Se 硒 78.96(3)	35 Br 溴 79.904(1)	36 Kr 氪 83.80(1)	N M L K	8 18 8 2
5	37 Rb 銣 85.4678(3)	38 Sr 鍶 87.62(1)	39 Y 釔 88.90585(2)	40 Zr 鋯 91.224(2)	41 Nb 鈮 92.90638(2)	42 Mo 鉬 95.94(1)	43 Tc 鎝 (97.99)	44 Ru 釕 101.07(2)	45 Rh 銠 102.90550(2)	46 Pd 鈀 106.42(1)	47 Ag 銀 107.8682(2)	48 Cd 鎘 112.411(8)	49 In 銦 114.818(3)	50 Sn 錫 118.710(7)	51 Sb 銻 121.760 (1)	52 Te 碲 127.60(3)	53 I 碘 126.90447(3)	54 Xe 氙 131.293(6)	O N M L K	8 18 18 8 2
6	55 Cs 銫 132.90545(2)	56 Ba 鋇 137.327(7)	57–71 La-Lu 鑭系	72 Hf 鉿 178.49(2)	73 Ta 鉭 180.9479(1)	74 W 鎢 183.84(1)	75 Re 錸 186.207(1)	76 Os 鋨 190.23(3)	77 Ir 銥 192.217(3)	78 Pt 鉑 195.078(2)	79 Au 金 196.96655(2)	80 Hg 汞 200.59(2)	81 Tl 鉈 204.3833(2)	82 Pb 鉛 207.2(1)	83 Bi 鉍 208.98038(2)	84 Po 釙 (209.210)	85 At 砈 (210)	86 Rn 氡 (222)	P O N M L K	8 18 32 18 8 2
7	87 Fr 鍅 (223)	88 Ra 鐳 (226)	89–103 Ac-Lr 錒系	104 Rf 鑪* (261)	105 Db 𨧀* (262)	106 Sg 𨭎* (263)	107 Bh 𨨏* (264)	108 Hs 𨭆* (265)	109 Mt 䥑* (268)	110 Uun * (269)	111 Uuu * (272)	112 Uub * (277)								

鑭系元素 (Lanthanides)	57 La 鑭 138.9055(2)	58 Cc 鈰 140.116(1)	59 Pr 鐠 140.90765(2)	60 Nd 釹 144.24(3)	61 Pm 鉕* (147)	62 Sm 釤 150.36(3)	63 Eu 銪 151.964(1)	64 Gd 釓 157.25(3)	65 Tb 鋱 158.92534(2)	66 Dy 鏑 162.50(3)	67 Ho 鈥 164.93032(2)	68 Er 鉺 167.259(3)	69 Tm 銩 168.93421(2)	70 Yb 鐿 173.04(3)	71 Lu 鎦 174.967(1)
錒系元素 (Actinides)	89 Ac 錒 (227)	90 Th 釷 232.0381(1)	91 Pa 鏷 231.03588(2)	92 U 鈾 238.02891(3)	93 Np 錼 (237)	94 Pu 鈽 (239.244)	95 Am 鋂* (243)	96 Cm 鋦* (247)	97 Bk 鉳* (247)	98 Cf 鉲* (251)	99 Es 鑀* (252)	100 Fm 鐨* (257)	101 Md 鍆* (258)	102 No 鍩* (259)	103 Lr 鐒* (260)

注：1. 原子量錄自1999年國際原子量表，以$^{12}C=12$為基準。原子量的末位數的準確度加注在其後括弧內。
2. 括弧內數據是天然放射性元素較重要的同位素的質量數或人造元素半衰期最長的同位素的質量數。
3. 105-109號元素中文名稱分別讀作dù(𨧀)、xǐ(𨭎)、bō(𨨏)、hēi(𨭆)、mài(䥑)。

元素的英文名

Element	Symbol	Atomic Number	Atomic Mass	Element	Symbol	Atomic Number	Atomic Mass	Element	Symbol	Atomic Number	Atomics Mass
Actinium	Ac	89	(227)*	Hafnium	Hf	72	178.5	Promethium	Pm	61	(145)
Aluminum	Al	13	26.98	Helium	He	2	4.003	Protactinium	Pa	91	(231)
Americium	Am	95	(243)	Holmium	Ho	67	164.9	Radium	Ra	88	226
Antimony	Sb	51	121.8	Hydrogen	H	1	1.008	Radon	Rn	86	(222)
Argon	Ar	18	39.95	Indium	In	49	114.8	Rhenium	Re	75	186.2
Arsenic	As	33	74.92	Iodine	I	53	126.9	Rhodium	Rh	45	102.9
Astatine	At	85	(210)	Iridium	Ir	77	192.2	Rubidium	Rb	37	85.47
Barium	Ba	56	137.3	Iron	Fe	26	55.85	Ruthenium	Ru	44	101.1
Berkelium	Bk	97	(247)	Krypton	Kr	36	83.80	Samarium	Sm	62	150.4
Beryllium	Be	4	9.012	Lanthanum	La	57	138.9	Scandium	Sc	21	44.96
Bismuth	Bi	83	209.0	Lawrencium	Lr	103	(260)	Selenium	Se	34	78.96
Boron	B	5	10.81	Lead	Pb	82	207.2	Silicon	Si	14	28.09
Bromine	Br	35	79.90	Lithium	Li	3	6.941	Silver	Ag	47	107.9
Cadmium	Cd	48	112.4	Lutetium	Lu	71	175.0	Sodium	Na	11	22.99
Calcium	Ca	20	40.08	Magnesium	Mg	12	24.31	Strontium	Sr	38	87.62
Californium	Cf	98	(251)	Manganese	Mn	25	54.94	Sulfur	S	16	32.07
Carbon	C	6	12.01	Mendelevium	Md	101	(258)	Tantalum	Ta	73	180.9
Cerium	Ce	58	140.1	Mercury	Hg	80	200.6	Technetium	Tc	43	(98)
Cesium	Cs	55	132.9	Molybdenum	Mo	42	95.94	Tellurium	Te	52	127.6
Chlorine	Cl	17	35.45	Neodymium	Nd	60	144.2	Terbium	Tb	65	158.9
Chromium	Cr	24	52.00	Neon	Ne	10	20.18	Thallium	Tl	81	204.4
Cobalt	Co	27	58.93	Neptunium	Np	93	(237)	Thorium	Th	90	232.0
Copper	Cu	29	63.55	Nickel	Ni	28	58.69	Thulium	Tm	69	168.9
Curium	Cm	96	(247)	Niobium	Nb	41	92.91	Tin	Sn	50	118.7
Dysprosium	Dy	66	162.5	Nitrogen	N	7	14.01	Titanium	Ti	22	47.88
Einsteinium	Es	99	(252)	Nobelium	No	102	(259)	Tungsten	W	74	183.9
Erbium	Er	68	167.3	Osmium	Os	76	190.2	Uranium	U	92	238.0
Europium	Eu	63	152.0	Oxygen	O	8	16.00	Vanadium	V	23	50.94
Fermium	Fm	100	(257)	Palladium	Pd	46	106.4	Xenon	Xe	54	131.3
Fluorine	F	9	19.00	Phosphorus	P	15	30.97	Ytterbium	Yb	70	173.0
Francium	Fr	87	(223)	Platinum	Pt	78	195.1	Yttrium	Y	39	88.91
Gadolinium	Gd	64	157.3	Plutonium	Pu	94	(244)	Zinc	Zn	30	65.38
Gallium	Ga	31	69.72	Polonium	Po	84	(209)	Zirconium	Zr	40	91.22
Germanium	Ge	32	72.59	Potassium	K	19	39.10				
Gold	Au	79	197.0	Praseodymium	Pr	59	140.9				

* 括弧內的數目是壽命最長的同位素(isotope，質子數相同中子數不同的元素)的原子量。元素的名稱是從氫到鐒系元素的最後元素鐒(Lr,Z = 103)。

第 11 章

凝聚態物理

- ☞ 原子（atom）、分子（molecule）
- ☞ 量子統計力學導論
- ☞ 凝聚態物理簡介
- ☞ 第十一章的摘要
- ☞ 參考文獻和註

I.原子（atom）、分子（molecule）[1~4]

在第十章(II)曾簡單地介紹了人類對原子和分子的概念，首先將原子分子概念用到物理學的是 Boyle（Robert Boyle, 1627 ~ 1691，英國物理和化學家）。他爲了解釋自己發現的氣體性質：在定溫 T 下氣體體積 V 和其壓力 P 成反比，即

$$PV = \text{定量（量綱是能量）} \qquad (11-1a)$$

稱爲 Boyle 定律（1662）。這裡把空氣看成由許多非常小的粒子構成。接著是 Bernoulli（Daniel Bernoulli, 1700 ~ 1782瑞士物理和數學家），他從氣體分子速度的角度來重新探討 Boyle 定律，設計如圖11－1的實驗而獲得如下的結果：

(i)體積 $V \propto \dfrac{1}{\text{密度 }\rho}$，

(ii)ρ 越大壓活塞的力 $\boldsymbol{F}$ 越大，ρ 小 $\boldsymbol{F}$ 小。

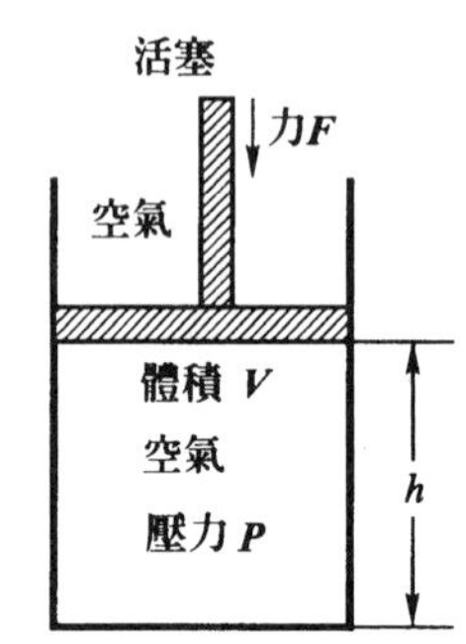

氣體壓力P與分子速度 v 的關係實驗裝置

圖11－1

這些實驗結果表明，ρ 增加時空氣分子碰撞活塞的次數也增加，於是 Bernoulli 假設了下述條件來推導氣體產生的壓力 P 與其分子速度$\boldsymbol{v}$ 的關係：

①空氣由質量爲 m 的N 個分子組成；

②實驗用的圓柱體積 = V，其橫切面積 = A，到活塞的圓柱高 = h；

③假定分子運動的獨立方向是左、右、前、後、上和下的六個相互垂直的方向；

④假定分子運動速度 $\boldsymbol{v}$ 是均向，即每一方向的速度大小 v 都一樣；

⑤碰撞每一方向的壁的分子數都一樣，並且是彈性碰撞。

則每個粒子在時間 h/v 內會和（參見圖11－1）活塞碰撞一次，於是單位時間內和活塞碰撞的次數是$\left\{\left(\dfrac{N}{6}\right) \div \left(\dfrac{h}{v}\right)\right\} = \dfrac{vN}{6h} \equiv \dfrac{1}{\Delta t}$，每次碰撞的動量變化 $\Delta P = 2mv$

$$\therefore \quad \text{壓力 } P = \frac{F}{A} = \frac{\Delta P/\Delta t}{A} = \frac{\dfrac{vN}{6h} \times 2mv}{A} = \frac{1}{3}\frac{N}{Ah}mv^2$$

$$= \frac{1}{3}\frac{N}{V}mv^2 \qquad (11-1b)$$

式（11－1b）是1738年 Bernoulli 公布的氣體壓力 P 與分子速度的關係，它正是在第六章中使用今日的氣體運動論獲得的式（6－40）$_3$，只要把 v^2換成平均值$<\boldsymbol{v}^2>$便是，不過這平均觀念已內涵在他的假設③和④。可惜他的分子概念沒有引起物理學家們的興趣和注意，卻影響了化學家們，因爲在18世紀牛頓的名聲幾乎壓倒了和牛

頓不同想法的物理學家們。到了18世紀末19世紀初 Dalton（John Dalton, 1766～1844，英國化學和物理學家）很明確地定義了原子：

①組成物質的最小單元，它不能再分割，且無法改變，它被稱爲原子（atom）；

②同物質的原子的質量、形狀是相同；

③不同種的原子可合成爲具有物質本性的最小單元稱爲分子；

④化學反應是不同種原子的重新組合，但各種的原子數目是不變的，例如：

$$2H_2\text{（氫分子）} + O_2\text{（氧分子）} \longrightarrow 2H_2O\text{（水分子）}$$

氫和氧始終各有四個和兩個。

幾乎和今日我們所說的原子、分子以及化學反應的內容相同。Dalton 根據上述概念在1802年發表了今日所稱的 **Dalton 分壓律**（law of partial pressure）：

$$\left.\begin{array}{l}\text{如混合氣體各成分的壓力是 } P_1, P_2, P_3, \cdots\cdots, P_n \\ \text{則總壓力 } P = \sum_{i=1}^{n} P_i\end{array}\right\} \qquad (11-1c)$$

Dalton 的另一貢獻是定義類似今日的原子質量，是以氫質量爲基準定其它原子的質量。今日的原子量是以碳$_6C_6^{12}$爲基準定的量。以上這些原子、分子概念廣泛地被化學家所接受，終於在1869年 Mendeleev（Dmitry Ivanovich Mendeleev, 1834～1907，俄國化學家）完成了今日週期表的雛型。

地球至今約4.5×10^9歲，本來地球上有很多元素，由於其壽命比地球年齡小而從地球上消失了。目前在地球上能找到的元素是88種，通稱92種，不過其中下列四種元素是人造元素：

表11－1　原子序數 $Z = 1 \sim 92$中的人造元素

原子序數	43	61	85	87
元素	Tc（鎝，鍀*）	Pm（鉕）	At（砈，砹*）	Fr（鍅，钫*）

*　是大陸用的元素名

$Z > 92$的元素全是人造元素，如第10章註㉓，目前（1998年）能造出 $Z = 112$。最初都把原子看成有質量但沒結構的非常小的、眼睛看不到、手摸不到的粒子，直到1913年 N. Bohr 模型出來之後，原子才出現有核的層狀構造，卻依然沒有解決躍遷問題。一直到1926年 Schrödinger 的波動力學誕生，才獲得週期表的理論根據、原子價的來源以及瞭解化學反應的進行過程，同時知道了原子結合成分子，分子又構成物質的結合力是來自電磁相互作用，所以首先來討論如何生成物質的問題。

(A)化學鍵（chemical bond）

將原子和原子，分子和分子結合起來的作用力稱爲**化學鍵**，其根源是電磁力。化學鍵的強弱和結合能（bond energy or binding energy）的大小有關，通常是用結合能的大小來衡量化學鍵的強弱。結合能約爲1eV～數 eV（電子伏特）的稱爲強化學鍵，而介於0.1eV～0.01eV 的稱爲弱化學鍵，前者主要是結合原子和原子的鍵，後者是結合分子和分子的鍵。那麼什麼稱爲結合能呢？由兩個或兩個以上的成員 $a_1, a_2, \cdots\cdots, a_n$ 構成的粒子 A，如果要把 $a_1, a_2, a_3, \cdots\cdots, a_n$ 全部從 A 分開來時所需要的能量稱爲**結合能** B.E.。設 A 的靜止質量 $= M$，$a_1, a_2, \cdots\cdots, a_n$ 的靜止質量各爲 $m_1, m_2, \cdots\cdots, m_n$，則：

$$\text{B.E.} \equiv \sum_{i=1}^{n} m_i c^2 - Mc^2 \qquad (11-2)$$

$c =$ 光速。那麼爲什麼 $a_1, a_2, \cdots\cdots, a_n$ 要結合在一起呢？因結合在一起比個別存在更穩定。爲了結合 $a_1, a_2, \cdots\cdots, a_n$ 肯定要犧牲自己原有的質量，以及原有的電子安排來換取穩定的共同利益，於是結合不結合完全要看哪一種較能獲得最低的能量。能量越低，對稱性越高越穩定。結合方式有好多方法，在下面介紹一些較常見的化學鍵。

(1) **離子鍵（ionic bond）**

如表10－7，原子的電子剛好構成滿殼層（closed shell），尤其主殼層滿時原子最穩定，電子未滿層的原子不穩定。在不滿層的電子稱爲**價電子**（valence electron），少於滿層數之半的原子，結合時帶正原子價，多於滿層數之半的原子便帶負原子價，電子數接近於滿殼層數之半的原子，其原子價正和負都有可能。原子以給掉或搶來電子來填滿殼層，所以：

結合成分子時價電子扮演最重要角色　　（11－3）

原子以授受電子而變成正負離子後結合，稱爲**離子鍵**，這時正負離子的最外殼層都成滿殼層，例如食鹽 NaCl，氟化鋰 LiF，由表10－6和表10－7得各原子的組態（configuration）：

元素，離子	Na	Na^+	Cl	Cl^-	Li	Li^+	F	F^-
組態	$1s^2$ $2s^22p^6$ $3s^1$	$1s^2$ $2s^22p^6$ $3s^0$	$1s^2$ $2s^22p^6$ $3s^23p^5$	$1s^2$ $2s^22p^6$ $3s^23p^6$	$1s^2$ $2s^1$	$1s^2$ $2s^0$	$1s^2$ $2s^22p^5$	$1s^2$ $2s^22p^6$
電子多或少		少一個		多一個		少一個		多一個
分子結構（一種描寫法）	R; n=3 2 1 核; 核 1 2 3=n; Na^+; Cl^-				n=2 1 核; 核 1 2=n; Li^+; F^-; - - - - = 空殼層 ——— = 滿殼層			

上表內的符號是 $nl^{2(2l+1)}$，$n=1,2,\cdots\cdots,\infty$ 是主量子數，代表主殼層，$l=0,1,\cdots\cdots,(n-1)$ 是軌道量子數，代表亞殼層（參見表10－6）。結合時兩離子僅在最外的價電子殼層授受電子，兩離子再也無法更加接近，因爲各離子的滿殼層的電子相互排斥，其斥力勢能4）是：

$$U_{斥}(R) = V_0\exp(-\frac{R}{\lambda}) \cdots\cdots 食鹽結晶$$

V_0和 λ 分別爲能量和長度量綱的參數，$R=Na^+$和 Cl^-核間距離，加上兩離子間的庫侖引力勢能 $U_{引}(r)$：

$$U_{引}(r) = -\frac{1}{4\pi\varepsilon_0}\frac{e^2}{r}$$

整個靜電勢能 U 是：

$$U = U_{斥} + U_{引}$$

$$= V_0\exp\left(\frac{-R}{\lambda}\right) - \frac{1}{4\pi\varepsilon_0}\frac{e^2}{r}$$

氯（$_{17}Cl^{35}_{18}$）基態的價殼層是$3p^5$，僅少一個電子就能使 p 態（p－state）的亞殼層塡滿，於是 p 態的5個電子有強烈意願去搶一個電子，這就是爲什麼氯有極強的化合力；中性 Cl 搶來一個電子之後變成 Cl^-，p 態亞殼層變成滿層，這時 Cl 會釋放 3.8eV，於是整個 Cl^-的能量比 Cl 的能量低「－3.8eV」，即若要從 Cl^-拿走一個電子必須給 Cl^-3.8eV 才行。這種爲了要結合變成離子時釋放的能量稱爲**電子親合能或親合能**（affinity energy of electron，或 affinity energy，或 electron affinity）。從中性原子，或離子游離出一個電子所需要的能量稱爲**電離能**（ionization energy），例如中性鈉 Na 要變成鈉離子 Na^+ 時必須給鈉5.1eV 的電離能，所以 Na 和 Cl 要結合時所要的能量是 1.3eV 就夠了，這是因爲是：

$$(-5.1+3.8)\,\text{eV}=-1.3\text{eV}$$

即整個過程是：

$$Na + 5.1\text{eV}（吸收熱）\longrightarrow Na^+ + e（電子）$$

$$Cl - 3.8\text{eV}（釋放熱）+ e \longrightarrow Cl^-$$

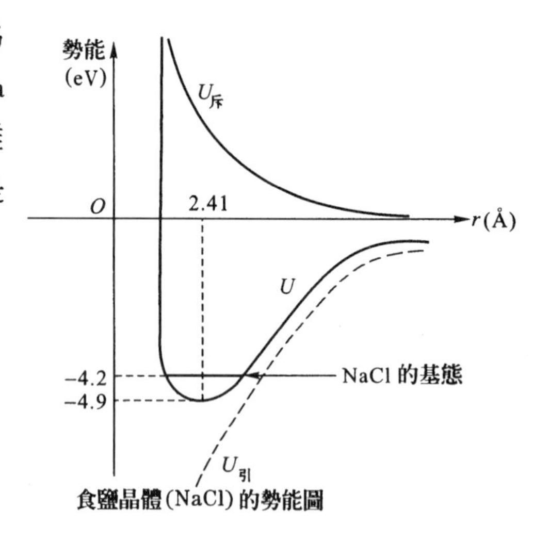

圖11－2

結合後的勢能如圖11－2，確實得到很深的勢能阱，圖上的數值是實驗值。

化學反應完全要看結合或不結合，在能量上哪一個更低，表示更加穩定。例如鎂（${}_{12}Mg^{24}_{12}$），其組態是$1s^2,2s^22p^6,3s^2$，雖亞殼層$3s^2$已滿層，但遇到 Cl 時 Mg 如右圖和兩個 Cl 結合成 $MgCl_2$ 反而穩定，Mg 把 $3s^2$的兩個電子分別地給兩個 Cl。

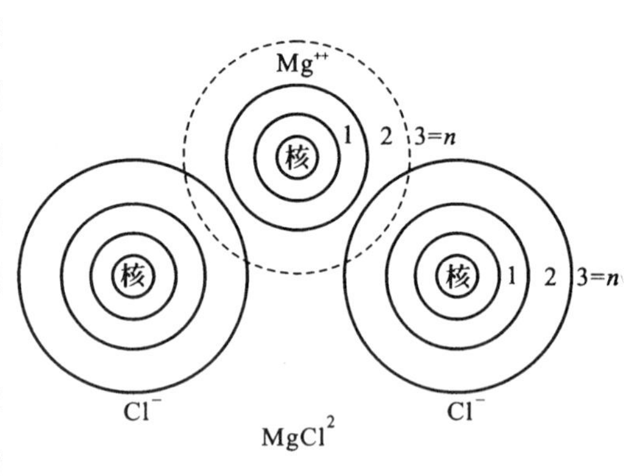

以上所畫的分子結構圖都是一種描寫法，爲什麼都畫成球狀呢？因構成分子的各原子的電子都形成滿殼層，由式（10－148），或【**Ex.10－30**】【**Ex.10－31**】得**滿殼層的電子概率是球對稱**。因此靜電勢能也如圖11－2所示的球對稱形狀，不過整個分子都是正和負兩離子相距一段距離，構成如圖7－6e 的電偶矩，於是分子帶有永久電偶矩，故離子鍵分子又稱爲**極分子**。下面介紹比離子鍵強的共價鍵。

(2)共價鍵（covalent bond）[5)]

兩個或兩個以上的原子，以**共有自旋相反的電子對來結合的**稱爲**共價鍵**，其特徵是每分子的共價鍵數有最大數，稱爲**鍵的飽和性**（saturation property），並且鍵間有一定的角度稱爲**鍵的方向性**。因此靜電勢能是和角度有關，如用球座標（參見附錄(C)）（r,θ,φ）表示，則共價鍵的靜電勢能 $= U(r,\theta,\varphi)$。爲什麼有飽和性呢？因構成分子的原子電子都是未滿層，加上原子都有一定的大小，要占滿某原子周圍空間的原子數必是有限，於是未滿層的電子總數一定有限。加上電子又要配成自旋相反的電子對，雖電子數未滿層，但其中已有配好對的電子，所以能積極參與共價鍵的電子數減少，導致共價鍵數更加地少。原子結合時參與的電子是：

(i)在未滿的亞殼層，並且尚未成對的電子；

(ii)不但亞殼層已滿，並且電子已成對，但在壓力、溫度、外力等的作用下，破壞已成自旋相反的電子對來參與結合。

那麼，電子為什麼要形成自旋相反的電子對呢？是電子受到 Pauli 不相容原理（exclusion principle）限制的結果。針對上面(i)和(ii)舉一些例子，(i)有 H_2O（水）F_2（氟分子）和 NH_3，(ii)的例子是 CH_4（甲烷）和 SF_6。在第十章Ⅲ（C）介紹了電子自旋，且從圖10－12得電子自旋只有兩個狀態，現使用向上和向下的箭頭表示自旋相反的兩個狀態：↑，↓。圖11－3中的實線「—」表示自旋相反的電子對，即共價鍵，小實點「·」表示留在原子未滿殼層，沒參與共價鍵的電子。上面各分子的原子組態以及電子自旋的可能狀態如下表11－2（參考式（10－151）和表10－7）：

表 11－2

原子	${}_1H_0^1$（氫）	${}_6C_6^{12}$（碳）	${}_7N_7^{14}$（氮）	${}_8O_8^{16}$（氧）	${}_9F_{10}^{19}$（氟）	${}_{16}S_{16}^{32}$（硫）
組態和電子自旋態 []表示可能的自旋態	$1s^1$（↑）	$1s^2$（↑↓） $2s^2$（↑↓） $2p^2$（↑↑） [↑↓]	$1s^2$（↑↓） $2s^2$（↑↓） $2p^3$（↑↑ ↑） [↑↓ ↑]	$1s^2$（↑↓） $2s^2$（↑↓） $2p^4$（↑↓ ↑↓） [↑↓ ↑↑]	$1s^2$（↑↓） $2s^2$（↑↓） $2p^5$（↑↓ ↑↓ ↑）	$1s^2$（↑↓） $2s^2$（↑↓） $2p^6$（↑↓ ↑↓ ↑↓） $3s^2$（↑↓） $3p^4$（↑↓ ↑↓） [↑↓ ↑↑]

s 態（*s*-state）的空間部只有一態，所以自旋必須向上和向下才能容納兩個電子，同樣 *p* 態（*p*-state）的空間部最多三個態，$m_l = -1, 0, +1$，故 *np* 如超過三個電子的話，則自旋部必須會出現向上和向下的對。主殼層未滿的電子，都有機會參與共價鍵，於是獲得圖11－3下的分子結構。

圖11－3的 H 剛好$1s^2$的主殼層滿，而 C, N, O, F 最外層都有8個電子，相當於 $n=2$的主殼層$2s^2 2p^6$滿。外層有8個電子便很穩定的，不但發生在分子，原子也有這現象，例如週期表的ⅧA 族，即最右邊的惰性氣體，外層的 $ns^2 np^6$加起來剛好8個電子；惰性氣體不像其他氣體，不必由兩個或兩個以上的原子來形成分子，它本身原子就是分子，非常穩定才稱為惰性氣體。發現8個電子便得穩定分子的是美國的物理化學家 Lewis（Gilbert Newton Lewis, 1875～1946），他在1902年發表了：原子價

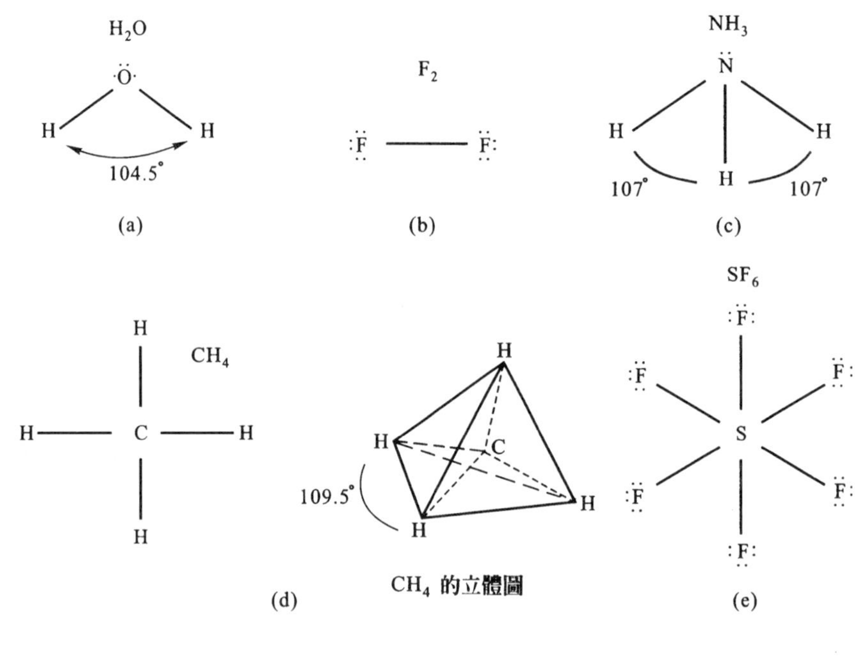

圖11－3

的八偶（或八重態）（octet）說理論，是任何分子，其中任意原子，它和其周圍的原子共有的電子是8個。量子力學誕生後，確實每一個主殼層的 *ns* 和 *np* 亞殼層較 *nd*, *nf* 亞殼層靠近，常把 *ns* 和 *np* 看成近似的一層，它們塡滿時剛好 ns^2np^6，是8個電子，滿足 Lewis 的八重態說。到目前（1998年）爲止，除了主量子數 $n=3$的，週期表（參見第十章註23）的第三行的部分元素形成的分子不滿足八重態說之外，其他元素所形成的分子幾乎都滿足 Lewis 的八重態說，圖11－3(e)就是一個例外的例子，S 外層圍繞著12個電子，相當於 S 的$3s^2$和$3p^4$的6個電子全參與結合成 SF_6分子，而得6個共價鍵。大部分滿足八重態說的分子，其最大共價鍵數是四。

從圖11－3很容易地看出來，參與共價鍵的自旋互爲反向的兩個電子，往往介於兩個原子核之間，電子和核之間的疑似電偶變成很小，換句話說，電子對的分布使得整個分子對外幾乎不呈現電偶矩反應，所以共價鍵分子又稱爲均極分子（homopolar molecule）。化學鍵本質上是靜電力，但共價鍵很特別，又稱爲交換力（exchange force），因爲兩個原子共有電子來達到穩定，電子只好在兩個原子間來回跳動，這時兩個電子爲了要互相避開而受到 Pauli 不相容原理的限制，產生交換力（參見下面的(D)）。

(3)金屬鍵（metalic bond）

看週期表（第十章註23）便會發現絕大部分的元素是金屬，金屬是原子儘量不留空間緊密地排在一起的物質。金屬大致可分三大類，第一大類是原子外層是不滿的亞殼層 s 態和電子數小於3的 p 態元素，例如 Na（納），K（鉀），Mg（鎂），Ca（鈣），Al（鋁）等，稱爲**單純金屬**。這種金屬元素結合時，原子的價電子以離開母原子，母原子變成正離子，離開的價電子如右圖在正離子間不斷地運動，於是這些電子和正離子的靜電相互作用，這些電子相互避開（庫侖斥力）時受到 Pauli 不相容原理的限制而產生交換力（參見後面(D)），同時電子自旋間的耦合（coupling）作用等，使金屬原子牢牢地結合在一起。有關單純金屬理論，在1933年 E. Wigner（Eugene Paul Wigner, 1902～1995，匈牙利和美國物理學家）和 F. Seitz（Frederick Seitz, 1911，美國物理學家）做了很好的研究並提出了很好的理論。第二大類是 d 態（d－state，參見表10－6和10－7）電子扮演主角的，過渡元素結合的金屬；d 態填滿時電子有10個，不過空間狀態是 $m_l = -2, -1, 0, 1, 2$（參見式10－151）的5個，所以正如我們在表11－2表示過，部分 d 態電子構成自旋相反的電子對，結合時是共價，剩下的電子的結合方式和單純金屬的電子一樣，於是過渡元素形成的金屬較單純金屬結實，稱爲**過渡金屬**（transition metal），而單純金屬又稱爲**鹼金屬**（alkali metal），其結合法稱爲**金屬鍵**。最後一類是 f 態（f-state）扮演主角的鑭錒系金屬，但 f 態電子幾乎對金屬鍵沒什麼積極的貢獻，參與共價鍵的電子較多。金屬鍵是這些電子在整個金屬內運動，故鍵沒有飽和和方向性，才能那麼緊密地排列構成固體。參與結合的電子，每個原子平均能分到的電子數稱爲**金屬原子價**，原子外層是 s 和 p 態的金屬價大約是1；外層是 s, p 和 d 態的金屬價約爲2。由於金屬內有自由電子，故其導電係數和導熱係數都大。以上介紹的三種鍵主要是結合原子在一起的較強的鍵，結合分子和分子的鍵通常較前三種弱。

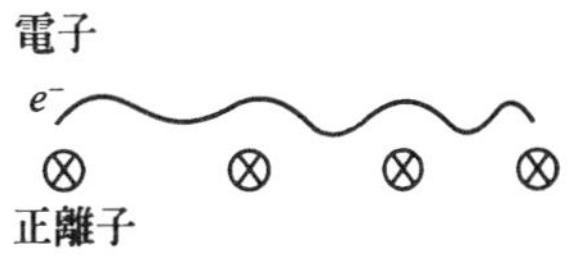

電子
e^-
⊗　⊗　⊗　⊗
正離子

(4) van der Waals 鍵[4]

原子與原子或分子與分子間以 van der Waals 力結合的稱爲 **van der Waals 鍵**，其形成的分子、結晶分別稱爲 van der Waals 分子、結晶。那麼 van der Waals 力是什麼？是19世紀末 van der Waals（Johannes Diderik van der Waals, 1837～1923，荷蘭物理學家）找到的，存在於兩個中性原子或分子間，且相互作用能到達較遠的引力，是中性原子或分子的電偶矩的相互作用引起的力[6]。這種力較弱，所以 van der Waals 結晶一般地柔軟低融點，例如氧氣氫氣 O_2，H_2液體是靠 van Der Waals 力結合，其融點分別是－218.9℃和－259.3℃。van der Waals 鍵的結合能都是小於1eV，比上面三種鍵的結合能小1到2個數量級。

從以上的化學鍵的簡單內容已夠我們窺視到原子、電子和核的「電」，以及電子的「自旋」的重要性。電子又不斷地運動著。根據第七章電磁學，電子不但有電場並且會產生磁場，同時由式（7－47）有磁偶矩效應。表面上中性的原子，只要鄰近有原子或分子產生的電磁場，原子會極化成如式（7－13b）的電偶矩。這些原子內部的細節對於原子結合成分子，分子構成物質時是十分重要的因素。接著來探討原子的電偶矩和磁偶矩，以及它們產生的新相互作用：自旋軌道耦合（spin-orbit coupling）。

(B)原子的電偶矩和磁偶矩（electric and magnetic dipole moments），X 射線（X-ray）

在這一小節中所用的方法是，使用經典物理圖象而且用非相對論量子力學的方法演算的半經典（semi-classical）方法。量子力學所處理的對象是微觀世界，我們的五官不管用的對象，所以無法直接測量，是藉用物質和電磁場的相互作用呈現出來的現象進行間接測量。物質和電磁場的相互作用，本質上又是多體問題，非用量子力學和狹義相對論的結合理論不可，因此已遠遠超過導論性的本書範圍。

(1)磁偶矩（magnetic dipole moment），電偶矩（electric dipole moment）

構成原子的帶正電的核 ，和帶負電的電子間的相互作用，一般地說相當複雜。電子和質子已肯定除了帶電之外，還有內稟角動量（以後稱爲自旋）。依經典電磁學帶電體的運動不但有電場並且帶來磁場，或者說有磁偶矩（參見式（7－47）），所以除了核和電子間的庫侖相互作用之外，明顯地還有由磁場，即磁偶矩引起的相互作用。當然磁場引起的相互作用，由式（7－131），動態電場作用的大小遠大於磁場的大小，於是這是一項很小的修正作用。

(i)磁偶矩

從式（10－148）和【**Ex.10－31**】得到電子運動的徑向概率分布是球對稱，並且概率最大的領域形成近似的球殼，於是可用半徑 r 的圓軌道來描述電子的運動，同時電子的轉動速度可用等速率來近似。由式（7－47）式，帶電 q、質量 m 的粒子，做封閉曲線運動的磁偶矩是：

$$\boldsymbol{\mu} = I\boldsymbol{A}$$

$|\boldsymbol{A}| = A =$ 封閉曲線所包圍的面積，$\mathbf{e}_A = \dfrac{\boldsymbol{A}}{A} =$ 面積 $\boldsymbol{A}$ 的單位矢量，如果粒子的轉動週期 $= T$，則電流 I 是：

$$I = \frac{q}{T} = q\nu = \frac{q\omega}{2\pi}$$

ν = 頻率，$\omega = 2\pi\nu$ = 角頻率。等速率圓周運動的速度和 ω 的關係是：

$$v = r\omega, \qquad \boldsymbol{r} \perp \boldsymbol{v}$$

$$\therefore \quad \boldsymbol{\mu} = \frac{qv}{2\pi r}\pi r^2 \mathbf{e}_A = \frac{q}{2m} rmv\, \mathbf{e}_A$$

$$= \frac{q}{2m}\boldsymbol{r} \times m\boldsymbol{v}$$

$$= \frac{q}{2m}\boldsymbol{L}$$

$$\boldsymbol{L} = \boldsymbol{r} \times m\boldsymbol{v} = \text{角動量}$$

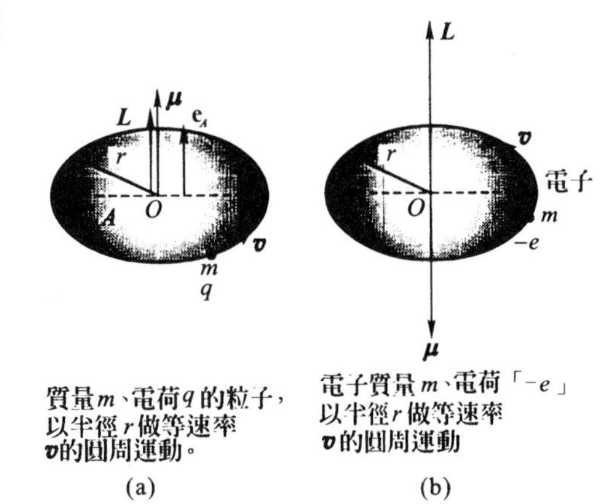

圖11－4

如圖11－4(a)，當 q = 正量時 $\boldsymbol{\mu} /\!/ \boldsymbol{L}$；但電子所帶的電荷是負值「$-e$」，於是如圖11－4(b)$\boldsymbol{\mu}$ 和 $\boldsymbol{L}$ 的方向相反：

$$\boldsymbol{\mu}(\text{電子}) = -\frac{e}{2m}\boldsymbol{L} \qquad (11-4)$$

這是從經典電子學得到的公式。量子力學時怎麼辦呢？

經典力學的平方反比力（inverse square force），例如萬有引力和庫侖力在量子力學仍然成立；經典物理的守恆量，例如能量、動量、角動量守恆等，量子力學仍然承認，但動力學量就必須換成線性算符（參見第十章Ⅳ或表10－3）。至於標量，像質量 m、電荷 e，在**非相對論並且自由的點狀粒子**（沒有內部結構的粒子之意）時按照經典力學的量使用。目前，電子顯然有自旋，其內部結構未肯定（追究到10^{-17}cm 尚未發現結構），所以把式（11－4）轉換成量子力學的磁偶矩時，除了把角動量 $\boldsymbol{L}$ 變成算符 $\hat{\boldsymbol{L}}$ 之外，還要乘上對內部構造以及電荷分布狀況來的量，俗稱**迴磁比**（gyromagnetic ratio）g_l，右下標 l 表示軌道角動量，結果是：

$$\hat{\boldsymbol{\mu}}_l = -g_l \frac{e}{2m}\hat{\boldsymbol{L}} \qquad (11-5)$$

式（11－5）是量子力學的電子軌道磁偶矩，能不能直接測量呢？回答是否定的。式（11－5）是根據經典電磁學推導出來的式（11－4），經量子化手續，加上調整用的迴磁比 g_l 所得結果，是個模型公式，存在於微觀世界的原子內電子，推導的理論框架對不對，只有用實驗來驗證。如圖7－33，從外面加磁場 $\boldsymbol{B}_{\text{ext}}$，測量取向能式（7－49）的期待值：

$$\Delta E_l = -\langle \hat{\boldsymbol{\mu}}_l \cdot \boldsymbol{B}_{\text{ext}} \rangle \qquad (11-6)$$

式（11－6）是能量譜，如果在 $\boldsymbol{B}_{\text{ext}}$的情況下的原子呈現的是圖11－5(a)，而式（11－6）的值是圖11－5(b)，證明推導過程的理論正確。若式（11－6）的值是圖11－5

(c)，證明理論有問題，必須另找理論，或追究原因。圖11－5(a)正是1896年 Zeeman（Pieter Zeeman, 1865～1943，荷蘭實驗物理學家）發現的基態原子在外磁場 $\boldsymbol{B}_{\text{ext}}=0$時一條粗譜線，在 $\boldsymbol{B}_{\text{ext}}\neq 0$時分成三條的現象。當時稱在 $\boldsymbol{B}_{\text{ext}}$的作用下光譜分裂成奇數條的現象稱爲 **Zeeman 效應**。到了1921～1922 Stern（Otto Stern 1888～1969, 德國美國實驗物理學家）和 W. Gerlach 發現分裂成兩條的現象（參見第十章Ⅲ(C)），於是稱前者爲正常 Zeeman 效應，後者爲反（或異）常 Zeeman 效應，後來又發現更多種類的反常分裂現象，並且隨著 $\boldsymbol{B}_{\text{ext}}$的強弱反常分裂會變成正常分裂，暗示原子內的電磁場不單純，同時有非庫侖力，參見下面(C)。在(C)會進一步探討 Zeeman 效應。

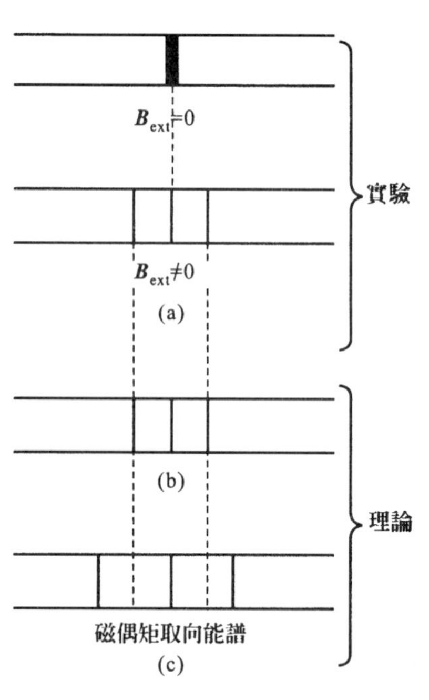

圖11－5

【Ex.11－1】 鋁$_{13}$Al 的組態是$1s^2,2s^22p^6,3s^23p^1$；以獨立粒子模型看待鋁，即$3p^1$的電子在其他12個電子的平均庫侖勢能下運動，相當於把滿殼層的$1s^2,2s^22p^6,3s^2$看成一個蕊（core），$3p^1$電子繞蕊運動，則第零級（zeroth order）近似時可以使用氫原子波函數。假定 $\boldsymbol{B}_{\text{ext}}$不強且電子沒有自旋。使用式（10－135）的氫的能量本徵函數$\psi_{nlm}(r,\theta,\varphi)$求式（11－6）的期待值。

如右圖取座標的第三軸 z 軸平行 $\boldsymbol{B}_{\text{ext}}$，目前的模型是$3p^1$電子在庫侖勢能場內運動，庫侖力是連心力，粒子在連心力作用下運動時，角動量是守恆量。另一方面庫侖勢能是球對稱，於是角動量 $\boldsymbol{L}$ 的方向是任意的，不過當引入 $\boldsymbol{B}_{\text{ext}}$之後，產生 $\boldsymbol{L}$ 的電子的轉動運動引起的磁偶矩 $\boldsymbol{\mu}_l$ 馬上和 $\boldsymbol{B}_{\text{ext}}$相互作用，結果使得 $\boldsymbol{L}$ 圍繞 $\boldsymbol{B}_{\text{ext}}$旋進，如右圖旋進的 $\boldsymbol{L}$ 在 $\boldsymbol{B}_{\text{ext}}$方向的投影 L_Z，取三個很有規則的分離值：$+1L_Z, 0L_Z, -1L_Z$；換句話說，$\boldsymbol{B}_{\text{ext}}=0$時無一定方向的 $\boldsymbol{L}$，在 $\boldsymbol{B}_{\text{ext}}$的作用被限制在 xy 平面上半部，xy 平面以及 xy 平面下半部做旋進，這就是在第十章中提過的空間量子化（spatial quantization），

$$\therefore \qquad \Delta E_l = \int \psi^*_{n=3,l=1,m_l}(r,\theta,\varphi)\,\frac{g_l e}{2m}\hat{L}_Z B_{\text{ext}}\psi_{31m_l}(r,\theta,\varphi)$$

$$\times\; r^2 \mathrm{d}r \sin\theta \mathrm{d}\theta \mathrm{d}\varphi$$

$$= B_{\text{ext}}\frac{g_l e}{2m}\int_0^\infty R^*_{31}(r)R_{31}(r)r^2\mathrm{d}r\int Y^*_{1m_l}(\theta,\varphi)$$

$$\times\; \hat{L}_Z Y_{1m_l}(\theta,\varphi)\sin\theta\mathrm{d}\theta\mathrm{d}\varphi, \quad \hat{L}_Z = -\mathrm{i}\hbar\frac{\partial}{\partial\varphi}$$

$$= B_{\text{ext}}\frac{g_l e}{2m}\int Y^*_{1m_l}(\theta,\varphi)\,m_l\hbar Y_{1m_l}(\theta,\varphi)\sin\theta\mathrm{d}\theta\mathrm{d}\varphi$$

$$= B_{\text{ext}}\frac{g_l e}{2m}m_l\hbar$$

由於 $m_l = +1, 0, -1$（參見式（10－151）），故得：

$$\Delta E_l = g_l B_{\text{ext}}\frac{e\hbar}{2m}\times\begin{cases}+1\\0\\-1\end{cases}$$

很明顯，本來簡併在一起的光譜在 $\boldsymbol{B}_{\text{ext}}$的作用下分裂成相鄰兩條之間差為 $\hbar$ 的三條光譜線，如右圖，所以式（11－6）的取向能 ΔE 又稱為 **Zeeman** 能（Zeeman energy）。凡是和電子磁偶矩發生關係的物理量必定出現$\frac{e\hbar}{2m}$，

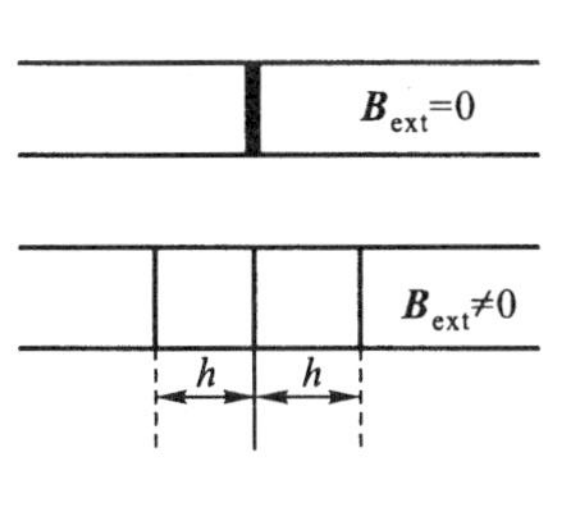

這個量稱為 **Bohr** 磁子（Bohr magneton）μ_B 或 μ_b，其 MKS 制大小是：

$$\mu_b \equiv \frac{e\hbar}{2m} = \frac{1.60217733\times10^{-19}\text{c（庫侖）}\times1.05457266\times10^{-34}\text{J}\cdot\text{s}}{2\times9.1093897\times10^{-31}\text{kg}}$$

$$\doteq 9.274\times10^{-24}\text{A（安培）}\cdot(\text{m（米）})^2$$

$$= 9.274\times10^{-28}\frac{\text{J}}{\text{Gauss}} \qquad (11-7\text{a})$$

因$1\text{Gauss} = 10^{-4}\text{Tesla} = 10^{-4}\frac{\text{Newton}}{\text{Amp}\cdot\text{meter}}$，$1\text{N}\cdot\text{m} = 1\text{J}$（焦耳），並且從實驗和理論的比較，證明了式（11－6）是正確的值，同時獲得迴磁比 g_l 值是：

$$g_l \doteq 1 \qquad (11-7\text{b})$$

至於電子自旋引起的磁偶矩，仿照式（11－5）得：

$$\hat{\boldsymbol{\mu}}_s = -g_s \frac{e}{2m}\hat{\mathbf{S}} \tag{11-8a}$$

自旋迴磁比 g_s 的實驗值和使用量子電動力學（quantum electrodynamics）算出的值各爲：

$$g_s = \begin{cases} 2\left(1+\dfrac{\alpha}{2\pi}-0.328\dfrac{\alpha^2}{\pi^2}+\cdots\cdots\right) \doteq 2.00231926\cdots\cdots \text{理論} \\ 2.0023\cdots\cdots \text{實驗} \end{cases} \tag{11-8b}$$

α = 精細結構常數（fine-structure constant）$= \dfrac{1}{137.0359895}$。週期表最左邊一列的鹼金屬元素 Li（鋰），Na（鈉），K（鉀），Rb（銣）等元素的金屬在外磁場 $\boldsymbol{B}_{\text{ext}}$的情況下都呈現兩條譜線，顯然不是式（11－6）的 Zeeman 能，而是自旋磁偶矩 $\hat{\boldsymbol{\mu}}_s$ 和 $\boldsymbol{B}_{\text{ext}}$的相互作用產生的 Zeeman 能 ΔE_s：

$$\Delta E_s = -\langle \hat{\boldsymbol{\mu}}_s \cdot \boldsymbol{B}_{\text{ext}} \rangle \tag{11-8c}$$

電子的空間和自旋是互爲獨立的自由度，其波函數如式（10－140a）或式（10－140d）的形式，於是電子自旋引起的取向能 ΔE_s 的最簡單的模型計算是：

$$\begin{aligned} \Delta E_s &= \sum_{m_s'=-1/2}^{1/2} \int \Psi^*_{nlsm_lm_s'}(\boldsymbol{r},\boldsymbol{\sigma}) \frac{g_s e}{2m}\hat{\mathbf{S}} \cdot \boldsymbol{B}_{\text{ext}} \Psi_{nlsm_lm_s}(\boldsymbol{r},\boldsymbol{\sigma})\, r^2 \sin\theta \,\mathrm{d}r\mathrm{d}\theta\mathrm{d}\varphi \\ &= \sum_{m_s'=-1/2}^{1/2} B_{\text{ext}} \frac{g_s e}{2m} \chi^\dagger_{sm_s}(\boldsymbol{\sigma})\, \hat{S}_z \chi_{sm_s}(\boldsymbol{\sigma}) \int \psi^*_{nlm_l}(\boldsymbol{r})\, \psi_{nlm_l}(\boldsymbol{r})\, r^2 \sin\theta \,\mathrm{d}r\mathrm{d}\theta\mathrm{d}\varphi \\ &= B_{\text{ext}} \frac{g_s e}{2m} m_s \hbar = g_s \mu_b m_s B_{\text{ext}} \end{aligned} \tag{11-8d}$$

$$\therefore \quad \Delta E_s = g_s \mu_b B_{\text{ext}} \times \begin{cases} \dfrac{1}{2} \\ -\dfrac{1}{2} \end{cases} \tag{11-8e}$$

在式（11－8d）的演算過程中，電子能量本徵函數的空間部 $\psi_{nlm_l}(\boldsymbol{r})$ 是連續函數，必須對整個空間積分，但電子自旋本徵函數 $\chi_{sm_s}(\boldsymbol{\sigma})$ 是矩陣函數，不連續才用了加法演算。隨著實驗技術的進步，和電子磁偶矩有關的光譜線的分裂，既不是 ΔE_l，也不是 ΔE_s，而是和角動量 $\boldsymbol{L}$ 和 $\boldsymbol{S}$ 的組合有關。這是很容易想像的現象。現有電子軌道運動以及自旋引起的兩種磁偶矩，它們之間必起相互作用，自然會帶來角動量 $\boldsymbol{L}$ 和 $\boldsymbol{S}$ 的合成，這些問題牽涉到電子的自旋本質，這些將集中在下面(C)來探討。

(ii)電偶矩

除了氫原子，其他原子都是由兩個或兩個以上的質子和電子所構成。原子雖宏觀呈現中性，但微觀的原子，由於量子效應原子內部如下圖有瞬間電多（重）極（electric multipole）出現，於是必然地會產生電多（重）極間的相互作用。以 n 表示等大小的正負電對數，則 2^n 的數目稱為**電多極**

$n=1$：　電偶極（dipole）

$n=2$：　電四極（quadrupole）

$n=3$：　電八極（octupole）

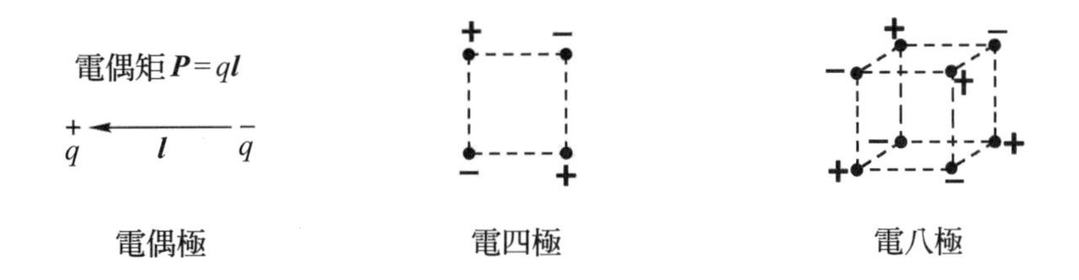

有時原子和外電磁場的相互作用，引起原子形成電多（重）極來和外場作用，結果原子便從初態 $\psi_{n_0l_0m_0}(\boldsymbol{r})$ 躍遷到另一狀態 $\psi_{nlm}(\boldsymbol{r})$；這種相互作用出現率最高的是電偶極，它的電偶極矩，或電偶矩 $\boldsymbol{P}=q\boldsymbol{l}$，$q$=電荷大小，$\boldsymbol{l}$ 是兩正負電荷分布中心間的距離 l，方向是如右圖從負電荷向正電荷方向。假定原子形狀是球狀，電荷是點電荷且各在半徑兩端，於是 $l=r$，r=球半徑，所以相互作用 Hamiltonian $\widehat{\boldsymbol{H}}_{int}$ 是：

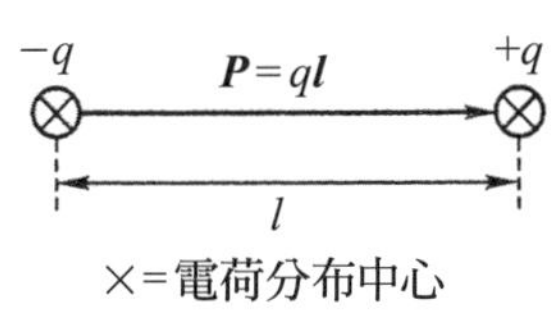

$$\widehat{\boldsymbol{H}}_{int}=\alpha q\hat{\boldsymbol{r}}=\alpha q\boldsymbol{r} \qquad (11-9a)$$

α=相互作用常數其量綱$[\alpha]=\dfrac{\text{能量}}{\text{庫侖·米}}$，$\boldsymbol{r}$ 表象時 $\hat{\boldsymbol{r}}=\boldsymbol{r}$（參見表 10−3）。實驗觀測的量是正比於 $\widehat{\boldsymbol{H}}_{int}$ 引起的躍遷矩陣的絕對值平方，所以必須演算式（10−57b）所示的下躍遷矩陣：

$$\boldsymbol{T}_{fi}=\int\boldsymbol{\Psi}_f^*\widehat{\boldsymbol{H}}_{int}\psi_i\,\mathrm{d}\tau=\alpha q\int\boldsymbol{\Psi}_f^*\boldsymbol{r}\psi_i\,\mathrm{d}\tau \qquad (11-9b)$$

ψ_i=體系初態，$\boldsymbol{\Psi}_f$=體系末態。式（11−9b）的被積分量是矢量，因此不是很容易處理的積分，但在原子、分子，以及輻射方面是很重要的積分，由於超過本書的範圍，把它放在後面的註(7)僅供需要者用。在第十章IV(D)提過，相互作用使物理體系躍遷，躍遷時必須滿足體系以及相互作用的性質來的守恆量體系才會躍遷，於是產生選擇定則（參考【Ex.10−16】），所以在下面僅介紹電偶矩躍遷的選擇定律。為了簡化演算來看清物理內涵，以氫原子的能量本徵函數式（10−135）作為任意原子的狀態函數，則得：

$$\boldsymbol{T}_{fi} = \alpha q \int \psi^*_{nlm}(\boldsymbol{r})\, \boldsymbol{r} \psi_{n_0 l_0 m_0}(\boldsymbol{r})\, r^2 \sin\theta \mathrm{d}r \mathrm{d}\theta \mathrm{d}\varphi \qquad (11-10\text{a})$$

$$\begin{aligned}\boldsymbol{r} &= x\mathbf{e}_x + y\mathbf{e}_y + z\mathbf{e}_z \\ &= \mathbf{e}_x r\sin\theta\cos\varphi + \mathbf{e}_y r\sin\theta\sin\varphi + \mathbf{e}_z r\cos\theta\end{aligned}$$

$\mathbf{e}_x, \mathbf{e}_y, \mathbf{e}_z = x, y, z$ 方向的單位矢量，如把 $\boldsymbol{T}_{fi} = (T_{fi}\mathbf{e}_x + T_{fi}\mathbf{e}_y + T_{fi}\mathbf{e}_z)$ 則得：

$$\begin{aligned} T_{fi}\mathbf{e}_x &= \alpha q \mathbf{e}_x \int_0^\infty R^*_{nl}(r)\, r R_{n_0 l_0}(r)\, r^2 \mathrm{d}r \int Y^*_{lm}(\theta,\varphi)\, Y_{l_0 m_0}(\theta,\varphi) \sin^2\theta\cos\varphi \mathrm{d}\theta\mathrm{d}\varphi \\ &= \alpha q \mathbf{e}_x < nl|r|n_0 l_0 > \int_0^\pi \Theta^*_{lm}(\theta)\, \Theta_{l_0 m_0}(\theta) \sin^2\theta \mathrm{d}\theta \\ &\quad \times \int_0^{2\pi} \Phi^*_m(\varphi)\, \Phi_{m_0}(\varphi) \cos\varphi \mathrm{d}\varphi \end{aligned} \qquad (11-10\text{b})$$

$< nl|r|n_0 l_0 > \equiv \int_0^\infty R^*_{nl}(r)\, r R_{n_0 l_0}(r)\, r^2 \mathrm{d}r$ ＝本徵函數的徑部矩陣，由式（10－109b）得：

$$\begin{aligned} \int_0^{2\pi} \Phi^*_m(\varphi)\, \Phi_{m_0}(\varphi) \cos\varphi \mathrm{d}\varphi &= \frac{1}{2\pi} \int_0^{2\pi} \mathrm{e}^{\mathrm{i}(m_0-m)\varphi} \frac{1}{2} (\mathrm{e}^{\mathrm{i}\varphi} + \mathrm{e}^{-\mathrm{i}\varphi}) \mathrm{d}\varphi \\ &= \frac{1}{4\pi} \left\{ \left[\frac{1}{\mathrm{i}(m_0 - m + 1)} \mathrm{e}^{\mathrm{i}(m_0-m+1)\varphi} + \frac{1}{\mathrm{i}(m_0 - m - 1)} \mathrm{e}^{\mathrm{i}(m_0-m-1)\varphi} \right]_0^{2\pi} \right\} \end{aligned}$$

$$(11-10\text{c})$$

式（11－10c）右邊各項的分子＝0，如果要式（11－10c）式右邊≠0的話，必須分母要和分子一樣，並且同速率變成零（參見【**Ex.6－18**】和【**Ex.6－19**】），則得：

$$\begin{aligned} m_0 - m + 1 &= 0 \\ m_0 - m - 1 &= 0 \\ \therefore \quad \Delta m \equiv m_0 - m &= \mp 1 \end{aligned} \qquad (11-10\text{d})$$

同樣，從 $T_{fi}\mathbf{e}_y$ 得 $\Delta m \equiv m_0 - m = \pm 1$，至於 $T_{fi}\mathbf{e}_z$ 是：

$$T_{fi}\mathbf{e}_z = \alpha q \mathbf{e}_z < nl|r|n_0 l_0 > \int_0^\pi \Theta^*_{lm}(\theta)\Theta_{l_0 m_0}(\theta)\sin\theta\cos\theta\mathrm{d}\theta \int_0^{2\pi} \Phi^*_m(\varphi)\Phi_{m_0}(\varphi)\mathrm{d}\varphi$$

$$\begin{aligned} \int_0^{2\pi} \Phi^*_m(\varphi)\, \Phi_{m_0}(\varphi) \mathrm{d}\varphi &= \frac{1}{2\pi} \int_0^{2\pi} \mathrm{e}^{\mathrm{i}(m_0-m)\varphi} \mathrm{d}\varphi \\ &= \frac{1}{2\pi} \left[\frac{1}{\mathrm{i}(m_0 - m)} \mathrm{e}^{\mathrm{i}(m_0-m)\varphi} \right]_0^{2\pi} \end{aligned}$$

$$(11-10\text{e})$$

如果要式（11－10e）不等於零，只有分子分母同速率變成零，

$$\therefore \quad m_0 - m = 0, \quad 或 \Delta m = 0 \qquad (11-10f)$$

對 n 和 l 的選擇定則同樣演算徑方向 dr 和角度 $d\theta$ 的矩陣便能得到；還有一個方法是利用物理守恆量。電磁相互作用除了同位旋（isospin 參見下面 D 小節）大小不守恆外，其他動力學量、如動量、角動量、能量，以及非動力學量，如宇稱、時間反演（time reversal）、電荷共軛（charge conjugation），同位旋第三成分等全守恆。使用宇稱守恆來定 l 的選擇定則，由式（11－10a）$\boldsymbol{r}$ 是奇宇稱，於是末態 ψ_{nlm}的宇稱必須和初態宇稱不同，剛好差一個負號才能夠彌補 $\boldsymbol{r} \to (-\boldsymbol{r})$ 的宇稱變化。由式（10－142）得 ψ_{nlm}的宇稱決定於 $(-)^l$，故初態末態的宇稱變化必須是：

$$(-)^l = -(-)^{l_0}$$

$$\therefore \quad (-)^l (-)^{-l_0} = (-)^{l-l_0} = -1$$

$$\therefore \quad \Delta l \equiv l - l_0 = \pm 1 \qquad (11-10g)$$

至於主量子數 n 的選擇定則，必須演算 $\langle nl|r|m_0 l_0\rangle$ 才能得出，這種演算可以仿【Ex.10－28】做，結果是 $\Delta n = (n - n_0)$，是不受限制的，所以電偶矩躍遷選擇定則是：

$$\left.\begin{aligned} \Delta n &\equiv n - n_0 \quad 沒有受限制 \\ \Delta l &\equiv l - l_0 = \pm 1 \\ \Delta m &\equiv m - m_0 = 0, \pm 1 \end{aligned}\right\} \qquad (11-11)$$

違背式（11－11）便不會發生電偶矩引起的躍遷，這種躍遷簡稱 ***E*1躍遷**，「E」代表「電（electric）」，「1」表示2^n 電多極的 $n=1$。萬一原子、分子和外電磁場相互作用，以為不該有 $E1$躍遷的狀態有微小的 $E1$躍遷，表示體系狀態宇稱不純。推導式（11－11）的 $E1$躍遷選擇定則時，雖用了氫原子的能量本徵函數 $\psi_{nlm}(\boldsymbol{r})$，但式（11－11）是一般性 $E1$躍遷選擇定則。

原子，分子和外電磁場作用，不但會呈現電多極現象而引起 En（$n = 1,2,3$ ……）躍遷，其內部磁場也會產生類似有好多小磁針那樣所產生的磁場，而引起磁多極矩躍遷，簡稱爲 Mn 躍遷。「M」表示「磁（magnetic）」，n 代表2^n 磁多極的n，$n=1$是磁偶極，相當於有根磁針，$n=2$是磁四極等等。無論是電或者是磁，n 越大躍遷的概率越小。

(2)電子的重要性

電子是於1897年由 J.J.Thomson（Sir Joseph John Thomson, 1856～1940，英國理論和實驗物理學家）發現的帶負電的粒子，後來又在1921～1922發現電子有內稟角動量，接著肯定了它在原子內的地位，原子所以能吸收和輻射光全和它有關。電子在物理、材料、通訊等領域的重要性幾乎隨著時間的推移有驚人的發現，在21世紀更是無法估計。例如前面討論過的化學結合力，電子是主角，金屬中的導電，物質的光學性質都被電子所支配；在科研上的重要性更無法否定。利用電子很輕並且到今天（1998年底）爲止，可能是唯一的非常穩定的無內部構造的基本粒子。加速電子讓它做曲線運動來輻射連續的X射線，或讓高速即高動能的電子去撞擊質子、中子等重量重的粒子，來探討這些重子（baryon）的內部結構。使用電子去撞擊質子來研究質子有沒有內部構造是60年代很重要的物理研究課題。它開啓了探討核子、介子等的內部結構，以及尋找弱相互作用的傳播子（規範粒子，gauge particle，參閱近代物理Ⅱ的Ⅴ）$W^{\pm}$，Z^0和新粒子等方法之門，在微觀世界凡是和電子有關的現象，電子大致扮演中心角色，目前（1998年）所知的電子各量是：

質量 $m \doteq 9.1093897 \times 10^{-31}\text{kg} \doteq 0.51099906\text{MeV}/c^2$，　c = 光速

電荷 $e \doteq -1.60217733 \times 10^{-19}$ 庫侖

磁偶矩大小 $\mu \doteq 1.001159652209\mu_b$（相當於 $g_l = 1.001159652209$）

壽命 $\tau > 4.2 \times 10^{24}$ 年

內稟角動量大小的量子數，或簡稱自旋大小 $S = \frac{1}{2}$

並且追究到10^{-17}cm尚未發現有內部構造，可說是目前最安定的基本粒子。

(3) X射線（X-ray）

X射線是1895年Röntgen（Wilhelm Conrad Röntgen, 1845～1923，德國物理學家）做放電管的陰極線時發現的，波長從數百Å～10^{-2}Å的電磁波。剛發現時只知不受電磁場影響，穿透力極強的東西，不知它是粒子還是波，一直到1912年經多位科學家的實驗，發現X射線和電磁波一樣，會繞射、干涉、偏振後才斷定爲電磁波，但仍然不知道眞正的來源，等到1926～1928年量子力學誕生，再經過深入的探討才瞭解其來源。通常把（沒那麼嚴格）波長λ介於數百Å$>\lambda>$1Å的X射線稱爲軟（soft）X射線，1Å$>\lambda>10^{-2}$Å稱爲硬（hard）X射線。

(1)X射線的產生

只要製造出來的能量 $E = h\nu = hc/\lambda$，ν = 頻率，c = 光速，產生的波長λ遠比紫外光更短，位於數百Å$>\lambda>10^{-2}$Å便得X射線。普通使用的X射線是利用質量又輕又帶電的電子，把它加速到50～100keV的能量後，讓它撞擊金屬。如圖*11－6*(a)加速的電子進入構成金

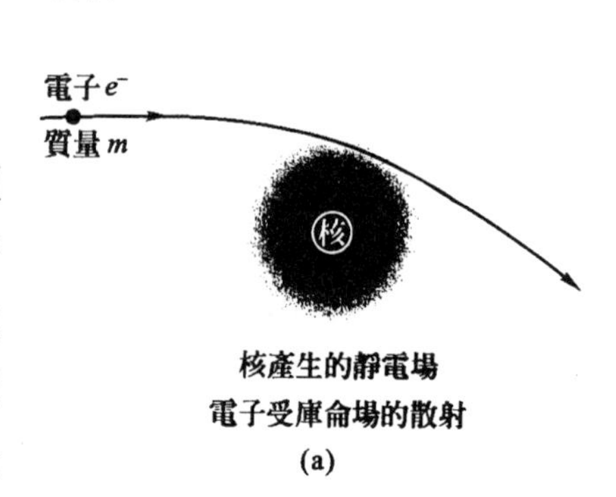

核產生的靜電場
電子受庫侖場的散射
(a)

屬的原子的核所產生的庫侖場內，立刻被散射，軌道彎曲產生加速度，則由參考文獻(2)的附錄(B)得電子每單位時間的輻射能 R：

$$R = \frac{1}{4\pi\varepsilon_0}\frac{2e^2a^2}{3c^3} \qquad (11-12)$$

a = 電子加速度，ε_0 = 眞空電容率，R 的量綱［R］= 能量/時間。於是電子邊跑邊輻射而得連續 X 射線，即 R 是連續變化的量。同時也會出現離散的 X 射線，這種非連續的 X 射線，如圖11－6(b)的脈衝型稱爲特徵 X 射線（characteristic X－ray）。這是靶金屬原子被高速入射的電子刺激（相互作用）後，靠近核的主量子數 n（參見式（10－151））很低的電子，如圖11－6(c)被游離，或者躍遷到大 n 的空層後留下空缺，而在大 n 的 n' 的原子電子進來塡補空缺時，輻射的波長很短的電磁波，稱爲 X 射線，所以這種 X 射線是和靶金屬的原子結構有關，才會呈現該金屬的特徵出來。$n=1$的電子引起的 X 射線又稱爲 K－X 射線，$n=2,3$分別稱爲 L－X 射線，M－X 射線，名稱來源參見表10－6。

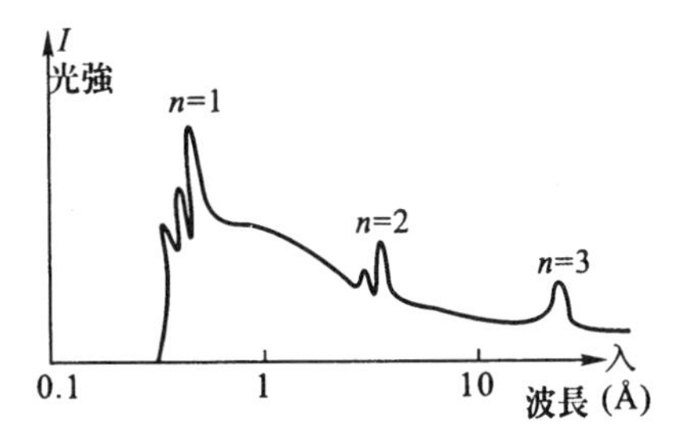

30keV 的電子撞上鋁靶產生的 X 射線

(b)

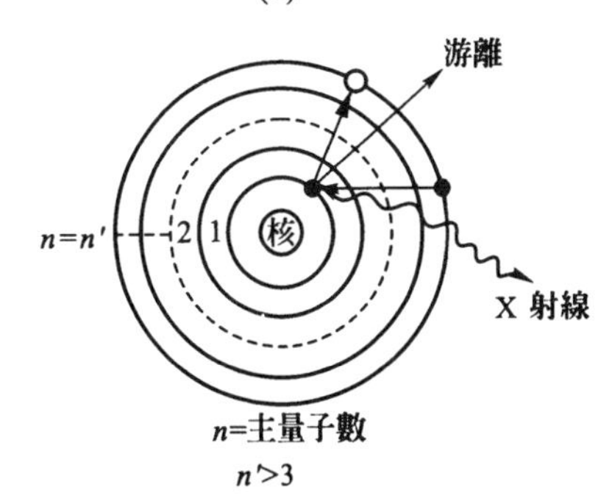

特徵X射線的產生過程

(c)

圖11－6

設 $n=1$或2或3或 n_f，則特徵 X 射線的波長 λ 是：

$$E_{n'} - E_{n_f} = hc/\lambda$$

或

$$\lambda = \frac{hc}{E_{n'} - E_{n_f}} \qquad (11-13)$$

(ii)躍遷相互作用

入射電子和靶原子的相互作用的主要成分是庫侖相互作用。入射電子引起靶原子電多極（electromultipole）化，主項是電偶矩躍遷如式（11－10a），這電偶矩的 Hamiltonian 如後註(7)的式(3)和(5)，可以寫成 $rY_{1\mu} = r^{(l=1)}Y_{l=1,\mu}$，把它推廣可得靜電多極（electrostatic multipole）躍遷算符 $\hat{Q}_{lm}$：

$$\hat{Q}_{lm} = r^lY_{lm}(\theta,\varphi) \qquad (11-14)$$

$l=2$稱爲電四極躍遷算符，$l=3$稱爲電八極躍遷算符等，極數 $=2^l$，至於其躍遷矩陣和選擇定則的求法，可以仿後註(7)的演算法。

X 射線的應用範圍甚廣，從醫學一直到材料科學，利用硬 X 射線的強穿透力透視骨骼，結核病受害的肺，體內癌細胞等，目前常用的電腦斷層掃描便是利用 X 射線所攝得的影經電腦快速整理，造出立體圖來斷定癌的位置及大小。在材料方面，利用 X 射線的非彈性散射，改變物質中的電子狀態，或瞭解晶體中的電子狀態，電子運動的動量分布，以及半導體表面精細加工。爲了這些應用的需求，加上使用的 X 射線波長以及強度的不同，各國建立同步輻射加速器來產生高強度的連續 X 射線。合肥和臺灣各有一部同步輻射加速器。北京高能所的正負電子對撞器，即同步加速器（synchrotron）也利用一部分讓被加速的電子產生輻射，北京的同步加速器的主要目的是研究高能物理，X 射線是副產品。

(C)自旋軌道相互作用（spin-orbit interaction）

在前(B)小節中已初步瞭解原子內電子的電和磁的偶矩功能，尤其電子自旋帶來的自旋磁偶矩 $\boldsymbol{\mu}_s$，是物質呈現磁性的重要源（參見第七章Ⅵ）；$\boldsymbol{\mu}_s$ 不但對外磁場 $\boldsymbol{B}_{\text{ext}}$敏感，並且對原子的核，電子的軌道運動產生的內磁場 $\boldsymbol{B}_{\text{int}}$也非常敏感，結果 $\boldsymbol{\mu}_s$ 會和電子軌道磁偶矩 $\boldsymbol{\mu}_l$ 相互作用，它是僅次於電子和核間的靜電相互作用。在 20年代初期 Zeeman 效應已發現既不是【**Ex.11－1**】所介紹，也不是 Stern-Gerlach 的實驗出現的現象了；加上電子自旋已被肯定（參見第十章Ⅲ(C)），當時 Schrödinger 已發現自己的理論欠缺式（10－40）的內容，卻沒突破，直到1928年 Dirac（Paul Adrien Maurice Dirac, 1902～1984，英國理論物理學家）突破了這種困境。今日的材料科學，尤其磁性學，甚至於醫學，電子以及核子自旋扮演中心角色；分子的精密結構，氫原子的精細構造，不考慮自旋是無法解釋。換句話說，科技已進入非用 Dirac 的相對論量子力學不可了。自旋軌道相互作用也不例外。相信21世紀這方面的需求會更加重要，爲了滿足部分讀者的需要，把推導自旋軌道相互作用放在後註(9)，在此地僅寫出結果，並且應用它來分析原子的精細結構。

$$\text{自旋軌道相互作用 } V_{LS}(r) = \frac{1}{2m^2c^2}\frac{1}{r}\frac{dV(r)}{dr}\hat{\boldsymbol{S}}\cdot\hat{\boldsymbol{L}} \qquad (11-15)$$

m＝電子質量，c＝光速，$V(r)$＝任意連心力勢能（potential energy of central force），對於氫原子，$V(r)$＝庫侖勢能＝$-\dfrac{1}{4\pi\varepsilon_0}\dfrac{ze^2}{r}$＝引力勢能，把這 $V(r)$代入式（11－15）得 V_{LS}＝斥力勢能，顯然 $V(r)$和 V_{LS}是互相牽制的力量。V_{LS}簡稱爲 ***LS* 相互作用**或***LS* 力**或***LS* 耦合**，這最後名詞要小心，因爲容易和角動量組合的 LS 耦合混淆（參見下面）。軌道運動和自旋耦合的結果，得到總角動量 $\boldsymbol{J}$：

$$\boldsymbol{J} = \boldsymbol{L} + \boldsymbol{S} \qquad (11-16a)$$

有 V_{LS}時 $\boldsymbol{J}$ 和其第三成分，即量子化軸方向的成分 J_z 的量子數 j 和 m_j，才是描述物理體系狀態的量子數，如爲獨立粒子模型，則能量本徵函數如式（10－140d），不過演算時必須轉換成式（10－140a）的形式，因 V_{LS}的式（11－15）的算符是 $\hat{\boldsymbol{L}}\cdot\hat{\boldsymbol{S}}$，從實驗的理論分析歸納出如下結果：

$$\left.\begin{array}{l}\text{庫侖作用力傾向於促使 } \boldsymbol{J} \text{ 取最大值，}\\ V_{LS} \text{ 是剛好和庫侖力相反，傾向於取最小值}\end{array}\right\} \qquad (11-16b)$$

確實驗證了 $V(r)$ 和 V_{LS}的作用是互相牽制。接著來探討和 V_{LS}有關的角動量組合情形。

(1)角動量的組合

如果原子有兩個或兩個以上的電子，設 $\boldsymbol{L}_i$ 和 $\boldsymbol{S}_i$ 爲各電子的軌道角動量和自旋，則角動量的組合方法有下列兩種可能。

(i)*LS* 耦合（*LS* coupling）

如右圖軌道和自旋各自組合軌道總角動量 $\boldsymbol{L}$，自旋總角動量 $\boldsymbol{S}$ 後才組合成原子的總角動量 $\boldsymbol{J}$：

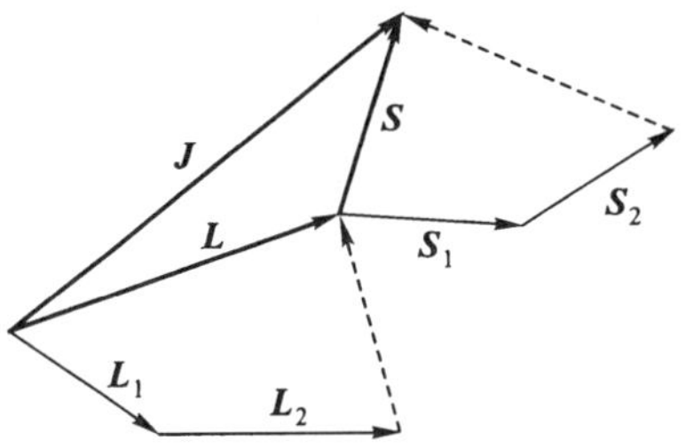

$$\left.\begin{array}{l}\sum_i \boldsymbol{L}_i = \boldsymbol{L}\\ \sum_i \boldsymbol{S}_i = \boldsymbol{S}\end{array}\right\} \qquad (11-17a)$$

$$\boldsymbol{L} + \boldsymbol{S} = \boldsymbol{J} \qquad (11-17b)$$

角動量的 *LS* 耦合

式（11－15）的 $\hat{\boldsymbol{L}}\cdot\hat{\boldsymbol{S}}$ 是對原子的 $\boldsymbol{L}$ 和 $\boldsymbol{S}$ 作用，不是對每一個的 $\boldsymbol{L}_i$ 和 $\boldsymbol{S}_i$ 作用，具體的細節參閱後註(9)的推導過程，是用單體（one-body）運動方程式。*LS* 耦合又稱爲 **Russel-Saunders** 耦合（Henry Norris Russel, 1877～1957，美國天文物理學家），因爲他們首次使用式（11－17a,b）的角動量耦合方法來分析原子的精細結構。

【Ex.11－2】 有個過渡金屬原子，假定其最外兩個很靠近的亞殼層上各有一個電子$3d^1 4p^1$，求 *LS* 耦合的組態（configuration）。

兩個電子分別在兩個不同的狀態，所以不受 Pauli 不相容原理的限制，使用 *LS* 耦合所得的所有組態都允許。如果兩個電子在同一亞殼層 nl^2上，由於電子是全同粒子（identical particle），無法區別，必受到 Pauli 不相容原理所產生的對稱性的限制，*LS* 耦合所得的所有組態有一部分不許可，這例題留在下一小節(D)討論。由式（10－138b）和（10－138c）得軌道角動量的本徵值：

$$\left.\begin{cases}\hat{\boldsymbol{L}}^2(\hbar^2)\,\psi_{nlm}(r,\theta,\varphi) = l(l+1)\,\hbar^2\psi_{nlm}(r,\theta,\varphi)\\ \hat{L}_z(\hbar)\,\psi_{nlm}(r,\theta,\varphi) = m_l\hbar\psi_{nlm}(r,\theta,\varphi)\\ l = 0,1,2,\cdots\cdots,(n-1)\\ m_l = -l,(-l+1),\cdots\cdots,-1,0,1,\cdots\cdots(l-1),l\end{cases}\right\}$$

（11－18a）

同樣地，自旋角動量的本徵值是：

$$\left.\begin{cases}\hat{\boldsymbol{S}}^2(\hbar^2)\,\chi_{sm_s}(\boldsymbol{\sigma}) = s(s+1)\,\hbar^2\chi_{sm_s}(\boldsymbol{\sigma})\\ \hat{S}_z(\hbar)\,\chi_{sm_s}(\boldsymbol{\sigma}) = m_s\hbar\chi_{sm_s}(\boldsymbol{\sigma})\\ s = \dfrac{1}{2}\\ m_s = -\dfrac{1}{2},\dfrac{1}{2}\end{cases}\right\}$$

（11－18b）

在第十章的角動量算符是去掉「 $\hbar$ 」，本十一章的角動量算符都沒去掉 $\hbar$，在這裡用括弧強調它[10)]。$\chi_{sm_s}(\boldsymbol{\sigma})$ = 自旋角動量的本徵函數，$\boldsymbol{\sigma}$ = Pauli 自旋矩陣，或簡稱 Pauli 矩陣。角動量是矢量，故其加法和第二章力學的矢量加法一樣；如果有 $\boldsymbol{L}_1$和 $\boldsymbol{L}_2$兩個角動量，其最大值一定是（$\boldsymbol{L}_1+\boldsymbol{L}_2$），最小值必是$|\boldsymbol{L}_1-\boldsymbol{L}_2|$，於是其量子數是：

$$\text{如果}\begin{cases}\hat{\boldsymbol{L}}_{1,2}^2(\hbar^2)\,\psi_{nlm} = l_{1,2}(l_{1,2}+1)\,\hbar^2\psi_{nlm}\\ \boldsymbol{L} = \boldsymbol{L}_1+\boldsymbol{L}_2\end{cases}$$

$$\text{則 } l = (l_1+l_2),(l_1+l_2-1),\cdots\cdots,|l_1-l_2| \quad (11-18c)$$

第三成分 $\boldsymbol{L}_z$ 必須有外磁場$\boldsymbol{B}_{ext}$的情況，空間量子化後的量，暫時和組態無關，從表10－6可知，d 態的$l=2$，p 態的$l=1$，故$3d^1 4p^1$兩電子的軌道及自旋總角動量的量子數是：

$$l = (2+1),\cdots\cdots,(2-1) = 3,2,1\cdots\cdots \text{ 相鄰兩數必相差 } 1$$

$$s = \left(\frac{1}{2}+\frac{1}{2}\right),\cdots\cdots,\left|\frac{1}{2}-\frac{1}{2}\right| = 1,0$$

設 $\boldsymbol{L}$ 和 $\boldsymbol{S}$ 耦合後的$\hat{\boldsymbol{J}}^2$的量子數爲 j，則由式（11－18c）的規則得：

$$j = (l+s),(l+s-1),\cdots\cdots,|l-s| \quad (11-18d)$$

現 l 有3個值，s 有兩個值，總共有6種組合，將它們寫成如下表。

自旋量子數 s	1									0		
軌道量子數 l	3			2			1			3	2	1
總量子數 j	4	3	2	3	2	1	2	1	0	3	2	1
合成態 $^{2s+1}l_j$	$^3F_4$	$^3F_3$	$^3F_2$	$^3D_3$	$^3D_2$	$^3D_1$	$^3P_2$	$^3P_1$	$^3P_0$	$^1F_3$	$^1D_2$	$^1P_1$

即$3d^14p^1$的這個原子，在 *LS* 耦模型下有 $^{2s+1}l_j$ 的12個狀態，每一個態的 j 在外磁場下又分成：

$$m_j = -j, (-j+1), \cdots\cdots, -1,0,1,\cdots\cdots, (j-1), j$$

的 $(2j+1)$ 個結構，從上表得 $(9+7+5+7+5+3+5+3+1+7+5+3) = 60$。換句話說，在外磁場情況下本來12條的能量譜，解除簡併分裂成60條能量譜。

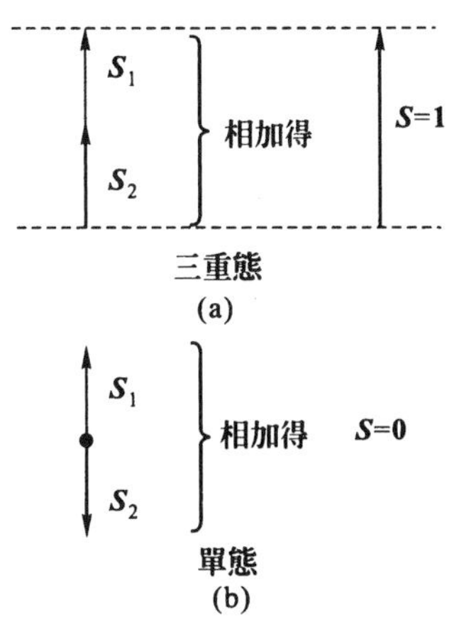

自旋爲$\frac{1}{2}$的兩個電子，其合成的總自旋 $S=1$的稱爲**自旋三重態**（triplet），或簡稱三重態，如上圖(a)，兩電子的自旋都同向。當兩電子的自旋剛好反方向時，其矢量和是零，如上圖的(b)稱爲**單態**（singlet）。爲什麼稱爲三重態和單態呢？因爲在外磁場的作用下 $\boldsymbol{S}$ 的第三成分 S_z 便各分裂成三條，和一條：

$$s = 1: \quad \frac{1}{\hbar} < \hat{S}_z > = m_s = -1,0,1$$

$$s = 0: \quad \frac{1}{\hbar} < \hat{S}_z > = m_s = 0$$

(II) *JJ* 耦合（*JJ* coupling）

角動量組合的 *LS* 耦合是比較適合於週期表上較輕的元素，對於質量數較大的元素，由於原子內部產生的磁場 $\boldsymbol{B}_{\text{int}}$往往超過1 tesla $= 10^4$ gauss，造成強的自旋軌道耦合，於是各電子的 $\boldsymbol{L}_i$ 和 $\boldsymbol{S}_i$ 自己先行耦合成總角動量 $\boldsymbol{J}_i$ 後，再耦合成原子的總角動量 $\boldsymbol{J}$。這種耦合相當於將式（11－17a）和式（11－17b）改變成如下形式：

$$\sum_i (\boldsymbol{L}_i + \boldsymbol{S}_i) = \sum_i \boldsymbol{J}_i = \boldsymbol{J} \qquad (11-19)$$

式（11－19）的圖解如下頁上圖，無論是 *LS* 耦合，還是 *JJ* 耦合，**最後的 $\boldsymbol{J}$ 是相同**

的，但組態不同，即原子的能譜的 j 值相同，不過能級的順序或值的大小一般地不相同。普通基態的對稱性最高，j 值最小，如果 LS 和 JJ 耦合所得的 $j = 0,1,2,2$，則如右下圖能級一般不相同。

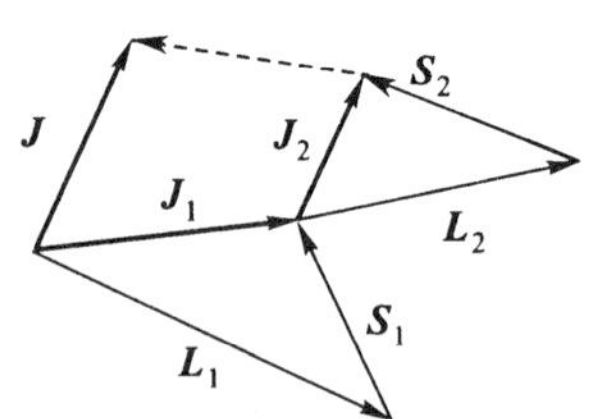

角動量的 JJ 耦合

LS 耦合　JJ 耦合

能級圖

【**Ex.11 − 3**】使用 JJ 耦合求【**Ex.11 − 2**】的組態。

$3d^1 4p^1$ 的 l 各爲 $l = 2$ 和 $l = 1$. 設 $l_1 = 2, l_2 = 1$，電子自旋量子數 $s_1 = s_2 = \frac{1}{2}$，則

$$\boldsymbol{J}_1 = (\boldsymbol{L}_1 + \boldsymbol{S}_1), \cdots\cdots, |\boldsymbol{L}_1 - \boldsymbol{S}_1|$$

$$\boldsymbol{J}_2 = (\boldsymbol{L}_2 + \boldsymbol{S}_2), \cdots\cdots, |\boldsymbol{L}_2 - \boldsymbol{S}_2|$$

分別使用 j_1, j_2 和 j 表示 $\hat{\boldsymbol{J}}_1, \hat{\boldsymbol{J}}_2$ 和 $\hat{\boldsymbol{J}}$ 的量子數，則得：

$$j_1 = (l_1 + S_1), \cdots\cdots, |l_1 - s_1|$$

$$= \left(2 + \frac{1}{2}\right), \cdots\cdots, \left(2 - \frac{1}{2}\right) = \frac{5}{2}, \frac{3}{2},$$

相鄰之差必須等於1，最低值 $\frac{3}{2}$，故只有兩個。

$$j_2 = (l_2 + s_2), \cdots\cdots, |l_2 - s_2|$$

$$= \left(1 + \frac{1}{2}\right), \cdots\cdots, \left(1 - \frac{1}{2}\right) = \frac{3}{2}, \frac{1}{2}$$

而 $j = (j_1 + j_2), \cdots\cdots, |j_1 - j_2|$，$j_1$ 和 j_2 各有兩個值，於是有如下表的四種組合。

j_1	$\frac{5}{2}$						$\frac{3}{2}$					
j_2	3/2				1/2		3/2				1/2	
j	4	3	2	1	3	2	3	2	1	0	2	1

確實和【**Ex.11 − 2**】一樣有十二個狀態，並且 $j = 4$ 的一個，3的三個，2的四個，1的三個，0的1個，完全和【**Ex.11 − 2**】一致。同樣地在外磁場下各 j 的簡併被解除，把所有的 m_j 值加起來共得60條譜線。這些結果證明，無論使用那一種角動量耦合，最後的角動量是相同。

(2)原子能級的精細結構（fine srtructure）

1913年 Bohr 理論問世後不久，在1915年～1916年 Sommerfeld（Arnold Johannes Wilhelm Sommerfeld, 1868～1951，德國數理物理學家），把 Bohr 的電子的圓軌道，推廣成一般化的橢圓軌道的精細結構理論，因而得到比 Bohr 更精細的原子能級。設 E_n^B（式（10－126））和 E_n^S 分別爲 Bohr 和 Sommerfeld 的能級，則 E_n^S [2]是 E_n^B 加上修正項的下式結果：

$$E_n^S = -|E_n^B|\left[1 + \frac{Z^2\alpha^2}{n}\left(\frac{1}{n_\theta} - \frac{3}{4n}\right)\right] \qquad (11-20)$$

$n = 1,2,3,\cdots\cdots,\infty$ = 主量子數

$n_\theta = 1,2,3,\cdots\cdots,n$ = 和角度有關，對應於 Schrödinger 的軌道量子數 l

$$\alpha = \frac{1}{4\pi\varepsilon_0}\frac{e^2}{\hbar c} \doteq \frac{1}{137.0359895}$$

$$E_n^B = -\frac{1}{(4\pi\varepsilon_0)^2}\frac{\mu(Ze^2)^2}{2n^2\hbar^2} = \text{式}(10-126)$$

c = 光速，$\hbar \equiv \dfrac{h}{2\pi}$，$h$ = Planck 常數，ε_0 = 眞空電容率，α 稱爲精細結構常數，它的平方 $\alpha^2 \doteq 10^{-4}$，故精細結構的相鄰能級差 $\Delta\varepsilon$ 大約爲 $\Delta\varepsilon \doteq 10^{-4}$eV。到了1926年 Schrödinger 的理論雖成功地解釋了週期表，氫原子和類氫（hydrogen like）元素鹼原子（alkali atoms）的結構，但對其他多電子原子的結構慢慢地遇到困難，甚至於無法說明氫原子的精細結構，於是便使用 Sommerfeld 的理論。

$\Delta\varepsilon = 10^{-4}$eV 對 Schrödinger 理論來講是相當於很小的修正能，於是使用相對論來修正電子質量看看能不能獲得此值。設電子的靜止質量 = m，則由式（9－47）得電子動能 T_{rel}：

$$\begin{aligned} T_{\text{rel}} &= \sqrt{c^2\boldsymbol{P}^2 + m^2c^4} - mc^2, \qquad \boldsymbol{P}^2 \equiv \boldsymbol{P}\cdot\boldsymbol{P} \\ &= mc^2\left\{\sqrt{\frac{\boldsymbol{P}^2}{m^2c^2} + 1} - 1\right\} \\ &\doteq mc^2\left\{1 + \frac{\boldsymbol{P}^2}{2m^2c^2} - \frac{1}{8}\left(\frac{\boldsymbol{P}^2}{m^2c^2}\right)^2 - 1\right\} \\ &= \frac{\boldsymbol{P}^2}{2m} - \frac{P^4}{8m^3c^2} \end{aligned} \qquad (11-21\text{a})$$

式（11－21a）右邊第一項是非相對論動能，是 Schrödinger 用的動能，第二項稱爲相對論質量修正項（relativistic mass correction term），由微擾（perturbation）理論，其修正能相當於（$-\dfrac{P^4}{8m^3c^2}$）的期待值，從下面【**Ex.11－4**】得修正能 ΔE_{rel}：

$$\Delta E_{\text{rel}}=\left\langle -\frac{P^4}{8m^3c^2}\right\rangle=-\left|E_n^B\right|\frac{Z^2\alpha^2}{n}\left(\frac{2}{2l+1}-\frac{3}{4n}\right) \qquad (11-21\text{b})$$

$n=$ 主量子數 $=1,2,3,\cdots\cdots,\infty$

$l=$ 軌道量子數 $=0,1,2,\cdots\cdots(n-1)$

就獲得 $\Delta E_{\text{rel}}\doteq 10^{-4}\text{eV}$ 和 Sommerfeld 的式（11－20）的修正項同一數量級，等於精細結構相鄰能級差，所以1920年代後半期都以爲原子能級的精細結構是相對論性效應。但相對論修正是和電子在原子內的運動速率 v 有關。下式是需不需要相對論修正的近似判別關係式（參見【**Ex.11－5**】）：

$$\left.\begin{aligned}&\frac{v}{c}<10^{-2}\frac{Z}{n}\cdots\cdots \text{不需要修正}\\&\frac{v}{c}\gtrsim 10^{-2}\frac{Z}{n}\cdots\cdots \text{需要修正}\end{aligned}\right\} \qquad (11-22)$$

$Z=$ 原子序數，$n=$ 主量子數。按照式（11－22），Z 大的原子，電子必須有相當快的速率 v，但事實剛好相反。那麼爲什麼無論 Z 大或小，精細結構的相鄰能級差 $\Delta\varepsilon$ 都是10^{-4}eV 的數量級呢？想到的是 Russel-Saunders 的 LS 力，果然如此。當原子內部磁場 $\boldsymbol{B}_{\text{int}}$不強時，原子的能量本徵函數如式（10－140d），不但是總角動量 $\boldsymbol{J}$ 的本徵函數，並且是軌道角動量 $\boldsymbol{L}$ 以及自旋$\boldsymbol{S}$ 的近似本徵函數：

$$\left.\begin{aligned}&\hat{\boldsymbol{J}}^2(\hbar^2)\Psi_{n,l,s,j,m_j}(\boldsymbol{r}\cdot\boldsymbol{\sigma})=j(j+1)\hbar^2\Psi_\beta(\boldsymbol{r},\boldsymbol{\sigma}),\\&\qquad\beta\equiv(n,l,s,j,m_j)\\&\hat{\boldsymbol{L}}^2(\hbar^2)\Psi_\beta(\boldsymbol{r},\boldsymbol{\sigma})\doteq l(l+1)\hbar^2\Psi_\beta(\boldsymbol{r},\boldsymbol{\sigma})\\&\hat{\boldsymbol{S}}^2(\hbar^2)\Psi_\beta(\boldsymbol{r},\boldsymbol{\sigma})\doteq s(s+1)\hbar^2\Psi_\beta(\boldsymbol{r},\boldsymbol{\sigma})\end{aligned}\right\}$$

(11－23a)

又從 $\boldsymbol{J}\cdot\boldsymbol{J}\equiv\boldsymbol{J}^2=(\boldsymbol{L}+\boldsymbol{S})\cdot(\boldsymbol{L}+\boldsymbol{S})=\boldsymbol{L}^2+\boldsymbol{S}^2+2\boldsymbol{L}\cdot\boldsymbol{S}$ 得：

$$\hat{\boldsymbol{L}}\cdot\hat{\boldsymbol{S}}=\frac{1}{2}\{\hat{\boldsymbol{J}}^2-\hat{\boldsymbol{L}}^2-\hat{\boldsymbol{S}}^2\} \qquad (11-23\text{b})$$

於是式（11－15）的 V_{LS}的期待值是[10)]：

$$\begin{aligned}\Delta E_{LS}\equiv\langle V_{LS}\rangle&=\sum_{\text{自旋}}\int\Psi^*_{n,l,s,j,m_j}(\boldsymbol{r},\boldsymbol{\sigma})\frac{1}{2m^2c^2}\frac{1}{r}\frac{\mathrm{d}V(r)}{\mathrm{d}r}\hat{\boldsymbol{S}}\cdot\hat{\boldsymbol{L}}\times\\&\qquad\Psi_{n,l,s,j,m_j}(\boldsymbol{r},\boldsymbol{\sigma})\,r^2\sin\theta\,\mathrm{d}r\mathrm{d}\theta\mathrm{d}\varphi\\&=\frac{\hbar^2}{4m^2c^2}\left\langle\frac{1}{r}\frac{\mathrm{d}V(r)}{\mathrm{d}r}\right\rangle\{j(j+1)-l(l+1)-s(s+1)\}\end{aligned}$$

(11－23c)

$$\left.\begin{aligned} s &= 0,\ \frac{1}{2},1,\ \frac{3}{2},\cdots\cdots \\ l &= 0,1,2,3,\cdots\cdots \\ j &= (\ l+s\ ),(\ l+s-1\ ),\cdots\cdots,|\ l-s\ | \end{aligned}\right\} \qquad (11-23\text{d})$$

顯然，如果 $l=0$，則由式（11－23c）得 $\Delta E_{LS}=0$，這是必然的結果，因爲 $l=0$時沒有 $\hat{\boldsymbol{L}}$，應沒有 LS 力。如果爲獨立粒子模型，並且 $V(\ r\ )=-\dfrac{1}{4\pi\varepsilon_0}\dfrac{Z\mathbf{e}^2}{r}$，其本徵函數可以使用氫原子的本徵函數，則式（11－23c）是[10]：

$$\Delta E'_{LS}=\left|E_n^B\right|\frac{Z^2\alpha^2}{2n}\frac{j(\ j+1\ )-l(\ l+1\ )-s(\ s+1\ )}{l(\ l+\frac{1}{2}\ )(\ l+1\ )} \qquad (11-23\text{e})$$

式（11－23e）同樣地得 $\Delta E'_{LS}\propto\alpha^2$，即 $\Delta E'_{LS}\doteqdot 10^{-4}\text{eV}$ 的數量級，不過和 $\Delta \boldsymbol{E}_{\text{rel}}$不同符號，實驗是支持 $\Delta E'_{LS}$，否定了負值修正的 ΔE_{rel}，同時 Z 越大 V_{LS}會越大。獨立粒子模型時只有一個電子，故 $s=\dfrac{1}{2}$，由式（11－23d）得 j 只有兩個值：$j=(\ l+\dfrac{1}{2}\ )$和 $j=(\ l-\dfrac{1}{2}\ )$，於是其 $\Delta E'_{LS}$值是：

$$\Delta E'_{LS}=\left|E_n^B\right|\frac{Z^2\alpha^2}{2n}\times\left\{\begin{aligned} &0\cdots\cdots l=0 \\ &\frac{1}{j(\ j+\frac{1}{2}\ )}\cdots\cdots l\neq 0 \text{ 且 } l=j-\frac{1}{2} \\ &-\frac{1}{(\ j+\frac{1}{2}\ )(\ j+1\ )}\cdots\cdots l\neq 0 \text{ 且 } l=j+\frac{1}{2} \end{aligned}\right\}$$

$$(11-23\text{f})$$

即原子的 S 態能級不分裂，其他狀態全依式（11－23f）分裂成兩條，它們在外磁場下再依 m_j 的數目分裂，m_j 的值是：

$$m_j=-j,\ -j+1,\cdots\cdots,j-1,j$$

如果用 nl_j 表示 LS 相互作用後的氫原子能級，則式（10－126）的 Bohr 能級分裂如圖（11－7）。簡併的 Schrödinger 能級加上 LS 力之後，各 $l\neq 0$的能級各分裂成上下兩條，$n=2$變成三條，$n=3$是5條，故 $n=n'$分裂成（$2n'-1$）條。加上 $\boldsymbol{B}_{\text{ext}}$後 m_j 的簡併被解除，基態變成兩條，$n=2$分裂

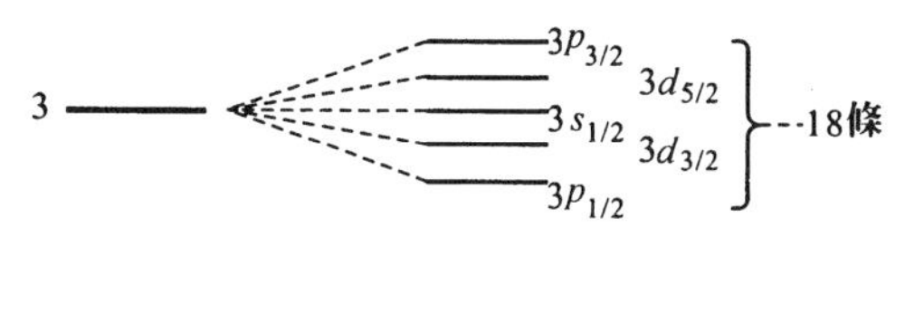

氫原子的能級圖

圖11－7

成8條，而 $n=3$ 變爲18條等等，這些數目2,8,18,32……，正是式（10－140e）的 $2n^2$，沒簡併了。

式（11－23f）大致和實驗吻合，解決了原子精細結構的作用力之謎，它就是 LS 力。不過後來原子光譜又發現了更精細的結構，其相鄰能級差大約爲 10^{-7}eV，於是出現了種種相互作用模型，例如：

軌道軌道耦合：　$V_{ll}(r)\hat{\boldsymbol{L}}_i\cdot\hat{\boldsymbol{L}}_j$

自旋自旋耦合：　$V_{ss}(r)\hat{\boldsymbol{S}}_i\cdot\hat{\boldsymbol{S}}_j$

原子總角動量 $\boldsymbol{J}$ 和核總角動量 $\boldsymbol{I}$ 的耦合：$V_{IJ}(r)\hat{\boldsymbol{I}}\cdot\hat{\boldsymbol{J}}$

等等，結果多電子原子的超精細結構（hyperfine structure），最後肯定來自和核的相互作用 $V_{IJ}(r)\boldsymbol{I}\cdot\boldsymbol{J}$，並且發現電子的無法區分的全同粒子性的性質，扮演另一重要角色，這一問題留在下一小節集中探討。

【Ex.11－4】求 $\Delta E_{\text{rel}}=\left\langle -\dfrac{P^4}{8m^3c^2}\right\rangle$。

設非相對論動能 $\dfrac{\boldsymbol{P}^2}{2m}\equiv T$，機械能 $E=T+V$，並且假定獨立粒子模型的能量本徵函數，可以近似地使用氫原子的式（10－135）的 $\psi_{nlm_l}(\boldsymbol{r})$，則得：

$$-\frac{P^4}{8m^3c^2}=-\frac{T^2}{2mc^2}=-\frac{(E-V)^2}{2mc^2}=-\frac{E^2+V^2-2EV}{2mc^2}$$

如果 $V=-k\dfrac{Ze^2}{r},\ k\equiv\dfrac{1}{4\pi\epsilon_0}$，則由總能量守恆 $E=E_n=-\dfrac{k^2\mu(Ze^2)^2}{2n^2\hbar^2}$

$$\therefore\quad \Delta E_{\text{rel}}=\int\psi^*_{nlm_l}(\boldsymbol{r})\left(-\frac{E^2+V^2-2EV}{2mc^2}\right)\psi_{nlm_l}(\boldsymbol{r})\,\mathrm{d}\tau,$$

$$\mathrm{d}\tau\equiv r^2\sin\theta\,\mathrm{d}r\,\mathrm{d}\theta\,\mathrm{d}\varphi$$

$$=-\frac{E_n^2}{2mc^2}+\frac{2E_n}{2mc^2}\int\psi^*_{nlm_l}(\boldsymbol{r})\,V\psi_{nlm_l}(\boldsymbol{r})\,\mathrm{d}\tau$$

$$-\frac{(kZe^2)^2}{2mc^2}\int\psi^*_{nlm_l}(\boldsymbol{r})\,\frac{1}{r^2}\psi_{nlm_l}(\boldsymbol{r})\,\mathrm{d}\tau\qquad(11-24a)$$

式（11－24a）右邊第二項等於求庫侖勢能 V 的期待值 $\langle V\rangle$，它已在**【Ex.10－29】**計算過，$\langle V\rangle=2E_n$；右邊第三項由式（10－134）和（10－135）得：

$$\int\psi^*_{nlm_l}(\boldsymbol{r})\,\frac{1}{r^2}\psi_{nlm_l}(\boldsymbol{r})\,r^2\sin\theta\,\mathrm{d}r\,\mathrm{d}\theta\,\mathrm{d}\varphi$$

$$=\int_0^\infty R^*_{nl}(r)R_{nl}(r)\,\mathrm{d}r=\frac{1}{2\beta}\int_0^\infty R^*_{nl}(\rho)R_{nl}(\rho)\,\mathrm{d}\rho$$

$$= \frac{|N_{nl}|^2}{2\beta}\int_0^\infty e^{-\rho}\rho^{2l}L_{n+l}^P(\rho)L_{n+l}^P(\rho)\,d\rho \qquad (11-24b)$$

$P\equiv(2l+1)$，$N_{nl}=\sqrt{\left(\frac{2Z}{na_0}\right)^3\frac{(n-l-1)!}{2n[(n+l)!]^3}}$，$\rho\equiv 2\beta r$，$\beta=\frac{Z}{na_0}$，$a_0=$ Borh 半徑。使用式（10－132）求式（11－24b）的值，這時必須進行如下積分：

$$\int_0^\infty e^{-\rho}\rho^{2l}U_p(\rho,t)U_p(\rho,s)\,d\rho$$

$$= \int_0^\infty d\rho\rho^{2l}\frac{(ts)^p}{[(1-t)(1-s)]^{p+1}}e^{-\rho-\frac{\rho t}{1-t}-\frac{\rho s}{1-s}}$$

$$= \frac{(st)^p}{[(1-s)(1-t)]^{p+1}}\int_0^\infty d\rho\rho^{2l}\exp\left[-\frac{1-st}{(1-s)(1-t)}\rho\right]$$

$$= \frac{(st)^p}{[(1-s)(1-t)]^{p+1}}(2l)!\left[\frac{(1-s)(1-t)}{1-st}\right]^p$$

$$= \frac{(st)^p}{(1-s)(1-t)}\frac{(2l)!}{(1-st)^p} \qquad (11-24c)$$

但是 $(1-s)^{-1}(1-t)^{-1}=\sum_{k_1=0}^\infty s^{k_1}\sum_{k_2=0}^\infty t^{k_2}=(1+s+s^2+\cdots\cdots)(1+t+t^2+\cdots\cdots)$

上式能給 $(st)^k$ 的項是：

$$1+st+(st)^2+(st)^3+\cdots\cdots=(1-st)^{-1}$$

所以式（11－24c）中能得 $(st)^{p+k}$ 的係數是：

$$(st)^p\frac{(2l)!}{(1-st)^{p+1}}=(st)^p\sum_{k=0}^\infty\frac{(k+p)!}{k!\,p!}(st)^k(2l)! \qquad (11-24d)$$

從式（10－132）得生成函數 U_p 和 Laguerre 函數 L_{n+l}^p 的關係：

$$\int_0^\infty e^{-\rho}\rho^{2l}U_p(\rho,t)U_p(\rho,s)\,d\rho$$

$$= \sum_{q=p}^\infty\sum_{q'=p}^\infty\frac{s^q t^{q'}}{q!\,q'!}\int_0^\infty d\rho e^{-\rho}\rho^{2l}L_q^p(\rho)L_{q'}^p(\rho) \qquad (11-24e)$$

比較式（11－24d）和式（11－24e）的 $(st)^{p+k}=(st)^q=(st)^{n+l}$ 的項便得

$$\int_0^\infty d\rho e^{-\rho}\rho^{2l}(L_{n+l}^p(\rho))^2=[(n+l)!]^2\frac{(k+p)!}{k!\,p!}(2l)! \qquad (11-24f)$$

但 $p=(2l+1)$，$p+k=n+l$，故 $k=(n-l-1)$，將 k 和 p 代入式（11－24f）後再代入式（11－24b）便得：

$$\int_0^{\infty}(R_{nl}(\rho))^2 d\rho$$

$$=\left|N_{nl}\right|^2\int_0^{\infty}e^{-\rho}\rho^{2l}(L_{n+l}^{2l+1}(\rho))^2 d\rho$$

$$=\left(\frac{2Z}{na_0}\right)^3\frac{(n-l-1)!}{2n[(n+l)!]^3}[(n+l)!]^3\frac{(2l)!}{(n-l-1)!(2l+1)!}$$

$$=\left(\frac{2Z}{na_0}\right)^3\frac{1}{2n(2l+1)}$$

$$\therefore\quad \int\psi_{nlm_l}^*(\boldsymbol{r})(V(r))^2\psi_{nlm_l}(\boldsymbol{r})d\tau$$

$$=\left(\frac{2Z}{na_0}\right)^2\left(\frac{(kZe^2)^2}{2n(2l+1)}\right)=\frac{8n}{2l+1}E_n^2=\langle V^2\rangle \qquad (11-24g)$$

$$\therefore\quad \Delta E_{\text{rel}}=-\frac{E_n^2}{2mc^2}+\frac{4E_n^2}{2mc^2}-\frac{1}{2mc^2}\frac{8n}{2l+1}E_n^2 \quad 如\ m\fallingdotseq\mu$$

$$\fallingdotseq -Z^2\left(\frac{ke^2}{\hbar c}\right)^2\frac{\mu(kZe^2)^2}{2n^2\hbar^2}\frac{1}{n}\left(\frac{2}{2l+1}-\frac{3}{4n}\right)$$

設 $\frac{ke^2}{\hbar c}=\frac{e^2}{4\pi\varepsilon_0\hbar c}\equiv\alpha$，$\alpha$ 稱爲精細結構常數。如果核很重，則電子折合質量 $\mu\doteq m$，於是 $E_n=E_n^B$。

$$\therefore\quad \Delta E_{\text{rel}}=-\left|E_n^B\right|\frac{Z^2\alpha^2}{n}\left(\frac{2}{2l+1}-\frac{3}{4n}\right) \qquad (11-21b)$$

$$n=1,2,3,\cdots\cdots,\infty=主量子數$$

$$l=0,1,2,\cdots\cdots,(n-1)$$

把 Sommerfeld 使用相對論修正 Bohr 的電子速度式（10－17c），加上一般化軌道（含圓軌道的橢圓軌道）所得的式（11－20）的修正能得：

$$-\left|E_n^B\right|\frac{Z^2\alpha^2}{n}\left(\frac{1}{n_\theta}-\frac{3}{4n}\right)$$

和式（11－21b）的 ΔE_{rel} 進行比較，發現當 $n_\theta=\left(l+\frac{1}{2}\right)$ 時兩者完全一致，確實肯定了原子的精細結構來自相對論效應。所以促使科學家們積極地尋找精細結構的相對論的動力學源，它不是對電子的質量，或者是速度的相對論性修正，而是來自更基本的相互作用，於是找到了 *LS* 力（參見後註(9)的式(33)）。

【Ex.11－5】判別式$\frac{v}{c} \geqq 10^{-2}\frac{Z}{n}$的來源。

由 Bohr 理論的式（10－17c）得：

$$\frac{v}{c}=\frac{e^2}{4\pi\varepsilon_0}\frac{1}{\hbar c}\frac{Z}{n}\equiv\alpha\frac{Z}{n}$$
$$=\frac{1}{137.0359895}\frac{Z}{n}$$
$$\doteqdot 0.0072974\frac{Z}{n}\doteqdot 10^{-2}\frac{Z}{n} \qquad (11-25)$$

能量正比於 v^2，例如非相對論動能是$\frac{m}{2}v^2$，既然$\frac{v}{n}=\alpha\frac{Z}{n}$的話，對能量的修正必是正比於 $\alpha^2 \doteqdot 10^{-4}$，這是1920年代前後發現的氫的精細結構，相鄰能級的差的數量級，所以 Sommerfeld 才從電子速度的相對論性修正切入問題，而獲得了他的相對論性修正項式（11－20）右邊第二項，確實正比於 $\alpha^2 \doteqdot 10^{-4}$。

⑶Zeeman 效應

原子不但它的電子帶電，原子核也帶電，並且核和電子都有磁偶矩，相互間自然有複雜的相互作用；加上電子圍繞著核不斷地運動，原子內部除了內部電場 $\boldsymbol{E}_{\text{int}}$ 外，必然會產生內部磁場 $\boldsymbol{B}_{\text{int}}$。於是一旦外電磁場 $\boldsymbol{E}_{\text{ext}}$或 $\boldsymbol{B}_{\text{ext}}$進來，$\boldsymbol{E}_{\text{int}}$和 $\boldsymbol{B}_{\text{int}}$便和 $\boldsymbol{E}_{\text{ext}}$或 $\boldsymbol{B}_{\text{ext}}$較勁，那麼電子運動所產生的 $\boldsymbol{B}_{\text{int}}$有多大呢？現用一個簡單的模型來估計。*LS* 力是起因於電子的自旋磁偶矩$\boldsymbol{\mu}_s$，它就是和電子在連心力場下的運動耦合產生之力。假定式（11－23e）的 $\Delta E'_{LS}$和$\boldsymbol{\mu}_s$ 在$\boldsymbol{B}_{\text{int}}$內運動的取向能式（11－8c）的 ΔE_s 等值，就能近似地獲得 $\boldsymbol{B}_{\text{int}}$的大小。$s$ 態是 $l=0$，沒 $\Delta E'_{LS}$，故使用氫原子的 $n=2, l=1$的激發態，則由式（11－23f）得：

$$\Delta E'_{LS}=\begin{cases}\frac{1}{15}\left|E^B_{n=2}\right|\alpha^2\\[1ex] -\frac{1}{6}\left|E^B_2\right|\alpha^2\end{cases}=\left(\frac{e^2}{4\pi\varepsilon_0}\right)^2\frac{mc^2}{8(\hbar c)^2}\alpha^2\times\begin{cases}\frac{1}{15}\cdots\cdots j=\frac{3}{2}\\[1ex] -\frac{1}{6}\cdots\cdots j=\frac{1}{2}\end{cases}$$

$mc^2 \doteqdot 0.511\text{MeV}, \hbar c \doteqdot 197.327\text{MeV}\cdot\text{fm}$，眞空電容率 $\varepsilon_0 \doteqdot 8.8542\times10^{-12}$（庫侖）^{2}/（牛頓·米^2），$\alpha \doteqdot \frac{1}{137.036}$

$$\therefore\quad \Delta E'_{LS}\doteqdot\begin{cases}1.2\times10^{-11}\text{MeV}\cdots\cdots j=3/2\\ -3\times10^{-11}\text{MeV}\cdots\cdots j=1/2\end{cases}$$

取 $\Delta E'_{LS}$間的寬度＝［1.2－（－3）］$\times 10^{-11}$MeV$\doteq 4\times 10^{-11}$MeV。令它等於 ΔE_s 的大小：

$$\therefore \quad 4\times 10^{-11}\text{MeV} = \left|\Delta E_s\right| = \mu_s B_{\text{int}} \doteq \mu_b B_{\text{int}}$$

$$\therefore \quad B_{\text{int}} = \frac{4\times 10^{-11}\text{MeV}}{\mu_b} \doteq \frac{4\times 10^{-11}\text{MeV}}{5.788\times 10^{-11}\text{MeVT}^{-1}} \doteq 0.7\text{T} \fallingdotseq 1\text{T}\ (\text{tesla}) \qquad (11-26)$$

1T＝10^4G（gauss）是相當大的磁場，例如我們身邊的地球磁場僅有0.5G。

外磁場 $\boldsymbol{B}_{\text{ext}}$進入時，不是 $\boldsymbol{B}_{\text{int}}$直接和 $\boldsymbol{B}_{\text{ext}}$較勁，是由式（11－5）和式（11－8a）的磁偶矩 $\boldsymbol{\mu}_l$ 和 $\boldsymbol{\mu}_s$ 來負責，於是應 $\boldsymbol{B}_{\text{ext}}$的強弱，角動量 $\boldsymbol{L}$ 和 $\boldsymbol{S}$ 耦合便不同。$\boldsymbol{B}_{\text{ext}}$不強時如圖11－8(a)，傾向於 LS 耦合，$\boldsymbol{L}$ 和 $\boldsymbol{S}$ 一面圍繞 $\boldsymbol{J}$ 旋進，一面和 $\boldsymbol{J}$ 一起繞 $\boldsymbol{B}_{\text{ext}}$旋進。當強 $\boldsymbol{B}_{\text{ext}}$時 $\boldsymbol{L}$ 和 $\boldsymbol{S}$ 來不及整合，立即各自對付外力，$\boldsymbol{L}$ 和 $\boldsymbol{S}$ 獨立地繞 $\boldsymbol{B}_{\text{ext}}$旋進，如圖11－8(b)。針對這兩種情形，分別討論所產生的能級分裂現象，它們就是 Zeeman 效應：「在外磁場下，原子能級發生分裂現象」。

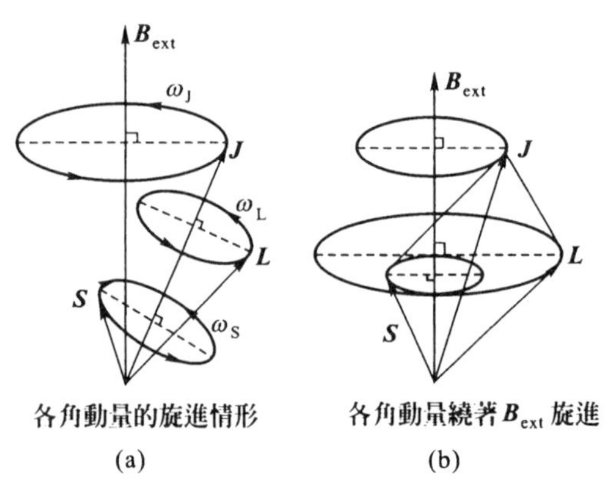

圖11－8

(i)弱外磁場$\boldsymbol{B}_{\text{ext}}$

凡是磁偶矩和不均勻 $\boldsymbol{B}_{\text{ext}}$耦合時，能使 LS 耦合的$\boldsymbol{B}_{\text{ext}}$都稱為弱磁場，這時角動量 $\boldsymbol{L}$ 和 $\boldsymbol{S}$ 繞總角動量 $\boldsymbol{J}$ 旋進的角頻率如圖11－8(a)，ω_L 和 ω_S 一般地都比 $\boldsymbol{J}$ 的旋進角頻率 ω_J 大得多：

$$\omega_{L\cdot S} > \omega_J$$

所以 $\boldsymbol{L}$ 和 $\boldsymbol{S}$ 的量子數 l 和 s 雖不是描述原子狀態的量子數，但可以近似地使用。總磁偶矩 $\boldsymbol{\mu}$ 是：

$$\boldsymbol{\mu} = -\frac{g_l}{\hbar}\mu_b\boldsymbol{L} - \frac{g_s}{\hbar}\mu_b\boldsymbol{S}$$

$$= -\frac{g_l}{\hbar}\mu_b\sum_i \boldsymbol{L}_i - \frac{g_s}{\hbar}\mu_b\sum_i \boldsymbol{S}_i$$

$g_l \doteq 1, g_s \doteq 2, \mu_b$＝Bohr 磁偶矩＝$9.274\times 10^{-24}$A（安培）·（m（米））^{2}

$$\therefore \quad \boldsymbol{\mu} \doteq -\frac{\mu_b}{\hbar}(\boldsymbol{L}+2\boldsymbol{S}) \qquad (11-27\text{a})$$

顯然，$\boldsymbol{\mu}$ 並不平行於 $\boldsymbol{J}$。於是爲了得式（11－8c）的取向能，先把 $\boldsymbol{\mu}$ 投影到 $\boldsymbol{J}$ 上，因爲是 $\boldsymbol{J}$ 在繞 $\boldsymbol{B}_{ext}$ 旋進，最後才求和 $\boldsymbol{B}_{ext}$ 的標積。

$$\mu_J \equiv \left|\boldsymbol{\mu}\right| \cos(\widehat{\boldsymbol{\mu J}}), \qquad \widehat{\boldsymbol{\mu J}} = \text{表示 } \boldsymbol{\mu} \text{ 和 } \boldsymbol{J} \text{ 的夾角}$$

$$= \mu \frac{\boldsymbol{\mu} \cdot \boldsymbol{J}}{|\boldsymbol{\mu}||\boldsymbol{J}|} = \frac{\boldsymbol{\mu} \cdot \boldsymbol{J}}{|\boldsymbol{J}|}$$

$$= -\frac{\mu_b}{\hbar} \frac{(\boldsymbol{L} + 2\boldsymbol{S}) \cdot (\boldsymbol{L} + \boldsymbol{S})}{\left|\boldsymbol{J}\right|} = \text{投影到 } \boldsymbol{J} \text{ 上的} \boldsymbol{\mu} \text{ 的成分} \quad (11-27b)$$

設式（11－27b）的磁偶矩爲 $\boldsymbol{\mu}_J$，則取向能 ΔE 是 $\boldsymbol{\mu}_J$ 和 $\boldsymbol{B}_{ext}$ 的期待值：

$$\Delta E = \langle -\boldsymbol{\mu}_J \cdot \boldsymbol{B}_{ext} \rangle$$

$$= -\langle \mu_J B_{ext} \cos(\widehat{\boldsymbol{J B}}_{ext}) \rangle, \qquad \widehat{\boldsymbol{J B}}_{ext} = \boldsymbol{J} \text{ 和 } \boldsymbol{B}_{ext} \text{ 的夾角}$$

$$= -\langle \mu_J B_{ext} \frac{\boldsymbol{J} \cdot \boldsymbol{B}_{ext}}{|\boldsymbol{J}||\boldsymbol{B}_{ext}|} \rangle = -\langle \mu_J B_{ext} \frac{\hat{J}_Z}{|\boldsymbol{J}|} \rangle$$

$$(11-27c)$$

把式（11－27b）代入式（11－27c），並且全用算符表示，求期待值的算法參考後註(10)，得：

$$\Delta E = \frac{\mu_b B_{ext}}{\hbar} \langle \frac{(\hat{\boldsymbol{L}} + 2\hat{\boldsymbol{S}}) \cdot (\hat{\boldsymbol{L}} + \hat{\boldsymbol{S}}) \hat{J}_Z}{\hat{\boldsymbol{J}}^2} \rangle$$

$$= \frac{\mu_b B_{ext}}{\hbar} \langle \frac{(\hat{\boldsymbol{L}}^2 + 2\hat{\boldsymbol{S}}^2 + 3\hat{\boldsymbol{L}} \cdot \hat{\boldsymbol{S}}) \hat{J}_Z}{\hat{\boldsymbol{J}}^2} \rangle \quad (11-27d)$$

但 $\boldsymbol{J} = (\boldsymbol{L} + \boldsymbol{S})$，故 $3\boldsymbol{L}\cdot\boldsymbol{S} = \frac{3}{2}(\boldsymbol{J}^2 - \boldsymbol{L}^2 - \boldsymbol{S}^2)$，於是得：

$$\boldsymbol{L}^2 + 2\boldsymbol{S}^2 + 3\boldsymbol{L} \cdot \boldsymbol{S} = \frac{1}{2}(3\boldsymbol{J}^2 - \boldsymbol{L}^2 + \boldsymbol{S}^2)$$

將上式代入式（11－27d）得：

$$\Delta E = \frac{\mu_b B_{ext}}{2\hbar} \langle \frac{(3\hat{\boldsymbol{J}}^2 - \hat{\boldsymbol{L}}^2 + \hat{\boldsymbol{S}}^2) \hat{J}_Z}{\hat{\boldsymbol{J}}^2} \rangle$$

$$= \frac{\mu_b B_{ext}}{2\hbar} \frac{3j(j+1) - l(l+1) + s(s+1)}{j(j+1)} m_j \hbar$$

$$\equiv \mu_b B_{ext} g m_j \quad (11-27e)$$

$$g \equiv \frac{3j(j+1) - l(l+1) + s(s+1)}{2j(j+1)} \text{ 稱爲 Landé 的 } g \text{ 因子}$$

$$(11-28a)$$

$$= \begin{cases} 1 \cdots\cdots \text{ 當 } s = 0\text{，或 } \boldsymbol{J} = \boldsymbol{L} \\ 2 \cdots\cdots \text{ 當 } l = 0\text{，或 } \boldsymbol{J} = \boldsymbol{S} \end{cases} \quad (11-28b)$$

j, l, s 分別爲 $\boldsymbol{J}, \boldsymbol{L}, \boldsymbol{S}$ 的量子數；從式（11－28b）可得軌道以及自旋的迴磁比（gyromagnetic ratio）$g_l = 1$和 $g_s = 2$。那麼 ΔE 有多少條譜線呢？當 $s = 0$時 $\boldsymbol{J} = \boldsymbol{L}$，於是 $m_j = m_l$，m_l 有（$2l+1$）個值，$l = 0, 1, 2 \cdots\cdots$，所以能級會分裂成奇數條。當 $l = 0$ 時，$\boldsymbol{J} = \boldsymbol{S}$，這時就和原子的電子數有關了，因爲：

$$\boldsymbol{S} = \sum_i \boldsymbol{S}_i$$

每個電子的自旋是$\frac{1}{2}\hbar$，故一個電子時 $s = \frac{1}{2}$，兩個電子時 $s = 0, 1$，三個電子時 $s = \frac{1}{2}, \frac{3}{2}$等等，於是得：

$$\begin{cases} s = \dfrac{2n+1}{2}, n = 0,1,2\cdots\cdots \text{時，有}(2s+1) = 2n+2 = \text{偶數，得偶數條譜線} \\ s = n, n = 0,1,2\cdots\cdots \text{時，有}(2s+1) = 2n+1 = \text{奇數，得奇數條譜線} \end{cases}$$

這樣地解決了1920年代初的異常 Zeeman 效應的困擾。

從 Zeeman 效應獲得了什麼樣的物理呢？即實證了下列事實：

(1)磁量子數 m_j, m_l（$s = 0$時）和 m_s（$l = 0$時）的存在，（29）

(2)空間量子化（spatial quantization）：

$m_j = -j, (-j+1), \cdots\cdots, (j-1), j$，有（$2j+1$）個；

$m_l = -l, (-l+1), \cdots\cdots, -1, 0, 1, \cdots\cdots (l-1), l$，有（$2l+1$）個；

$m_s = -s, (-s+1), \cdots\cdots (s-1), s$，有（$2s+1$）個；

各相鄰之差 $= 1$，一般地 $j = (l+s), (l+s-1), \cdots\cdots |l-s|$

(ii)強外磁場

凡是無法用角動量的 LS 耦合來分析實驗的 Zeeman 現象，即式（11－27e）與實驗不符合時，這時的外磁場稱爲強磁場；可以說：外磁場 $\boldsymbol{B}_{\text{ext}}$強到能破壞角動量 $\boldsymbol{L}$ 和 $\boldsymbol{S}$ 的耦合。於是 $\boldsymbol{B}_{\text{ext}}$進來之後，$\boldsymbol{L}$ 和 $\boldsymbol{S}$ 如圖11－8(b)各自繞 $\boldsymbol{B}_{\text{ext}}$旋進，所以取向能 ΔE 是：

$$\begin{aligned} \Delta E &= -\langle \boldsymbol{\mu} \cdot \boldsymbol{B}_{\text{ext}} \rangle \\ &= -\left\langle -\frac{\mu_b}{\hbar}(g_l\hat{\boldsymbol{L}} + g_s\hat{\boldsymbol{S}}) \cdot \boldsymbol{B}_{\text{ext}} \right\rangle \\ &= \frac{\mu_b}{\hbar}B_{\text{ext}}\langle g_l\hat{L}_z + g_s\hat{S}_z \rangle \\ &= \mu_b B_{\text{ext}}(g_l m_l + g_s m_s) \end{aligned} \qquad (11-30)$$

式（11－30）是1912年由發現氫原子的 Paschen 系列的 Paschen（Louis Carl Heinrich Friedrich Paschen，德國實驗物理學家）和 Bach 發現的現象，於是稱爲 Paschen-Bach 效應。

【Ex.11－6】 在【Ex.11－2】曾用 LS 耦合求 $3d^1 4p^1$ 的組態，而得12個組態，求(1) $^3D_2$ 的 Landé g 因子的大小，(2) $^3D_2$ 會分裂成幾條譜線？(3)相鄰兩譜線有多寬？假定 $B_{ext} = 0.5T$。

$^3D_2$ 的 $s = 1, l = 2, j = 2$ 代入式（11－28a）得：

(1) $g = \dfrac{3 \times 2 \times 3 - 2 \times 3 + 1 \times 2}{2 \times 2 \times 3} = \dfrac{7}{6}$

(2) $m_j = -2, -1, 0, 1, 2$ 的5條譜線

(3) $\Delta E = \mu_b B_{ext} g \Delta m_j = \mu_b B_{ext} g = 9.274 \times 10^{-24} A \cdot m^2 \times 0.5 \dfrac{N}{A \cdot m} \times \dfrac{7}{6}$

$\doteq 5.4098 \times 10^{-24} J$，　$1eV \doteq 1.60217733 \times 10^{-19} J$

$\doteq 3.377 \times 10^{-5} eV$

g 越大譜線間隔越大。

(D)全同粒子[2,3,11]

直到(C)小節，都把電子看成每個都能相互識別的粒子，並且所用的模型如圖11－9的獨立粒子模型（independent particle model），它是：

(1)留下原子最外層的電子 e^-，其他原子內各電子和核的相互作用 V_N，以及電子間的相互作用 V_{ij}；

(2)使用自洽（self consistent）演算，把 V_N 和 V_{ij} 轉換成總體系的一體的平均勢能 V；

(3)最外層的電子 e^- 在 V 勢能場內運動，解能量本徵值方程式：

$$\hat{H}\psi = (\hat{T} + \hat{V})\psi = E\psi \qquad (11-31)$$

$\hat{T} = e^-$ 的動能算符

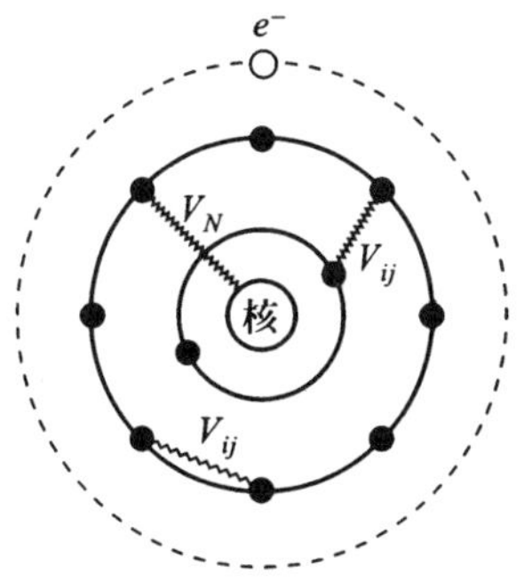

e^-＝最外層的一個電子
實線圈表示除 e^- 以外的電子已滿殼層，構成核心(core)。

獨立粒子模型

圖11－9

一般地式（11－31）的本徵函數 ψ 不等於原子核外僅有一個電子的氫電子的本徵函數式（10－135）的 $\psi_{nlm_l}(\boldsymbol{r})$，不過為了方便，以構成完全正交歸一化集（complete orthonormalized set）的 $\psi_{nlm_l}(\boldsymbol{r})$ 來代替 ψ 使用。科研上所用的仍然是式（11－31）的 ψ，或直接解自洽勢能的 Dirac 電子運動方程式（參閱後註(9)）。雖然如此，仍然發現理論和實驗有出入。最大的過失是演算過程沒有考慮 Pauli 不相容原理所啓示的內容，並且在1926年 Fermi（Enrico Fermi, 1901～1954，義大利理論和實驗物理

學家）開創的全同粒子的內涵：『電子的本徵函數必須滿足反對稱的要求』。那麼全同粒子是什麼呢？自旋、質量、電荷等完全相同無法區分的粒子。例如電子群，當 N 個電子在一起時你完全無法識別它們，如果把它們每一個放在完全不同的 $\boldsymbol{r}_1, \boldsymbol{r}_2, \cdots\cdots$ 的地方，你才識別在 $\boldsymbol{r}_1$ 的電子，在 $\boldsymbol{r}_2$ 的電子，不是嗎？本小節就是要探討這個問題。

(1)經典力學和量子力學的差異

有關這個問題雖在第十章Ⅰ, Ⅱ和Ⅳ(D)討論過，不過沒提到全同粒子問題。為了加深經典力學和量子力學兩者之差異，並且突顯經典力學沒對應的全同粒子問題，首先來大致地複習一下經典力學和量子力學之差異：

經典力學		量子力學	
(1)	每個粒子的運動都有其明確的軌道；	(1)	沒有軌道這種物理量，概率最大領域的時間變化對應到經典力學的軌道；
(2)	只要測量技術准許，要測得多準都行，即不受任何限制；	(2)	受（Heisenberg）測不準原理的限制，正則共軛的兩物理量 $\hat{A}$ 和 $\hat{B}$ 的均方根偏差 ΔA 和 ΔB 受到 $\Delta A \Delta B \geqslant \frac{\hbar}{2}$ 的限制；
(3)	物理體系不受觀測的影響，因經典力學建立在一個信念上：『物理現象是由自然規律來支配，與觀測無關』；	(3)	物理體系受觀測方法的影響；
(4)	凡是粒子不分全同不全同，個個都能相互識別。	(4)	非全同粒子可以相互區別，但全同粒子無法相互識別。

現舉一個例子來支持量子力學對全同粒子的看法：『無法相互識別』是正確的。考慮兩個全同粒子，如下頁圖所示的質子的彈性散射：

圖11－10(a)和11－10(b)表示完全相同的兩個質子 B_1 和 B 同方向進入，和另一個完全相同且同方向進入的質子 A_1 和 A 發生彈性碰撞，散射到如圖示的方向去。斜線圓圈表示兩碰撞質子正在相互作用的領域，此領域是完全無法直接觀測的時空間。那麼你如何區別 A'_1 和 B'，以及 B'_1 和 A' 是經過圖11－10(a)，或者是經圖11－10(b)來的呢？這種全同粒子發生的問題如何處理呢？

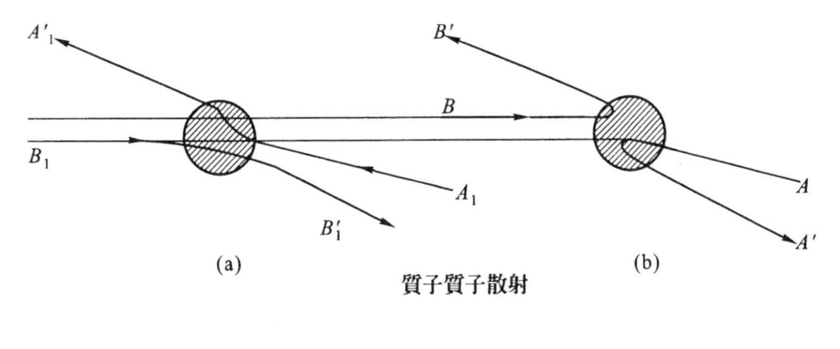

圖11－10

(2)物理體系的狀態函數

在1920年代量子力學首先遇到的困難是，無法解釋氦（${}_2He_2^4$）原子的光譜，氦的兩個電子剛好形成滿殼層，無法像圖10－9那樣留下兩個電子中的一個來產生原子核心，兩個電子必須同時處理，都用氫原子的本徵函數 $\psi_{nlm_l}(\boldsymbol{r})\chi_{sm_s}(\boldsymbol{\sigma})$。如用記號「1」和「2」表示兩個電子，$\alpha\equiv(nlsm_lm_s)$爲狀態量子數，$\xi\equiv(\boldsymbol{r},\boldsymbol{\sigma})$表示每個電子的所有描述狀態的變數，並且設：

$$\psi_{nlm_l}(\boldsymbol{r})\chi_{sm_s}(\boldsymbol{\sigma})\equiv\varphi_\alpha(\xi)$$

則獨立粒子模型的體系總本徵函數 $\phi_{ij}(\xi_i,\xi_j)$，$i,j=1,2$是：

$$\phi_{12}(\xi_1,\xi_2)\equiv\varphi_\alpha(\xi_1)\varphi_\beta(\xi_2) \qquad (11-32a)$$

才正確呢？還是：

$$\phi_{21}(\xi_2,\xi_1)\equiv\varphi_\alpha(\xi_2)\varphi_\beta(\xi_1) \qquad (11-32b)$$

才對呢？根本沒先天的規定必是「1」先「2」後的式（11－32a），或「2」先「1」後的式（11－32b）；在量子力學只能觀測到體系狀態的概率，所以$|\phi_{12}(\xi_1,\xi_2)|^2$必須等於$|\phi_{21}(\xi_2,\xi_1)|^2$才行，現在看一看它們是否相等：

$$\begin{aligned}概率\ P_{12}&=\phi_{12}^*(\xi_1,\xi_2)\phi_{12}(\xi_1,\xi_2)=\varphi_\alpha^*(\xi_1)\varphi_\beta^*(\xi_2)\varphi_\alpha(\xi_1)\varphi_\beta(\xi_2)\\ &\neq P_{21}=\phi_{21}^*(\xi_2,\xi_1)\phi_{21}(\xi_2,\xi_1)\\ &=\varphi_\alpha^*(\xi_2)\varphi_\beta^*(\xi_1)\varphi_\alpha(\xi_2)\varphi_\beta(\xi_1) \qquad (11-32c)\end{aligned}$$

必有讀者會發現：『令 $\alpha=\beta$ 就能得 $P_{12}=P_{21}$』，但 $\alpha=\beta$ 是不許可的，因爲違背了式（10－20b）的 Pauli 不相容原理：

同一狀態最多只能容納一個電子（或 Fermi 子）

那麼要怎麼辦？必有讀者看出『如取 ϕ_{12}和 ϕ_{21}的線性組合』便能解決式（11－32c）的困擾，但接著必會想到線性組合有「相加」和「相減」的兩個可能，那一個才正確呢？物理是導航，是實驗科學，在沒有任何參考資料時，你可以使用：

$$\Psi_{12} = \phi_{12} \pm \phi_{21} \qquad (11-32d)$$

的每一種可能去分析實驗，能重現實驗的是所要的線性組合。確實（11－32d）達到：

$$\begin{aligned} |\Psi_{12}|^2 &= |\Psi_{21}|^2 \qquad (11-32e) \\ &= |\varphi_\alpha(\xi_1)|^2|\varphi_\beta(\xi_2)|^2 + |\varphi_\alpha(\xi_2)|^2|\varphi_\beta(\xi_1)|^2 \\ &\pm \{\varphi_\alpha^*(\xi_1)\varphi_\alpha(\xi_2)\varphi_\beta^*(\xi_2)\varphi_\beta(\xi_1) + \varphi_\alpha^*(\xi_2)\varphi_\alpha(\xi_1)\psi_\beta^*(\xi_1)\varphi_\beta(\xi_2)\} \end{aligned}$$

不過在1926年，後來發展成爲 Fermi-Dirac 統計力學（參見後面Ⅱ）的 Fermi 已獲得了答案：

（像電子、質子、內稟角動量爲半整數 $\hbar = \frac{2n+1}{2}\hbar$，$n = 0,1,2,\cdots\cdots$
的粒子，其體系狀態函數必須是反對稱函數。）

（11－33a）

稱自旋等於半正整數 $\hbar$ 的粒子爲 **Fermi** 子（Fermion）或 Fermi 粒子。狀態變數爲 $\xi_1,\xi_2,\cdots\cdots\xi_N$ 的 N 個 Fermi 子群的體系，其狀態函數 $\Psi(\xi_1,\xi_2,\cdots\cdots\xi_N)$，任意交換兩個粒子狀態變數一次，必得「$-\Psi(\xi_2,\xi_1,\cdots\cdots\xi_N)$」如以 $\hat{P}_{ij}$表示交換 ξ_i 和 ξ_j 的算符，則得：

$$\hat{P}_{ij}\Psi(\xi_1,\xi_2,\cdots\cdots,\xi_i,\cdots\cdots,\xi_j,\cdots\cdots,\xi_N) = -\Psi(\xi_1,\xi_2,\cdots\cdots\xi_j\cdots\cdots\xi_i\cdots\cdots\xi_N) \qquad (11-33b)$$

交換 k 對電子的狀態變數便得 $(-)^k$，這是 Fermi 子的一種特性，像自旋、質量、電荷一樣是粒子的本性。如果在狀態變數 $\xi_1,\xi_2,\cdots\cdots,\xi_N$ 的 N 個粒子的體系狀態函數 $\Phi(\xi_1,\xi_2\cdots\cdots\xi_i\cdots\cdots\xi_j\cdots\cdots\xi_N)$，對任意交換一對 ξ_i 和 ξ_j 不變符號的對稱函數：

$$\hat{P}_{ij}\Phi(\xi_1,\xi_2,\cdots\cdots\xi_i\cdots\cdots\xi_j\cdots\cdots\xi_N) = \Phi(\xi_1,\xi_2\cdots\cdots\xi_j\cdots\cdots\xi_i\cdots\cdots\xi_N) \qquad (11-34)$$

則稱爲 **Bose** 子（Boson）或 Bose 粒子，它們的內稟角動量是正整數 $\hbar = n\hbar$，$n = 0,1,2\cdots\cdots$；例如光子、π 介子（pion），前者的自旋＝1$\hbar$，後者是0$\hbar$。這種粒子是1924年，後來成爲 Bose-Einstein 統計力學（參見後面Ⅱ）的 Bose（Satyendra Nath Bose, 1894～1974，印度物理學家），發現的和電子不同的粒子。Bose 子負責的工作是相互作用，而形成物質的粒子全是 Fermi 子（參見近代物理Ⅱ的Ⅳ和Ⅴ）。所以如果是電子的話，必須使用式（11－32d）右邊的負號，而光子是用正號。同時由式（11－32e）得：

（觀測任何全同粒子體系，其概率
不受交換粒子的影響。）　（11－35）

狀態變數各爲 $\xi_1,\xi_2,\cdots\cdots,\xi_N$ 的 N 個電子，並且有 N 個獨立粒子模型的狀態 $\alpha,\beta,\cdots\cdots\gamma$，則依式（11 – 33b）該有 N！組合的體系狀態函數：

$$\begin{cases}\varphi_\alpha(\xi_1)\varphi_\beta(\xi_2)\cdots\cdots\varphi_\gamma(\xi_N) \\ -\varphi_\alpha(\xi_2)\varphi_\beta(\xi_1)\cdots\cdots\varphi_\gamma(\xi_N) \quad \longleftarrow \text{交換了 } \xi_1 \text{ 和 } \xi_2 \\ \varphi_\alpha(\xi_2)\varphi_\beta(\xi_3)\varphi_\delta(\xi_1)\cdots\cdots\varphi_\gamma(\xi_N) \longleftarrow \text{交換了 } \xi_1 \text{ 和 } \xi_2 \text{ 後再交換 } \xi_1 \text{ 和 } \xi_3 \\ \cdots\cdots\cdots\cdots\cdots\cdots \qquad \cdots\cdots\cdots\cdots\cdots\cdots \text{一直到} \\ (-)^{N-1}\varphi_\alpha(\xi_2)\varphi_\beta(\xi_3)\cdots\cdots\varphi_\sigma(\xi_N)\varphi_\gamma(\xi_{N-1}) \longleftarrow \text{交換了 } \xi_{N-1} \text{ 和 } \xi_N\end{cases}$$

這 N！狀態函數剛好可以藉用數學的行列式來表示：

$$\Psi_A(\xi_1,\xi_2,\cdots\cdots\xi_N) = \frac{1}{\sqrt{N!}}\begin{vmatrix}\varphi_\alpha(\xi_1) & \varphi_\alpha(\xi_2) & \varphi_\alpha(\xi_3)\cdots\cdots & \varphi_\alpha(\xi_{N-1}) & \varphi_\alpha(\xi_N) \\ \varphi_\beta(\xi_1) & \varphi_\beta(\xi_2) & \varphi_\beta(\xi_3)\cdots\cdots & \varphi_\beta(\xi_{N-1}) & \varphi_\beta(\xi_N) \\ & \cdots\cdots\cdots\cdots & & & \\ \varphi_\sigma(\xi_1) & \varphi_\sigma(\xi_2) & \varphi_\sigma(\xi_3)\cdots\cdots & \varphi_\sigma(\xi_{N-1}) & \varphi_\sigma(\xi_N) \\ \varphi_\gamma(\xi_1) & \varphi_\gamma(\xi_2) & \varphi_\gamma(\xi_3)\cdots\cdots & \varphi_\gamma(\xi_{N-1}) & \varphi_\gamma(\xi_N)\end{vmatrix} \quad (11-36)$$

$\Psi_A(\xi_1,\xi_2,\cdots\cdots\xi_N)$ 是正交歸一化的體系反對稱狀態函數，右下標 A 表示反對稱，$\frac{1}{\sqrt{N!}}$ 是歸一化係數，所以式（11 – 32d）的 Ψ_{12} 尚未歸一化。顯然式（11 – 36）的兩行或兩列相等便得 $\Psi_A=0$，確實滿足 Pauli 不相容原理。

【Ex.11 – 7】 使用正交歸一化的獨立粒子模型函數 $\varphi_\alpha(\xi_1)$，$\varphi_\beta(\xi_2)$ 和 $\varphi_\delta(\xi_3)$，寫出正交歸一化的體系反對稱狀態函數，並求歸一化係數，然後證明所得結果就是（11 – 36）式。

爲了方便使用「1」「2」和「3」來代表 ξ_1,ξ_2 和 ξ_3，則任意交換一對 ξ_1,ξ_2,ξ_3 的可能組有：

$$\begin{aligned}\psi_T(1,2,3) = &\varphi_\alpha(1)\varphi_\beta(2)\varphi_\delta(3)-\varphi_\alpha(2)\varphi_\beta(1)\varphi_\delta(3) \\ &\varphi_\alpha(2)\varphi_\beta(3)\varphi_\delta(1)-\varphi_\alpha(1)\varphi_\beta(3)\varphi_\delta(2) \\ &\varphi_\alpha(3)\varphi_\beta(1)\varphi_\delta(2)-\varphi_\alpha(3)\varphi_\beta(2)\varphi_\delta(1)\end{aligned} \quad (11-37a)$$

共有6個組合，$\psi_T(1,2,3)$ 尚未歸一化，設歸一化係數 $=N$，則反對稱且正交歸一化的狀態函數 Ψ_A 是：

$$\int \Psi_A^*(\xi_1,\xi_2,\xi_3)\,\Psi_A(\xi_1,\xi_2,\xi_3)\,d\tau_1 d\tau_2 d\tau_3$$

$$= |N|^2 \int \psi_T^* (1,2,3)\, \psi_T (1,2,3)\, d\tau_1 d\tau_2 d\tau_3$$
$$= |N|^2 \times 6$$
$$= 1$$

$$\therefore \quad N = \frac{1}{\sqrt{6}} = \frac{1}{\sqrt{3!}} \qquad (11-37b)$$

如果藉用行列式來表示式（11－37a），則剛好是：

$$\Psi_A(\xi_1,\xi_2,\xi_3) = \frac{1}{\sqrt{3!}} \begin{vmatrix} \varphi_\alpha(\xi_1) & \varphi_\alpha(\xi_2) & \varphi_\alpha(\xi_3) \\ \varphi_\beta(\xi_1) & \varphi_\beta(\xi_2) & \varphi_\beta(\xi_3) \\ \varphi_\delta(\xi_1) & \varphi_\delta(\xi_2) & \varphi_\delta(\xi_3) \end{vmatrix}$$

＝式（11－36）的 $N = 3$ 的形式

從【**Ex.11－7**】很容易地看出，可藉用行列式來表示反對稱正交歸一化狀態的是，**電子（或 Fermi 子）數和獨立粒子的狀態數相等**的時候才行。同樣有 N 個 Bose 子，且有 N 個獨立粒子狀態時，也可以藉用行列式來表示對稱正交歸一化體系狀態函數，不過展開行列式時每項必須取正號，所以在行列式右下角標上「＋」以表示每項必須取正號：

$$\Phi_S(\xi_1,\xi_2,\cdots\cdots\xi_N) = \frac{1}{\sqrt{N!}} \begin{vmatrix} \varphi_\alpha(\xi_1) & \varphi_\alpha(\xi_2) & \cdots\cdots & \varphi_\alpha(\xi_N) \\ \varphi_\beta(\xi_1) & \varphi_\beta(\xi_2) & \cdots\cdots & \varphi_\beta(\xi_N) \\ \cdots\cdots & & & \\ \varphi_\gamma(\xi_1) & \varphi_\gamma(\xi_2) & \cdots\cdots & \varphi_\gamma(\xi_N) \end{vmatrix}_+ \qquad (11-38)$$

Φ_S 的右下標 S 表示對稱。式（11－36）和式（11－38）都在 N 個粒子，相互間沒相互作用時的體系狀態函數，如果粒子間有相互作用式（11－36）和（11－38）就不能用，方法之一是 Fermi 子也好，Bose 子也好，各自常用 Ψ_A 以及 Φ_S 來線性展開，例如 Fermi 子是：

$$\Psi'_A = \sum_i Ci \Psi_A^{(i)} \qquad (11-39)$$

(3)狀態函數的對稱性帶來的物理

(i)交換相互作用（exchange interaction），交換簡併（exchange degeneracy）

爲什麼 Fermi 子的狀態函數非反對稱函數不可呢？反對稱才能獲得兩粒子在同一空間 $\boldsymbol{r}_1 = \boldsymbol{r}_2$，或兩粒子同一狀態時，狀態函數＝0，例如式（11－36）的兩行相等，或兩列相等時行列式等於零。這是 Fermi 子必須遵守 Pauli 不相容原理（今後簡稱 Pauli 原理）產生的必然結果。如果（$\boldsymbol{r}_1,\boldsymbol{\sigma}_1$）和（$\boldsymbol{r}_2,\boldsymbol{\sigma}_2$）爲兩電子的狀態變數，狀態函數的空間部 ψ（$\boldsymbol{r}_1,\boldsymbol{r}_2$），自旋部 χ（$\boldsymbol{\sigma}_1,\boldsymbol{\sigma}_2$），獨立粒子模型的電子狀態函數的空間部爲 φ_a（$\boldsymbol{r}_i$），$i=1,2$；自旋向上時爲 α（$\boldsymbol{\sigma}_i$），向下設爲 β（$\boldsymbol{\sigma}_i$），$i=1,2$，則空間部爲對稱函數 ψ_s（$\boldsymbol{r}_1,\boldsymbol{r}_2$）時，自旋部必爲反對稱函數 χ_A（$\boldsymbol{\sigma}_1,\boldsymbol{\sigma}_2$）。反對稱的 ψ_A（$\boldsymbol{r}_1,\boldsymbol{r}_2$）時 χ_s（$\boldsymbol{\sigma}_1,\boldsymbol{\sigma}_2$）是對稱，其具體形狀是：

$$\Psi_A(\xi_1,\xi_2)=\begin{cases}\psi_s(\boldsymbol{r}_1,\boldsymbol{r}_2)\chi_A(\boldsymbol{\sigma}_1,\boldsymbol{\sigma}_2) & (11-40\text{a})\\ \quad=\frac{1}{\sqrt{2}}(\varphi_a(\boldsymbol{r}_1)\varphi_b(\boldsymbol{r}_2)+\varphi_a(\boldsymbol{r}_2)\varphi_b(\boldsymbol{r}_1))\frac{1}{\sqrt{2}}(\alpha(\boldsymbol{\sigma}_1)\beta(\boldsymbol{\sigma}_2)-\alpha(\boldsymbol{\sigma}_2)\beta(\boldsymbol{\sigma}_1)) & \\ \quad\equiv\frac{1}{\sqrt{2}}(\varphi_a(1)\varphi_b(2)+\varphi_a(2)\varphi_b(1))\frac{1}{\sqrt{2}}(\alpha(1)\beta(2)-\alpha(2)\beta(1)) & \\ \psi_A(\boldsymbol{r}_1,\boldsymbol{r}_2)\chi_s(\boldsymbol{\sigma}_1,\boldsymbol{\sigma}_2) & \\ \quad=\frac{1}{\sqrt{2}}(\varphi_a(1)\varphi_b(2)-\varphi_a(2)\varphi_b(1))\times\begin{cases}\alpha(1)\alpha(2) & (11-40\text{b})\\ \frac{1}{\sqrt{2}}(\alpha(1)\beta(2)+\alpha(2)\beta(1)) & (11-40\text{c})\\ \beta(1)\beta(2) & (11-40\text{d})\end{cases}\end{cases}$$

$\xi_i\equiv$（$\boldsymbol{r}_i,\boldsymbol{\sigma}_i$），且在式（11－40a）～（11－40d）式使用了 φ（$\boldsymbol{r}_i$）$\equiv\varphi$（i）,α（$\boldsymbol{\sigma}_i$）$\equiv\alpha$（i）,β（$\boldsymbol{\sigma}_i$）$=\beta$（i）,$i=1,2$。顯然 $\boldsymbol{r}_1=\boldsymbol{r}_2$，或 $\boldsymbol{\sigma}_1=\boldsymbol{\sigma}_2$，或 $a=b$，或 $\alpha=\beta$ 都得 Ψ_A（ξ_1,ξ_2）$=0$，滿足 Pauli 原理，而 $\frac{1}{\sqrt{2}}$ 是歸一化係數。$\Psi_A^{(1)}=\psi_s\chi_A$ 和 $\Psi_A^{(3)}=\psi_A\chi_s$ 兩狀態的能量不同，產生這能量差的相互作用稱爲交換相互作用，或交換力（exchange force）；當電子時通常用電子自旋算符來表示：

$$-2J\hat{\boldsymbol{S}}_1\cdot\hat{\boldsymbol{S}}_2 \qquad (11-41\text{a})$$

而交換力強度的 $2J$ 是：

$$\langle\psi_s(\boldsymbol{r}_1,\boldsymbol{r}_2)|\hat{H}|\psi_s(\boldsymbol{r}_1,\boldsymbol{r}_2)\rangle-\langle\psi_A(\boldsymbol{r}_1,\boldsymbol{r}_2)|\hat{H}|\psi_A(\boldsymbol{r}_1,\boldsymbol{r}_2)\rangle\equiv 2J \qquad (11-41\text{b})$$

$\hat{H}=$兩電子間的作用力勢能，例如庫侖力勢能 $\frac{e^2}{4\pi\varepsilon_0}\frac{1}{|\boldsymbol{r}_1-\boldsymbol{r}_2|}$，$e=$電子電荷。如果體系的狀態函數不進行反對稱操作，則 $\Psi_A^{(1)}$ 和 $\Psi_A^{(3)}$ 的能量是簡併，這種簡併稱爲交換簡併；執行狀態函數的反對稱操作後屬於自旋單態(參見【**Ex.11－2**】)的 $\Psi_A^{(1)}$ 和自旋三重態的 $\Psi_A^{(3)}$ 的簡併必被解除，原子的時候三重態會更穩定，能級如圖11－11下降，而單態能級一般地上升，但當原子核時剛好顛倒，是因爲相當於式（11－41b）的，原子核內的 J 和式（11－41b）的符號相反，原子的電子式（11－41b）的 J 一般地是正值，這是爲什麼在式（11－41a）取負號的理由。交換力本

質上是 **Pauli** 原理引起的，即量子效應，經典力學是沒有這種力。爲了能深入瞭解以上所介紹的內容，由於演算冗雜，以例子來說明。

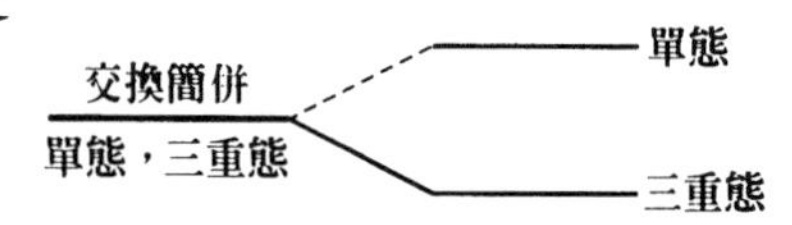

圖11－11

【**Ex.11－8**】證明交換力式（**11－41a**）會得到圖**11－11**，當 J＝正値時。至於 J 的實際演算，可參見【**Ex.11－10**】。

設兩個電子的自旋各爲 $\boldsymbol{S}_1$和 $\boldsymbol{S}_2$，則其和 $\boldsymbol{S}=\boldsymbol{S}_1+\boldsymbol{S}_2$

$$\therefore\ \boldsymbol{S}\cdot\boldsymbol{S}\equiv\boldsymbol{S}^2=\boldsymbol{S}_1^2+\boldsymbol{S}_2^2+2\boldsymbol{S}_1\cdot\boldsymbol{S}_2$$

$$\therefore\ \boldsymbol{S}_1\cdot\boldsymbol{S}_2=\frac{1}{2}(\boldsymbol{S}^2-\boldsymbol{S}_1^2-\boldsymbol{S}_2^2) \qquad (11-42a)$$

各電子自旋的量子數，如式（11－18b）所示是$\frac{1}{2}$，故其和 $\boldsymbol{S}$ 的量子數是：

$$s=\left(\frac{1}{2}+\frac{1}{2}\right),\cdots\cdots,\left|\frac{1}{2}-\frac{1}{2}\right|=1,0$$

$s=1$的三重態的第三成分 $\langle\hat{S}_Z\rangle=(1\hbar,0\hbar,-1\hbar)$，這三個本徵值的狀態就是：

$\alpha(\boldsymbol{\sigma}_1)\alpha(\boldsymbol{\sigma}_2)\cdots\cdots1\hbar\cdots\cdots$ 式（11－40b）的自旋部

$\frac{1}{\sqrt{2}}(\alpha(\boldsymbol{\sigma}_1)\beta(\boldsymbol{\sigma}_2)+\alpha(\boldsymbol{\sigma}_2)\beta(\boldsymbol{\sigma}_1))\cdots\cdots0\hbar\cdots\cdots$

式（11－40c）的自旋部

$\beta(\boldsymbol{\sigma}_1)\beta(\boldsymbol{\sigma}_2)\cdots\cdots-1\hbar\cdots\cdots$ 式（11－40d）的自旋部

而 $s=0$的單態的第三成分 $\langle\hat{S}_Z\rangle=0\hbar$，表示兩個自旋一個向上，一個向下的反對稱情形，故其狀態是式（11－40a）的自旋部：

$$\frac{1}{\sqrt{2}}(\alpha(\boldsymbol{\sigma}_1)\beta(\boldsymbol{\sigma}_2)-\alpha(\boldsymbol{\sigma}_2)\beta(\boldsymbol{\sigma}_1))$$

以上是式（11－40a～d）的自旋部的內涵。式（11－42a）的期待値是：

$$\begin{aligned}\langle\hat{\boldsymbol{S}}_1\cdot\hat{\boldsymbol{S}}_2\rangle&=\frac{1}{2}\langle\hat{\boldsymbol{S}}^2-\hat{\boldsymbol{S}}_1^2-\hat{\boldsymbol{S}}_2^2\rangle\\&=\frac{1}{2}\left\{s(s+1)-\frac{1}{2}\left(\frac{1}{2}+1\right)-\frac{1}{2}\left(\frac{1}{2}+1\right)\right\}\hbar^2\\&=\begin{cases}-\frac{3}{4}\hbar^2\cdots\cdots s=0\\ \frac{1}{4}\hbar^2\cdots\cdots s=1\end{cases}\end{aligned} \qquad (11-42b)$$

$$\therefore \quad -\langle 2J\hat{S}_1\cdot\hat{S}_2\rangle=\begin{cases}\frac{3}{2}J\hbar^2\cdots\cdots\text{能級上升，當 } J>0\\-\frac{1}{2}J\hbar^2\cdots\cdots\text{能級下降，當 } J>0\end{cases}$$

(ii)交換力的重要性

低能量的原子核的很多現象是由交換力引起，核的構成分子的質子和中子的自旋也是$\frac{1}{2}\hbar$，所以必受 Pauli 原理的限制，自然地會產生交換力。把質子和中子統一起來，當做核子（nucleon）的兩個狀態看待時，引入的物理量 $\hat{\boldsymbol{\tau}}$ 稱爲同位旋（isospin）。這是1932年發現中子，同時發現中子和質子的質量大約相等，Heisenberg 便仿照 Pauli 在1927年發表的式（10－22a）的 Pauli 矩陣 $\hat{\boldsymbol{\sigma}}$ 及其成分式（10－24e）引進的人爲物理量。因爲電子自旋的第三成分只有兩個值 $\pm\frac{\hbar}{2}$，而核子也剛好有兩種，所以以 $\hat{\tau}_3$的兩個值來描述質子和中子。自旋是角動量，故有量綱，但同位旋是純數學工具，於是沒有量綱，其算符形式以及演算方法完全仿照電子自旋，將它們對照列在表11－3。

表 11－3

同位旋		自旋	
算符	$\hat{\boldsymbol{T}}=\frac{1}{2}\hat{\boldsymbol{\tau}}$ 或 $\underset{1}{\hat{\tau}_x}=\begin{pmatrix}0&1\\1&0\end{pmatrix},\underset{2}{\hat{\tau}_y}=\begin{pmatrix}0&-i\\i&0\end{pmatrix},\underset{3}{\hat{\tau}_Z}=\begin{pmatrix}1&0\\0&-1\end{pmatrix}$	算符	$\hat{\boldsymbol{S}}=\frac{\hbar}{2}\hat{\boldsymbol{\sigma}}$ 或 $\underset{1}{\hat{\sigma}_x}=\begin{pmatrix}0&1\\1&0\end{pmatrix},\underset{2}{\hat{\sigma}_y}=\begin{pmatrix}0&-i\\i&0\end{pmatrix},\underset{3}{\hat{\sigma}_Z}=\begin{pmatrix}1&0\\0&-1\end{pmatrix}$
本徵函數 本徵値	$\eta_{\frac{1}{2}m_\tau}(\boldsymbol{\tau})$ $\hat{\boldsymbol{T}}^2\eta_{\frac{1}{2}m_\tau}(\boldsymbol{\tau})=\frac{1}{2}(\frac{1}{2}+1)\eta_{\frac{1}{2}m_\tau}(\boldsymbol{\tau})$ $\hat{T}_3\eta_{\frac{1}{2}m_\tau}(\boldsymbol{\tau})=m_\tau\eta_{\frac{1}{2}m_\tau}(\boldsymbol{\tau})$	本徵函數 本徵値	$\chi_{s=\frac{1}{2},m_s}(\boldsymbol{\sigma})$ $\hat{\boldsymbol{S}}^2\chi_{\frac{1}{2}m_s}(\boldsymbol{\sigma})=\frac{1}{2}(\frac{1}{2}+1)\hbar^2\chi_{\frac{1}{2}m_s}(\boldsymbol{\sigma})$ $\hat{S}_3\chi_{\frac{1}{2}m_s}(\boldsymbol{\sigma})=m_s\hbar\chi_{\frac{1}{2}m_s}(\boldsymbol{\sigma})$

同時創造了電荷空間，$\hat{\boldsymbol{T}}$ 和$\hat{\boldsymbol{\tau}}$ 以及 $\eta_{\frac{1}{2}m_\tau}$ 都屬於這電荷空間的量，和自旋 $\hat{\boldsymbol{S}}$ 以及空間 $\boldsymbol{r}$ 是獨立的；於是核子的狀態變數變成（$\boldsymbol{r},\boldsymbol{\sigma},\boldsymbol{\tau}$）。

【Ex.11－9】 現以求低能量領域的原子核物理的核交換力來提示，爲什麼電子時使用式（11－41a）的交換力。

獨立粒子模型的核子狀態函數 $\varphi_a(\boldsymbol{r},\boldsymbol{\sigma},\boldsymbol{\tau})=\psi_a(\boldsymbol{r})\times\chi_{\frac{1}{2}m_s}(\boldsymbol{\sigma})\eta_{\frac{1}{2}m_\tau}(\boldsymbol{\tau})\equiv\psi_a(\boldsymbol{r})\chi_{m_s}(\boldsymbol{\sigma})\eta_{m_\tau}(\boldsymbol{\tau})$，省略量子數 $\frac{1}{2}$。如果用 $\zeta\equiv(\boldsymbol{r},\boldsymbol{\sigma},\boldsymbol{\tau})$，則獨立粒子模型的原子核的狀態函數 $\Psi_A(\zeta_1,\zeta_2,\cdots\cdots,\zeta_N)$ = 式（11－36）的 $\varphi_\alpha(\xi)$，用 $\varphi_\alpha(\zeta)$ 替代的行列式，不過 $\psi_a(\boldsymbol{r})$ 是必使用核力的本徵函數，不是氫原子函數的 $\psi_{nlm_l}(\boldsymbol{r})$ = 式（10－135）了。這時的核子間的交換力是：

$$v_W(r_{ij})+v_M(r_{ij})\hat{P}^r_{ij}+v_H(r_{ij})\hat{P}^\tau_{ij}+v_B(r_{ij})\hat{P}^\sigma_{ij}\equiv V(\zeta_{ij}) \tag{11-43a}$$

r_{ij} = i 和 j 兩核子質心間距離，$\hat{P}^r_{ij},\hat{P}^\tau_{ij},\hat{P}^\sigma_{ij}$ 各爲交換 i 和 j 核子的空間變數 $\boldsymbol{r}_i$ 和 $\boldsymbol{r}_j$，同位旋 $\boldsymbol{\tau}_i$ 和 $\boldsymbol{\tau}_j$，自旋 $\boldsymbol{\sigma}_i$ 和 $\boldsymbol{\sigma}_j$ 的交換算符。各勢能 $v(r_{ij})$ 的右下標 W 表示非交換力的 Wigner 力，M 表示交換空間變數的 Majorana 力（Ettore Majorana, 1906～1938，義大利理論物理學家），H 表示 Heisenberg 力，B 表示 Bartlett 力。那麼怎麼產生這些交換算符呢？自旋和同位旋是同價，故只要求其中一個就行，至於 $\hat{P}^r_{ij}$ 則利用同時交換 $\hat{P}^r_{ij}\hat{P}^\tau_{ij}\hat{P}^\sigma_{ij}=-1$，以及對同樣兩個核子交換同樣算符兩次，等於沒交換的性質 $(\hat{P}^k_{ij})^2=1$，$k=(r,\tau,\sigma)$ 來獲得。由式（11－42b）得：

$$\langle\hat{\boldsymbol{S}}_1\cdot\hat{\boldsymbol{S}}_2\rangle=\frac{\hbar^2}{4}\langle\hat{\boldsymbol{\sigma}}_1\cdot\hat{\boldsymbol{\sigma}}_2\rangle=\begin{cases}-\frac{3}{4}\hbar^2\cdots\cdots s=0\text{，即反對稱時}\\ \frac{1}{4}\hbar^2\cdots\cdots s=1\text{，即對稱時}\end{cases}$$

$$\therefore\quad\langle\hat{\boldsymbol{\sigma}}_1\cdot\hat{\boldsymbol{\sigma}}_2\rangle=\begin{Bmatrix}-3\cdots\cdots\text{兩自旋反對稱時}\\ +1\cdots\cdots\text{兩自旋對稱時}\end{Bmatrix} \tag{11-43b}$$

對反對稱狀態的自旋狀態函數進行交換，自旋必得「－1」，對稱時得「＋1」，這結果剛好可以利用式（11－43b）的性質來達到：

$$\hat{P}^\sigma_{ij}\equiv\frac{1+\hat{\boldsymbol{\sigma}}_1\cdot\hat{\boldsymbol{\sigma}}_2}{2}\Rightarrow\begin{cases}-1\cdots\cdots\text{反對稱時}\\ +1\cdots\cdots\text{對稱時}\end{cases} \tag{11-43c}$$

同樣地得：
$$\hat{P}^\tau_{ij}=\frac{1+\hat{\boldsymbol{\tau}}_1\cdot\hat{\boldsymbol{\tau}}_2}{2},\quad 1\equiv i,\quad 2\equiv j \tag{11-43d}$$

由 $(\hat{P}^k_{ij})^2=1$，以及 $\hat{P}^r_{ij}\hat{P}^\tau_{ij}\hat{P}^\sigma_{ij}=-1$ 得：

$$\hat{P}^{r}_{ij} = -\hat{P}^{\sigma}_{ij}\hat{P}^{\tau}_{ij} = -\frac{1+\hat{\boldsymbol{\sigma}}_1\cdot\hat{\boldsymbol{\sigma}}_2}{2}\frac{1+\hat{\boldsymbol{\tau}}_1\cdot\hat{\boldsymbol{\tau}}_2}{2} \quad (11-43e)$$

故從式（11－43b）～（11－43d），可假設交換力是：

$$v_\sigma(r_{ij})\hat{\boldsymbol{S}}_i\cdot\hat{\boldsymbol{S}}_j, \qquad v_\tau(r_{ij})\hat{\boldsymbol{T}}_i\cdot\hat{\boldsymbol{T}}_j \quad (11-44)$$

【**Ex.11－10**】使用角動量的 *LS* 耦合，求兩電子同在 np^2殼層的所有允許的組態。(1)曾在【**Ex.11－2**】計算過 *LS* 耦合的$3d^1 4p^1$的組態，由於$3d^1$和$4p^1$是不同的狀態，兩個電子不受 Pauli 原理的限制；但當兩電子同在 np 殼層，必須受 Pauli 原理的限制，即完成的組態必須是反對稱函數。那麼用什麼方法來定呢？必須從嚴謹的角動量耦合規律來尋找，現需要兩個角動量耦合，在後註(7)提到的 Clebsch-Gordan 係數就是。先求一般的兩個電子的 *LS* 耦合規則。由式（11－40a～d）得：

$$\left.\begin{aligned}
\chi_{s=0,m}(\boldsymbol{\sigma}_1,\boldsymbol{\sigma}_2) &\equiv \chi_{0,m}(\boldsymbol{\sigma}_1,\boldsymbol{\sigma}_2) = (\alpha(\boldsymbol{\sigma}_1)\beta(\boldsymbol{\sigma}_2) - \alpha(\boldsymbol{\sigma}_2)\beta(\boldsymbol{\sigma}_1))\\
\chi_{s=1,m}(\boldsymbol{\sigma}_1,\boldsymbol{\sigma}_2) &\equiv \chi_{1,m}(\boldsymbol{\sigma}_1,\boldsymbol{\sigma}_2) = \begin{cases}\alpha(\boldsymbol{\sigma}_1)\alpha(\boldsymbol{\sigma}_2)\\ \alpha(\boldsymbol{\sigma}_1)\beta(\boldsymbol{\sigma}_2)+\alpha(\boldsymbol{\sigma}_2)\beta(\boldsymbol{\sigma}_1)\\ \beta(\boldsymbol{\sigma}_1)\beta(\boldsymbol{\sigma}_2)\end{cases}
\end{aligned}\right\}$$

（11－45a）

則 nl^2的 *LS* 耦合的反對稱狀態函數 $\Psi_A(\xi_1,\xi_2)$，$\xi\equiv(\boldsymbol{r},\boldsymbol{\sigma})$是：

$$\Psi_A(\xi_1,\xi_2) = N\sum_{\substack{m_{l_1}m_{l_2}\\ m_1 m_2}}\langle lm_{l_1}lm_{l_2}|LM\rangle\langle\frac{1}{2}m_1\frac{1}{2}m_2|sm\rangle$$

$$\cdot\begin{Bmatrix}(\varphi_a(\boldsymbol{r}_1)\varphi_b(\boldsymbol{r}_2)-\varphi_a(\boldsymbol{r}_2)\varphi_b(\boldsymbol{r}_1))\chi_{1,m}(\boldsymbol{\sigma}_1,\boldsymbol{\sigma}_2)\\ (\varphi_a(\boldsymbol{r}_1)\varphi_b(\boldsymbol{r}_2)+\varphi_a(\boldsymbol{r}_2)\varphi_b(\boldsymbol{r}_1)\chi_{0,m}(\boldsymbol{\sigma}_1,\boldsymbol{\sigma}_2))\end{Bmatrix}$$

（11－45b）

自旋的對稱及反對稱函數已使用顯式（11－45a），故只討論空間部就足夠了。為了一目瞭然，用「$\oplus$」號代替式（11－45b）的空間對稱部的加號，N＝歸一化常數，於是得：

$$\sum_{m_{l_1}m_{l_2}}\langle lm_{l_1}lm_{l_2}\mid LM\rangle\{\varphi_a(\boldsymbol{r}_1)\varphi_b(\boldsymbol{r}_2)\mathop{-}_{\oplus}\varphi_a(\boldsymbol{r}_2)\varphi_b(\boldsymbol{r}_1)\}$$

$$=\sum_{m_{l_1}m_{l_2}}\{\langle lm_{l_1}lm_{l_2}\mid LM\rangle\varphi_a(\boldsymbol{r}_1)\varphi_b(\boldsymbol{r}_2)\mathop{-}_{\oplus}\langle \underbrace{lm_{l_2}\quad lm_{l_1}}_{\text{對換了}}\mid LM\rangle\underbrace{\varphi_a(\boldsymbol{r}_1)\varphi_b(\boldsymbol{r}_2)}_{\text{交換了}}\} \quad (11-45c)$$

在式（11－45c）用了 Clebsch-Gordan 的 lm_{l_1}和 lm_{l_2}的交換來負責 $\boldsymbol{r}_1$

$\longleftrightarrow \boldsymbol{r}_2$的交換，接著使用 Clebsch-Gordan 的性質式（11－46）重寫式（11－45c）。

$$\langle l_1m_1l_2m_2 \mid lm \rangle = (-)^{l_1+l_2-l}\langle l_2m_2l_1m_1 \mid lm \rangle \quad (11-46)$$

$$\therefore \sum_{m_{l_1}m_{l_2}} \langle lm_{l_1}lm_{l_2} \mid LM \rangle \{\varphi_a(\boldsymbol{r}_1)\varphi_b(\boldsymbol{r}_2) \mp_{\oplus} \varphi_a(\boldsymbol{r}_2)\varphi_b(\boldsymbol{r}_1)\}$$

$$= \left(1 \mp_{\oplus} (-)^{2l-L}\right)\sum_{m_{l_1}m_{l_2}} \langle lm_{l_1}lm_{l_2} \mid LM \rangle \varphi_a(\boldsymbol{r}_1)\varphi_b(\boldsymbol{r}_2)$$

（11－47a）

l 和 L 都是正整數，故 $(-)^{2l-L}=(-)^{-2L+L}=(-)^{L}$，

$$\therefore \quad \left(1 \mp_{\oplus} (-)^{2l-L}\right) = \left(1 \mp_{\oplus} (-)^{L}\right) \quad (11-47b)$$

於是如果要式（11－47a）不等於零，即得 $\Psi_A(\xi_1,\xi_2)$ 的話，必須式（11－47b）不等於零，

$$\therefore \begin{cases} 自旋三重態\ S=1，L=奇數 \Rightarrow S+L=偶數 \\ 自旋單態\ S=0，L=偶數 \Rightarrow S+L=偶數 \end{cases}$$

故 nl^2的兩個電子在 LS 耦合的條件是：

$$L+S=偶數 \quad (11-47c)$$

$$\begin{cases} \boldsymbol{L}=\sum_i \boldsymbol{L}_i \\ \boldsymbol{S}=\sum_i \boldsymbol{S}_i \end{cases}$$

(2) np^2的 $l=1$，電子自旋量子數$=\frac{1}{2}$

$$\therefore \quad \begin{cases} l_1=l_2=1 \\ s_1=s_2=\frac{1}{2} \end{cases}$$

$$l=(l_1+l_2),(l_1+l_2-1),\cdots\cdots,|l_1-l_2|=2,1,0$$

$$s=(s_1+s_2),(s_1+s_2-1),\cdots\cdots,|s_1-s_2|=1,0$$

$$j=(l+s),(l+s-1),\cdots\cdots,|l-s|=3,2,1,0$$

現在 l(式（11－47c）的 L)有3個值，s 有兩個值，共6種組合，將它們寫成如下表。

自旋量子數 s	1							0		
軌道量子數 l	2			1			0	2	1	0
總量子數 j	3	2	1	2	1	0	1	2	1	0

合成態$^{2s+1}l_j$	$^3D_3$	$^3D_2$	$^3D_1$	$^3P_2$	$^3P_1$	$^3P_0$	$^3S_1$	$^1D_2$	$^1P_1$	$^1S_0$
Pauli 原理的限制	不允許			允許			不允許	允許	不允許	允許

經 Pauli 原理的要求，狀態函數經反對稱的限制條件式（11－47c）後，10個組態只剩5個，它們是 $j=2$的兩個，$j=1$是一個，$j=0$的有兩個。

【**Ex.11－11**】將【**Ex.11－10**】的 np^2的兩個電子，改用 JJ 耦合來求所有允許的組態。

(1)先求 JJ 耦合時，類似式（11－47c）的 Pauli 條件：

兩個電子都在 nl 狀態，故必受 Pauli 原理的限制。電子的自旋 $s=\frac{1}{2}$，於是 JJ 耦合時，每個電子必先 l 和 s 耦合成自己的 j 值：

$$\sum_{m_l m}\langle lm_l \frac{1}{2}m \mid jm_j\rangle \varphi_{nlm_l}(\boldsymbol{r})\chi_{\frac{1}{2}m}(\boldsymbol{\sigma}) = \psi_{nl\frac{1}{2}jm_j}(\boldsymbol{r},\boldsymbol{\sigma}) \equiv \psi_\alpha(\xi) \tag{11－48a}$$

$\xi\equiv(\boldsymbol{r},\boldsymbol{\sigma})$，$\alpha\equiv(nl\frac{1}{2}jm_j)$。設 JJ 耦合後的總角動量及其第三成分的量子數各爲 J 和 M，體系的狀態函數 $=\Psi_{JM}(\xi_1,\xi_2)$，則得：

$$\Psi_{JM}(\xi_1,\xi_2) = N\sum_{m_{j_1}m_{j_2}}\langle j_1 m_{j_1} j_2 m_{j_2} \mid JM\rangle \times \left\{\psi_\alpha(\xi_1)\psi_\beta(\xi_2) \mp_{\oplus} \psi_\alpha(\xi_2)\psi_\beta(\xi_1)\right\} \tag{11－48b}$$

$\alpha\equiv(nl\frac{1}{2}j_1m_{j_1})$，$\beta\equiv(nl\frac{1}{2}j_2m_{j_2})$，$\oplus\equiv+$，只是爲了看得清楚，$N=$歸一化常數。式（11－48b）右邊的加號和減號是：

$$\left.\begin{array}{l} j_1 = j_2 \longleftrightarrow \text{必須反對稱，故取「－」號} \\ j_1 \neq j_2 \longleftrightarrow \text{不必反對稱，故「－」和「＋」都可以} \end{array}\right\} \tag{11－48c}$$

交換式（11－48b）右邊第二項的 ξ_1和 ξ_2，故得：

$$\Psi_{JM}(\xi_1,\xi_2) = N\sum_{m_{j_1}m_{j_2}}\{\langle j_1 m_{j_1} j_2 m_{j_2} \mid JM\rangle \psi_\alpha(\xi_1)\psi_\beta(\xi_2)$$

$$\bar{\oplus}\langle j_2 m_{j_2} j_1 m_{j_1} | JM \rangle \psi_\alpha(\xi_1)\psi_\beta(\xi_2)\} \qquad (11-48d)$$

使用 Clebsch-Gordan 的性質式（11－46），式（11－48d）變成：

$$\Psi_{JM}(\xi_1,\xi_2) = N\sum_{m_{j_1} m_{j_2}}\left(1 \bar{\oplus} (-)^{j_1+j_2-J}\right)\langle j_1 m_{j_1} j_2 m_{j_2} | JM\rangle \psi_\alpha(\xi_1)\psi_\beta(\xi_2) \qquad (11-48e)$$

j_1也好，j_2也好，

$j_{1,2} = \left[\left(l+\frac{1}{2}\right),\left(l+\frac{1}{2}-1\right),\cdots\cdots,-\frac{1}{2},\frac{1}{2},\cdots\cdots,\left|l-\frac{1}{2}\right|\right]$ = 半正整數$\frac{2n'+1}{2}$，$n'=0,1,2\cdots\cdots$

$$\therefore\quad \begin{cases} J = [\,(j_1+j_2),j_1+j_2-1,\cdots\cdots,|j_1-j_2|\,] \\ \quad = \text{正整數，故}(-)^{-J} = (-)^{J-2J} = (-)^{J} \\ j_1 = j_2 \equiv j\text{，故}(-)^{2j} = -1 \end{cases}$$

當 $j_1=j_2$，它們的第三成分 m_{j_1}和 m_{j_2}不一定也相等，故得：

$$\Psi_{JM}(\xi_1,\xi_2) = N\sum_{m_{j_1} m_{j_2}}\begin{cases}(1+(-)^J)\langle jm_{j_1} jm_{j_2} | JM\rangle \psi_\alpha(\xi_1)\psi_\beta(\xi_2)\cdots\cdots j_1=j_2 & (11-49a) \\ (1\pm(-)^{j_1+j_2+J})\langle j_1 m_{j_1} j_2 m_{j_2} | JM\rangle \psi_\alpha(\xi_1)\psi_\beta(\xi_2)\cdots\cdots j_1\neq j_2 & (11-49b)\end{cases}$$

如果要 $\Psi_{JM}(\xi_1,\xi_2)\neq 0$，則由式（11－49a,b）得如式（11－47c）的狀態函數的對稱性條件：

$$\left.\begin{array}{l} j_1 = j_2\text{時，}\quad J = \text{偶數} \\ j_1 \neq j_2\text{時，}\begin{cases} J = \text{偶數、奇數都可以} \\ j_1+j_2+J = \text{偶數時，式(11-49b)取「+」號} \\ j_1+j_2+J = \text{奇數時，式(11-49b)取「−」號}\end{cases}\end{array}\right\} \qquad (11-50)$$

⑵求 JJ 耦合時 np^2兩個電子的組態

P 態的$l_1=l_2=1$，自旋 $s_1=s_2=\frac{1}{2}$，故 JJ 耦合的j_1和 j_2，以及j_1和 j_2之和 J 是：

$$j_{1,2} = (l_{1,2}+s_{1,2}),\cdots\cdots,|l_{1,2}-s_{1,2}| = \frac{3}{2},\frac{1}{2}$$

$$J = (j_1+j_2),\cdots\cdots,|j_1-j_2|$$

$$= \begin{cases} 3,2,1,0\cdots\cdots j_1 = j_2 = \dfrac{3}{2} \\ 2,1\cdots\cdots j_1 = \dfrac{3}{2}, j_2 = \dfrac{1}{2} \text{或} j_1 = \dfrac{1}{2}, j_2 = \dfrac{3}{2} \\ 1,0\cdots\cdots j_1 = j_2 = \dfrac{1}{2} \end{cases} \qquad (11-51)$$

把式（11－50）的條件代入式（11－51）得，可以允許的 J 值是：

$$j_1 = j_2 = \frac{3}{2} \text{時，} \qquad J = 2,0$$

$$j_1 = j_2 = \frac{1}{2} \text{時，} \qquad J = 0$$

$$j_1 \neq j_2 \text{時，} \qquad J = 2,1$$

所以只有五個組態，其中 $J = 2$的兩個，$J = 1$的一個，$J = 0$的兩個。這結果和【**Ex.11－10**】相一致。和【**Ex.11－2**】，【**Ex.11－3**】一樣，再次證明著：『無論採用哪一種角動量的耦合，最後的總角動量必定相同』。這是矢量滿足疊加原理的必然結果。

【**Ex.11－10**】和【**Ex.11－11**】的求 Pauli 條件式（11－47c）和（11－50）的方法，可以應用到任何和角動量有關的題目。Pauli 原理所引起 Fermi 子的狀態函數必須是反對稱函數，結果**能允許的狀態數遽降**，不是角動量組合出的狀態數統統能用，於是計算狀態數的方法和經典力學的不同。在上面兩例子是兩個 Fermi 子，如果很多的時候總是不能兩個兩個地來考慮，要找出更方便的方法，像經典力學的 Maxwell-Boltzmann 的統計法那樣的方法，它就是 Fermi-Dirac 統計力學，將在下節Ⅱ探討這問題。下面接著以實際例子來證明，狀態函數的對稱性，即 Pauli 原理產生的交換力，使能級分裂的現象；雖數學繁雜但參考價值高，不喜歡數學的只看最後的理論和實驗的比較圖11－12。

【**Ex.11－12**】求氦（${}_2\mathrm{He}_2^4$）原子的基態以及第一和第二激發態的能級。

⑴使用物理大略地估計，能級分裂的可能情況

本例題使用獨立粒子模型，並且使用氫原子的能量本徵函數式（10－135）的 $\varphi_{nlm_l}(\boldsymbol{r})$。當不考慮兩個電子之間的相互作用時，氦原子的 Hamiltonian 是：

$$\sum_{i=1}^{2}\left(-\frac{\hbar^2}{2m}\nabla_i^2 - \frac{1}{4\pi\varepsilon_0}\frac{Ze^2}{r_i}\right)\psi(\boldsymbol{r}_1,\boldsymbol{r}_2) = E\psi(\boldsymbol{r}_1,\boldsymbol{r}_2)$$

$$\psi(\boldsymbol{r}_1,\boldsymbol{r}_2) = \varphi_{nlm_l}(\boldsymbol{r}_1)\varphi_{n'l'm_{l'}}(\boldsymbol{r}_2)$$

$$E = E_n + E_n'$$

$$E_n = -\left(\frac{1}{4\pi\varepsilon_0}\right)^2 \frac{\mu(Ze^2)^2}{2n^2\hbar^2}$$

則電子之間沒有相互作用的氦狀態，通常稱爲非微擾態（unperturbed state）的基態是兩個電子都在 $n=1$的 S 態（S state, $l=0$），這時的狀態函數 $\Psi_{gs}(\xi_1,\xi_2)$，$\xi\equiv(\boldsymbol{r},\boldsymbol{\sigma})$，以及能量 E_{gs}是：

$$E_{gs} = 2E_{n=1} = -\left(\frac{1}{4\pi\varepsilon_0}\right)^2 \frac{\mu(2e^2)^2}{\hbar^2}$$

$$\doteq -\left(\frac{e^2}{4\pi\varepsilon_0}\right)^2 \frac{4\times 0.511\text{MeV}}{(\hbar c)^2}$$

折合質量 μ 用了電子的靜止質量 $m_0c^2 \doteq 0.511\text{MeV}$, $\frac{e^2}{4\pi\varepsilon_0} \doteq 1.43997\text{MeV}\cdot\text{fm}$, $\hbar c \doteq 197.327\text{MeV}\cdot\text{fm}$，

$$\therefore \quad E_{gs} \doteq -108.85\text{eV} \qquad (11-52\text{a})$$

$$\begin{aligned}\Psi_{gs}(\xi_1,\xi_2) &= N'(\varphi_{100}(\boldsymbol{r}_1)\varphi_{100}(\boldsymbol{r}_2) + \varphi_{100}(\boldsymbol{r}_2)\varphi_{100}(\boldsymbol{r}_1))\\ &\quad\times(\alpha(\boldsymbol{\sigma}_1)\beta(\boldsymbol{\sigma}_2) - \alpha(\boldsymbol{\sigma}_2)\beta(\boldsymbol{\sigma}_1))\\ &= N\varphi_{100}(\boldsymbol{r}_1)\varphi_{100}(\boldsymbol{r}_2)(\alpha(\boldsymbol{\sigma}_1)\beta(\boldsymbol{\sigma}_2) - \alpha(\boldsymbol{\sigma}_2)\beta(\boldsymbol{\sigma}_1))\end{aligned} \qquad (11-52\text{b})$$

N, N' = 歸一化常數，自旋狀態函數 $\chi_{sm}(\boldsymbol{\sigma}) = \chi_{\frac{1}{2}m}(\boldsymbol{\sigma})$, $m=\pm\frac{1}{2}$，$\alpha(\boldsymbol{\sigma})\equiv\chi_{\frac{1}{2}\frac{1}{2}}(\boldsymbol{\sigma})$，$\beta(\boldsymbol{\sigma})\equiv\chi_{\frac{1}{2},-\frac{1}{2}}(\boldsymbol{\sigma})$，它們就是在式（11-40a～d）所用的符號。但氦基態的能量實驗值是：

$$E_{gs}^{\text{exp}} \doteq -78.975\text{eV} \qquad (11-52\text{c})$$

獨立粒子模型的激發態，則由圖10-41，在基態$1s^2$的兩個電子之中的一個躍遷到$2S$，或到$2P$：

$1S^1 2S^1$…… 第一激發態的最大可能

$1S^1 2P^1$…… 第二激發態的最大可能

這些激發態的反對稱狀態函數 $\Psi_{ex}(\xi_1,\xi_2)$和激發能 E_{ex}各爲：

$$\Psi_{ex}(\xi_1,\xi_2)$$

$$= N\begin{cases} \left(\varphi_{100}(\boldsymbol{r}_1)\varphi_{\substack{200\\ 或21m_l}}(\boldsymbol{r}_2)+\varphi_{100}(\boldsymbol{r}_2)\varphi_{\substack{200\\ 21m_l}}(\boldsymbol{r}_1)\right) \\ \quad\times(\alpha(\boldsymbol{\sigma}_1)\beta(\boldsymbol{\sigma}_2)-\alpha(\boldsymbol{\sigma}_2)\beta(\boldsymbol{\sigma}_1)) & (11-53a) \\ \left(\varphi_{100}(\boldsymbol{r}_1)\varphi_{\substack{200\\ 或21m_l}}(\boldsymbol{r}_2)-\varphi_{100}(\boldsymbol{r}_2)\varphi_{\substack{200\\ 21m_l}}(\boldsymbol{r}_1)\right) \\ \quad\times\begin{Bmatrix}\alpha(\boldsymbol{\sigma}_1)\alpha(\boldsymbol{\sigma}_2)\\ (\alpha(\boldsymbol{\sigma}_1)\beta(\boldsymbol{\sigma}_2)+\alpha(\boldsymbol{\sigma}_2)\beta(\boldsymbol{\sigma}_1))\\ \beta(\boldsymbol{\sigma}_1)\beta(\boldsymbol{\sigma}_2)\end{Bmatrix} & (11-53b) \end{cases}$$

$$E_{ex} = E_{n=1}+E_{n=2} = -\left(\frac{1}{4\pi\varepsilon_0}\right)^2\left\{\frac{\mu(2e^2)^2}{2\hbar^2}+\frac{\mu(2e^2)^2}{8\hbar^2}\right\} \doteq -68.03\text{eV} \tag{11-53c}$$

但氦的激發態能級實驗值大約是：

$$E_{ex}^{exp} \doteq -58\text{eV} \tag{11-53d}$$

接著來估計自旋單態和三重態。在考慮兩個電子之間的庫侖相互作用後，簡併的式（11－53a,b）分裂的可能情形。單態的式（11－53a）的空間部是對稱的，所以兩個電子的空間變數$|\boldsymbol{r}_1-\boldsymbol{r}_2|\equiv r_{12}$變成很小，即$\boldsymbol{r}_1\to\boldsymbol{r}_2$或$\boldsymbol{r}_2\to\boldsymbol{r}_1$，空間部不會變成0，這種$r_{12}\to$小的傾向現象稱爲**引力效果**。兩個電子的庫侖勢能的期待值$\langle\frac{1}{4\pi\varepsilon_0}\frac{e^2}{r_{12}}\rangle\equiv\Delta\varepsilon$隨著$r_{12}$的縮小而增大，相反地三重態的式（11－53b）的空間部是傾向於相互排斥，以避免空間部函數由於相減變成0，這現象稱爲**斥力效果**，所引起r_{12}變大。

$$\therefore\quad \Delta\varepsilon(\text{單態}) > \Delta\varepsilon(\text{三重態}) \tag{11-54}$$

$\Delta\varepsilon$又是正值，結果如圖11－11所示的結果。在下面用實際演算來驗證我們的估計式（11－54）。

(2)考慮兩個電子之間的庫侖相互作用

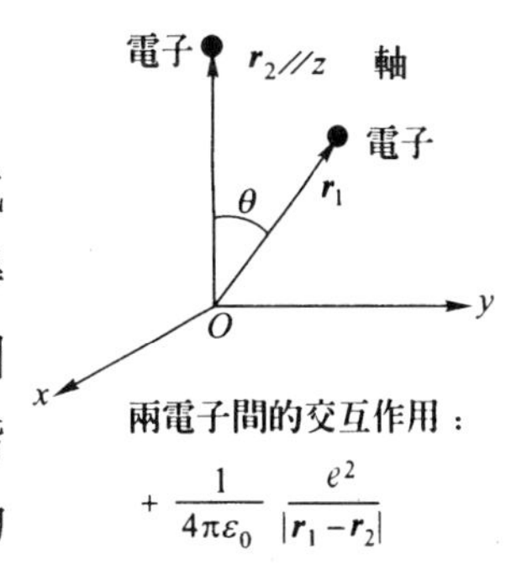

兩電子間的交互作用：$+\frac{1}{4\pi\varepsilon_0}\frac{e^2}{|\boldsymbol{r}_1-\boldsymbol{r}_2|}$

式（11－52a）和（11－52c）以及式（11－53c）和（11－53d）的值，確實差得太大，主因是沒有考慮兩個電子之間的相互作用，依照微擾理論，對這些值的一階（first order）修正是，求各狀態的

$\frac{1}{4\pi\varepsilon_0}\frac{e^2}{|\boldsymbol{r}_1-\boldsymbol{r}_2|}$的期待值。使用球座標(參見附錄(C)),並且如上頁圖取 $\boldsymbol{r}_2$平行於 z 軸,先對 $\boldsymbol{r}_1$積分,然後再對 $\boldsymbol{r}_2$積分。

(i)求基態$1S^2$的修正能$\Delta\varepsilon_{gs}$

先求式(11－52b)Ψ_{gs}的歸一化常數N,這是一項重要工作,只要對狀態函數作了重新安排,就必須重新做歸一化:

$$\int\Psi_{gs}^*(\xi_1,\xi_2)\Psi_{gs}(\xi_1,\xi_2)\mathrm{d}\tau = |N|^2(1+1) = 1$$

$$\therefore \quad N = \frac{1}{\sqrt{2}}$$

$$\therefore \quad \Delta\varepsilon_{gs} = \int\Psi_{gs}^*(\xi_1,\xi_2)\frac{k}{|\boldsymbol{r}_1-\boldsymbol{r}_2|}\Psi_{gs}(\xi_1,\xi_2)\mathrm{d}\tau, \quad k\equiv\frac{e^2}{4\pi\varepsilon_0}$$

$$= k\iint\varphi_{100}^*(\boldsymbol{r}_1)\varphi_{100}^*(\boldsymbol{r}_2)\frac{1}{\sqrt{r_1^2+r_2^2-2r_1r_2\cos\theta}}\times$$

$$\varphi_{100}(\boldsymbol{r}_1)\varphi_{100}(\boldsymbol{r}_2)\mathrm{d}^3r_1\mathrm{d}^3r_2$$

由式(10－135)得 $\varphi_{100}(\boldsymbol{r})=\sqrt{\frac{1}{\pi}\left(\frac{Z}{a_0}\right)^3}\mathrm{e}^{-Zr/a_0}$, a_0 = Bohr 半徑 = $\frac{\hbar^2}{km_0}$,m_0 = 電子靜止質量,$\mathrm{d}^3r\equiv r^2\sin\theta\mathrm{d}r\mathrm{d}\theta\mathrm{d}\varphi$

$$\therefore \quad \Delta\varepsilon_{gs} = k\left[\frac{1}{\pi}\left(\frac{Z}{a_0}\right)^3\right]^2\int\mathrm{e}^{-\frac{2Zr_2}{a_0}}\mathrm{d}^3r_2\int\mathrm{e}^{-\frac{2Zr_1}{a_0}}\frac{1}{\sqrt{r_1^2+r_2^2-2r_1r_2\cos\theta}}r_1^2\mathrm{d}r_1\sin\theta\mathrm{d}\theta\mathrm{d}\varphi$$

$$= 2\pi k\left[\frac{1}{\pi}\left(\frac{Z}{a_0}\right)^3\right]^2\int\mathrm{e}^{-\frac{2Zr_2}{a_0}}\mathrm{d}^3r_2\left\{\int\mathrm{e}^{-\frac{2Zr_1}{a_0}}\left[\frac{\sqrt{r_1^2+r_2^2-2r_1r_2\cos\theta}}{r_1r_2}\right]_0^\pi r_1^2\mathrm{d}r_1\right\}$$

設 $A\equiv 2\pi k\left[\frac{1}{\pi}\left(\frac{Z}{a_0}\right)^3\right]^2$,在上式的被積函數內的 $\left[\sqrt{r_1^2+r_2^2-2r_1r_2\cos\theta}\right]_0^\pi$,$\theta=\pi$ 時沒有問題,但 $\theta=0$時會遇到 $\sqrt{r_1^2+r_2^2-2r_1r_2}$,數學是:

$$\sqrt{r_1^2+r_2^2-2r_1r_2} = \begin{cases}\sqrt{(r_1-r_2)^2} = r_1-r_2\\ \sqrt{(r_2-r_1)^2} = r_2-r_1\end{cases}\text{都可以}$$

但物理上必須得正值,如 $r_>$爲 r_1和 r_2中的較大者,而 $r_<$是 r_1和 r_2中的較小者,則開方時是:

$$\sqrt{r_1^2+r_2^2-2r_1r_2} = r_>-r_< = \begin{cases}r_1-r_2\cdots\cdots r_1>r_2\\ r_2-r_1\cdots\cdots r_1<r_2\end{cases} \tag{11－55}$$

於是對 $\int_0^{\infty} dr_1$ 的積分時必須分成兩個階段 $\int_0^{\infty} dr_1 = \left(\int_0^{r_2} dr_1 + \int_{r_2}^{\infty} dr_1\right)$，在 $\int_0^{r_2}$ 的領域，$r_2 > r_1$，但在 $\int_{r_2}^{\infty}$ 的領域是 $r_1 > r_2$

$$\therefore \quad \Delta\varepsilon_{gs} = A\int e^{-\frac{2Zr_2}{a_0}} d^3r_2 \frac{1}{r_2}\left\{\int_0^{r_2}[(r_1+r_2)-(r_2-r_1)]r_1 e^{-\frac{2Zr_1}{a_0}} dr_1\right.$$

$$\left. + \int_{r_2}^{\infty}[(r_1+r_2)-(r_1-r_2)]r_1 e^{-\frac{2Zr_1}{a_0}} dr_1\right\}$$

$$= A\int e^{-\frac{2Zr_2}{a_0}} r_2^2 \sin\theta_2 dr_2 d\theta_2 d\varphi_2 \frac{2}{r_2}\left\{\frac{1}{-\frac{2Z}{a_0}}\left[e^{-\frac{2Zr_2}{a_0}}\left(\frac{a_0 r_2}{2Z}+\frac{a_0^2}{2Z^2}\right)-\frac{a_0^2}{2Z^2}\right]\right\}$$

$$= A8\pi\left(\frac{a_0}{2Z}\right)^5 \frac{5}{4} = \frac{5}{8}\frac{kZ}{a_0} = \frac{5}{8}\frac{Ze^2}{4\pi\varepsilon_0}\frac{1}{a_0} \qquad (11-56)$$

$$\doteq 34.01\text{eV}$$

(Ⅱ)求第一激發態 $1S^1 2S^1$ 的修正能 $\Delta\varepsilon_1^{\pm}$

與(Ⅰ)一樣，先求歸一化常數，$\alpha(\boldsymbol{\sigma}_1)\alpha(\boldsymbol{\sigma}_2)$ 和 $\beta(\boldsymbol{\sigma}_1)\times\beta(\boldsymbol{\sigma}_2)$ 的 $N=\frac{1}{\sqrt{2}}$，其他的 $N=\frac{1}{2}$。由於兩個電子的相互作用與自旋無關，自旋狀態函數在求期待值時自行正交歸一化，結果來自 $\alpha(\boldsymbol{\sigma}_1)\alpha(\boldsymbol{\sigma}_2)$ 和 $\beta(\boldsymbol{\sigma}_1)\beta(\boldsymbol{\sigma}_2)$ 的得1，其他得2，於是空間部分的期待值是：

$$\Delta\varepsilon_1^{\pm} = \frac{1}{2}k\int\{\varphi_{1s}^*(\boldsymbol{r}_1)\varphi_{2s}^*(\boldsymbol{r}_2) \pm \varphi_{1s}^*(\boldsymbol{r}_2)\varphi_{2s}^*(\boldsymbol{r}_1)\}$$

$$\times \frac{1}{|\boldsymbol{r}_1-\boldsymbol{r}_2|}\{\varphi_{1s}(\boldsymbol{r}_1)\varphi_{2s}(\boldsymbol{r}_2) \pm \varphi_{1s}(\boldsymbol{r}_2)\varphi_{2s}(\boldsymbol{r}_1)\}d^3r_1 d^3r_2$$

$$= k\left\{\int\varphi_{1s}^*(\boldsymbol{r}_1)\varphi_{2s}^*(\boldsymbol{r}_2)\frac{1}{r_{12}}\varphi_{1s}(\boldsymbol{r}_1)\varphi_{2s}(\boldsymbol{r}_2)d^3r_1 d^3r_2\right.$$

$$\left. \pm \int\varphi_{1s}^*(\boldsymbol{r}_1)\varphi_{2s}^*(\boldsymbol{r}_2)\frac{1}{r_{12}}\varphi_{1s}(\boldsymbol{r}_2)\varphi_{2s}(\boldsymbol{r}_1)d^3r_1 d^3r_2\right\} \qquad (11-57a)$$

$k \equiv \frac{e^2}{4\pi\varepsilon_0}$，$\frac{1}{2}$ 來自歸一化常數，$r_{12} \equiv |\boldsymbol{r}_1 - \boldsymbol{r}_2|$，由式(10－135)得：

$$\begin{cases} \varphi_{1s}(\boldsymbol{r}) = \sqrt{\dfrac{1}{\pi}\left(\dfrac{Z}{a_0}\right)^3} e^{-\frac{Zr}{a_0}} \\ \varphi_{2s}(\boldsymbol{r}) = \sqrt{\dfrac{1}{32\pi}\left(\dfrac{Z}{a_0}\right)^3}\left(2 - \dfrac{Zr}{a_0}\right) e^{-\frac{Zr}{2a_0}} \end{cases}$$

設式(11 – 57a)右邊第一項爲 I_D，第二項爲 I_E，其他座標的取法及積分方法都和(Ⅰ)相同

$$\therefore \frac{I_D}{k} = \frac{1}{32\pi^2}\left(\frac{Z}{a_0}\right)^6 \int \left(2 - \frac{Zr_2}{a_0}\right)^2 e^{-\frac{Zr_2}{a_0}} d^3 r_2$$

$$\times \left\{ \int e^{-\frac{2Zr_1}{a_0}} \frac{1}{\sqrt{r_1^2 + r_2^2 - 2r_1 r_2 \cos\theta_1}} r_1^2 \sin\theta_1 dr_1 d\theta_1 d\varphi_1 \right\}$$

$$= \frac{1}{16\pi}\left(\frac{Z}{a_0}\right)^6 \int \left(2 - \frac{Zr_2}{a_0}\right)^2 e^{-\frac{Zr_2}{a_0}} r_2^2 \sin\theta_2 dr_2 d\theta_2 d\varphi_2$$

$$\times \left\{ - \frac{1}{r_2} \frac{a_0}{Z}\left[e^{-\frac{2Zr_2}{a_0}} \left(\frac{a_0 r_2}{2Z} + \frac{a_0^2}{2Z^2} \right) - \frac{a_0^2}{2Z^2} \right] \right\}$$

$$= \frac{17}{3^4} \frac{Z}{a_0} \qquad (11-57b)$$

$$\frac{I_E}{k} = \frac{1}{32\pi^2}\left(\frac{Z}{a_0}\right)^6 \int \left(2 - \frac{Zr_2}{a_0}\right) e^{-\frac{3Zr_2}{2a_0}} d^3 r_2$$

$$\times \int \left(2 - \frac{Zr_1}{a_0}\right) e^{-\frac{3Zr_1}{2a_0}} \frac{1}{\sqrt{r_1^2 + r_2^2 - 2r_1 r_2 \cos\theta_1}} r_1^2 \sin\theta_1 dr_1 d\theta_1 d\varphi_1$$

$$= \frac{1}{8\pi}\left(\frac{Z}{a_0}\right)^6 \int \left(2 - \frac{Zr_2}{a_0}\right) e^{-\frac{3Zr_2}{2a_0}} d^3 r_2$$

$$\times \left\{ - \frac{2}{r_2} \frac{2a_0}{3Z}\left[e^{-\frac{3Zr_2}{2a_0}} \left(\frac{2a_0 r_2}{3Z} + \frac{8a_0^2}{9Z^2} \right) - \frac{8a_0^2}{9Z^2} \right] \right.$$

$$\left. - \frac{1}{r_2} \frac{Z}{a_0}\left[\int_0^{r_2} r_1^3 e^{-\frac{3Zr_1}{2a_0}} dr_1 + r_2 \int_{r_2}^{\infty} r_1^2 e^{-\frac{3Zr_2}{2a_0}} dr_1 \right] \right\}$$

$$= \frac{16}{3^6} \frac{Z}{a_0} \qquad (11-57c)$$

把式(11 – 57b)和(11 – 57c)代入式(11 – 57a)得：

$$\Delta\varepsilon_1^{\ddagger} = I_D + I_E = k\frac{Z}{a_0}\left(\frac{17}{3^4} \pm \frac{16}{3^6}\right) = \frac{e^2}{4\pi\varepsilon_0} \frac{Z}{a_0}\left(\frac{17}{3^4} \pm \frac{16}{3^6}\right)$$

$$(11-57d)$$

$$\therefore \quad \begin{cases} \Delta\varepsilon_1^+ \text{（單態）} \doteq 12.62\text{eV} \\ \Delta\varepsilon_1^- \text{（三重態）} \doteq 10.23\text{eV} \end{cases} \qquad (11-57\text{e})$$

式（11－57c）的 I_E 是空間部分的交換項（exchange term），而式（11－57b）是空間部分的直接項（direct term），它們的比值是：

$$\frac{I_E}{I_D} \doteq \frac{1}{10}\text{，或 } I_D \doteq 10 I_E \qquad (11-58)$$

(Ⅲ)求第二激發態 $1S^1 2P^1$ 的修正能 $\Delta\varepsilon_2^{\pm}$

歸一化常數以及自旋都和(Ⅱ)相同，故從式（11－53a，b）得：

$$\Delta\varepsilon_2^{\pm} = k\left\{\int \varphi_{100}^*(\boldsymbol{r}_1)\varphi_{21m_l}^*(\boldsymbol{r}_2)\frac{1}{r_{12}}\varphi_{100}(\boldsymbol{r}_1)\varphi_{21m_l}(\boldsymbol{r}_2)\,\mathrm{d}^3r_1\mathrm{d}^3r_2 \pm \int \varphi_{100}^*(\boldsymbol{r}_1)\varphi_{21m_l}^*(\boldsymbol{r}_2)\frac{1}{r_{12}}\varphi_{100}(\boldsymbol{r}_2)\varphi_{21m_l}(\boldsymbol{r}_1)\,\mathrm{d}^3r_1\mathrm{d}^3r_2\right\} \qquad (11-59)$$

$\equiv$ 右邊第一項 I_D ± 右邊第二項 I_E

由式（10－135）得：

$$\begin{cases} \varphi_{100}(\boldsymbol{r}) = \sqrt{\dfrac{1}{\pi}\left(\dfrac{Z}{a_0}\right)^3}\,\mathrm{e}^{-Zr/a_0} \\ \varphi_{21m_l}(\boldsymbol{r}) = R_{21}(r)Y_{1m_l} = \in\left(\dfrac{Z}{2a_0}\right)^{3/2}\dfrac{Z}{a_0\sqrt{3}}r\mathrm{e}^{-\frac{Zr}{2a_0}}Y_{1m_l}(\theta,\varphi) \\ \in \equiv \begin{cases} -1\cdots\cdots m_l = 1 \\ +1\cdots\cdots m_l = 0,\ -1, \quad \text{或 } \in^2 = 1 \end{cases} \end{cases} \qquad (11-60\text{a})$$

$$\frac{1}{r_{12}} = \frac{1}{|\boldsymbol{r}_1 - \boldsymbol{r}_2|} = \sum_{l=0}^{\infty}\sum_{m=-l}^{l}\frac{4\pi}{2l+1}\frac{r_<^l}{r_>^{l+1}}Y_{lm}^*(\theta_<,\varphi_<)Y_{lm}(\theta_>,\varphi_>) \qquad (11-60\text{b})$$

$r_>$ 是 r_1 和 r_2 的較大者，其角度爲（$\theta_>,\varphi_>$）；而 $r_<$ 表示 r_1 和 r_2 的較小者，其角度是（$\theta_<,\varphi_<$）。角度進來，表示角動量的演算會進來。於是角動量的合成係數，像兩角動量合成係數 Clebsch-Gordan 係數[8)] 自然地會進來。粒子只要被封閉在有限空間，且其受的力是連心力，角動量必守恆，其狀態函數，角動量 $\boldsymbol{L}^2$ 的量子數 l 是函數的量子數之一。當 $l \neq 0$ 的狀態出現，則會遇到如下列的演算，所以下列演算是很有用的演算技巧。把式（11－60a,b）代入式（11－59）得：

$$I_D = \frac{k}{6}\left(\frac{Z}{a_0}\right)^8 \sum_{l=0}^{\infty}\sum_{m=-l}^{l} \frac{1}{2l+1}\int e^{-\frac{2Zr_1}{a_0}} r_2^2 e^{-\frac{Zr_2}{a_0}}$$

$$\times \frac{r_<^l}{r_>^{l+1}} Y_{lm}^*(\theta_<, \varphi_<) Y_{lm}(\theta_>, \varphi_>) Y_{1m_l}^*(\theta_2, \varphi_2) Y_{1m_l}(\theta_2, \varphi_2) \, d^3r_1 d^3r_2$$

$$= \frac{k}{6}\left(\frac{Z}{a_0}\right)^8 \sum_{l=0}^{\infty}\sum_{m=-l}^{l} \frac{1}{2l+1}\int r_2^2 \mathbf{e}^{-\frac{Zr_2}{a_0}} d^3r_2$$

$$\times \left\{\int_0^{r_2} \frac{r_1^l}{r_2^{l+1}} Y_{lm}^*(\theta_1, \varphi_1) Y_{lm}(\theta_2, \varphi_2) Y_{1m_l}^*(\theta_2, \varphi_2) Y_{1m_l}(\theta_2, \varphi_2) e^{-\frac{2Zr_1}{a_0}} d^3r_1\right.$$

$$\left. + \int_{r_2}^{\infty} \frac{r_2^l}{r_1^{l+1}} Y_{lm}^*(\theta_2, \varphi_2) Y_{lm}(\theta_1, \varphi_1) Y_{1m_l}^*(\theta_2, \varphi_2) Y_{1m_l}(\theta_2, \varphi_2) e^{-\frac{2Zr_1}{a_0}} d^3r_1\right\}$$

（11 － 60c）

對 d^3r_1 積分時取 $\boldsymbol{r}_2 /\!/ z$ 軸，然後按照球座標的演算法進行 d^3r_2 積分，目前需要用到下列關係式：

$$Y_{l,m}^*(\theta, \varphi) = (-)^m Y_{l,-m}(\theta, \varphi) \qquad (11-61a)$$

$$Y_{l_1,m_1}(\theta, \varphi) Y_{l_2,m_2}(\theta, \varphi) = \sum_{L=0}^{\infty}\sum_{M=-L}^{L} \sqrt{\frac{(2l_1+1)(2l_2+1)}{4\pi(2L+1)}}$$

$$\times \langle l_1 0 l_2 0 | L0 \rangle \langle l_1 m_1 l_2 m_2 | LM \rangle Y_{L,M}(\theta, \varphi)$$

（11 － 61b）

$$\therefore \int Y_{lm}(\theta_2, \varphi_2) Y_{1m_l}(\theta_2, \varphi_2) Y_{1m_l}^*(\theta_2, \varphi_2) \sin\theta_2 d\theta_2 d\varphi_2$$

$$= (-)^{m_l} \sum_{L,M} \sqrt{\frac{3^2}{4\pi(2L+1)}} \langle 1010 | L0 \rangle \langle 1m_l 1 - m_l | LM \rangle$$

$$\times (-)^m \int Y_{l-m}^*(2) Y_{LM}^{(2)} d\Omega_2$$

$$= (-)^{m_l+m} \sqrt{\frac{3^2}{4\pi(2l+1)}} \langle 1010 | l0 \rangle \langle 1m_l 1 - m_l | l - m \rangle$$

（11 － 61c）

使用 $d\Omega \equiv \sin\theta d\theta d\varphi, Y_{lm}(i) \equiv Y_{lm}(\theta_i, \varphi_i), i = 1,2$；同樣得下式：

$$\int Y_{l,m}^*(2) Y_{1,m_l}(2) Y_{1,m_l}^*(2) d\Omega_2$$

$$= (-)^{m_l} \sqrt{\frac{3^2}{4\pi(2l+1)}} \langle 1010 | l0 \rangle \langle 1m_l 1 - m_l | lm \rangle$$

（11 － 61d）

$$\int Y_{l,m}^{*}(1)\,\mathrm{d}\Omega_1 = \sqrt{4\pi}\int Y_{l,m}^{*}(1)\,Y_{0,0}(1)\,\mathrm{d}\Omega_1$$

$$= \sqrt{4\pi}\,\delta_{l,0}\delta_{m,0} \qquad (11-61\mathrm{e})$$

$$= \int Y_{l,m}(1)\,\mathrm{d}\Omega_1 = \sqrt{4\pi}\int Y_{l,m}(1)\,Y_{0,0}^{*}(1)\,\mathrm{d}\Omega_1$$

將式（11－61c～e）代入式（11－60c）得：

$$I_D = \frac{k}{6}\left(\frac{Z}{a_0}\right)^8 \sum_{l=0}^{\infty}\sum_{m=-l}^{l}\frac{1}{2l+1}\int \mathrm{e}^{-Zr_2/a_0} r_2^4 \mathrm{d}r_2$$

$$\times \left\{\delta_{l,0}\delta_{m,0}(-)^{m_l+m}\sqrt{\frac{3^2}{2l+1}}\langle 1010|l0\rangle\langle 1m_l1-m_l|l-m\rangle\int_0^{r_2}\frac{r_1^l}{r_2^{l+1}}\mathrm{e}^{-2Zr_1/a_0}r_1^2\mathrm{d}r_1\right.$$

$$\left. + \delta_{l,0}\delta_{m,0}(-)^{m_l}\sqrt{\frac{3^2}{2l+1}}\langle 1010|l0\rangle\langle 1m_l1-m_l|lm\rangle\int_{r_2}^{\infty}\frac{r_2^l}{r_1^{l+1}}\mathrm{e}^{-2Zr_1/a_0}r_1^2\mathrm{d}r_1\right\}$$

$$= \frac{59}{3^4}\frac{Z}{a_0}k(-)^{m_l}\langle 1010|00\rangle\langle 1m_l1-m_l|00\rangle \qquad (11-61\mathrm{f})$$

但是，

$$\langle l_1m_1l_2m_2|lm\rangle = (-)^{l_1-m_1}\sqrt{\frac{2l+1}{2l_2+1}}\langle l_1m_1l-m|l_2-m_2\rangle$$

$$(11-62)$$

$$= (-)^{l_2+m_2}\sqrt{\frac{2l+1}{2l_1+1}}\langle l-ml_2m_2|l_1-m_1\rangle$$

$$\therefore\quad \langle 1010|00\rangle = -\frac{1}{\sqrt{3}},\quad \langle 1m_l1-m_l|00\rangle = (-)^{1-m_l}\frac{1}{\sqrt{3}}$$

$$\therefore\quad I_D = \frac{59}{3^5}\frac{Z}{a_0}\frac{e^2}{4\pi\varepsilon_0} \qquad (11-63\mathrm{a})$$

同樣地求交換積分 I_E：

$$I_E = \frac{k}{6}\left(\frac{Z}{a_0}\right)^8 \sum_{l=0}^{\infty}\sum_{m=-l}^{l}\frac{1}{2l+1}\int r_1r_2\mathrm{e}^{-\frac{3Zr_1}{2a_0}}\mathrm{e}^{-\frac{3Zr_2}{2a_0}}$$

$$\times \frac{r_<^l}{r_>^{l+1}}Y_{lm}^{*}(\theta_<\ \varphi_<)\,Y_{lm}(\theta_>\ \varphi_>)\,Y_{1m_l}^{*}(2)\,Y_{1m_l}(1)\,\mathrm{d}^3r_1\mathrm{d}^3r_2$$

$$= \frac{k}{6}\left(\frac{Z}{a_0}\right)^8 \sum_{l=0}^{\infty}\sum_{m=-l}^{l}\frac{1}{2l+1}\int r_2\mathrm{e}^{-\frac{3Zr_2}{2a_0}}\mathrm{d}^3r_2$$

$$\times \left\{\int_0^{r_2}\frac{r_1^l}{r_2^{l+1}}Y_{lm}^{*}(1)\,Y_{lm}(2)\,Y_{1m_l}^{*}(2)\,Y_{1m_l}(1)\,r_1\mathrm{e}^{-\frac{3Zr_1}{2a_0}}\mathrm{d}^3r_1\right.$$

$$+\int_{r_2}^{\infty}\frac{r_2^l}{r_1^{l+1}}Y_{lm}^*(2)\,Y_{lm}(1)\,Y_{1m_l}^*(2)\,Y_{1m_l}(1)\,r_1 e^{-\frac{3Zr_1}{2a_0}}d^3r_1\Big\}$$

$$=\frac{k}{6}\left(\frac{Z}{a_0}\right)^8\frac{1}{3}\int r_2^3 e^{-\frac{3Zr_2}{2a_0}}dr_2\left\{\int_0^{r_2}\frac{r_1}{r_2^2}r_1^3 e^{-\frac{3Zr_1}{2a_0}}dr_1+\int_{r_2}^{\infty}\frac{r_2}{r_1^2}r_1^3 e^{-\frac{3Zr_1}{2a_0}}dr_1\right\}$$

最後得：

$$I_E=\frac{112}{3^8}\frac{Z}{a_0}\frac{e^2}{4\pi\varepsilon_0} \qquad (11-63b)$$

$$\therefore\quad \Delta\varepsilon_2^{\pm}=I_D\pm I_E=\left(\frac{59}{3^5}\pm\frac{112}{3^8}\right)\frac{Z}{a_0}\frac{e^2}{4\pi\varepsilon_0} \qquad (11-63c)$$

$$\therefore\quad \begin{cases}\Delta\varepsilon_2^{+}\ (\text{單態})\doteq 14.14\text{eV}\\ \Delta\varepsilon_2^{-}\ (\text{三重態})\doteq 12.28\text{eV}\end{cases} \qquad (11-63d)$$

交換項和直接項的大小之比是：

$$I_E\doteq 0.07I_D \qquad (11-63e)$$

並且式（11－57e）和（11－63d）確實證明了我們的猜測式（11－54）是對的結果，從式（11－52a）和（11－56），以及式（11－53c），（11－57e）和（11－63d）式得，基態以及四重簡併的非微擾第一激發態的能級能量：

$$\varepsilon_{gs}\equiv E_{gs}+\Delta\varepsilon_{gs}=-74.84\text{eV} \qquad (11-64a)$$

$$\varepsilon_1^{\pm}\equiv E_{ex}+\Delta\varepsilon_1^{\pm}=\begin{cases}-55.41\text{eV}\cdots\cdots\ \text{單態}\\ -57.80\text{eV}\cdots\cdots\ \text{三重態}\end{cases} \qquad (11-64b)$$

$$\varepsilon_2^{\pm}\equiv E_{ex}+\Delta\varepsilon_2^{\pm}=\begin{cases}-53.89\text{eV}\cdots\cdots\ \text{單態}\\ -55.75\text{eV}\cdots\cdots\ \text{三重態}\end{cases} \qquad (11-64c)$$

$\varepsilon_1^{\pm}$ 和 $\varepsilon_2^{\pm}$ 的平均能 $\varepsilon_{1\cdot 2}=-55.7\text{eV}$ （11－64d）

以上各值和實驗值的差以及比較圖如下：

$$\frac{|E_{gs}^{exp}-\varepsilon_{gs}|}{|E_{gs}^{exp}|}=\frac{4.14}{78.98}\doteq 5\%$$

$$\frac{|E_{ex}^{exp}-\varepsilon_{12}|}{|E_{ex}^{exp}|}=\frac{2.3}{58}\doteq 4\% \qquad (11-64e)$$

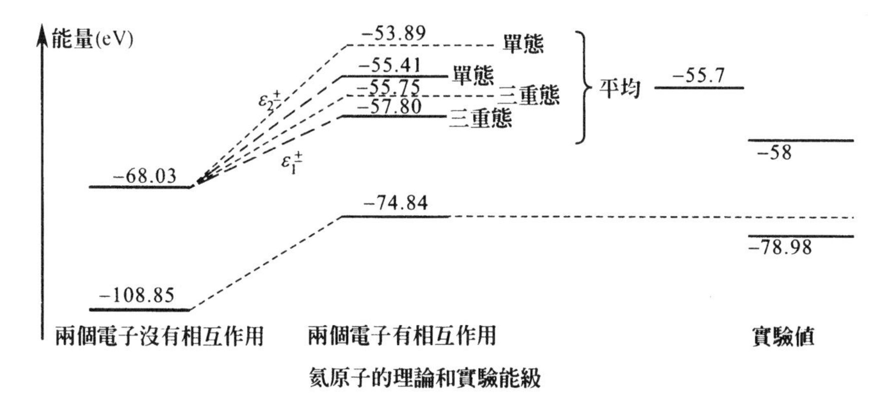

圖11－12

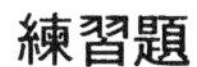

練習題

(1) (Ⅰ)什麼稱為化學鍵？

(Ⅱ)使用表10－7寫出$_1H_0^1$（氫），$_6C_6^{12}$（碳），$_7N_7^{14}$（氮），$_8O_8^{16}$（氧）的組態及亞殼層圖後，並畫出 H_2O（水），N_2（氮氣）和 CO_2（二氧化碳）的共價鍵圖。

(2) 證明在連心力（central force）情況下運動的粒子，其角動量必守恆。

(3) 仿照式（11－10b）的方法，從式（11－10a）的 $T_{fi}\mathbf{e}_y$ 求得選擇定則 $\Delta m = \pm 1$。

(4) 在式（11－15）討論到庫侖和 LS 力勢能 $V(r)$ 和 V_{LS}是相互牽制的力，能不能舉兩個社會現象也好，自然現象也好，有兩個或兩個以上的力相互作用下，才使體系維持平衡安定的實例。

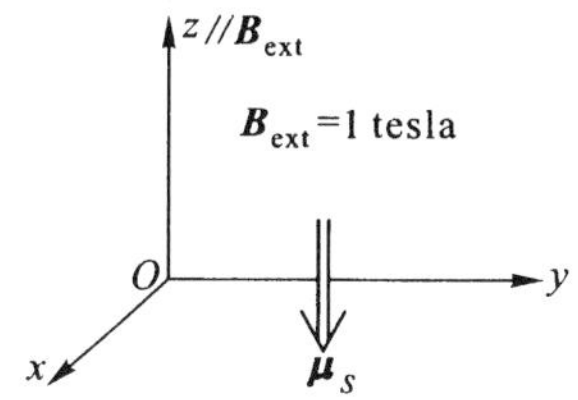

(5) 如右圖，鐵（Fe）在未加外磁場 $\boldsymbol{B}_{ext}$時自旋磁偶矩 $\boldsymbol{\mu}_s$ 剛好和$\boldsymbol{B}_{ext}$反方向，$\boldsymbol{B}_{ext}$進入之後 $\boldsymbol{\mu}_s$ 倒轉過來和$\boldsymbol{B}_{ext}$同向，那麼此鐵從電磁場吸收了多少能量？不考慮軌道磁偶矩。

(6) 比較 Sommerfeld 的式（11－20），相對論質量修正的 ΔE_{rel}的式（11－21b），和 LS 力修正的式（11－23f）。

(7) 使用式（10－23j）推導：$(\boldsymbol{\sigma}\cdot\boldsymbol{A})(\boldsymbol{\sigma}\cdot\boldsymbol{B}) = (\boldsymbol{A}\cdot\boldsymbol{B}) + i\boldsymbol{\sigma}\cdot(\boldsymbol{A}\times\boldsymbol{B})$，$\boldsymbol{A}$ 和 $\boldsymbol{B}$ 是任意矢量。

(8) 矢量 $\boldsymbol{A}$, $\boldsymbol{B}$ 和 $\boldsymbol{C}$ 的標積和矢積，如果用成分表示則得：

$$\boldsymbol{A}\cdot\boldsymbol{B} = \sum_{l=1}^{3} A_l B_l$$

$$(\mathbf{C})_l = (\boldsymbol{A} \times \boldsymbol{B})_l = \sum_{m,n=1}^{3} \in_{lmn} A_m B_n = -\sum_{m,n=1}^{3} \in_{lnm} A_m B_n$$

置換（Permutation）符號$\in_{lmn} = \begin{cases} 0 \cdots\cdots \text{任意兩個相同} \\ 1 \cdots\cdots \text{置換偶數次} \\ -1 \cdots\cdots \text{置換奇數次} \end{cases}$

利用上述性質證明$\begin{cases} (\text{i})\hat{\boldsymbol{P}} \cdot \boldsymbol{A} = \boldsymbol{A} \cdot \hat{\boldsymbol{P}} - i\hbar\ \nabla \cdot \boldsymbol{A} \\ (\text{ii})\hat{\boldsymbol{P}} \times \boldsymbol{A} = -\boldsymbol{A} \times \hat{\boldsymbol{P}} - i\hbar\ \nabla \times \boldsymbol{A} \end{cases}$

(9) 氫原子內的磁場$|\boldsymbol{B}_{\text{int}}|$＝式（11－26）$\doteqdot$1T（tesla），那麼仿照估計 B_{int}的方法，使用 Bohr 半徑 $a_0 \doteqdot 0.529$Å，估計核電子間的內電場大小 E_{int}。

(10) 求【**Ex.11－2**】的$^3F_4$和$^1P_1$的(i)Landé g 因子的大小，(ii)相鄰兩 Zeeman 譜線的間隔大小是多少 eV？假設 $B_{\text{ext}} = 0.3$T。

(11) 由式（11－28a）的 Landé 因子可得軌道和自旋迴磁比 g_l 和 g_s，那麼 Landé 因子 g 能不能小於1和大於2呢？

(12) 使用式（11－47c）的 nl^2的 LS 耦合條件，求 LS 耦合的$n\text{d}^2$的所有允許的組態。

(13) (i)氦原子的電子是全同粒子，是無法相互區別的，那麼爲什麼在【**Ex.11－12**】時可用號碼「1」和「2」來表示呢？這是區別兩電子的號碼嗎？
(ii)寫出含電子間的庫侖相互作用，以及 LS 力勢能也存在的，有 N 個電子的原子的一般 Hamiltonian；記得電子間的庫侖勢能每對只能計算一次。

(14) 能不能直接從氦能級譜獲得交換力所引起的效果呢？或得知有無交換力呢？

Ⅱ. 量子統計力學導論[12～14）]

(A)經典統計力學遇到的困難

19世紀中葉熱力學接近於成熟，完成了第0,1和2定律後，處理對象逐漸地擴大，從構成體系的微觀角度，即從原子、分子切入，於是體系的粒子多到10^{23}（1 mole 的氣體分子數）個，這時根本無法一個一個地追究粒子的運動。運動量的平均值成爲焦點，所以必須引進概率觀念（探討理論的工具）來推導分布函數（參見第六章Ⅴ），用它來獲得體系達到熱平衡態時的宏觀物理量，例如式（6－40）$_1$的壓力，式（6－48）$_2$的體系內能，式（6－55）的速度分布函數等等。在推導過程曾內涵了：

$$\left.\begin{array}{l}①粒子是無內部結構的點狀粒子，\\ ②體系每一狀態存在的概率相等，\\ ③同一狀態能容納的粒子數不受限制。\\ ④粒子互相能分辨，\\ ⑤使用牛頓力學機制：\boldsymbol{F}=m\dfrac{\mathrm{d}^2\boldsymbol{r}}{\mathrm{d}t^2}，\quad m=粒子靜止質量，其加速度=\dfrac{\mathrm{d}^2\boldsymbol{r}}{\mathrm{d}t^2}，\\ ⑥體系必須滿足應有的種種守恆量，如動量、角動量、能量、\\ \quad 粒子數等等的守恆。\end{array}\right\}$$

(11 – 65a)

這些經典統計力學的觀念，在19世紀末葉逐漸無法說明如第十章(II)提到過的氣體定容比熱實驗，黑體輻射等現象。直到量子力學誕生，逐漸地發現式(11 – 65a)的內涵和量子力學的基本假設(postulate)二象性、Heisenberg 的測不準原理 $\Delta q\Delta p\geqslant\frac{1}{2}\hbar$ 有出入，依此原理不但無法把粒子看成點狀粒子，而且粒子無軌道，甚至於粒子相互靠近時無法分辨，加上有些粒子，如電子必須遵守 Pauli 原理，不能一視同仁地處理*所有種類的粒子*。如何將這些不同種類的全同粒子的特徵，放入理論框架內呢？雖由數學，狀態函數 $\psi(\xi_1,\xi_2,\cdots\cdots,\xi_N;t)$ 能容納的粒子數有兩種可能：『首先是如式(11 – 65a)③，粒子數隨意不受限制；第二是受限制，每一狀態最多只允許一個粒子』，但是粒子的*不可分辨性沒考慮進去*。依照經典統計力學的式(11 – 65a)③，狀態：

$$\psi(\xi_1,\xi_2,\cdots\cdots,\xi_N;t)\equiv\phi_1$$

和任意交換兩粒子的所有狀態變數 ξ 所得的狀態：

$$\psi(\xi_2,\xi_1,\cdots\cdots,\xi_N;t)\equiv\phi_2$$

由於經典粒子的可分辨性，ϕ_1和 ϕ_2是*不同的狀態*，但量子力學的全同粒子的不可分辨性，ϕ_1和 ϕ_2是無法區別的*同一狀態*。這不可分辨性的要求引起狀態數減少，並且狀態函數必須滿足全同粒子的特性之一的對稱性。

量子力學的運動方程式沒有含粒子不可分辨性的算符，於是 Schrödinger 方程的解，*在多體系一般地不是物理體系所要的解*；不過只要有任意的 Schrödinger 方程的完全歸一化集解，就能應體系全同粒子的不可分辨性的要求，創造滿足正確對稱性的體系狀態函數，例如對 Fermi 子，就必須使用反對稱函數，如式(11 – 36)；對 Bose 子就必須使用對稱函數，如式(11 – 38)；即必須執行：

$$粒子的不可分辨性\Rightarrow狀態函數的對稱性\Rightarrow\begin{cases}對稱函數\cdots\cdots\text{Bose 子}\\ 反對稱函數\cdots\cdots\text{Fermi 子}\end{cases}$$

(11 – 65b)

於是式（11－65a），除了②和⑥之外，必須全部加以修正，結果是：

①粒子有內部構造，非點狀粒子，且帶有自旋；
②假設體系每一狀態存在的概率相等；
③同一狀態能容納的粒子數，受狀態函數的對稱性的限制；
④全同粒子互相無法分辨；
⑤使用量子力學機制，如 Schrödinger 方程

$$\hat{H}\psi(\xi,t)=i\hbar\frac{\partial\psi(\xi,t)}{\partial t},\quad \xi\equiv(\boldsymbol{r},\boldsymbol{\sigma});$$

⑥體系必須滿足應有的種種守恆量，如動量、角動量、能量、粒子數等等的守恆。

（11－65c）

式（11－65c）④如式（11－65b）所示，廣義地含③。為了和式（11－65a）進行顯明的對照，才分別地列出。於是式（11－65c）自然地產生不同種類的粒子，分布在各狀態函數上產生差異，而分布函數必和經典的式（6－57）不同。由於使用量子力學機制，所以把式（11－65c）所產生的統計力學稱為**量子統計力學**。

(B) Bose-Einstein 統計力學的分布函數

說極端些，統計力學是要瞭解分子運動和體系熱平衡的關係。所謂的平衡穩定是宏觀的意義，是從大尺度的觀點看體系的現象，並且觀測時間必須大於體系局部變化的時間。因為世界上絕沒有永遠不變的物理體系，也沒有絕對封閉的體系，所以觀測時間的長短是相當重要的因素。假定時間足夠使體系達到熱平衡，體系總能 E，同種且總粒子數 N，此體系類似於孤立體系，於是其量子力學的能級必是離散值，設為 $\varepsilon_a,\varepsilon_b,\cdots\cdots$。$N$ 個粒子相互作用後，各粒子獲得自己的能量後分布在 $\varepsilon_a,\varepsilon_b\cdots\cdots$上，如果各能級上的粒子數為 $N_a,N_b,\cdots\cdots$，簡併度 $g_a,g_b,\cdots\cdots$，則時間足夠長後，能級之間的粒子躍遷**宏觀上看不到**，即

$$\frac{\mathrm{d}N_a}{\mathrm{d}t}=0 \qquad (11-66)$$

這時的體系狀態稱為**熱平衡態**。式（11－66）是局部平衡，各局部平衡必然引起整體平衡。

【Ex.11－13】 有三個同種粒子，相互間沒有相互作用，體系的能量本徵值 $=\varepsilon_a,\varepsilon_b$，簡併度如右圖，本徵函數為 φ_a,φ_{b_1}和 φ_{b_2}；總能 $E=\varepsilon_a+2\varepsilon_b$，求 Bose 子和 Fermi 子的體系狀態函數 ϕ_S 和 ϕ_A。

ε_b ——— $g_b=2$

ε_a ——— $g_a=1$

$g_{a,b}=$簡併度

在 $E=(\varepsilon_a+2\varepsilon_b)$ 的條件下，粒子的分布情形是：

$$(\varphi_a, \varphi_{b_1}, \varphi_{b_2}) = (1\text{個}，1\text{個}，1\text{個}) \equiv \phi_1$$
$$\text{或} = (1\text{個}，2\text{個}，0\text{個}) \equiv \phi_2$$
$$\text{或} = (1\text{個}，0\text{個}，2\text{個}) \equiv \phi_3$$

(1) Bose **粒子**

這時狀態函數必須是對稱函數，故由式（11－38）得對稱函數：

$$\left.\begin{aligned}
\phi_{1s}(\xi_1,\xi_2,\xi_3) &= \frac{1}{\sqrt{3\,!}}\begin{vmatrix} \varphi_a(\xi_1) & \varphi_a(\xi_2) & \varphi_a(\xi_3) \\ \varphi_{b_1}(\xi_1) & \varphi_{b_1}(\xi_2) & \varphi_{b_1}(\xi_3) \\ \varphi_{b_2}(\xi_1) & \varphi_{b_2}(\xi_2) & \varphi_{b_2}(\xi_3) \end{vmatrix}_+ \\
&\equiv \frac{1}{\sqrt{3\,!}}\begin{vmatrix} \varphi_a(1) & \varphi_a(2) & \varphi_a(3) \\ \varphi_{b_1}(1) & \varphi_{b_1}(2) & \varphi_{b_1}(3) \\ \varphi_{b_2}(1) & \varphi_{b_2}(2) & \varphi_{b_2}(3) \end{vmatrix}_+ \\
\phi_{2s}(\xi_1,\xi_2,\xi_3) &= \frac{1}{\sqrt{3\,!}}\begin{vmatrix} \varphi_a(1) & \varphi_a(2) & \varphi_a(3) \\ \varphi_{b_1}(1) & \varphi_{b_1}(2) & \varphi_{b_1}(3) \\ \varphi_{b_1}(1) & \varphi_{b_1}(2) & \varphi_{b_1}(3) \end{vmatrix}_+ \\
\phi_{3s}(\xi_1,\xi_2,\xi_3) &= \frac{1}{\sqrt{3\,!}}\begin{vmatrix} \varphi_a(1) & \varphi_a(2) & \varphi_a(3) \\ \varphi_{b_2}(1) & \varphi_{b_2}(2) & \varphi_{b_2}(3) \\ \varphi_{b_2}(1) & \varphi_{b_2}(2) & \varphi_{b_2}(3) \end{vmatrix}_+
\end{aligned}\right\}$$

（11－67a）

當平衡時 ϕ_{1s}，ϕ_{2s}和ϕ_{3s}不但出現的概率相等，而且各 ϕ_{1s}，ϕ_{2s}和ϕ_{3s}的粒子數不變，但局部是：

$$\varphi_a \Longleftrightarrow \varphi_{b_1,b_2}\,; \qquad \varphi_{b_1} \Longleftrightarrow \varphi_{b_2}$$

以等概率、等速度左右地躍遷，於是滿足式（11－66）。

(2) Fermi **粒子**

如果是 Fermi 子，式（11－67a）右邊是行列式，即式（11－36）；行列式的兩行或兩列相等時必等於0，故 Fermi 子時僅有一個狀態函數：

$$\phi_A(\xi_1,\xi_2,\xi_3) = \frac{1}{\sqrt{3!}}\begin{vmatrix} \varphi_a(\xi_1) & \varphi_a(\xi_2) & \varphi_a(\xi_3) \\ \varphi_{b_1}(\xi_1) & \varphi_{b_1}(\xi_2) & \varphi_{b_1}(\xi_3) \\ \varphi_{b_2}(\xi_1) & \varphi_{b_2}(\xi_2) & \varphi_{b_2}(\xi_3) \end{vmatrix} \tag{11-67b}$$

顯然，粒子狀態函數的對稱性與粒子的質量、電荷、自旋一樣，是粒子的本性之一。故同一種粒子，**不可能有時對稱函數，有時反對稱函數**。

同種粒子構成的物理體系，當**體系總能量 E 一定的情況下**，將體系總粒子數 N 分布到簡併度 g_i 的能級 ε_i 的分法，如【**Ex.11－13**】與體系狀態函數的對稱性有密切的關係。於是每個 ε_i 所能獲得的粒子數 n_i 形成一個函數 $f(\varepsilon_i)$，$i = a, b, \cdots\cdots$：

$$n_i \propto f(\varepsilon_i) \tag{11-68a}$$

$$n_i \equiv \frac{N_i}{g_i},\quad N_i = \varepsilon_i \text{ 上的粒子數} \tag{11-68b}$$

$$E = \sum_i N_i\varepsilon_i,\quad N = \sum_i N_i \tag{11-68c}$$

$f(\varepsilon_i)$ 相當於每個 ε_i 能得 n_i 的概率，平衡後 $f(\varepsilon_i)$ 的形狀，即函數形式不變，稱爲分布函數（distribution function，參見第六章Ⅴ）。所以要 N 個粒子在 E 下的分布情形，核心是求式（11－68a）的 $f(\varepsilon_i)$，常用的方法有兩種：利用細致平衡（detailed balance）法，即當體系達到平衡穩定後，各粒子都有自己的能量 ε_i，**宏觀是滿足式（11－66），不過粒子間仍然有相互作用**。粒子會在能級間躍遷，只是如右圖粒子從能級 ε_b 到 ε_a，以及 ε_a 到 ε_b 的速度和概率相等，於是 ε_a 或 ε_b 上的粒子數的時間變化等於0。如果用單位時間的躍遷概率 $\omega(a \Longleftrightarrow b)$，以及狀態密度 $\rho_{a,b} = |\varphi_{a,b}(\xi)|^2$ 來表示，則式（11－66）變成：

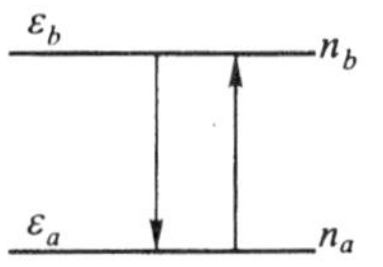

$$\rho_a\omega(a \longrightarrow b) = \rho_b\omega(b \longrightarrow a) \tag{11-69}$$

$\omega(a \Longleftrightarrow b)$ 是正比於躍遷矩陣（參見式（10－57b））$\langle \varphi_{\substack{a\\b}} | \hat{H}_{\text{int}} | \varphi_{\substack{b\\a}} \rangle$ 的絕對值平方，$\hat{H}_{\text{int}}$ 是相互作用 Hamiltonian，式（11－69）稱爲**細致平衡**，它內涵時間反演（time reversal）守恆，即有正過程時，必有完全一樣的逆過程。另一種方法是如【**Ex.11－13**】，直接將 N 個粒子，在一定的 E 的情況下，計算分布到各 ε_i 的分法，最後假定粒子數很大來求近似式，俗稱**最大可能分布**（most probable distribution）法。兩種方法都很有用，現分別介紹如下。

(1)**促進因子**（enhancement factor）

經典力學的式（11－65a）③和量子力學的式（11－65c）③有本質上的差異。前者的狀態函數不必滿足對稱性，但後者必須滿足。於是狀態數，後者遠少於前者，且會帶來一個因子，稱爲**促進因子**，即如果體系只有兩個粒子，且有兩個狀態，則由式（11－38）得對稱狀態函數 $\phi_s(\xi_1,\xi_2)$：

$$\phi_s(\xi_1,\xi_2)=\frac{1}{\sqrt{2!}}\begin{vmatrix}\varphi_a(\xi_1) & \varphi_a(\xi_2)\\ \varphi_b(\xi_1) & \varphi_b(\xi_2)\end{vmatrix}_+$$

由於 Bose 子可進入同一狀態，故得：

$$\phi_s(\xi_1,\xi_2,a=b)=\frac{2}{\sqrt{2}}\varphi_a(\xi_1)\varphi_a(\xi_2)=\sqrt{2}\varphi_a(\xi_1)\varphi_a(\xi_2)$$

$$\therefore\quad\int\phi_s^*(\xi_1,\xi_2,a=b)\phi_s(\xi_1,\xi_2,a=b)\,d\tau_1d\tau_2$$

$$=2\int|\varphi_a(\xi_1)|^2d\tau_1\int|\varphi_a(\xi_2)|^2d\tau_2=2\times1=2!$$

上式右邊多了一個數2＝2！，同樣如果爲三個粒子，三個狀態，並且統統進入同一狀態，則由式（11－67a）得：

$$\int\phi_{1s}^*(\xi_1,\xi_2,\xi_3,a=b_1=b_2)\phi_{1s}(\xi_1,\xi_2,\xi_3,a=b_1=b_2)\,d\tau_1d\tau_2d\tau_3$$

$$=6=3!=3\times2!$$

依此類推，n 個粒子，n 個狀態時便得 n！設 P_1＝放一個 Bose 子進入空狀態的概率，則從以上結果，放進 n 個 Bose 子的概率 P_n^B，右上標表示 Bose 子，是：

$$P_n^B=n!(P_1)^n \tag{11－70a}$$

同理，已有 n 個粒子的狀態再放進一個便得：

$$P_{n+1}^B=(n+1)P_1P_n^B \tag{11－70b}$$

式（11－70b）右邊的（$n+1$）稱爲**增強因子**，或**促進因子**。增強因子的物理是，狀態中已有粒子的話，會促進更多的粒子進來，例如右圖，能級 ε_b 的每一狀態有 n_b 個粒子，則由狀態 φ_a 躍遷到 φ_b 的躍遷概率必被增強成：

ε_b,n_b　φ_b

ε_a,n_a　φ_a

$$\omega(a\longrightarrow b)\Rightarrow(n_b+1)\omega(a\longrightarrow b)\equiv W^B(a\longrightarrow b) \tag{11－70c}$$

⑵細致平衡中（detailed balancing，進行中的細致平衡）

雖整個體系是宏觀熱平衡穩定，但體系內部成員仍然相互作用而且進行躍遷，熱平衡時必須滿足式（11－69），但 Bose 子的躍遷概率是式（11－70c），狀態密度 $\rho_{a,b}$ = 已有的粒子數 $n_{a,b}$，所以得：

$$n_a W^B(a \longrightarrow b) = n_a(n_b+1)\omega(a \longrightarrow b)$$
$$= n_b W^B(b \longrightarrow a) = n_b(n_a+1)\omega(b \longrightarrow a)$$

或
$$\frac{n_a}{n_a+1}\omega(a \longrightarrow b) = \frac{n_b}{n_b+1}\omega(b \longrightarrow a) \qquad (11-70\mathrm{d})$$

躍遷概率 $\omega(a \longrightarrow b)$ 表示粒子由狀態 ε_a 進入狀態 ε_b，且由式（11－65a），（11－65c）的②與⑥的一致，和式（6－57）得，ε_b 的每一狀態的粒子 $n_b \propto \exp(-\frac{\varepsilon_b}{kT})$，於是可看成 $\omega(a \longrightarrow b)$ 正比於經典的 Boltzmann 因子式（6－57）：

$$\omega(a \longrightarrow b) \propto \exp\left(-\frac{\varepsilon_b}{kT}\right) \qquad (11-70\mathrm{e})$$

將式（11－70e）代入式（11－70d）得：

$$\frac{n_a}{n_a+1}e^{\beta\varepsilon_a} = \frac{n_b}{n_b+1}e^{\beta\varepsilon_b}, \quad \beta \equiv \frac{1}{kT} \qquad (11-70\mathrm{f})$$

式（11－70f）左邊僅和狀態 ε_a 有關，而右邊只和狀態 ε_b 有關，故式（11－70f）必和 $\varepsilon_a, n_a, \varepsilon_b$ 和 n_b 無關，僅和整個物理體系達到熱平衡的物理量溫度 T 有關的常量，則得：

$$\frac{n_i}{n_i+1}e^{\beta\varepsilon_i} = \text{常量} \equiv e^{-\alpha(T)} \qquad (11-70\mathrm{g})$$

式（11－70g）左邊是無量綱量，故 $\alpha(T)$ 也是無量綱量。爲什麼式（11－70g）右邊指數取負值呢？因爲當 α 爲正值時，爲確保式（11－70g）左邊的是有限值，於是得：

$$n_i = \frac{e^{-\alpha}}{e^{\beta\varepsilon_i} - e^{-\alpha}}$$

$$\therefore \quad \boxed{n(\varepsilon) = \frac{1}{e^{\alpha}e^{\beta\varepsilon}-1}, \quad \beta \equiv \frac{1}{kT}} \qquad (11-71)$$

式（11－71）稱爲理想 Bose 子的 **Bose-Einstein 分布函數**，表示由 Bose 子構成的物理體系，當熱平衡時，有狀態能量 ε 的粒子數。那麼爲什麼是理想 Bose 子呢？因爲使用了經典力學的式（6－57）的 Boltzmann 因子，而且推導過程中用了狀態數 = 粒子數，即沒有簡併的情況。未定常量 $\alpha(T)$ 是由總粒子數 $\sum_i Ni = N$ 來決定。接著用不同的推導方法來處理有簡併的情況。

(3)最大可能分布

狀態：	a,	b,	c,	------
能量：	ε_a,	ε_b,	ε_c,	------
簡併度：	g_a,	g_b,	g_c,	------
粒子數：	N_a,	N_b,	N_c,	------

圖11－13

設體系的總粒子數＝N，熱平衡時的體系總能量＝E，體系的狀態、各狀態的能量、簡併度及粒子數分別如圖11－13，則每一簡併度上的粒子數是：

$$n_i = \frac{N_i}{g_i} \qquad (11-72a)$$

$$i = a, b, c, \cdots\cdots$$

對 Bose 子，同一狀態可容納任意數目的粒子，將 N_i 個粒子放進 ε_i 的方法，由於 ε_i 有簡併度 g_i，每個粒子增加了 g_i 個的機會。假定狀態能量 ε_i 已有一個粒子，故對 i 狀態拿走已進入的一個粒子後，剩下的粒子數是：

$$N_i - 1$$

加上每個粒子多了 g_i 個機會，於是分配到 ε_i 的概率 P_i 等於從$\{g_i + (N_i - 1)\}$個中任取 N_i 個的所有的可能組合，即：

$$P_i = C_{N_i}^{g_i+N_i-1} = \frac{(g_i + N_i - 1)!}{[(g_i + N_i - 1) - N_i]!\,N_i!} = \frac{(g_i + N_i - 1)!}{(g_i - 1)!\,N_i!} \qquad (11-72b)$$

總概率 P 是到各能級概率之積：

$$P = \prod_i P_i = \prod_i \frac{(g_i + N_i - 1)!}{(g_i - 1)!\,N_i!} \qquad (11-72c)$$

熱平衡是最大概率的時候，是式（11－72c）的所有可能的變化都爲零的時候，這在數學上是取式（11－72c）的變分（variation）等於零，由於 N_i 階乘是個大數目，對大數目的演算、經常使用的方法是，先取對數，化爲處理指數的數目。指數是小數目容易處理，然後再進行變分。例如一億是10^8，如果取10爲底的對數 $\log 10^8 = 8$，處理10^8的問題被簡化成處理8的問題，所以先以自然對數：

$$e = \lim_{n\to\infty}\left(1 + \frac{1}{n}\right)^n, \quad n = \text{正整數}$$

爲底取式（11－72c）的對數後，再進行變分。雖然此地不是指數函數問題，但本質相同，故粒子數的變化對總概率的影響是：

$$\delta \ln P = \delta\left\{\sum_i [\ln(g_i + N_i - 1)! - \ln(g_i - 1)! - \ln N_i!]\right\}$$

取對數還有一個好處，乘除演算變成加減演算，非常方便。對階乘的大數的自然對數，有個很方便的Stirling近似式：

$$\ln N! \doteq N\ln N$$

於是得：

$$\begin{aligned}\delta\ln P &\doteq \delta\Big\{\sum_i[(g_i+N_i)\ln(g_i+N_i)-g_i\ln g_i-N_i\ln N_i]\Big\}\\ &=\sum_i[\ln(g_i+N_i)+1-\ln N_i-1]\delta N_i\\ &=\sum_i\left(\ln\frac{g_i+N_i}{N_i}\right)\delta N_i=0\end{aligned}$$

(11－72d)

另一方面，體系的總能量 E 和總粒子數 N 必須守恆，故它們對粒子數的變化也必須等於0，即：

$$\delta E=\delta\Big(\sum_i N_i\varepsilon_i\Big)=\sum_i\varepsilon_i\delta N_i=0 \qquad (11-72e)$$

$$\delta N=\delta\sum_i N_i=\sum_i\delta N_i=0 \qquad (11-72f)$$

要同時滿足式（11－72d）～（11－72f）的方法是使用Lagrange（Joseph Louis Lagrange, 1736～1813，義大利數學和物理學家）未定係數法，即式（11－72e）乘 β 而式（11－72f）乘 α 後和式（11－72d）相減，由於 $\delta N_i\neq 0$，故其係數必等於零；α 和 β 是未定係數。

$$\therefore \qquad \ln\frac{g_i+N_i}{N_i}=\beta\varepsilon_i+\alpha$$

或

$$\frac{g_i+N_i}{N_i}=\exp(\alpha+\beta\varepsilon_i)$$

$$\therefore \qquad N_i=\frac{g_i}{e^{\alpha}e^{\beta\varepsilon_i}-1} \qquad (11-73a)$$

由式（11－72a）得 $N_i=g_in_i$，故得能量本徵值 ε 的體系本徵態的粒子數 $n(\varepsilon)$：

$$n(\varepsilon)=\frac{1}{e^{\alpha}e^{\beta\varepsilon}-1}=\text{式}(11-71)$$

α 和 β 分別由總粒子數 N 和總能量 E 來求得：

$$\sum_i N_i=\sum_i\frac{g_i}{e^{\alpha}e^{\beta\varepsilon_i}-1}=N\cdots\cdots \text{決定}\ \alpha \qquad (11-73b)$$

$$\sum_i N_i\varepsilon_i=\sum_i\frac{g_i\varepsilon_i}{e^{\alpha}e^{\beta\varepsilon_i}-1}=E\cdots\cdots \text{決定}\ \beta \qquad (11-73c)$$

以上用了兩種不同的方法都獲得相同的結果式（11－71），當 $\beta=\frac{1}{kT}$，k 是Boltzmann常數。兩種方法都立足於共同點：

(Ⅰ)物理體系達到熱平衡，

(Ⅱ)物理體系的能量本徵值是離散值。

式（11－71）剛好和式（10－8b）相等，在第十章中是將經典力學的能量連續變化，經 Planck 的能量子觀念，換成離散能所得的公式。顯然在微觀世界離散能是物理體系的本質，才能確保全同粒子具有靜止質量、自旋以及電荷，並且個個粒子都相等。物理體系的總粒子數 N，並且粒子數守恆和體系總能量 E 的條件下，體系達到熱平衡時，如果體系粒子是同種的 Bose 子，則體系能量本徵值 ε 的本徵態有式（11－71）的粒子。本徵值 ε 依體系的 Hamiltonian（表示粒子動能及相互作用的總能量算符）有各體系固有的分布，引起各 ε 上的粒子分布情況有差異。要深入瞭解必須做具體的例子，將在下面(D)集中舉例。下面我們探討必須遵守 Pauli 原理的 Fermi 子的分布函數。

(C) Fermi-Dirac 統計力學的分布函數

最早獲得式（11－71）的是 Planck，他爲了說明光譜輻射率圖10－1，創造了「能量子」的新觀念，在1900的10月19日成功地獲得了該公式。這個離散輻射能的觀念，影響了科學界，使 Einstein 在1905引進光量子（光子，細節參見第十章Ⅱ）的創新觀念，順利地解決了光電效應。經典物理的物理量是連續的這種傳統看法，逐漸地被擊破。在1924年印度的 Bose，使用 Einstein 的光子和體系的狀態函數爲**對稱函數**，推導光子分配到體系每一能量本徵態的平均粒子數時，獲得式（11－71）。Bose 的這篇論文受到 Einstein 的高度欣賞和推薦，加上 Einstein 以式（11－71），在低溫時獲得 Bose 子的凝聚（condensation 參見下面(D)）現象（1924年），才稱式（11－71）的分布函數爲 Bose-Einstein 分布函數。同樣地在1926年，Fermi 使用了反對稱狀態函數，處理單原子的氣體量子化問題，約晚半年的同是1926年，Dirac 處理全同粒子時，發現全同粒子的體系狀態函數只有兩種可能（參見式（11－32d,e））：

$$\text{對稱函數 } \Psi_S(\xi_1,\xi_2,\cdots\cdots,\xi_N;t)$$

$$\text{反對稱函數 } \Psi_A(\xi_1,\xi_2,\cdots\cdots,\xi_N;t)$$

並且 Dirac 指出，Ψ_S 帶來1924年的 Bose-Einstein 的統計觀念，而 Ψ_A 滿足1925年 Pauli 提出的不相容原理式（10－20b）。所以把必須反對稱狀態函數的全同粒子稱爲 Fermi 子，處理它們的統計力學稱爲 **Fermi-Dirac 統計力學**。現用時間反演成立的兩全同粒子的碰撞來推導 Fermi-Dirac 的分布函數。

(1)抑制因子（inhibition factor）

由於 Fermi 子必須遵守 Pauli 原理，因而產生反對稱狀態函數 Ψ_A；使用獨立粒子模型且狀態數等於粒子數，則由式（11－36）兩 Fermi 子的狀態函數是：

$$\psi_A(\xi_1,\xi_2)=\frac{1}{\sqrt{2!}}\{\varphi_a(\xi_1)\varphi_b(\xi_2)-\varphi_a(\xi_2)\varphi_b(\xi_1)\}$$

$$\therefore\quad \lim_{\xi_2\to\xi_1}\psi_A(\xi_1,\xi_2)=0 \qquad (11-74\text{a})$$

假定體系的能量本徵值、簡併度、粒子數全和圖11－13所示的相同，只是把前節（B）的 Bose 子換成 Fermi 子；如果能量 ε_i 的簡併度 g_l 的本徵函數 $\varphi_l(\xi_m)$，l 和 m 都是1,2,……,i。已有 n_{il}個粒子，右下標分別表示屬於能量 ε_i 的簡併度 g_l，則由式（11－74a）得『再要把粒子放進 φ_l 時必受已有的 n_{il}的限制』按照其概率 f_{il} 是：

$$f_{il}=1-n_{il} \qquad (11-74\text{b})$$

因為，Pauli 原理，n_{il}只能取0或1，如果 $n_{il}=1$，則再也無法把粒子放入 φ_l，故 $f_{il}=0$；如果 n_{il}是0，則 $f_{il}=1$，所以稱 f_{il}為抑制因子，則把粒子放入 ε_i 能級狀態的概率，即抑制因子是：

$$\sum_{l=1}^{g_i}f_{il}=\sum_{l=1}^{g_i}(1-n_{il})=g_i(1-n_i) \qquad i=a,b,c,\cdots\cdots$$

$$(11-74\text{c})$$

(2)時間反演成立的二體碰撞[13]

如圖11－14(a)所示，具有自旋的兩同樣粒子 a 和 b 相互碰撞，碰撞後變成能量 $\varepsilon_{a'}$和$\varepsilon_{b'}$的兩同樣的粒子。設其散射矩陣＝$S(a,b\longrightarrow a',b')$，則其時間反演碰撞圖11－14(b)的散射矩陣 $S(a',b'\longrightarrow a,b)$必定滿足：

$$S(a,b\longrightarrow a',b')=S(a',b'\longrightarrow a,b)$$

於是躍遷矩陣 T（參閱近代物理II（11－421c）式）也滿足：

$$T(a,b\longrightarrow a',b')=T(a',b'\longrightarrow a,b) \qquad (11-75\text{a})$$

熱平衡是宏觀尺度現象，但體系內粒子是不斷地進行相互作用，引起能級 ε_b 和ε_a 的兩粒子 b 和 a 躍遷到能級$\varepsilon_{a'}$和$\varepsilon_{b'}$，則其概率 $P(a,b\longrightarrow a',b')$必定與 $\varepsilon_a,\varepsilon_b$ 上的粒子數N_a,N_b，以及 $\varepsilon_{a'}$和$\varepsilon_{b'}$的抑制因子 $g_{a'}(1-n_{a'})$和 $g_{b'}(1-n_{b'})$有關，同時也與 $T(a,b\longrightarrow a',b')$有關，即：

$$P(a,b\longrightarrow a',b')=|T(a,b\longrightarrow a',b')|^2N_aN_bg_{a'}g_{b'}(1-n_{a'})(1-n_{b'})$$

把式（11－72a）代入上式得：

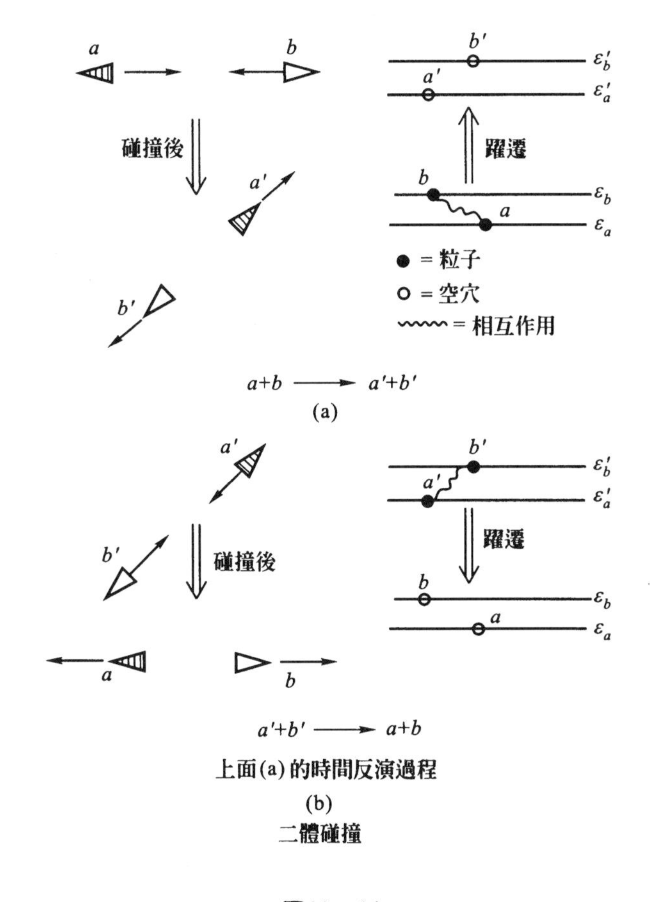

(a)

上面(a)的時間反演過程

(b)

二體碰撞

圖11－14

$$P(a,b\longrightarrow a',b') = |T(a,b\longrightarrow a',b')|^2 g_a g_b g_{a'} g_{b'} n_a n_b (1-n_{a'})(1-n_{b'}) \tag{11－75b}$$

同樣得圖11－14(a)過程的時間反演過程，圖11－14(b)的躍遷概率 $P(a',b'\longrightarrow a,b)$：

$$P(a',b'\longrightarrow a,b) = |T(a',b'\longrightarrow a,b)|^2 g_{a'} g_{b'} g_a g_b n_{a'} n_{b'} (1-n_a)(1-n_b) \tag{11－75c}$$

熱平衡時正過程式（11－75b）和逆過程式（11－75c）是同概率同速率地進行，

$$\therefore\quad P(a,b\longrightarrow a',b') = P(a',b'\longrightarrow a,b) \tag{11－75d}$$

則由式（11－75a）～（11－75d）得：

$$n_a n_b(1-n_{a'})(1-n_{b'}) = n_{a'} n_{b'}(1-n_a)(1-n_b)$$

或

$$\frac{1-n_a}{n_a}\,\frac{1-n_b}{n_b} = \frac{1-n_{a'}}{n_{a'}}\,\frac{1-n_{b'}}{n_{b'}}$$

或

$$\ln\frac{1-n_a}{n_a} + \ln\frac{1-n_b}{n_b} = \ln\frac{1-n_{a'}}{n_{a'}} + \ln\frac{1-n_{b'}}{n_{b'}} \tag{11－75e}$$

在熱平衡的情況下，如果體系內各碰撞過程都滿足能量守恆（$\varepsilon_a+\varepsilon_b$）=（$\varepsilon_{a'}+\varepsilon_{b'}$），以及粒子數守恆（$N_a+N_b$）=（$N_{a'}+N_{b'}$），則能保證體系的總能量和總粒子數守恆：

$$\sum_i N_i\varepsilon_i=\sum_i g_in_i\varepsilon_i=E \qquad (11-75\text{f})$$

$$\sum_i N_i=\sum_i g_in_i=N \qquad (11-75\text{g})$$

式（11－75e）各項相當於各能量 ε_i 的本徵態 φ_i 的各粒子數 n_i 出現的概率對數，如果它和守恆量式（11－75f）以及式（11－75g）有線性關係，則得：

$$\ln\frac{1-n}{n}=\alpha+\beta\varepsilon \leftarrow \text{參考（11－73a）式的推導}$$

$$\therefore\ 1=n\{1+\exp(\beta\varepsilon+\alpha)\}$$

$$\therefore\ \boxed{n(\varepsilon)=\frac{1}{e^{\alpha}e^{\beta\varepsilon}+1}} \qquad (11-76)$$

α 和 β 不可能與能量 ε，以及粒子數 n 有關，只能與體系達到熱平衡的物理量溫度 T 有關的未定常數。α 由式（11－75g），而 β 由式（11－75f）來決定。式（11－76）稱為 **Fermi-Dirac 的分布函數**，是體系能級 ε 在熱平衡時所分配到的粒子數。使用（B）的細致平衡和最大可能分布法，同樣可得式（11－76）；同樣地使用此地的方法也能得式（11－71）。

(3) Fermi-Dirac 分布函數的一些特性

無論是 Bose-Einstein 分布式（11－71）或 Fermi-Dirac 分布式（11－76），當 $\varepsilon\gg kT$，$\beta=\frac{1}{kT}$ 時，兩分布函數都趨近於經典的 Maxwell-Boltzmann 分布式（6－57）$n(\varepsilon)\propto\exp\left(-\frac{\varepsilon}{kT}\right)$；但當低能量 $\varepsilon\ll kT$ 時，Fermi 分布受到 Pauli 原理的限制，每一狀態至多只有一個粒子；相反地 Bose 分布卻受到增強因子的作用，每一狀態能容納的粒子數超過 Boltzmann 分布的粒子數：

$$(n(\varepsilon))_{\text{Fermi}}<(n(\varepsilon))_{\text{Boltzmann}}<(n(\varepsilon))_{\text{Bose}} \qquad (11-77)$$

至於和體系總粒子數有關的未定常數 $\alpha(T)$，它和表示體系內每個粒子要離開體系的熱力學量有關，於是和 $\beta\varepsilon$ 統一表示成：

$$\alpha(T)\equiv-\beta\mu(T) \qquad (11-78\text{a})$$

式（11－78a）右邊的負號表示脫離體系，稱 $\mu(T)$ 為**化學勢能**（chemical potential energy）。粒子要脫離體系的傾向強度稱為**化學勢**（chemical potential），化學勢能通常簡稱為化學勢，於是 $\mu(T)$ 定義如下：

$$\mu(T) \equiv \left(\frac{\partial E}{\partial N}\right)_{V.S} \qquad (11-78b)$$

E 和 N 各為體系總能和總粒子數，式（11－78b）右下標表示定體積 V 和定熵 S（參見【**Ex.11－16**】）。所以 $\mu(T)$ 相當於一個粒子溜出體系所需要的能量，故有三種可能：

$$\mu(T) \gtreqless 0 \qquad (11-78c)$$

(1)Fermi-Dirac 分布和溫度 T 的關係

由式（11－78a），當 $T \to 0$時的 Fermi 分布（Fermi-Dirac 分布的簡稱）是：

$$\lim_{T\to 0}\frac{1}{e^{\beta(\varepsilon-\mu)}+1} = \begin{cases}(e^{-\infty}+1)^{-1} = 1 \cdots\cdots (\varepsilon-\mu) < 0 \\ (e^{\infty}+1)^{-1} = 0 \cdots\cdots (\varepsilon-\mu) > 0\end{cases} \qquad (11-79a)$$

顯然，$\mu(T=0) \equiv \mu_0 = \varepsilon_F$，但一般地 $\mu(T) < \varepsilon_F$，低溫時其大小 $|\mu| \doteq |T/\varepsilon_F|^2$。$T=0$時如圖11－15(a)所示，從體系的最低能級，依照 *Pauli* 原理各能級填一個粒子，一直到所有粒子 N 填上的最大能級 ε_F 稱為 **Fermi** 能級（Fermi level），所以 $\varepsilon \leqslant \varepsilon_F$ 的每一能級發現粒子概率＝1。當 $T \neq 0$時，粒子從熱運動獲得能量，便從 $\varepsilon < \varepsilon_F$ 的能級躍遷到 $\varepsilon > \varepsilon_F$ 有空缺的能級，於是粒子分布如圖11－15(b)所示，以 $\varepsilon = \varepsilon_F$ 和 $n(\varepsilon) = 0.5$的交點 a 為對稱，上下等概率地分布，上表示空缺，下表示粒子，即面積 abe＝面積 $a\varepsilon_F f$。那麼怎麼證明 abe 和 $a\varepsilon_F f$ 是等面積呢？以圖11－15(b)的 ε_F 為中心，左右取等能量寬 x，設：

$$n(\varepsilon) \equiv \frac{1}{e^{\beta(\varepsilon-\mu)}+1} \qquad (11-79b)$$

則得：

$$\begin{aligned} 1-n(\varepsilon_F - x) &= 1-\frac{1}{e^{-\beta x}+1} \\ &= \frac{1}{1+e^{\beta x}} = \overline{a''b'} \\ n(\varepsilon_F + x) &= \frac{1}{e^{\beta x}+1} = \overline{a'f'} \\ \therefore \quad \overline{a''b'} &= \overline{a'f'} \end{aligned}$$

於是可得 abe 和 $a\varepsilon_F f$ 的面積相等。圖11－15(b)很清楚地說明 Fermi 子的特性，因 $\varepsilon \leqslant \varepsilon_F$ 的各能級都有粒子，唯一能躍遷的能級是 $\varepsilon > \varepsilon_F$ 的有空缺能級，

$$\therefore \ (\varepsilon \leqslant \varepsilon_F \text{ 少的粒子數}) = (\varepsilon > \varepsilon_F \text{ 多出的粒子數}) \qquad (11-79c)$$

除了有特大的能量，不會從遠小於 ε_F 的能級躍遷。現用數學的另一種方法，來肯定以上所說的現象。使用能級的粒子變化 $dn/d\varepsilon$，雖能級是離散值，但可以定性地

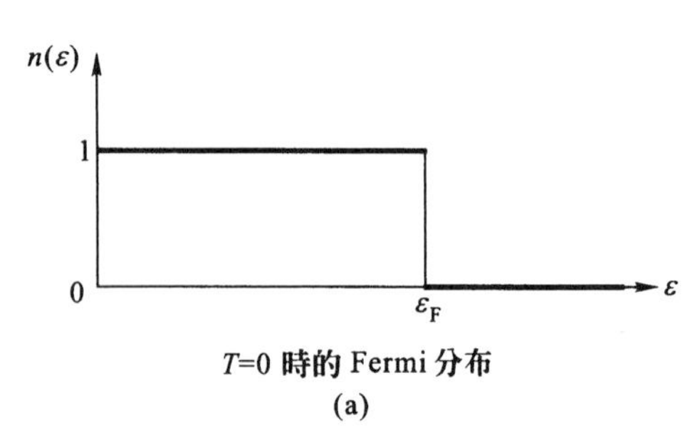

T=0 時的 Fermi 分布

(a)

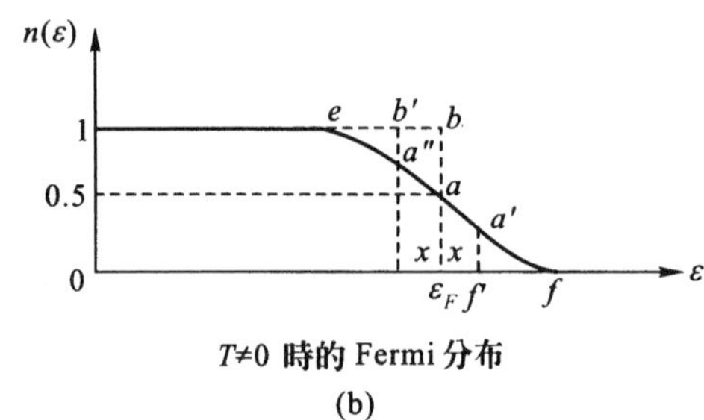

T≠0 時的 Fermi 分布

(b)

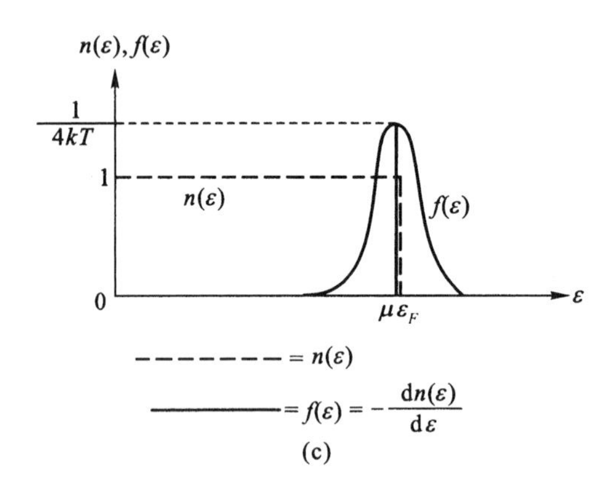

(c)

圖11－15

探討，把 ε 近似地看成連續，則由式（11－79b）得：

$$\frac{\mathrm{d}n}{\mathrm{d}\varepsilon}=-\frac{1}{kT}\frac{\mathrm{e}^{\beta(\varepsilon-\mu)}}{(\mathrm{e}^{\beta(\varepsilon-\mu)}+1)^2}\equiv-f(\varepsilon)$$

$$\therefore\quad\begin{cases}\dfrac{\mathrm{d}f}{\mathrm{d}\varepsilon}=-\dfrac{1}{(kT)^2}\dfrac{\mathrm{e}^{\beta(\varepsilon-\mu)}(\mathrm{e}^{\beta(\varepsilon-\mu)}-1)}{(\mathrm{e}^{\beta(\varepsilon-\mu)}+1)^3}\\[2ex]\dfrac{\mathrm{d}^2f}{\mathrm{d}\varepsilon^2}=\dfrac{1}{(kT)^3}\dfrac{\mathrm{e}^{\beta(\varepsilon-\mu)}(1-4\mathrm{e}^{\beta(\varepsilon-\mu)}+\mathrm{e}^{2\beta(\varepsilon-\mu)})}{(\mathrm{e}^{\beta(\varepsilon-\mu)}+1)^4}\end{cases}$$

當 $\mathrm{e}^{\beta(\varepsilon-\mu)}=1$，或 $\varepsilon=\mu$，$\left(\dfrac{\mathrm{d}f}{\mathrm{d}\varepsilon}\right)_{\varepsilon=\mu}=0$，而 $\left(\dfrac{\mathrm{d}^2f}{\mathrm{d}\varepsilon^2}\right)_{\varepsilon=\mu}=-\dfrac{1}{8(kT)^3}<0$，表示 $f(\varepsilon)$ 在 $\varepsilon=\mu$ 時有極大值，其值 $(f(\varepsilon))_{\varepsilon=\mu}=\dfrac{1}{4kT}$，得圖11－15(c)，即 $\mathrm{d}n/\mathrm{d}\varepsilon$

在ε_F附近變化最劇烈，確實證明$\varepsilon \leqslant \varepsilon_F$的各能級都有粒子。粒子唯一能躍遷的能級是有空缺的$\varepsilon > \varepsilon_F$能級，和圖11－15(b)的內容一致。

(ii)Fermi 面（Fermi surface），Fermi 動量（Fermi momentum）

簡單地說，Fermei 面是在$T = 0\text{K}$（絕對零度）時依照 Pauli 原理，體系 Fermi 子所占有的狀態，用角波數$k = \frac{2\pi}{\lambda}$，λ = 波長，表示時體系空間的境界面。如果爲自由電子體系，這境界面剛好構成半徑k_F的球面；k_F稱爲 Fermi 角波數，或 **Fermi 波數**，而半徑k_F的球稱爲 **Fermi 球**，k_F的大小是（看（11－81b）式）：

$$k_F = (3\pi^2\rho)^{1/3}$$

ρ = 電子數密度，普通金屬的$\rho \doteq 10^{28}$電子/m^3，故$k_F \doteq 7\times 10^9\frac{1}{\text{m}} \doteq 10^{10}\frac{1}{\text{m}}$。如果用圖11－15(a)的表示法，則 Fermi 能級的$\varepsilon_F = \frac{P_F^2}{2m} = \frac{\hbar^2}{2m}k_F^2 \doteq 4\text{eV}$，所以化學勢能$\mu_0 = \varepsilon_F = 4\text{eV}$，而稱$\varepsilon_F$爲 **Fermi 能**（Fermi energy）；如果用溫度表示$\varepsilon_F \equiv kT_F$，或$T_F = \frac{\varepsilon_F}{k} \doteq \frac{4\text{eV}\cdot\text{K}}{8.62\times10^{-5}\text{eV}} \doteq 5\times10^4\text{K}$，$T_F$稱爲 **Fermi 溫度**。Fermi 面常呈現球面的是鹼金屬（alkali metal），除了週期表中間，d態電子扮演角色的金屬，大部分金屬的 Fermi 面都近似於球狀。爲什麼要用波數k的空間呢？因金屬或結晶內電子的能量本徵態具有週期性，直接用角波數矢量$\boldsymbol{k}$表示，故其本徵值是$\boldsymbol{k}$大小的函數$\varepsilon_\alpha(k)$，α = 量子數，於是不得不用角波數k來描寫物理現象，而 Fermi 面就是$\varepsilon_\alpha(k = k_F) = \varepsilon_F$的面。現用最簡單但最基礎的自由電子體系來推導以上提到的各物理量。自由電子體系是最典型的 **Fermi 氣體模型**（Fermi gas model）體系，它是：

①相互間*沒有相互作用的一群* Fermi 子，如電子；

②用這體系來求能量在（$\varepsilon + d\varepsilon$）和$\varepsilon$之間的體系狀態數$\mathscr{N}(\varepsilon)d\varepsilon$；

③不用解 Schrödinger 方程式，而使用$\mathscr{N}(\varepsilon)d\varepsilon$來求：

(a)Fermi 能ε_F，

(b)Fermi 動量P_F，或角波數k_F，

(c)每個 Fermi 粒子的平均能$\langle\varepsilon\rangle$

(d)體系總能E。

不過此模型無法獲得體系狀態函數，以及粒子間的相互作用能。那麼如何求關鍵量$\mathscr{N}(\varepsilon)d\varepsilon$呢？方法很多，其中最有效的方法是，在第十章Ⅱ(B)處理黑體輻射問題時介紹過的週期性邊界條件（periodic boundary condition）法；把體系體積看成邊長L的立方體(細節參見第十章Ⅱ(B))，則得：

$$L = n\lambda,\quad n = 0,1,2,3,\cdots\cdots$$

$$\therefore \qquad \frac{2\pi}{\lambda}L = 2\pi n = kL$$

於是三維時得：

$$\mathrm{d}n_x \mathrm{d}n_y \mathrm{d}n_z = \left(\frac{L}{2\pi}\right)^3 \mathrm{d}k_x \mathrm{d}k_y \mathrm{d}k_z$$

如果波是各向同性（isotropic），則可以對 k 的角度 θ 和 φ 進行積分：

$$\int_{\text{角度}} \mathrm{d}n_x \mathrm{d}n_y \mathrm{d}n_z = \int_{\text{角度}} \mathrm{d}^3 n = \left(\frac{L}{2\pi}\right)^3 \int_{\text{角度}} \mathrm{d}^3 k$$

$$= \left(\frac{L}{2\pi}\right)^3 \int_0^{2\pi} \mathrm{d}\varphi \int_0^{\pi} \sin\theta \mathrm{d}\theta k^2 \mathrm{d}k = \frac{L^3}{2\pi^2} k^2 \mathrm{d}k \qquad (11-80\mathrm{a})$$

式（11－80a）是各向同性波，在週期性邊界條件時所給的體系狀態數，與**體系的粒子性無關**，即 Bose 子也好，Fermi 子也好，甚至於粒子有沒有質量都沒關係。黑體輻射處理的是電磁波，電磁場的粒子是無靜止質量的光子，此地要處理的是有靜止質量的 Fermi 子。爲了方便地進行比較以及今後的使用，將兩者分別求在下面。

(a)粒子沒靜止質量時的體系狀態數

負責相互作用的粒子，依規範理論到目前（1999年初）爲止是沒靜止質量，並且自旋爲整數 $\hbar$ 的全同粒子，例如負責電磁相互作用的光子，其自旋 $= 1\hbar$，靜止質量 $= 0$，由式（9－51）得沒靜止質量的粒子能量 ε 和動量的關係：

$$\varepsilon = Pc, \qquad c = \text{光速}$$
$$= \hbar kc$$

再由能量子的關係 $\varepsilon = h\nu = \hbar\omega$，$\nu =$ 頻率，$\omega = 2\pi\nu =$ 角頻率

$$\therefore \quad k = \frac{\omega}{c} = \frac{2\pi\nu}{c}$$

$$\mathrm{d}k = \frac{2\pi}{c}\mathrm{d}\nu$$

將這些結果代入式（11－80a）得：

$$\int_{\text{角度}} \mathrm{d}^3 n = L^3 \frac{4\pi}{c^3} \int \nu^2 \mathrm{d}\nu$$

$$= \int \mathcal{N}(\varepsilon)\,\mathrm{d}\varepsilon$$

$$\therefore \quad \mathcal{N}(\varepsilon)\,\mathrm{d}\varepsilon = L^3 \frac{4\pi}{c^3} \nu^2 \mathrm{d}\nu \qquad (11-80\mathrm{b})$$

光子有兩個偏振（polarization）自由度，於是頻率在（$\nu + d\nu$）和 ν 之間的光子體系的狀態數是：

$$\boxed{\mathcal{N}_{\text{光子}}(\varepsilon)\,\mathrm{d}\varepsilon = L^3 \frac{8\pi}{c^3} \nu^2 \mathrm{d}\nu} \qquad (11-80\mathrm{c})$$

(b)粒子有靜止質量 m 時的體系狀態數

如果粒子的運動速率不大，則能量 $\varepsilon=\dfrac{P^2}{2m}$（速度大時 ε 必須使用式（9－51）），

$$\therefore \quad \begin{cases} \mathrm{d}\varepsilon = \dfrac{1}{m}P\mathrm{d}P \\ P = \sqrt{2m\varepsilon} \end{cases}$$

$$\therefore \quad \int_{\text{角度}} \mathrm{d}^3 n = L^3 \frac{m^{3/2}}{\sqrt{2}\hbar^3\pi^2}\int\sqrt{\varepsilon}\,\mathrm{d}\varepsilon$$

$$\equiv \int \mathcal{N}(\varepsilon)\,\mathrm{d}\varepsilon$$

$$\therefore \quad \mathcal{N}(\varepsilon)\,\mathrm{d}\varepsilon = L^3 \frac{m^{3/2}}{\sqrt{2}\hbar^3\pi^2}\sqrt{\varepsilon}\,\mathrm{d}\varepsilon \qquad (11-80\mathrm{d})$$

電子有自旋，它有兩個自由度，於是非相對性的自由電子體系的狀態數是：

$$\mathcal{N}_{\text{電子}}(\varepsilon)\,\mathrm{d}\varepsilon = L^3 \frac{\sqrt{2}m^{3/2}}{\hbar^3\pi^2}\sqrt{\varepsilon}\,\mathrm{d}\varepsilon \qquad (11-80\mathrm{e})$$

$$= 2\mathcal{N}(\varepsilon)\,\mathrm{d}\varepsilon$$

式（11－80e）的圖形如右圖，在絕對零度時 $\varepsilon=\varepsilon_F$。

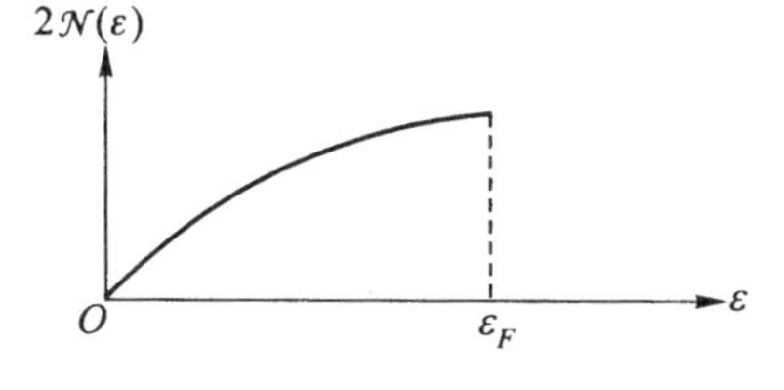

(c)求物理量

設 Fermi 子是電子，則在絕對零度時每一個狀態能級都有一個電子，且如圖11－15(a)所示，體系的電子一直填到 Fermi 能級 ε_F，所以由式（11－80e）得體系的總粒子數 N：

$$N = \int_0^{\varepsilon_F}\mathcal{N}_{\text{電子}}(\varepsilon)\,\mathrm{d}\varepsilon = L^3\frac{\sqrt{2}m^{3/2}}{\hbar^3\pi^2}\int_0^{\varepsilon_F}\sqrt{\varepsilon}\,\mathrm{d}\varepsilon$$

$$= \frac{2\sqrt{2}}{3}L^3\frac{(m\varepsilon_F)^{3/2}}{\hbar^3\pi^2}$$

$$\therefore \quad \varepsilon_F = \frac{\hbar^2}{2m}(3\pi^2\rho)^{2/3}$$

$$\equiv \frac{\hbar^2}{2m}k_F^2 \qquad (11-81\mathrm{a})$$

$$\therefore \quad k_F = (3\pi^2\rho)^{1/3} \qquad (11-81\mathrm{b})$$

$\rho=\dfrac{N}{L^3}$＝電子數密度，ε_F 是體系的 Fermi 能，k_F 是體系的 Fermi 波數，其 Fermi 動量 $P_F=\hbar k_F$，所以簡稱 k_F 爲 Fermi 動量，顯然 Fermi 面是個球面。

【Ex.11－14】 獨立粒子模型的銀$_{47}$Ag 的電子結構是：$1s^2, 2s^2 2p^6, 3s^2 3p^6 3d^{10}, 4s^2 4p^6 4d^{10}, 5s^1$，即最外殼層只有一個未滿殼層的$5s$ 電子，它是最好的導電電子，所以每一個銀原子有一個導電電子。銀的原子量＝107.9，質量密度 $\rho_m = 10 \cdot 49 \text{g/cm}^3$，求銀的 Fermi 能 ε_F。Avogadro 數 $N_A = 6.022137 \times 10^{23} \text{mol}^{-1}$。

銀1mol 的質量＝（原子量）$g = 107.9$g，故電子數密度 ρ 是：

$$\rho = N_A \times \frac{10.49}{107.9}\frac{1}{\text{cm}^3} \doteq 6.022 \times \frac{10.49}{107.9} \times 10^{23}\frac{1}{\text{cm}^3} \doteq 6 \times 10^{22}\frac{1}{\text{cm}^3}$$

$$\therefore \quad \varepsilon_F = \frac{(\hbar c)^2}{2mc^2}(3\pi^2\rho)^{2/3}$$

$$= \frac{(197.327)^2}{2 \times 0.511}(3\pi^2 \times 6 \times 10^{22})^{2/3}\frac{\text{MeV} \cdot \text{f}_\text{m}^2}{\text{cm}^2}$$

$$\doteq 5.6 \text{ eV}$$

如果銀的功能函數（work function，參見（式 10－11b））＝W_0eV，這裡 W_0是電子要離開銀金屬表面時所需要的最低能量，則基態銀金屬的能級圖如右圖，$\varepsilon \leqslant \varepsilon_F$ 的各能級都填滿自旋一個向上一個向下的電子對。

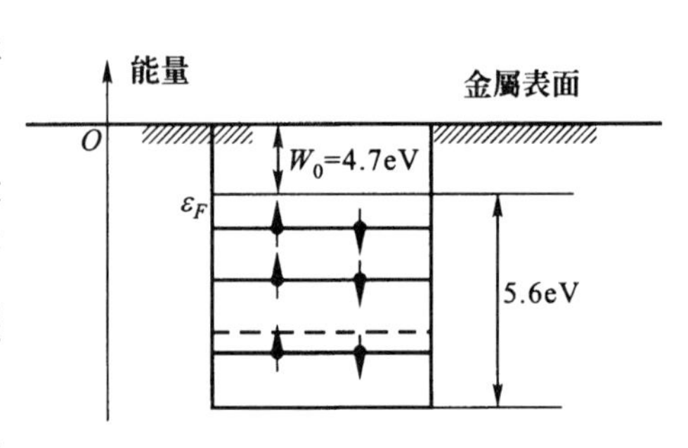

至於體系的總能 E 和各電子的平均能〈ε〉是：

$$E = \int_0^{\varepsilon_F} \varepsilon \mathcal{N}_{\text{電子}}(\varepsilon)\, d\varepsilon = L^3 \frac{\sqrt{2}m^{3/2}}{\hbar^3\pi^2}\int_0^{\varepsilon_F} \varepsilon^{3/2} d\varepsilon$$

$$= \frac{1}{5}L^3\frac{2\sqrt{2}m^{3/2}}{\hbar^3\pi^2}\varepsilon_F^{5/2} \qquad (11-81\text{c})$$

$$\langle \varepsilon \rangle = \frac{\int_0^{\varepsilon_F} \varepsilon \mathcal{N}_{\text{電子}}(\varepsilon)\, d\varepsilon}{\int_0^{\varepsilon_F} \mathcal{N}_{\text{電子}}(\varepsilon)\, d\varepsilon} = \frac{3}{5}\varepsilon_F \qquad (11-81\text{d})$$

(D)量子統計分布函數的一些內涵[14]

(1)自旋和統計的關係

全同粒子體系的狀態函數僅有對稱函數和反對稱函數的兩種，前者的粒子稱爲 Bose 子，後者的稱爲 Fermi 子。要求狀態函數必須有一定的對稱性，是全同粒子的特性之一，除此之外表示全同粒子特性的還有粒子的自旋，它是粒子內部自由度的固有量和宏觀角動量同質的動力學量，其單位是 $\hbar$ 的正整數倍，或正半整數倍，$\hbar \equiv \frac{h}{2\pi}$，$h$ = Planck 常數，量綱 $[\hbar] = [h] =$（能量 × 時間）≡作用（action）量綱。設 $s\hbar$ 爲全同粒子的自旋，s = 自旋量子數，則 $s = 0, 1, 2, \cdots\cdots$ 的正整數的粒子是 Bose 子，而 $s = \frac{1}{2}, \frac{3}{2}, \cdots\cdots$ 的正半整數的是 Fermi 子。$s = 0$和1分別爲大家熟悉的 π 介子和光子，$s = 2$在目前是負責萬有引力相互作用的，靜止質量 = 0的引力子（graviton）；Fermi 子目前有 $s = \frac{1}{2}$的電子、質子、中子等，都是構成物質，有靜止質量的粒子，$s = \frac{3}{2}$是重子（baryon）Ω^-，目前沒有 s 大於$\frac{3}{2}$的 Fermi 子。

在1940年 Pauli 證明了：

$$\left.\begin{array}{l}\text{自旋等於 } \hbar \text{ 的正整數倍的粒子滿足 Bose-Einstein 統計；}\\ \text{自旋等於 } \hbar \text{ 的正半整數倍的粒子滿足 Fermi-Dirac 統計。}\end{array}\right\} \quad (11-82)$$

式（11 – 82）稱爲 Pauli 的*自旋和統計定理*。後來又發現，不但這些電子、光子等必須服從各自的統計，並且原子核也是。原子核由質子和中子（統稱核子）構成，核子是自旋$\frac{1}{2}$的 Fermi 子，加上核子在核內運動的軌道角動量 $\boldsymbol{L}_N$，右下標 N 表示核，它和核子的自旋 $\boldsymbol{S}_N$ 合起來稱爲核的總角動量$\boldsymbol{I} = (\boldsymbol{L}_N + \boldsymbol{S}_N)$，$\boldsymbol{I}$ 的量子數 i = 正整數的原子，必須使用 Bose-Einstein 統計，i = 正半整數的原子必須使用 Fermi-Dirac 統計。由於原子核大小是原子大小的約10^{-5}倍，太小了，於是常把核看成類似於一個粒子，而稱 i 爲原子核的自旋。例如氫（${}_1H_0^1$）和氚（${}_1H_2^3$）的基態 i 都是 $\frac{1}{2}$，而氘（${}_1H_1^2$）和氦（${}_2He_2^4$）的基態 $i = 0$；故對氫、氚原子必須使用 Fermi 統計，而氘和氦則用 Bose 統計。

(2) Bose 子體系的一些性質

(1)化學勢能和溫度的關係。

有靜止質量 m 的自由 Bose 子氣體體系，其狀態能在（$\varepsilon + d\varepsilon$）和 ε 之間的狀

態數由式（11－80d）得：

$$\mathscr{N}(\varepsilon)\,d\varepsilon = \frac{2\pi V(2m)^{3/2}\sqrt{\varepsilon}}{h^3}d\varepsilon, \quad V \equiv L^3$$

每一狀態的粒子數 $n(\varepsilon)$ 是式（11－71），於是體系的總粒子數 N 是：

$$\begin{aligned}
N &= \int_0^\infty n(\varepsilon)\mathscr{N}(\varepsilon)\,d\varepsilon \\
&= \frac{2\pi V}{h^3}(2m)^{3/2}\int_0^\infty \frac{\sqrt{\varepsilon}\,d\varepsilon}{e^{\alpha}e^{\beta\varepsilon}-1}, \quad \beta = \frac{1}{kT}, \quad \alpha \equiv -\frac{\mu}{kT} \\
&= \frac{2\pi V(2mkT)^{3/2}}{h^3}e^{-\alpha}\int_0^\infty \sqrt{x}\,e^{-x}\left(1-\frac{1}{e^{\alpha}e^{x}}\right)^{-1}dx, \quad x \equiv \frac{\varepsilon}{kT}
\end{aligned}$$

用 Taylor 展開式展開$\left(1-\frac{1}{e^{x}e^{\alpha}}\right)^{-1}$，同時使用如下積分式：

$$\int_0^\infty x^{n-\frac{1}{2}}e^{-\delta x}dx = \sqrt{\pi}\,\frac{1}{2}\,\frac{3}{2}\,\frac{5}{2}\cdots\cdots\frac{2n-1}{2}\delta^{-n-\frac{1}{2}}, \quad n \geqslant 0 \text{ 且 } \mathrm{Re}\,\delta > 0 \tag{11－83}$$

$$\therefore\ N = \frac{(2\pi mkT)^{3/2}}{h^3}Ve^{-\alpha}\left(1+\frac{1}{2^{3/2}}e^{-\alpha}+\frac{1}{3^{3/2}}e^{-2\alpha}+\frac{1}{4^{3/2}}e^{-3\alpha}+\cdots\cdots\right) \tag{11－84a}$$

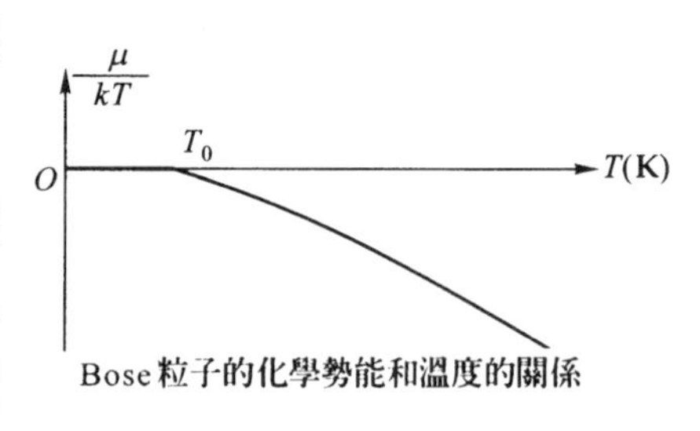

Bose 粒子的化學勢能和溫度的關係

圖11－16

體系的總粒子數 N＝固定，故當溫度 $T\longrightarrow$很大時，式（11－84a）的 $e^{-\alpha}$必須相對地變小，換句話說，$\alpha\longrightarrow$很大，$\alpha\equiv-\frac{\mu}{kT}$，故 μ 必須變成很大的負值。相反地，如果 $T\longrightarrow 0$，則 μ 必須比 T 早趨近於零，設 $\mu=0$時的溫度為 T_0，則得圖11－16的 μ 和 T 的關係。不但 α 是 T 的函數，一般地能量本徵值 ε 也是T 的函數，於是 α 和 ε 是相互有依賴關係。由於這種依賴不是顯性，所以在推導式（11－84a）時，把 α 看成和ε 無關的量，移到積分外。由式（11－84a）得：

$$\lim_{T\to\infty}N \doteqdot \frac{(2\pi mkT)^{3/2}}{h^3}Ve^{-\alpha}$$

$$\therefore\quad e^{-\alpha} \doteqdot \frac{h^3}{(2\pi mkT)^{3/2}}\frac{N}{V}, \quad T\text{ 很大時} \tag{11－84b}$$

(ii)自由Bose 子的簡併狀況，Bose-Einstein 凝結

由式（11－71）和式（11－80d）得體系的總能量 E：

$$E = \int_0^\infty \varepsilon n(\varepsilon)\mathscr{N}(\varepsilon)\,d\varepsilon$$

$$= \frac{2\pi V}{h^3}(2m)^{3/2}\int_0^\infty \frac{\varepsilon\sqrt{\varepsilon}}{e^{\alpha}e^{\varepsilon/(kT)}-1}d\varepsilon$$

和求總粒子數一樣，設$\frac{\varepsilon}{kT}=x$，且使用式（11－83）得：

$$E = \frac{(2\pi mkT)^{3/2}}{h^3}V\frac{3kT}{2}e^{-\alpha}\left(1+e^{-\alpha}\frac{1}{2^{5/2}}+e^{-2\alpha}\frac{1}{3^{5/2}}+\cdots\cdots\right) \tag{11－84c}$$

所以每個 Bose 子的能量，相當於每個 Bose 子的平均能量$\langle\varepsilon\rangle_B$，即

$$\langle\varepsilon\rangle_B = \frac{E}{N} = \frac{3kT}{2}\times\frac{1+e^{-\alpha}\frac{1}{2^{5/2}}+e^{-2\alpha}\frac{1}{3^{5/2}}+e^{-3\alpha}\frac{1}{4^{5/2}}+\cdots\cdots}{1+e^{-\alpha}\frac{1}{2^{3/2}}+e^{-2\alpha}\frac{1}{3^{3/2}}+e^{-3\alpha}\frac{1}{4^{3/2}}+\cdots\cdots}$$

$$= \frac{3kT}{2}\left\{1+e^{-\alpha}\left(\frac{1}{2^{5/2}}-\frac{1}{2^{3/2}}\right)+e^{-2\alpha}\left(\frac{1}{3^{5/2}}-\frac{1}{2^{8/2}}-\frac{1}{3^{3/2}}\right)+\cdots\cdots\right\}$$

$$\therefore\ \langle\varepsilon\rangle_B = \frac{3kT}{2}\left\{1-\frac{1}{2^{5/2}}e^{-\alpha}-2\left(\frac{1}{3^{5/2}}+\frac{1}{2^5}\right)e^{-2\alpha}\cdots\cdots\right\} \tag{11－84d}$$

由式（11－84b）和圖11－16可知 $e^{-\alpha}$是正值，所以式（11－84d）右邊第二項和其後各項所給出的全是負值，而右邊第一項是經典統計的能量均分律式（6－46）所給的，每個粒子的能量平均值爲$\langle\varepsilon\rangle_C$，右下標表示經典量。

$$\therefore\quad \langle\varepsilon\rangle_B < \langle\varepsilon\rangle_C \tag{11－85a}$$

式（11－85a）是 Bose 子的特性：

狀態內已有粒子的話，會增加其他粒子
進入同一狀態的概率，如式（11－70b）。　（11－85b）

因爲粒子都想處於更加地安定，所以會擠到能量更低的狀態去，這種現象稱爲 **Bose-Einstein 凝結**（condensation）。由式（11－84b）、圖11－16以及式（11－84d）得，能量最低發生在 $\alpha=0$處，即 $\mu=0$的 $T=T_0$溫度。幾乎所有的粒子都會擠到 $T\leqslant T_0$的最低單粒子態的 ε（$T\leqslant T_0$）能級，於是這狀態的粒子數的數量級是 N。這樣 Bose 子擠到最低能級後，整個體系會呈現**出宏觀規模的波動性**，參見下面【**Ex.11－15**】，且凝結態每個 Bose 子的狀態函數 φ 的$|\varphi|^2$，即概率密度正比於凝結態上的粒子數。同一能級有很多粒子處於簡併狀況，稱爲**簡併效應**（degeneracy effect），所以式（11－84d）右邊第二、第三……就是簡併效應。如果體系爲 Bose 子氣體，則稱爲氣體簡併（gas degeneracy）。簡併效應表示 Bose 子偏離經典粒子的情況。溫度 T_0表示粒子開始衝進最低能級，大家凝結在一起，於是粒子間距離急速下降，促進液化。這樣，體系會在 $T=T_0$發生相變（phase transition），例如體系的定容熱容 C_V 會在 $T=T_0$處發生非連續變化，這是有名的自由 Bose 子的 C_V 的「λ

點（λ-point）」[14]，如圖11－17。另外，自由 Bose 子氣體，由第六章式（6－40）$_1$，氣體壓力 $P=\frac{1}{3}\rho\langle \boldsymbol{v}^2\rangle$，$\rho$ 是粒子數密度，$\boldsymbol{v}^2=\boldsymbol{v}\cdot\boldsymbol{v}$，在非相對論、粒子能量 $\varepsilon=\frac{m}{2}\boldsymbol{v}^2$，則由式（11－85a），Bose 子產生的壓力 P_B 小於經典粒子氣體產生的壓力 P_C：

$$P_B < P_C \qquad (11-85c)$$

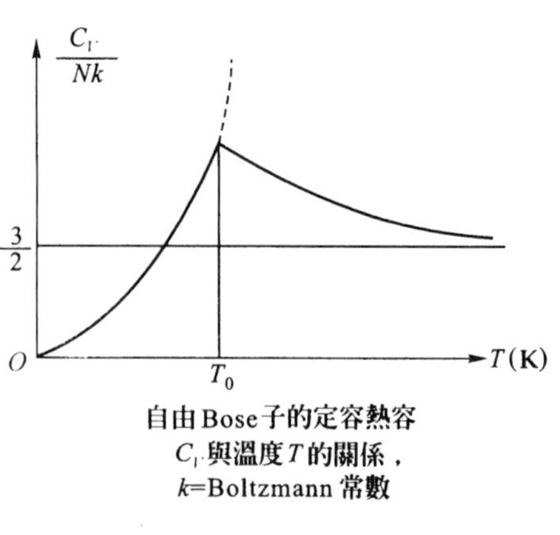

自由Bose子的定容熱容 C_V 與溫度 T 的關係，k=Boltzmann 常數

圖11－17

【Ex.11－15】 氦（$_2He_2^4$）由兩個質子兩個中子組成的原子核，基態的質子和中子的自旋總和等於零，軌道角動量的總和也是零，於是核的總角動量 $\boldsymbol{I}=0$，故其量子數 $i=0$，於是氦原子是 Bose 子。氦原子核是週期表內最穩定的核，是單原子氣體，溫度要降到攝氏零下約269℃才會開始液化，現來看看氦在化學勢能 $\mu\neq 0$時的4.18K（絕對溫度）開始一直到接近於0K 的現象。

在20世紀初，物理學家逐漸地對低溫物理發生興趣，首件工作是液化室溫時的氣體；在一大氣壓下氧氣 O_2和氮氣 N_2的液化溫度約各為－183℃和－196℃，而氫氣是－253℃。終於在1908年 Kamerling-Onnes（Heike Kamerling-Onnes，1853～1926，荷蘭實驗物理學家）成功地液化了最穩定的氦氣，液化溫度在一大氣壓下約為－269℃。約兩年後的1911年他發現水銀在4.2K 時有超導（參見下面Ⅲ）現象，但他沒有發現液態氦有超流性。液態氦的超流性是1938年 Kapitza（Pjotr Leonidovichi Kapitza，1894～1984，蘇聯實驗物理學家）發現的。在一大氣壓下氦氣在4.18K 開始液化，再繼續降溫到2.18K 時液氦發生相變，其化學勢能 $\mu=0$而定容熱容呈圖11－17的現象，同時黏滯係數（參見第三章流體力學的Ⅲ(B)）η 幾乎接近於零，體系的熵（entropy 參見第六章Ⅳ）變化 $\Delta S=0$，液態氦變成超流體。它能穿過非常狹小的隙縫，如果把它放入玻璃杯中，它會沿著杯壁均勻地爬到杯口，如右圖沿著杯外壁均勻地流到桌上，其流速 $\geqslant$ 30cm/sec。

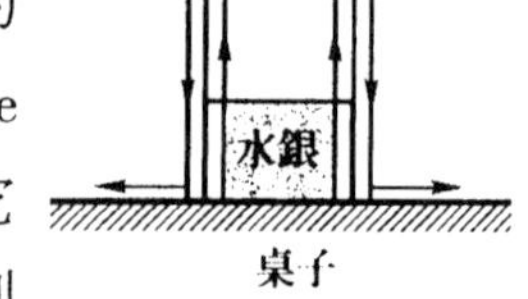

溫度介於4.18K $\geqslant T>$ 2.18K 的液態氦是普通的流體，有黏滯係數 η 和化學勢能 μ，稱它為 HeⅠ；而溫度 $T\leqslant$ 2.18K 的液態氦稱為 HeⅡ，它是超流體，如不加壓力，HeⅡ的超流性一直到

0K附近，加了26個大氣壓時 He Ⅱ 在接近於0K固化，而不再是超流體了。**有超流性的液體，不一定都是 Bose 子，*Fermi* 子體系也有；**在1960年代就開始探討 Fermi 子體系的超流性，結果於1972年在實驗室確定了${}_2He_1^3$的氣體，在一大氣壓之下降低溫度到2.6mK時具有超流性，定容熱容也呈現非連續的變化。He^3的超流性是有方向性，不是像He^4那樣的均向性的流速，所以 **Bose-Einstein 凝結和超流性無關**，它僅是促進液化而已。自由 Bose 子氣體液化後，粒子間距離縮短，粒子間有了相互作用。引力相互作用是超流性之源，而超流性是量子效應。

(3) Fermi 子體系的一些性質

(1)化學勢能μ與溫度T的關係

自旋$\frac{1}{2}$質量m的自由 Fermi 子氣體，其能量在（$\varepsilon+d\varepsilon$）和ε之間的狀態數$2\mathcal{N}(\varepsilon)d\varepsilon$是式（11－80d），2是自旋自由度，由式（11－76）得每一狀態的粒子數$n(\varepsilon)$，於是體系的總粒子數N是：

$$N=\int_0^\infty 2\mathcal{N}(\varepsilon)\,n(\varepsilon)\,d\varepsilon=\frac{4\pi V(2m)^{3/2}}{h^3}\int_0^\infty\frac{\sqrt{\varepsilon}\,d\varepsilon}{e^{\alpha}e^{\beta\varepsilon}+1}$$

$V\equiv L^3,\beta=\frac{1}{kT}$，設$\frac{\varepsilon}{kT}\equiv x$，且$\alpha$與$\beta$無關，則上式變成：

$$\begin{aligned}N&=\frac{4\pi V(2mkT)^{3/2}}{h^3}e^{-\alpha}\int_0^\infty\sqrt{x}\,(e^{-x}-e^{-\alpha}e^{-2x}+e^{-2\alpha}e^{-3x}-e^{-3\alpha}e^{-4x}+\cdots\cdots)dx\\&=\frac{2V(2\pi mkT)^{3/2}}{h^3}e^{-\alpha}\left(1-\frac{1}{2^{3/2}}e^{-\alpha}+\frac{1}{3^{3/2}}e^{-2\alpha}-\frac{1}{4^{3/2}}e^{-3\alpha}+\cdots\cdots\right)\end{aligned}$$

（11－86a）

如果體系粒子數$N=$固定，則$T\to$很大時$e^{-\alpha}$必須趨近於很小，而$\alpha=-\frac{\mu}{kT}$，故μ必須趨近於很大的負值。

$$\therefore\quad\lim_{\substack{T\to\infty\\ \mu\to-\infty}}N\doteq\frac{2(2\pi mkT)^{3/2}}{h^3}Ve^{-\alpha}\qquad(11-86b)$$

反過來，如果$T\to$很小，則式（11－84a）和式（11－86a）最大的差異是，前者全由正值項組成，μ必須趨近於0不可，但後者不必要，$\mu=$正值，而且有限大時，括弧內第三項大於第二項，第五項大於第四項等等，可得正值，而且有限的N，所以 Fermi 子體系的化學勢能μ_F如圖11－18所示，並且當$T\to$很大時式（11－84a）

和（11－86a）的 $e^{-\alpha}$ 都是式（11－84b），

$$\therefore \quad \lim_{T\to\infty}\mu_B = \lim_{T\to\infty}\mu_F \qquad (11-86c)$$

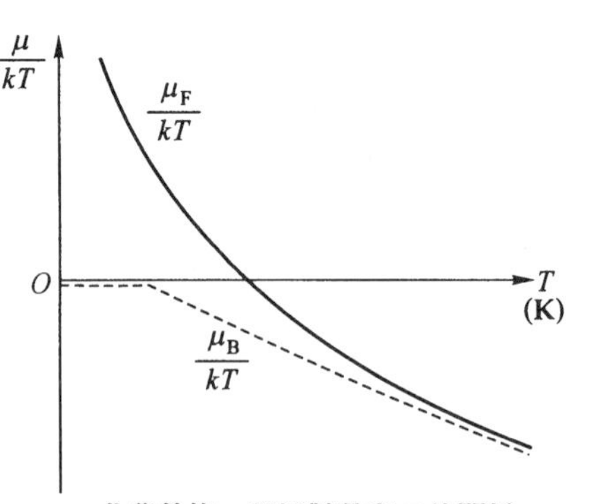

化學勢能 μ 與絕對溫度 T 的關係
μ_F＝Fermi 分布化學勢能
μ_B＝Bose 分布化學勢能

圖11－18

(ii)每個自由Fermi 子的平均能量 $\langle \varepsilon \rangle_F$

由式（11－76）和（11－80d）得體系的總能量 E：

$$E = \int_0^\infty 2\mathscr{N}(\varepsilon)\, n(\varepsilon)\, \varepsilon d\varepsilon$$

$$= \frac{4\pi V(2m)^{3/2}}{h^3}\int_0^\infty \frac{\varepsilon\sqrt{\varepsilon}}{e^\alpha e^{\beta\varepsilon}+1}d\varepsilon$$

$V\equiv L^3, \beta = \dfrac{1}{kT}$。設 $\dfrac{\varepsilon}{kT}\equiv x$ 且 α 與 β 無關，則使用式（11－83）得：

$$E = \frac{2V(2\pi mkT)^{3/2}}{h^3}\frac{3}{2}kTe^{-\alpha}\left(1 - \frac{1}{2^{5/2}}e^{-\alpha} + \frac{1}{3^{5/2}}e^{-2\alpha} - \frac{1}{4^{5/2}}e^{-3\alpha} + \cdots\cdots\right)$$

（11－87a）

$$\therefore \quad \langle \varepsilon \rangle_F = \frac{E}{N} = \frac{3}{2}kT\left\{1 - e^{-\alpha}\left(\frac{1}{2^{5/2}} - \frac{1}{2^{3/2}}\right) + e^{-2\alpha}\left(\frac{1}{3^{5/2}} - \frac{1}{2^{8/2}} - \frac{1}{3^{3/2}}\right) - \cdots\cdots\right\}$$

$$= \frac{3}{2}kT\left\{1 + \frac{1}{2^{5/2}}e^{-\alpha} - 2\left(\frac{1}{3^{5/2}} + \frac{1}{2^5}\right)e^{-2\alpha} + \cdots\cdots\right\} \qquad (11-87b)$$

由圖11－18得 $e^{-\alpha}$ 必定是正值，故式（11－87b）右邊大括弧必定大於1，而右邊第一項是經典統計式（6－46）的粒子能量平均值 $\langle \varepsilon \rangle_C$，

$$\therefore \quad \langle \varepsilon \rangle_F > \langle \varepsilon \rangle_C \qquad (11-87c)$$

所以 Fermi 子氣體產生的壓力 P_F 比經典粒子氣體產生的壓力 P_C 大：

$$P_F > P_C \qquad (11-87d)$$

同 Bose 子體系，式（11－87b）右邊第二、第三等項是 Fermi 子氣體偏離經典氣體的量子效應部分，稱爲簡併效應。

【Ex.11－16】 在第六章Ⅲ和Ⅳ曾談到熱力學體系的熱平衡現象而得體系內能變化 ΔU 式（6－12）$\Delta U = (\Delta Q - \Delta W) = (\Delta Q - P\Delta V)$，$\Delta Q$ 是體系和外界以熱量方式的交易量，如用體系的狀態函數熵 S 的變化 ΔS 表示，則從式（6－33）得 $\Delta Q = T\Delta S$；而 $P\Delta V$ 是體系和外界相互作用時以工作方式交換的能量，且使用宏觀處理法，即不把體系看成由原子或分子組成，所以就不會牽涉到體系的粒子數變化問題。如果把體系粒子數變化 ΔN 也考慮進去，則體系的熱力學平衡狀態的能量守恆變成：

$$\Delta U = \Delta E = T\Delta S - P\Delta V + \mu\Delta N \qquad (11-88a)$$

於是體系的溫度 T、壓力 P、化學勢能 μ 是：

$$T = \left(\frac{\partial E}{\partial S}\right)_{V,N}, \quad P = -\left(\frac{\partial E}{\partial V}\right)_{S,N}, \quad \mu = \left(\frac{\partial E}{\partial N}\right)_{V,S} \qquad (11-88b)$$

上式右下標表示固定量，上式明顯地表示 T, P 和 μ 的物理含義。當溫度很高 Fermi 子體系的粒子數 N 和能量 E 各由式（11－86b）和（11－87a）得：

$$N \doteq \frac{2V(2\pi mkT)^{3/2}}{h^3}e^{-\alpha}$$

$$E \doteq \frac{3}{2}kTN$$

$$\therefore \quad \left(\frac{\partial E}{\partial N}\right)_V = \frac{3}{2}kT = \text{一個粒子的平均能量}$$

即給了粒子 $\frac{3}{2}kT$ 的能量，粒子就能離開體系，即化學勢能 μ。

【Ex.11－17】 有一個總粒子數 N 的自由 Fermi 子體系，求粒子的占有率是(1) 90%，(2)1－90%＝10%的能級。

由式（11－76）得：

$$(1)90\% = 0.9 = \frac{1}{e^{(\varepsilon_1-\mu)\beta}+1}, \quad \beta = \frac{1}{kT}$$

$$\therefore \quad e^{\beta(\varepsilon_1-\mu)} = \frac{0.1}{0.9} = \frac{1}{9}$$

$$\therefore \quad \varepsilon_1 = \mu - kT\ln 9 \equiv \mu - \Delta\varepsilon, \quad \Delta\varepsilon \equiv kT\ln 9$$

$$(2)10\% = 0.1 = \frac{1}{e^{\beta(\varepsilon_2-\mu)}+1}$$

$$\therefore \quad e^{\beta(\varepsilon_2-\mu)} = \frac{0.9}{0.1} = 9$$

$$\therefore \quad \varepsilon_2 = \mu + kT\ln 9 = \mu + \Delta\varepsilon$$

ε_1和 ε_2如右圖所示，恰好以 μ 為中心，上下對稱的距離 $\Delta\varepsilon$，確實如圖11－15(b)的分布，如果占有 ε_1的概率＝P，則在 ε_2的概率＝1－P。

【Ex.11－18】 基態銀（$_{47}Ag$）最外殼層是$5s^1$，且電子一直填到 Fermi 能級 ε_F；$5s^1$電子是導電電子。等於每一個原子有一個導電電子。如果取基態的時間 $t=0$，這時加均勻電場 $\boldsymbol{E}$，則$5s^1$電子受到力 $\boldsymbol{F}=-e\boldsymbol{E}$，而開始漂移，$-e=$電子電荷。設漂移速度（drift velocity）$=\boldsymbol{v}_d$，電子質量$=m$，電子的平均自由程（mean free path）$=l$，則電子的動量變化 $\Delta\boldsymbol{P}$ 是：

$$\Delta\boldsymbol{P}=\boldsymbol{F}\Delta t=-e\boldsymbol{E}\frac{l}{v_d}$$

如果銀導線的導電自由電子數密度 $\rho\doteq 6\times10^{22}\frac{1}{cm^3}$，導電率（electric conductivity）$\sigma\doteq 6.17\times10^7\frac{1}{\Omega\cdot m}$，求(1)碰撞時間 τ，(2)Fermi 能級 ε_F，(3)平均自由程 l。

(1)由第七章式（7－23a）得電流密度 $\boldsymbol{J}$：

$$\boldsymbol{J}=\rho(-e)\boldsymbol{v}_d=\rho(-e)\frac{\Delta\boldsymbol{P}}{m}=\rho\frac{e^2}{m}\frac{l}{v_d}\boldsymbol{E}=\sigma\boldsymbol{E}$$

$$\therefore\quad \tau=\frac{l}{v_d}=\frac{m\sigma}{\rho e^2}$$

$$\doteq\frac{9.11\times10^{-31}\text{kg}\times6.17\times10^7\frac{1}{\Omega\cdot\text{m}}}{6\times10^{28}\frac{1}{\text{m}^3}\times(1.6022\times10^{-19}\text{C})^2},\qquad \text{C}=\text{庫侖}$$

$$\doteq 3.65\times10^{-14}\frac{\text{kg}\cdot\text{m}^2}{\Omega\cdot\text{C}^2}=3.65\times10^{-14}\frac{\text{kg}\cdot\text{m}^2}{\text{J}\cdot\text{s}}=3.65\times10^{-14}\text{s}$$

(2)由式（11－81a）得 Fermi 能 ε_F：

$$\varepsilon_F=\frac{\hbar^2}{2m}(3\pi^2\rho)^{2/3}=\frac{(\hbar c)^2}{2mc^2}(3\pi^2\rho)^{2/3}$$

$$\doteq\frac{(197.327)^2}{0.511\times2}\text{MeV}(\text{fm})^2\times(3\pi^2\times6\times10^{22})^{2/3}\frac{1}{\text{cm}^2}$$

$$\doteq 5.6\text{ eV}$$

(3)$l=v_d\tau\doteq\tau\sqrt{2\varepsilon_F/m}$

$$=3.65\times10^{-14}\text{s}\sqrt{\frac{2\times5.6\times1.6022\times10^{-19}\text{J}}{9.11\times10^{-31}\text{kg}}}$$

$$\doteq 5.12\times10^{-8}\text{m}$$

練習題

(1) 你認爲增強因子和抑制因子的眞正來源是什麼？

(2) 當能量本徵值 $\varepsilon \gg kT$ 時，兩個量子統計都會變成經典統計，這是爲什麼？從數學和物理兩方面進行探討。

(3) 假定銅每個原子參與導電的電子是一個，而銅的原子量 = 63.55，質量密度 $\rho_m = 8.93\ g/cm^3$，求銅的 Fermi 能 ε_F，Fermi 動量 P_F 和 Fermi 溫度 T_F。

(4) 使用時間反演成立的二體碰撞，推導自由 Bose 子體系的分布函數式（11－71）。

(5) 討論絕對零度時，自由 Fermi 子體系的(1)$\varepsilon < \varepsilon_F$，(2)$\varepsilon > \varepsilon_F$ 能級被粒子占有的概率，以及溫度 T 很高時的概率分布情形。

(6) 從物理角度出發定性地說明 Bose 子，Fermi 子和經典粒子的平均能量具有如下關係式：

$$\langle \varepsilon \rangle_F > \langle \varepsilon \rangle_C > \langle \varepsilon \rangle_B$$

右下標 F, C 和 B 分別表示 Fermi，經典和 Bose 統計分布的平均。

(7) 推導式（11－71）和式（11－76）都用了「自由粒子」，即粒子間沒有相互作用並且是熱平衡態時的情況，如果不是自由粒子，則需要注意哪些物理量？

(8) 絕對溫度 $T < 2.18K$ 的氦（He^4）液有超流性（superfluidity），你想它以什麼方法沿著杯壁往上爬到杯口呢？和中國工夫爬直立壁有相同機制嗎？

(9) 在第六章Ⅳ(F)中，我們探討了物理體系的熵，在體系內能和體積不變的情況下，當熵 S 最大的時候體系最安定最穩定，而從統計力學的角度，體系最穩定時是體系在最大分布概率 P 時，所以兩者必須同時出現。統計處理的粒子很大，如果用自然對數來表示概率分布，則 S 和 $\ln P$ 的關係是下式的(1)還是(2)呢？說明了你挑選的理由，求關連常數 a 或 b 的量綱。別忘了自然對數是大家共用的函數。

$$(1) S = a \ln P, \quad (2) P = b \ln S$$

(10) 在絕對零度，依照 Fermi 分布函數式（11－76），能量 = ε_F 的能級，粒子出現的概率 = $\frac{1}{2}$；另一方面由 Fermi 能級的定義，在 $T = 0$時，最後塡充粒子的能級稱爲 Fermi 能級，那麼該找到一個 Fermi 子在 ε_F，相當於找到粒子的概率 = 1，這種不一致是怎麼一回事呢？

Ⅲ.凝聚態物理簡介

說得極端一些，整個第十一章Ⅲ是量子力學的應用。在前Ⅰ和Ⅱ做了一些準備工作，這一小節可說是實際應用，較偏重於材料技術方面的應用。以目前的全球資訊狀態，要保密一個創新想法是很難，不過如果沒有深厚的科學技術知識，創造者想把他（她）的靈感，或創新想法（idea），或新技術給你也沒辦法接受，更談不上吸收整套技術。科學和技術是互動的，缺一不可，技術立即帶來經濟效益，科學很難立竿見影。我們是很實際的民族，非常善於應用，然而往往忽視了建立技術的基礎科學。例如臺灣以二手工業（我們暫稱爲高級加工業或代工）的產品賺了不少錢，雖注重教育和基礎科學，但不夠專心和積極，又欠缺整體且一貫性和負責的態度，產生目前的瓶頸。如上述能夠製造高級加工品，證明臺灣有良好的科技基礎，我們不是無法創新，就是：

沒有長期而通盤性的一貫政策，
無法啓發潛能和樹立信心。

浪費了不少人材和經濟的資源。在進入具體問題前，我們先來瞭解自己，在極粗略的科技發展過程中處在什麼位置？請各自定位自己。

| 經典物理大約在
19世紀告一段落 |

遇到許多問題，其中最重要的是：

(1)黑體輻射 —帶來→ Planck（1900）的能量子 → 量子力學（1925～26）

(2)Michelson-Morley 實驗 → 狹義相對性理論（Einstein）（1905）

(1)、(2) ⟹ 統合 量子場論（1928～30）

⇓ 留下兩大問題

(Ⅰ)我們的世界不對稱的現象極多，然而，我們整理出來的定理卻具有對稱性；

(Ⅱ)相互作用的根源是什麼？

除了上述理論的成就外，技術的進步遠遠勝過過去的3000年，其中20世紀最大的兩大技術是：

(1) 電腦（1943） → 全球資訊網（world wide web 簡稱 www）（1980年代後半 ～ 1990年代初）

(2) 半導體（1914） → 電晶體（1947） → 集成電路（integrated circuit）（俗稱 *IC*）（1958）

（11－89）

本節探討的焦點是半導體，以及與它有關的分子能級，固態能帶，有效質量（effetive mass），和簡單的零件或配件。為了瞭解半導體的現狀，簡單地認識一下它的發展歷史。簡單地說，半導體的導電性是介於導體和絕緣體之間，一般的導體電阻是隨著溫度的升高而增大，但半導體剛好相反。首先發現這現象的是 Faraday（Michael Faraday, 1791 ~ 1867，英國物理學家和化學家）。Faraday 發現硫化銀（Ag_2S）的導電率 σ 隨著溫度增加，和金屬的 σ 相反，他以為找到新物質，但沒有深入去研究它，於是沒有引人注意。到了1874年 Braun（Karl Ferdinand Braun, 1850 ~ 1918，德國物理學家）發現硫化鉛 PbS_2和金屬接觸時，會把交流電變成直流電的整流效應，且 PbS_2的導電率和金屬相反地隨著溫度上升。實際上 Ag_2S 和 PbS_2都是半導體。在1897年 Braun 發明了晶體整流器（crystal rectifier），接著在1905年 Greenleaf Pickard 發明了矽（$_{14}Si$）晶整流器，翌年1906年德國物理學家 Königsberger 描述了半導體的一些特性：

(1)導電率 σ 隨著溫度 T 上升的關係是$\sigma = Ae^{-b/T}$，A, b 是常數，

(2)電阻率 $\rho \doteq 10^{-8} \sim 10\Omega/m$，

(3)熱電效應比金屬大，

(4)對光的反應非常地敏感。

並且他在1914年發表的論文中正式使用**半導體**（semiconductor）的這個名詞。從此以後半導體的研究進入熱門，理論和實驗同時進行，理論方面，1928年 B. Bloch 使用週期性勢能獲得了金屬導電率 σ 與溫度 T 的關係，1931年 Wilson（Albert Harold Wilson, 1874 ~ 1964，英國物理學家）專門研究導電粒子除了電子以外還有什麼？半導體的施主（donor）和受主（acceptor 參見下面）的特性，判斷導電性是來自半導體本身還是雜質，證實金屬、半導體和絕緣體的**導電性與電子能級有關**。在1933年 J. I. Frenkel 發展出空穴（hole，又稱為電洞）是半導體的帶正電載子的理論。實驗方面，Mott（Sir Nevill Francis Mott, 1905 ~ 1996，英國理論物理學家）和 Walter Schottky 發明了金屬與半導體的整流接頭（junction）；1940年 Russel Ohl 發明了 *pn*（參見後面）接頭；在1947年 Bardeen（John Bardeen, 1908 ~ 1991，美國理論物理學家），Brattain（Walter Houser Brattain, 1902 ~ 1987，美國實驗物理學家）和 W. Shockley（William Bradford Shockley, 1910 ~ 1989，美國理論物理學家）共同發明了晶體管（或稱電晶體）（transistor），到了1958年 Jack Kilby 發明了集成電路，在 1970 ~ 1971年 Gary Boone 發明了中央處理器（簡稱 CPU），促進了計算機（電腦）和資訊技術的突飛猛進發展，至今仍然一樣，將會大大地改變人類社會，這個熱潮還可能會持續20年！平均每隔18個月，每個晶片中的電晶體大致增加兩倍，那會增加到什麼程度呢？目前最小的電晶體線度約10^{-5}cm，專家估計極限線度是幾十 Å

到100Å，約爲10^{-6} ~ 10^{-7}cm之間，如果一個原子的大小爲2 ~ 3Å，則相當於40 ~ 50個原子排成一條線之長，在2010 ~ 2020年之間可能會達到這個極限。到那個時候，凡是使用電晶體的電氣用品的體積都會變得很小，電晶體除了體積小之外，耗電量少，壽命長、維修容易，加上線度小，於是相互間傳遞信息速度快等，優點不少。當電晶體大小由目前的幾百到1000Å 進步到幾十到100Å 的大小時，關鍵是如何來操作原子分子的電子運動。目前的隧道掃描顯微術（scanning tunneling microscopy，簡稱 STM）已經能夠依需要讓原子組合或排列，來製造所想要的薄膜，只是尚無法大量生產而已。接著的問題是如何使這些原子來完成賦予它們的使命。爲了達到此目的，先決條件是徹底瞭解分子結構，和有最起碼的半導體知識。

(A)分子結構

分子至少由兩個原子組成，其結合方式在Ⅰ介紹了一些主要的分子鍵，或稱爲化學鍵，但沒有談到動力學，這裡要探討動力學，焦點是電子的運動模式（modes）。爲了方便起見，以兩個原子的分子爲例深入分析。

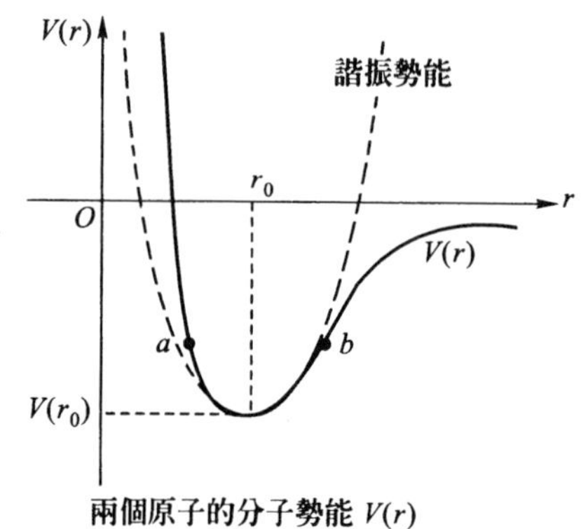

兩個原子的分子勢能 $V(r)$

圖11 – 19

(1)當兩個原子相距無限遠時各原子都是電中性；

(2)兩個原子逐漸靠近便產生庫侖引力，一個原子形成正離子，另一個原子變成負離子；

(3)再靠近不但核開始相互作用，各原子的電子開始相互排斥，如圖11 – 19。兩個原子構成分子反而更加穩定，合在一起的勢能比一個一個的原子勢能低。

先來比較原子和分子的差異列於表11 – 4。

從表11 – 4對分子運動大約有點概念了，原子分子的主要相互作用是電磁相互作用，庫侖力是二體力，故分子的一般運動方程式和 Hamiltonian 是：

$$\hat{H} = -\sum_{i=1}^{\nu}\frac{\hbar^2}{2M_i}\nabla_i^2 - \sum_{j=1}^{k}\frac{\hbar^2}{2m_j}\nabla_j^2 + V_{NN} + V_{Ne} + V_{ee} \qquad (11-90\text{a})$$

式（11 – 90a）右邊第一項是原子核的核子動能，第二項是分子的電子動能，V_{NN}是核子間的相互作用勢能，V_{Ne}是電子和核子間的電磁相互作用勢能，V_{ee}是電子間的電磁相互作用勢能，其具體表示如下（$K = (4\pi\varepsilon_0)^{-1}$，$\varepsilon_0$ = 眞空電容率）：

$$V_{NN} = K\sum_{i>i'}^{\nu}\frac{Z_iZ_{i'}e^2}{r_{ii'}} \equiv V(\xi), \quad r_{ii'} \equiv |\boldsymbol{r}_i - \boldsymbol{r}_{i'}|, \quad \xi \equiv \text{總核子座標}$$

$$V_{ee} = K\sum_{j>j'}^{k}\frac{e^2}{r_{jj'}} \equiv V(x), \quad r_{jj'} \equiv |\boldsymbol{r}_j - \boldsymbol{r}_{j'}|, \quad x \equiv \text{所有電子座標}$$

$$V_{Ne} \equiv K\sum_{i,j}\left(-\frac{Ze^2}{r_{ij}}\right) \equiv V_0(x,\xi),\quad Z = Z_i \text{ 或 } Z_{i'},\ r_{ij} \equiv |\boldsymbol{r}_i - \boldsymbol{r}_j|$$

表11－4　原子和分子的主要差異

	原子	分子
能譜（energy spectrum）	純電子能譜	含各種運動模式的能譜： (1)電子運動造成的能譜； (2)原子核運動產生的能譜：①轉動能譜，②振動能譜； (3)轉動和振動的耦合產生的能譜； (4)電子和原子核的耦合產生的能譜。
相互作用	庫侖力，且形成連心力 ∴電子軌道角動量是守恆量	至少有兩個原子核 ∴電子所受的庫侖力不形成連心力 ∴電子軌道角動量一般地不守恆，但如右圖，其投影在兩個核連線 z 方向的成分 $\boldsymbol{L}_Z$ 往往是守恆量： 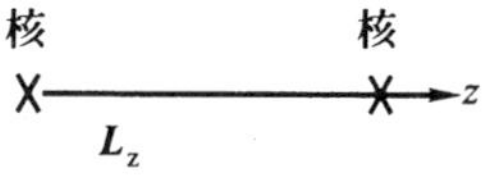 $\langle \hat{L}_Z \rangle = m\hbar$，　$\Delta m\hbar = 1\hbar$ 是量子化量 （圖：核　核　z　$\boldsymbol{L}_z$）
作用力中心	作用於電子的庫侖勢能中心約在原子核的電荷分布中心 ∴才形成連心力（central force）	(1)原子核對電子的庫侖力中心，大約在兩個原子核連線附近，故不形成連心力。 (2)原子核對原子核 ①如右圖，在兩個核的連線上來回振動，也可以不在連線上振動； ②以兩個核的質心爲軸轉動。 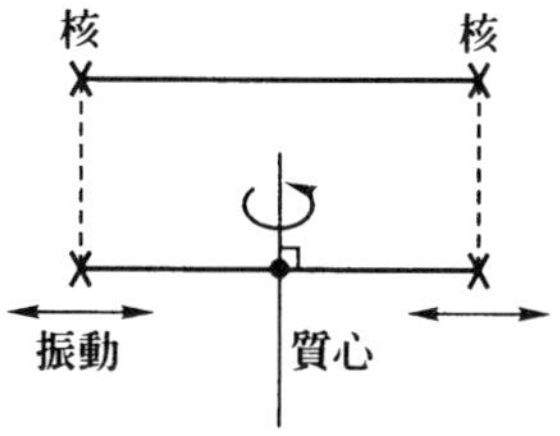 （圖：核　核　振動　質心） 一般地： （電子能譜間隔）≫（振動能譜間隔）≫（轉動能譜間隔） ⇑　⇑　⇑ 約數個 eV　約$\left(\frac{1}{10}\sim\frac{1}{100}\right)$eV　約$(10^{-3}\sim10^{-4})$eV ⇕　⇕　⇕ 紫外光領域，　紅外光領域，　超紅外光領域

設

$$V_{NN} + V_{Ne} + V_{ee} = V(\xi) + V_0(x,\xi) + V(x) \equiv V(x,\xi)$$

由於勢能與時間無關，故體系運動方程是能量 E 的本徵值方程式：

$$\hat{H}\Psi(x,\xi) = \left(-\sum_{i=1}^{\nu}\frac{\hbar^2}{2M_i}\nabla_i^2 - \sum_{j=1}^{k}\frac{\hbar^2}{2m_j}\nabla_j^2 + V(x,\xi)\right)\Psi(x,\xi)$$

$$= E\Psi(x,\xi) \qquad (11-90b)$$

如果原子核的質量≫電子質量，並且不同運動模式的運動速率相差很大，則可以忽略運動模式間的耦合；例如可以省略核的振動和轉動的耦合，電子和核的轉動和振動的耦合等等，這種近似法稱爲絕熱近似（adiabatic approximation），結果是電子和核可以分開來：

$$\Psi(x,\xi) \doteq \psi_{\bar{n}}(\boldsymbol{\chi}_1,\boldsymbol{\chi}_2,\boldsymbol{\chi}_3,\cdots\cdots\boldsymbol{\chi}_k;\xi_1,\xi_2,\cdots\cdots,\xi_\nu)\,\phi_{\bar{n}\alpha}(\xi_1,\xi_2,\cdots\cdots,\xi_\nu)$$

$$(11-90c)$$

$\phi_{\bar{n}\alpha}$ = 核的能量本徵函數，$\psi_{\bar{n}}$ = 電子的能量本徵函數。當 $E \equiv (E_{\bar{n}}(\xi) + E_{\bar{n},\alpha})$ 時得：

$$\left(\sum_{i=1}^{\nu}\frac{\hbar^2}{2M_i}\nabla_i^2 - V(\xi) + E_{\bar{n},\alpha}\right)\phi_{\bar{n},\alpha}(\xi) = 0 \qquad (11-90d)$$

$$\left(\sum_{j=1}^{\kappa}\frac{\hbar^2}{2m_j}\nabla_j^2 - V_0(x,\xi) - V(x) + E_{\bar{n}}(\xi)\right)\psi_{\bar{n}}(x,\xi) = 0$$

$$(11-90e)$$

式（11－90d）和（11－90e）是耦合方程，除非再設些近似一般很難解；核一般地遠比電子重，所以 $V_0(x,\xi)$ 無法忽略，結果式（11－90e）比式（11－90d）難解。對式（11－90d）做些簡單的演算，但式（11－90e）只能做定性討論。

⑴分子轉動、振動能譜

爲了有明確的分子轉動圖象，根據經典力學的轉動，以第二章Ⅴ(F)的方法先來瞭解內涵後再求量子力學的轉動和振動能級。

(Ⅰ)轉動的經典力學圖象

一般地原子核的質量≫電子的質量，於是原子的質心大約在原子核的質心，質量各爲 m_1和 m_2的兩個原子的分子的質心，如圖11－20(a)會在兩核連線的 Z' 線上，且位於兩核之間。分子的轉動等於 m_1和 m_2繞著經質心而垂直於 Z' 線的轉動軸，以相同的角速度 ω 旋轉。從表2－5以及第二章的式(37)和(39)得轉動慣量 J_0，角動量 $\mathbf{I}$ 和轉動能 E_r，右下標表示轉動：

$$J_0 = m_1(r_0 - \xi)^2 + m_2\xi^2 \qquad (11-91a)$$

$$\mathbf{I} = J_0\boldsymbol{\omega}$$

$$E_r = \frac{1}{2J_0}\mathbf{I}^2, \quad \mathbf{I}^2 \equiv \mathbf{I}\cdot\mathbf{I} \qquad (11-91b)$$

$\boldsymbol{\omega}$ = 轉動角速度。式（11－91b）是經典轉子（rotor）的轉動動能，它在量子力學中必須將動力學量 $\mathbf{I}$ 量子化成 $\hat{\mathbf{I}}$；如果是一個純量子力學轉子，E_r 是：

$$E_r = \frac{1}{2J}\langle \mathbf{I}^2 \rangle = \frac{1}{2J}k(k+1)\hbar^2 \qquad (11-91c)$$

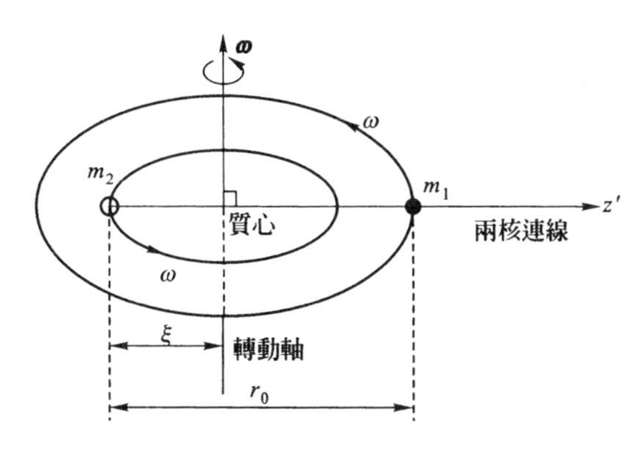

質量 m_1 和 m_2 的兩個原子，以經質心且垂直於兩核連線 z' 的軸、角速度 $\boldsymbol{\omega}$ 轉動。

(a)

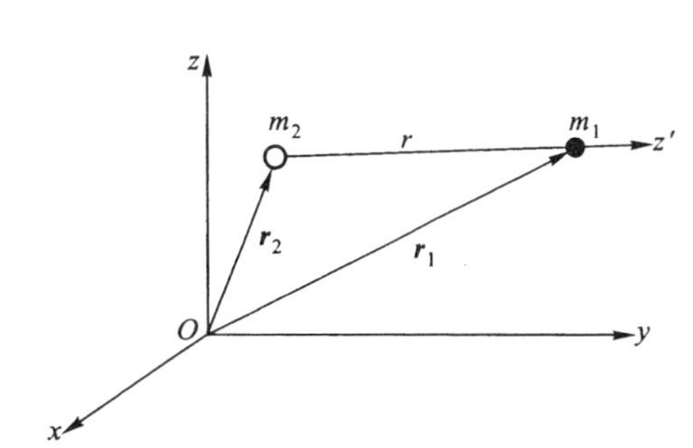

空間固定座標 (x, y, z) 上的質量 m_1 和 m_2 的兩個原子座標 $\boldsymbol{r}_1$ 和 $\boldsymbol{r}_2$

(b)

圖11－20

k = 轉動量子數 = 0,1,2,……，那麼如何得到量子力學的轉動慣量 J 呢？其關鍵是如何得到平衡態的兩個核間距離 r_0，一般是使用模型求 J。如式（11－90a）的兩個原子的穩定勢能，一般地不是那麼簡單，如能約化成圖11－19，是一種近似，是最典型的模型勢能 $V(r)$，是和兩個核的位置有關的連心勢能，但不是庫侖勢能，則 r_0 顯然是圖11－19的最穩定點位置，就是 $V(r)$ 的極小點位置，而分子的振動相當於以 r_0 爲中心，例如在圖11－19的 a 和 b 間來回振動。這樣一來，分子不但不是純轉子，並且不是純簡諧振子（simple harmonic oscillator）。現以圖11－19爲例，來做一個簡單的演算，稍微使用一些數學，不喜歡的讀者僅看結果的式（11－95d）。核的轉動振動能級如圖11－22，含有電子能譜。

由式（11－90d），兩個原子的分子的核，其能量本徵值方程式是：

$$\left\{\frac{\hbar^2}{2m_1}\nabla_1^2 + \frac{\hbar^2}{2m_2}\nabla_2^2 + E_{\bar{n},\alpha} - V(r)\right\}\psi_{\bar{n},\alpha}(\boldsymbol{r}_1,\boldsymbol{r}_2) = 0 \qquad (11-92a)$$

$\boldsymbol{r}_1$ 和 $\boldsymbol{r}_2$ 如圖11－20(b)所示，是質量各爲 m_1 和 m_2 的原子的核座標。勢能圖11－19的 $V(r)$ 是一體勢能，r = 兩核間距離，故必須把式（11－92a）的兩體問題約化成一體問題。這裡我們可以使用第十章Ⅴ(B)解氫原子的方法，取兩個原子核的相對座標 $\boldsymbol{r}$ 和質心座標 $\boldsymbol{R}$，以及總質量 $M \equiv m_1 + m_2$，折合質量 $\mu = \dfrac{m_1 m_2}{m_1 + m_2}$ 得：

$$\boldsymbol{r} \equiv \boldsymbol{r}_2 - \boldsymbol{r}_1$$

$$\boldsymbol{R} \equiv \frac{m_1 \boldsymbol{r}_1 + m_2 \boldsymbol{r}_2}{m_1 + m_2}$$

$$\left\{\frac{\hbar^2}{2M}\nabla_R^2 + \left(\frac{\hbar^2}{2\mu}\nabla_r^2 - V(r) + E_{\bar{n},\alpha}\right)\right\}\psi_{\bar{n},\alpha}(\boldsymbol{r},\boldsymbol{R}) = 0$$

設 $E_{\bar{n},\alpha} \equiv (E_R + E)$，$\psi_{\bar{n},\alpha}(\boldsymbol{r},\boldsymbol{R}) \equiv \phi(\boldsymbol{R})\Psi(\boldsymbol{r})$

$$\left(\nabla_R^2 + \frac{2M}{\hbar^2}E_R\right)\phi(\boldsymbol{R}) = 0 \qquad (11-92\text{b})$$

$$\left\{\nabla_r^2 + \frac{2\mu}{\hbar^2}[E - V(r)]\right\}\Psi(\boldsymbol{r}) = 0 \qquad (11-92\text{c})$$

描述質心運動的式（11－92b）是平面波運動方程式。如果分子是氣體，式（11－92b）是分子質心（整個分子）運動的情形，如果爲固體各分子的質心幾乎不動。至於式（11－92c），由於 $V(r)$ 和角度無關，在 $V(r)$ 的情況下運動的轉動角動量必定守恆，與解式（10－104）完全相同。設 $\boldsymbol{r} = (r,\theta,\varphi)$，$\Psi(\boldsymbol{r}) = R(r)\text{Ⓗ}(\theta)\Phi(\varphi)$，則得：

$$\frac{\mathrm{d}^2\Phi}{\mathrm{d}\varphi^2} = -m^2\Phi \qquad (11-92\text{d})$$

$$\left[\frac{1}{\sin\theta}\frac{\mathrm{d}}{\mathrm{d}\theta}\left(\sin\theta\frac{\mathrm{d}}{\mathrm{d}\theta}\right) - \frac{m^2}{\sin^2\theta} + k(k+1)\right]\text{Ⓗ}(\theta) = 0 \qquad (11-92\text{e})$$

$$\left[\frac{1}{r^2}\frac{\mathrm{d}}{\mathrm{d}r}\left(r^2\frac{\mathrm{d}}{\mathrm{d}r}\right) - \frac{k(k+1)}{r^2} + \frac{2\mu}{\hbar^2}(E - V(r))\right]R(r) = 0$$

$$(11-92\text{f})$$

$\Phi(\varphi)$ 和Ⓗ(θ) 的方程式與（10－106c），式（10－108）相同，故由式（10－109b）和式（10－113）得解：

$$\Phi(\varphi) = \frac{1}{\sqrt{2\pi}}e^{\mathrm{i}m\varphi}, \quad m = 0, \pm 1, \pm 2, \cdots\cdots \qquad (11-93\text{a})$$

$$\text{Ⓗ}_{km}(\theta) = (-)^m\sqrt{\frac{2k+1}{2}\frac{(k-m)!}{(k+m)!}}P_k^m(\cos\theta) \qquad (11-93\text{b})$$

$k = 0,1,2,\cdots\cdots$，$P_k^m(\cos\theta)$ 協同 Legendre 多項式，這裡的 k 對應於氫原子的電子角動量量子數 l，由於 $\boldsymbol{r} \equiv \boldsymbol{r}_2 - \boldsymbol{r}_1$，則由圖11－20(b)好像質量 m_2的原子，經座標變數變換後變成質量 μ 的原子，而質量 m_1的原子變成勢能 $V(r)$ 的 r 原點，這時 μ 的角動量量子數就是 k。轉動角動量 $\hat{\mathbf{I}}$ 和第三成分 $\hat{\mathrm{I}}_Z$ 的期待值各爲：

$$\langle \hat{\mathbf{I}}^2 \rangle = k(k+1)\hbar^2$$
$$\langle \hat{\mathrm{I}}_Z \rangle = m\hbar \qquad (11-93c)$$

所以轉動角動量的大小是$\sqrt{k(k+1)}\,\hbar$。

(ii)解徑向方程式（11－92f）

直接解圖11－19的 $V(r)$ 不是一件容易的事，除非使用電腦（計算機）進行數值計算。不過這種方法除了有豐富的經驗者，不容易看出具體內涵。先來粗略地瞭解一下，圖11－19的勢能帶來的運動模式，至少在平衡點 r_0附近，如圖上的點線，諧振勢能的下部分引起的運動，是簡諧振動。圖上 b 點已稍微離開了諧振勢能，故勢能 a 到 b 的部分引起的運動已不是單純的簡諧振動，$V(r)$ 遠離諧振勢能越遠非諧振效果越大。每個振動必定伴隨著轉動，於是必會產生振動和轉動的耦合，那麼要怎樣才能獲得這些運動呢？你可能已想到，如果要透視這些運動模式，最好將 $V(r)$ 用 Taylor 展開法在 r_0附近展開：

$$V(r) = V(r_0) + \left(\frac{\mathrm{d}V}{\mathrm{d}r}\right)_{r_0}(r-r_0) + \frac{1}{2!}\left(\frac{\mathrm{d}^2V}{\mathrm{d}r^2}\right)_{r_0}(r-r_0)^2 + \frac{1}{3!}\left(\frac{\mathrm{d}^3V}{\mathrm{d}r^3}\right)_{r_0}(r-r_0)^3 + \cdots\cdots$$

$V(r_0)$是極小值，故$\left(\frac{\mathrm{d}V}{\mathrm{d}r}\right)_{r_0}=0$，如果把能量的起點取在 $V(r_0)=0$，則上式變成：

$$V(r) = \frac{1}{2}\left(\frac{\mathrm{d}^2V}{\mathrm{d}r^2}\right)_{r_0}(r-r_0)^2 + \frac{1}{3!}\left(\frac{\mathrm{d}^3V}{\mathrm{d}r^3}\right)_{r_0}(r-r_0)^3 + \cdots\cdots$$
$$\doteq \frac{1}{2}f(r-r_0)^2 \qquad (11-94a)$$

$f\equiv\left(\frac{\mathrm{d}^2V}{\mathrm{d}r^2}\right)_{r_0}$，並且忽略了$(r-r_0)^n$，$n>2$的高次項。設 $R(r)\equiv\frac{1}{r}u(r)$，代入式（11－92f）得：

$$\frac{\mathrm{d}^2u(r)}{\mathrm{d}r^2} + \left[-\frac{k(k+1)}{r^2} + \frac{2\mu}{\hbar^2}\left(E-\frac{1}{2}f(r-r_0)^2\right)\right]u(r) = 0$$

設 $r-r_0\equiv\rho$，則上式變成：

$$\frac{\mathrm{d}^2u(\rho)}{\mathrm{d}\rho^2} + \frac{2\mu}{\hbar^2}\left[E-\frac{f}{2}\rho^2-\frac{\hbar^2}{2\mu}\frac{k(k+1)}{(r_0+\rho)^2}\right]u(\rho) = 0 \qquad (11-94b)$$

展開$1/(r_0+\rho)^2$到 ρ^2：

$$\frac{1}{(r_0+\rho)^2} \doteq \frac{1}{r_0^2}\left(1-2\frac{\rho}{r_0}+3\frac{\rho^2}{r_0^2}\right)$$

設 $b \equiv \frac{\hbar^2}{2\mu r_0^2} \equiv \frac{\hbar^2}{2J}$，$\mu r_0^2 \equiv J$ = 分子的平衡轉動慣量，將這些值代入式（11－94b）得：

$$\frac{d^2 u(\rho)}{d\rho^2} + \frac{2\mu}{\hbar^2}\left[E - \frac{1}{2}f\rho^2 - bk(k+1)\left(1 - \frac{2\rho}{r_0} + 3\frac{\rho^2}{r_0^2}\right)\right]u(\rho) = 0 \tag{11-94c}$$

設 $\rho \equiv (\xi + a)$ 代入上式，然後令 ξ 項等於零來求 a 值，則得：

$$\frac{d^2 u(\xi)}{d\xi^2} + \frac{2\mu}{\hbar^2}\left\{\left[E - bk(k+1) + \frac{2bk(k+1)}{r_0}a - \left(\frac{1}{2}f + \frac{3bk(k+1)}{r_0^2}\right)a^2\right] - \left[\frac{1}{2}f + \frac{3bk(k+1)}{r_0^2}\right]\xi^2\right\}u(\xi) = 0 \tag{11-94d}$$

$$a = \frac{bk(k+1)r_0}{3bk(k+1) + fr_0^2/2} \tag{11-94e}$$

設：

$$\begin{cases} E - bk(k+1) + \dfrac{2bk(k+1)}{r_0}a - \left(\dfrac{1}{2}f + \dfrac{3bk(k+1)}{r_0^2}\right)a^2 \\ \qquad = E - bk(k+1) + \dfrac{[bk(k+1)]^2}{3bk(k+1) + fr_0^2/2} \equiv E' \\ \dfrac{1}{2}f + \dfrac{3bk(k+1)}{r_0^2} \equiv \dfrac{\mu}{2}\omega_0^2 \end{cases}$$

將 E' 和 $\frac{1}{2}\omega_0^2$ 代入式（11－94d）便得諧振子運動方程式：

$$\frac{d^2 u(\xi)}{d\xi^2} + \frac{2\mu}{\hbar^2}\left(E' - \frac{\mu}{2}\omega_0^2\xi^2\right)u(\xi) = 0 \tag{11-95a}$$

式（11－95a）正是式（10－87a），故由式（10－89）和（10－96d）得 $u(\xi)$ 及 E'：

$$\begin{cases} u_n(\xi) = \sqrt{\sqrt{\dfrac{a_0}{\pi}}\dfrac{1}{2^n n!}}\, e^{-\frac{a_0}{2}\xi^2} H_n(\sqrt{a_0}\,\xi) \\ a_0 \equiv \dfrac{\mu\omega_0}{\hbar}, \quad \xi = r - r_0 - a, \quad a = \text{式（11－94e）} \\ \omega_0^2 \equiv \dfrac{fr_0^2 + 6bk(k+1)}{\mu r_0^2}, \quad f \equiv \left(\dfrac{d^2 V(r)}{dr^2}\right)_{r_0} > 0 \\ b \equiv \dfrac{\hbar^2}{2\mu r_0^2} \equiv \dfrac{\hbar^2}{2J}, \quad H_n = \text{Hermite 多項式} \end{cases} \tag{11-95b}$$

$$E'_n = \left(n + \frac{1}{2}\right)\hbar\omega_0 \tag{11-95c}$$

$$= E - bk(k+1) + \frac{[bk(k+1)]^2}{3bk(k+1) + fr_0^2/2}$$

$$n = 0,1,2,\cdots\cdots$$

式（11－92c）的能量本徵值 E，由式（11－95c）得，E 是轉動角動量量子數 k 和振動量子數 n 的函數：

$$E = E_{n,k} = \left(n + \frac{1}{2}\right)\hbar\omega_0 + \frac{k(k+1)}{2J}\hbar^2 - \frac{\left(\frac{k(k+1)}{2J}\hbar^2\right)^2}{\frac{3k(k+1)}{2J}\hbar^2 + \frac{1}{2}fr_0^2} \tag{11-95d}$$

(iii)轉動振動能量本徵值 $E_{n,k}$ 的內涵

式（11－95d）右邊第一項是分子的振動能，第二項是分子的轉動能，相當於轉子動能，第三項內含有轉動慣量 J，表示分子的轉動不是像剛體的轉子。一般地說，$fr_0^2 > \frac{k(k+1)}{2J}\hbar^2$，利用此性質展開 ω_0 和第三項分母，則能明顯地看出式（11－95d）右邊第三項是和振動轉動耦合有關：

$$\omega_0 = \sqrt{\frac{fr_0^2 + 6bk(k+1)}{\mu r_0^2}} = \sqrt{\frac{f}{\mu}}\left[1 + \frac{3bk(k+1)}{fr_0^2} + \cdots\cdots\right] \doteq \sqrt{\frac{f}{\mu}} \equiv \omega$$

$$\frac{1}{3bk(k+1) + \frac{1}{2}fr_0^2} = \frac{1}{\frac{1}{2}fr_0^2}\left[1 - \frac{6bk(k+1)}{fr_0^2} + \cdots\cdots\right] \doteq \frac{1}{\frac{1}{2}fr_0^2}$$

$$\therefore\quad E_{n,k} \doteq \left(n + \frac{1}{2}\right)\hbar\omega + \frac{k(k+1)}{2J}\hbar^2 - \frac{\left(\frac{k(k+1)}{2J}\hbar^2\right)^2}{\frac{1}{2}fr_0^2} \tag{11-95e}$$

解式（11－92c）所用的 $V(r)$ 是式（11－94a），是諧振子勢能，f 相當於 Hooke 常數，結果所得的能量是式（11－95e），不但有振動能，而且還有轉動能以及兩者的耦合關係能。換句話說，分子的振動必定伴隨著轉動，反過來不一定成立，爲什麼呢？因爲振動所需能量遠遠超過轉動所需的能量。下面來探討細節。

如圖11－21(a)所示，對應於一個勢能 $V(r)$ 純諧振領域很有限，不過圖上 a 到 b 的領域可近似爲諧振領域，其本徵值由式（11－95e）得：

$$E_n \doteq \left(n + \frac{1}{2}\right)\hbar\omega$$

最低能量 $E_{n=0} = \frac{1}{2}\hbar\omega \equiv E_0$ 稱爲零點能（Zero point energy）。由實驗得大部分的兩個原子分子，在低能域，其相鄰能級差 $\Delta E_n \doteq \hbar\omega$，大小是：

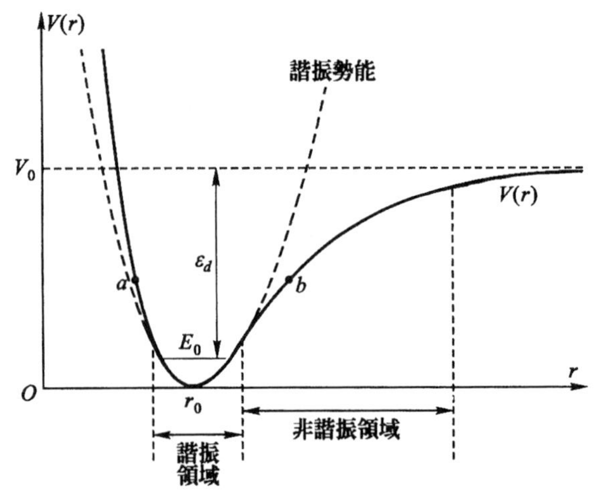

r_0 = 穩定態的兩核間隔

ε_d = 分離能 (dissociation energy)

以 $V(r_0)=0$ 的圖(11-19)

(a)

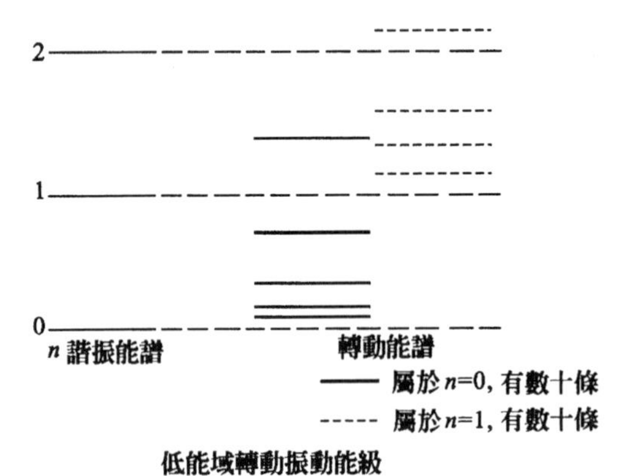

(b)

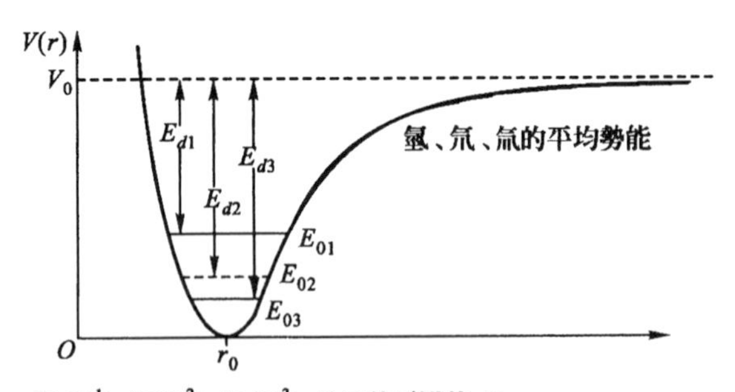

氫 (H^1), 氘 (H^2), 氚 (H^3) 分子的零點能 E_{0i}

和分離能 E_{di} 的平均勢能 $i=1(H^1), 2(H^2), 3(H^3)$

(c)

圖11－21

$$\hbar\omega \doteq \left(\frac{1}{10} \sim \frac{1}{100}\right) \times \text{數個 eV} \qquad (11-96a)$$

並且在每個 $\hbar\omega$ 內含有數十個轉動能級 $E_r \doteq \frac{k(k+1)}{2J}\hbar^2$，轉動能級的特徵是，$\Delta E_r$ 隨著 k 的增大而增大，如圖11－21(b)所示。在低能域，其相鄰能級間隔是：

$$\Delta E_r \doteq \frac{\hbar\omega}{\text{數個} \times 10} \doteq (10^{-3} \sim 10^{-4}) \times \text{數個 eV} \qquad (11-96b)$$

例如食鹽 NaCl 的 $\Delta E_n \doteq 0.04\text{eV}$，而 $\Delta E_r \doteq 10^{-3}\text{eV}$。圖11－21(b)是低能域的轉動振動能級的擴大圖。當分子能量升高，如圖11－21(a)，$V(r)$ 是非諧振領域，故振動能級差 ΔE_n 不是等間隔的 $\hbar\omega$，ΔE_n 隨著能量的升高而減小。

分子鍵是電磁相互作用，其約化成的一體勢能 $V(r)$，只要構成分子的兩個原子的電荷結構沒有變，$V(r)$ 就不會變。所以兩個原子的分子中的一個原子，或兩個原子都由不同的同位素（isotope）構成時，$V(r)$ 仍然不變。同位素是原子核帶正電的質子數相同，而不帶電的中子數不同的原子稱爲同位素。例如氫（${}_{\text{質子}1}H^1_{0\text{中子}}$），氘（${}_1H^2_1 = {}_1D_1$，一個質子一個中子的原子核），氚（${}_1H^3_2$，一個質子二個中子的原子核）是同位素，它們形成的分子 H_2，$D_2 = H^2_2$ 和 H^3_2 約化成的一體勢能如圖11－21(c)是相同的，但它們的折合質量 μ 是不同的，於是零點能 $\frac{1}{2}\hbar\omega = \frac{1}{2}\hbar\sqrt{\frac{f}{\mu}}$ 也不同。質子和中子質量分別爲：

$$m_p c^2 \doteq 938.272\text{MeV}, \quad m_n c^2 \doteq 939.055\text{MeV}$$

所以 $m_p \doteq m_n \equiv m_N$, H_2, H^2_2, H^3_2 分子的折合質量和零點能各如下表：

分子	折合質量 μ	零點能 $\frac{1}{2}\hbar\sqrt{\frac{f}{\mu}}$
氫（H_2）	$\mu_H = \frac{m_p m_p}{m_p + m_p} \doteq \frac{m_N}{2}$	$\frac{1}{2}\hbar\sqrt{\frac{2f}{m_N}} \equiv E_{01}$
氘（H^2_2）	$\mu_{H^2} = \frac{(m_p + m_n)^2}{(m_p + m_n) + (m_p + m_n)} \doteq m_N$	$\frac{1}{2}\hbar\sqrt{\frac{f}{m_N}} \equiv E_{02}$
氚（H^3_2）	$\mu_{H^3} = \frac{(m_p + 2m_n)^2}{2(m_p + 2m_n)} \doteq \frac{3}{2}m_N$	$\frac{1}{2}\hbar\sqrt{\frac{2f}{3m_N}} \equiv E_{03}$

$$\therefore \quad E_{01} > E_{02} > E_{03}$$

於是分離能是 $E_{d1} < E_{d2} < E_{d3}$，如圖11－21(c)所示，從測分離能便能測出分子內有

沒有同位素，同時證明有零點能。

(2)分子的電子能譜（electronic spectra）

假定帶電體間的相互作用是二體相互作用，並且絕熱近似成立，則得核運動和電子運動的耦合方程式（11－90d）和（11－90e），現用兩個原子的分子爲例來說明如何解這套聯立方程式。$V(x)$是電子間庫侖相互作用，$V_0(x,\xi)$是電子和各核的庫侖相互作用；解式（11－90e）時必須固定兩核間隔，設爲R。對每個R解式（11－90e），得$\psi_{\bar{n}}(x,R)\equiv\psi_{\bar{n}}(R)$和$E_{\bar{n}}(R)$，$\bar{n}$＝描述電子狀態（electronic state）的所有量子數，例如氫原子就有主量子數n，軌道量子數l，磁量子數m；變化R時，則得下表的各量：

R	R_1	R_2	……
$\psi_{\bar{n}(R)}$	$\psi_{\bar{n}_1}(R_1),\psi_{\bar{n}_2}(R_1),\cdots\cdots,$ $\psi_{\bar{n}_i}(R_1)\cdots\cdots$	$\psi_{\bar{n}_1}(R_2),\psi_{\bar{n}_2}(R_2)\cdots\cdots,$ $\psi_{n_i}(R_2)\cdots\cdots$	……
$E_{\bar{n}}(R)$	$E_{\bar{n}_1}(R_1),E_{\bar{n}_2}(R_1),\cdots\cdots$ $E_{\bar{n}_i}(R_1)\cdots\cdots$	$E_{\bar{n}_1}(R_2),E_{\bar{n}_2}(R_2),\cdots\cdots,$ $E_{\bar{n}_i}(R_2)\cdots$	……

如果連續地變化R，則各$\bar{n}$的$E_{\bar{n}}(R)$形成一條曲線，這條曲線就是分子的電子能譜，如圖11－22。這演算完全使用電腦（計算機）。能量本徵值$E_{\bar{n}}(R)$愈大，曲線深度愈淺，而曲線寬度愈寬，每條$E_{\bar{n}}(R)$曲線就是式（11－90d）的$V(\xi)$，也就是式（11－92c）要用的$V(r)$。所以每一電子能譜都有它的轉振動能譜，它又稱爲分子的集體運動（collective motion）能譜，每一個$E_{\bar{n}}(R)$構成一個能帶（energy band）。

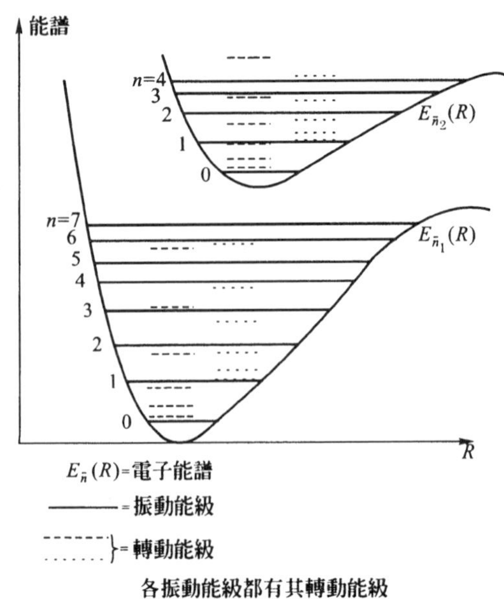

圖11－22

分子和外電磁場的相互作用中，最重要的是電偶矩相互作用，式（11－9a）的相互作用，如果在同一電子能譜中的躍遷，則其選擇定則是：

$$\left.\begin{array}{l}\Delta n=\pm 1\cdots\cdots \text{振動能級間}\\ \Delta k=\pm 1,0\cdots\cdots \text{轉動能級間}\end{array}\right\} \quad (11-97a)$$

如果在不同電子能譜間的躍遷，則其選擇定則是：

$$\left.\begin{array}{l}\Delta n=\pm 1,\ \pm 2,\ \pm 3,\cdots\cdots\\ \Delta k=\pm 1,0\end{array}\right\} \quad (11-97b)$$

電子能譜的平均間隔是：

$$\Delta E_{\bar{n}}=1\sim 10\mathrm{eV} \quad (11-98)$$

【Ex.11－19】 使用式（11－96a,b）和（11－98）求各種運動模式能級的大約壽命 τ。

由 Heisenberg 的測不準原理 $\Delta E\Delta t\doteq\hbar$ 得各運動模式的狀態壽命：

$$\text{轉動狀態的壽命 } \tau_r\doteq\frac{\hbar}{\Delta E_r}=\frac{\hbar}{10^{-3}\mathrm{eV}}\sim\frac{\hbar}{10^{-4}\mathrm{eV}}$$

$$=6.582122\times 10^{-16}\mathrm{eV}\cdot\mathrm{s}\left(\frac{1}{10^{-3}}\sim\frac{1}{10^{-4}}\right)\frac{1}{\mathrm{eV}}$$

$$\doteq(10^{-12}\sim 10^{-11})\text{秒}$$

$$\text{振動狀態的壽命 } \tau_V\doteq\hbar\times(100\sim 10)\mathrm{eV}\doteq(10^{-13}\sim 10^{-14})\text{秒}$$

$$\text{電子狀態的壽命 } \tau_e\doteq\hbar\times\left(1\sim\frac{1}{10}\right)\mathrm{eV}\doteq(10^{-15}\sim 10^{-16})\text{秒}$$

【Ex.11－20】 鹽酸 HCl 的基層電子能譜，其最低轉動能級的間隔 $\Delta E_r\doteq 2.62\times 10^{-3}\mathrm{eV}$，求該轉動能帶的轉動慣量 J。

$$\text{轉動能 } E_r=\frac{k(k+1)}{2J}\hbar^2,\quad k=0,1,2,\cdots\cdots$$

$$\text{所以最低轉動能級間隔 } \Delta E_r=\frac{1(1+1)}{2J}\hbar^2-0=\frac{\hbar^2}{J}$$

$$=2.62\times 10^{-3}\mathrm{eV}$$

$$\hbar=6.58122\times 10^{-16}\mathrm{eV}\cdot\mathrm{s}=1.054573\times 10^{-34}\mathrm{J}\cdot\mathrm{s}$$

$$\therefore\quad J=\frac{6.58122\times 10^{-16}\mathrm{eV}\cdot\mathrm{s}}{2.62\times 10^{-3}\mathrm{eV}}\times 1.054573\times 10^{-34}\mathrm{J}\cdot\mathrm{s}$$

$$\doteq 2.65\times 10^{-47}\mathrm{kg}\cdot\mathrm{m}^2$$

【Ex.11－21】 基態氧化鋇（BaO）的平衡核間隔 $r_0\doteq 1.94$Å，氧化鋇的原子量各爲 $m_0=15.994915\mathrm{amu}$, $m_{\mathrm{Ba}}=137.905236\mathrm{amu}$, $1\mathrm{amu}\doteq 1.6605402\times 10^{-27}\mathrm{kg}$，求 BaO 的基態的轉動能級的轉動慣量 J。

轉動慣量$J=\mu r_0^2$，μ=折合品質，

$$\therefore\quad J=\frac{15.994915\times137.905236}{15.994915+137.905236}$$
$$\times(1.94)^2\times1.6605402\times10^{-27}\times10^{-20}\,\text{kg}\cdot\text{m}^2$$
$$\doteqdot 8.95\times10^{-46}\,\text{kg}\cdot\text{m}^2$$

(B)固體內電子的能量本徵值分布[2,4,15]

在【Ex.11－12】經簡單的微擾（perturbation）計算，得氦原子的低能量域的能級圖11－12，其能級數不但增加得很快，而且有分群的傾向。到了兩個原子的分子，雖在簡單的平均勢能式（11－94a）下，仍然得圖 11－22，電子能譜和它引起的運動模式能級，明顯地形成群狀；這種能譜的複雜性，遠遠地超過氫原子的、幾乎沒有寬度的一條線的能級式（10－126）。如果原子數更多，形成固體，不難想像電子的本徵值必是形成帶狀，即電子在固體中的能量本徵值被限在某範圍內，如右圖這些範圍稱為能帶。探討如何形成，如右圖的能帶，和電子在固體中如何地運動，是本節要探討的內容。在經典力學，當粒子數增加到幾千，幾萬甚至於10^{23}，開創了統計力學；同樣地從數個原子的分子到了固體，總不該像【Ex.11－12】或兩個原子的分子那樣的解法了吧，首先必須好好地利用固體的特性，例如原子的規則排列，即週期性吧。

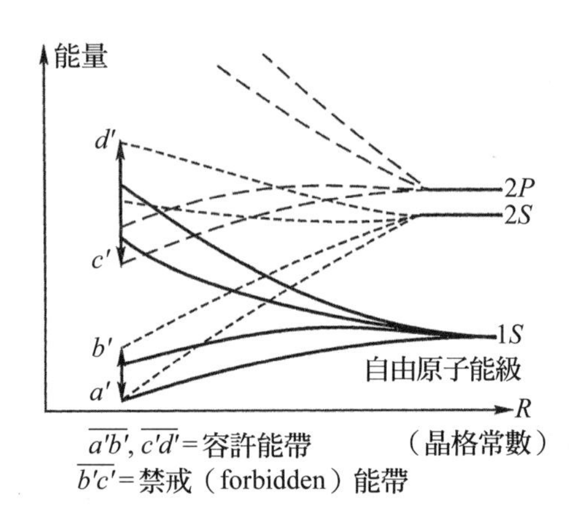

$\overline{a'b'}$, $\overline{c'd'}$=容許能帶
$\overline{b'c'}$=禁戒（forbidden）能帶

(1) Bloch 函數

固體中有許多電子和原子核，核間由於有原子的電子，它們扮演了屏蔽效果，於是核間的電磁相互作用，不是庫侖斥力勢能，是屏蔽勢能（screening potential energy）：

$$V_N\exp(-r_{ij}/\sigma)$$

σ=相互作用距（range of interaction），V_N和σ都是由實驗所決定的參數，r_{ij}=兩核電荷分布中心間距離。電子間和電子與核間的相互作用是庫侖力，故整個勢能V_T是：

$$V_T=\sum_{i\neq j}\left\{V_N\exp(-r_{ij}/\sigma)-\frac{1}{4\pi\varepsilon_0}\frac{Ze^2}{r_{ij}}+\frac{1}{4\pi\varepsilon_0}\frac{e^2}{r_{ij}}\right\}\qquad(11-99)$$

除非使用近似方法，式（11－99）勢能的波動方程式是無法解的，因而無法得到固體中電子的能量本徵函數和本徵值。最常用的近似法有：

①視以平衡點爲中心做振動，固體中的原子核爲靜止於平衡點；

②某一特定電子和其他電子的相互作用，視爲靜電場；

③於是此特定電子所受的力，看成②和原子核產生的靜電場之和，它是週期平均場（mean field）$V(\boldsymbol{r})$，其週期和固體晶格（lattice）週期一致，如圖11－23。這樣，式（11－99）的多體問題，簡化成一體問題。這種近似法稱爲單電子（one-electron）近似法。首次利用固體晶格週期性勢能探討金屬電子的導電率的是，年僅23歲的 Bloch（Felix Bloch，1905～1983，瑞士與美國理論和實驗物理學家），他在1928年發表了：

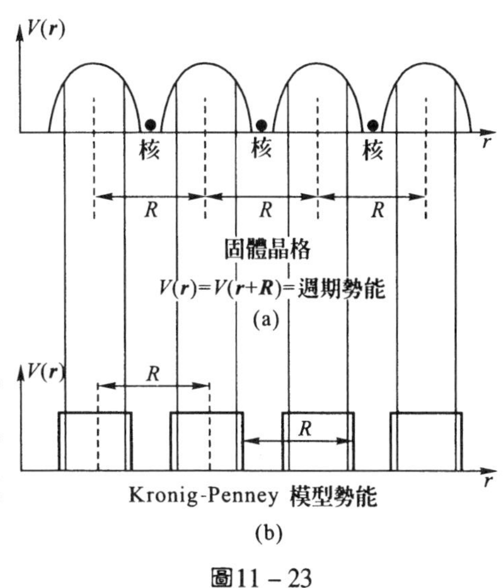

圖11－23

> 週期性勢能 $V(\boldsymbol{r}+\boldsymbol{R})=V(\boldsymbol{r})$ 體系的穩定態（stationary state）波函數是，有同樣週期性的函數：

$$\psi_{n,\boldsymbol{k}}(\boldsymbol{r}+\boldsymbol{R}) = e^{i\boldsymbol{k}\cdot\boldsymbol{R}}\psi_{n,\boldsymbol{k}}(\boldsymbol{r}) \qquad (11-100)$$

$\boldsymbol{R}$＝週期徑矢量，$|\boldsymbol{R}|$＝固體晶格間距，稱爲晶格常數（lattice constant），$\boldsymbol{k}$＝角波數矢量，或稱爲波矢量，而式（11－100）稱爲 ***Bloch*** 定理。他使用圖11－23(a)證明了式（11－100），實際演算是 Kronig 和 Penney 把圖11－23(a)的週期勢能，以等面積的週期矩形勢能圖11－23(b)取代來完成的。圖11－23(b)的勢能稱爲 **Kronig-Penney 勢能**，他們獲得了漂亮的能帶，定量地說明了金屬電子的導電現象（參見下面），而式（11－100）的函數稱爲 **Bloch 函數**。

(I)Bloch 函數的性質

爲了進一步瞭解 Bloch 定理，使用一維來做深入的分析。不但定量需要，而且在透視內部時都需要數學，才能眞正地瞭解物理現象的內涵。Bloch 定理是什麼？經過數學分析，我們才能看到內部。也許有人會說，物理和數學不同，回答是肯定的，但這不是意味著數學不重要，要知道物理和數學脫離不了關係，是互動的，沒有一個大物理學家不懂得數學，除了極少數的幾位，例如 Faraday，他是因爲家貧無法受教育，於是遇到需要數學時，由他的好友來協助幫忙，他的電磁感應公式是由 F.E.Neumann 幫他完成（參見第七章Ⅶ(B)）。我們應該善於做數學分析。牛頓和微積分、偏微分以及曲線座標是大家熟悉的，Dirac 創造的 δ 函數（參見第十章Ⅳ(B)）和微積分一樣，是今日科學描述現象時非用不可的數學工具。先天上雖有喜歡不喜歡數學的分別，但自己的態度非常重要，首先不要拒絕數學，愈拒絕愈惡性循環。所以至少瀏覽一下下面的推算過程，看看今日在凝聚態物理學發揮威力的 Bloch 定理的內涵到底是什麼？這樣才能正確地應用它；同時有機會開發新的東西出來。凝聚態物理學是21世紀的極重要的物理領域之一，它會和化學、生物物理，以及醫學發生比目前更深更密切的關係。

請不要拒絕數學，
不要恐懼它，
數學是工具，

在這裡，我們使用前面所學過的數學工具來介紹 Bloch 定理的內涵；如果用式子表示 Bloch 定理，則一維時：

$$\left.\begin{aligned}&\frac{d^2\psi(x)}{dx^2}+\frac{2m}{\hbar^2}(E-V(x))\psi(x)=0\\&V(x+R)=V(x)\\&\psi_k(x)=e^{\pm ikx}u_k(x)\\&u_k(x)=u_k(x+R)\end{aligned}\right\}\qquad(11-101a)$$

k = 角波數，R = 固體晶格常數。式（11 – 101a）就是式（11 – 100），爲什麼呢？同一 k 有很多不同能量，可用「n」表示。爲了方便暫凍結 n，讓它在 Konig-Penney 時才出現。這裡的焦點放在式（11 – 101a）是怎麼來的。式（11 – 101a）中 Bloch 函數 $\psi_k(x)$ 便有如下性質：

$$\begin{aligned}\psi_k(x+R)&=e^{\pm ik(x+R)}u_k(x+R)\\&=e^{\pm ikR}e^{\pm ikx}u_k(x)\\&=e^{\pm ikR}\psi_k(x)\end{aligned}\qquad(11-101b)$$

式（11 – 101b）就是式（11 – 100），這時用了 $u_k(x+R)=u_k(x)$，這是關鍵式，表示在固體內函數 $u_k(x)$ 是位移不變（displacement invariant）。波函數 $\psi_k(x)$ 由 e^{ikx} 和 $u_k(x)$ 構成，如果 $\psi_k(x)$ 是描述電子在固體內運動的狀態，則 $e^{\pm ikx}$ 描述整個電子的質心運動，$u_k(x)$ 是描述電子的大小和結構。如右圖 $e^{\pm ikx}$ 是波前形成平面的平面波，而 k 是垂直於平面，$u_k(x+R)=u_k(x)$ 表示電子結構有規則的週期性變化。讓我們

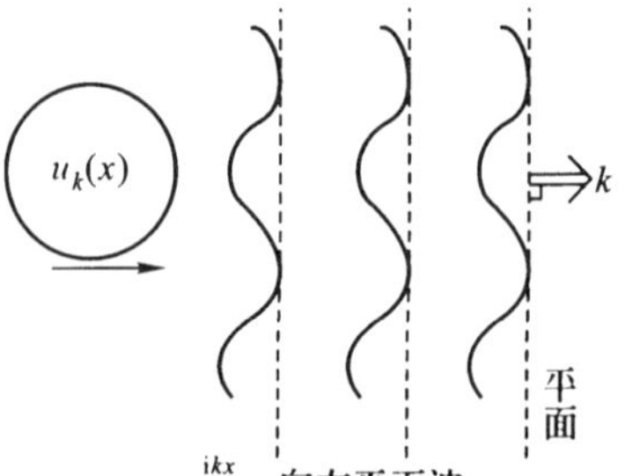

$u_k(x)$ k 平面

e^{ikx} = 向右平面波
e^{-ikx} = 向左平面波
（看第十章Ⅴ(A)）

稱 $u_k(x)$ 爲結構函數（structure function）。

(ii)證明當 $V(x+R)=V(x)$ 時 $u_k(x+R)=u_k(x)$

一維的質量 m 的單粒子運動方程式：

$$\frac{d^2\psi(x)}{dx^2}+\frac{2m}{\hbar^2}(E-V(x))\psi(x)=0 \qquad (11-102a)$$

這是二階的微分方程，必定有兩個獨立解，設爲 $f(x)$ 和 $g(x)$。由於勢能有週期性 $V(x+R)=V(x)$，故式（11－102a）對 $x\to(x+R)$ 的位移不變，於是 $f(x+R)$ 和 $g(x+R)$ 也是兩個獨立解。由解的獨立性得：

$$\left.\begin{aligned} f(x+R) &= \alpha_1 f(x)+\alpha_2 g(x) \\ g(x+R) &= \beta_1 f(x)+\beta_2 g(x) \end{aligned}\right\} \qquad (11-102b)$$

$\alpha_i,\beta_i,i=1,2$ 是任意未定係數，同樣設任意未定係數 a 和 b，則式（11－102a）的一般解是：

$$\psi(x)=af(x)+bg(x) \qquad (11-102c)$$

$$\begin{aligned} \therefore\quad \psi(x+R) &= af(x+R)+bg(x+R) \\ &= (a\alpha_1+b\beta_1)f(x)+(a\alpha_2+b\beta_2)g(x) \end{aligned}$$

由於 $V(x+R)=V(x)$，式（11－102a）對 $x\longrightarrow(x+R)$ 不變，於是 $\psi(x+R)$ 和 $\psi(x)$ 僅差一個常數，設爲 Q，則得：

$$\psi(x+R)=Q\psi(x) \qquad (11-102d)$$

$$\therefore\quad \begin{cases} a\alpha_1+b\beta_1=Qa \\ a\alpha_2+b\beta_2=Qb \end{cases}$$

這是 a 和 b 的齊次聯立方程，如果 a 和 b 要有不等於零之解，則其行列式必須等於 0：

$$\begin{vmatrix} \alpha_1-Q & \beta_1 \\ \alpha_2 & \beta_2-Q \end{vmatrix}=0$$

或

$$Q^2-(\alpha_1+\beta_2)Q+(\alpha_1\beta_2-\alpha_2\beta_1)=0 \qquad (11-102e)$$

現有七個未定係數，卻僅有關係式（11－102e），目前最需要的量是式（11－102d）的 Q。f,g,ψ 都是解，故最好從運動方程式（11－102a）來找未定係數的關係。把式（11－102c）代入式（11－102a）得：

$$a\left[f''(x)+\frac{2m}{\hbar^2}(E-V)f(x)\right]+b\left[g''(x)+\frac{2m}{\hbar^2}(E-V)g(x)\right]=0$$

$$f''\equiv\frac{d^2f}{dx^2},\quad g''\equiv\frac{d^2g}{dx^2}$$

$$\therefore \begin{cases} f''(x) + \dfrac{2m}{\hbar^2}(E-V)f(x) = 0 \\ g''(x) + \dfrac{2m}{\hbar^2}(E-V)g(x) = 0 \end{cases}$$

上式從左邊乘 g 減去下式從左邊乘f得：

$$(gf'' - fg'') - \frac{2m}{\hbar^2}(gVf - fVg) = 0$$

$gVf - fVg = g(Vf) - f(Vg) = g(Vf) - (V^+f)g = g(Vf) - (Vf)g = 0$，當 $V^+ = V$，則得：

$$gf'' - fg'' = 0$$

$$= \frac{d}{dx}\{g(x)f'(x) - f(x)g'(x)\} = -\frac{d}{dx}\begin{vmatrix} f(x) & g(x) \\ f'(x) & g'(x) \end{vmatrix}$$

$$\therefore \quad \begin{vmatrix} f(x) & g(x) \\ f'(x) & g'(x) \end{vmatrix} = \text{常數} \equiv K_1, \quad f' \equiv \frac{df}{dx}, \quad g' \equiv \frac{dg}{dx}$$

同理得：

$$\begin{vmatrix} f(x+R) & g(x+R) \\ f'(x+R) & g'(x+R) \end{vmatrix} = \text{常數} \equiv K_2$$

但勢能 $V(x+R) = V(x)$，以及式（11－102b）得 $K_1 = K_2$。對式（11－102b）求 x 的一次微分得：

$$f'(x+R) = \alpha_1 f'(x) + \alpha_2 g'(x)$$

$$g'(x+R) = \beta_1 f'(x) + \beta_2 g'(x)$$

使用行列式，將上面兩式和式（11－102b）一起表示，便得：

$$\begin{vmatrix} f(x+R) & g(x+R) \\ f'(x+R) & g'(x+R) \end{vmatrix} = \begin{vmatrix} f(x) & g(x) \\ f'(x) & g'(x) \end{vmatrix}\begin{vmatrix} \alpha_1 & \beta_1 \\ \alpha_2 & \beta_2 \end{vmatrix} = K_1\begin{vmatrix} \alpha_1 & \beta_1 \\ \alpha_2 & \beta_2 \end{vmatrix}$$

$$= K_2 = K_1$$

$$\therefore \quad \begin{vmatrix} \alpha_1 & \beta_1 \\ \alpha_2 & \beta_2 \end{vmatrix} = 1, \quad \text{或} \ \alpha_1\beta_2 - \alpha_2\beta_1 = 1 \qquad (11-103a)$$

由式（11－102e）和（11－103a）得：

$$Q^2 - (\alpha_1 + \beta_2)Q + 1 = 0$$

上式的解是：

$$Q_1 = \frac{(\alpha_1 + \beta_2) + \sqrt{(\alpha_1 + \beta_2)^2 - 4}}{2}$$

$$Q_2 = \frac{(\alpha_1 + \beta_2) - \sqrt{(\alpha_1 + \beta_2)^2 - 4}}{2}$$

$$\therefore \quad Q_1 Q_2 = 1 \qquad (11-103b)$$

假設 $(\alpha_1 + \beta_2)$ = 實量，當 $(\alpha_1 + \beta_2)^2 < 4$，則 Q_1 和 Q_2 都是複數值（complex value），Q_1 和 Q_2 又要同時滿足式（11－103b），於是可以設爲：

$$\left.\begin{aligned} Q_1 &\equiv \exp(ikR) \\ Q_2 &\equiv \exp(-ikR) \end{aligned}\right\} \qquad (11-103c)$$

由式（11－102d）和（11－103c）得：

$$\psi_1(x+R) = Q_1\psi_1(x) = e^{ikR}\psi_1(x)$$

$$\psi_2(x+R) = Q_2\psi_2(x) = e^{-ikR}\psi_2(x)$$

$$\therefore \quad \psi_k(x+R) = e^{\pm ikR}\psi_k(x) \qquad (11-103d)$$

設：

$$\psi_k(x) \equiv e^{\pm ikx}u_k(x) \qquad (11-104a)$$

則式（11－103d）變成：

$$\psi_k(x+R) = e^{\pm ikx}e^{\pm ikR}u_k(x) = e^{\pm ik(x+R)}u_k(x)$$

依照式（11－104a）的定義 $\psi_k(x+R)$ 又可以表示成：

$$\psi_k(x+R) = e^{\pm ik(x+R)}u_k(x+R) \qquad (11-104b)$$

$$\therefore \quad u_k(x+R) = u_k(x) \qquad (11-105)$$

如果 $(\alpha_1 + \beta_2)^2 > 4$，則 Q 有兩個實根，加上 $Q_1Q_2 = 1$，設 μ = 實量，Q_1 和 Q_2 可取下值：

$$\begin{cases} Q_1 \equiv e^{\mu R} \\ Q_2 \equiv e^{-\mu R} \end{cases}$$

$$\therefore \begin{cases} \psi_1(x+R) = Q_1\psi_1(x) = e^{\mu R}\psi_1(x) \\ \psi_2(x+R) = Q_2\psi_2(x) = e^{-\mu R}\psi_2(x) \end{cases}$$

則 $\psi_1(x+R)$ 有可能變成很大，這違背波函數的有限性，所以數學上雖然容許 Q 有 $e^{\pm\mu R}$ 的解，但物理上不許可，於是 Q 的解只有式（11－103c）。

(2) Kronig-Penney 模型（1931年）

從固體晶格的週期性勢能圖11－23(a)出發，Bloch 獲得了式（11－101b）的能量本徵函數，在這裡式（11－101a）的質量 m 的粒子是電子，現在我們要探討：

電子在固體內運動時，滿足 Bloch 原理的能量本徵值分布情形是怎樣？

式（11－101b）的 $\psi_k(x)=u_k(x)e^{\pm ikx}$，且 $u_k(x+R)=u_k(x)$，反映了電子不是自由粒子，是處處同一概率的平面波 $e^{\pm i(kx\mp\omega t)}$，它和固體晶格有相互作用，故有空間 $u_k(x)$ 分布。那麼在這樣的大環境下，電子的能量本徵值形成什麼樣子呢？為了能獲得解析解（analytic solution），Kronig-Penney 將實際的週期性勢能，如圖11－23(a)以等效的圖11－23(b)替代，來求電子的能量本徵值。為了計算上的方便，將圖11－23(b)畫成如圖11－24：這題目是第十章Ⅴ(A)的(4)，有限深方位阱勢能的應用，設電子總能 $E<V_0$，則能量本徵值方程式是：

$$0<x<a：\quad \frac{d^2\psi_1}{dx^2}+\frac{2m}{\hbar^2}E\psi_1(x)=0$$

$$-b\leqslant x\leqslant 0：\quad \frac{d^2\psi_2}{dx^2}+\frac{2m}{\hbar^2}(E-V_0)\psi_2(x)=0$$

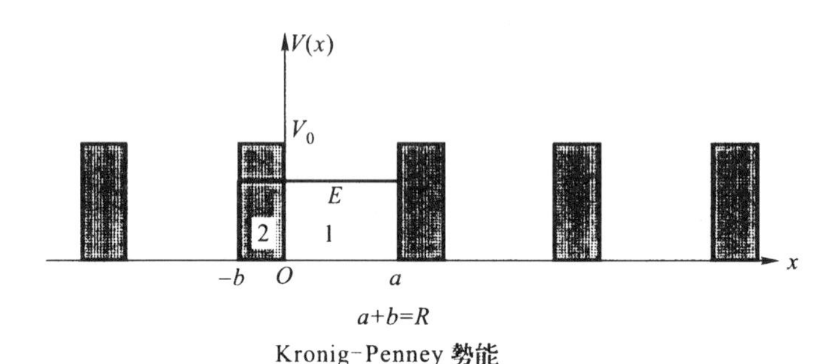

Kronig-Penney 勢能

圖11－24

由於勢能是週期性的，故由 Bloch 定理得：

$$\psi_{1,2}(x)=e^{ikx}u_{1,2}(x) \qquad (11-106a)$$

e^{ikx}是電子質心的運動，將式（11－106a）代入 $\psi_{1,2}$的本徵值方程式得：

$$\frac{d^2u_1}{dx^2}+2ik\frac{du_1}{dx}+(\alpha^2-k^2)u_1(x)=0,\quad 0<x<a \qquad (11-106b)$$

$$\frac{d^2u_2}{dx^2}+2ik\frac{du_2}{dx}-(\beta^2+k^2)u_2(x)=0,\quad -b\leqslant x\leqslant 0 \qquad (11-106c)$$

$$\alpha^2\equiv\frac{2mE}{\hbar^2},\quad \beta^2=\frac{2m(V_0-E)}{\hbar^2}>0 \qquad (11-106d)$$

式（11－106b）和（11－106c）是線性微分方程（參見附錄(E)），故設 $u(x)\equiv e^{i\kappa x}$ 便得解：

$$\left.\begin{aligned} u_1(x)&=Ae^{i(\alpha-k)x}+Be^{-i(\alpha+k)x}, && 0<x<a\\ u_2(x)&=Ce^{(\beta-ik)x}+De^{-(\beta+ik)x}, && -b\leqslant x\leqslant 0\end{aligned}\right\} \qquad (11-106e)$$

$u_{1,2}(x)$ 必須滿足邊界條件：

$$\left.\begin{aligned} &u_1(x=0)=u_2(x=0),\quad \left(\frac{\mathrm{d}u_1}{\mathrm{d}x}\right)_{x=0}\equiv u_1'(0)=u_2'(0) \\ &u_1(a)=u_2(-b),\quad u_1'(a)=u_2'(-b) \end{aligned}\right\} \tag{11-107}$$

則由式（11－106e）和（11－107）得：

$$A+B=C+D$$

$$\mathrm{i}(\alpha-k)A-\mathrm{i}(\alpha+k)B=(\beta-\mathrm{i}k)C-(\beta+\mathrm{i}k)D$$

$$A\mathrm{e}^{\mathrm{i}(\alpha-k)a}+B\mathrm{e}^{-\mathrm{i}(\alpha+k)a}=C\mathrm{e}^{-(\beta-\mathrm{i}k)b}+D\mathrm{e}^{(\beta+\mathrm{i}k)b}$$

$$\mathrm{i}(\alpha-k)\mathrm{e}^{\mathrm{i}(\alpha-k)a}A-\mathrm{i}(\alpha+k)\mathrm{e}^{-\mathrm{i}(\alpha+k)a}B$$
$$=(\beta-\mathrm{i}k)\mathrm{e}^{-(\beta-\mathrm{i}k)b}C-(\beta+\mathrm{i}k)\mathrm{e}^{(\beta+\mathrm{i}k)b}D$$

上面四式是 A,B,C,D 的齊次方程式，如果要得不等於零的解，則其係數的行列式必須等於0：

$$\begin{vmatrix} 1 & 1 & -1 & -1 \\ \mathrm{i}(\alpha-k) & -\mathrm{i}(\alpha+k) & -(\beta-\mathrm{i}k) & (\beta+\mathrm{i}k) \\ \mathrm{e}^{\mathrm{i}(\alpha-k)a} & \mathrm{e}^{-\mathrm{i}(\alpha+k)a} & -\mathrm{e}^{-(\beta-\mathrm{i}k)b} & -\mathrm{e}^{(\beta+\mathrm{i}k)b} \\ \mathrm{i}(\alpha-k)\mathrm{e}^{\mathrm{i}(\alpha-k)a} & -\mathrm{i}(\alpha+k)\mathrm{e}^{-\mathrm{i}(\alpha+k)a} & -(\beta-\mathrm{i}k)\mathrm{e}^{-(\beta-\mathrm{i}k)b} & (\beta+\mathrm{i}k)\mathrm{e}^{(\beta+\mathrm{i}k)b} \end{vmatrix}=0$$

$$\therefore\quad \frac{\beta^2+\alpha^2}{2\alpha\beta}\sinh\beta b\sin\alpha a+\cosh\beta b\cos\alpha a=\cos k(a+b) \tag{11-108}$$

(Ⅰ)求能量本徵值 E

能量本徵值 E 是含在式（11－108）的 α 和 β 之內，解式（11－108）得 E 簡直是不可能。使用物理簡化式（11－108）之後，再用圖解法求 E。勢能存在的範圍是 V_0b，維持 V_0b 不變的條件下，用什麼方法能使式（11－108）變成三角函數式呢？仔細觀察式（11－108），如果：

$$\left.\begin{aligned} &\cosh\beta b\to 1 \\ &\sinh\beta b\to\beta b \end{aligned}\right\} \tag{11-109a}$$

則式（11－108）左邊第二項變成 $\cos\alpha a$，第一項變成 $\dfrac{ab(\alpha^2+\beta^2)}{2}\dfrac{\sin\alpha a}{\alpha a}$，整個左邊如果以 αa 來畫圖則非常容易。式（11－109a）式是當 $\beta b\to 0$ 就能獲得。在 $V_0b=$ 常量不變，而當 $b\to 0$ 時，V_0 必須趨近於 ∞，其速度必須與 b 趨近0的速度相同（參見**【Ex.6－18】【Ex.6－19】**）：

$$\lim_{\substack{V_0\to\infty \\ b\to 0}} V_0b=\text{常量} \tag{11-109b}$$

V_0 和 β^2 有關，於是 $V_0b=$ 不變，相當於 $\beta^2b=$ 不變，結果是：

$$\lim_{\substack{V_0\to\infty\\ b\to 0}} \sqrt{V_0}\, b \to 0 \qquad (11-109\mathrm{c})$$

因爲$\sqrt{V_0}\longrightarrow\infty$的速度小於 $b\longrightarrow 0$的速度，$\sqrt{V_0}$和 β 是線性關係，故式（11－109c）相當於：

$$\lim_{\substack{V_0\to\infty\\ b\to 0}} \beta b \to 0$$

於是式（11－109a）成立；換句話說，當 V_0＝很大，b＝很小時，式（11－108）近似地變成：

$$\frac{\beta^2+\alpha^2}{2\alpha} b\sin\alpha a + \cos\alpha a \doteq \cos ka$$

$\frac{\beta^2+\alpha^2}{2\alpha}=\frac{mV_0}{\alpha\hbar^2}$，設和相互作用域 $V_0 b$ 有關的量$\frac{mV_0 ab}{\hbar^2}\equiv P$，$P$ 是無量綱量，則上式變成：

$$P\frac{\sin\alpha a}{\alpha a} + \cos\alpha a \doteq \cos ka \qquad (11-110)$$

和勢能 V_0有關，即和固體的性質有關的 P，是由固體來的定值，至於和固體內電子質心運動的角波數 k 有關的 $\cos ka$，由三角函數的特性是：

$$-1\leqslant \cos ka \leqslant 1$$

取 $P=\frac{\pi}{2},\frac{3\pi}{2}$，則式（11－110）左右兩邊如圖11－25（a,b）所示，現僅以圖11－25(b)來進行分析，因爲比較清楚。

由圖得能量本徵値 E 是，介於 $\cos ka=\pm 1$兩平行於橫軸 αa 線間的粗實線部分，顯然 αa 値有容許（allowed）域和禁戒（forbidden）域，而 $\alpha^2=\frac{2mE}{\hbar^2}$，故 E 有容許和禁戒域。圖上的粗實線域上是一組容許能量域，稱爲容許能帶（band），細實線域是一組禁戒能量域，稱爲禁戒能帶。將以上結果和圖11－25得出如下結論：

①固體中電子之能量分布區域，係由禁戒能量域，分成幾個容許能帶；

②容許能帶的寬度，隨 αa 之增加而增大（參見圖11－25的粗實線，平行於橫線 αa 的範圍），即隨能量之增加容許能帶的寬度增大；引起這現象的主因來自式（11－110）左邊第一項隨 αa 之增加而均勻地減小。

③就某一特定之容許能帶，當 P 增加，即束縛電子的力增強，其寬度應該下降，爲什麼呢？因爲 $P\to\infty$ 相當於 $V_0\to\infty$，電子便被關在無限深阱內；但式（11－110）式左邊第一項不許發散，不然會違背我們的三寶中的物理值有限的要求，

$$\therefore \quad \lim_{\substack{P\to\infty\\ \sin\alpha a\to 0}} P\frac{\sin\alpha a}{\alpha a} = \text{有限值}$$

$$\therefore \quad \alpha a = \pm n\pi, \qquad \text{且 } n=1,2,3,\cdots\cdots \qquad (11-111\mathrm{a})$$

n不該含 0，不然上式極限值會發散

$$\therefore E_n = \frac{n^2\pi^2\hbar^2}{2ma^2}$$

E_n 正是式（10−51c）或式（10−51e），能級寬度等於無限小的線光譜（line spectrum）。

④當 $P \to 0$，即 $V_0 \to 0$，式（11−110）左邊第一項等於零，於是式（11−110）變成：

$$\cos \alpha a = \cos ka$$

$$\therefore \quad \alpha a = 2n\pi \pm ka,\ n = 0, \pm 1, \pm 2, \cdots\cdots \qquad (11-111b)$$

k是電子質心運動的角波數，它是平面波，於是k=連續量，故從式（11−111b）得連續的能量本徵值。多漂亮的結果，沒勢能，電子變成自由粒子，其能量當然是連續量。式（11−111a, b）反映了式（11−110）是很好的近似式。

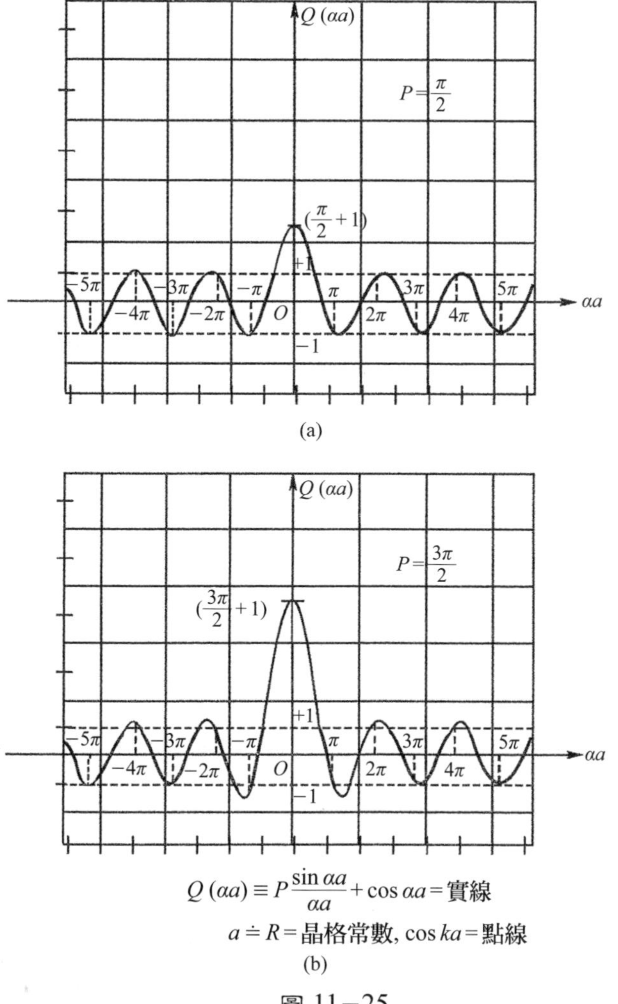

$Q(\alpha a) \equiv P\dfrac{\sin \alpha a}{\alpha a} + \cos \alpha a$ = 實線

$a \doteq R$ = 晶格常數, $\cos ka$ = 點線

(b)

圖 11−25

所以式（11－110）所給出的結果非常合乎物理要求，換句話說，式（11－110）的解圖11－25所給出的能帶以及結構是正確的，接著把圖11－25的能帶表示成更容易觀看的形式。

(Ⅱ)Brillouin 帶（zone）

由固體晶格的週期性勢能圖11－23(a)，Kronig-Penney 以圖11－23(b)近似後，使用 Bloch 定理式（11－108），再經 $V_0 \to$ 很大，$b \to$ 很小，即 $a \to R$ 的近似得式（11－110），解之得電子在固體內運動的能量本徵值 E，如圖11－25（a,b）的粗實線，E 形成能帶。從式（11－110）得知，E 是電子質心運動的波矢量大小 $|\boldsymbol{k}| = k$ 的函數 $f(k)$：

$$\left.\begin{aligned} a &\doteq R = \text{晶格常數} \\ E &= f(k) \end{aligned}\right\} \qquad (11-112\text{a})$$

a 的量綱 $[a] = [R] =$ 長度，那麼 f 是怎麼樣的函數呢？從式（11－110）和圖11－25(b)，αa 從0開始增加到 $\frac{\pi}{2}$，這時 $\cos\alpha a = 0, Q(\alpha a = \pi/2) = 3$，無法得簡單的 αa 和 ka 的關係。當 $\alpha a = \pi$ 時，則得 $\cos\alpha a = \cos ka$，即能得 αa 和 ka 的關係，以此類推 αa 和 ka 的簡單關係發生在 $\alpha a = n\pi = ka$

$$\left.\begin{aligned} \therefore \quad k &= \frac{n\pi}{a} \\ n &= \pm 1, \pm 2, \pm 3, \cdots\cdots \end{aligned}\right\} \qquad (11-112\text{b})$$

這樣一來，就能夠將圖11－25的 $E = E(\alpha a)$ 的圖轉換成 $E = E(k)$，即 $E = f(k)$ 的圖。αa 從0開始，故 k 也要從0開始，$\boldsymbol{k}$ 是 Bloch 定理式（11－100）、電子質心運動，如果沒有構成固體的原子核以及尚被核束縛住的電子，$\boldsymbol{k}$ 是平面波的波矢量。平面波是自由粒子的波，其能量 E_p，右下標表示平面波（plane wave），於是：

$$E_p = \frac{\hbar^2 k^2}{2m}, \quad m = \text{電子質量} \qquad (11-112\text{c})$$

在固體內運動的電子，由於有原子核和束縛態電子，必會受到這些帶電體的作用，E_p 必從式（11－112c）的拋物線偏離變成 $E(k)$，而波函數也從平面波變成 Bloch 函數。圖11－25的 $E(\alpha a)$ 形成曲線，其形狀是從極小值附近向上彎曲的形狀，變成極大值附近的向下彎曲的形狀，所以使用 k 和 $E(k)/V_0$ 來表示圖11－25的能帶的話，變成圖11－26(b)。圖11－26(b)的 $\left(-\frac{\pi}{a}\right) \sim \frac{\pi}{a}$ 稱為第一 ***Brillouin*** 區域（zone），或第一 Brillouin 帶；$\frac{\pi}{a} \sim \frac{2\pi}{a}$ 和 $\left(-\frac{\pi}{a}\right) \sim \left(-\frac{2\pi}{2}\right)$ 稱為第二 Brillouin 區域，依此類推 $\frac{(n-1)\pi}{a} \sim \frac{n\pi}{a}$ 和 $\left(-\frac{n-1}{a}\pi\right) \sim \left(-\frac{n}{a}\pi\right)$ 稱為第 n Brillouin 區域。禁戒

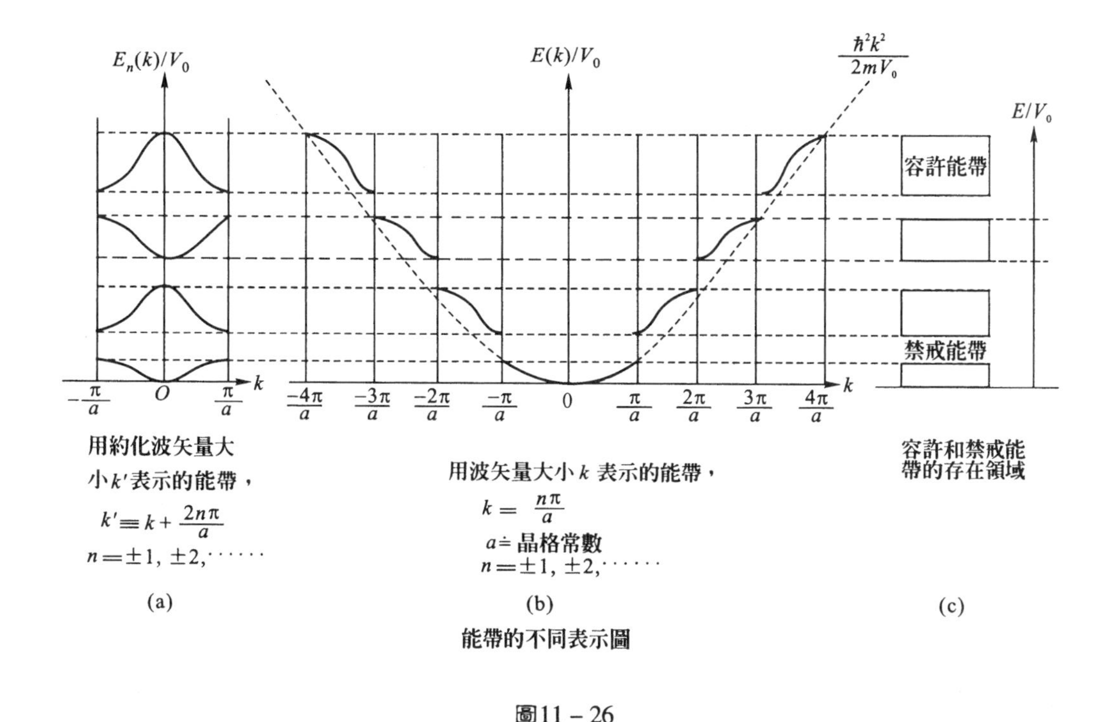

圖11－26

能帶表示，電子要從禁戒能帶下的容許能帶到緊鄰的禁戒能帶之上的容許能帶時，必須從電子本身以外獲得能量，故禁戒能帶的寬度又稱爲**能量間隙**（energy gap）或簡稱能隙。所以能隙愈大，電子要從低容許能帶躍遷到高的容許能帶，愈不容易。

(iii)約化波矢量（reduced wave vector）

電子在固體中的能量本徵值，從圖11－25的 $E(\alpha a)$ 經式（11－112b）轉換成圖11－26(b)的 $E(k)$；由於電子波函數是式（11－101a）：

$$\psi_k(x) = \mathrm{e}^{\mathrm{i}kx}u_k(x), \quad u_k(x+a) = u_k(x) \qquad (11-113\mathrm{a})$$

利用指數函數以及 $u_k(x)$ 的週期性，能把 $E(k)$ 約化成如圖11－26(a)的 $E_n(k)$，相當於把 $\nu \geqslant 2$的 Brillouin 區域，移到 $\nu = 1$的第一 Brillouin 區域。要達到此目的，必須要證明 $\nu \geqslant 2$的能帶的 Bloch 函數，和 $\nu = 1$的第一 Brillouin 區域的 Bloch 函數一樣。引入波矢量：

$$\left.\begin{aligned} k' &\equiv k + \frac{2n\pi}{a} \\ n &= \pm 1, \pm 2, \cdots\cdots \end{aligned}\right\} \qquad (11-113\mathrm{b})$$

假如式（11－113a）是第一 Brillouin 區域的 Bloch 函數，則經式（11－113b）的變換成爲：

$$\psi_k(x) = \mathrm{e}^{\mathrm{i}k'x}\mathrm{e}^{-\mathrm{i}\frac{2n\pi}{a}x}u_k(x)$$

$$\equiv e^{ik'x}u_{k'}(x), \quad u_{k'}(x) \equiv e^{-i\frac{2n\pi}{a}x}u_k(x) \qquad (11-113c)$$

將上式的 x 平移 a，即 $x \to (x+a)$ 便得：

$$\begin{aligned} u_{k'}(x+a) &= e^{-i\frac{2n\pi x}{a}}e^{-i2n\pi}u_k(x+a) \\ &= e^{-i\frac{2n\pi x}{a}}u_k(x+a) = e^{-i\frac{2n\pi x}{a}}u_k(x) \\ &= u_{k'}(x) \end{aligned}$$

即得 $\nu \geqslant 2$ Brillouin 區域的 Bloch 函數，換句話說，$\nu \geqslant 2$ 區域的 Bloch 函數，可用式（11－113b）來約化成第一 Brillouin 區域的 Bloch 函數。$u_{k'}(x)$ 亦是以 a 爲週期常數的週期函數，於是式（11－113a）的 $u_k(x)e^{ikx}$ 和式（11－113c）的 $u_{k'}(x) \times e^{ik'x}$ 都滿足 Bloch 函數。$n = \pm 1$ 的式（11－113b）的 k'，等於把第二和第三 Brillouin 區域平移到第一 Brillouin 區域；$n = \pm 2$ 相當於把第四、第五 Brillouin 帶平移到第一 Brillouin 帶；以此類推下去可把 $\nu \geqslant 2$ 的 Brillouin 帶平移到第一 Brillouin 帶，而得圖11－26(a)。這操作等於把圖11－26(b)的隨著 k 增大的能量本徵值 $E(k)$，使用式（11－113b）轉換成隨 n 增加而升高的 $E_n(k)$，右下標 $n = 1,2,\cdots\cdots$。式（11－113b）的 k' 稱爲**約化波矢量**（reduced wave vector）。**對一個 k 值有很多 k'，即有很多不同的狀態，其能量本徵值就是 $E_n(k)$**，它形成一個有限寬度的能帶，可表示成圖11－26(c)，即**容許能帶**，兩個鄰接的容許能帶間就是禁戒能帶。圖11－26(a)的 $\left(-\frac{\pi}{a}\right) \sim \frac{\pi}{a}$ 區域稱爲**約化 Brillouin 區域**，在此區域的能帶結構稱爲**約化區域結構**（reduced zone scheme）。

以上使用式（11－113b）約化波矢量 $k \to k'$ 的方法是一種標度無關性分析（scaling analysis），將圖11－26(b)的 k 經式（11－113b）重定標度，約化成圖11－26(a)而物理意義完全不變。

從圖11－26(c)很容易地看出，能量 E 越低能帶寬度越小，這是因爲 E 越低，電子越靠近原子核，於是電子受到其他原子的影響越小。反過來，電子受到周圍原子的影響增加，嚴重時一個電子變成好幾個原子所共有，相互作用的結果能帶寬度增加，換句話說，能帶的寬狹和電子的活動範圍的大小有密切的關係。能帶不是連續能，是非常靠近的離散能級，所以在 Fermi 能級（參見圖11－15）以下，並且每一能級都依照 Pauli 原理填滿兩個電子，整個能帶的各能級都填滿的能帶稱爲**滿帶**（filled band），如圖11－27(a)，而 Fermi 能級以上的容許能帶沒有電子，空空的能帶稱爲**空帶**（empty band），這種能帶結構的固體稱爲**絕緣體**（insulator），其滿帶和空帶的能量間隙一般地很大，約數個 eV。如圖11－27(b)，Fermi 面下的容許能帶接近填了一半的電子，於是電子可以在該能帶內移動，**這種有價電子存在的能帶稱**

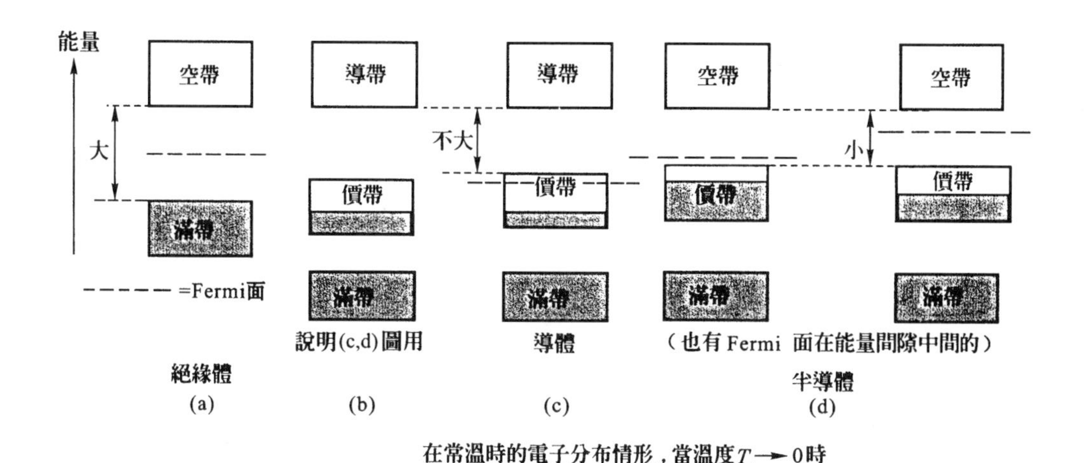

圖11－27

爲價電子帶（valence band）或價帶、在價帶的電子仍然是束縛電子、在 Fermi 面上的容許能帶稱爲導帶（conduction band），因爲電子一旦進入該帶便能自由地在固體內運動。如果價帶和導帶間的禁戒帶的能量間隙不大，約1～2 eV，並且價帶上的電子很容易被激發到導帶，如圖11－27(c)的固體稱爲金屬或導體。典型的金屬和絕緣體的電阻差$\doteqdot 10^{12}$倍。如圖11－27(d)，價帶已塡滿約一半左右的電子，價帶上的電子遠比導體多，且價帶和導帶間的能量間隙不大，約1eV 的固體稱爲半導體（semiconductor）。半導體在常溫下，由於價帶上的電子遠比金屬的多，故電子的活動力（mobility）不大。不過當溫度升高便有很多電子被激發到導帶，於是導電率（conductivity）σ 會隨著溫度 T 的升高而增加，如圖11－27，使用容許和禁戒能帶，以及價帶和導帶內電子的多寡來分類固體爲絕緣、金屬和半導體是 Wilson（Harold Albert Wilson, 1874～1964，英國物理學家）在1931年提出來的模型。至於有關絕緣體，金屬和半導體的進一步內容，分別參見下面的(C)、(D)和(E)。Kronig-Penney 模型是最簡單且最基本的模型，目前有好多種模型，在此不再深入討論。

(3)電子的有效質量（effective mass）

從圖11－27很明顯地可以看出電子在固體內的分布情形。這種電子能帶分布受到外力，如外電磁場或光線的作用會如何反應呢？這是凝聚態物理的重要課題之一，可惜這裡沒有時間介紹。不過有個現象必須提及，即完全自由的粒子，例如電子，當電子被限制運動空間或者電子周圍有其他帶電粒子和電子存在時，該電子的固有量，如質量 m 和電荷 e 是否和自由態的量相同呢？例如你單獨一個人時的動作、穿著，是否和周邊有人，尤其有異性在時一樣呢？從純波的角度來分析，自由電子是不受任何作用的粒子，則由式（10－65c）得自由電子的波函數：

$$\psi(\boldsymbol{r},t)=\mathscr{N}e^{i(\boldsymbol{k}\cdot\boldsymbol{r}\pm\omega t)}$$

或簡寫成：
$$\mathscr{N}e^{i\boldsymbol{k}\cdot\boldsymbol{r}}$$

這是平面波，波前形成一平面，而 $\boldsymbol{k}$ 與此平面垂直，如右圖。當這自由電子受到任何作用，或被束縛，例如被帶正電的原子核控制，則由式（10－135），完全不是平面波，

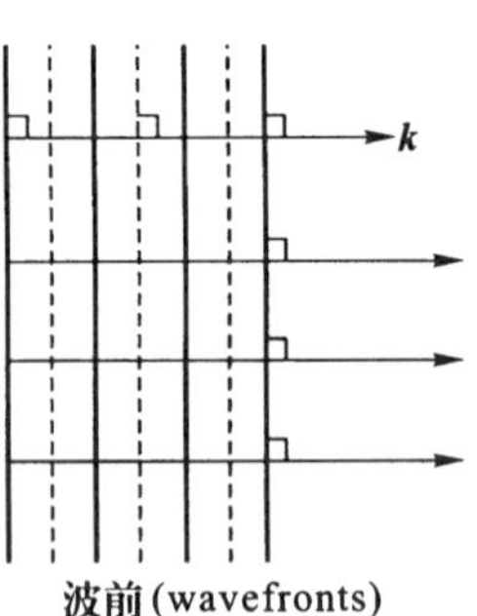

波前(wavefronts)
平面波(plane wave)

這時的電子質量 m 和電荷 e 必定會受到修正。設自由的物理量 $\equiv Q$，將 Q 放入物質中，則 Q 必受到構成物質的各單元的影響變成 Q^*， Q^* 稱爲 Q 的**有效量**。例如 $Q=$ 電子質量 m，電子在固體中必受各原子的電子和核的作用，如式（11－90e）。假定能把它約化成等效於僅一個電子在平均勢能 U 內運動，類似氫原子的二體式（10－102）約化成爲一體的式（10－104）時，質量必須修正，但此地的 Q 變成 Q^* 與氫原子的情形不完全一致，只是類似而已。在 U 勢能下運動的電子質量不可能是 m，而是受過多體影響的 m^*，一般地 $m^*<m$，m^* 叫有效質量。同樣地自由態的電子電荷 e，和電子在固體中運動時的電荷不一樣。

凝聚態物理牽涉到微觀世界，必須使用量子力學。，**量子力學是無法定義粒子速度**，除非使用量子力學的基本假設「二象性」，從粒子的另一方面波動性切入，電子的速度以群速度（group velocity，參見第五章Ⅱ(B)）v_g 來描述，有了速度才有辦法探討與動量 $\boldsymbol{P}$ 有關的質量。從第五章可知群速度 v_g 是：

$$v_g=\frac{d\omega}{dk} \qquad (11-114a)$$

$\omega=$ 角頻率，在量子力學便是 de Broglie 波的角頻率，$\boldsymbol{k}=$ de Broglie 波的波矢量，$k=|\boldsymbol{k}|$。假定電子在固體中運動，其能量圖11－26的 $E(k)$ 可以表示成：

$$E(k)=\hbar\omega$$

$$\therefore \quad \frac{d\omega}{dk}=\frac{1}{\hbar}\frac{dE(k)}{dk}=v_g(k) \qquad (11-114b)$$

接著來分析式（11－114b）的內涵，由圖11－26(a)，在第一 Brillouin 區域且以其容許帶爲例。如圖11－28(a)從 $k=0$的極小值起，隨著$|k|$的增大，分別在 $\pm k_0$，偏轉成極大值在 $k=\pm\pi/a$。由數學可知，在極大或極小點$\frac{dE}{dk}=0$，故$\frac{dE}{dk}$從0慢慢地增大，在偏轉點（point of inflection，從極小轉變成極大，或反過來之點）$k=k_0$，$\frac{dE}{dk}$達到最大值，必須慢慢地下降才能回到 $k=\frac{\pi}{a}$時$\frac{dE}{dk}=0$之值，如圖11－28(b)；同樣

得 $k=0$到 $k=-\frac{\pi}{a}$領域的電子速度 $v_g(k)$。

$$\therefore \quad \frac{\mathrm{d}E}{\mathrm{d}k} \gtreqless 0 \qquad (11-114c)$$

或

$$v_g(k) \gtreqless 0$$

在固體內的電子速度 $v_g(k)$顯然和自由電子的 v_g^f，右上標「f」表示自由電子，完全不同樣，自由電子的能量 $E_f=\frac{p_f^2}{2m}=\frac{\hbar^2 k_f^2}{2m}$

$$\therefore \quad \frac{1}{\hbar}\frac{\mathrm{d}E_f}{\mathrm{d}k_f}=\frac{\hbar}{m}k_f=v_g^f$$

所以 v_g^f 隨著 k_f 的增大而增大。

那麼在固體中的電子質量的變化如何呢？電子的運動是有方向的，即式（11－114b）是：

$$\begin{aligned} \boldsymbol{v}_g &= \frac{1}{\hbar}\left\{\mathbf{e}_x\frac{\partial E(k)}{\partial k_x}+\mathbf{e}_y\frac{\partial E(k)}{\partial k_y}+\mathbf{e}_z\frac{\partial E(k)}{\partial k_z}\right\} \\ &= \frac{1}{\hbar}\sum_{i=1}^{3}\mathbf{e}_i\frac{\partial E(k)}{\partial k_i}=\frac{1}{\hbar}\nabla_{\boldsymbol{k}}E(k)=\sum_{i=1}^{3}\mathbf{e}_i v_g(k)_i \end{aligned} \qquad (11-114d)$$

$\mathbf{e}_x,\mathbf{e}_y,\mathbf{e}_z$ 或 $\mathbf{e}_1,\mathbf{e}_2,\mathbf{e}_3$是動量 $\boldsymbol{p}=\hbar\boldsymbol{k}$ 空間的$\boldsymbol{p}_x,\boldsymbol{p}_y,\boldsymbol{p}_z$ 成分的單位矢量：

$$\boldsymbol{p}=\boldsymbol{p}_x+\boldsymbol{p}_y+\boldsymbol{p}_z=\sum_{i=1}^{3}\mathbf{e}_i p_i=\hbar\sum_{i=1}^{3}\mathbf{e}_i k_i$$

要獲得質量最簡單的方法就是考慮力 $\boldsymbol{F}=\frac{\mathrm{d}\boldsymbol{p}}{\mathrm{d}t}=\frac{\mathrm{d}}{\mathrm{d}t}(m\boldsymbol{v})$，則在質量與時間無關時 $\boldsymbol{F}=m\frac{\mathrm{d}\,\boldsymbol{v}}{\mathrm{d}t}$，所以必須對時間微分式（11－114d），其成分是：

$$\begin{aligned} \frac{\mathrm{d}(v_g)_i}{\mathrm{d}t} &= \frac{1}{\hbar}\frac{\mathrm{d}}{\mathrm{d}t}\frac{\partial E(k)}{\partial k_i}=\frac{1}{\hbar}\sum_{j=1}^{3}\left\{\frac{\partial}{\partial k_j}\left(\frac{\partial E(k)}{\partial k_i}\right)\right\}\frac{\partial k_j}{\partial t} \\ &= \frac{1}{\hbar^2}\sum_{j=1}^{3}\frac{\partial^2 E(k)}{\partial k_j\partial k_i}\frac{\partial p_j}{\partial t}=\frac{1}{\hbar^2}\sum_{j=1}^{3}\frac{\partial^2 E(k)}{\partial k_j\partial k_i}F_j\,(\text{力}) \\ &\equiv \sum_{j=1}^{3}\frac{1}{m_{ij}^*(k)}F_j \end{aligned}$$

$$\therefore \quad m_{ij}^*(k)=\hbar^2\Big/\frac{\partial^2 E(k)}{\partial k_i\partial k_j} \qquad (11-115a)$$

$m_{ij}^*(k)$稱爲電子的有效質量，i 和 j 是波矢量 $\boldsymbol{k}$ 的成分（k_x,k_y,k_z）的（x,y,z）。$m_{ij}^*(k)$牽涉到矢量的兩個成分，是第二秩（second rank）張量，即隨著方向大小不同的量。由式（11－114c），式（11－115a）所給出的有效質量

是：

$$m^*_{ij}(k) \gtreqless 0 \quad (11-115\text{b})$$

如果爲一維，則 $m^* = \hbar^2/\dfrac{d^2E(k)}{dk^2}$，是標量。設 $\left(\dfrac{d^2E(k)}{dk^2}\right)_{k=0} \equiv m_0^*$，則在 $k=0$ 的極小點以及 $E(k)$ 的凹型（concave）範圍，$\dfrac{d^2E(k)}{dk^2}>0$，而在偏轉點 $\left(\dfrac{d^2E(k)}{dk^2}\right)_{k_0}=0$，故 m^* 從 m_0^* 慢慢地增大，到了 $k=k_0$ 變成正無限大（$+\infty$），過了 k_0 變成負無限大（$-\infty$）後慢慢地降到在 $k=\pm\dfrac{\pi}{a}$ 的極大值時 $\left(\dfrac{d^2E(k)}{dk^2}\right)_{k=\pm\pi/a}=-m_0^*$；在 $E(k)$ 的凸型（convex）範圍內，$\dfrac{d^2E(k)}{dk^2}<0$，整個 $m^*(k)$ 的變化如圖11－28(c)所示。依我們的三寶，物理量不該有無限大值，得圖11－28(c)是因爲用了不實際的勢能圖11－23(b)惹來的禍。換言之，圖11－26所示的各能帶，尤其邊緣不十分正確，必須好好地修正，應該使用更實際的勢能求能帶。從圖11－26,11－27和圖11－28，m^*＝負值的領域是對應到價帶，而 m^*＝正值的領域是滿帶領域；半導體的 $m^* \doteq (0.2\sim0.01)$ m，帶來如此大的差異，主要來自電子與電子，以及電子和核振動的複雜相互作用的多體效果。

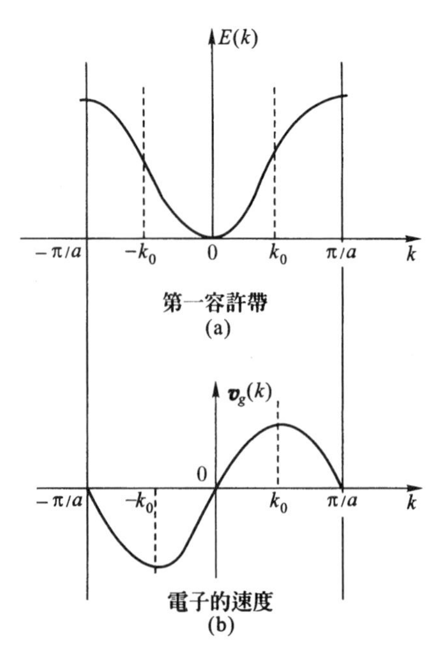

第一容許帶
(a)

電子的速度
(b)

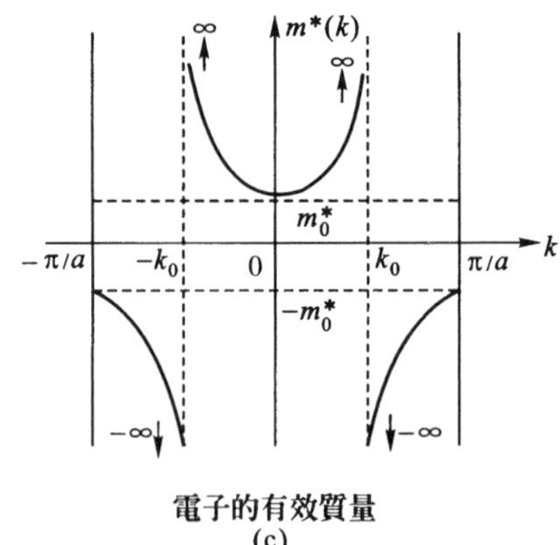

電子的有效質量
(c)

圖11－28

(C)絕緣體

很難導熱導電的物質稱爲絕緣體，故其導熱導電率都非常低。物質的導性是由電子的運動所決定。例如固體，價帶的每個狀態都依 Pauli 原理塡滿兩個（自旋向上和向下）電子而形成滿帶，鄰接的容許帶，不但沒有電子，而且能量間隙 E_g 相當大，約數 eV 的禁戒帶隔開，如圖11－27(a)；滿帶的價帶電子，在價帶內根本無法移動，除了獲得大於 E_g 的能量躍遷到空帶，這時固體表面和內部就會產生微小電流。一般的絕緣體的電阻率 ρ（參見式（7－25a））是 $10^8\sim10^{15}\Omega$m，例如：

物質	硫黃	白磷	石英	碳酸鈣	陶瓷	乾燥木材
ρ（Ωm）10^n 的 n	14～15	15	>15	12	12～13	8～12

但在很強的電場下絕緣體會呈現導電性。

(D)導體（conductor），金屬（metal）

在普通的電場下就會產生電流的物質稱爲導體，其電流密度 $\boldsymbol{J}$ 正比於電場 $\boldsymbol{E}$：

$$\boldsymbol{J} = \sigma \boldsymbol{E} \qquad (11-116a)$$

比例常數 σ 稱爲導電率（electric conductivity），σ 大的物質稱爲良導體。金屬是典型的良導體。這是因爲固體的導帶內有能自由運動的電子，有的金屬在低溫時幾乎沒電阻，於是 $\sigma \to \infty$，因而出現超導現象（參見下面(F)）。一般地說，σ 不但和溫度有關，而且和 $\boldsymbol{E}$ 的強弱以及方向有關，σ 是第二秩張量，在強電場 $\boldsymbol{E}$ 時式（11－116a）不成立。如果給導體電荷，由於電荷能在導體內自由運動，相互排斥後電荷都分布在導體表面，於是導體內沒電場而變成與表面一樣的等電位（參見圖7－4）。在金屬內自由運動的電子，不但導電並且傳遞能量。設 λ = 熱傳導率，k_B = Boltzman 常數，T = 金屬的絕對溫度，則 λ 和 σ 有如下關係：

$$\frac{\lambda}{\sigma} = \frac{\pi^2}{3}\left(\frac{k_B}{e}\right)^2 T \qquad (11-116b)$$

e = 電子電荷大小。在室溫約300K，固體內的自由電子的熱能量（thermal energy）E_{th}，大致可使用經典的能量均分律式（6－46），得 $E_{th} \doteq \frac{3}{2}k_BT$，而電子的熱運動速度 v_{th}，由 $E_{th} \doteq \frac{1}{2}mv_{th}^2$ 得 $v_{th} = \sqrt{\frac{3k_BT}{m}}$，$k_B = 8.617385 \times 10^{-5}$ eV/K = 1.380658×10^{-23} J/K，故得 $E_{th} \doteq 0.039$ eV, $v_{th} \doteq 1.168 \times 10^5$ m/s。

那麼導體內的電子對外電磁場有什麼反應呢？當外電場 $\boldsymbol{E} = 0$，在導體內的電子受到的主要力是，以熱能在平衡點周圍做振動的原子核的引力，電子便以 v_{th} 在固體內隨機運動（random motion）。加了 $\boldsymbol{E}$ 後這些遊盪電子就受到電力 $\boldsymbol{F} = -e\boldsymbol{E}$ 的作用，而產生另一種速度 v_d 稱爲漂移（drift）速度，右下標「d」表示漂移，它是一群隨機運動的粒子，受到外力開始移動時，各粒子的速度平均值。隨機運動的 $\langle \boldsymbol{v}_{th} \rangle = 0$（參考【**Ex.6－28**】），但大小 $|\boldsymbol{v}_{th}| = v_{th} \neq 0$（參考【**Ex.6－29**】）；至於漂移速度 $\boldsymbol{v}_d$ 由於有外力，其平均值 $\langle \boldsymbol{v}_d \rangle \neq 0$，在外力不大時 $\langle \boldsymbol{v}_d \rangle$ 平行於外力，其大小 v_d 和外力大小成正比；如果粒子爲帶電體便產生正比於 $\boldsymbol{v}_d$ 的電流，稱爲漂移電流（drift electric current，或 drift current），又稱爲傳導電流，導體內的電

流就是這樣產生的，不過要記得電流種類很多。在弱電場 $\boldsymbol{E}$ 時，v_d 和$|\boldsymbol{E}|$的關係是：

$$v_d = \mu_m |\boldsymbol{E}| \qquad (11-117a)$$

比例常數 μ_m 稱爲**遷移率**（mobility），而負責傳遞電流的粒子稱爲**載體**（carrier），或**載流子**。電子是我們最熟悉的載體，但當電子從價帶躍遷到導帶時，價帶留下的空穴（hole）也有導電功能，因爲緊接的價帶原子的電子，立即跑來填滿空穴。如圖11－29所示，價帶電子 a 躍遷到導帶變成自由運動電子，緊接的價帶原子的電子 b 跑來塡空穴 a，同樣隔壁的 c 跑來塡空穴 b，依此下去，等於產生電流 I_h，這種電流稱爲**空穴電流**。不過**導體的主載體是電子**，半導體的載體是電子和空穴，接著我們來討論電子載體。

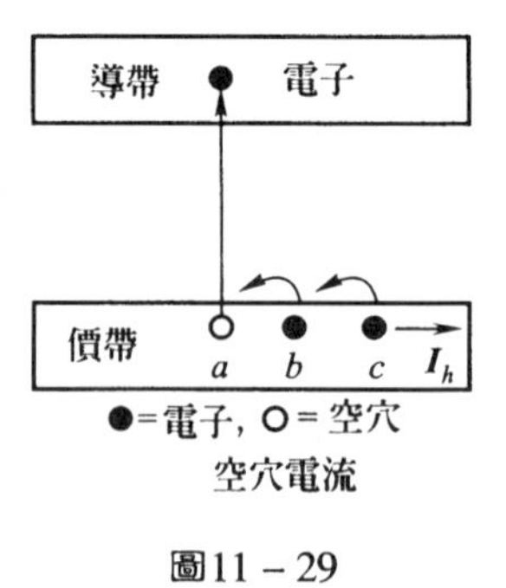

圖11－29

設 $\boldsymbol{E}=0$時的固體內電子的平均自由路程（mean free path）$\equiv l$，則碰撞間隔的平均時間 $\tau = l/v_{th}$，加了電場 $\boldsymbol{E}$ 後電子受到的力 $\boldsymbol{F}$ 是：

$$F = e|\boldsymbol{E}| \doteq m\frac{v_d}{\tau}$$

$$\therefore \quad v_d \doteq \frac{e|\boldsymbol{E}|\tau}{m} = \frac{e|\boldsymbol{E}|l}{mv_{th}} \qquad (11-117b)$$

在室溫下而且$|\boldsymbol{E}|$不強，普通金屬的漂移速度 $v_d \doteq (10^{-4} \sim 10^{-5})$ m/s。由式（7－23a）可知，電流密度 $\boldsymbol{J} = ne\,\boldsymbol{v}_d = \sigma\boldsymbol{E}$，代入式（11－117b）得：

$$\sigma = \frac{ne^2 l}{mv_{th}}$$

上式右邊的各量都是正實值，於是$\sigma>0$，但在固體內電子質量是有效質量 m^*，故實際導電率是：

$$\sigma = \frac{ne^2 l}{m^* v_{th}} \qquad (11-117c)$$

也可以用式（11－117a）定義的遷移率μ_m來表示導電率σ，因 $J = nev_d = ne\mu_m|\boldsymbol{E}| = \sigma|\boldsymbol{E}|$，

$$\therefore \quad \sigma = ne\mu_m \qquad (11-117d)$$

n＝單位體積內的電子數，那麼 n 到底有多少呢？那就要算一算能接受電子的狀態數有多少。由式（11－80e）得，能量在 ε 和（$\varepsilon + d\varepsilon$）之間且單位體積內的電子能級數（狀態數）是：

$$\mathcal{N}(\varepsilon)\,d\varepsilon = \frac{\sqrt{2}\,m^{3/2}\sqrt{\varepsilon}\,d\varepsilon}{\pi^2\hbar^3}$$

而在各狀態的載體電子存在概率，則由式（11－76）和（11－78a）得：

$$n(\varepsilon)=\frac{1}{e^{(\varepsilon-\mu)/kT}+1},\quad \mu=\text{化學勢能},\quad k=k_B$$

於是單位體積，單位能量寬內被電子占有的狀態數 $N(\varepsilon)$ 是：

$$\mathcal{N}(\varepsilon)\,n(\varepsilon)\equiv N(\varepsilon) \qquad (11-117e)$$

$N(\varepsilon)$ 的量綱 $[N(\varepsilon)]$ =（長度）$^{-3}$（能量）$^{-1}$，$N(\varepsilon)$ 稱爲占有狀態密度（density of occupied states），式（11－117c）和（11－117d）的 n 是：

$$n=\int_{\varepsilon_1}^{\varepsilon_2}N(\varepsilon)\,d\varepsilon \qquad (11-118a)$$

從式（11－117e）得狀態密度 $N(\varepsilon)$ 和電子質量 m^* 成正比關係，而式（11－117c）的導電率 $\sigma\propto\frac{1}{m^*}$，

$$\therefore\quad \begin{cases}\text{狀態密度愈大 }\sigma\text{ 愈小，}\\ \text{狀態密度愈小 }\sigma\text{ 愈大。}\end{cases} \qquad (11-118b)$$

【Ex.11－22】 有塊如右圖大小的銀片，求銀片的能量在 $\varepsilon_1=6\text{eV}$ 到 $\varepsilon_2=6.01\text{eV}$ 之間載體電子數 N_0.

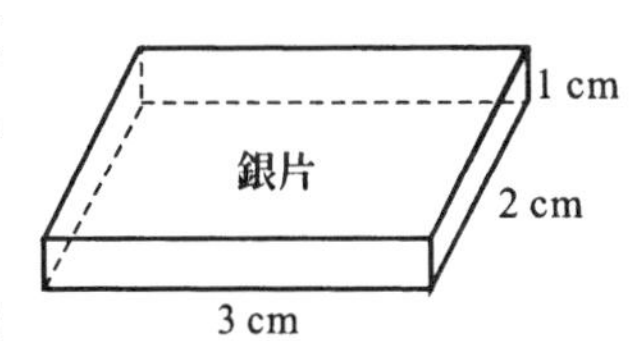

應該直接使用式（11－118a）求解，不過積分較複雜。由於 $\varepsilon_2-\varepsilon_1\equiv\Delta\varepsilon$ 很小，假定每能級都有電子，並且能級間隔均勻，則可以近似地求 N_0：

$$N_0\doteq\mathcal{N}(\varepsilon_1)\times\text{體積}\times\Delta\varepsilon$$

$$=\frac{\sqrt{2}m^{3/2}\sqrt{\varepsilon_1}}{\pi^2\hbar^3}\times 6\text{cm}^3\times 0.01\text{eV}$$

$$=\frac{0.06\times\sqrt{2}(mc^2)^{3/2}\sqrt{6\text{eV}}}{\pi^2(\hbar c)^3}\text{eV}\cdot\text{cm}^3$$

$$=\frac{0.06\times\sqrt{12}\times(0.511)^{3/2}\times 10^9}{\pi^2\times(197.327)^3\times 10^{-21}}\doteq 1.0012\times 10^{21}\doteq 10^{21}$$

則單位體積的電子數 $\doteq\frac{10^{21}}{6\text{cm}^3}=1.67\times 10^{20}/\text{cm}^3$

(E)半導體[16)]

低溫時是絕緣體，高溫時是導體，於是導電率 σ 介於良導體的金屬和絕緣體之間的物質稱爲**半導體**（semiconductors），它和金屬相比，在室溫下的特徵是：

	金屬	半導體
導電率 $\sigma\left(\frac{1}{\Omega\cdot m}\right)$	10^5	$10^{-10}\sim10^3$ 【Ex】$\sigma({}_{14}Si)_{600K}=\sigma({}_{14}Si)_{300K}\times10^6$
電阻率 ρ 和絕對溫度 T 的關係的 $\alpha\equiv\frac{1}{\rho}\frac{d\rho}{dT}$（式（7－25c））	$\frac{d\rho}{dT}>0$	$\frac{d\rho}{dT}<0$

從圖11－27不難看出，絕緣體和半導體的最大差異在於能量間隙 E_g，前者約5eV，後者的 E_g 約在（0.2～2）eV，平均約1eV。例如今日半導體工業的主角矽（${}_{14}Si$）的 $E_g\doteqdot$（1.09～1.14）eV，這麼小的 E_g 只要溫度升高，熱能使得價帶上層電子躍遷到導帶，價帶留下空穴，加了外電場 $\boldsymbol{E}$，導帶電子和價帶空穴同時導電。如果各以 $\boldsymbol{v}_d^e$ 和 $\boldsymbol{v}_d^h$ 分別代表電子和空穴的漂移速度，則 $\boldsymbol{v}_d^h /\!/ \boldsymbol{E}$ 但 $\boldsymbol{v}_d^e /\!/ (-\mathbf{E})$，電子帶負電，故 $\boldsymbol{v}_d^e$ 逆著 $\boldsymbol{E}$ 的方向，於是和 $\boldsymbol{E}$ 同向的 $\boldsymbol{v}_d^h$ 表示空穴帶的電和電子相反，即帶正電的假想粒子，它們產生的電流如圖11－30。週期表的13～15族（Ⅲ,Ⅳ,ⅤA 族）的元素，以及12族（ⅡB 族）和16族（ⅥA 族）的化合物是典型的半導體，其他很多化合物、氧化物、有機化合物也都有半導性。

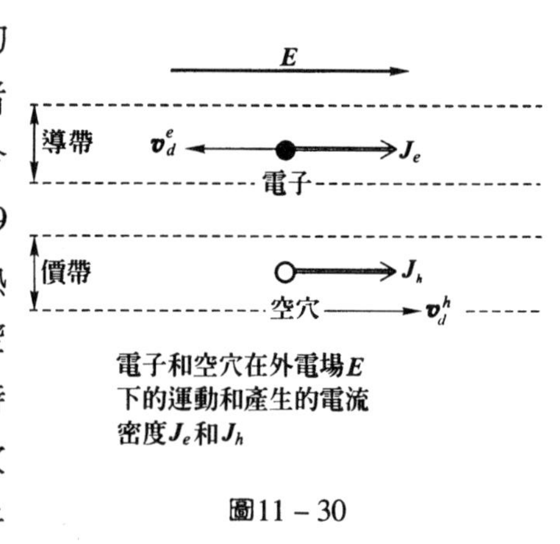

電子和空穴在外電場E下的運動和產生的電流密度J_e和J_h

圖11－30

(1)一些專用名稱

不含雜質以及沒有任何缺陷的半導體稱爲**本徵半導體**（intrinsic semiconductors），或稱爲眞性半導體，其導電是在導帶的電子和價帶的空穴的混合導電，是完全來自自己的導電；參與導電的電子和空穴稱爲**本徵載流子**（intrinsic carriers）。這種半導體的 Fermi 面（電子的熱力學勢能面）位於導帶和價帶中間，表示導帶的電子數等於價帶的空穴數。含有雜質或缺陷等外因要素，**導電率受它們支配的半導體稱爲外質半導體或雜質半導體**（extrinsic semiconductor）。那麼外質半導體是怎麼產生的呢？將固體結晶的部分原子，用不同價電子數但大小大約相同的原子取代，這種操作稱爲**摻雜**（doping，是一種移植操作）。本徵半導體的中心元素是週期表（參見第十章後註23）上的第14族，則最好的價電子數不同、大小約相同的摻雜用元素，應該是13和15族元素，摻雜進去的13和15族原子稱爲**雜質**（impurity）。依 Lewis 的八偶說（參見 I (A)），14族摻雜13或15族元素，能製造出多出電子或缺少電子的物質；故外質半導體有多出電子的，稱爲 n 型（n-type）和少電子的，稱爲 p 型（p-type）的兩種外質半導體。n 型半導體**隨時可以供給電子**，故稱可造 n 型半導體的雜質爲**施主雜質**（donor impurity），而 p 型半導體由於缺少電子，於是**隨時能接受電子**，所以稱能造 p 型半導體的雜質爲**受主雜質**（acceptor impurity）。下面用實例進一步深入說明之。

(2)施主雜質，n 型半導體

週期表14族元素的外層是 ns^2np^2 共有四個電子，而15族是 ns^2np^3 有五個電子；如果摻入15族元素如$_{33}$As，在14族元素$_{32}$Ge 形成的晶體，$_{33}$As（砷）爲了穩定，假如以圖（11 − 3d）的共價鍵來和$_{32}$Ge（鍺）結合，具體地把共價鍵的兩個自旋一上一下的電子表示出來，則得圖11 − 31(a)。這樣一來，$_{33}$As 會多出一個電子：

$$\boxed{{}_{33}\text{As} + {}_{32}\text{Ge} \longrightarrow {}_{33}\text{As}^+ + {}_{32}\text{Ge} + \underbrace{e}_{\text{多出的電子}}} \qquad (11-119)$$

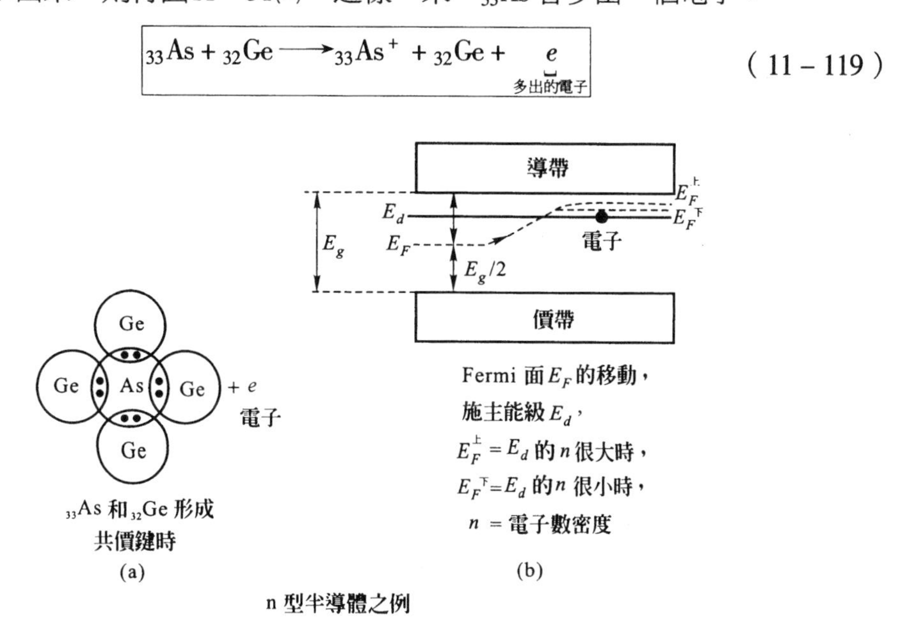

n 型半導體之例

圖11 − 31

但這多出的電子仍然被$_{33}As^+$束縛著，可是又相當於多餘者，其束縛能一定不大（參見【**Ex.11－23**】）。同時如圖11－31(b)，本徵晶體$_{32}Ge$的 Fermi 面 E_F 會從在能量間隙 E_g 的中間位置移向多餘電子所在能級附近（參見圖11－15(b)電子的分布）。式（11－119）的多餘電子所在的能級稱為**施主能級**（donor level）E_d，一旦外電場 $\boldsymbol{E}$ 進來，施主能級 E_d 上的電子立刻躍遷到導帶，所以施主雜質$_{32}As$，又稱為**n 型雜質**。其導電粒子是帶負電的電子，用英文字母的負「negative」的頭一個字母「n」，稱這種外質半導體為**n 型半導體**。

【**Ex.11－23**】 求導帶最低能量 E_c（右圖）和施主能級 E_d 間的能量寬度ΔE。

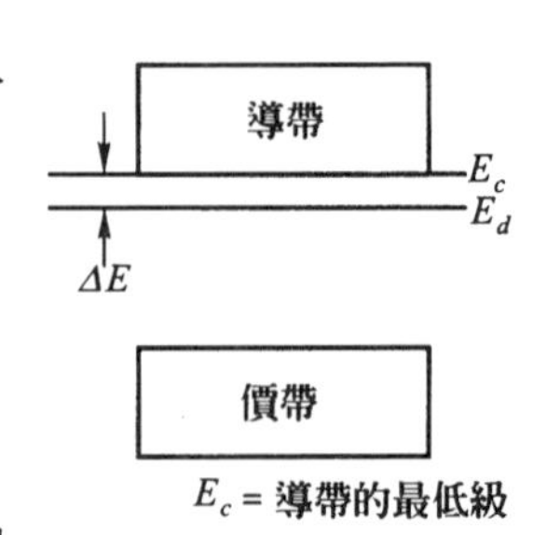

$$_{33}As \xrightarrow[_{32}Ge]{\text{摻雜到}} \underbrace{_{33}As^+ + e\text{（電子）}}_{\substack{\text{類似氫原子} \\ _1H \to {_1H^+} + e\text{（電子）}}}$$

（$_1H^+ + e$）和（$_{33}As^+ + e$）的最大差異是，前者是孤立而且在真空中，後者是在固體中，故氫的電子質量接近於自由電子質量 m，砷的電子質量是有效質量 m^*。氫的電子所受的庫侖勢能是在真空中，而砷的電子所受的庫侖勢能是在電介質中，綜合起來得下表。

	$_1H^+ + e$	$_{33}As^+ + e$
電子質量	m	m^*
庫侖勢能	$-\frac{1}{4\pi\varepsilon_0}\frac{e^2}{r}$，$\varepsilon_0$＝真空電容率	$-\frac{1}{4\pi\varepsilon}\frac{e^2}{r}$，$\varepsilon$＝電介質電容率
能級	$E_n=-\frac{1}{(4\pi\varepsilon_0)^2}\frac{me^4}{2n^2\hbar^2}$ $n=1,2,3,\cdots\cdots,\infty$	$E_n'=-\frac{1}{(4\pi\varepsilon)^2}\frac{m^*e^4}{2n^2\hbar^2}$ $\varepsilon=\kappa_e\varepsilon_0$，$\kappa_e$＝介電常數（式（7－59$a$）） $n=1,2,3,\cdots\cdots,\infty$

有砷雜質的鍺金屬的介電常數 $\kappa_e \doteq 16$，有效質量 $m^*=0.2m$，於是從上表得基態的 $E'_{n=1}$：

$$E'_{n=1}=-\frac{m^*}{\kappa_e^2}\frac{1}{m}\mid E_{n=1}\mid \doteq -\frac{0.2}{(16)^2}\times 13.6\text{eV} \doteq -0.01063\text{eV}$$

在導帶中的電子能自由運動，故取 $E_c\equiv 0\text{eV}$，而 E_d 在 E_c 下面 0.01063eV 之處，

$$\therefore\quad \Delta E = E_c - E_d \doteq 0.0106\text{eV}$$

實驗值是 $\Delta E = 0.0127\text{eV}$，證明在圖11－31所做的圖象以及此地的估計大致正確。

從這例子，很明顯地能看出，施主雜質$_{33}$As 釋放在施主能級 E_d 的電子，仍然很鬆地被 As^+ 束縛著，於是 E_d 上的電子，只要溫度一升高，便很容易地躍遷到導帶，而在外電場 $\boldsymbol{E}$ 下負責導電，因此以調整施主雜質 As 的量來控制電流的大小。以14族元素形成的本徵半導體爲母體的 n 型半導體，其（$E_c - E_d$）$\doteq 0.01\text{eV}$ 左右，電子的有效質量 $m^* \doteq (0.1 \sim 0.2)m$，介電常數 κ_e 一般很大，約10～17之間。

(3)受主雜質，*P* 型半導體

在週期表的14族元素形成的本徵半導體（簡稱母體），摻入13族元素的原子，它們的外層電子組態，前者是 ns^2np^2的四個電子，後者是 ns^2np^1的三個電子；如果13族原子爲了穩定會以最強的共價健來和母體結合，依照 Lewis 的八偶說，13族原子必須從母體原子搶來一個電子，這樣才能製造四個共價鍵，於是14族原子缺少一個電子形成空穴。爲了和圖11－31做比較，取13族元素的$_{31}$Ga（鎵），母體還是$_{32}$Ge（鍺），結果是：

$$_{31}\text{Ga} + {}_{32}\text{Ge} \longrightarrow {}_{31}\text{Ga}^- + {}_{32}\text{Ge} + \underbrace{e^{-1}\text{（空穴）}}_{\text{少一個電子}} \qquad (11-120\text{a})$$

Ga 搶來一個電子變成負一價的$_{31}Ga^-$，電子符號 e 的右上標「－1」表示少一個電子，即空穴，如圖11－32(a)。空穴便被$_{31}Ga^-$吸住，即束縛住，其關係類似氫原子的核和電子帶電互換：

$$\text{H} \longrightarrow \text{H}^- + e^{-1} \qquad (11-120\text{b})$$

氫核帶負電，空穴帶正電；式（11－120a）右邊的$(Ga^- + e^{-1})$的關係和式（11－120b）右邊類比，空穴等於帶正電。母體的價帶本來充滿電子，如圖11－32(b)。設價帶的最高能級 $\equiv E_V$，則要拿走一個電子，必從 E_V 附近的能級 $E_a^{(-)}$ 奪取，所以 E_V 和 $E_a^{(-)}$ 間的差不可能很大。這樣，能接受母體電子的$_{31}$Ga 稱爲*受主雜質*。母體$_{32}$Ge 產生空穴後，本來被 Pauli 不相容原理束縛住的電子便有活動空間。如果外電場 $\boldsymbol{E}$ 進來，空穴隔壁的價帶電子立即跑來填滿空穴，自己的位置變成新空穴，依此類推下去，價帶的空穴如果往右邊移動的話，填空穴的電子必往左邊移動；電子帶負電，則*空穴可以想像成帶正電*，並且能在價帶內運動。這是空穴傳遞電流的方法。空穴帶正電（positive charge），於是取正「positive」的英文名詞的頭一個字「p」來稱這種外質半導體爲 p 型半導體，而雜質稱爲 ***p* 型雜質**。至於$_{31}Ga^-$

所接受的電子的能級，根據能量守恆觀點，是以 E_V 爲鏡子的 $E_a^{(-)}$ 的鏡像能級 E_a（參見圖11－15(b)的電子分布），稱爲受主能級（acceptor energy level 或 acceptor level），如圖11－32(b)。於是本來在能量間隙 E_g 中間的母體 Fermi 面 E_F，摻入雜質後必會往 E_a 的方向移動。受主能級上的電子愈多，E_F 愈靠近 E_V。

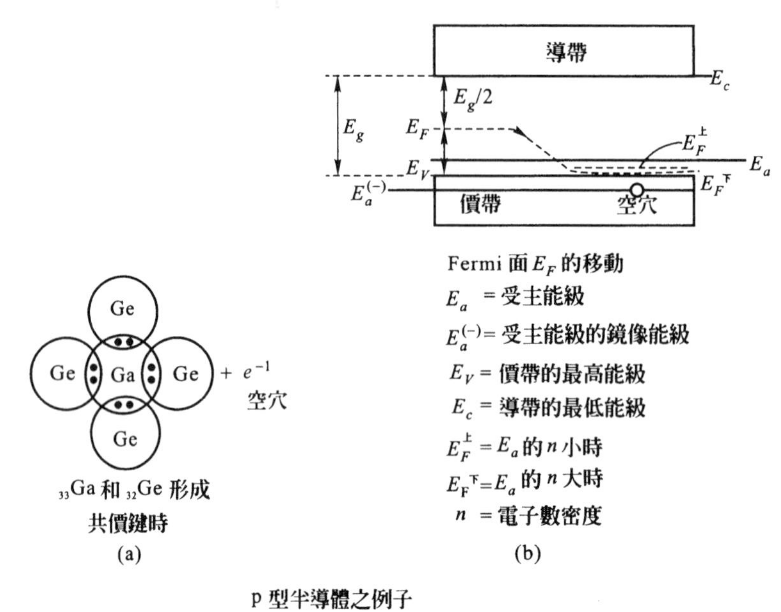

圖11－32

所以$_{32}$Ge 本徵半導體摻入雜質$_{31}$Ga 之後，能帶結構受到修正，Fermi 面 E_F 往價帶方向移動，並且緊跟著價帶頂能級 E_V 附近，多了受主能級 E_a。它和 E_V 間的寬度，由式（11－120b）和【**Ex.11－23**】的類比，我們能求得：

$$E_a - E_V = 0.0108\text{eV} \qquad (11-120c)$$

這等於母體摻入雜質後，禁戒能帶 E_g 內多一個空穴的受主能級 E_a，它隨時能接受電子，只要溫度升高，價帶上的電子很容易地躍遷到 E_a 能級，留給價帶很多空穴，但 E_a 上的電子仍然很難躍遷到導帶。於是當外電場 $\boldsymbol{E}$ 進來，半導體的導電主要由空穴來負責，這是 p 型半導體的導電情形。接著來看看雜質進來後 Fermi 面果眞是如圖11－31(b)和11－32(b)的情形，以及本徵半導體各能帶上的電子分布狀態。

(4)本徵半導體的電子分布情形

在上面(2)和(3)分別討論了摻入比本徵半導體多一個和少一個電子的雜質後，母體變化的情形，前者等於多了施主能級 E_d，相當於 E_d 上有隨時可以供應的電子；

而後者等於多了受主能級 E_a，相當於 E_a 上有空位（空穴）隨時能接受電子。於是如圖11－33(a)和11－33(b)所示，n 型和 p 型半導體，前者的電子密度必大於空穴密度，而後者剛好相反。那麼在導帶和價帶上的電子數到底有多少，和絕對溫度的關係如何，以及 Fermi 面 E_F 如何移動，是本小節要探討的課題。

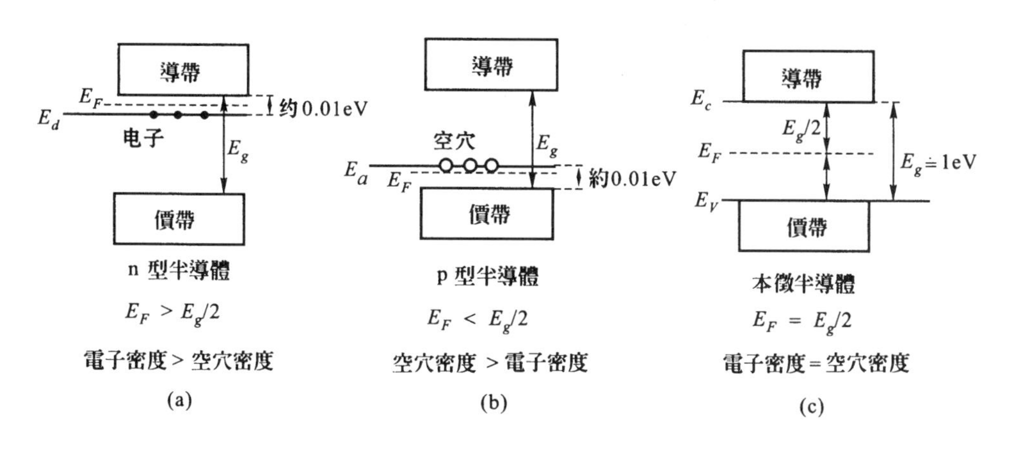

圖11－33

(1)本徵半導體的電子分布、空穴分布

要獲得電子的分布情形，首先要有電子的能級數，或能帶分布 $\mathcal{N}(\varepsilon)$，接著是在各能級上的存在概率 $n(\varepsilon)$，前者是式（11－80e），後者是式（11－76），則能量在 ε 和（ε＋dε）間的單位體積內的電子數 dn 是：

$$dn = \mathcal{N}(\varepsilon)\, n(\varepsilon)\, d\varepsilon / \text{體積}$$

但在固體中運動的電子質量不是自由態時的質量 m，而是有效質量 m^*；如圖11－34，設導帶最低和最高能級各爲 E_c 和 E_{ct}，則在導帶內運動的電子能量，必須從 E_c 開始才有效，所以單位能量內的能級數，由式（11－80e）得：

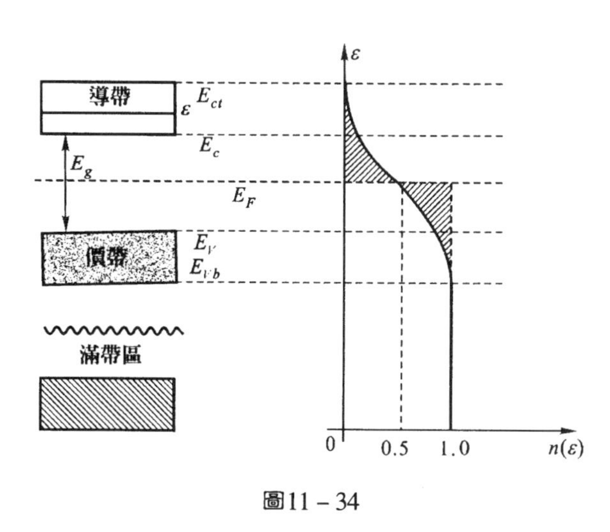

圖11－34

$$\mathcal{N}(\varepsilon) = L^3 \frac{\sqrt{2}\,(m^*)^{3/2}}{\pi^2 \hbar^3} \sqrt{\varepsilon - E_c}$$

再從式（11－76）和（11－78a）得電子在各能級上的存在概率 $n(\varepsilon)$，則導帶中單位體積內的電子數 n_c 是：

$$n_c = \int_{E_c}^{E_a} dn = \frac{\sqrt{2}(m^*)^{3/2}}{\pi^2\hbar^3}\int_{E_c}^{E_a} \frac{\sqrt{\varepsilon - E_c}}{e^{\beta(\varepsilon - E_F)} + 1} d\varepsilon,$$

$$\beta = \frac{1}{kT}, \quad \mu \equiv E_F$$

反正 $\varepsilon > E_{ct}$爲零，故積分上限可以推到無限大∞。就一般情形而言，由價帶躍遷到導帶的電子，均處在導帶底 E_c 附近，又 $(\varepsilon - E_F) = [(\varepsilon - E_c) + (E_c - E_F)]$，在室溫 $T = 300\text{K}, kT \doteq 0.026\text{eV}$

$$\therefore \quad (E_c - E_F) \gg kT$$

$$\therefore \quad e^{\frac{\varepsilon - E_F}{kT}} + 1 \doteq e^{\frac{\varepsilon - E_c}{kT}} e^{\frac{E_c - E_F}{kT}}$$

設$\dfrac{\varepsilon - E_c}{kT} \equiv x$，則 $d\varepsilon = kTdx$，於是 n_c 變成：

$$n_c = \frac{4\pi(2m^* kT)^{3/2}}{h^3} e^{\frac{E_F - E_c}{kT}} \int_0^\infty \sqrt{x} e^{-x} dx, \qquad \int_0^\infty \sqrt{x} e^{-x} dx = \frac{\sqrt{\pi}}{2}$$

$$= 2(2\pi m^* kT/h^2)^{3/2} e^{(E_F - E_c)/(kT)} \qquad (11-121a)$$

式(11-121a)的 n_c = 由價帶躍遷到導帶的傳導電子數密度。就絕緣體或本徵半導體而言，式(11-121a)中的 n_c 雖等於價帶內的空穴數但表示不同。如果電子的存在概率 = $n(\varepsilon)$，則空穴的存在概率 $n_h(\varepsilon) = 1 - n(\varepsilon)$。如圖11-34設價帶最高和最低能級各爲 E_V 和 E_{Vb}，則與求 n_c 一樣，空穴數密度 n_h 是：

$$n_h = \int_{E_{Vb}}^{E_V} \frac{\mathcal{N}(\varepsilon)\{1 - n(\varepsilon)\}}{\text{體積}} d\varepsilon$$

$$= \frac{\sqrt{2}(m_h^*)^{3/2}}{\pi^2\hbar^3}\int_{E_{Vb}}^{E_V} \sqrt{E_V - \varepsilon} \frac{1}{1 + e^{-(\varepsilon - E_F)/kT}} d\varepsilon$$

但 $(E_F - \varepsilon) = [(E_F - E_V) + (E_V - \varepsilon)]$，在室溫 $(E_F - E_V) \gg kT$，

$$\therefore \qquad 1 + e^{-(\varepsilon - E_F)/kT} \doteq e^{(E_F - \varepsilon)/kT}$$

設$\dfrac{E_V - \varepsilon}{kT} \equiv x$，則 $d\varepsilon \equiv -kTdx$，低於 E_{Vb}下面沒有空穴，即 $\varepsilon < E_{Vb}$爲零，故將積分下限推到負無限大「$-\infty$」，因爲從價帶躍遷到導帶的電子，均處在 E_V 附近。

$$\therefore \qquad \int_{E_{Vb}}^{E_V} d\varepsilon \longrightarrow \int_{-\infty}^{E_V} d\varepsilon \longrightarrow \left(-\int_\infty^0 dx = \int_0^\infty dx\right)$$

$$\therefore \qquad n_h = \frac{4\pi(2m_h^* kT)^{3/2}}{h^3} e^{(E_V - E_F)/kT} \int_0^\infty \sqrt{x} e^{-x} dx$$

$$= 2\left(\frac{2\pi m_h^* kT}{h^2}\right)^{3/2} e^{(E_V - E_F)/kT} \qquad (11-121b)$$

式(11-121b)中的 n_h 是電子由價帶躍遷到導帶，留下的空穴數密度，m_h^* = 空穴

的有效質量。

(ii)Fermi 面

至於 Fermi 能 E_F，可以從 $n_c = n_h$ 獲得：

$$e^{\frac{E_F - E_c}{kT}} = \left(\frac{m_h^*}{m^*}\right)^{3/2} e^{\frac{E_V - E_F}{kT}}$$

$$\therefore \quad E_F = \frac{E_c + E_V}{2} + \frac{3}{4} kT \ln \frac{m_h^*}{m^*} \qquad (11-121c)$$

從式（11－121c）不難看出它內涵著下列內容：

(1)溫度 $T = 0$時：

式（11－121c）右邊第二項等於零，或看成 $\ln \frac{m_h^*}{m^*} = 0$，故得 $m_h^* = m^*$

$$\therefore \quad E_F = \frac{E_V + E_c}{2} \qquad (11-122a)$$

(2)一般地說 $\ln \frac{m_h^*}{m^*} > 0$

$$\therefore \quad m_h^* > m^* \qquad (11-122b)$$

同時得 E_F 隨著 T 的升高而增大。

從式（11－121a～c）得：

$$n_c = n_h = 2\left(\frac{2\pi kT}{h^2}\right)^{3/2} (m^* m_h^*)^{3/4} e^{-\frac{E_g}{2kT}} \qquad (11-123)$$

$$E_g \equiv E_c - E_V = \text{能量間隙}$$

絕緣體的 E_g 最大，約5eV，半導體是 $E_g \doteqdot (0.2 \sim 2)$ eV，故溫度很高時，並且 $m^* = m_h^* \equiv m$（自由電子質量），則式（11－123）可近似成：

$$n_c = n_h \doteqdot 2(2\pi mkT/h^2)^{3/2} \qquad (11-124a)$$

顯然半導體的導電性隨著溫度 T 的升高而增大，摻入雜質後導性還會增加，通常是大約10^7本徵半導體原子，摻入一原子雜質（參見【**Ex.11－24**】），而且能以調節雜質量和分布來控制半導體的導電率和電流流向，這些正是半導體的好處。在室溫下本徵半導體的導帶約有多少電子呢？從式（11－124a）得：

$$n_c(300\text{K}) \doteqdot (2\pi mkT/h^2)^{3/2} = \left(\frac{mc^2 kT}{2\pi(\hbar c)^2}\right)^{3/2}$$

$$\doteqdot \left(\frac{0.511 \times 8.617 \times 300 \times 10^{-11}}{2\pi(197.327)^2 \text{fm}^2}\right)^{3/2}$$

$$\doteqdot 3.96 \times 10^{10}/\text{cm}^3 \qquad (11-124b)$$

這些電子是由熱運動從價帶躍遷到導帶的，顯然 n_c 遠遠地少於金屬的電子數

【**Ex.11－22**】；而價帶上的空穴數 n_h（300K）$\doteq 3.96\times 10^{10}/cm^3$。

【**Ex.11－24**】 鍺（$_{32}$Ge）的原子量 = 72.59，室溫的鍺密度 $\rho = 5.38g/cm^3$，而從式（11－124b）得鍺的本徵半導體在導帶上的電子數密度 $n_c \doteq 10^{10}/cm^3$，求：

(1)如果 Avogadro 數 $N_A = 6.022137\times 10^{23}mol^{-1}$，則鍺的粒子數密度 n 是多少？

(2)如果要增加 n_c 一百萬倍，則要摻入多少砷（$_{33}$As）原子，其粒子數密度 n_{AS} 是多少？

(3)n_{AS} 和 n 的比值是多少？

(1)鍺1mole 的質量 = 鍺原子量 × g = 72.59g/mole

$$\therefore \quad n = N_A \times \frac{5.38g/cm^3}{72.59g/mole} = 6.022137\times 10^{23}\times \frac{5.38}{72.59}\frac{1}{cm^3}$$

$$\doteq 4.4633\times 10^{22}/cm^3$$

(2)摻入一個砷原子就能得一個電子，所以要得 n_{AS} 必摻雜 n_{AS} 砷原子密度，於是原來的 n_c 加上 n_{AS} 必須等於 n_c 乘 10^6：

$$n_c\times 10^6 = n_c + n_{AS}$$

$$\therefore \quad n_c(10^6 - 1)\doteq 10^6 n_c = 10^{16}/cm^3 = n_{AS}$$

即要摻入 $10^{16}/cm^3$ 的砷原子。

(3)$\dfrac{n_{AS}}{n} = \dfrac{10^{16}}{4.4633\times 10^{22}}\doteq 2\times 10^{-7}$

即要增加導帶上的載體電子 10^6 倍，就要在 10^7 個本徵半導體原子中，加一個雜質。

(5)外質半導體的 Fermi 面 $E_F(T)$

從【**Ex.11－24**】得，本徵半導體摻入微量雜質，就能大大提高導電性；同樣地絕緣體摻入雜質就變成半導體，這些外質半導體有 n 型、也有 p 型。現分別來探討 p 型和 n 型半導體的 Fermi 面 E_F 如何隨著溫度 T 變化？

(1)n 型半導體的 $E_F(T)$

在絕對溫度 $T = 0K$ 依照圖11－15(a)，施主能級 E_d 和價帶是充滿著電子，導帶沒有電子，Fermi 面 E_F 緊貼著 E_d。溫度稍微升高，由圖11－15(b)，可知 Fermi 面 E_F 從 E_d 移往導帶底能級 E_c 和 E_d 的中間：

$$E_F \doteq \frac{E_c + E_d}{2} \qquad (11-125a)$$

這時已有電子從 E_d 躍遷到導帶，所以 E_d 上的空穴數密度 n_{hd} 和導帶上的電子數密度 n_c 必定相同：

$$n_{hd} = n_c \qquad (11-125b)$$

設 $T=0$ 時在施主能級 E_d 上的電子密度數 $\equiv n_d$，由式（11－76）和（11－78a）得電子在 E_d 上的存在概率 $n(E_d)$，當 $T \neq 0$ 時

$$n(E_d) = \frac{1}{e^{\beta(E_d-E_F)}+1}, \quad \beta \equiv \frac{1}{kT}$$

於是 E_d 上的空穴概率＝（$1-n(E_d)$）是：

$$1-n(E_d) = 1-\frac{1}{e^{\beta(E_d-E_F)}+1} = \frac{1}{1+e^{\beta(E_F-E_d)}}$$

但（E_F-E_d）$\gg kT$，故 $e^{\beta(E_F-E_d)} \gg 1$，

$$\therefore \quad 1-n(E_d) \doteq e^{\beta(E_d-E_F)}$$

於是 E_d 上的空穴數密度 n_{hd} 是：

$$n_{hd} = n_d\{1-n(E_d)\} = n_d e^{\beta(E_d-E_F)} \qquad (11-125c)$$

外質半導體在 $T=0$ 時 E_d 是充滿電子，T 升高時電子開始躍遷，這種現象和本徵半導體類似，故使用式（11－121a）來近似式（11－125b）的 n_c，則從式（11－125b）和（11－125c）得：

$$n_d e^{\beta(E_d-E_F)} \doteq 2(2\pi m^* kT/h^2)^{3/2} e^{\beta(E_F-E_c)}$$

$$\therefore \quad E_F \doteq \frac{E_d+E_c}{2} + \frac{kT}{2}\ln\left(\frac{n_d}{2(2\pi m^* kT/h^2)^{3/2}}\right) \qquad (11-126)$$

自然對數 $\ln ab = (\ln a + \ln b)$，$\ln \frac{a}{b} = (\ln a - \ln b)$，$a$ 和 b 爲任意不等於零的無量綱量。於是式（11－126）的 E_F 是隨著 T 的升高而下降，不過由於導帶和 E_d 下方有價帶，上面有電子，所以根據圖11－15的 Fermi 分布，式（11－126）的 E_F 的下降受到極限位置 $E_g/2$ 的限制。故只能如圖11－35所示，E_F 從（E_d+E_c）/2開始隨著 T 的升高而下降，而以 $E_g/2$ 爲極限；在下降的過程中由式（11－126）內的 n_d 的大小，有好多路線，如 E_{F_1} 和 E_{F_2}，E_{F_2} 的 n_d 比 E_{F_1} 的 n_d 大。

(ii)p 型半導體的 $E_F(T)$

在絕對零度 $T=0$K，受主能級 E_a 充滿空穴，而價帶沒有空穴，設此時的 E_a 上的空穴數密度 $\equiv n_a$，這時的 Fermi 面 E_F 緊貼著價帶的頂能級 E_V。當溫度逐漸上升，價帶電子便躍遷到受主能級 E_a，而 Fermi 面 E_F 也向著 E_a 移動到，E_a 和 E_V 的中間（參見圖11－15）：

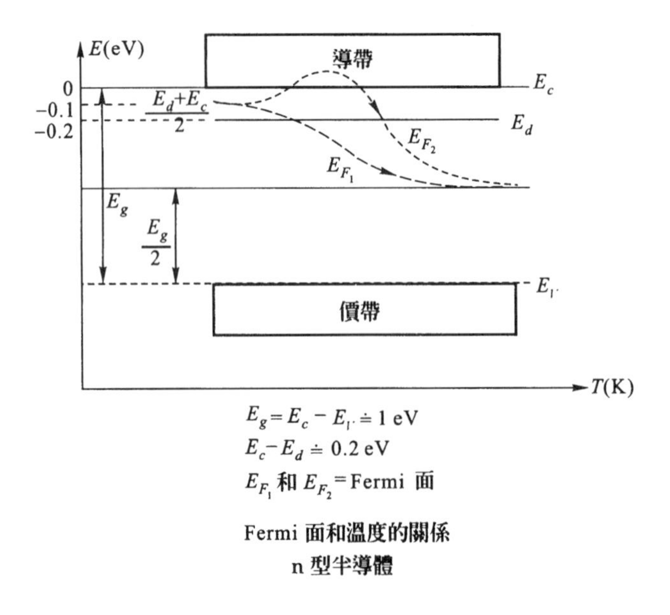

$E_g = E_c - E_{I'} \doteq 1$ eV
$E_c - E_d \doteq 0.2$ eV
E_{F_1} 和 E_{F_2} = Fermi 面

Fermi 面和溫度的關係
n 型半導體

圖11－35

$$E_F = \frac{E_a + E_V}{2} \qquad (11-127a)$$

於是價帶上的空穴數密度 n_h 必等於 E_a 上的電子數密度 n_e：

$$n_e = n_h \qquad (11-127b)$$

由式（11－76）和（11－78a）得電子在 E_a 上的存在概率 $n(E_a)$，當 $T \neq 0$時

$$n(E_a) = \frac{1}{e^{\beta(E_a - E_F)} + 1}, \quad \beta \equiv \frac{1}{kT}$$

所以 $T \neq 0$時的 E_a 上的空穴概率 =（$1 - n(E_a)$），於是 $T \neq 0$時的 E_a 上的空穴密度 $n_a(T)$ 是：

$$n_a(T) = n_a(1 - n(E_a))$$

$T = 0$的空穴密度 n_a 和 $n_a(T)$ 之差就是 E_a 上在 $T \neq 0$時的電子數密度 n_e：

$$\begin{aligned} n_e &= n_a - n_a(T) \\ &= n_a n(E_a) \\ &= n_a \times \frac{1}{e^{\beta(E_a - E_F)} + 1} \end{aligned}$$

但（$E_a - E_F$）$\gg kT$，故 $e^{\beta(E_a - E_F)} \gg 1$，

$$\therefore \quad n_e = n_a e^{\beta(E_F - E_a)} \qquad (11-127c)$$

外質半導體在 $T = 0$時，E_a 是充滿空穴，相當於根本沒有電子存在的本徵半導體的導帶；T 升高價帶電子躍遷到 E_a，留下價帶空穴，類似本徵半導體的價帶電子在 T

$\neq 0$時，從價帶躍遷到導帶留給價帶的空穴，因此式（11－127b）的 n_h 可以用式（11－121b）來近似，

$$\therefore \quad n_e = n_a e^{\beta(E_F - E_a)}$$

$$\doteq 2(2\pi m_h^* kT/h^2)^{3/2} e^{\beta(E_V - E_F)}$$

$$\therefore \quad E_F(T) \doteq \frac{E_a + E_V}{2} + \frac{kT}{2}\ln\left(\frac{2(2\pi m_h^* kT/h^2)^{3/2}}{n_a}\right) \qquad (11-128)$$

顯然，式（11－128）的 $E_F(T)$ 如圖11－36所示，隨著 T 的升高而增加到能量間隙 E_g 之半為極限；E_F 的變化和 n_a 有關，如圖11－36上的 E_{F_1}和 E_{F_2}，E_{F_2}的 n_a 比 E_{F_1}的 n_a 大。

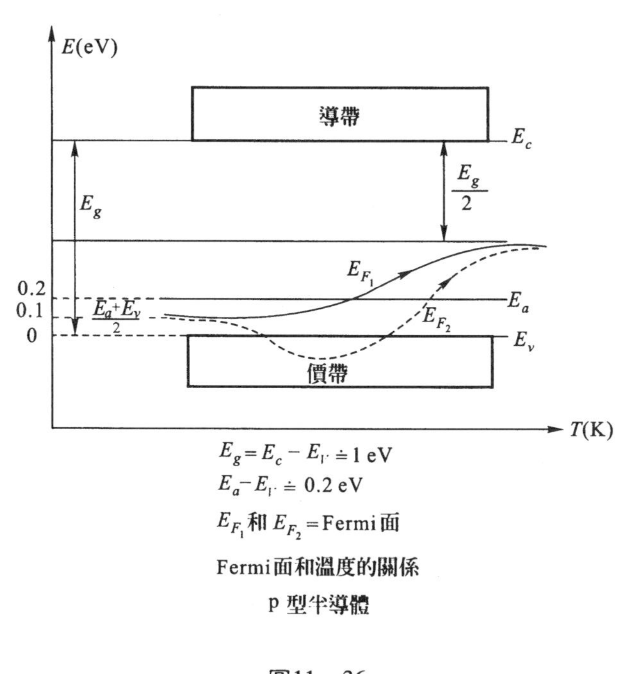

圖11－36

圖11－35和圖11－36分別地說明了圖11－31(b)和圖11－32(b)，摻入雜質到本徵半導體時，Fermi 面 E_F 移動的情形。實驗也如此。這些結果反映了我們對半導體摻入雜質，以及本徵和外質半導體的微觀理論模型是正確的。下面沿著這個微觀思路來探討用半導體製成的、今日信息器材內的重要零組件。

(6)半導體零件（semiconductor devices）[16)]

到此大略地介紹了，什麼是本徵、p 或 n 型半導體；從理論到實用生產，還有一段路程要走並且必須克服許多困難。首先要有高純度的母體（本徵半導體），接

著是如何依需要摻入所要的雜質和量。目前，半導體是信息（information）工業的必需而且中心材料，其中最重要又最基本的是pn接合材料。例如在一個高純度的單結晶母體上，一邊摻入受主雜質，另一邊摻入施主雜質來製造的p型和n型接合體，簡稱pn接合，它幾乎用在所有的半導體產品上。在下面僅介紹半導體產品零件中的三種主元件：pn整流器（rectifier），電晶體或晶體管（transistor）和二極管（diode）。

(1)pn整流器

今日的信息工業產品的主角是半導體，並且其中的pn零件是最重要的元件，這種元件具有下述特性：

(1)可調整雜質數密度，相當於載體數密度 n，又稱爲濃度（concentration）的多寡；

(2)可外加電源來調整pn零件的電流方向和大小，其關鍵在於整流；

所以必須好好地瞭解整流。簡單地說，將交流電變換成直流電的操作稱爲整流，其設備稱爲整流器，是電路（circuit）上的一個重要配件，它只對單方向的電勢差（電壓）時才有通電流的功能，於是必須想辦法組合成僅能通單方向電流的裝置。故這種裝置不可能只有一個物件，至少有兩個物件，且它們的性質不同或作用不同，才能利用它們來相輔相成以達到目的，可想到的組合是：

(1)使用功函數（work function，電子要脫離固體時所需要的最低能量，又稱爲逸出功）不同的兩種金屬接合，

(2)金屬和半導體的接合，

(3)接合不同型的半導體，如p型和n型半導體的結合，即pn結合。

pn接合是本小節的主題，但要瞭解它之前，先瞭解(1)和(2)才能深入探討。

①功函數不同的兩種金屬間的整流作用

功函數是探討固體電性時的基本物理量之一，設兩種金屬「1」和「2」的功函數以及Fermi能各爲 ω_1, E_{F_1}和 ω_2, E_{F_2}，且 $\omega_1 > \omega_2$。各金屬內的電子必須依照Pauli原理填到Fermi能，則給予最上層的電子的能量等於功函數的能量，電子才能從金屬逸出。如圖11－37(a)，由於 $\omega_1 > \omega_2$，於是兩種金屬接觸前 $E_{F_2} > E_{F_1}$，故接觸後電子必從高能級的 E_{F_2}往低能級的 E_{F_1}移動，是一種穿隧現象，這時的電流稱爲擴散電流（diffusion current），是因爲 $E_{F_2} > E_{F_1}$時金屬2的電子數密度（濃度）大於金屬1的濃度，濃度大的粒子必向濃度小的地方擴散，所以才得這名稱。結果是金屬2缺少電子便帶正電，而金屬1多了電子便帶負電，一直到兩金屬獲得共同的Fermi能 E_F 爲止，如圖11－37(b)所示。兩金屬的接觸面域形成類似平行板電容器，這領域的電荷稱爲空間電荷（space charge）。於是兩金屬界面間產生電勢差 V_c，此 V_c

稱爲接觸電勢差（contact potential difference），或簡稱接觸電勢，此現象首爲Volta（Alessandro Giuseppe Antonio Anastasio Volta, 1745～1827，義大利物理學家）所發現（1796年），不久在1800年他創造了電堆，即今日電池的雛形。V_c 是金屬外邊的電子在兩種金屬界面所感到的電勢差，由圖11－37(b)得 V_c 的大小 $= \frac{\omega_1 - \omega_2}{|e|}$，因爲從金屬2拿走一個電子必須給 ω_2 大小之能，此電子進入金屬1時會釋放出 ω_1 大小之能，於是總能 $\Delta\omega = (\omega_1 - \omega_2)$，$|e|$ = 電子電荷大小。平衡時從金屬1到金屬2的擴散電流密度 $J_{12}^{\text{diff.}}(0)$ 等於2到1的擴散電流密度 $J_{21}^{\text{diff.}}(0)$，右上標「diff」表示擴散，而「(0)」表示無外電源時的擴散電流密度。金屬固有的功函數，只要溫度 T 和壓力 P 等條件不變，功函數不變，所以在固定的 T 和 P 下，V_c 等於阻止更多的電子從金屬2流到金屬1。

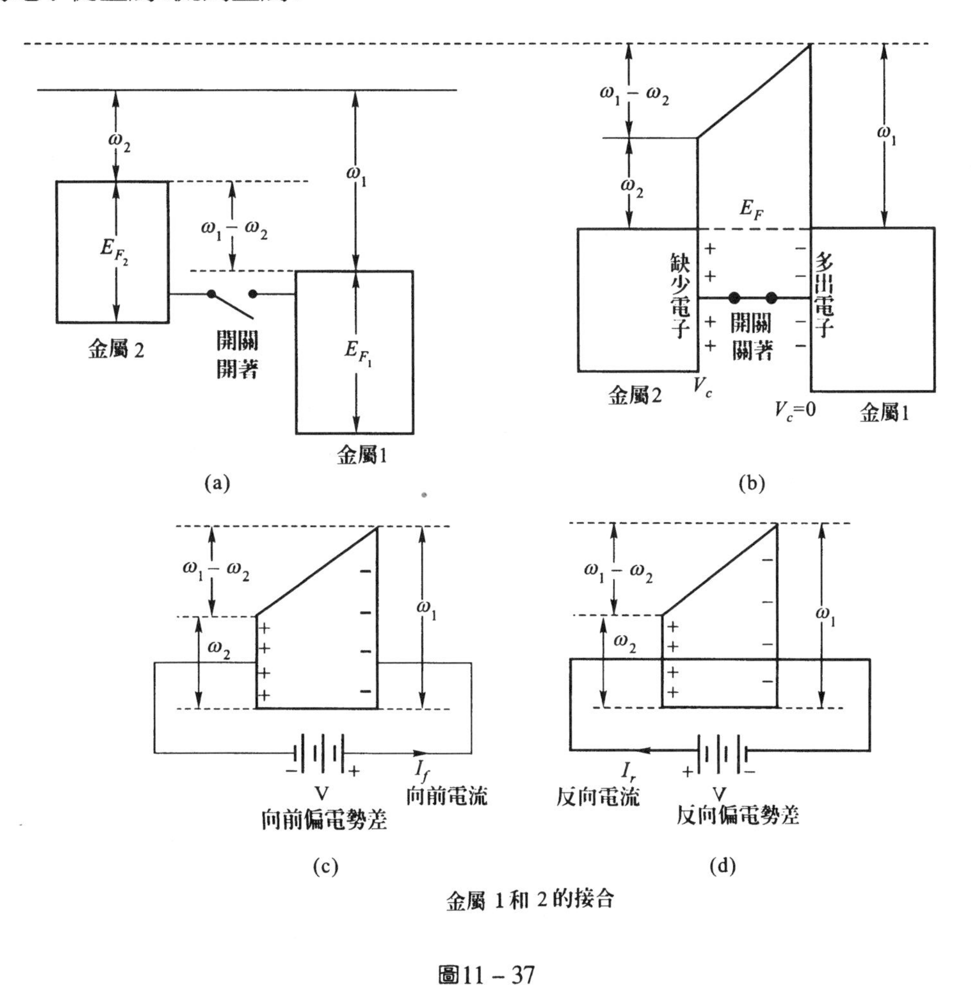

圖11－37

現將兩種金屬的兩端接上外電源 V，爲了方便使用兩種金屬的接觸面的兩面來代表兩種金屬，則接 $V < V_c$ 的方法有如圖11－37(c)和11－37(d)的兩種。由於是金屬，電子能在金屬內自由運動，圖11－37(c)時兩種金屬上的電荷都以等量減少，相當於 $V_c \longrightarrow (V_c - V)$，於是在相界面上的金屬2的電子便有足夠的能量再往金屬1移動，結果電流順著外電源 V 所給的方向流的 I_f，所以稱圖11－37(c)的外電壓 V 為**向前偏電勢**（forward bias potential，或 forward bias），其產生的電流為**向前電流**（forward current）I_f。如果電源接成圖11－37(d)，則 $V_c \longrightarrow (V_c + V)$，則兩種金屬上的電子無法再移動，外電源無法供給電流，於是對應於圖11－37(c)的電流 I_f，稱這電流為**反向電流**（reverse current）I_r，右下標的「f」和「r」分別表示向前和反向，而圖11－37(d)的電源稱為**反向偏電勢**（reverse bias patential 或 reverse bias 或 back bias）。結果是圖11－37(b)對單方向的電勢差才有通電流的功能，即有整流器功能。

那麼這些向前和反向電流各為多大呢？設 $n(x,y,z)$ = 在空間 (x,y,z) 處的粒子數密度，D = 擴散係數（diffusion coefficient），其量綱 $[D]$ = 面積/時間 = m^2/s，則由帶電 q 的粒子擴散引起的電流密度 $\boldsymbol{J}^{\text{diff.}}(x,y,z)$ 是：

$$\boldsymbol{J}^{\text{diff.}}(x,y,z) = -qD\nabla n(x,y,z) \qquad (11-129a)$$

式（11－129a）右邊的負號來自擴散時，粒子是從高粒子數密度往低粒子數密度擴散。如果加上外電場 $\boldsymbol{E} = -\nabla V$，則會產生漂移（drift）電流密度 $\boldsymbol{J}^{\text{drif.}}$，由式（7－23a）得：

$$\boldsymbol{J}^{\text{drif.}}(x,y,z) = |q|n(x,y,z)\boldsymbol{v}_d$$

$\boldsymbol{v}_d$ = 漂移速度，右上標「drif.」表示漂移，取電荷大小 $|q|$ 是因為帶負電的電子和等效於帶正電的空穴都會漂移，它們的符號已由式（11－129a）來負責了。由式（11－117a）得 $\boldsymbol{v}_d$ 和外電場 $\boldsymbol{E}$ 的關係，故 $\boldsymbol{J}^{\text{drif.}}$ 變成：

$$\begin{aligned}\boldsymbol{J}^{\text{drif.}}(x,y,z) &= |q|n(x,y,z)\mu_m\boldsymbol{E} \\ &= -|q|n(x,y,z)\mu_m\nabla V \qquad (11-129b)\end{aligned}$$

V = 電勢，在平衡時總電流必等於零：

$$\boldsymbol{J}^{\text{diff.}} + \boldsymbol{J}^{\text{drif.}} = 0$$

$$\therefore \quad \frac{|q|\mu_m}{qD}\nabla V = -\frac{\nabla n}{n}$$

由於 q 有正有負，故 $|q|/q = q/|q|$，積分上式後得：

$$\ln n(x,y,z) = -\frac{q}{|q|}\frac{\mu_m}{D}V + \kappa\text{（積分常數）} \qquad (11-129c)$$

在溫度 T 的自由電子氣體，並且無簡併時其擴散係數 D 是：

$$D = \mu_m kT/|e| \qquad (11-130)$$

式（11－130）稱為 Einstein 關係式，k = Boltzmann 係數，$|e|$ = 電子電荷大小，$|e|$ 等於此地的 $|q|$，將式（11－130）代入式（11－129c）得：

$$n(x,y,z) = e^{\kappa}e^{-\frac{qV}{kT}}$$

當外電勢 $V=0$，$n(x,y,z)$ = 固體的本徵（intrinsic）載流子數密度 n_i，右下標「i」表示本徵，則得：

$$e^{\kappa} = n_i(x,y,z)$$

$$\therefore \quad n(x,y,z) = n_i(x,y,z)\,e^{-\frac{qV}{kT}} \tag{11－131a}$$

式（11－131a）是在外電勢 V 的作用下，粒子間無任何相互作用，且無簡併的帶電 q 的粒子數密度；電子是 $q=-|e|$，空穴時 $q=+|e|$，故電子濃度 n_e 和空穴濃度 n_h 各為：

$$n_e(x,y,z) = n_i(x,y,z)\,e^{\frac{|e|V}{kT}} \tag{11－131b}$$

$$n_h(x,y,z) = n_i(x,y,z)\,e^{\frac{-|e|V}{kT}} \tag{11－131c}$$

$$\therefore \quad n_e n_h = n_i^2 \tag{11－132}$$

金屬和半導體的導電之最大差異是，前者是由導帶上的電子來導電，而後者是由導帶上的電子和價帶上的空穴同時來導電，所以圖11－37(c)和11－37(d)的導電現象僅考慮式（11－131b）就夠了。未加外電場時的電流密度 $\boldsymbol{J}_0$ 由式（7－23a）是：

$$\boldsymbol{J}_0 = n_i|e|\,\boldsymbol{v}_0$$

$\boldsymbol{v}_0$ = 無外電場時的電子漂移速度，$|\boldsymbol{J}_0| = J_{12}^{\text{diff.}}(0) = J_{21}^{\text{diff.}}(0)$，如圖11－37(c)加了外電場 V 之後 n_i 變成式（11－131b），相當於 J_0 增加到 $J_0e^{|e|V/kT}$，故向前的淨電流密度 $\boldsymbol{J}_f$ 是：

$$\boldsymbol{J}_f = \boldsymbol{J}_0e^{\frac{|e|V}{kT}} - \boldsymbol{J}_0 = \boldsymbol{J}_0(e^{\frac{|e|V}{kT}} - 1) \tag{11－133a}$$

而圖11－37(d)是等於式（11－133a）的 $V \longrightarrow -V$，並且反方向，故反方向的淨電流密度 $\boldsymbol{J}_r$ 是：

$$\boldsymbol{J}_r = -\boldsymbol{J}_0(e^{-|e|V/kT} - 1) = \boldsymbol{J}_0(1 - e^{-|e|V/kT}) \tag{11－133b}$$

顯然，$\boldsymbol{J}_f$ 是隨著 V 的增大而增大，而 $\boldsymbol{J}_r$ 是相反，當 V 增大時 $\boldsymbol{J}_r \longrightarrow \boldsymbol{J}_0$，由於 $\boldsymbol{J}_{12}^{\text{diff}}(0) = -\boldsymbol{J}_{21}^{\text{diff}}(0)$，結果是圖11－37(d)時沒電流，僅圖11－37(c)時有電流，達到了整流功能。以上結果是使用式（11－130）的結果，如果帶電粒子間有相互作用或有簡併現象時必須修正上面結果。

②金屬與半導體接合處的整流作用

本小節的目的是，探討金屬和半導體的接合界面寬 x_0 對電子的流動影響，從而產生的整流作用。設金屬的功函數 = ω_m，Fermi 能 = E_{Fm}，右下標「 m 」表示金屬，而半導體的電子親和勢能（ electron affinity ）= ϕ，即將一電子從導帶底移到眞空（最低自由能級）所需的能量稱爲親和勢能，E_d = 施主能級，E_{Fs} = 半導體 Fermi 能級。現以 n 型半導體爲例，接合前如圖11－38(a)，$E_{Fs} > E_{Fm}$，於是半導體的電子數濃度 n_s 必大於金屬的電子濃度 n_m，緊密接觸後必產生擴散電流，電子從半導體擴散到金屬，一直到兩者的 Fermi 能相等爲止，設此時的 Fermi 能 = E_F。結果是半導體缺少電子而帶正電，金屬多出電子便帶負電。如【 **Ex.11－24** 】所示，摻入到本徵半導體的雜質甚少，爲了要增加一百萬倍的導電率，只要在10^7個本徵半導體的原子，摻入一個雜質就夠了。所以半導體爲了要和金屬達到平衡的同一 Fermi 能 E_F，必須動員好多層的摻入得來的多餘電子，結果 n 型半導體的帶正電情形如圖11－38(b)，從半導體的表層一直到相當深的內部的結晶層，構成一個近似的拋物線曲面。這現象表示著，金屬半導體結合後受影響的半導體空間寬度 x_0不小，即電子從半導體流到金屬所留下未補償的空間電荷存在的寬度 x_0不小；在室溫下普通半導體的施主能級的電子數密度 $\doteqdot (10^{15} \sim 10^{19})\ \mathrm{cm}^{-3}$，其寬度 x_0 大約介於 $(10^{-4} \sim 10^{-6})$ cm。以一個原子的大小線度爲數個 Å（ 10^{-8}cm ）來看，x_0是相當大的線度。如圖11－38(b)所示，在這 x_0空間必產生和空間位置有關的電勢 $V(x)$；取 $V(x) = 0$之點爲 $x = 0$，則金屬和半導體的界面爲 x_0，從 $x = 0$至 $x = x_0$的領域稱爲空間電荷區域（ space charge region ），而稱 $V(x)$爲內建電勢（ built-in（ electric ） potential ），其電場 $\boldsymbol{E}(x) = -\nabla V(x)$稱爲內建電場（ built-in（ electric ）field ），此 $\boldsymbol{E}(x)$會產生內部漂移電流，它是什麼樣的電流呢？

金屬也好，半導體也好，在溫度 $T \neq 0$時必有固體內的核振動，以及電子運動更加活躍引起的從價帶躍遷到導體的少數電子，留下金屬和半導體的價帶內一些熱運動引起的空穴密度 n_{hm}^T和 n_{hs}^T，和它們由等數的導帶上的熱運動來的電子數密度 n_m^T和 n_s^T，右上標的「 T 」表示熱運動（ thermal motion ），右下標的「 h 」表示空穴，而「 m 」和「 s 」分別代表金屬和半導體。內建電場 $\boldsymbol{E}(x)$會使這些 n_m^T，n_s^T 和 n_{hs}^T電子和空穴漂移，但 n_{hm}^T是擴散。它們的流向以及施主電子 n_s 的擴散方向如圖11－38(c)所示，達到平衡時所有的電流之和 = 0。那麼到底空間電荷區域有多大呢？顯然這區域的產生和半導體的施主電子數密度 n_s 有關，由表7－13和式（7－58c）得空間電荷區域的電場和電荷密度的關係式：

$$\nabla \cdot \boldsymbol{D} = \rho$$

ρ = 電荷密度 = $-|e|n_s$，$|e|$ = 電子電荷大小，$\boldsymbol{D}$ = 電位移矢量 = $\varepsilon\boldsymbol{E} = -\varepsilon\nabla V$，$\varepsilon$ 等於電介質電容率，即 $\varepsilon = \kappa_e\varepsilon_0$，$\kappa_e$ = 介電常數（ dielectric constant ），ε_0 = 眞空電容

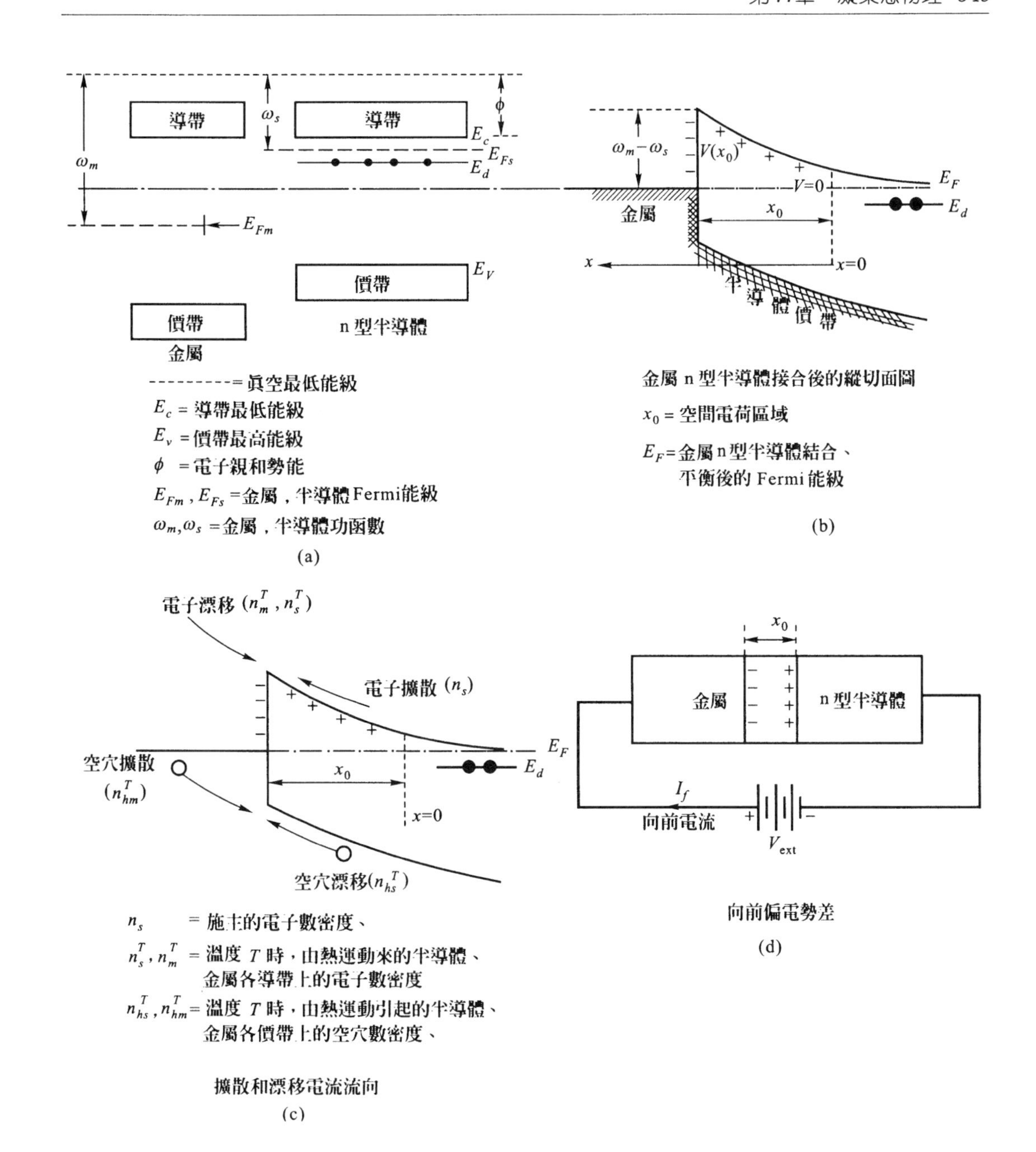

圖11－38

率（vacuum permittivity），用這些量表示上式便得：

$$\nabla^2 V(x) = \frac{|e|n_s}{\varepsilon} \qquad (11-134a)$$

一維時得：

$$\frac{d^2 V}{dx^2} = \frac{|e|n_s}{\varepsilon}$$

積分後得：

$$\frac{\mathrm{d}V}{\mathrm{d}x} = \frac{|e|n_s}{\varepsilon}x + c_1 = -|\boldsymbol{E}(x)| \qquad (11-134\mathrm{b})$$

$$V = \frac{|e|n_s}{2\varepsilon}x^2 + c_1x + c_2 \qquad (11-134\mathrm{c})$$

c_1和 c_2爲積分常數。設半導體的有效功函數 $= \omega_s \equiv |E_{Fs} -$ [眞空能級（最低自由電子能級）] |，則由圖11－38(a)得 $\omega_s < \omega_m$，取 $x=0$時 $V(x=0)=0$且$|\boldsymbol{E}(x=0)|=0$；而 $x=x_0$時$|e|V(x_0)=(\omega_m-\omega_s)$，由式（11－134b）和（11－134c）得 $c_1=0, c_2=0$，所以得：

$$|e|V(x_0) = \omega_m - \omega_s = \frac{|e|^2 n_s x_0^2}{2\varepsilon}$$

$$\therefore \quad x_0 = \sqrt{\frac{2\varepsilon}{n_s|e|^2}(\omega_m - \omega_s)} \qquad (11-135)$$

即 $x_0 \propto \frac{1}{\sqrt{n_s}}$，這結果和我們在得圖11－38(b)的說明吻合：$n_s$ 愈大 x_0愈小，因爲這時用不著往半導體深層去要電子來達到平衡，不是嗎？同時（$\omega_m - \omega_s$）愈大，需要更多的電子從半導體流向金屬，於是必使 x_0拉大。

如圖11－38(d)接上外電源 V_{ext}，依圖11－37(c)，圖11－38(d)的 V_{ext}是向前偏電勢差，會有向前電流，相當於從半導體到金屬之路是暢通。現來看看式（11－135）的結果是否和圖11－37(c)一致？從式（11－135），圖11－38(d)等於：

$$(\omega_m - \omega_s) \longrightarrow (\omega_m - \omega_s - |e|V_{\mathrm{ext}})$$

$$\therefore \quad x_0 = \sqrt{\frac{2\varepsilon}{n_s|e|^2}(\omega_m - \omega_s - |e|V_{\mathrm{ext}})} \qquad (11-136\mathrm{a})$$

所以圖11－38(d)的外電源使 x_0下降，空間電荷區域的寬度變小，當然電子容易通過，於是電流會跟著 V_{ext}的增加而增大，完全和圖11－37(c)的結果一致。這時如果把 $V_{\mathrm{ext}} \longrightarrow -V_{\mathrm{ext}}$，則得：

$$x_0 = \sqrt{\frac{2\varepsilon}{n_s|e|^2}(\omega_m - \omega_s + |e|V_{\mathrm{ext}})} \qquad (11-136\mathrm{b})$$

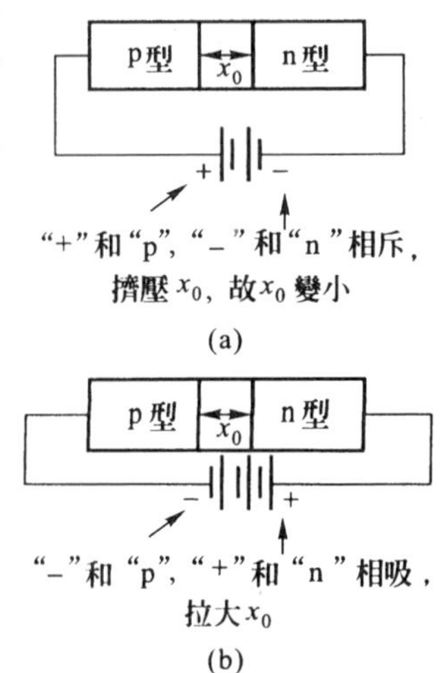

(a)
(b)

拉大 x_0，電子根本無法再從半導體到金屬，完成了整流器的功能。空間電荷區域 $x=0$到 x_0，平衡後沒有載體在此區移動，故又稱爲**耗盡區**（depletion region），它的線度大小 x_0和外電源的關係有個直觀記法：如右圖(a)，同號「相斥」引起 x_0變小，則載體容易通過；如果是上頁圖(b)的話異號「相吸」引起拉大 x_0，則載體不容易通過；前者向前電流，後者反向電流。前頁圖是爲了初學者記憶之用，**絕不是** p 型半導體會和電池負極相吸而和正極相斥，同樣 n 型半導體也是這樣。對以上的概念作了準備後，我們可以進入核心元件 pn 整流器。

③pn 接合的整流作用

半導體整流器是利用 p 型 n 型半導體接合的整流器，它和眞空二極管（diode）的電子管整流器最大的差異是：

(a)不需要絲極（filament），

(b)能整流大電流。

當兩種半導體接合時，其接合相界稱爲**半導體結**（semiconductor junction）或半導體接頭，是接合不同型半導體的相界（*phase boundary*），或同型但導電率相差甚大的兩半導體的接合相界，前者稱爲 **pn 結頭**（pn jnnction），後者有 nn 和 pp 結；這些都是半導體二極管，其中最基本的是 pn（或 np）結，以下以 pn 結爲例。未接合前的平衡態如圖11－39(a)，兩者的 Fermi 能不同，它們的 Fermi 能差（$E_{Fn}-E_{Fp}$）$\equiv\Delta E_F$ 是兩者間的電勢能$|e|V_0$障礙，即 $\Delta E_F=|e|V_0$，$|e|=$電子電荷大小，此 V_0 稱爲**擴散電勢差**（電壓）。將兩者接合，則如圖11－39（b(1)），由於 n 型的電子濃度 n_n 大於 p 型的電子濃度 n_p，但 p 型空穴濃度 n_{hp}大於 n 型的 n_{hn}，故電子往 p 型流，而空穴往 n 型流。我們定義電流是從正極到負極，故電子流引起的**電流方向是和空穴流同方向**，這一點要注意。這些擴散電流一直到兩半導體的 Fermi 能相等時爲止。設爲 E_F，於是 n 型缺少電子而帶正電，而 p 型多出電子便帶負電。結果如圖11－39（b(2)）所示，在 pn 結產生內建電勢差 $V_{in}=V_0$，因而產生如圖11－38(c)所示的說明，產生電子漂移以及空穴漂移，如圖11－39（b(1)）。平衡時這些擴散和漂移電流之和等於0，相當於空間電荷區域沒有載流子在此區內移動，構成線度 $=d$ 的耗盡區。

爲了方便起見，使用 pn 結的空間電荷區來代表整個 pn 結，如圖11－39（c(1)）接上向前偏電壓 V_{ext}，且 $V_{ext}<V_0$，這操作等於式（11－136a），將耗盡區寬 d 縮小；或者從另一角度看，這操作相當於如圖11－39（c(2)），將原來已平衡的 Fermi 能 E_F 提高$|e|V_{ext}$（圖上省略了$|e|$），結果又引起電子從 n 到 p，而空穴從 p 到 n 擴散，但漂移電流只要溫度 T 和壓力 P 不變，是不受 V_{ext}的影響，結果總電流密度 $J\neq0$，於是體系上有從外電源正極到負極的向前電流 I_f。相反地，如圖11－39（d(1)）接上反向偏電壓「$-V_{ext}$」，則由式（11－136b）得耗盡區線度 d 被拉大；或者是相當於圖11－39（d(2)），將已平衡的 Fermi 能 E_F 降低$|e|V_{ext}$，結果更不可能使電子從 n 到 p，或空穴從 p 到 n 擴散，於是體系幾乎沒有電流，從而達到

整流功能。

那麼以上所提到的擴散電勢差 V_0，空間電荷區線度 d，以及電流密度 $\boldsymbol{J}$ 到底有多大呢？現以前面所介紹的，相互間無相互作用的電子氣體（electron gas），且

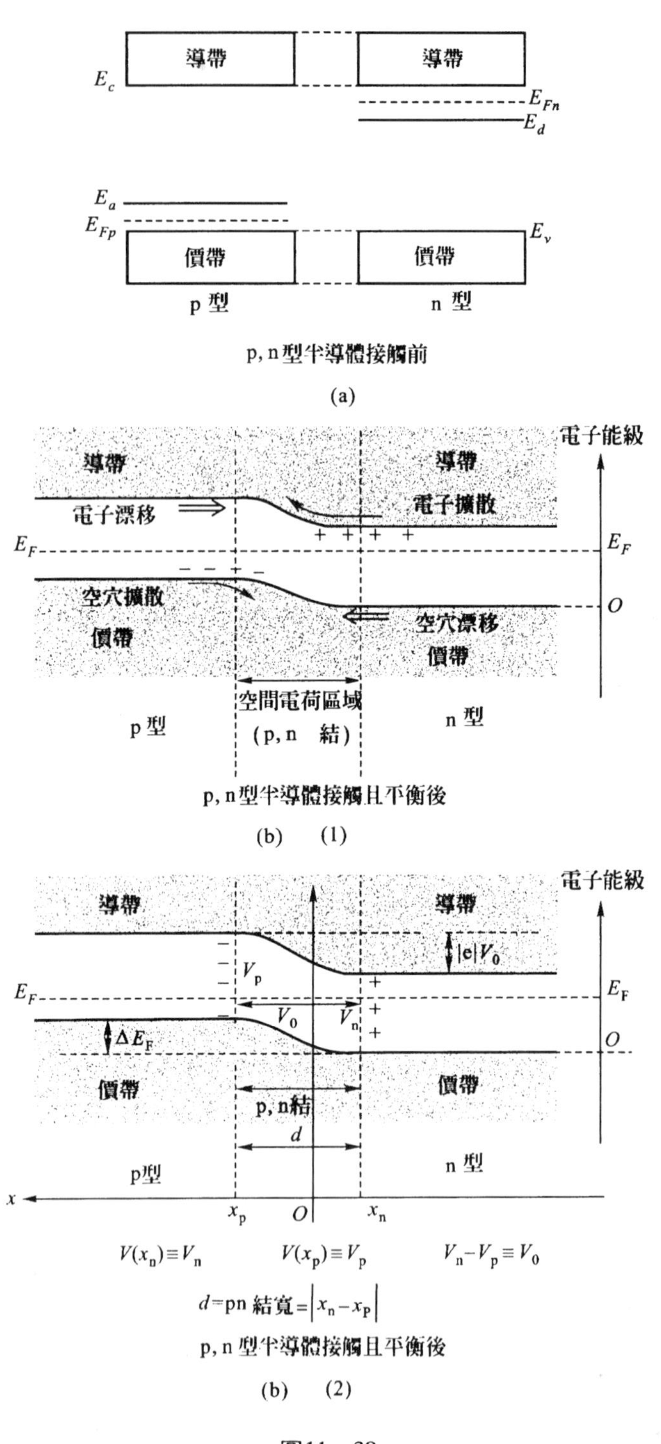

$V(x_n) \equiv V_n$ $V(x_p) \equiv V_p$ $V_n - V_p \equiv V_0$

d=pn 結寬$=|x_n - x_p|$

p, n 型半導體接觸且平衡後

(b) (2)

圖11－39

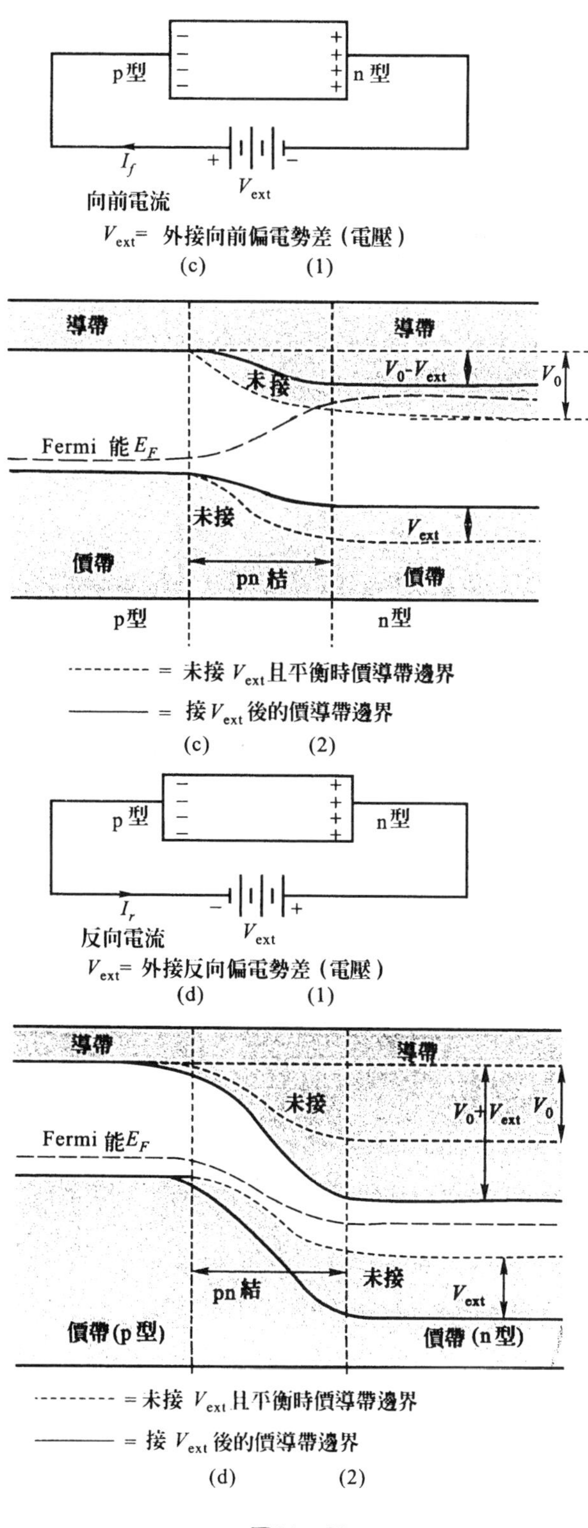
p型
n型
I_f
向前電流
V_{ext}
V_{ext}= 外接向前偏電勢差（電壓）
(c)　(1)
導帶
導帶
未接
V_0-V_{ext}
V_0
Fermi 能E_F
未接
V_{ext}
價帶
pn結
價帶
p型
n型
-------- = 未接 V_{ext}且平衡時價導帶邊界
——— = 接V_{ext}後的價導帶邊界
(c)　(2)
p型
n型
I_r
反向電流
V_{ext}
V_{ext}= 外接反向偏電勢差（電壓）
(d)　(1)
導帶
導帶
未接
V_0+V_{ext}
V_0
Fermi 能E_F
pn結
未接
V_{ext}
價帶(p型)
價帶(n型)
-------- = 未接 V_{ext}且平衡時價導帶邊界
——— = 接 V_{ext} 後的價導帶邊界
(d)　(2)

圖11－39

無簡併的模型，如推導式（11－131b）、（11－131c）和（11－132），以及式（11－135）、（11－136a）和（11－136b）同樣的方法來求 V_0和 d。如圖11－39（b(1)）所示，空間電荷密度是逐漸變化，但爲了演算方便，將它用圖11－40(a)的階梯變化來近似。圖11－40(a)是粒子數密度圖，不是能級圖，pn 接觸時 n 型的電子數濃度大於 p 型的電子數濃度。如圖11－40(a)或圖11－39（b(2)），取耗盡區的線度中點爲一維變數 x 的原點，故電勢 V（x）對 x 的變化剛好和圖11－38(b)相反，對應於式（11－134a）的一維電勢方程式是：

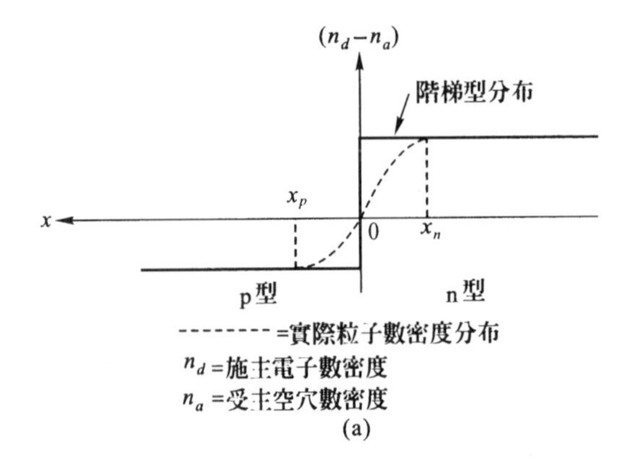

(a)

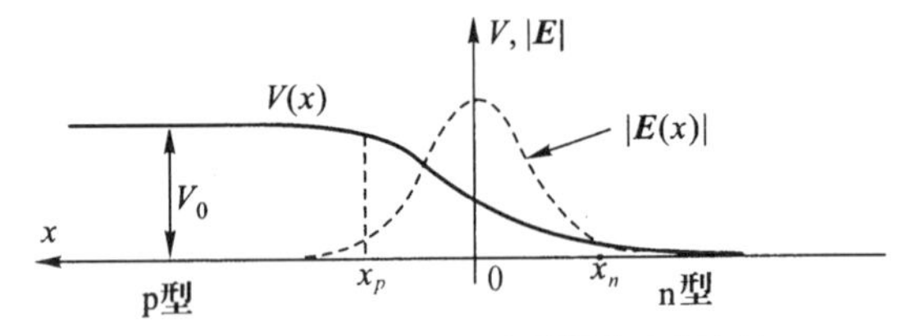

空間電荷區內的電勢 $V(x)$ 和電場大小 $|E(x)|$

空間電荷區寬　$d=|x_n-x_p|$

$V_0=V(x_n)-V(x_p)\equiv V_n-V_p$

(b)

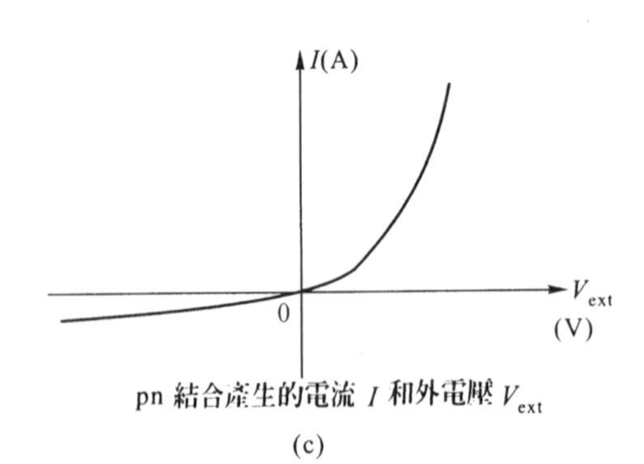

pn 結合產生的電流 I 和外電壓 V_{ext}

(c)

圖11－40

$$\frac{d^2V(x)}{dx^2} = \begin{cases} -\frac{|e|}{\varepsilon}n_d \cdots\cdots \text{n 型域} \\ +\frac{|e|}{\varepsilon}n_a \cdots\cdots \text{p 型域} \end{cases}$$

n_d 和 n_a 各為施主電子和受主空穴數密度，$|e|$ 是電子電荷大小，ε = 電介質電容率。同解式（11－134a）一樣，但取 $x = x_n$ 和 $x = x_p$ 時 $\left(\frac{dV}{dx}\right)_{x_n} = 0, \left(\frac{dV}{dx}\right)_{x_p} = 0$，表示電場 $\boldsymbol{E}$ 在 $x = 0$ 時最大，愈遠離 $x = 0$ 愈小，如圖11－40(b)所示；而 $V(x_n) \equiv V_n$，$V(x_p) \equiv V_p$，結果得：

$$V(x) = \begin{cases} -\frac{|e|}{2\varepsilon}n_d(x - x_n)^2 + V_n \cdots\cdots \text{n 型域} \\ \frac{|e|}{2\varepsilon}n_a(x - x_p)^2 + V_p \cdots\cdots \text{p 型域} \end{cases} \qquad (11-137a)$$

式（11－137a）的 n 型和 p 型域的電勢 $V(x)$，以及電場 $\frac{dV(x)}{dx} = -|\boldsymbol{E}(x)|$ 必須在 $x = 0$ 時連續，於是得：

$$-\frac{|e|}{2\varepsilon}n_d x_n^2 + V_n = \frac{|e|}{2\varepsilon}n_a x_p^2 + V_p \qquad (11-137b)$$

$$-n_d x_n = n_a x_p \qquad (11-137c)$$

由式（11－137b）得擴散電勢差 V_0：

$$V_0 = V_n - V_p = \frac{|e|}{2\varepsilon}(n_d x_n^2 + n_a x_p^2) \qquad (11-137d)$$

把（$-n_a x_n$）加在式（11－137c）的左右兩邊後，再在其左右兩邊乘 $\frac{n_d(x_n - x_p)}{n_a + n_d}$，便得：

$$\frac{n_a n_d}{n_a + n_d}(x_n - x_p)^2 = n_d x_n^2 - n_d x_n x_p = n_d x_n^2 + n_a x_p^2 = \frac{2\varepsilon}{|e|}V_0$$

$$\therefore \quad |x_n - x_p| \equiv d = \sqrt{\frac{2\varepsilon V_0}{|e|}\frac{n_a + n_d}{n_a n_d}} = \sqrt{\frac{2\varepsilon}{|e|}\left(\frac{1}{n_d} + \frac{1}{n_a}\right)V_0} \qquad (11-138a)$$

式（11－138a）是無簡併的自由電子氣體模型的空間電荷區域的線度，此結果與式（11－135）一致，只是 pn 結有兩種載流子，故同式（11－136a）和（11－136b）一樣，接上向前和反向偏電壓時，其寬度分別為 d_f 和 d_r：

$$d_f = \sqrt{\frac{2\varepsilon}{|e|}\left(\frac{1}{n_d} + \frac{1}{n_a}\right)(V_0 - V_{ext})} \qquad (11-138b)$$

$$d_r = \sqrt{\frac{2\varepsilon}{|e|}\left(\frac{1}{n_d} + \frac{1}{n_a}\right)(V_0 + V_{ext})} \qquad (11-138c)$$

V_{ext} = 外加電壓。如果 pn 結元件（簡稱 pn 元件）是在一個單結晶本徵半導體上，一邊摻入受主雜質，另一邊摻入施主雜質來製造的 pn 元件，則 p 型和 n 型的本徵載流子數密度是相同，設爲 n_i，在固定的溫度和壓力時 n_i 是材料常量，和空間無關的定量。假定電子和空穴數密度的空間變化滿足式（11－131a），其電勢 V 各爲 $V(x_n)=V_n, V(x_p)=V_p$，如圖11－39（b(2)）所示；並且設 $x=x_n$ 和 $x=x_p$ 的電子數密度各爲 $n_e(x_n)\equiv n_n, n_e(x_p)\equiv n_p$，以及空穴數密度各爲 $n_h(x_n)\equiv n_{hn}$，$n_h(x_p)\equiv n_{hp}$，則由式（11－131b）和（11－131c）分別得：

$$\frac{n_p}{n_n}=e^{\frac{|e|}{kT}(V_p-V_n)}=e^{-\frac{|e|}{kT}V_0} \qquad (11-139a)$$

$$\frac{n_{hp}}{n_{hn}}=e^{\frac{|e|}{kT}V_0} \qquad (11-139b)$$

在熱平衡時，無論是 p 型或 n 型，其電子和空穴數密度的乘積必定滿足式（11－132），故得：

$$n_n n_{hn}=n_p n_{hp}=n_i^2$$

$$\therefore \quad \frac{n_n}{n_p}=\frac{n_{hp}}{n_{hn}}=\frac{n_n n_{hp}}{n_i^2}$$

但 n 型領域的電子數密度 n_n，以及 p 型領域的空穴數密度 n_{hp}應該爲 $n_n=n_d, n_{hp}=n_a$，故上式變成：

$$\frac{n_n}{n_p}=\frac{n_d n_a}{n_i^2} \qquad (11-139c)$$

取式（11－139a）的對數後代入式（11－139c），便得擴散電壓（diffusion voltage），或稱爲內建電壓 V_0：

$$V_0=\frac{kT}{|e|}\ln\frac{n_n}{n_p}=\frac{kT}{|e|}\ln\frac{n_d n_a}{n_i^2}=\frac{kT}{|e|}\left(\ln\frac{n_d}{n_i}+\ln\frac{n_a}{n_i}\right) \qquad (11-140a)$$

在室溫 $T\doteq 300\text{K}$ 時，$\frac{kT}{|e|}=8.617385\times10^{-5}\times300\text{V}\doteq25.85\text{mV}$

$$\therefore \quad V_0(T=300\text{K})\doteq25.85\left(\ln\frac{n_d}{n_i}+\ln\frac{n_a}{n_i}\right)\text{mV}$$

$$=\frac{25.85}{\log_{10}e\text{（自然數對數底）}}\left(\log\frac{n_d}{n_i}+\log\frac{n_a}{n_i}\right)\text{mV}$$

$$\doteq59.53(\log n_d/n_i+\log n_a/n_i)\,\text{mV} \qquad (11-140b)$$

式（11－137a）的電勢，及其電場 $\boldsymbol{E}$ 和 V_0如圖11－40(b)所示。

【Ex.11－25】 本徵半導體矽（$_{14}$Si）上各摻入鎵（$_{31}$Ga）和砷（$_{33}$As）製造的 pn 元件，簡稱為 GaAs 元件，如果矽的電子數密度 $n_i \doteq 10^{19}/\text{m}^3$，施主砷的電子數密度 $n_d \doteq 10^{22}/\text{m}^3$，而受主鎵的空穴數密度 $n_a \doteq 10^{20}/\text{m}^3$，求下列物理量：
(1)溫度 $T = 300\text{K}$ 時的內建電壓 V_0的大小，
(2)設矽的介電常數 $\kappa \doteq 14$，則 $T = 300\text{K}$ 時的空間電荷區寬 d 是多大？

由式（11－140b）

$$V_0 \doteq 25.85(\ln 10^{22}/10^{19} + \ln 10^{20}/10^{19})\,\text{mV}$$
$$= (25.85 \times 4 \times \ln 10)\,\text{mV} \doteq 238.1\text{mV} \doteq 0.24\text{V}$$

由式（11－138a）得 $d = \sqrt{\frac{2\kappa\varepsilon_0}{|e|}(1/n_d + 1/n_a)V_0}$，真空電容率 $\varepsilon_0 \doteq 8.854188 \times 10^{-12}\frac{\text{C}^2}{\text{N}\cdot\text{m}^2}$，電子電荷大小 $|e| \doteq 1.602177 \times 10^{-19}\text{C}$，C＝庫侖，1伏特＝1J/1C

$$\therefore \quad d = \left(\sqrt{\frac{2 \times 14 \times 8.854188 \times 10^{-12} \times 0.24}{1.602177 \times 10^{-19}}\left(\frac{1}{10^{22}} + \frac{1}{10^{20}}\right)}\right)\text{m}$$
$$= 1.94 \times 10^{-6}\text{m}$$

至於在 pn 結的電流，僅考慮純由摻入雜質的載流子 n_d 和 n_a 產生的電流，其他原因，例如光子的對產生（pair production）等等的載流子引起的電流都不考慮。由式（7－115），沒有任何源和壑時的連續性方程（equation of continuity 或 continuity equation）是：

$$\frac{\partial \rho}{\partial t} + \nabla \cdot \boldsymbol{J} = 0 \qquad (11-141\text{a})$$

ρ＝電荷密度 qn，n＝在空間（x, y, z）的粒子數密度，電子時 $q = -|e|$，空穴時 $q = +|e|$，$\boldsymbol{J}$ 是電流密度。現如果有源 qG 和壑 $q\frac{n-n_0}{\tau}$, n_0＝在無限遠處，即離開自己本區很遠的粒子數密度，τ＝粒子的壽命，則式（11－141a）變成：

$$q\frac{\partial n}{\partial t} + \nabla \cdot \boldsymbol{J} = qG - q\frac{n-n_0}{\tau} \qquad (11-141\text{b})$$

這壑是載流子再結合（recombination）引起的，例如在導帶的電子經內部相互作用放出光子，或被核振動吸收能量後掉入價帶空穴，而使 n 減少，所以式（11－141b）右邊第二項才有負號。為了方便起見，假定沒有源，卻有再結合現象，且電流密度的主項是擴散電流密度式（11－129a），則在熱平衡時$\partial n/\partial t=0$，於是式（11－141b）變成：

$$-\nabla\cdot(qD\nabla n)=-q\frac{n-n_0}{\tau}$$

假定擴散係數 D 是和空間變數無關，則得：

$$\nabla^2 n(x,y,z)=\frac{n(x,y,z)-n_0}{D\tau} \qquad (11-141c)$$

這式和載流子電荷無關，僅和濃度 $n(x,y,z)$ 有關；爲了方便起見，考慮一維情形，則式（11－141c）變成：

$$\frac{d^2 n}{dx^2}=\frac{n-n_0}{D\tau}$$

設$(n-n_0)\equiv\xi$，由於 n_0與 x 無關，故 $d^2n/dx^2=d^2\xi/dx^2$，故得：

$$\frac{d^2\xi}{dx^2}-\frac{\xi}{D\tau}=0$$

令 $\xi\equiv e^{\alpha x}$，代入上式得 $\alpha^2=\dfrac{1}{D\tau}$，或 $\alpha=\pm\dfrac{1}{\sqrt{D\tau}}\equiv\pm\dfrac{1}{L}$，$L$ 稱爲**擴散長度**（diffusion length），

$$\therefore\quad \xi(x)=c_1e^{-x/L}+c_2e^{x/L}$$

c_1和 c_2是積分常數，由於$\lim\limits_{x\to\infty}e^{x/L}\to\infty$，故 $c_2=0$，c_1由其他物理條件所決定，

$$\therefore\quad \xi(x)=n(x)-n_0=c_1e^{-x/L} \qquad (11-142a)$$

式（11－142a）左右兩邊$\lim\limits_{x\to\infty}[n(x)-n_0]=n_0-n_0=0$，$\lim\limits_{x\to\infty}e^{-x/L}\to 0$，即式（11－142a）的粒子數密度確實滿足邊界條件。

如果電流密度來自電子載流子，它必從 n 型區擴散到 p 型區，如圖11－39（b(1)）所示，於是當 $x=x_p$ 時式（11－142a）是：

$$n_e(x_p)-n_{po}=c_1e^{-x_p/Le}$$

$$\therefore\quad c_1=[n_e(x_p)-n_{po}]e^{x_p/Le}$$

$$\therefore\quad n_e(x)-n_{po}=[n_e(x_p)-n_{po}]e^{-\frac{x-x_p}{Le}} \qquad (11-142b)$$

$Le\equiv\sqrt{D_e\tau_e}$＝電子擴散長度，D_e＝電子擴散係數，τ_e＝電子載流子壽命；右下標「e」表示電子，「p」表示 p 型區的量。現在接上向前偏電壓 V_{ext}，則在 $x=x_p$ 的電子載流子數 $n_e(x_p)$ 必定依照式（11－131b）增加爲：

$$n_e(x_p)=n_{po}e^{|e|V_{ext}/kT}$$

$$\therefore\quad n_e(x)-n_{po}=n_{po}\left[e^{\frac{|e|V_{ext}}{kT}}-1\right]e^{-\frac{x-x_p}{Le}} \qquad (11-142c)$$

故由式（11－129a）得到來自電子載流子的擴散電流密度$\boldsymbol{J}_e$：

$$\boldsymbol{J}_e(x,y,z)=|e|D_e\nabla n_e(x,y,z)$$

$$\therefore\quad J_e(x)=-\frac{|e|D_e}{L_e}n_{po}\left(e^{\frac{|e|V_{ext}}{kT}}-1\right)e^{-\frac{x-x_n}{Le}}$$

一般地$L_e\gg(x-x_p)$，故$e^{-(x-x_p)/Le}\doteq 1$

$$\therefore\quad J_e(x)\doteq-\frac{|e|D_e}{L_e}n_{po}\left(e^{\frac{|e|V_{ext}}{kT}}-1\right)\qquad(11-142d)$$

同樣地，空穴載流子必定從p型區擴散到n型區，於是從式（11－142a）得：

$$n_h(x)-n_{no}=[n_h(x_n)-n_{no}]e^{-(x-x_n)/L_h}\qquad(11-142e)$$

$L_h\equiv\sqrt{D_h\tau_h}$＝空穴擴散長度，$D_h$＝空穴擴散係數，$\tau_h$＝空穴載流子壽命，右下標「$h$」表示空穴，「$n$」表示在$n$型區的量。同樣地接上向前偏電壓$V_{ext}$，則在$x=x_n$的空穴載流子數必增加為：

$$n_h(x_n)=n_{no}e^{\frac{|e|V_{ext}}{kT}}$$

$$\therefore\quad n_h(x)-n_{no}=n_{no}\left(e^{\frac{|e|V_{ext}}{kT}}-1\right)e^{-(x-x_n)/L_h}\qquad(11-142f)$$

由式（11－129a）得到來自空穴載流子的擴散電流密度$\boldsymbol{J}_h$：

$$\boldsymbol{J}_h=-|e|D_h\nabla n_h$$

同樣，$L_h\gg(x-x_n)$，故得：

$$J_h(x)\doteqdot\frac{|e|D_h}{L_h}n_{no}\left(e^{\frac{|e|V_{ext}}{kT}}-1\right)\qquad(11-142g)$$

電流密度是矢量，如果以$\boldsymbol{J}_h$的$\nabla_h n_h$的「∇_h」為正向，則$\boldsymbol{J}_h$的$\nabla_e n_e=-\nabla_h n_e$，所以總電流密度$\boldsymbol{J}$是：

$$J(x)=-J_e(x)+J_h(x)=|e|\left(\frac{D_e n_{po}}{L_e}+\frac{D_h n_{no}}{L_h}\right)\left(e^{\frac{|e|V_{ext}}{kT}}-1\right)$$

$$(11-143a)$$

在p型和n型的邊界，n_{po}和n_{no}各該滿足式（11－132）：

$$n_{no}n_d=n_{po}n_a=n_i^2$$

或

$$n_{no}=\frac{n_i^2}{n_d},\ n_{po}=\frac{n_i^2}{n_a}\qquad(11-143b)$$

將式（11－143b）代入式（11－143a）得：

$$J(x)=|e|n_i^2\left(\frac{D_e}{n_aL_e}+\frac{D_h}{n_dL_h}\right)\left(e^{\frac{|e|V_{ext}}{kT}}-1\right)$$

$$=|e|n_i^2(v_e/n_a+v_h/n_d)\quad(e^{|e|V_{ext}/kT}-1)\qquad(11-143c)$$

$v_e \equiv \sqrt{D_e/\tau_e}$, $v_h \equiv \sqrt{D_h/\tau_h}$各爲電子和空穴載流子的擴散速率，一般半導體的$v_e \doteq$ 10m/s，而$v_h \doteq 7$m/s，式（11－143c）的$J(x)$如圖11－40(c)所示。

(ii)電晶體或晶體管（transistor）

有三個或三個以上接頭（terminal）的半導體零件稱爲**電晶體**，或**晶體管**。它是1947年由W. Brattain和J. Bardeen首次研究成功的以本徵半導體爲鍺（$_{32}$Ge）的n型半導體做開端，在美國電話公司（通稱Bel. Lab.），以W. Shockley爲首的研究組，於1948年開發成功的產品。電晶體的英文名transister是反映該零件內容的英文名詞transfer（轉移）和resister（電阻）創造的組合名詞。電晶體的功能和電子管相同，卻比電子管有下述的優點：

①體積非常小，攜帶方便；

②不必像眞空管那樣，等熾熱燈絲才有電子，隨時都有電子和空穴可供使用；

③低電壓就能運作；

④壽命長。

於是很快地被應用到所有的電子零件，促進計算機（電腦）的發展，成爲今日電子產業的基礎。目前有各種各樣的零件，其主要元件有：電流和電壓的放大器（amplifier），快速開關（switch）。這裡無法一一地介紹，僅介紹核心元件雙極（bipolar）電晶體，它是相當於組合兩個半導體整流器：兩個n型半導體間夾入一個p型半導體製成的n-p-n接頭電晶體，以及兩個p型半導體間夾入n型半導體製成的p-n-p接頭電晶體。這種電晶體就是相當於有陰極（cathode）、柵極（grid）和板極（plate）的三極眞空管。在下面僅介紹n-p-n電晶體。

圖11－41(a)是在兩個n型的中間夾入p型，接觸後n型施主的電子載流子擴散到p型，留下帶正電的正離子，而p型的受主空穴載流子擴散到n型留下未補充的負離子；於是產生內建電勢差，所以會產生漂移電子和空穴，熱平衡後如圖11－41(b)有空間電荷區且總電流＝0。如圖11－41(c)左邊np接上向前電壓V_f右邊pn接上反向電壓V_r，則左邊n型，稱爲「$n1$」的電子再往p型流，功能類似三極眞空管的陰極，中間的p型半導體變成電子通路，類似三極眞空管的柵極，讓$n1$電子順利地進入右邊的n型，稱它爲「$n2$」；$n2$扮演三極眞空管的板極，收集電子。整個圖11－41(c)的電子能級如圖11－41(d)，電子順暢地從$n1$流到$n2$，於是$n1$又稱爲**電子發射體**（emitter），中間p型半導體又稱爲**基體**（base），而$n2$稱爲**集電體**（collector）。結果是增加$n2$的導電性，整個元件流著如圖11－41(c)所示的電流I。如果有訊號從$n1$這一邊進來，經變壓器或其他裝置疊加在$n1$的V_f，則從$n1$發射出來的電子數必受影響，因此$n2$處便呼應那訊號，有接受訊號功能，傳遞訊號功能和放大功能；同時可調整V_f和V_r大小來控制電流I的強弱，加上這麼小的元

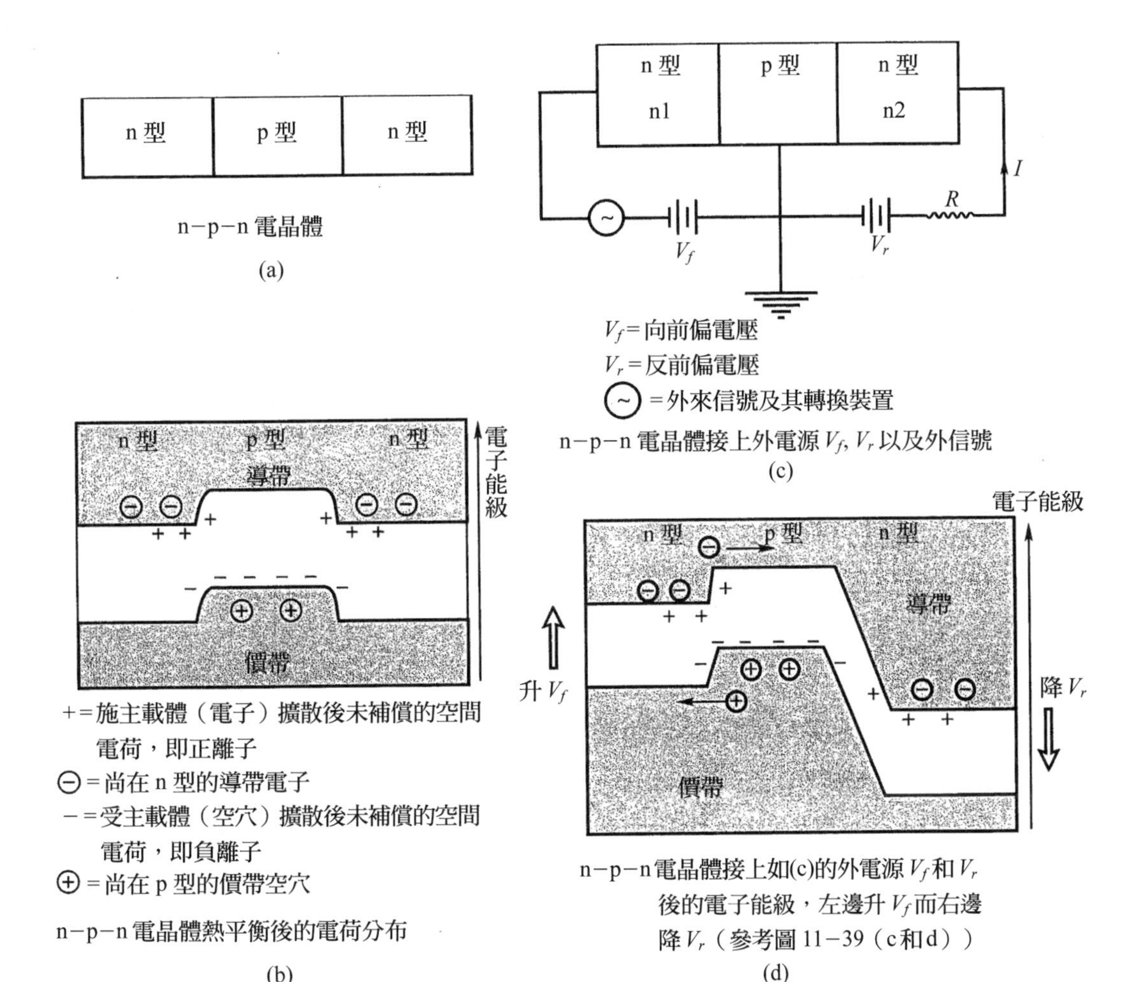

圖 11−41

件，不必使用大的外電源就有電子在體系內流動，自然地增加效率。第二次世界大戰後電腦（計算機）使用的是真空管，不但占空間並且速度也慢，無法和今日我們使用的個人電腦相比。目前（1998 年）還在發展，平均兩年更新一次，不但向更小體積，使用更少能源邁進，並且做的更接近於人腦的智慧；計算速度會比目前的平均 10^{-9} 秒更加地快，甚至於我們可以進行人機對話，所以我們怎麼能不好好地唸物理呢？

(iii)隧道二極管（tunnel diode）

隧道二極體是一種特殊 pn 接合元件，它是在 pn 接頭處加重摻入雜質，其濃度高達 $10^{24}/\mathrm{m}^3$，於是形成簡併狀態，施主和受主能級緊密著，類似形成一個小小的帶。熱平衡後電子能級如圖 11−42(a)，Fermi 能級侵入價導帶內，並且空間電荷區很狹，約（10^{-6}～10^{-7}）cm。在微觀世界電子具有二象性，故電子的波動性使得電

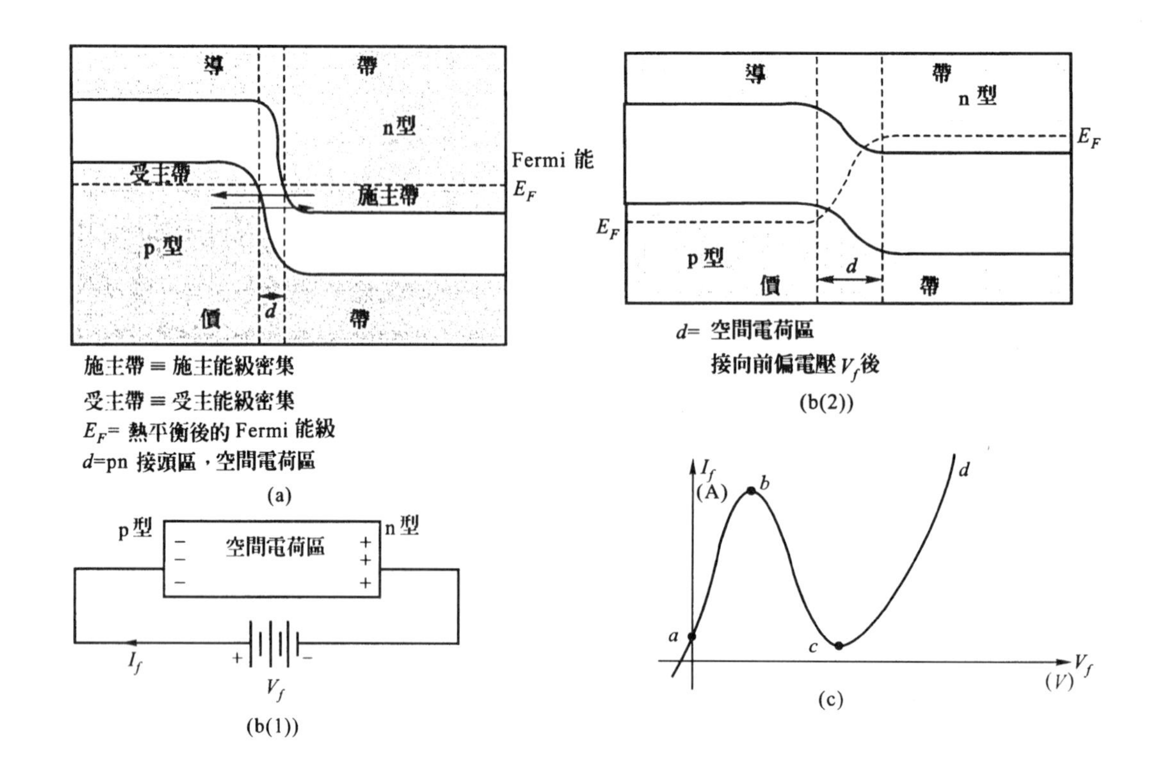

圖11－42

子有能力穿隧空間電荷區，如圖11－42(a)所示，從 n 型到 p 型，而空穴從 p 型到 n 型，於是稱這種 pn 接合元件為隧道二極管，又稱為穿隧二極體。如果如圖11－42（b(1)），為了方便僅以空間電荷區來表示這二極管，接上向前偏電壓 V_f，則如圖11－39（c(2)）使價導帶提升 V_f，於是 Fermi 能級 E_F 搓開如圖11－42（b(2)）。於是電子更有能力從 n 到 p，而空穴從 p 到 n，向前電流 I_f 如圖11－42(c)的 a 到 b 領域，急速地上升。如再提高 V_f，能從 n 到 p 的電子數和 p 到 n 的空穴數不可能隨著 V_f 無限地供應，因為載流子的數是有極限的，因此電流 I_f 到了某值的 V_f 後開始急速地下降，幾乎如圖11－42(c)所示會降到零附近的 c 點。如果繼續升高 V_f，隧道二極管終於變為普通的 pn 接合元件，這時的電子和空穴不是以穿隧方式通過空間電荷區，是以能量差的普通 pn 接頭的傳遞方式通過空間電荷區，電流 I_f 再次從圖11－42(c)的 c 點上升到 d 點。從圖11－42(c)的 b 到 c 領域，我們會發現 $\frac{dI_f}{dV_f}$ = 負值，這和我們常用的式（7－25b）的關係 $\frac{I}{V}$ = 正值 ≡ $\frac{1}{R}$，I = 電流，V = 電壓，而 R = 電阻，很不一樣，故稱圖11－42(c)的 b 到 c 領域，隧道二極管產生的電阻為負電阻（negative resistance），即電壓升高電流反而下降的電阻。這現象是1957年江崎（江崎玲於奈，1925～　，日本實驗物理學家）發現的，於是隧道二極管又稱為 Esaki（江崎的日本發音為 Esaki）二極管。

負電阻是很有用的一種性質，主要應用到電腦（計算機）的快速開關，也可用來製造高頻率。由於載流子的局部密度非常高，故對外電源的反應異常敏銳，反應時間 $t \leq 10^{-9}$ s，能提高電腦（計算機）的演算速度。

(F)超導體（superconductor）[2,4,17]

工業上的另一個重要原料，雖和電子資訊工業無直接關聯，卻和重要的能源以及動力有關，並且可能在 21 世紀上半葉獲得重大突破的「超導電性（superconductivity）」，由於篇幅所限，本節及以後僅介紹整體的主架構。不再做如 pn 整流器那樣的演算。為什麼在本世紀（20 世紀）初理論物理學家忙著尋找新力學的同時，實驗物理學家已能達到接近於絕對零度的領域呢？當 19 世紀中葉（1862～65）Maxwell 統一了電學和磁學後，科學家們開始追究金屬，在絕對零度時**有沒有電阻**的問題。因此在 19 世紀下半葉科學家們想辦法製造低溫，首件工作是如何液化氣體，可以用它們來做冷卻劑；終於各在 1877 年、1889 年和 1908 年液化了氧（$_8$O, 90.1K），氫（$_1H_0^1$, 20.4K）和氦（$_2He_2^4$, 4.2K），而在這些低溫下測量金屬電阻。在這種研究氣氛下，在 1911 年 Onnes（該稱 Kamerlingh-Onnes, Heike Kamerlingh-Onnes, 1853～1926，荷蘭實驗物理學家，液化氦是他首次完成的）發現水銀（$_{80}$Hg）在 4.2K 左右電阻突然變為零。沒電阻的話就不會耗損能量，電流便會永遠流著！接著在 1912～13 年 Onnes 又發現錫（$_{50}$Sn）和鉛（$_{82}$Pb）在低溫下也有超導電性，後來發現很多物質在低溫下都有超導電性，目前已知的有幾千種之多。讓我們一起來回顧一下過去約 80 年的超導物理學的發展情況，以便瞭解現狀和迎接未來。

(1)歷史

首先簡略地回顧一下，從 1911 年 Onnes 發現超導電性以來，雖各國都在研究超導，中國也不例外，但所有的超導現象都出現在低溫的 30K 以下。在 1986 年夏天中國的李忠賢（音譯姓名）等首次獲得 48.6K 的超導物 LaSrCuO，接著是上海復旦大學研究組獲得的 70 多度 K 的消息驚動了全世界。值得提醒的是，1980 年以後大批的中國學者和留學生在美國進修，盡力發揮個人能力和貢獻，他們確實帶給美國不少正面且積極的貢獻。1986 年秋天，中國留美學者朱經武等人，獲得了 98K 的高溫超導物（$La_{0.9}Ba_{0.1}$）$_2CuO_{4-y}$，這一下更是驚動了全世界，使世界物理學家進入研究高溫超導的旋渦內。翌年 1987 年 3 月在紐約召開的世界超導會議，西德的 C. Politis 和美國 San Jose 的 IBM 研究員 P. M. Grant 分別發表獲得 125K 的超導物

$Tl_x\ Ca_y\ Ba_z\ Cu_u\ O_v$，$x$，$y$，$z$，$u$，$v$是未公開的百分比。目前（1998年春）的最高溫度是瑞士研究組獲得的162K（Hg Ba Ca Cu O），各國仍然繼續研究高溫超導，只是熱度遠比不上1980年代中葉。

(Ⅰ)超導電性的發現時期1911～1933年

1908年 Onnes 成功地液化氦氣之後，便用它來研究金屬在低溫時的電阻，結果在1911年發現水銀電阻 R 突然變爲零，如圖11－43(a)；在1913年他首次使用「超導電性」這名詞來說明。他從1911年到1913所發現的，在低溫時呈現無電阻的金屬現象，開啓了超導物理學之門。一直到1933年科學家們的研究都放在超導體的電性方面，在1933年德國實驗物理學家 W.Meissner 和 R.Ochsenfeld（Naturwiss **21**（1933）787）發現：把導體慢慢降溫到了臨界溫度 T_c 以下時，導體電阻不但降爲零，並且本來導體內有的磁力線，如圖11－43(b)全被排斥到外邊，超導體內的磁場＝0，通稱這現象爲 **Meissner** 或 **Meissner-Ochsenfeld 效應**。後來又發現外磁場不能太強，必須在某大小以下，此界限磁場稱爲**臨界磁場**；同時發現磁場不是完全不侵入超導體內，僅侵入非常薄的表層，其深度$\doteq 10^{-5} \sim 10^{-6}$cm；爲什麼外磁場無法侵入超導體內呢？這是因爲加外磁場時超導體表層立即產生表層感應電流，稱爲 **Meissner 電流**，此電流產生的磁場剛好抵消了所有的內部外磁場，所以 Meissner 電流又稱爲**屏蔽電流**。Meissner 效應類似優良導體，在外靜電場中，導體表面的感應電荷如圖7－4(c)剛好把外電場抵消掉，使得導體內部無電場。所以在30年代和40年代稱具有下列兩種宏觀性質的物體爲**超導電性體**，簡稱超導體：

$$\left.\begin{array}{ll}① & 電阻 = 0 \\ ② & 有\ \text{Meissner}\ 效應\end{array}\right\} \qquad (11-144)$$

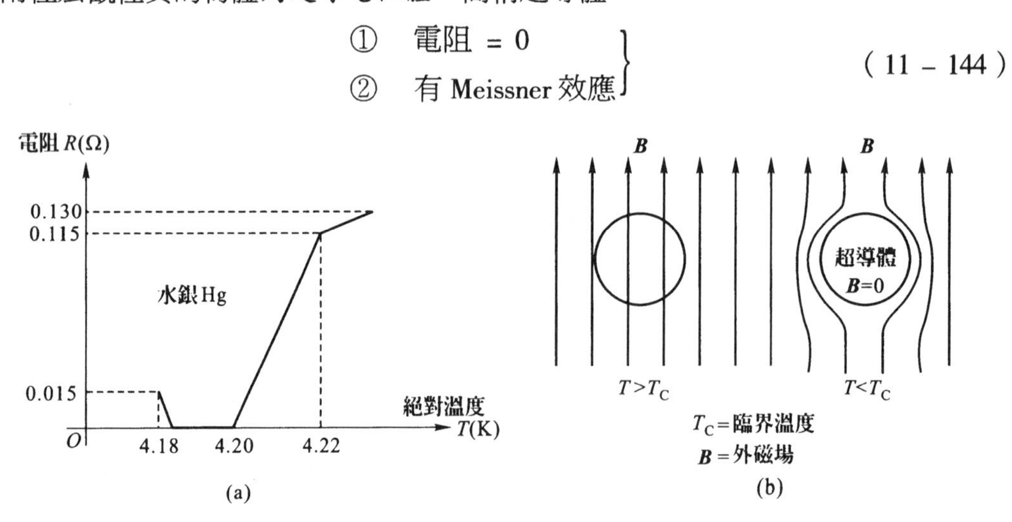

圖11－43

(ii)超導理論的萌芽期1933～1950年

實驗的對象從金屬推廣到合金甚至於化合物，發現週期表的約半數元素，在低溫下都有式（11－144）的性質；同時尋找超導電性的理論，但都是唯象理論，大部分立足於熱力學、統計力學的二級相變論，二流體模型等。其中最值得介紹的是1935年 F. London（Fritz London, 1900～1954，德國理論物理學家）和他弟弟 Heinz London 發表的「超導電動力學理論」，目的是要說明 Meissner 效應，故沒解決電阻＝0 的問題；最大的貢獻是獲得了外磁場 $\boldsymbol{B}$ 穿透到超導體的深度，稱爲 London 穿透深度（penetration depth），或簡稱穿透深度。這個量在1935年純爲 London 兄弟從他們的唯象理論（Proc. Roy. Soc., A**149**（1935）72）獲得的，但在1939年實驗證實存在，只是實驗比理論值大若干倍而已。

(iii)1950年代及其後的超導物理學

二次大戰結束後，一切研究漸漸進入正軌。實驗方面同時研究超導體的電性和磁性。1950年代初葉，發現外磁場 B 的大小使超導體分成如圖11－44(a)和11－44(b)的兩類，前者是 $B \leqslant B_c$，$B_c = \mu H_c$ 是臨界磁場，稱爲 I 型（type I），或稱爲第一類型；後者是 $B_{c2} \geqslant B \geqslant B_{c1}$稱爲 II 型（type II），或稱爲第二類型，它是當 $B > B_{c1}$時超導體內部的部分開始恢復爲一般導體，但電阻仍然爲零，如圖11－44(b)的「a」區開始恢復，於是變成超導態和正常態混合的混合態（mixed state），又稱爲旋態（vortex state）。目前所發現的高溫超導體全都是第二類型。同樣地，二次大戰後同位素分離技術成熟，開始研究同位素對超導現象的影響；在1950年 C. A. Reynolds（C. A. Reynolds, B. Serin, W. H. Wright & L. B. Nesbitt：Phys. Rev., **78**（1950）487）和 E. Maxwell（E. Maxwell：Phys. Rev., **78**（1950）477）發現了同位素效應（isotope effect），以及 Fröhlich（H. Fröhlich：Phys. Rev. **79**（1950）845）從同位素效應洞察出電子聲子（phonon）相互作用。到了1953年 Pippard（A. B. Pippard：Proc. Roy. Soc., **A216**（1953）547）推廣 London 的局部（local）理論爲非局部（nonlocal）理論時，自然地引進了和超導機制有關的物理量相干長度（coherent length）ξ。接著在1957～58年發現超導體有很大的能隙（energy gap），以及發現 F. London 所預言（1935～37年）的磁通量量子化（flux quantization）現象。除以上這些大的發現以外，一直到1980年代中葉，實驗方面仍沒有重大突破。臨界溫度 T_c 停留在30K 以下，到了1986年夏中國李忠賢，上海復旦大學研究組；以及留美華人朱經武研究組，相繼地突破了30K關卡，竟達到了98K 的高溫領域，所以才稱爲高溫超導體。98K 是液氮（$_7$N, 77.3K）溫區，氮是占空氣4/5的主要成分，並且到處都有，又容易冷卻，於是大大地提高了超導體的實用領域。

至於 1950 年代中葉以後，在理論方面卻有兩大收獲。首先是紀念

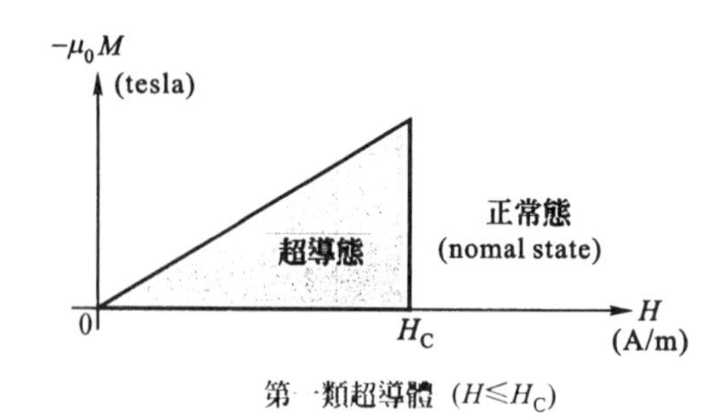

$B = \mu_0(H+M) = \mu H =$ 外磁場

$H =$ 磁場強度(參見表7-7)

$M =$ 磁化矢量

μ_0，$\mu =$ 眞空，磁性物質磁導率

$H_C =$ 臨界磁場強度

(a)

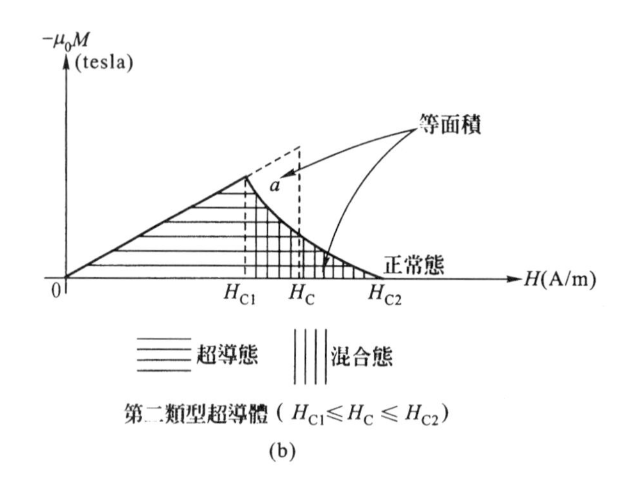

(b)

圖11－44

J.Bardeen, L.N.Cooper（Leon N.Cooper, 1930～　，美國理論物理學家）和J.R.Schrieffer（John Robert Schrieffer, 1931～　，美國物理學家）共同發表在物理評論（Phys.Rev.,**106**（1957）162和**108**（1957）1175）的理論，簡稱爲 ***BCS*** 理論。再則是在電腦（計算機）和信息零件很有用的，1962年的Josephson（Brian David Josephson, 1940～　，英國物理學家）發表在物理通訊（Phys.Letts.**1**（1962）251）的「隧道效應（tunneling effect）」理論。下面依照需要順序介紹重要理論和實驗內容。

⑵ London 兄弟的理論簡介

在1930年代，超導體是屬於第一類型，那時僅知式（11－144）的性質。設$\rho_s =$ 超導態時的電阻率（式（7－25a），量綱$= \Omega \cdot \mathrm{m}$），$\rho =$ 常態時的電阻率，則一般是$\frac{\rho_s}{\rho} < 10^{-15}$，表示電阻 $R \doteq 0$；但驗證是否超導體，除了驗證電阻率是否如圖11－45(a)在臨界溫度 T_c 激降爲0之外，必須測量磁化率 x_m（式（7－64））是否如圖11－45(b)在 T_c 從正值突變爲負值，並且 $x_m = -1$；因爲外磁場 $\boldsymbol{B} = \mu_0(\boldsymbol{H} + \boldsymbol{M}) = \mu_0(1 + x_m)\boldsymbol{H}$（式（7－62d）和（7－65a））故當 $x_m = -1$時超導體內部的 $\boldsymbol{B} = 0$，$x_m = -1$稱爲完全抗磁性（perfect diamagnetism），這就是超導體的磁性。London兄弟爲了解釋這種完全抗磁性的 Meissner 效應，從電磁學，而不是從熱力學切入。設超導態時的電子數密度 = n，由式（7－23a）得電流密度 $\boldsymbol{J}$：

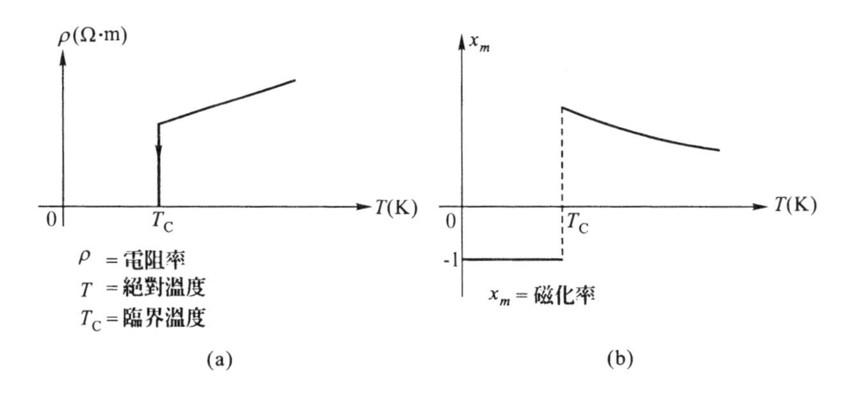

圖11－45

$$\boldsymbol{J} = -en\boldsymbol{v}_d$$

（$-e$）= 電子電荷，取 $\boldsymbol{J}$ 的時間微分：

$$\frac{\mathrm{d}\boldsymbol{J}}{\mathrm{d}t} = -en \times \frac{1}{m} \times m\frac{\mathrm{d}\boldsymbol{v}_d}{\mathrm{d}t} = -\frac{ne}{m}\boldsymbol{F}$$

$$= \frac{ne^2}{m}\boldsymbol{E}$$

m = 電子質量，且用了牛頓運動定律以及 $\boldsymbol{F} = -e\boldsymbol{E}$，取上式的旋度（參見附錄(B)）：

$$\frac{\mathrm{d}}{\mathrm{d}t}\nabla \times \boldsymbol{J} = \frac{ne^2}{m}\nabla \times \boldsymbol{E}$$

由表7－13的 Maxwell 方程式得：$\nabla \times \boldsymbol{E} = -\frac{\partial \boldsymbol{B}}{\partial t}$，於是上式變成：

$$\nabla \times \boldsymbol{J} = -\frac{ne^2}{m}\boldsymbol{B} \qquad (11-145a)$$

再由 Maxwell 方程式的 Ampere-Maxwell 定律 $\nabla \times \boldsymbol{B} = \mu_0\left(\boldsymbol{J} + \varepsilon_0\frac{\partial \boldsymbol{E}}{\partial t}\right)$，如果電場和時間無關，則$\partial \boldsymbol{E}/\partial t = 0$，即靜態電場時 $\nabla \times \boldsymbol{B} = \mu_0\boldsymbol{J}$，取此式的旋度得：

$$\mu_0 \nabla \times \boldsymbol{J} = \nabla \times (\nabla \times \boldsymbol{B}) = \nabla(\nabla \cdot \boldsymbol{B}) - \nabla^2 \boldsymbol{B} = -\nabla^2 \boldsymbol{B}$$

將上式代入式（11－145a）便得：

$$\nabla^2 \boldsymbol{B} = \frac{\mu_0 n e^2}{m} \boldsymbol{B} \qquad (11-145\text{b})$$

式（11－145b）左邊的算符 ∇^2 的量綱 $[\nabla^2] = \frac{1}{(\text{長度})^2}$，再看右邊的 $\frac{\mu_0 n e^2}{m}$ 的量綱如何，由表7－7得 $\left[\frac{\mu_0 n e^2}{m}\right] = \frac{\text{N}\cdot(\text{C}(\text{庫侖}))^2}{\text{A}^2\cdot(\text{m}(\text{米}))^3\cdot\text{kg}} = \frac{1}{(\text{米})^2}$，即式（11－145b）左右兩邊的量綱一致。設 λ_L 爲長度量綱的，待定義的新物理量：

$$\frac{\mu_0 n e^2}{m} \equiv \frac{1}{\lambda_L^2}$$

或

$$\lambda_L \equiv \sqrt{\frac{m}{\mu_0 n e^2}} = \text{正値常量} \qquad (11-145\text{c})$$

λ_L 稱爲 **London** 穿透深度，於是式（11－145b）變成：

$$\nabla^2 \boldsymbol{B} = \frac{1}{\lambda_L^2} \boldsymbol{B} \qquad (11-146\text{a})$$

式（11－146a）稱爲 **London** 方程式。如果它和時間無關的定態磁場，則一維時是：

$$\frac{\mathrm{d}^2 B(x)}{\mathrm{d}x^2} = \frac{1}{\lambda_L^2} B(x)$$

這是線性微分方程式（附錄(E)），設 $B(x) = \mathrm{e}^{\alpha x}$，代入上式得 $\alpha^2 = 1/\lambda_L^2$，解之得 $\alpha = \pm \frac{1}{\lambda_L}$，

$$\therefore \quad B(x) = C_1 \mathrm{e}^{-x/\lambda_L} + C_2 \mathrm{e}^{x/\lambda_L}$$

C_1 和 C_2 是積分常數，當 $x \to \infty$ 時 $C_2 \mathrm{e}^{x/\lambda_L} \to \infty$，這是違背物理量必須有限的原則，故 C_2 必須爲0，

$$\therefore \quad B(x) = C_1 \mathrm{e}^{-x/\lambda_L}$$

如果超導體是從 $x=0$ 開始的有限長線，設 $\lim_{x\to 0} B(x) \equiv B(0)$，則 $C_1 = B(0)$，

$$\therefore \quad B(x) = B(0)\,\mathrm{e}^{-x/\lambda_L} \qquad (11-146\text{b})$$

顯然 $\lim_{\lambda_L \to 0} B(x) = 0$，表示超導體內沒有磁場，但 $\lambda_L \to 0$ 是不合物理要求，因爲 x 是從0到有限長，當 x 和 λ_L 同速度趨近於0時 $\lim_{\lambda_L \to 0} B(x) \neq 0$（參見【**Ex.6－18**】和【**Ex.6－19**】），唯一可能是 λ_L 非常地小，表示外磁場會侵入超導體表層，只是非常地淺（$\lambda_L \doteq 10^{-4} \sim 10^{-5}$ cm），所以才稱 λ_L 爲穿透深度。這樣，London 兄弟不但漂亮地解釋了超導體的 Meissner 效應，並且獲得穿透深度 λ_L，這理論預言的

λ_L，1939年的實驗證實其存在。至於在 T_c 電阻激降爲0，London 理論沒有作出回答。

(3)同位素效應（isotope effect）

什麼稱爲同位素效應呢？把分子或固體中的部分原子核，用它們的同位素取代後產生的效果稱爲**同位素效應**。由於同位素是質子數（等於電子數）相同而中子數不同的原子，於是僅和電子電性有關的現象是不受影響，但和質量有關的物理以及化學性質必受影響。例如圖11－21(c)，氫的同位素的基態能級情形。如果是分子，其轉動能級式（11－91c）和振動能級式（11－95c）必受影響。1950年 Reynolds 和 E. Maxwell 等人所探討的水銀的同位素效應如表11－5(a)，後來又有不少實驗，而歸納出：

$$M^{\alpha}T_c = \text{常量}, \quad \alpha \doteq 0 \sim 1 \qquad (11-147\text{a})$$

M = 元素的原子量，α = 參數；大部分超導體的 $\alpha \doteq 1/2$，但過渡元素的 α 如表11－5(b)，即一般地很小。

表11－5

(a)

水銀原子量	199.5	203.4
臨界溫度 T_c（K）	4.185	4.146

(b)

元素	水銀（$_{80}$Hg）	鋅（$_{30}$Zn）	釕（$_{44}$Ru）	鋨（$_{76}$Os）
α	0.5±0.05	0.45±0.05	0.00±0.05	0.15±0.05

同1950年英國理論物理學家 Fröhlich（Herbert Fröhlich, 1905～　）從同位素效應洞察出，引起超導的重要機制（mechanism）之一「電子和聲子的相互作用（electron phonon interaction）」，其論文發表在 Phys. Rev., **79**（1950）845。表11－5(a)或式11－147(a)，明顯地表示著質量會影響 T_c，且質量越重 T_c 越低。質量的大小和原子在平衡點附近的振動頻率有關，例如簡諧振動的角頻率，由式（5－5），$\omega = \sqrt{\dfrac{\text{Hooke 常數 } K}{\text{質量 } m}}$。$\omega$ 的大小會影響原子的振動，所以又稱爲晶格振動（lattice vibration），產生的彈性波，稱爲聲波（sound wave），聲波場的第二量子化[18]的能量子 $\hbar\omega$ 稱爲**聲子**（phonon）；聲子是沒有質量的 Bose 粒子，類似電磁場的第二量子化的能量子光子。由於聲子沒有質量，於是它引起的相互作用距（interaction range）理論上是無限大。既然同位素會影響 T_c，即影響電流，而電流是由電子的運動所產生的，所以表示著：

$$\text{電子必和聲子有相互作用} \qquad (11-147b)$$

式（11－147b）是1950年由 Fröhlich 從同位素效應洞察出來的結果。

⑷相干長度（coherent length）

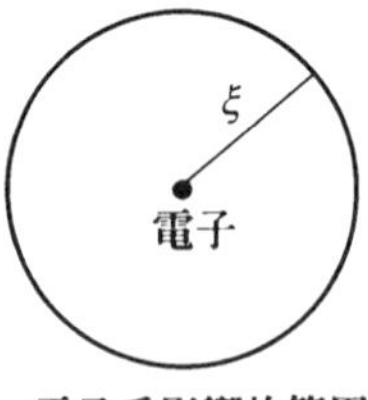

電子受影響的範圍

另一個和引起超導的相互作用有關的，重要物理量是相干長度。所謂的相干或相干性（coherence）就是干涉性，是互相能干涉的波動性質，普通是頻率不太高的波動才有相干性。從同位素效應得知電子和聲子間有相互作用，那麼電子間呢？在1953年 Pippard，把1935年 London 兄弟的局部（local）電動力學理論，推廣為非局部（nonlocal）電動力學理論時，自然地引入了一個物理量稱為相干長度 ξ，其量綱［ξ］＝長度；它表示在超導態的電子一面運動一面相互作用。如上圖，在空間某位置的電子，必受到 ξ 範圍內的電磁場影響，這就是 pippard 首次引進非局部電動力學構想時，獲得的量綱等於長度的物理量 ξ，它和 London 穿透深度 λ_L 的比值 λ_L/ξ 的大小，是和超導類型、純金屬相干長 ξ_0，以及電子的平均自由程（mean free path）l 有關：

$$\left\{\begin{array}{l} \dfrac{\lambda_L}{\xi} = \text{小} \xrightarrow{\text{變}} \text{大} \\ \text{則第一類型} \xrightarrow{\text{變成}} \text{第二類型} \end{array}\right\} \qquad (11-148a)$$

$$\frac{\lambda_L}{\xi} = \text{小} \xrightarrow{\text{摻入雜質越多}} \text{大} \qquad (11-148b)$$

$$\frac{1}{\xi} = \frac{1}{\xi_0} + \frac{\beta}{l} \qquad (11-148c)$$

$\beta \doteq 1$的常數，ξ＝有雜質時的相干長度，其值大約 $\xi \doteq 10^4$Å＝10^{-4}cm，這大小在微觀世界，以一個原子的大小約為數個 Å 來計算，幾乎是$10^3 \sim 10^4$個的原子參與，表示電子們做著集體運動（collective motion），是多體（many body）現象。這結果和從同位素效應，Fröhlich 獲得的晶格振動產生聲子，聲子又沒有質量結果引起無限大的相互作用距，影響非常多的電子，使它們一起做相干（coherent）集體運動的結果吻合。1986年以後製成的高溫超導體的相干長度，一般地小於低溫超導體的相干長度，ξ 是從幾個 Å 到幾十 Å。這樣，引起超導體的相互作用有兩種：

$$\left.\begin{array}{l} \text{電子和聲子的相互作用，和} \\ \text{電子和電子的相互作用} \end{array}\right\} \qquad (11-149)$$

如何同時用式（11－149）的相互作用來獲得：「在 T_C 時電阻激降為0，Meissner 效應，定容比熱，穿透深度，相干長度，同位素效應，臨界磁場以及能量間隙等」是

BCS 理論，討論它之前，首先來整理一下在上面介紹過，有部分是沒有提到的超導體的一些性質。

(5)第一和第二類型超導體的一些性質

對超導體的最初認識是式（11－144）的性質，在1920～1930年代出現了不少唯象理論。針對臨界磁場強度 H_C 和溫度 T 的關係，以及電子比熱（electronic specific heat）C_{es}（T）。引起電子狀態變化的比熱，有 C.J.Gorter 和 H.G.B.Casimir（Z.,**35**（1934）963；Z.Thech. Phys.,**15**（1934）539）的二流體（two-fluid）模型，成功地推導出至今仍然使用的關係式：

$$H_C(T) = H_0[1-(T/T_C)^2] \qquad (11-150a)$$

$$C_{es}(T) = 3\gamma T_c(T/T_C)^3 \qquad (11-150b)$$

$H_0 \equiv H_C(T=0)$，γ = 比例常數，T_C = 臨界溫度。H_C 和 T 的關係如圖11－46(a)，再加上電流是如圖11－46(b)，超導性質確實和溫度以及磁場有密切關係。後來又發現如圖11－44(a)和圖11－44(b)所示有兩類，第一類是當磁場強度 $\boldsymbol{H}$ 達到某臨界值 H_C 時，磁場完全無法進入物質內，呈現完全抗磁性（磁化率 $\chi_m = -1$）。這種超導體對外磁場的變化較敏感，並且當再增加磁場時，超導體立即受損，所以稱為**軟性（soft）超導體**。第二類是合金或正常態（normal state）時有高電阻率的物質的超導體，外磁場會侵入超導體的部分，但此部分的電阻率仍然為零。這種超導體對外磁場的變化較遲鈍，增加磁場也不容易受損，目前的大部分高溫超導體都是屬於這第二類型。

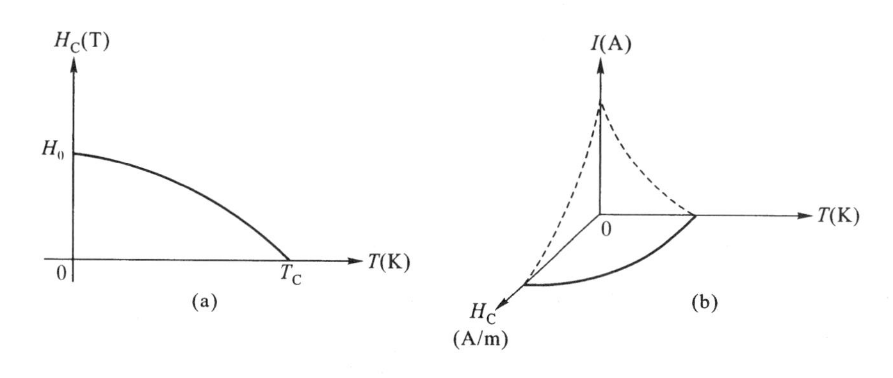

圖11－46

(i)第一類型的一些性質

這一類型的絕大部分是金屬，其最大臨界磁場強度 H_C 約為0.2T（tesla），所以單純從磁場方面的利用，沒有什麼實用價值。在電性方面，電阻 $R < 10^{-15}\Omega$，於

是電阻率 $\rho \doteq 0$，在超導體內的電流密度 $\boldsymbol{J}$ 大約維持定量，則由 $\boldsymbol{J}=\boldsymbol{E}/\rho$，式（7－27a）必須得 $|\boldsymbol{E}|\doteq 0$。至於磁性，當外磁場 $\boldsymbol{B}_{\text{ext}}<\mu_0\boldsymbol{H}_C$，$\mu_0$＝眞空磁導率，超導體立刻如右圖產生表層感應電流 I，它產生的內磁場 $\boldsymbol{B}_{\text{in}}$完全抵消掉超導體內的 $\boldsymbol{B}_{\text{ext}}$，使得體內的磁場之和等於零，所以超導體內不但沒有電場也沒有磁場。不過 $\boldsymbol{B}_{\text{ext}}$不是完全不會侵入超導體內，而是 $T<T_C$ 且 $\boldsymbol{B}_{\text{ext}}<\mu_0\boldsymbol{H}_C$ 時僅穿透表面薄層，其穿透深度 $\lambda(T)$ 是：

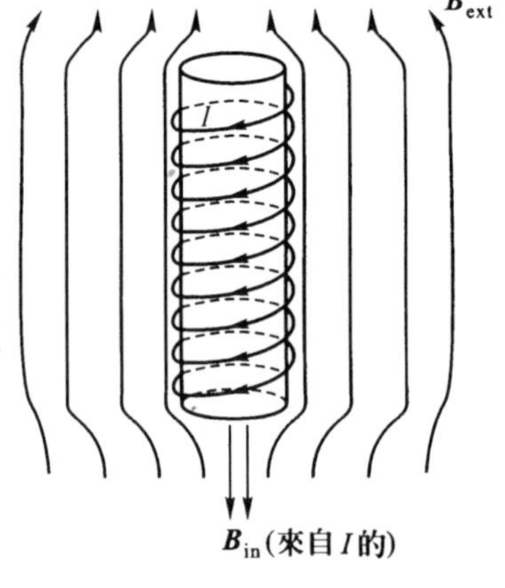

$$\lambda(T)=\lambda_0\left[1-(T/T_C)^4\right]^{-1/2} \tag{11－151}$$

$\lambda_0\equiv\lambda(T=0)$，第一類型的 $\lambda\doteq(10\sim100)\times10^{-7}$cm，且磁場 $\boldsymbol{B}$ 和深度 x 的關係如式（11－146b）。

(ii)第二類型的一些性質

這一類型是50年代發現的，以合金或陶瓷材料爲主。合金的正常態電阻，一般地比金屬大，由於對外磁場的反應遲鈍，故增加磁場也不容易受損，帶來較高的利用價值。目前（1998年春）的高溫超導體的溫度是162K，是液氮溫區，已有實用價值。這是爲什麼全世界投入大量的人力和財力來研究高溫超導的原因。第二類型能耐的臨界磁場 $B_C\doteq(15\sim60)$T。第一和第二類型的穿透深度 λ 和相干長度 ξ 的比值，有如下的明顯差異：

$$\text{第一類型：}\frac{\lambda}{\xi}<\frac{1}{\sqrt{2}} \tag{11－152a}$$

$$\text{第二類型：}\frac{\lambda}{\xi}\geqslant\frac{1}{\sqrt{2}} \tag{11－152b}$$

至於超導體內的電流，僅在表面的穿透深度 λ 層內，如右圖所示。而在如圖11－44(b)的混合態域內，由於外磁場侵入而超導體的部分已恢復正常狀態，它形成細帶狀，類似流體形成旋渦時，粒子速度軌跡形成線狀，故稱爲渦線（vortex line），於是混合態又稱爲旋態。這些渦線往往平行於外磁場 $\boldsymbol{B}$，而感應的屏蔽電流 I 是環繞著渦線，因此渦線垂直於 I，同時侵入混合態內的外磁場的磁通量式（7－60b）是如式（11－153b），是量子化的量。

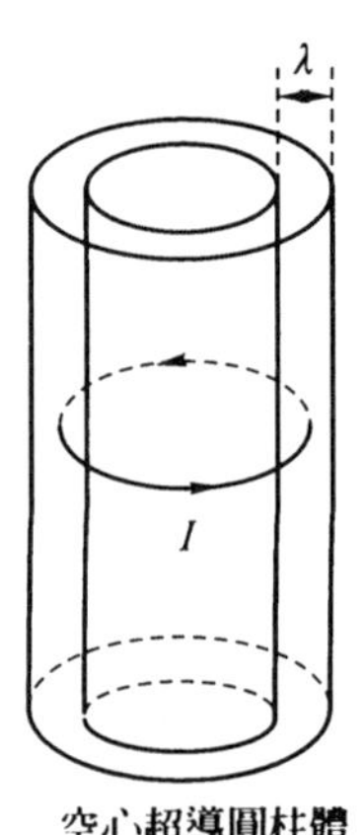

空心超導圓柱體

(iii)超導體的一些其他性質

①超導電流壽命

超導體既然沒有電阻，便不會消耗能量，故在定電勢差（電壓）V 下能獲得幾乎永遠流動的電流 I；以電阻率 $\rho < 10^{-24}\Omega\cdot\text{cm}$ 的電流，其壽命約爲 $10^5 \sim 10^8$ 年之久。

②磁通量的量子化（quantization of magnetic flux）

另一個和電磁學有關的重要現象是磁通量的量子化，如圖11－47(a)。當溫度 T 大於臨界溫度 T_C 時，外磁場 $\boldsymbol{B}$ 是穿過均勻的導體環 C，如果逐漸地降低溫度到 $T \leqslant T_C$ 後，則 $\boldsymbol{B}$ 不但如圖11－47(b)不貫穿已變成超導體的 C，並且被 C 環住的磁力線分布特殊，其磁通量是：

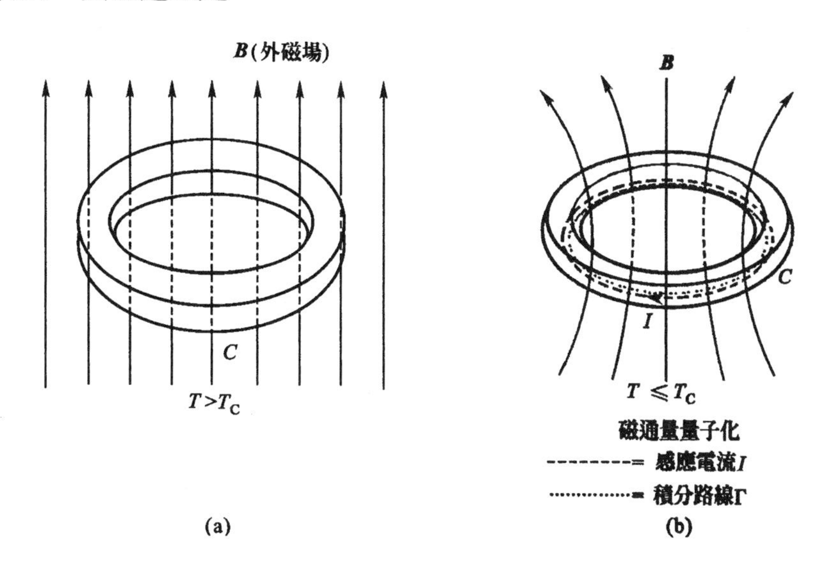

圖11－47

$$\Phi_B \neq \pi r^2 |\boldsymbol{B}|$$

$r = C$ 的內環半徑，而是一個基本單位量 $\phi_0 = \dfrac{h}{2|e|}$ 的正整數倍：

$$\Phi_B = n\phi_0, \quad n = 1,2,\cdots\cdots$$

h = planck 常數，$|e|$ = 電子電荷大小。這種圖11－47(b)的現象稱爲磁通量的量子化現象，而 ϕ_0 稱爲**磁通量量子**（magnetic flux quantum）。這時把產生 $\boldsymbol{B}$ 的源頭關掉，被超導環 C 圍住的 $\boldsymbol{B}$ 仍然維持剛才的特殊形狀，即 $\boldsymbol{B}$ 被超導體內產生的感應電流 I 捕捉住。早在1935～37年，F. London 已從他的電動力學理論得出此結果，且推導出被捕捉的量子化磁通量（quantized magnetic flux）ϕ_{BL}：

$$\phi_{BL} = n\frac{h}{|e|} \qquad (11-153\text{a})$$

ϕ_{BL} 的右下標「L」表示 F. London 的結果。1961年 B. D. Deaver, Jr. 和 W. M. Fairbank（Phys. Rev. Letters, **7**（1961）43），以及 R. Doll 和 M. Näbauer（Phys. Rev. Letters, **7**

(1961)51)等人的精確實驗測出的量子化磁通量和1957年的BCS理論獲得的結果一致，是式(11－153a)的二分之一的大小：

$$\phi_B = n\frac{h}{2|e|} \qquad (11-153\text{b})$$

磁通量的單位量 $\phi_0 = \dfrac{h}{2|e|} \doteq 2.068\times 10^{-15}\,\mathrm{T}\cdot\mathrm{m}^2 = 2.068\times 10^{-15}\,\mathrm{Wb}$(weber)。比較式(11－153a)和(11－153b)，剛好差在電子電荷，London只有一個電子，而BCS理論有兩個電子。如右圖，自旋相反的兩個電子結成一對，稱爲**電子對**(electron pair)，或Cooper對(Cooper pair)，是BCS理論的核心結果，即超導態時的電子是兩個兩個地**結成電子對做集體運動**。進一步的內容參看下面BCS理論簡介，在此地僅簡介 ϕ_B 是怎麼來的。

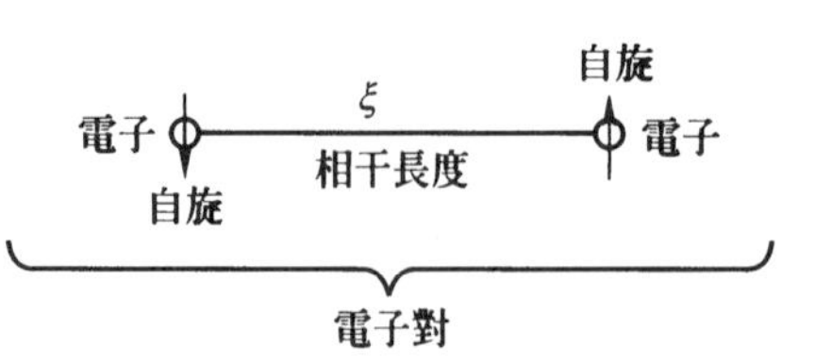

電磁場單位體積內貯存的能量 u，由式(7－21c)和(7－81)得：

$$u = \frac{\varepsilon_0}{2}\boldsymbol{E}^2 + \frac{1}{2\mu_0}\boldsymbol{B}^2$$

$\boldsymbol{E}^2 \equiv \boldsymbol{E}\cdot\boldsymbol{E}$, $\boldsymbol{B}^2 \equiv \boldsymbol{B}\cdot\boldsymbol{B}$, ε_0 和 μ_0 分別為真空電容率和磁導率。由於 $|\boldsymbol{E}| = |\boldsymbol{B}|c$，$c$ = 光速 = $(\mu_0\varepsilon_0)^{-1/2}$，則：

$$u = \varepsilon_0\boldsymbol{E}^2 \qquad (11-154\text{a})$$

電磁場的第二量子化[18)]所得的能量子 $\hbar\omega$ 稱爲光子，它是自旋 = 1的Bose粒子。設 $n(\boldsymbol{r})$ 爲在空間 $\boldsymbol{r}$ 的光子數密度，於是用光子表示 u 時是：

$$u = n(\boldsymbol{r})\,\hbar\omega \qquad (11-154\text{b})$$

$\hbar \equiv \dfrac{h}{2\pi}, \omega = 2\pi\nu, \nu$ = 頻率，所以從式(11－154a)和(11－154b)得：

$$E(\boldsymbol{r}) = \sqrt{\hbar\omega/\varepsilon_0}\,\sqrt{n}\,\mathrm{e}^{i\theta(\boldsymbol{r})} \qquad (11-154\text{c})$$

一般地，式(11－154a)是 $\boldsymbol{E}^2 = E^2 = EE^*$，故才有相的不定量 $\mathrm{e}^{i\theta(\boldsymbol{r})}$，因 $\mathrm{e}^{i\theta(\boldsymbol{r})}\times\mathrm{e}^{-i\theta(\boldsymbol{r})} = 1$。如果超導態的電子都成電子對，其自旋之和 $s = 0$，是單態(singlet state)，參見**Ex.(11－2)**，則從式(11－82)得電子對是準Bose粒子，於是可仿照同樣Bose子光子的式(11－154c)，假設電子對的概率幅(probability amplitude) $\psi(\boldsymbol{r})$ 如下：

$$\psi(\boldsymbol{r}) \equiv \sqrt{n_p}\,\mathrm{e}^{i\theta(\boldsymbol{r})} \qquad (11-155\text{a})$$

$\psi(\boldsymbol{r})$ 是連續的單值(single value)函數，$\theta(\boldsymbol{r})$ = 未定實標量(scalar)函數，n_p = Cooper對的數密度。現使用半經典處理法，即部分量子力學的想法，部分經典物理的想法。質量 m 電荷 q(此地是Cooper對，$q = 2|e|$)的粒子，在電磁場內運動

時，其力學動量 $m\,\boldsymbol{v}$會受到影響而變成：

$$m\,\boldsymbol{v} = (\boldsymbol{P} - q\boldsymbol{A}) = (-\mathrm{i}\hbar\nabla - q\boldsymbol{A}) \qquad (11-155\text{b})$$

$\boldsymbol{A}$ = 矢量勢（vector patential），它和電磁場的關係是：

$$\text{電場}\quad \boldsymbol{E} = -\nabla\varphi - \frac{\partial \boldsymbol{A}}{\partial t}$$

$$\text{磁場}\quad \boldsymbol{B} = \nabla\times\boldsymbol{A}$$

φ = 標量勢（參見附錄 G(I)和式(26)）。由式（7－23a）得電流密度 $\boldsymbol{J} = ne\boldsymbol{v}_d$，而從式（11－155a）和式（11－155b）得：

$$\begin{aligned}\boldsymbol{J} &= q\psi^*\ \boldsymbol{v}\,\psi \\ &= \frac{n_p q}{m}\mathrm{e}^{-\mathrm{i}\theta(\boldsymbol{r})}(-i\hbar\nabla - q\boldsymbol{A})\,\mathrm{e}^{\mathrm{i}\theta(\boldsymbol{r})} \\ &= \frac{n_p q}{m}(\hbar\nabla\theta(\boldsymbol{r}) - q\boldsymbol{A}) \qquad (11-155\text{c})\end{aligned}$$

由表7－13的 Ampere-Maxwell 定律 $\nabla\times\boldsymbol{B} = \mu_0\left(\boldsymbol{J} + \varepsilon_0\frac{\partial \boldsymbol{E}}{\partial t}\right)$，在超導態時 $\boldsymbol{E} = 0, \boldsymbol{B} = 0$，故 $\boldsymbol{J} = 0$，則式（11－155c）變成：

$$\hbar\nabla\theta(\boldsymbol{r}) = q\boldsymbol{A} \qquad (11-155\text{d})$$

式（11－155d）確實滿足 $\nabla\times\boldsymbol{A} = \frac{\hbar}{q}\nabla\times(\nabla\theta(\boldsymbol{r})) = 0$，即 $\boldsymbol{B} = 0$。取如圖11－47(b)的超導體環內的封閉積分路線 Γ，則式（11－155d）的積分值是：

$$\oint_\Gamma \nabla\theta(\boldsymbol{r})\cdot \mathrm{d}\boldsymbol{l} = \frac{q}{\hbar}\oint_\Gamma \boldsymbol{A}\cdot\mathrm{d}\boldsymbol{l} \qquad (11-156\text{a})$$

$\mathrm{d}\boldsymbol{l}$ = Γ 上的微小線段，利用 Stokes 定理將式（11－156a）右邊的線積分轉換爲面積分。設 $\mathrm{d}\boldsymbol{S}$ 爲 Γ 所包圍的面積 S 上的微小面積，如果 $\boldsymbol{v}$ 爲任意矢量場，則 Stokes 定理是：

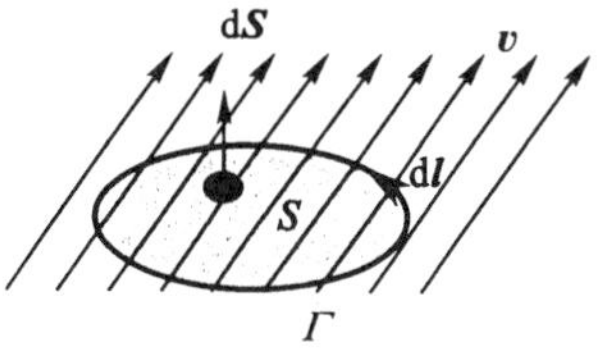

$$\oint_\Gamma \boldsymbol{v}\cdot\mathrm{d}\boldsymbol{l} = \int_S(\nabla\times\boldsymbol{v})\cdot\mathrm{d}\boldsymbol{S},\qquad \text{如右圖}$$

$$\therefore\quad \frac{q}{\hbar}\oint_\Gamma \boldsymbol{A}\cdot\mathrm{d}\boldsymbol{l} = \frac{q}{\hbar}\int_S(\nabla\times\boldsymbol{A})\cdot\mathrm{d}\boldsymbol{s}$$

$$= \frac{q}{\hbar}\int_S \boldsymbol{B}\cdot\mathrm{d}\boldsymbol{s} = \frac{q}{\hbar}\phi_B$$

而式（11－156a）的左邊是式（11－155a）的 $\psi(\boldsymbol{r})$ 的相陡度 $\nabla\theta(\boldsymbol{r})$ 投影在 $\mathrm{d}\boldsymbol{l}$ 上的成分，依積分路線繞一圈是2π，如果爲繞 n 圈，則得：

$$\oint\nabla\theta\cdot\mathrm{d}\boldsymbol{l} = 2\pi n\quad, n = 1,2,\cdots\cdots$$

所以式（11－156a）的積分是：

$$\phi_B=\frac{\hbar}{q}\times 2\pi n=n\frac{h}{q}=n\frac{h}{2|e|} \qquad (11-156b)$$

式（11－156b）是 BCS 理論的結果，並且在 1961 年由 B. D. Deaver 和 R. Doll 等人驗證過的量子化磁通量，證明超導態時電子形成 Cooper 對。

③比熱（specific heat）

比熱是驗證相變的重要熱力學量之一，它是：

$$C_i\equiv\left(\frac{\Delta Q\text{（熱量變化）}}{m\text{（質量）}\Delta T\text{（溫度變化）}}\right)_i$$

右下標 i 表示外界條件，例如定容比熱 C_V，定壓比熱 C_P。因為比熱一般地受種種因素的影響：

$C_i=C_i$（T（溫度），P（壓力），相（氣、液、固態），外場（如電場 $\boldsymbol{E}$，磁場 $\boldsymbol{B}$），V（體積），物質結構，……）

由於比熱表示物質的熱力學性質，普通加溫物質，其能量的一部分是用來增加傳導電子的動能，另一部分是花在激發晶格原子核的振動，以及激發被束縛的電子到導帶。所以測量 C_i 的溫度變化，可以獲得相變溫度 T_C。設 C_n＝正常態比熱，C_S 是超導態比熱，則它們的實驗式（empirical formula）是：

$$C_n=A_nT+B_nT^3 \qquad (11-157a)$$

$$C_S=\frac{A}{\alpha}\left(|t|^{\alpha}-1\right)+B+Et \qquad (11-157b)$$

$t\equiv\dfrac{T-T_C}{T_C}$, A_nT 和激發電子到導帶能級（圖 11－27）時，B_nT^3 和晶格振動時所需之能有關。A 和 α 分別為臨界幅（critical amplitude）和臨界指數（critical exponent），而（$B+Et$）稱為晶格比熱，它是相變時不會出現異常現象的部分。式（11－157b）是第一類型的比熱，至於高溫超導體，尚未有可靠的實驗式 C_S（1998 年春）。

④超導體的能量間隙（energy gap）

如右圖，當變成超導態後，基態能 E_g 反而降低成 E_{gs}，拉大基態和第一激態 E_1 能級間隔，（E_1-E_{gs}）$\equiv\Delta$，通稱為能量間隙，或能隙。第一類型的能隙 Δ，如果 k_B＝Boltzmann 常數，T_C＝臨界溫度，則是：

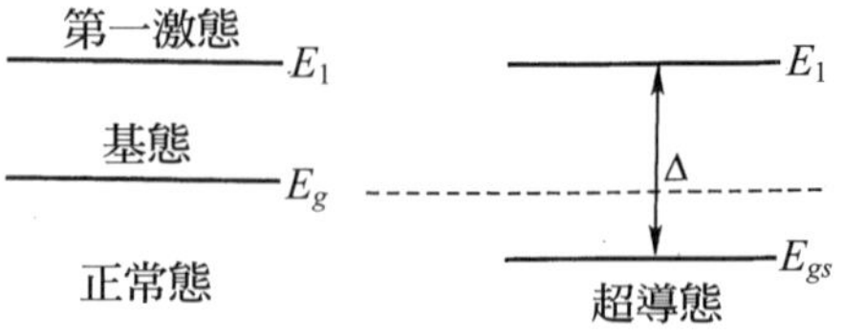

第一激態 E_1　基態 E_g　正常態　　E_1　Δ　E_{gs}　超導態

$$\Delta=3.528k_BT_C \qquad (11-158)$$

(6) BCS 理論簡介

(i)理論的粗略框架

1950年代中葉，已積累了不少超導方面的實驗和理論知識，大家期待著統一的理論出現。傳導電子經 Fröhlich 從同位素效應洞察出來的晶格振動所產生的聲子爲媒介，兩個電子間會產生引力，如圖11－48(a)。當電子 $e(1)$ 經過晶格間時，由於異性相吸，$e(1)$路程左右構成晶格的帶正電原子核，必從平衡位置稍移向電子 $e(1)$方向，如圖11－48(a)。圖中的○──→●，而產生晶格振動（lattice vibration）。其時間 $\tau_{\text{vib.}} \doteq 10^{-13}$秒，產生的彈性波（elastic wave），又稱爲聲波（sound wave）。正在此時如果有一個電子 $e(2)$剛好在晶格振動引起的扭曲（deformed）彈性波場內，則 $e(2)$立刻被吸引進來，即被場吸引過來；這現象好像 $e(1)$和 $e(2)$間產生引力，如圖11－48(b)。聲子是彈性波場的第二量子化[18]所得的粒子。兩電子間本來就有 Coulomb 斥力，聲子爲媒介的兩電子間的引力必須稍大於斥力才能使兩電子形成束縛態。如何將這圖象（picture）定量化呢？這工作是 Cooper 完成的（Phys. Rev., **104**（1956）1189），如圖11－48(c)的電子對：「兩電子在同一狀態、其自旋相反並且對著旋轉」，稱爲 **Cooper 對**。

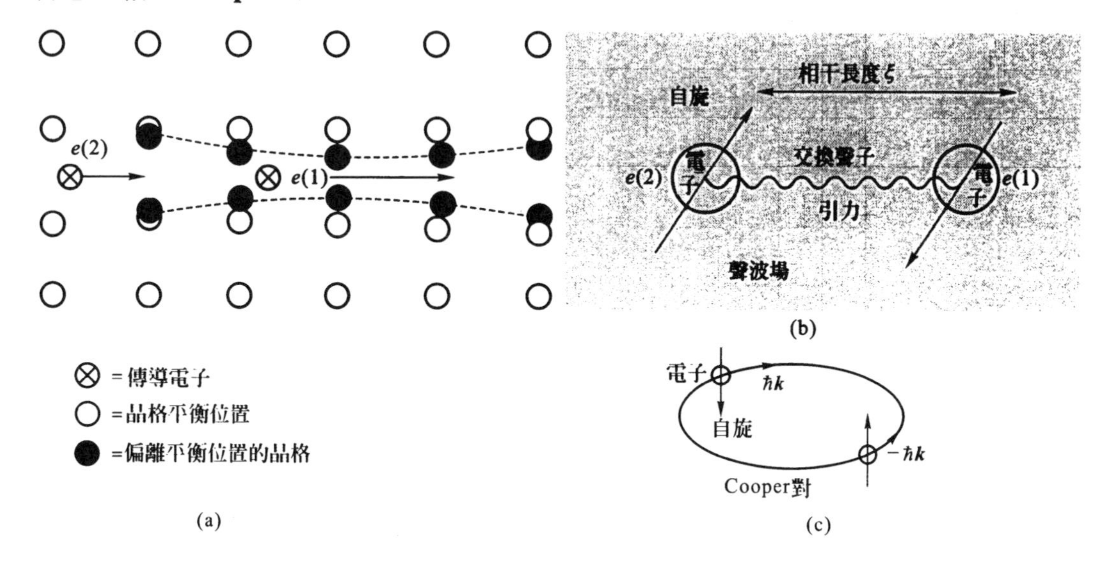

圖11－48

那麼什麼樣的電子會形成 Cooper 對呢？如圖11－49以 Fermi 能 E_F 面（參見 II 和 III (E)）爲對稱的能寬$2\hbar\omega_c$，ω_c = 截止（cut off）角頻率，$\omega_c \doteq \omega_D$ = Debye 角頻率（參考式（10－10b）），內的狀態上的傳導電子，經聲子的媒介所產生的引力形

成束縛態的電子對，Cooper 對。這引力勝過 Coulomb 斥力時，所引起的電子對的集體運動（callective motion），就是金屬超導性的起因。這個有效（因是斥力和引力之和）引力是各向同性（isotropic），並且相對於 Coulomb 斥力是較近距作用力，作用於如圖 11−48(c)，動量大小一樣、方向相反的（$\hbar\boldsymbol{k}, -\hbar\boldsymbol{k}$），同時自旋為反向（向上↑和向下↓）的一對$S$態（S-state），即兩電子的相對運動角動量量子數$l=0$的狀態（1980 年代發現有$l=2$狀態）（參見表 10−6）電子時為最強。同一S態的一對（$\hbar\boldsymbol{k}\uparrow$，$-\hbar\boldsymbol{k}\downarrow$）電子，剛好不違背 Pauli 不相容原理，於是不會產生 Pauli 原理帶來的統計性（參見 I (D)和Ⅱ）斥力；同時 Cooper 對的動量互為反向，電子運動產生的內部磁場相互抵消而滿足 Meissner 效應的要求，這些正是 Cooper 對的絕招。根據上述物理思路的框架，BCS 三人（Phys. Rev., **108**（1957）1175）使用，在龐大粒子數的物理系統（多體問題）中容易操作狀態函數對稱性的演算法：「第二量子化算符」[18] 的方法展開他們的微觀理論（microscopic theory），這就是著名的 BCS 理論。

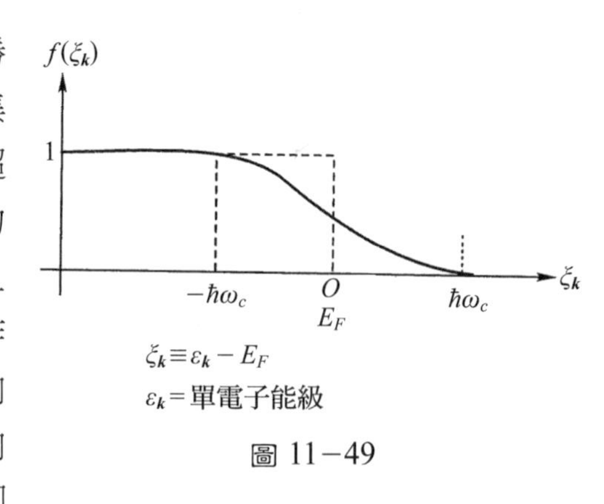

圖 11−49

(ii)Cooper 對是什麼？

兩電子間只要有引力，無論作用力強度（strength）多麼地弱，都會使兩電子形成束縛態（bound state），這就是 Cooper 對的理論依據。在此僅考慮絕對零度$T=0$K，且電子的總動量$=0$的S態情況。

電子是 Fermi 粒子，依 Fermi-Dirac（Ⅱ(C)）統計處理，於是波函數必須反對稱。為了方便起見，設在空間$\boldsymbol{r}_1$和$\boldsymbol{r}_2$、動量$\boldsymbol{P}=\hbar\boldsymbol{k}$互為反方向的兩電子的空間波函數$\psi$（$\boldsymbol{r}_1, \boldsymbol{r}_2$）為平面波：

$$\begin{aligned}\psi_p(\boldsymbol{r}_1, \boldsymbol{r}_2) &= \sum_k G_k e^{ik\cdot r_1} e^{-ik\cdot r_2} \\ &= \sum_k G_k\{\cos \boldsymbol{k}\cdot(\boldsymbol{r}_1-\boldsymbol{r}_2)+i\sin \boldsymbol{k}\cdot(\boldsymbol{r}_1-\boldsymbol{r}_2)\}\end{aligned} \tag{11−159}$$

而電子自旋向上和向下的自旋波函數各為α和β參見【Ex.11−12】。在$T=0$K時，Fermi 能$E_F=\hbar k_F$以下的所有能級都填滿電子，於是兩電子相互作用後能躍遷的能級是$k>k_F$的能量域，在這 Pauli 原理限制下的反對稱波函數是：

$$\psi_A(\boldsymbol{r}_1\sigma_1, \boldsymbol{r}_2\sigma_2)$$

$$
= \begin{cases}
\mathcal{N}\sum\limits_{k>k_F} G_k \cos \boldsymbol{k}\cdot(\boldsymbol{r}_1-\boldsymbol{r}_2)(\alpha_1\beta_2-\beta_1\alpha_2)\cdots\cdots \text{單態 (singlet)} \\
\quad = \mathrm{Re}\{\mathcal{N}\sum\limits_{k>k_F} G_k e^{i\boldsymbol{k}\cdot(\boldsymbol{r}_1-\boldsymbol{r}_2)}\}\chi_{00}(\sigma_1,\sigma_2) \qquad (11-160) \\
\mathcal{N}\sum\limits_{k>k_F} G_k \sin \boldsymbol{k}\cdot(r_1-r_2)\begin{cases}\alpha_1\alpha_2 \\ (\alpha_1\beta_2+\beta_1\alpha_2)\cdots\cdots \text{三重態 (triplet)} \\ \beta_1\beta_2\end{cases} \\
\quad = \mathrm{Im}\{\mathcal{N}\sum\limits_{k>k_F} G_k e^{i\boldsymbol{k}\cdot(\boldsymbol{r}_1-\boldsymbol{r}_2)}\}\chi_{1m_s}(\sigma_1,\sigma_2)
\end{cases}
$$

下標 $P, A, 1$和2分別表示平面波、反對稱、電子1和電子2；「Re」和「Im」表示取其右邊函數的實部和虛部。電子自旋函數 $\chi_{sm_s}(\sigma_1,\sigma_2)$ 的 $s=0$和 $s=1$分別爲單態和三重態（參見圖11－11），m_s 是 S 的第三成分量子數，單態的 $m_s=0$，而 $\mathcal{N}$是歸一化係數。從【**Ex.11－12**】的結果圖11－12，當兩電子間的作用力是斥力時、三重態能級低於單態能級式（11－54）；如果引力剛好顚倒，則單態能級比三重態的低。因爲單態狀態函數的空間部分是對稱函數，兩電子可以靠得很近；如果兩電子的相互作用僅和空間有關，則能獲得大的躍遷矩陣值。將式（11－160）代入兩電子相對運動的能量本徵 Schrödinger 方程式（10－104），而且 $\boldsymbol{r}\equiv\boldsymbol{r}_1-\boldsymbol{r}_2, V=V(\boldsymbol{r})$，便得：

$$
\begin{aligned}
&\sum_{k>k_F}\left\{\frac{\hbar^2}{2\mu}\boldsymbol{k}^2+V(\boldsymbol{r})\right\}G_k(\cos\boldsymbol{k}\cdot\boldsymbol{r})\chi_{00}(\sigma_1,\sigma_2) \\
&= \chi_{00}\mathrm{Re}\{\sum_{k>k_F}G_k(2\varepsilon_k+V(\boldsymbol{r}))e^{i\boldsymbol{k}\cdot\boldsymbol{r}}\} \\
&= E\chi_{00}\mathrm{Re}\{\sum_{k>k_F}G_k e^{i\boldsymbol{k}\cdot\boldsymbol{r}}\} \qquad (11-161)
\end{aligned}
$$

μ＝兩電子的折合質量，ε_k＝單電子能，式（11－161）右邊$2\varepsilon_k$ 的「2」來自電子對，從式（11－161）左邊乘上$\frac{1}{\Omega}\int e^{-i\boldsymbol{k}'\cdot\boldsymbol{r}}\chi_{00}^*(\sigma_1,\sigma_2)\,d\boldsymbol{r}$ 得：

$$
(E-2\varepsilon_{k'})G_{k'} = \sum_{k>k_F}G_k V_{k'k}(\boldsymbol{r}) \qquad (11-162a)
$$

$$
V_{k'k}(\boldsymbol{r}) \equiv \frac{1}{\Omega}\int V(\boldsymbol{r})e^{i(\boldsymbol{k}-\boldsymbol{k}')\cdot\boldsymbol{r}}d\boldsymbol{r} \qquad (11-162b)
$$

＝動量（$\hbar\boldsymbol{k}$，$-\hbar\boldsymbol{k}$）的電子對，受 $V(\boldsymbol{r})$ 的作用散射，
變成動量（$\hbar\boldsymbol{k}'$，$-\hbar\boldsymbol{k}'$）的電子對的散射勢能強度

Ω＝歸一化體積。要解一般相互作用 $V(\boldsymbol{r})$的式（11－162a）是非易之事，於是 Cooper 使用了下述近似：

$$V_{k'k}(\boldsymbol{r}) = \begin{cases} -V \cdots\cdots\cdots E_F \leqslant \varepsilon_k \leqslant \hbar\omega_c \\ 0 \cdots\cdots\cdots \varepsilon_k > \hbar\omega_c \end{cases} \qquad (11-163a)$$

ω_c = 截止角頻率，故從式（11－162a）和式（11－163a）得：

$$G_{k'} = \frac{V}{2\varepsilon_{k'} - E}\sum_{k>k_F} G_k \qquad (11-163b)$$

對式（11－163b）左右兩邊，所有滿足 Pauli 原理的動量 $\hbar\boldsymbol{k}'$ 相加得：

$$\sum_{k'>k_F} G_{k'} = \sum_{k'>k_F}\sum_{k>k_F}\frac{V}{2\varepsilon_{k'} - E}G_k$$

上式右邊的 k 或 k'，都是對所有滿足 Pauli 原理的動量相加，於是右下標的 k 和 k' 可以互換。互換後左右兩邊的 $\sum_{k'>k_F} G_k$，剛好消掉而得：

$$\frac{1}{V} = \sum_{k>k_F}\frac{1}{2\varepsilon_k - E} \qquad (11-163c)$$

在 Fermi 能 E_F 附近的能級數，一般地是非常之多，如果設 $N(T=0) \equiv N(0)$ 爲電子在 Fermi 能級的狀態密度（density of states），則式（11－163c）能近似地使用積分取代：

$$\frac{1}{V} = N(0)\int_{E_F}^{E_F+\hbar\omega_c}\frac{d\varepsilon}{2\varepsilon - E} = \frac{N(0)}{2}\ln\frac{2E_F - E + 2\hbar\omega_c}{2E_F - E} \qquad (11-163d)$$

再假定弱耦合（weak coupling）近似，即 $N(0)V \ll 1$，把這條件代入式（11－163d）得：

$$\frac{2}{N(0)V} = \ln\frac{2E_F - E + 2\hbar\omega_c}{2E_F - E} \gg 1$$

於是必須 $(2E_F - E) \ll 1$，故上式變成：

$$-\frac{2}{N(0)V} \doteq \ln\frac{2E_F - E}{2\hbar\omega_c}$$

$$\therefore \qquad E \doteq 2E_F - 2\hbar\omega_c e^{-\frac{2}{N(0)V}} \qquad (11-164)$$

顯然 $E < 2E_F$ 就能得引力，從而獲得兩電子的束縛態，甚至於 V 必須很小。不過當 V 很小時 $\frac{2}{N(0)V}$ 變成很大，故式（11－164）右邊的指數函數無法展開，表示無法使用微擾法處理超導問題。關於這一點 A.B.Migdal（*Soviet Phys. JETP*, 1（1958）996）證明過，使用微擾理論無法獲得超導體的能隙（energy gap）。

(iii)物理系統的全能算符（Hamiltonian），基態波函數

由於 BCS 理論涉及到第二量子化的演算技巧，在此無法介紹。這裡僅介紹 BCS 理論的 Hamiltonian、基態波函數和所得結果。在式（11－160）加微小引力的式（11

－163a）得式（11－164），而式（11－160）和（11－163a）正是圖11－48(b),(c)，換句話說，式（11－160）、（11－163a）和（11－164）是圖11－48(b),(c)的數學表示。這相當於找到帶給物理系統變成超導的相互作用力機制，是 Cooper 最大的貢獻，所以把束縛態的電子對稱爲 Cooper 對來紀念他。並且兩電子的相互作用力強度 V 無論多麼地小，都有機會獲得準 Bose 粒子（quasi-boson）的 Cooper 對。於是使用第二量子化表示的物理系統的 Hamiltonian$\hat{H}$ 算符是：

$$\hat{H} = \sum_{k,\sigma}\varepsilon_k C^+_{k\sigma}C_{k\sigma} + \sum_{k,l}V_{k,l}C^+_{k\uparrow}\,C^+_{-k\downarrow}\,C_{-l\downarrow}\,C_{l\uparrow} \qquad (11-165)$$

$C^+_{k\sigma}$和 $C_{k\sigma}$分別爲產生（creation）和湮沒（annihilation）動量 $\boldsymbol{P} = \hbar\boldsymbol{k}$、自旋 σ（$\sigma = \uparrow$ 或$\downarrow$，參見式（10－22a）和【**Ex.10－5**】）的電子算符；$V_{k,l}$是電子對間的相互作用。$\sum\limits_k$ 是對$2\hbar\omega_c$（參見圖11－49）內的所有狀態取和。實際演算時，$V_{k,l}$是使用電子間交換聲子來完成。雖然相互作用已知道，直接解式（11－165）的能量本徵方程式，來獲得系統的狀態函數，即獲得能量本徵函數是幾乎不可能的。BCS 從分析多體體系的基態狀態函數，洞察出有名的 BCS 基態函數$|\psi_g\rangle$：

$$|\psi_g\rangle = \prod_{k=k_1,\cdots,k_i,\cdots,k_l}(u_k + v_k C^+_{k\uparrow}\,C^+_{-k\downarrow})|0\rangle \qquad (11-166)$$

$|0\rangle$ = 沒有粒子的眞空態，$|v_k|^2$ = Cooper 對（$\boldsymbol{k}\uparrow$，$-\boldsymbol{k}\downarrow$）被占有的概率，而$(1-|u_k|^2)$是未被 Cooper 對占有的概率，$(|u_k|^2+|v_k|^2)=1$是歸一化條件。電子數目算符（number operator）$\hat{n}_{k,\sigma} = C^+_{k\sigma}C_{k\sigma}$時，顯然$|\psi_g\rangle$不是 $\hat{n}_{k,\sigma}$的本徵態，即基態函數式（11－166）破壞了系統的總粒子數守恆，並且式（11－166）相當於引進兩個參數（parameter）u_k 和 v_k，有了 Hamiltonian 和基態函數$|\psi_g\rangle$，就能求系統的基態能，以及其他物理量了。BCS 理論成功地推導出：「臨界磁場式（11－150a），電子比熱 C_{es}式（11－150b）和（11－157b），以及說明和 C_{es}有關的現象，穿透深度式（11－151），同位素效應，Meissner 效應，電流密度和相干長度等」。可以說漂亮地重現了一直到1957年的幾乎所有的實驗。理論的最大特徵是，究明了金屬超導的機制，且在 $T < T_C$ 時：

①引力下的 Cooper 對振幅

$$\begin{aligned}\langle \psi_g|C^+_{-k\downarrow}\,C^+_{k\uparrow}|\psi_g\rangle &= u_k v_k\\ &= \text{有限值} \qquad (11-167a)\end{aligned}$$

表示確實形成 Cooper 對。

②能量間隙

$$\begin{aligned}\Delta_k &= -\sum_l V_{k,l}u_l v_l\\ &= \text{和 } \boldsymbol{k} \text{ 無關} \qquad (11-167b)\end{aligned}$$

當使用式(11－163a)近似時得：

$\Delta(T) \doteq 1.74\Delta(T=0)(1-T/T_C)^{1/2} \cdots\cdots T \doteq T_C$ (11－167c)

$\Delta(T=0) \doteq 1.764k_BT_C$ (11－167d)

k_B = Boltzmann 常數 $= 1.380658 \times 10^{-23}$J/K

【Ex.11－26】使用 Fermi 氣體，即點粒子，同時粒子間無相互作用的模型，以及第二量子化的演算法，試探討電子交換聲子時如何產生引力。

為了方便起見，不考慮電子自旋，設 a_k^+, a_k 和 b_Q^+, b_Q 分別為產生、湮沒動量 $\hbar\boldsymbol{k}$ 電子，和產生、湮沒動量 $\hbar\boldsymbol{Q}$ 的聲子，ε_k＝單電子能量，$V_{k_i,k_i'}$是動量 $\hbar\boldsymbol{k}_i$ 的電子和動量 $\hbar\boldsymbol{k}_j$ 的電子，交換動量 $\hbar\boldsymbol{Q}$ 的聲子後變成動量 $\hbar\boldsymbol{k}_i'$ 的相互作用強度，如圖11－50，$i=1, j=2$，則最簡單的兩電子散射 Hamiltonian 是：

$$\hat{H} = \sum_k \varepsilon_k a_k^+ a_k + \sum_Q \hbar\omega_Q b_Q^+ b_Q + \sum_Q \left(V_{k_1k_1'} a_{k_1'}^+ a_{k_1} b_Q + V_{k_1'k_1}^* b_Q^+ a_{k_1}^+ a_{k_1'} \right)$$

(11－168a)

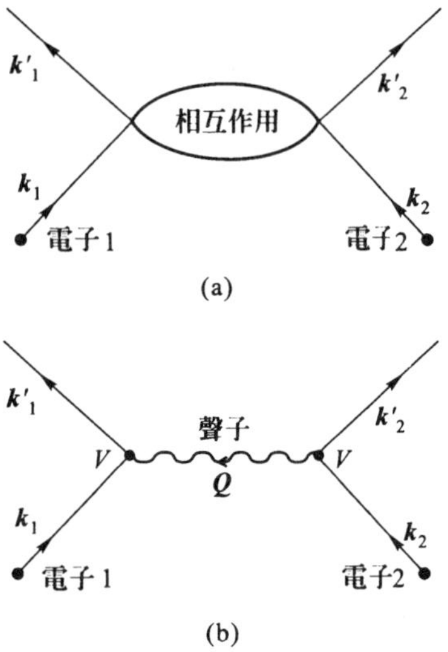

圖11－50

式(11－168a)右邊第一項和第二項分別為自由電子和聲子，第三項是電子聲子相互作用。設第三項為 $\hat{H}_I$，則：

$$\hat{H}_I = \sum_Q \left(V_{k_1k_1'} a_{k_1'}^+ a_{k_1} b_Q + h.c.\,(\text{Hermite 共軛}) \right)$$

(11－168b)

一般的動量 $\hbar\boldsymbol{k}_1$和 $\hbar\boldsymbol{k}_2$的二體散射如圖11－50(a)，「相互作用」是非常複雜，但當相互作用不強時，就可以使用微擾法處理，其最簡單的二體散射過程如圖11－50(b)。動量 $\hbar\boldsymbol{k}_1$和 $\hbar\boldsymbol{k}_2$兩電子，以交換動量 $\hbar\boldsymbol{Q}$ 的聲子來進行相互作用；$\hbar\boldsymbol{k}_1$和 $\hbar\boldsymbol{Q}$ 的電子和聲子湮沒($\hat{H}_I$ 中的$a_{k_1} b_Q$ 因子)後，變成動量 $\hbar(\boldsymbol{k}_1+\boldsymbol{Q}) = \hbar\boldsymbol{k}_1'$的電子 $\hat{H}_I$ 中的$a_{k_1'}^+$因子)出去。這時動量 $\hbar\boldsymbol{k}_2$的電子輸出一部分動量($-\boldsymbol{Q}$)給聲子而自己變成 $\hbar(\boldsymbol{k}_2-\boldsymbol{Q}) = \hbar k_2'$動量，$\hbar\boldsymbol{Q}$ 稱為動量傳遞(momentum transfer)。依照

微擾法演算，圖11－50(b)引起的能量變化 ΔE 是：

$$\Delta E = \langle \phi_0 | \hat{H}_I \frac{1}{E - \hat{H}_0} \hat{H}_I | \phi_0 \rangle \qquad (11-168c)$$

E＝物理系統總能，即 $\hat{H}|\psi\rangle = E|\psi\rangle$，$|\psi\rangle = \hat{H}$ 的本徵態；$\hat{H}_0 \equiv (\hat{H} - \hat{H}_I)$，$\hat{H}_0|\phi_0\rangle = (\varepsilon_{k_1} + \varepsilon_{k_2})|\phi_0\rangle \equiv E_0|\phi_0\rangle$，$|\phi_0\rangle$＝初態，這時無聲子。在式（11－168c）的 $\hat{H}_I$ 和 $\hat{H}_I$ 間夾上 $\hat{H}_0$ 的完全正交歸一化（complete orthonormalized set）本徵函數集：

$$\sum_n |\phi_n\rangle\langle\phi_n| = \mathbf{1} \qquad (11-168d)$$

參見第十章Ⅳ(D)，則得：

$$\Delta E = \sum_n \frac{\langle \phi_0 | \hat{H}_I | \phi_n \rangle \langle \phi_n | \hat{H}_I | \phi_0 \rangle}{E_0 - E_n} \qquad (11-168e)$$

但總能必守恆：

$$E = E_0 = \varepsilon_{k_1} + \varepsilon_{k_2} = \varepsilon_{k_1'} + \varepsilon_{k_2'}$$

中間能 E_n 有聲子能 $\hbar\omega_Q$ 參與，並且 $\hbar\boldsymbol{k}_1$ 和 $\hbar\boldsymbol{k}_2$ 變成 $\hbar\boldsymbol{k}_1'$ 和 $\hbar\boldsymbol{k}_2'$，

$$\therefore \quad E_n = \varepsilon_{k_1'} + \varepsilon_{k_2'} + \hbar\omega_Q$$

將 E 和 E_n 代入式（11－168e）得：

$$\begin{aligned}\Delta E &= \frac{V_{k_1k_1'}V_{k_2k_2'}}{(\varepsilon_{k_1} + \varepsilon_{k_2}) - (\varepsilon_{k_1'} + \varepsilon_{k_2'} + \hbar\omega_Q)} \\ &= -\frac{V_{k_1k_1'}V_{k_2k_2'}}{\hbar\omega_Q} \doteq -\frac{|V_{k_1k_1'}|^2}{\hbar\omega_Q} < 0 \qquad (11-169)\end{aligned}$$

$V_{k_1k_1'}V_{k_2k_2'} \equiv \sum_n \langle \phi_0 | \hat{H}_I | \phi_n \rangle \langle \phi_n | \hat{H}_I | \phi_0 \rangle$。式（11－169）的 $\Delta E < 0$ 表示兩電子交換聲子的主相互作用是引力。兩電子如果離 Fermi 能 E_F 很遠（參見圖11－49），便受到 Pauli 原理的限制，很難發生散射現象，僅 E_F 附近的能級電子，才較有可能散射後躍遷到 E_F 以上，沒有電子存在的能級。這就是爲什麼在式（11－163a～d）有了截止能 $\hbar\omega_c$。

【Ex.11－27】 使用一個很簡單的模型來說明，爲什麼加強外磁場會破壞超導機制。

自旋 $\boldsymbol{S}$ 的電子的磁偶極矩 $\boldsymbol{\mu}$ 和取向能（orientation energy）ΔE 各爲：

$$\boldsymbol{\mu} = -g_s \frac{e}{2m}\boldsymbol{S}$$

$$\Delta E = -\boldsymbol{\mu} \cdot \boldsymbol{B}$$

$\boldsymbol{B}$ = 外磁場（參見式（7－48a～e）和（7－49））,取 $\boldsymbol{B} = B\mathbf{e}_z$,$\mathbf{e}_z$ = z 軸方向的單位矢量,故：

$$\Delta E = \frac{g_s e}{2m} B \langle S_z \rangle$$

$g_s = 2$,而 $\langle S_z \rangle = \pm\frac{\hbar}{2}$；Cooper 對的自旋是互爲反向,於是 Cooper 對產生的取向能差 $(\Delta E)_{sep}$ 是：

$$(\Delta E)_{sep} = (\Delta E)_{\uparrow} - (\Delta E)_{\downarrow} = \frac{e\hbar}{2m}B - \left(-\frac{e\hbar}{2m}\right)B$$

$$= \frac{e\hbar}{m}B \qquad (11-170a)$$

顯然,$(\Delta E)_{sep}$ 隨著 B 的增大而增大,引起破壞 Cooper 對。$\frac{e\hbar}{2m}$ 是 Bohr 磁子,其大小 $\frac{e\hbar}{2m} = 5.78838263 \times 10^{-5}$ eV/tesla。例如 $Nb_3(Al_{0.7}Ge_{0.3})$ 超導體的臨界溫度和磁場分別約爲 $T_C \doteq 21$K,$B_C \doteq 41$tesla,

$$\therefore \quad (\Delta E(Nb_3(Al_{0.7}Ge_{0.3})))_{sep} \doteq 2 \times 5.79 \times 41 \times 10^{-5}\text{eV}$$

$$\doteq 0.47 \times 10^{-2}\text{eV} \qquad (11-170b)$$

但超導體能隙

$$E_g = 2\Delta(T=0) = 3.528 k_B T_C \longleftarrow \text{式}(11-167d)$$

$$\doteq 3.528 \times 8.617385 \times 21 \times 10^{-5}\text{eV}$$

$$\doteq 0.64 \times 10^{-2}\text{eV} \qquad (11-170c)$$

發現 $(\Delta E)_{sep}$ 和 E_g 同一數量級,換句話說,破壞 Cooper 對所需的能量,大約等於能隙能量。從式（11－170c）,超導的能隙遠比半導體（參見圖11－33）的小,不過超導現象是 Cooper 對的集體運動,金屬超導內的 Cooper 對數約有 10^{20},雖破壞一個 Cooper 對只需 $10^{-2} \sim 10^{-3}$eV,但要破壞大部分的 Cooper 對可不容易。

(7) Josephson 效應

1957年 BCS 理論成功地說明了超導的種種電、磁和熱力學現象後,不但激發了研究超導體的熱潮,並且 BCS 理論的 Cooper 對和基態波函數式（11－166）,被應用到物理的其他領域,例如原子核的研究。在這種氣氛下 Giaever（Ivar Giaever, 1929～　,美國物理學家）在1960年（I. Giaever, Phys. Rev. Letters **5**（1960）464）發現了夾著絕緣體 In，如圖11－51(a)，金屬 M 和超導體 S 之間，以及圖11－51(b)兩超導體 $S1$ 和 $S2$ 之間有電流，這現象表示在 MS 間和 $S1S2$ 間有電子的隧道現象，稱爲 **Giaever 隧道效應**。不久年青的 Josephson（Brian David Josephson, 1940～，英國物理學家）把那些實驗事實定量化（1962年），稱爲 Josephson 隧道理論，並且他徹底地研究與電子對的穿隧有關的種種現象，例如：穿隧電流密度 J_s 和外電場磁場的關係，臨界電流的大小，將兩組如圖11－51(b)的零件接成環狀情形，穿隧電流間的繞射和干涉現象等等。於是 Giaever 隧道效應，終被 Josephson 隧道效應所取代。

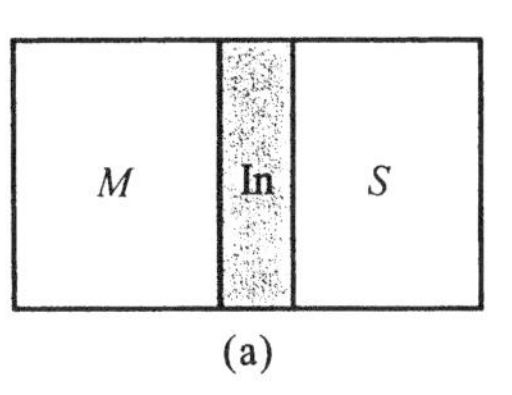

(a)

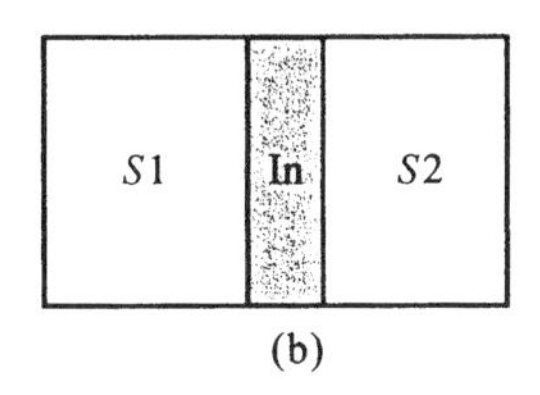

(b)

In＝厚度約10Å的絕緣體
稱爲接頭(junction)
M＝金屬
$S, S1, S2$＝超導體

圖11－51

(1)電子穿隧

如圖11－52(a)，在兩金屬 $M1$ 和 $M2$（相同或不同金屬）之間夾入厚度約10Å 的絕緣體 In，如 In 的兩端接上外電源 V，則電路上的電流 I 如圖11－52(b)。當將 $M1$ 和 $M2$ 中的一個降溫到 $T < T_C$，如圖11－52(c)，將 $M2$ 變成超導體 S，則電流 I 變成圖11－52(d)，且臨界電壓 V_C 是：

$$V_C = \frac{\Delta(T=0)}{|e|} = \frac{2\Delta(0)}{2|e|} = \frac{E_g}{2|e|}$$

$|e|$＝電子電荷大小，Δ＝能隙式（11－167d），$E_g = 2\Delta$ 稱爲超導體的能隙。上式暗示穿隧的是電子對，而不是電子。整個圖11－52(c)的電子概率分布如圖11－52(e)，表示電子對的躍遷能是2Δ，所以外電壓 $V < 2\Delta$ 時電子對無法穿隧絕緣體 In，一直到 $V \geqslant 2\Delta$ 才會產生電流。如果把圖11－52(a)的 $M1$ 和 $M2$ 同時降溫變成如圖11－52(c)的超導體 $S1$ 和 $S2$，並且關掉外電源 V，發現電路上出現了電流，其電流密度 J_s 是：

$$J_s = J_0 \sin\theta \qquad (11-171a)$$

$$J_0 = 2\pi E_0/\phi_0 \qquad (11-171b)$$

J_0 稱爲臨界電流密度，$\phi_0 = \dfrac{h}{2|e|}$＝磁通量單位量，式（11－153b）的 $n=1$ 的量，$\theta = \theta_2 - \theta_1$，$\theta_1$ 和 θ_2 各爲超導體 $S1$ 和 $S2$ 內電子對的概率幅式（11－155a）的相位。E_0 是在 $S1$ 和 $S2$ 間轉移電子對時伴隨的能量

$$E = E_0 \cos\theta \qquad (11-172)$$

的最大值；E_0 是和接頭物質、其厚度和 $S1, S2$ 的能隙 Δ_1, Δ_2 有關的量，E 稱爲

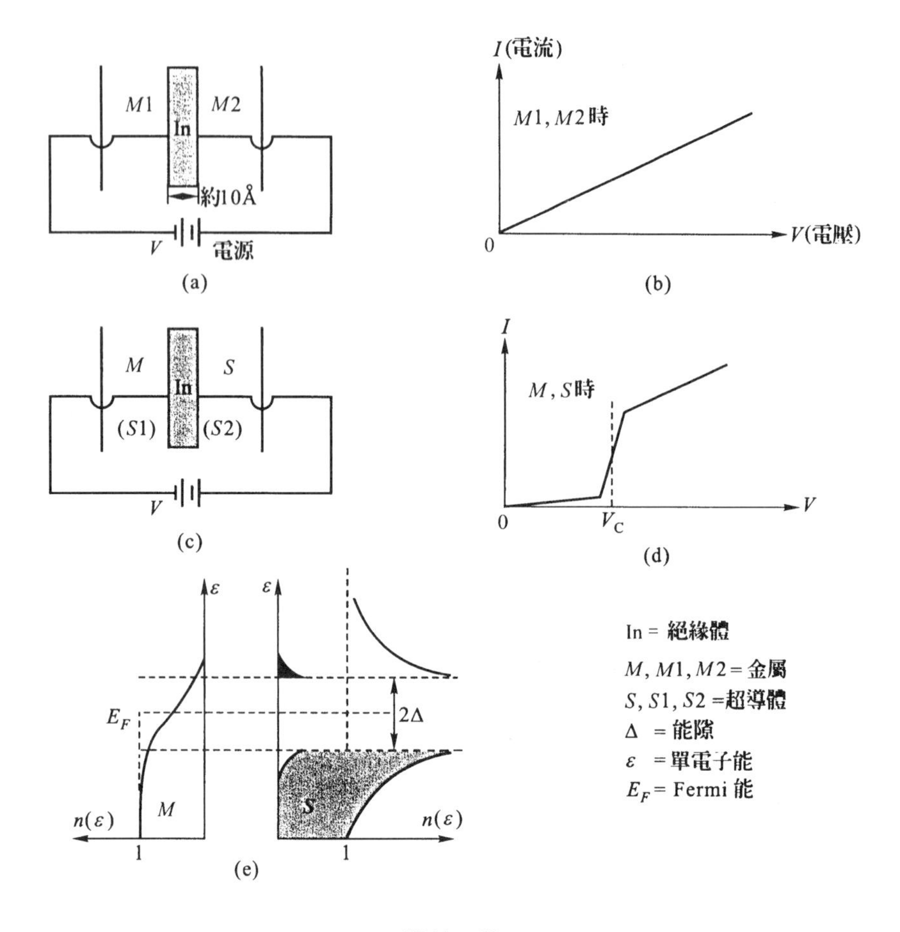

圖11－52

***Josephson* 耦合能**（coupling energy）。換句話說，E 是經接頭 In、兩超導體 $S1$和 $S2$ 在一起的結合能。電流密度式（11－171a）的 J_s 稱爲 **DC（直流）Josephson 效應**，J_s 又稱爲**超電流密度**（super-current density），而稱兩超導體中間夾絕緣體的零件爲 **Josephson 接頭**。

(ⅱ)DC Josephson 效應

設 φ_1和 φ_2分別爲超導體 $S1$和 $S2$內的電子對概率幅，分別如式（11－155a）。整個 Josephson 接頭的變化是和時間有關，並且 φ_1和 φ_2是耦合在一起，故必須使用和時間有關的 Schrödinger 方程式（10－39d）：$\hat{H}\psi = \mathrm{i}\hbar\dfrac{\partial\psi}{\partial t}$。處理耦合問題時，使用矩陣表示法較一目瞭然，耦合相互作用是矩陣的非對角線成分，非耦合相互作用是矩陣的對角線成分。如相互作用 Hamiltonian 是 $\hat{H}_C = \hbar\hat{H}_I$，現在的整個系統的波函數是：

$$\psi = \begin{pmatrix} \varphi_1 \\ \varphi_2 \end{pmatrix}$$

故式（10－39d）變成：

$$i\hbar\frac{\partial\psi}{\partial t}=\begin{pmatrix}i\hbar & \partial\varphi_1/\partial t\\ i\hbar & \partial\varphi_2/\partial t\end{pmatrix}=\hat{H}_C\psi=\begin{pmatrix}0 & \hbar\hat{H}_I\\ \hbar\hat{H}_I & 0\end{pmatrix}\begin{pmatrix}\varphi_1\\ \varphi_2\end{pmatrix}$$

$$=\begin{pmatrix}\hbar\hat{H}_I\varphi_2\\ \hbar\hat{H}_I\varphi_1\end{pmatrix}$$

$$\therefore\quad\begin{cases}i\hbar\dfrac{\partial\varphi_1}{\partial t}=\hbar\hat{H}_I\varphi_2\\[2ex] i\hbar\dfrac{\partial\varphi_2}{\partial t}=\hbar\hat{H}_I\varphi_1\end{cases}\qquad(11-173a)$$

顯然，$\hat{H}_I$ 的量綱 $[H_I]$ =（時間）$^{-1}$，是和頻率有關的相互作用。由式（11－155a）得：

$$\begin{cases}\varphi_1=\sqrt{n_1}e^{i\theta_1}\\ \varphi_2=\sqrt{n_2}e^{i\theta_2}\end{cases}\qquad(11-173b)$$

n_1和 n_2分別爲超導體 $S1$和 $S2$的電子數密度，θ_1和 θ_2各爲 φ_1和 φ_2的相位，把式（11－173b）代入式（11－173a）得：

$$\frac{\partial\varphi_1}{\partial t}=\frac{1}{2\sqrt{n_1}}\frac{\partial n_1}{\partial t}e^{i\theta_1}+i\varphi_1\frac{\partial\theta_1}{\partial t}=-i\hat{H}_I\varphi_2\qquad(11-173c)$$

$$\frac{\partial\varphi_2}{\partial t}=\frac{1}{2\sqrt{n_2}}\frac{\partial n_2}{\partial t}e^{i\theta_2}+i\varphi_2\frac{\partial\theta_2}{\partial t}=-i\hat{H}_I\varphi_1\qquad(11-173d)$$

$\sqrt{n_1}e^{-i\theta_1}$和$\sqrt{n_2}e^{-i\theta_2}$分別乘式（11－173c）和（11－173d）得：

$$\frac{1}{2}\frac{\partial n_1}{\partial t}+in_1\frac{\partial\theta_1}{\partial t}=-i\hat{H}_I\sqrt{n_1n_2}e^{i\theta}$$

$$\frac{1}{2}\frac{\partial n_2}{\partial t}+in_2\frac{\partial\theta_2}{\partial t}=-i\hat{H}_I\sqrt{n_1n_2}e^{-i\theta}$$

$\theta\equiv\theta_2-\theta_1$，令上兩式的各左右兩邊的實部（real part）和虛部（imaginary part）各自相等便得：

$$\begin{cases}\dfrac{\partial n_1}{\partial t}=2\hat{H}_I\sqrt{n_1n_2}\sin\theta,\qquad \dfrac{\partial n_2}{\partial t}=-2\hat{H}_I\sqrt{n_1n_2}\sin\theta\\[2ex] \dfrac{\partial\theta_1}{\partial t}=-\hat{H}_I\sqrt{n_2/n_1}\cos\theta,\qquad \dfrac{\partial\theta_2}{\partial t}=-\hat{H}_I\sqrt{n_1/n_2}\cos\theta\end{cases}\qquad(11-173e)$$

爲了方便起見，假定 $S1$和 $S2$是同種超導體，則 $n_1\doteq n_2$而式（11－173e）的下式變成：

$$\frac{\partial\theta_1}{\partial t}\doteq\frac{\partial\theta_2}{\partial t}\Rightarrow\frac{\partial}{\partial t}(\theta_2-\theta_1)=0$$

$$\therefore \qquad \theta_2 - \theta_1 = \text{常數} \equiv \theta \qquad (11-174a)$$

而從式（11－173e）的上式得：

$$\frac{\partial n_2}{\partial t} = -\frac{\partial n_1}{\partial t} \qquad (11-174b)$$

由式（7－23a）得電流密度 $\boldsymbol{J} = nq\boldsymbol{v}_d$，故式（11－174b）左邊表示電流從 $S1$流到 $S2$正比於$|e|\partial n_2/\partial t$，反過來從 $S2$流到 $S1$正比於$(-|e|\partial n_1/\partial t)$，即電流密度 $J \propto |e|\partial n/\partial t$。當 $n_1 \doteq n_2 \equiv n$，則由式（11－173e）上式得：

$$J = 2\alpha \hat{H}_I |e| n \sin\theta \qquad (11-174c)$$

α＝比例係數。取 $n=1$後比較式（11－171a）和式（11－174c）得：

$$2\alpha \hat{H}_I |e| = 2\pi E_0 \frac{2|e|}{h} = 2|e|E_0/\hbar$$

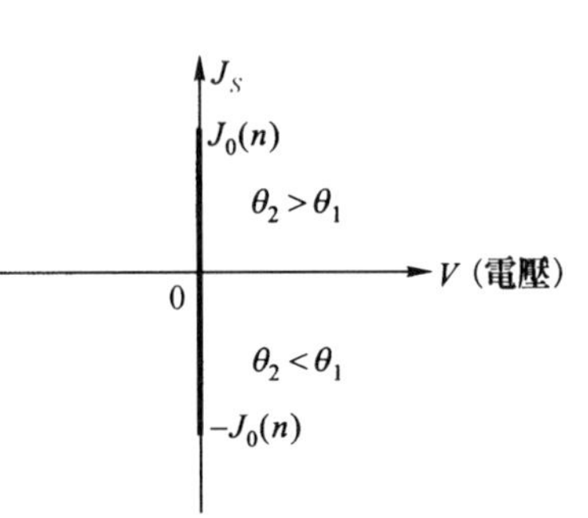

如果 $\hat{H}_I = E_0/\hbar$，則 $\alpha = 1$。$E_0/\hbar$ 的量綱［$E_0/\hbar$］＝（時間）$^{-1}$，確實和 $\hat{H}_I$ 同量綱。單位體積內有電子對數 n 時的超電流密度 J_s（n）是：

$$J_s(n) = J_0(n)\sin\theta \qquad (11-175)$$

$$J_0(n) = nJ_0 = 2\pi n E_0/\phi_0$$

J_s（n）的最大值是$|J_0(n)|$，隨著相位 $\theta_1 \lessgtr \theta_2$ 而得右圖的值，這表示電子對會穿隧接頭而產生直流電，稱爲 **DC Josephson** 效應。

(iii)AC Josephson 效應

當圖11－52(c)的接頭兩邊都是超導體，並且接上外電源 V，$S2$接正極而 $S1$是接負極，電勢能 $U=|e|V \equiv eV$，則式（10－39d）是：

$$i\hbar\frac{\partial \varphi}{\partial t} = \begin{pmatrix} i\hbar & \partial\varphi_1/\partial t \\ i\hbar & \partial\psi_2/\partial t \end{pmatrix} = \begin{pmatrix} -eV & \hbar\hat{H}_I \\ \hbar\hat{H}_I & eV \end{pmatrix}\begin{pmatrix} \varphi_1 \\ \varphi_2 \end{pmatrix}$$

$$= \begin{pmatrix} -eV\varphi_1 + \hbar\hat{H}_I\varphi_2 \\ \hbar\hat{H}_I\varphi_1 + eV\varphi_2 \end{pmatrix}$$

$$\therefore \begin{cases} i\hbar\dfrac{\partial\varphi_1}{\partial t} = \hbar\hat{H}_I\varphi_2 - eV\varphi_1 & (11-176a) \\ i\hbar\dfrac{\partial\varphi_2}{\partial t} = \hbar\hat{H}_I\varphi_1 + eV\varphi_2 & (11-176b) \end{cases}$$

將式（11－173b）式代入上式後分別從左邊各乘上$\sqrt{n_1}e^{-i\theta_1}$和$\sqrt{n_2}e^{-i\theta_2}$便得：

$$\frac{1}{2}\frac{\partial n_1}{\partial t} + in_1\frac{\partial\theta_1}{\partial t} = ieVn_1/\hbar - i\hat{H}_I\sqrt{n_1 n_2}e^{i\theta}$$

$$\frac{1}{2}\frac{\partial n_2}{\partial t} + in_2\frac{\partial \theta_2}{\partial t} = -ieVn_2/\hbar - i\hat{H}_I\sqrt{n_1 n_2}e^{-i\theta}$$

$\theta \equiv \theta_2 - \theta_1$，令上兩式的左右兩邊的實部和虛部各自相等便得：

$$\begin{cases} \dfrac{\partial n_1}{\partial t} = 2\hat{H}_I\sqrt{n_1 n_2}\sin\theta, \qquad \dfrac{\partial n_2}{\partial t} = -2\hat{H}_I\sqrt{n_1 n_2}\sin\theta & (11-176c) \\ \dfrac{\partial \theta_1}{\partial t} = \dfrac{eV}{\hbar} - \hat{H}_I\sqrt{\dfrac{n_2}{n_1}}\cos\theta, \qquad \dfrac{\partial \theta_2}{\partial t} = -\dfrac{eV}{\hbar} - \hat{H}_I\sqrt{\dfrac{n_1}{n_2}}\cos\theta & (11-176d) \end{cases}$$

如果兩超導體同質，即 $S1 = S2$，則 $n_1 \doteq n_2$，故式（11－176d）變成：

$$\frac{\partial(\theta_2 - \theta_1)}{\partial t} = \frac{\partial \theta}{\partial t} = -2\frac{eV}{\hbar}$$

$$\therefore \quad \theta(t) = \theta(0) - \frac{2eV}{\hbar}t, \quad 當\ V \neq V(t) \qquad (11-177a)$$

而式（11－176c）是$\frac{\partial n_1}{\partial t} = -\frac{\partial n_2}{\partial t}$ = 式（11－174b），所以同前面所作的說明，超電流密度是：

$$J_s(t) = J_0\sin\left(\theta(0) - \frac{2eV}{\hbar}t\right) \qquad (11-177b)$$

顯然 J_s 是以角頻率 ω：

$$\omega = \frac{2eV}{\hbar} \qquad (11-177c)$$

振動的電流密度：

$$J_s(t) = J_0\sin(\theta(0) - \omega t) \qquad (11-178)$$

且由式（11－177c）得穿隧接頭的是電子對不是單電子。當電子對穿隧接頭時的能量交換，吸收或射出的光子能量是：

$$\hbar\omega = 2eV$$

是電子對參與，不是單電子參與的行為。從上面的推導過程，若沒有式（11－173b），是不可能有式（11－175），或式（11－177b）；所以 Josephson 效應明顯地表示量子力學的「相位」的重要性。換句話說，Josephson 效應是赤裸裸地將量子力學的相位，以量子力學效應（穿隧效應）的方式呈現出來，變成用肉眼觀測得到的電流。從式（11－177b），如果 V 已知，則由測量 J_s 便能得 $e/\hbar$ 的值；反過來從已知的 $e/\hbar$ 和測量 J_s 可得系統接觸的電壓 V。例如 J_s 的角頻率 $\omega = 0.3 \times 10^{10}$ Hz，則從式（11－177c）得：

$$V = \frac{\hbar\omega}{2e} = \frac{6.582122 \times 0.3 \times 10^{-16+10}eV}{2e} \doteq 1 \times 10^{-6}V$$

所以利用 Josephson 接頭可以測量很小的電壓，ω 越小 V 越小。

Josephson效應目前最大的應用是，測量非常小的磁場。使用電路上至少有一個 Josephson 接頭的零件，稱為**超導量子干涉計**（superconducting quantum interference device，取英文詞的頭一個字母，簡稱為 SQUID），能測到 10^{-14}～10^{-20} T（tesla）的微弱磁場B。最近（1998年）20多年，將這種技術應用到診斷心臟病，其方法稱為magnetocardiography（心磁術），但這屬於心臟電生理學（electrophysiology of the heart）的範疇。因在細胞間流的電流會產生微弱磁場$B \doteq 10^{-15}$ T，量B可以推導出電流、電壓，因此可瞭解心臟的血流和活動的情況，尤其心筋和弁膜（valve）的活動，以及心臟的電勢（electric potential，參見第七章IV）分布情形，可以瞭解心臟生態。過去（1960年代至1980年代上半葉）由於製造SQUID很花錢，超導體的溫度約在 30K 以下，醫學上的使用頻率不高。但 1986 年高溫超導，又稱為高（high）T_C SQUID出現後，成本降低加上技術的提高，心磁圖（magneto-cardiograph，簡稱 MCG）逐漸地和心電圖（參見第七章IX(D)）ECG一樣地用來診斷心臟病、胎兒的健康狀態等等；相信不久的將來會出現和電生理學同樣好的心臟磁生理學（magnetophysiology of the heart），是研究心臟及其疾病的新醫學技術領域。

(8)高溫超導電性

在前面(1)曾提到目前能製造的超導體溫度是 162K（1998 年春），這是驚人的突破，而且正邁向 200K 甚至於室溫 300K 的關卡努力。從不超過 30K 到 90 多度K的過程，中國人的貢獻不小。目前把 1986 年以前，低溫的超導體或研究成果稱為傳統超導電性（traditional super-conductivity），而 1986 年以後的稱為超導，或高溫超導電性（high temperature super-conductivity，簡稱 HTSC 或高（high）T_C）。高 T_C 的超導物有如下共同性質：

①屬於第二類型；

②都含有 CuO，並且 CuO 都在同一平面上，即 2 維，同時臨界溫度 T_C 有隨著 CuO 層數的增加而升高的趨勢；

③可耐大的外磁場，目前（1998 年春）到 160T（tesla），可能達到更高；並且 CuO 薄面上的超電流密度J_s 可達到 10^{10} A/m^2，例如 $YBa_2Cu_3O_{7-\delta}$，δ是參數量，但體（bulk）超導的J_s 的平均為 10^6 A/m^2。

到底 CuO 層的數目可到幾層，目前正在研究當中。至於高 T_C 的力學機制尚未有定論，不過有下述的共通點：

①都有約$E_g \doteq 3.53k_BT_C$的能隙，k_B = Boltzmann 常數；

②量子化磁通量$\phi_B \propto \dfrac{h}{2|e|}$，暗示有 Cooper 對，但不一定$s$態（$s$-state）；

③熱力學性質和傳統超導體相似，電子比熱 C_{es}和 T_C 的關係，大約和 BCS 理論的相同；

④除了 s 和 d 態電子對，還有 p 態（p-state）空穴對（hole pair）；

⑤電子和晶格振動的耦合強度，比 BCS 理論的強；

⑥晶格振動除了簡諧振動之外，還含有微小的非簡諧振動（unharmonic oscillation）；

⑦有電子自旋和電子電荷漲落（fluctuation）現象，這些都會產生和 BCS 理論不同的相互作用，總而言之，高 T_C 的力學機制不是那麼簡單。

(9)超導體的應用

傳統的超導體，由於溫度太低（30K 以下），故為了冷卻必須消耗大量能源，成本太高，加上超電流密度 J_s 不大，又忍耐不了強外磁場。高溫超導雖在液態氮領域大大地降低了成本，J_s 大且能耐大外磁場，但都是陶瓷物質，於是缺少彈性及展延性，無法拉成線、或碾延成薄片，如何突破這些機械性質的缺點，是目前重要科研題之一。如能克服這些缺點，高溫超導的應用範圍眞是廣泛；在高 T_C、高 J_s 和耐高外磁場的「三高」情況下，可用來發電、貯存電能、輸送電力。因沒有電阻，不會產生 Joule 熱（式（7－29））而損失能量。利用 Meissner 效應，產生磁力的懸浮現象，製造磁浮車；由於摩擦減少，車速增加；據目前的日本磁浮火車的模型實驗，車速可達到500km/時。除了這些和能源及動力方面的應用之外，在電子領域，利用 Josephson 接頭製造電腦（計算機）零件、高靈敏度的超導量子干涉計（SQUID，又簡稱為磁量儀），應用到醫學臨床上，以及代替容易傷害身體的 X 射線攝取圖像，稱為 **MRI**（Magnetic Resonance Imaging）。目前的尖端科技幾乎把焦點放在半導體，等到半導體的應用快到飽和的21世紀頭20年左右，相信科學家們會把精力轉到高溫超導，故從長遠的發展觀點來看，這是個富挑戰性的新領域。

由於受到篇幅的限制，近代物理學 I 僅介紹到此。第11章後半的亞原子部分：原子核和基本粒子簡介放在近代物理 II。希望第11章前半的簡介能帶給讀者最起碼的知識，不周到之處，敬請原諒和指正，大家一起來使我國的基礎科學之一的物理學早日生根。

練習題

(1) 如果鹽酸有 HCl，H^2Cl 和 H^3Cl，H^2 = 氘，H^3 = 氚，而 Cl = ${}_{17}Cl^{35}_{18}$，求各分子

的折合質量，以及 H^2Cl，H^3Cl 的零點能和 HCl 零點能的比值。

⑵ 使用【**Ex.11－20**】的鹽酸轉動慣量，求基態的氫和氯核的間距。氫和氯的質量各為 $m_{\rm H}=1.007825$amu，$m_{\rm Cl}=34.968853$amu, 1amu $=1.6605402\times10^{-27}$ kg。

⑶ 從兩個原子分子的振動能級，可測量到什麼物理量呢？

⑷ 銀 $_{47}$Ag 的粒子數密度 $n=6\times10^{22}\text{cm}^{-3}$，使用式（11－81a）求電子 Fermi 速率 v_F。

⑸ 鍺（$_{32}$Ge）的原子量＝72.59，室溫時的質量密度 $\rho=5.38\text{g/cm}^3$；鍺的本徵半導體在價帶上的空穴數密度 $n_h=10^{10}\text{cm}^{-3}$，求：

(i)如果要增加 n_h 一百萬倍，則要摻入什麼元素較好，且其粒子數密度是多少？

(ii)雜質和鍺的粒子數密度比是多大？

⑹ 矽（$_{14}$Si）在室溫（300K）時的能量間隙 $E_g=1.14$eV，則需要頻率多大的光子才能激發價帶電子到導帶呢？

⑺ 在室溫 $T=300$K 時，不同功函數的兩金屬接合，設未接外電源時的兩金屬間的電子流的電子數密度＝n_i，接上外電源 $V=1$mV 後 n_i 變成多少？

⑻ 如果在【**Ex.11－25**】的 GaAs pn 元件，加上偏電壓 $V_{\rm ext}=0.2$V，則向前偏電壓以及反向偏電壓時的空間電荷區寬各為多少？兩者差多少倍呢？

⑼ 在 *pn* 元件，如果把反向偏電壓 $V_{\rm ext}\gg V_0$，V_0＝內建電壓，你想會產生什麼樣的電流？

⑽ 比較超流性（superfluidity）和超導電性（superconductivity）。

（提示：從相當於力學的摩擦力切入）

⑾ 什麼稱為同位素（isotope）？什麼稱為同位素效應？如右圖，在光滑水平面上有個無質量，Hooke 常數 k 的理想彈簧，A 處分別放上氫（$_1\text{H}_0^1$）和氚（$_1\text{H}_2^3$），讓它們各自做簡諧運動。則角頻率比值是多大？

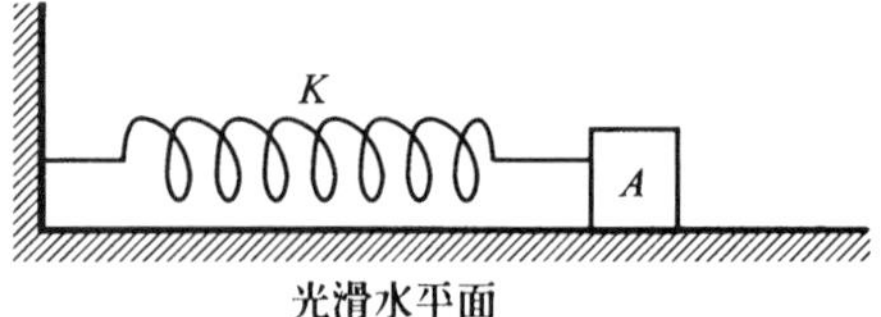

⑿ 如果超導態時的電子數密度 $n=10^{23}\text{cm}^{-3}$，則 London 的穿透深度 λ_L 有多大？

⒀ 週期表上導電性最好的銀（$_{47}$Ag）和次好的銅（$_{29}$Cu）金屬沒有超導性，反而導電性不好的金屬，將溫度降到某溫度 T_C 便呈現超導現象，你想為什麼？

（提示：從同位素效應 Fröhlich 想到聲子媒介電子間相互作用切入）

第十一章的摘要

原子、分子

(1)結合鍵：　化學、離子、共價、金屬、Van der Waals 鍵

(2)電磁性
- 電多極：　【Ex】電偶矩 $\boldsymbol{p}=q\boldsymbol{l}$
- 磁偶矩：　$\hat{\boldsymbol{\mu}}=g\dfrac{q}{2m}\hat{\boldsymbol{J}}$，　$g=\begin{cases}g_l\\ g_s\end{cases}$，　$\hat{\boldsymbol{J}}=\begin{cases}\hat{\boldsymbol{L}}\\ \hat{\boldsymbol{S}}\end{cases}$，　q＝電荷
- 取向能，Zeeman 效應

(3)X-射線、可見光

(4)自旋軌道相互作用：　$\dfrac{1}{2m^2c^2}\dfrac{1}{r}\dfrac{\mathrm{d}V(r)}{\mathrm{d}r}\hat{\boldsymbol{S}}\cdot\hat{\boldsymbol{L}}$

角動量組合：　LS 耦合、　JJ 耦合

原子能級的精細結構

Sommerfeld 的相對論修正

(5)全同粒子

Fermi 子（Fermi 粒子），　Bose 子（Bose 粒子）

波函數的對稱性【Ex】單態，　三重態

同位旋

量子統計

(1)Bose-Einstein 統計

促進因子

分布函數

Bose-Einstein 凝結（condensation）

超流性（superfluidity）

(2)Fermi-Dirac 統計

抑止因子

分布函數

化學勢能

Fermi 能，　Fermi 面，　Fermi 動量

週期邊界條件

粒子有靜止質量，無靜止質量的系統狀態數求法

(3)自旋和統計的關係

凝聚態

(1)分子結構

轉動能級、 振動能級、 電子能級、 零點能

(2)固體內的電子能量本徵函數、本徵值

Bloch 函數

Kronig-Penny 模型

容許能帶、 禁戒能帶、 能量間隙、 Brillouin 帶、 約化波矢量

有效量【**Ex**】有效質量

(3)絕緣體、 導體、 金屬

漂移速度、 傳導電流、 遷移率、 空穴電流

(4)半導體

本徵半導體、 外質半導體

施主雜質、 n 型； 受主雜質、 p 型

Fermi 面的變化

pn 整流器、 pn 接合

電晶體（晶體管）

(5)超導體

第 I 和第 II 類型超導體

Meissner 效應

完全抗磁性

同位素效應

磁通量量子化

磁通量量子

相干長度

穿透深度

Cooper 對、 能量間隙、 BCS 基態函數

Josephson 效應

SQUID、 心磁圖

參考文獻和註

1）Kenneth S. Krane：Modern Physics, John Wiley & Sons, 1983

2）Robert Eisberg & Robert Resnick：Quantum Physics of Atoms, Molecules, Solids, Nuclei, and Particles, John Wiley & Sons, 1985

3）John J. Brehm & William J. Mullin：Introduction to the Structure of Matter, John Wiley & Sons, 1989

4）Charles Kittle：Introduction to Solid State Physics, 4th ed. John Wiley & Sons, 1971

5）Steven S. Zumdahl：Chemieal Principle, 3rd ed., Houghton Mifflin Company, 第13,14章, 1998

6）van der Waals 力是什麼？

原子的所謂中性是如右圖(a)，是指較長時間內，原子對外呈現電中性，但每瞬間的原子，由於量子效應原子的正和負電稍微錯開形成電偶極，其電偶極矩或電偶矩如右圖(b)所示。如有一對電偶矩如右圖(c)，它們之間便有電偶矩電偶矩耦合（electric dipole-dipole coupling），結果各原子的電偶極（electric dipole）便在兩個電偶矩（electric dipole moment）的連線 x 上來回振動。假定電偶極的振動是簡諧振動，m = 電偶極質量，各電偶極的動量分別爲 P_1和 P_2，其他量如右圖(c)所示，則各自獨立振動時的 *Hamiltonian* H_0是：

± 中性

(a)

P ↑ + − 或 − + ↓ P

電偶極矩 P

(b)

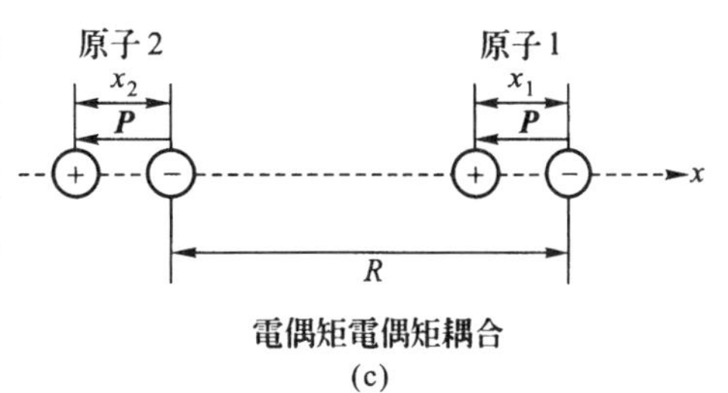

電偶矩電偶矩耦合

(c)

$$H_0 = \frac{1}{2m}P_1^2 + \frac{1}{2}kx_1^2 + \frac{1}{2m}P_2^2 + \frac{1}{2}kx_2^2 \quad (1)$$

k 是 *Hooke* 常數。設電偶矩 $\boldsymbol{p} = e\boldsymbol{l}, \boldsymbol{l} =$（從負電荷向正電荷方向）$\times x_1$（或 x_2），e = 正或負電荷大小，兩電偶矩間的相互作用 Hamiltonian H_{int}是（爲了方便設$\frac{e^2}{4\pi\varepsilon_0} \longrightarrow e^2$）：

$$H_{\text{int}} = \frac{e^2}{R} + \frac{e^2}{R - x_1 + x_2} - \frac{e^2}{R - x_1} - \frac{e^2}{R + x_2} \quad (2)$$

當 $R \gg x_1, R \gg x_2$，則由$\frac{1}{1+x} = 1 - x + x^2 - x^3 + x^4 - \cdots\cdots, |x| < 1$得：

$$H_{\text{int}} \doteq -\frac{2x_1x_2e^2}{R^3} \quad (3)$$

很明顯式(3)中 x_1和 x_2耦合在一起。這樣，很難看出兩電偶矩耦合的情形。經過簡正模（normal mode）變換，能把耦合振動簡化爲不耦合振動，其變換是：

$$\left.\begin{aligned} x_s &\equiv \frac{1}{\sqrt{2}}(x_1 + x_2) \\ x_a &\equiv \frac{1}{\sqrt{2}}(x_1 - x_2) \end{aligned}\right\} \tag{4}$$

式(4)是下圖(a)兩個等質量 m 的粒子，以 Hooke 常數 k 的彈簧連起來的振動用的簡正模變換，x_s 對 x_1和 x_2的置換是對稱，而 x_a 是反對稱，則由式(4)得：

$$\begin{cases} x_1 = \dfrac{1}{\sqrt{2}}(x_s + x_a) \\ x_2 = \dfrac{1}{\sqrt{2}}(x_s - x_a) \end{cases}$$

現在的電偶極也是等質量 m，故從上式得：

$$\begin{cases} p_1 = \dfrac{1}{\sqrt{2}}(p_s + p_a) \\ p_2 = \dfrac{1}{\sqrt{2}}(p_s - p_a) \end{cases}$$

$$\therefore \quad H = H_0 + H_{\text{int}} = \frac{1}{2m}p_s^2 + \frac{1}{2}\left(k - \frac{2e^2}{R^3}\right)x_s^2 + \frac{1}{2m}p_a^2 + \frac{1}{2}\left(k + \frac{2e^2}{R^3}\right)x_a^2$$

$$= \text{沒有耦合的兩個諧振子振動}$$

設$\left(k - \dfrac{2e^2}{R^3}\right) \equiv m\omega_s^2$, $\left(k + \dfrac{2e^2}{R^3}\right) \equiv m\omega_a^2$，$\omega_s$ 是下圖(b)的振動，由於兩粒子的振動相（phase）相同，故 $\omega_s < \omega_a$, ω_a 是下圖(c)的振動角頻率，兩粒子的振動不同相，則得：

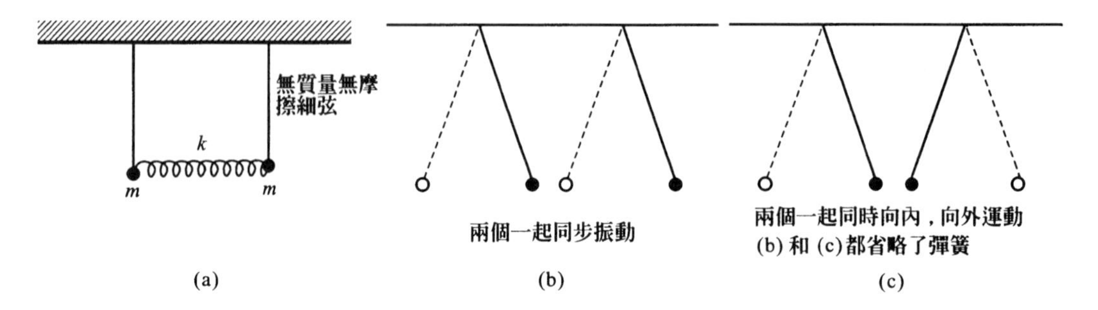

(a)　(b)　(c)

$$\begin{aligned} H\psi(x_s, x_a) &= \left\{\left(\frac{p_s^2}{2m} + \frac{m}{2}\omega_s^2 x_s^2\right) + \left(\frac{p_a^2}{2m} + \frac{m}{2}\omega_a^2 x_a^2\right)\right\}\psi(x_s, x_a) \\ &= E\psi(x_s, x_a) \end{aligned} \tag{5}$$

經 $\psi(x_s, x_a) \equiv \psi_s(x_s)\psi_a(x_a)$, $E \equiv E_a + E_s$，便得：

$$\left(\frac{p_s^2}{2m} + \frac{m}{2}\omega_s^2 x_s^2\right)\psi_s(x_s) = E_s\psi_s(x_s)$$

$$\left(\frac{p_a^2}{2m} + \frac{m}{2}\omega_a^2 x_a^2\right)\psi_a(x_a) = E_a\psi_a(x_a)$$

由第十章的式（10－87a）和式（10－89）得能量本徵值 E：

$$E = \left(n_s + \frac{1}{2}\right)\hbar\omega_s + \left(n_a + \frac{1}{2}\right)\hbar\omega_a, \quad n_{s,a} = 0,1,2,\cdots\cdots \tag{6}$$

設沒有耦合時的角頻率 $\equiv \omega_0 = \sqrt{k/m}$

$$\therefore \quad \begin{cases} \omega_s = \sqrt{\dfrac{1}{m}(k - 2e^2/R^3)} \doteq \omega_0\left\{1 - \dfrac{1}{2}\dfrac{2e^2}{kR^3} - \dfrac{1}{8}\left(\dfrac{2e^2}{kR^3}\right)^2\right\} \\ \omega_a = \sqrt{\dfrac{1}{m}(k + 2e^2/R^3)} \doteq \omega_0\left\{1 + \dfrac{1}{2}\dfrac{2e^2}{kR^3} - \dfrac{1}{8}\left(\dfrac{2e^2}{kR^3}\right)^2\right\} \end{cases}$$

$$\therefore \quad E = \hbar\omega_0\left\{(n_s + n_a) + 1 - \frac{1}{8}\left(\frac{2e^2}{kR^3}\right)^2\right\} - \hbar\omega_0\frac{e^2}{kR^3}(n_s - n_a)$$

$$- \hbar\omega_0\frac{1}{8}\left(\frac{2e^2}{kR^3}\right)^2(n_s + n_a) \tag{7}$$

式(7)右邊第一項的$\{(n_s + n_a) + 1\}\hbar\omega_0$是完全沒有耦合時的兩個自由諧振子的能量，它們經過耦合後能量反而降低。基態 $n_a = n_s = 0$，降低的能量是：

$$\Delta E = -\frac{1}{8}\left(\frac{2e^2}{kR^3}\right)^2\hbar\omega_0$$

$$\equiv -\frac{\alpha}{R^6}, \quad \alpha \equiv \frac{e^4}{2k^2}\hbar\omega_0 \tag{8}$$

設引力勢能 $\Delta U \equiv -\dfrac{\alpha}{R^6}$，則 ΔU 便是 van der Waals 力的勢能，故由第二章式（66）得 van der Waals 力 $\boldsymbol{F}_v = -\nabla\Delta U$：

$$\boldsymbol{F}_v = -\frac{6\alpha}{R^7}\frac{\boldsymbol{R}}{R} \tag{9}$$

$\boldsymbol{F}_v$ 又稱爲 **London** 相互作用力，也稱爲感應電偶矩電偶矩相互作用力（induced electric dipole-dipole interaction force）。

電偶矩電偶矩振動正是力學耦合振動的模擬（analogue）體系，所以電偶矩電偶矩振動是：

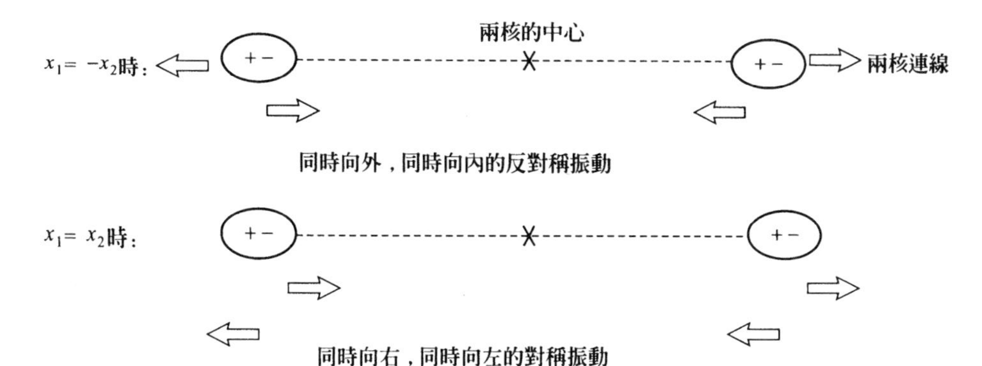

7）電偶矩躍遷矩陣

物理體系和外界相互作用後必從體系的初態（initial state）$|i\rangle$ 躍遷到終態（final state）$\langle f|$。設相互作用 Hamiltonian 爲 $\hat{H}_{\text{int}}$，實驗測量的最普通的量是微分截面

（differential cross section 參見附錄 H）$d\sigma$。在相互作用不強時，$d\sigma$ 是正比於躍遷矩陣 $\langle f|\hat{H}_{\text{int}}|i\rangle$ 的絕對值平方：

$$d\sigma = \frac{2\pi}{\hbar}|\langle f|\hat{H}_{\text{int}}|i\rangle|^2 d\rho_f \tag{1}$$

$\hbar \equiv \dfrac{h}{2\pi}$，$h$ = Planck 常數，$d\rho_f$ = 終狀態密度（density of final state）的微分變化量，式(1)通稱為 Fermi 的第二號黃金定律（Golden Rule No.2），所以核心是計算躍遷矩陣。電偶矩躍遷矩陣是：

$$T_{fi} \equiv \langle f|\alpha q\boldsymbol{r}|i\rangle = \alpha q\int \psi^*_{nlm}(\boldsymbol{r})\,\boldsymbol{r}\psi_{n_0l_0m_0}(\boldsymbol{r})\,r^2\sin\theta\, dr\, d\theta\, d\varphi$$

$$= \alpha q\int R^*_{nl}(r)\,Y^*_{lm}(\theta,\varphi)\,\boldsymbol{r}R_{n_0l_0}(r)\,Y_{l_0m_0}(\theta,\varphi)\,r^2\sin\theta\, dr\, d\theta\, d\varphi \tag{2}$$

能量本徵函數 $\psi_{nlm}(\boldsymbol{r})$ 是用球諧函數（spherical harmonic fnnction）Y_{lm}表示，所以最好 $\boldsymbol{r}$ 也使用球張量（spherical tensor）來表示。一秩（first rank）球張量的 $\boldsymbol{r}$ 是：

$$\boldsymbol{r} = \sum_{\mu=-1}^{1}(-)^{\mu} r_\mu \mathbf{e}_{-\mu} = \sum_{\mu=-1}^{1} r_\mu \mathbf{e}^*_\mu \tag{3}$$

單位矢量 $\mathbf{e}_\mu$ 和直角座標（Cartesian coördinates）的單位矢量 $\mathbf{e}_{x,y,z}$的關係是：

$$\left\{\begin{aligned} &\mathbf{e}_{+1} \equiv \mathbf{e}_+ = -\frac{1}{\sqrt{2}}(\mathbf{e}_x + i\mathbf{e}_y) \\ &\mathbf{e}_0 = \mathbf{e}_z \\ &\mathbf{e}_{-1} \equiv \mathbf{e}_- = -\mathbf{e}^*_+ = \frac{1}{\sqrt{2}}(\mathbf{e}_x - i\mathbf{e}_y) \end{aligned}\right\} \tag{4}$$

成分 r_μ 和球諧函數 $Y_{lm}(\theta,\varphi)$ 的關係是：

$$r_\mu = \sqrt{\frac{4\pi}{3}}\, rY_{1\mu}(\theta,\varphi) \tag{5}$$

這樣，式(2)的被積分量含有三個球諧函數，必須使用球諧函數的性質減少一個，然後使用球諧函數的正交性對角度部分進行積分。球諧函數 Y_{lm}是描寫角動量守恆體系的狀態函數，角動量滿足疊加原理，在減少 Y_{lm}數量的過程中必須滿足角動量守恆。滿足這兩個要求（守恆及疊加原理）並且是兩個角動量組合的，無量綱量稱為 Clebsch-Gordan 係數（參見註(8)），它有很多表示法。此地使用的是 M.E.Rose 的記號，並簡化成如下形式：

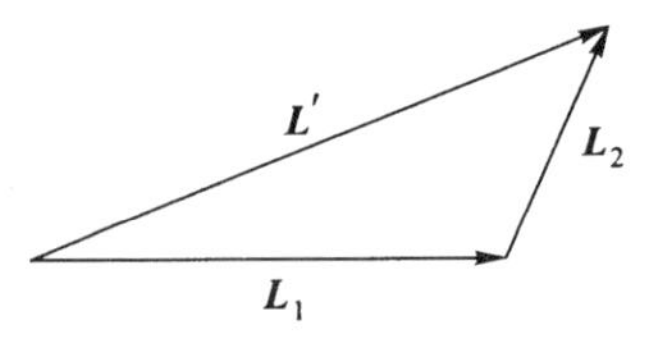

$$\langle l_1 m_1 l_2 m_2 | l'm' \rangle$$

l_1, l_2, l' 分別為上圖各角動量 $\boldsymbol{L}_1, \boldsymbol{L}_2$和 $\boldsymbol{L}'$ 的量子數，而其第三成分（Z-成分）L_{1z}, L_{2z}和 L'_z 的量子數分別為 m_1, m_2, 和 m'（參見第十章 V(B)），$\boldsymbol{L}' = \boldsymbol{L}_1 + \boldsymbol{L}_2$. Y_{lm}的遞減關係式是：

$$\int Y^*_{lm}(\theta,\varphi)\,Y_{l_1m_1}(\theta,\varphi)\,Y_{l_2m_2}(\theta,\varphi)\sin\theta\, d\theta\, d\varphi$$

$$= \sum_{l',m'} \sqrt{\frac{(2l_1+1)(2l_2+1)}{4\pi(2l'+1)}} \langle l_1 0 l_2 0 | l' 0 \rangle \langle l_1 m_1 l_2 m_2 | l' m' \rangle$$

$$\times \int Y^*_{lm}(\theta,\varphi) Y_{l'm'}(\theta,\varphi) \sin\theta d\theta d\varphi \qquad (6)$$

把式(3),(5),(6)代入式(2)，和球諧函數有關的部分是：

$$\int Y^*_{lm} Y_{1\mu} Y_{l_0 m_0} \sin\theta d\theta d\varphi$$

$$= \sum_{l'm'} \sqrt{\frac{(2\cdot 1+1)(2l_0+1)}{4\pi(2l'+1)}} \langle 1 0 l_0 0 | l' 0 \rangle \langle 1 \mu l_0 m_0 | l' m' \rangle \int Y^*_{lm} Y_{l'm'} \sin\theta d\theta d\varphi$$

$$= \sum_{l'm'} \sqrt{\frac{3(2l_0+1)}{4\pi(2l'+1)}} \langle 1 0 l_0 0 | l' 0 \rangle \langle 1 \mu l_0 m_0 | l' m' \rangle \delta_{ll'} \delta_{mm'}$$

$$= \sqrt{\frac{3(2l_0+1)}{4\pi(2l+1)}} \langle 1 0 l_0 0 | l 0 \rangle \langle 1 \mu l_0 m_0 | l m \rangle \qquad (7)$$

Clebsch-Gordan 係數的第三成分都爲0的 $\langle l_1 0 l_2 0 | l' 0 \rangle$ 是和宇稱有關的係數，其條件是：

$$l_1 + l_2 + l' = \text{偶數} \qquad (8)$$

否則 $\langle l_1 0 l_2 0 | l' 0 \rangle = 0$，於是式(7)的宇稱因子是：

$$1 + l_0 + l = \text{偶數}$$

$$\therefore \quad l - l_0 \equiv \Delta l = \pm 1, \pm 3, \pm 5 \cdots\cdots \qquad (9)$$

另外，Clebsch-Gordan 係數 $\langle l_1 m_1 l_2 m_2 | l' m' \rangle$ 的第三成分必須滿足：

$$m_1 + m_2 = m' \qquad (10)$$

故從式(7)得：

$$\mu + m_0 = m$$

$$\therefore \quad m - m_0 \equiv \Delta m = \mu = \begin{cases} +1 \\ 0 \\ -1 \end{cases}$$

或

$$\Delta m = \pm 1, 0 \qquad (11a)$$

把式(11a)代入式(9)得： $\Delta l = \pm 1$ (11b)

式(11a)和(11b)是電偶矩引起的躍遷選擇定則。把式(3),(5)和(7)代入式(2)得躍遷矩陣：

$$T_{fi} = \alpha q \sqrt{\frac{2l_0+1}{2l+1}} \langle 1 0 l_0 0 | l 0 \rangle \sum_{\mu=-1}^{1} (-)^{\mu} e_{-\mu} \langle 1 \mu l_0 m_0 | l m \rangle \langle nl | r | n_0 l_0 \rangle \qquad (12)$$

$$\langle nl | r | n_0 l_0 \rangle \equiv \int_0^\infty R_{nl}(r) \, r R_{n_0 l_0}(r) \, r^2 dr \qquad (13)$$

至於式(13)的演算可以仿照【**Ex.10－28**】或【**Ex.11－29**】的方法，只要物理體系的能量本徵函數可以寫成 $\psi_{nlm}(\boldsymbol{r}) = R_{nl}(r) Y_{lm}(\theta,\varphi)$，式(12)是電偶矩躍遷矩陣的一般式。在演算過程中所用的式(7)，可應用到三個以上的球諧函數的遞減，每一次減少一個 Y_{lm}。

8) Morris Edgar Rose：Elementary Theory of Angular Momentum, John Wiloy & Sons, 1957

E. U. Condon and G. H. Shortley：Theory of Atomic Spectra, Cambridge Univ. Press, 1935

A. R. Edmonds：Angular Momentum in Quantum Mechanics, Princeton Univ . Press, 1960

L. C. Biedenharm and J. D. Louck：Angular Momentum in Quantum Physics, Theory and Application, Addison-Wesley, Reading, Massachusetts, 1981

9) 推導 Dirac 的電子運動方程式，以及自旋軌道相互作用

(A)推導運動方程式

爲了深入瞭解自旋軌道相互作用是相對論效應，首先推導 Dirac 的電子運動方程式。推導方法有許多種，最好的方法是從量子力學的基本要求出發：

(Ⅰ)滿足 de Broglie 的二象性，

(Ⅱ)滿足疊加原理，

(Ⅲ)概率密度 $\rho(\boldsymbol{r},t)=\psi^*(\boldsymbol{r},t)\psi(\boldsymbol{r},t)$ 是正値且有限（positive definite），即當沒有源和壑時連續方程成立：

$$\frac{\partial\rho}{\partial t}+\nabla\cdot\boldsymbol{S}=0 \tag{1}$$

$$\boldsymbol{S}\equiv\frac{\hbar}{2\mathrm{i}m}(\psi^*\nabla\psi-\psi\nabla\psi^*) \tag{2}$$

＝概率流密度（probability current density）

不過這種推導法比較欠缺直觀（P.A.M.Dirac, Proc.Roy.Soc.**A117**（1928）610, **A118**（1928）351），在這裡使用的是，從我們在國中就開始學習的，很熟悉的代數法切入。同時和推導 Schrödinger 波動方程式一樣（參見式（10－38b）），要求滿足：

(Ⅰ)二象性，

(Ⅱ)疊加原理，即得線性運動方程，

(Ⅲ)能量守恆，必須使用相對論總能公式（9－51）：

$$E^2=c^2\boldsymbol{P}^2+(m_0c^2)^2 \tag{3}$$

$\boldsymbol{P}^2\equiv\boldsymbol{P}\cdot\boldsymbol{P}$，$m_0$＝電子的靜止質量；式（3）的 $\boldsymbol{P}$ 和 E 都是動力學量（dynamic quantity）。從經典力學跨入量子力學，它們必須量子化（參考表（10－3）），不過爲了直觀上的需要，仍然使用 p 或 $\boldsymbol{P}$ 的記號，只是在說明時，使用 $\boldsymbol{r}$ 表象（$\boldsymbol{r}$-representation）的量子化表示來說明。爲了得時間以及空間的一階微分，從 $\boldsymbol{r}$ 表象的表10－3得知：E 和 $\boldsymbol{P}$ 必須是一次式，從式(3)得 E 和 $\boldsymbol{P}$ 算符的一次式：

$$\begin{aligned}\hat{E}&=\pm\sqrt{c^2\hat{\boldsymbol{P}}^2+(m_0c^2)^2}\\&=\pm\sqrt{c^2(-\mathrm{i}\hbar\nabla)\cdot(-\mathrm{i}\hbar\nabla)+(m_0c^2)^2}\end{aligned} \tag{4}$$

式(4)左邊在 $\boldsymbol{r}$ 表象：$\hat{E}=\mathrm{i}\hbar\dfrac{\partial}{\partial t}$，確實得時間的一階微分，但右邊無法給出空間的一階微分，因爲違背線性方程式的原則，所以式(4)的開方法行不通。另一個方法是式(3)的因數分解法，這時就要用到第九章Ⅳ(B)的四動量（four momentum）表示法，即能量 E 除光速 c

就是第四動量（記法參見第七章式（7－147a）～（7－147d））：$P_4 \equiv \frac{E}{c}$，於是式(3)變成：

$$P_4^2 - \boldsymbol{P}^2 - m_0^2c^2 = P_4^2 - (\boldsymbol{P}^2 + m_0^2c^2) = 0 \tag{5}$$

按代數的算法（$a^2 - b^2$）＝（$a - b$）（$a + b$），可是式(5)的右邊第二項不構成平方形式，怎麼辦？使用未定係數法處理，引入和 P_i, x_i 以及 t，$i = 1,2,3$，無關的未定係數 $\alpha_1, \alpha_2, \alpha_3$和 α_4得：

$$\begin{aligned}
&P_4^2 - \boldsymbol{P}^2 - m_0^2c^2 = P_4^2 - [(P_1^2 + P_2^2 + P_3^2) + (m_0c)^2] \\
&= (P_4 - \alpha_1P_1 - \alpha_2P_2 - \alpha_3P_3 - \alpha_4m_0c)(P_4 + \alpha_1P_1 + \alpha_2P_2 + \alpha_3P_3 + \alpha_4m_0c) \\
&= [P_4^2 - \alpha_1^2P_1^2 - \alpha_2^2P_2^2 - \alpha_3^2P_3^2 - \alpha_4^2(m_0c)^2] \\
&\quad - (\alpha_1\alpha_2 + \alpha_2\alpha_1)P_1P_2 - (\alpha_2\alpha_3 + \alpha_3\alpha_2)P_2P_3 - (\alpha_3\alpha_4 + \alpha_4\alpha_3)m_0cP_3 \\
&\quad - (\alpha_1\alpha_3 + \alpha_3\alpha_1)P_1P_3 - (\alpha_1\alpha_4 + \alpha_4\alpha_1)m_0cP_1 - (\alpha_2\alpha_4 + \alpha_4\alpha_2)m_0cP_2 = 0
\end{aligned} \tag{6}$$

若要式(6)成立必須下列關係式成立：

$$\alpha_1^2 = \alpha_2^2 = \alpha_3^2 = \alpha_4^2 = 1 \tag{7a}$$

$$\begin{aligned}
&\alpha_i\alpha_j + \alpha_j\alpha_i = 0, \quad (i,j = 1,2,3,4 \text{ 且 } i \neq j) \\
&\equiv \{\alpha_i, \alpha_j\}
\end{aligned} \tag{7b}$$

式（7a）和（7b）共有10個式，如果每一個式都是獨立的，則必須要有10個未定量，但目前僅有 $\alpha_1, \alpha_2, \alpha_3$和 α_4的四個未定量。式(6)的因數分解已暗示 α_i 不是普通的數，加上四個 α_i 要滿足10個式，唯一可能 α_i 是矩陣。若是矩陣的話，每個 α_i 都要有兩個以上的成分，並且式（7a）的符號問題也能解決。普通數的「正」和「負」值都能滿足式（7a），於是普通數時式（7a）會帶來符號未定問題。由於有10個式，故 α_i 的成分必須至少有10個，

$$\therefore \quad \alpha_i = n \times n, \text{ 並且 } n > 3 \tag{8}$$

(1)求矩陣 α_i

由式（7a）和（7b）得：

$$\alpha_i\alpha_i\alpha_j = \alpha_j = -\alpha_i\alpha_j\alpha_i$$

取上式的跡（trace）值，因矩陣 A 和 B 的乘積跡 $t_rAB = t_rBA$，「t_r」表示取跡的操作記號：

$$\therefore \quad t_r\alpha_j = -t_r\alpha_i\alpha_j\alpha_i = -t_r\alpha_i\alpha_i\alpha_j = -t_r\alpha_j \tag{9}$$

式(9)的左右兩邊符號相反，所以唯一可能是：

$$t_r\alpha_j = 0 \tag{10}$$

$n \times n$ 成分的矩陣α_j，其 $t_r\alpha_j = 0$的可能矩陣是 n＝偶數。偶數的話$\frac{n}{2}$個成分帶正值，另一半成分帶同大小的負值時剛好可以互相抵消。$n > 3$並且是偶數的最小數是：

$$n = 4 \tag{11a}$$

$$\therefore \quad \alpha_i = 4 \times 4 \text{ 的無跡（traceless）矩陣} \tag{11b}$$

動量 $\boldsymbol{p}$ 是矢量，$(\alpha_1 p_1 + \alpha_2 p_2 + \alpha_3 p_3) \equiv \boldsymbol{\alpha} \cdot \boldsymbol{p}$，相當於兩個矢量的標積（scalar product）成分（參見附錄(B)），所以藉用矢量的標積符號來表示，則由式(6)得：

$$(p_4 + \boldsymbol{\alpha} \cdot \boldsymbol{p} + \alpha_4 m_0 c)\psi = 0 \tag{12}$$

或

$$(p_4 - \boldsymbol{\alpha} \cdot \boldsymbol{p} - \alpha_4 m_0 c)\psi = 0 \tag{13}$$

波函數除了時間 t，空間 $\boldsymbol{r} = (x, y, z)$ 之外，很有可能含 α_i 所產生的量，所以才沒有寫上任何 ψ 的變數。式(12)和(13)都滿足式(6)，在此地用(12)式，但普通使用的是式(13)，而式(13)只是把式(12)的 α_i 改成 $(-\alpha_i)$ 而已，物理意義不受任何影響。和 Schrödinger 波動方程式一樣，採用 $\boldsymbol{r}$ 表象，則由表10－3得：

$$\text{總能 } E \longrightarrow \hat{H} = i\hbar \frac{\partial}{\partial t}$$

$$\therefore \quad P_4 = \frac{E}{c} \longrightarrow \hat{P}_4 = \frac{i\hbar}{c} \frac{\partial}{\partial t} \tag{14}$$

假定靜止粒子，則 $\boldsymbol{P} = 0$，故從式(12)和(14)得：

$$i\hbar \frac{\partial \psi}{\partial t} = -m_0 c^2 \alpha_4 \psi = E\psi \tag{15}$$

另一方面由式（9－51）得：

$$E = \pm \sqrt{c^2 \boldsymbol{P}^2 + (m_0 c^2)^2} \underset{\boldsymbol{P}=0}{\Rightarrow} \pm m_0 c^2 \tag{16}$$

即能量不但有「正值」，而且有「負值」。這是相對論物理學的特徵。把式(16)代入式(15)，並且記得 α_j 必須是無跡矩陣：

$$-m_0 c^2 \alpha_4 \psi = \pm m_0 c^2 \psi$$

或

$$\alpha_4 \psi = \pm \mathbf{1} \psi$$

於是得 α_4是對角成分不等於0的矩陣，且成分大小1，同時由式(10) $t_r \alpha_4 = 0$

$$\therefore \quad \alpha_4 = \begin{pmatrix} 1 & 0 & 0 & 0 \\ 0 & 1 & 0 & 0 \\ 0 & 0 & -1 & 0 \\ 0 & 0 & 0 & -1 \end{pmatrix} \equiv \begin{pmatrix} \mathbb{1} & 0 \\ 0 & -\mathbb{1} \end{pmatrix} \equiv \beta \tag{17}$$

式(17)右邊的記號是完全為了方便。將 α_4用另一種矩陣 β 表示，是因為 α_4和其他 $\alpha_1, \alpha_2, \alpha_3$ 完全不同，因後者會和動力學量（參見下面）$\boldsymbol{S}$ 發生關係。把 α_4的4 × 4寫成式(17)右邊時，記住$\mathbb{1} \equiv \begin{pmatrix} 1 & 0 \\ 0 & 1 \end{pmatrix}$，$0 = \begin{pmatrix} 0 & 0 \\ 0 & 0 \end{pmatrix}$的代號。再則設：

$$\alpha_i = \begin{pmatrix} a & b & c & d \\ e & f & g & h \\ i & j & k & l \\ m & n & s & t \end{pmatrix} \tag{18}$$

使用式(17),(18),（7a）和（7b）最後得：

$$\alpha_1 = \begin{pmatrix} 0 & 0 & 0 & 1 \\ 0 & 0 & 1 & 0 \\ 0 & 1 & 0 & 0 \\ 1 & 0 & 0 & 0 \end{pmatrix}, \quad \alpha_2 = \begin{pmatrix} 0 & 0 & 0 & -i \\ 0 & 0 & i & 0 \\ 0 & -i & 0 & 0 \\ i & 0 & 0 & 0 \end{pmatrix}, \quad \alpha_3 = \begin{pmatrix} 0 & 0 & 1 & 0 \\ 0 & 0 & 0 & -1 \\ 1 & 0 & 0 & 0 \\ 0 & -1 & 0 & 0 \end{pmatrix} \tag{19}$$

從第十章的【**Ex.10－5**】得 Pauli 矩陣：

$$\sigma_x = \sigma_1 = \begin{pmatrix} 0 & 1 \\ 1 & 0 \end{pmatrix}, \quad \sigma_y = \sigma_2 = \begin{pmatrix} 0 & -i \\ i & 0 \end{pmatrix}, \quad \sigma_z = \sigma_3 = \begin{pmatrix} 1 & 0 \\ 0 & -1 \end{pmatrix} \tag{20}$$

比較式(19)和式(20)，發現 $\alpha_{1,2,3}$可用 Pauli 矩陣 $\sigma_{1,2,3}$來表示：

$$\alpha_1 = \begin{pmatrix} 0 & \sigma_1 \\ \sigma_1 & 0 \end{pmatrix}, \quad \alpha_2 = \begin{pmatrix} 0 & \sigma_2 \\ \sigma_2 & 0 \end{pmatrix}, \quad \alpha_3 = \begin{pmatrix} 0 & \sigma_3 \\ \sigma_3 & 0 \end{pmatrix} \tag{21a}$$

或簡寫成

$$\boldsymbol{\alpha} = \begin{pmatrix} 0 & \boldsymbol{\sigma} \\ \boldsymbol{\sigma} & 0 \end{pmatrix} \tag{21b}$$

如式（21a,b），電子的自旋自然地進入運動方程式，並且和表示空間自由度 $\boldsymbol{P}$ 完全獨立的自由度，出現在 $\boldsymbol{\alpha}$ 矩陣內，換句話說，電子自旋和相對論脫不了關係，這是 Dirac 理論的成功之一。

(II)電子的運動方程式

將式(14),(17)和式（21b）代入式(12)便得 Dirac 的相對論電子運動方程式：

$$i\hbar\frac{\partial\psi}{\partial t} = (-c\boldsymbol{\alpha}\cdot\boldsymbol{P} - m_0c^2\beta)\psi \tag{22a}$$

$$\equiv \hat{H}_0\psi$$

$$\hat{H}_0 \equiv -c\boldsymbol{\alpha}\cdot\boldsymbol{P} - m_0c^2\beta \tag{22b}$$

$$\beta = \begin{pmatrix} \mathbb{1} & 0 \\ 0 & -\mathbb{1} \end{pmatrix}, \quad \boldsymbol{\alpha} = \begin{pmatrix} 0 & \boldsymbol{\sigma} \\ \boldsymbol{\sigma} & 0 \end{pmatrix} \tag{22c}$$

式（22a）稱爲自由電子的 **Dirac 運動方程式**，式（22c）稱爲 **Dirac 矩陣**，電子的自旋是：

$$\boldsymbol{S} = \frac{\hbar}{2}\boldsymbol{\sigma} \tag{22d}$$

於是波函數 ψ 是時間 t，空間 $\boldsymbol{r} = (x, y, z)$ 以及自旋 $\boldsymbol{\sigma}$ 的函數：

$$\psi = \psi(\boldsymbol{r}, \boldsymbol{\sigma}, t) \equiv \psi(\xi, t) \tag{22e}$$

有時使用 $\xi \equiv (\boldsymbol{r}, \boldsymbol{\sigma})$，如果電子在勢能 $V(\xi, t)$ 的情況下運動，則運動方程式是：

$$\{-c\boldsymbol{\alpha}\cdot\boldsymbol{p} - m_0c^2\beta + V(\xi, t)\}\psi(\xi, t) = i\hbar\frac{\partial\psi(\xi, t)}{\partial t} \tag{23}$$

Dirac 矩陣還有其他的表示法，都是配合四維時空的表示法，這裡不再深入討論。

(B)推導自旋軌道相互作用力

Schrödinger 波動方程式的算符 $\hat{H}_s=\left(\frac{1}{2m}\hat{\boldsymbol{P}}^2+V(\boldsymbol{r},t)\right)$ 內的質量是靜止質量，即應該用 m_0 表示才正確，並且 Schrödinger 理論的總能 E 是機械能，是動能和勢能之和，不含粒子的靜止能 m_0c^2。所以爲了要和 Schrödinger 理論進行比較，必須從 Dirac 的總能 E 扣除靜止能 m_0c^2，即使用 $(E-m_0c^2)\equiv E'$ 來表示。下面演算是沿著這構想進行，並且假定勢能 V 是連心力勢能，因原子、電子的主作用力是連心力的庫侖力勢能 $V(r)$。由式(9－51)自由粒子的總能 E_0 是：

$$E^2=c^2\boldsymbol{P}^2+(m_0c^2)^2=(m_0c^2)^2\left(1+\frac{\boldsymbol{P}^2}{m_0^2c^2}\right)$$

下面爲了方便起見把 m_0 用 m 替代，並且只考慮正能部分。正能在 Dirac 理論是粒子的能量，於是總能 E 是：

$$\begin{aligned}E&=mc^2\sqrt{1+\frac{\boldsymbol{P}^2}{m^2c^2}}+V(r)=mc^2+\frac{\boldsymbol{P}^2}{2m}+\cdots\cdots+V(r)\\&\equiv mc^2+E' \qquad (24)\\E'&\equiv\frac{\boldsymbol{P}^2}{2m}+\cdots\cdots+V(r)\end{aligned}$$

勢能與時間無關的話，式(23)便可以變數分離：$\psi(\xi,t)\equiv\Psi(\xi)T(t)$，而得能量本徵値方程式：

$$(-c\boldsymbol{\alpha}\cdot\boldsymbol{P}-mc^2\beta+V(r))\Psi(\xi)=E\Psi(\xi)=(E'+mc^2)\Psi(\xi) \qquad (25)$$

設
$$\Psi(\xi)=\begin{pmatrix}\psi_1\\\psi_2\end{pmatrix} \qquad (26)$$

把式(22c)和式(26)代入式(25)得：

$$\left[\begin{pmatrix}(mc^2+E')&0\\0&(mc^2+E')\end{pmatrix}+\begin{pmatrix}0&\boldsymbol{\sigma}\\\boldsymbol{\sigma}&0\end{pmatrix}\cdot\begin{pmatrix}c\boldsymbol{P}&0\\0&c\boldsymbol{P}\end{pmatrix}+\begin{pmatrix}mc^2&0\\0&mc^2\end{pmatrix}\begin{pmatrix}\mathbb{1}&0\\0&-\mathbb{1}\end{pmatrix}-\begin{pmatrix}V&0\\0&V\end{pmatrix}\right]\begin{pmatrix}\psi_1\\\psi_2\end{pmatrix}$$

$$=\begin{pmatrix}(E'+2mc^2-V)&c\boldsymbol{\sigma}\cdot\boldsymbol{P}\\c\boldsymbol{\sigma}\cdot\boldsymbol{P}&(E'-V)\end{pmatrix}\begin{pmatrix}\psi_1\\\psi_2\end{pmatrix}=\begin{pmatrix}(E'+2mc^2-V)\psi_1+c\boldsymbol{\sigma}\cdot\boldsymbol{P}\psi_2\\c\boldsymbol{\sigma}\cdot\boldsymbol{P}\psi_1+(E'-V)\psi_2\end{pmatrix}=0$$

$$\therefore\quad\begin{cases}(E'+2mc^2-V)\psi_1+c\boldsymbol{\sigma}\cdot\boldsymbol{P}\psi_2=0 & (27a)\\c\boldsymbol{\sigma}\cdot\boldsymbol{P}\psi_1+(E'-V)\psi_2=0 & (27b)\end{cases}$$

從式(27a)解出 ψ_1 後代入式(27b)時，並注意算符不對易性，即不許隨便顚倒順序：

$$\begin{aligned}E'\psi_2&=V\psi_2+c\,\boldsymbol{\sigma}\cdot\boldsymbol{P}\frac{1}{E'+2mc^2-V}c\,\boldsymbol{\sigma}\cdot\boldsymbol{P}\psi_2\\&=V\psi_2+\frac{1}{2m}(\boldsymbol{\sigma}\cdot\boldsymbol{P})\left(1+\frac{E'-V}{2mc^2}\right)^{-1}(\boldsymbol{\sigma}\cdot\boldsymbol{P})\psi_2\\&\doteq V\psi_2+\frac{1}{2m}(\boldsymbol{\sigma}\cdot\boldsymbol{P})\left(1-\frac{E'-V}{2mc^2}\right)(\boldsymbol{\sigma}\cdot\boldsymbol{P})\psi_2 \qquad (28)\end{aligned}$$

在式(28)假定了$\frac{E'-V}{2mc^2}$很小，至於 $\boldsymbol{P}$，在量子力學是算符，$\boldsymbol{r}$ 表象時是$(-i\hbar\nabla)$的算符。算符必須作用在波函數上才有意義，所以式(28)右邊第二項內的 $\boldsymbol{P}V\psi_2$的演算是：

$$\begin{aligned}\hat{\boldsymbol{P}}V\psi_2 &= -i\hbar\nabla V\psi_2 \\ &= (-i\hbar\nabla V)\psi_2 + V(-i\hbar\nabla V\psi_2) \\ &= [(-i\hbar\nabla V) + V\hat{\boldsymbol{P}}]\psi_2 \qquad (29a)\end{aligned}$$

$$\therefore \quad \hat{\boldsymbol{P}}V = V\hat{\boldsymbol{P}} - i\hbar\nabla V \qquad (29b)$$

式(29b)可當作公式用。從第十章的【**Ex.10－5**】我們獲得 Pauli 矩陣的對易關係式式(10－23j)，使用此式可得如下關係式：

$$(\boldsymbol{\sigma}\cdot\boldsymbol{A})(\boldsymbol{\sigma}\cdot\boldsymbol{B}) = \boldsymbol{A}\cdot\boldsymbol{B} + i\boldsymbol{\sigma}\cdot(\boldsymbol{A}\times\boldsymbol{B}) \qquad (30)$$

$\boldsymbol{A}$ 和 $\boldsymbol{B}$ 爲任意矢量，式(30)不難推導，有興趣的讀者請自己練習推導一下。式(30)也可當作公式用。將式(29b)和式(30)的演算法用到式(28)得：

$$\begin{aligned}E'\psi_2 &= V\psi_2 + \frac{1}{2m}\left\{[(\boldsymbol{P}\cdot\boldsymbol{P}) + i\boldsymbol{\sigma}\cdot(\underbrace{\boldsymbol{P}\times\boldsymbol{P}}_{0})]\left(1-\frac{E'}{2mc^2}\right) + \frac{1}{2mc^2}(\boldsymbol{\sigma}\cdot\boldsymbol{P})V(\boldsymbol{\sigma}\cdot\boldsymbol{P})\right\}\psi_2 \\ &= V\psi_2 + \left[\frac{\boldsymbol{P}^2}{2m}\left(1-\frac{E'}{2mc^2}\right) + \frac{1}{4m^2c^2}\boldsymbol{\sigma}\cdot(V\boldsymbol{P} - i\hbar\nabla V)(\boldsymbol{\sigma}\cdot\boldsymbol{P})\right]\psi_2 \\ &= V\psi_2 + \left\{\frac{\boldsymbol{P}^2}{2m} - \frac{E'\boldsymbol{P}^2}{4m^2c^2} + \frac{1}{4m^2c^2}[V(\boldsymbol{\sigma}\cdot\boldsymbol{P})(\boldsymbol{\sigma}\cdot\boldsymbol{P}) - i\hbar(\boldsymbol{\sigma}\cdot\nabla V)(\boldsymbol{\sigma}\cdot\boldsymbol{P})]\right\}\psi_2 \\ &= V\psi_2 + \left\{\frac{\boldsymbol{P}^2}{2m} - \frac{E'\boldsymbol{P}^2}{4m^2c^2} + \frac{V}{4m^2c^2}\boldsymbol{P}^2 - \frac{i\hbar}{4m^2c^2}[(\nabla V\cdot\boldsymbol{P}) + i\boldsymbol{\sigma}\cdot(\nabla V\times\boldsymbol{P})]\right\}\psi_2 \\ &= \left\{\left[V + \left(1-\frac{E'-V}{2mc^2}\right)\frac{\boldsymbol{P}^2}{2m}\right]\right. \\ &\quad \left.-\left[\frac{\hbar^2}{4m^2c^2}(\nabla V)\cdot\nabla - \frac{\hbar}{4m^2c^2}\boldsymbol{\sigma}\cdot(\nabla V\times\boldsymbol{P})\right]\right\}\psi_2 \qquad (31)\end{aligned}$$

自旋 $\boldsymbol{S} = \frac{\hbar}{2}\boldsymbol{\sigma}$，球座標的 $\nabla = \left(\mathbf{e}_r\frac{\partial}{\partial r} + \mathbf{e}_\theta\frac{1}{r}\frac{\partial}{\partial\theta} + \mathbf{e}_\varphi\frac{1}{r\sin\theta}\frac{\partial}{\partial\varphi}\right)$，$\mathbf{e}_r, \mathbf{e}_\theta, \mathbf{e}_\varphi$ 分別爲 r, θ, φ 方向的單位矢量，故得：

$$\nabla V(r) = \mathbf{e}_r\frac{\partial V}{\partial r} = \frac{1}{r}\frac{dV}{dr}\boldsymbol{r}$$

$$\therefore \quad \begin{cases}(\nabla V)\cdot\nabla = \left(\frac{dV}{dr}\right)\frac{\partial}{\partial r} \\ (\nabla V)\times\boldsymbol{P} = \frac{1}{r}\frac{dV}{dr}\boldsymbol{r}\times\boldsymbol{P} = \frac{1}{r}\frac{dV}{dr}\boldsymbol{L}\end{cases}$$

把上面結果代入式(31)便得：

$$\begin{aligned}E'\psi_2 = &\left\{V + \left(1-\frac{E'-V}{2mc^2}\right)\frac{\boldsymbol{P}^2}{2m} - \frac{\hbar^2}{4m^2c^2}\frac{dV(r)}{dr}\frac{\partial}{\partial r}\right. \\ &\left.+\frac{1}{2m^2c^2}\frac{1}{r}\frac{dV(r)}{dr}\boldsymbol{S}\cdot\boldsymbol{L}\right\}\psi_2 \qquad (32)\end{aligned}$$

如果$|\boldsymbol{P}|$很小，則式（24）的展開（$E'-V$）可近似成：

$$(E'-V)\boldsymbol{P}^2=\left[\left(\frac{\boldsymbol{P}^2}{2m}+\cdots\cdots+V\right)-V\right]\boldsymbol{P}^2\doteq\frac{\boldsymbol{P}^4}{2m},\quad \boldsymbol{P}^4\equiv\boldsymbol{P}^2\boldsymbol{P}^2=P^4$$

於是式(32)變成（恢復靜止質量 m_0和用算符表示）：

$$E'\psi_2=\left\{\left[\frac{\hat{\boldsymbol{P}}^2}{2m_0}+V(r)\right]-\frac{\hat{\boldsymbol{P}}^4}{8m_0^3c^2}-\frac{\hbar^2}{4m_0^2c^2}\frac{\mathrm{d}V(r)}{\mathrm{d}r}\frac{\partial}{\partial r}\right.$$

$$\left.+\frac{1}{2m_0^2c^2}\frac{1}{r}\frac{\mathrm{d}V(r)}{\mathrm{d}r}(\hat{\boldsymbol{S}}\cdot\hat{\boldsymbol{L}})\right\}\psi_2(\xi)\qquad(33)$$

式(33)右邊第一項就是 Schrödinger 用的 Hamiltonian，第二項就是得式（11－21b）的項，右邊第三項是相對論勢能修正項，第四項是自旋軌道相互作用項。這些項全含在 Dirac 的 Hamiltonian，所以最好直接解式(23)。經過以上的推導才能看清楚 Schrödinger 和 Dirac 的理論的內含，以及各項的地位，並且要注意式(33)是用了下述的兩個假定：

① $\left(1+\frac{E'-V}{2mc^2}\right)^{-1}\doteq1-\frac{E'-V}{2mc^2}$ 以及（$E'-V$）$\boldsymbol{P}^2\doteq\frac{\boldsymbol{P}^4}{2m}$

② $V=V(r)$ ＝連心力勢能

換句話說，有內稟角動量的任何粒子，在連心力勢能場內運動時必產生：

自旋軌道相互作用力。

那麼式(33)的自旋軌道相互作用力的大小是多大的數量級呢？設原子的半徑＝a，則得：

$$\left\{\frac{1}{V}\frac{1}{2m^2c^2}\frac{1}{r}\frac{\mathrm{d}V}{\mathrm{d}r}\boldsymbol{S}\cdot\boldsymbol{L}\right\}\doteq\frac{1}{V}\frac{1}{m^2c^2}\frac{1}{a}\frac{V}{a}\hbar ap$$

$$=\frac{1}{m^2c^2}\frac{\hbar}{a}P\doteq\frac{1}{m^2c^2}P^2=\left(\frac{v}{c}\right)^2\qquad(34)$$

因爲 $\boldsymbol{L}=\boldsymbol{r}\times\boldsymbol{p}$，故 $L\doteq ap=\hbar$（測不準原理）。由【**Ex.11－5**】得$\left(\frac{v}{c}\right)\doteq10^{-2}$，所以自旋軌道相互作用力是$10^{-4}$的數量級。數量級問題和三寶一樣，在進行科研時必須處處留意。從1970年代，原子、分子問題的定量分析已直接解式(23)，相信21世紀 Dirac 理論更被重視，而 Schrödinger 理論更廣泛地應用到各領域。

10）計算 ΔE_{LS}

LS 力存在的原子狀態，其角動量量子數是軌道角動量 $\boldsymbol{L}$ 和自旋 $\boldsymbol{S}$ 之和，總角動量 $\boldsymbol{J}=(\boldsymbol{L}+\boldsymbol{S})$ 和 $\boldsymbol{J}$ 的第三成分 J_z 的量子數j 和m_j。如果 l,m_l 和s,m_s 分別爲$\boldsymbol{L},L_z$ 和$\boldsymbol{S},S_z$ 的量子數，則原子狀態的式（10－140d）式的具體例子是：

$$\Psi_{nlsjm_j}(\boldsymbol{r},\boldsymbol{\sigma})=\sum_{m_lm_s}\langle lm_lsm_s|jm_j\rangle\psi_{nlm_l}(\boldsymbol{r})\chi_{sm_s}(\boldsymbol{\sigma})\qquad(1)$$

$\langle lm_lsm_s|jm_j\rangle$ 是已在註(7)討論過的角動量合成的無量綱係數，稱爲 Clebsch-Gordan 係數，由式（11－23b）*LS* 力的 V_{LS}變成如下三項：

$$V_{LS}=\frac{1}{4m^2c^2}\frac{1}{r}\frac{\mathrm{d}V(r)}{\mathrm{d}r}\{\hat{\boldsymbol{J}}^2-\hat{\boldsymbol{L}}^2-\hat{\boldsymbol{S}}^2\}\qquad(2)$$

式(2)右邊第一項 $\hat{\boldsymbol{J}}^2$可以直接作用到原子狀態的 Ψ_{nlsjm_j}而得：

$$\hat{\boldsymbol{J}}^2(\hbar^2)\Psi_{nlsjm_j}(\xi) = j(j+1)\hbar^2\Psi_{nlsjm_j}(\xi), \quad \xi \equiv (\boldsymbol{r},\boldsymbol{\sigma}) \tag{3}$$

式(3)左邊的 $\hat{\boldsymbol{J}}^2(\hbar^2)$表示總角動量 $\hat{\boldsymbol{J}}^2$帶有量綱 $\hbar^2$，即角動量算符不像第十章那樣把量綱「$\hbar$ 去掉，而變成無量綱的角動量算符。爲什麼在第十章使用了無量綱的角動量算符呢？角動量本身是動力學量，必帶量綱，其量綱和 $\hbar$ 相同，它們是：能量乘時間，稱爲作用量綱（dimension of action），其單位是「$\hbar$」。例如電子自旋的大小是 $\sqrt{\frac{1}{2}\left(\frac{1}{2}+1\right)}\hbar = \frac{\sqrt{3}}{2}\hbar$，其第三成分的大小是$\frac{1}{2}\hbar$，電子軌道角動量和第三成分的大小分別爲：

$$\sqrt{\langle \hat{\boldsymbol{L}}^2 \rangle} = \sqrt{l(l+1)\hbar^2} = \sqrt{l(l+1)}\,\hbar$$

$$\langle \hat{L}_z \rangle = m_l\hbar$$

在第十章中用了無量綱的角動量算符式（10－138b）和（10－138c）是，因爲使用了大家共用的、無量綱的數學函數 $Y_{lm_l}(\theta,\varphi)$。今後除了特別講明，所有的角動量都帶有 $\hbar$ 的量綱，所以不再使用 $\hbar^2$或 $\hbar$ 來強調了。

至於角動量 $\hat{\boldsymbol{L}}^2$和 $\hat{\boldsymbol{S}}^2$，$\Psi_{nlsjm_j}(\xi)$就不是它們的本徵函數了，故無法直接作用，這是爲什麼必須把 $\Psi_{nlsjm_j}(\xi)$用 $\hat{\boldsymbol{L}}^2$，$\hat{L}_z$ 以及 $\hat{\boldsymbol{S}}^2$，$\hat{S}_z$ 的本徵函數 $\psi_{nlm_l}(\boldsymbol{r})$以及 $\chi_{sm_s}(\boldsymbol{\sigma})$ 來展開成式（1），所以實際演算是：

$$\begin{aligned}
&(\hat{\boldsymbol{L}}^2+\hat{\boldsymbol{S}}^2)\Psi_{nlsjm_j}(\boldsymbol{\xi})\\
&= \sum_{m_lm_s}\langle lm_lsm_s|jm_j\rangle \times \{[\hat{\boldsymbol{L}}^2\psi_{nlm_l}(\boldsymbol{r})]\chi_{sm_s} + \psi_{nlm_l}(\boldsymbol{r})[\hat{\boldsymbol{S}}^2\chi_{sm_s}(\boldsymbol{\sigma})]\}\\
&= \sum_{m_lm_s}\langle lm_lsm_s|jm_j\rangle\{l(l+1)\hbar^2 + s(s+1)\hbar^2\}\psi_{nlm_l}(\boldsymbol{r})x_{sm_s}(\boldsymbol{\sigma})
\end{aligned} \tag{4}$$

$$\begin{aligned}
\therefore \langle V_{LS}\rangle = &\frac{\hbar^2}{4m^2c^2}\{j(j+1) - l(l+1) - s(s+1)\}\\
&\times \sum_{m_l'm_s'}\sum_{m_lm_s}\langle lm_l'sm_s'|jm_j\rangle\langle lm_lsm_s|jm_j\rangle \times \langle \chi_{sm_s'}|\chi_{sm_s}\rangle \times\\
&\int\psi^*_{nlm_l'}(\boldsymbol{r})\,\frac{1}{r}\,\frac{\mathrm{d}V(r)}{\mathrm{d}r}\psi_{nlm_l}(\boldsymbol{r})\,\mathrm{d}\tau
\end{aligned} \tag{5}$$

$\langle \chi_{sm_s'}|\chi_{sm_s}\rangle = \delta_{m_s'm_s}$是自旋部分的初終態正交歸一化值，如果爲獨立粒子模型，則連心力場的能量本徵函數 $\psi_{nlm_l}(\boldsymbol{r})$一般地能表示成：

$$\psi_{nlm_l}(\boldsymbol{r}) = R_{nl}(r)Y_{lm_l}(\theta,\varphi)$$

於是(5)式的角度部分可以積分：

$$\int Y^*_{lm_{l'}}(\theta,\varphi)Y_{lm_l}(\theta,\varphi)\sin\theta\mathrm{d}\theta\mathrm{d}\varphi = \delta_{m_lm_{l'}}$$

設剩下的徑向部：

$$\int_0^\infty R_{nl}^*(r)\frac{1}{r}\frac{\mathrm{d}V(r)}{\mathrm{d}r}R_{nl}(r)r^2\mathrm{d}r \equiv \left\langle \frac{1}{r}\frac{\mathrm{d}V(r)}{\mathrm{d}r}\right\rangle \tag{6}$$

把這些量全代入式(5)便得：

$$\langle V_{LS}\rangle = \frac{\hbar^2}{4m^2c^2}\{j(j+1)-l(l+1)-s(s+1)\}\sum_{m_s'm_l'}\sum_{m_sm_l}\times$$

$$\langle lm_l'sm_s'|jm_j\rangle\langle lm_lsm_s|jm_j\rangle\delta_{m_s'm_s}\times\delta_{m_l'm_l}\left\langle\frac{1}{r}\frac{\mathrm{d}V(r)}{\mathrm{d}r}\right\rangle$$

Clebsch-Gordan 係數有如下性質：

$$\sum_{m_lm_s}\langle lm_lsm_s|jm_j\rangle\langle lm_lsm_s|jm_j\rangle = 1 \tag{7}$$

$$\therefore\quad \langle V_{LS}\rangle = \frac{\hbar^2}{4m^2c^2}\{j(j+1)-l(l+1)-s(s+1)\}\left\langle\frac{1}{r}\frac{\mathrm{d}V(r)}{\mathrm{d}r}\right\rangle \tag{8}$$

式(8)是式（11－23c），這結果是因爲自旋本徵函數以及空間的角度部分，剛好正交歸一化得到 $\delta_{m_s'm_s}$和$\delta_{m_l'm_l}$，不然就無法對式(7)進行演算。多電子原子一般相當繁雜，最大繁雜之源是角動量的合成。

使用氫原子的能量本徵函數式（10－135）以及式（10－134）和（10－132）求式(6)的值，並且假定 $V(r)$是庫侖勢能 $V(r) = -\frac{1}{4\pi\varepsilon_0}\frac{Ze^2}{r}\equiv -k\frac{Ze^2}{r}$

$$\therefore\quad \int_0^\infty R_{nl}^*(r)\frac{1}{r}\frac{\mathrm{d}V(r)}{\mathrm{d}r}R_{nl}(r)r^2\mathrm{d}r = kZe^2|N_{nl}|^2\int_0^\infty e^{-\rho}\rho^{2l-1}(L_{n+l}^{2l+1}(\rho))^2\mathrm{d}\rho$$

$$= kZe^2|N_{nl}|^2\int_0^\infty e^{-\rho}\rho^{p-2}(L_g^p(\rho))^2\mathrm{d}\rho \tag{9}$$

$\rho\equiv 2\beta r,\beta\equiv\frac{Z}{na_0},a_0=$ Bohr 半徑，$p\equiv 2l+1,q\equiv n+l$，由（10－132）式得：

$$\int_0^\infty e^{-\rho}\rho^{p-2}U_p(\rho,s)U_p(\rho,t)\mathrm{d}\rho$$

$$= \frac{(st)^p}{[(1-s)(1-t)]^{p+1}}\int_0^\infty \mathrm{d}\rho\rho^{p-2}\exp\left[-\rho-\frac{\rho s}{1-s}-\frac{\rho t}{1-t}\right]$$

$$= \frac{(st)^p}{[(1-s)(1-t)]^{p+1}}\int_0^\infty \mathrm{d}\rho\rho^{p-2}\exp\left[-\frac{1-st}{(1-s)(1-t)}\rho\right]$$

$$= \frac{(st)^p}{[(1-s)(1-t)]^{p+1}}(p-2)!\frac{[(1-s)(1-t)]^{p-1}}{(1-st)^{p-1}}$$

$$= \frac{(p-2)!(st)^p}{[(1-s)(1-t)]^2(1-st)^{p-1}}$$

$$= \sum_{q=p}^\infty\sum_{q'=p}^\infty\frac{s^qt^{q'}}{q!q'!}\int_0^\infty e^{-\rho}\rho^{p-2}L_q^p(\rho)L_{q'}^p(\rho)\mathrm{d}\rho \tag{10}$$

爲了要比較式(10)左右兩邊的（st）$^{p+k}$項，先取[（1－s）（1－t）]$^{-2}$內的所有（st）^{n}之項：

$$(1-s)^{-2}(1-t)^{-2} = (1+2s+3s^2+4s^3+\cdots\cdots)(1+2t+3t^2+4t^3+\cdots\cdots)$$

上式能得 $(st)^n$ 之項的是：

$$1+4st+9(st)^2+16(st)^3+\cdots\cdots$$
$$=1+2^2(st)^1+3^2(st)^2+4^2(st)^3+5^2(st)^4+\cdots\cdots$$
$$=\sum_{n=0}^{\infty}(n+1)^2(st)^n \tag{11a}$$

但
$$\frac{1+x}{(1-x)^3}=\sum_{n=0}^{\infty}(n+1)^2x^n \tag{11b}$$

$$\therefore\quad \sum_{n=0}^{\infty}(n+1)^2(st)^n=\frac{1+st}{(1-st)^3} \tag{11c}$$

把式（11c）代入式(10)左邊，這時能給 $(st)^{p+k}$項的關係式是：

$$(p-2)!\,(st)^p\frac{1+st}{(1-st)^{p+2}}$$
$$=(p-2)!\,(1+st)(st)^p\sum_{k=0}^{\infty}\frac{(p+k+1)!}{k!\,(p+1)!}(st)^k \tag{12}$$

比較式(10)右邊和式(12)的 $(st)^{k+p}=(st)^q$ 的項，令 $q=q'=(n+l)$ 得：

$$\int_0^{\infty}e^{-\rho}\rho^{p-2}(L_{n+l}^p(\rho))^2d\rho$$
$$=[(n+l)!]^2\left\{(p-2)!\frac{(p+k+1)!}{k!(p+1)!}+(p-2)!\frac{(p+k)!}{(k-1)!(p+1)!}\right\}$$

$(p+k)=q=(n+l)$，$p=(2l+1)$，故 $k=(n-l-1)$，代入上式得：

$$\int_0^{\infty}e^{-\rho}\rho^{2l-1}(L_{n+l}^{2l+1}(\rho))^2d\rho$$
$$=[(n+l)!]^2\frac{(n+l)!}{(n-l-2)!}\frac{1}{(2l+2)(2l+1)2l}\frac{2n}{n-l-1} \tag{13}$$

將式(13)代入式(9)得：

$$\left\langle\frac{1}{r}\frac{dV(r)}{dr}\right\rangle=kZe^2\left(\frac{2Z}{na_0}\right)^3\frac{(n-l-1)!}{2n[(n+l)!]^3}\frac{[(n+l)!]^3 2n}{(n-l-1)!2l(2l+1)(2l+2)}$$
$$=kZe^2\left(\frac{2Z}{na_0}\right)^3\frac{1}{4l(l+1)(2l+1)} \tag{14}$$

由式(8)和(14)得獨立粒子模型，且 $V(r)=-\frac{1}{4\pi\varepsilon_0}\frac{Ze^2}{r}$時的 LS 力修正能 $\Delta E_{LS}'$:

$$\Delta E_{LS}'=\frac{kZ^4e^2\hbar^2}{4m^2c^2a_0^3}\frac{j(j+1)-l(l+1)-s(s+1)}{n^3l\left(l+\frac{1}{2}\right)(l+1)}$$
$$=|E_n^B|\frac{Z^2\alpha^2}{2n}\frac{j(j+1)-l(l+1)-s(s+1)}{l\left(l+\frac{1}{2}\right)(l+1)} \tag{15}$$

$$\alpha=\frac{e^2}{4\pi\varepsilon_0\hbar c},\ |E_n^B|=\frac{1}{(4\pi\varepsilon_0)^2}\frac{m(Ze^2)^2}{2n^2\hbar^2}\text{，}m=\text{電子靜止質量}$$

式(15)就是式（11－23e）。

11）Leonard I. Shiff：Quantum Mechanics, 3rd ed., McGraw-Hill, 1968
Jun John Sakurai（editor San Fu Tuan）：Modern Quantum Mechanics, The Benjamin/Cummings Publishing Company, Inc, 1985
12）Richard Chace Tolman：The Principles of Statistical Mechanics, Oxford at the Clarendon Press, 1938
13）John M. Blatt and Victor F. Weisskopf：Theoretical Nuclear Physics, John Wiley & Sons, 1952
14）Alexander L. Fetter & John Dirk Walecka：Quantum Theory of Many-Particle Systems, Chapter 2, McGraw-Hill, 1971
Lev Davidovich Landau & E. M. Lifshitz：Statistical Physics, Chapters 4, 5, Addison-Wesley, 1969
15）Eugen Merzbacher：Quantum Mechanics, 3rd ed. John Wiley & Sons, INC., 1988
16）Karlheinz Seeger：Semiconductor Physics：An Introduction, 5th ed. Chapter 5, Springer-Verlag, 1991
17）Michael Tinkham：Introduction to Superconductivity, 2nd. ed. McGraw-Hill international editions, 1996
John Robert Schrieffer：Theory of Supperconductivity, W. A. Benjamin, Inc., 1964
18）場（field），第二量子化（second quantization），數目表象（number representation）

(1)場是什麼？

(A)經典物理

某物理量 Q 分布的空間稱爲 Q 的場，場往往是隨著時間變化的量，所以場是時間和空間的函數 $Q=Q(\boldsymbol{x},t)$。例如電場 $\boldsymbol{E}(\mathbf{x},t)$、磁場 $\boldsymbol{B}(\boldsymbol{x},t)$、萬有引力場 $\boldsymbol{F}_g(x)$、流體流動領域等等。場本質上是涉及一個粒子以上的多體問題，這樣一來必須使用原牛頓力學的推廣者分析力學。假定有很多粒子，第 i 號的粒子位置 $x_i(t)$，和其對應的動量 $m_i\dot{x}_i(t)=P_i(t)$，則此系統的變化軌跡是：

$$\frac{\partial L}{\partial x_i}-\frac{\mathrm{d}}{\mathrm{d}t}\frac{\partial L}{\partial \dot{x}_i}=0 \tag{1}$$

方程式的解。式(1)稱爲 **Euler-Lagrange** 運動方程式（Leonhard Euler, 1707～1783，瑞士數學和物理學家），是牛頓運動方程式的另一形式，L 稱爲 **Lagrangian**，它是：

$$L=(\text{動能 } T)-(\text{勢能 } V)$$
$$=L(x_i(t),\dot{x}_i(t))$$
$$=\text{位置 } x_i(t) \text{ 及其速度 } \dot{x}_i(t) \text{ 的函數}$$

【**Ex.1**】質量 m 的粒子的簡諧運動

$$L=T-V=\frac{m}{2}\dot{x}^2-\frac{m\omega^2}{2}x^2,\quad \omega=\sqrt{k/m},\quad k=\text{Hooke 常數}$$

則 $\dfrac{\partial L}{\partial x} = -m\omega^2 x$, $\dfrac{\partial L}{\partial \dot{x}} = m\dot{x}$

$$\therefore \quad \frac{\partial L}{\partial x} - \frac{\mathrm{d}}{\mathrm{d}t}\frac{\partial L}{\partial \dot{x}} = -m\omega^2 x - \frac{\mathrm{d}}{\mathrm{d}t}m\dot{x} = -m\omega^2 x - m\ddot{x} = 0$$

$$\therefore \quad m\ddot{x} = -m\omega^2 x = -kx$$

這正是簡諧運動方程式式（2－21）。

如果粒子多到 $x_i(t)$ 幾乎成爲連續量，則用 $\varphi_{\boldsymbol{x}}(t)$ 來代替 $x_i(t)$，相當於：

$$x \longrightarrow \varphi$$

$$i \longrightarrow \boldsymbol{x} \quad \text{三維空間的位置}$$

或把 $\varphi_{\boldsymbol{x}}(t) \equiv \varphi(\boldsymbol{x}, t)$ = 在時間 t、空間 $\boldsymbol{x}$ 的 i 號粒子。$\varphi(\boldsymbol{x}, t)$ 稱爲在 $(\boldsymbol{x}, t)$ 的經典場（Classical field），而對應於式（1）的場運動方程式是：

$$\frac{\partial \mathscr{L}}{\partial \varphi} - \frac{\partial}{\partial t}\frac{\partial \mathscr{L}}{\partial(\partial\varphi/\partial t)} - \sum_{k=1}^{3}\frac{\partial}{\partial x_k}\frac{\partial \mathscr{L}}{\partial(\partial\varphi/\partial x_k)} = 0 \qquad (2)$$

$$\mathscr{L} = \mathscr{L}\left(\varphi(\boldsymbol{x}, t), \frac{\partial\varphi}{\partial t}, \frac{\partial\varphi}{\partial x_k}\right) \qquad (3)$$

$\mathscr{L}$叫 $\mathscr{L}$agrangian 密度（Lagrangian demsity），其因次 $[\mathscr{L}] = [L]/$體積 = 能量/體積 = $\mathrm{J/m^3}$。

【**Ex.2**】對應於【**Ex.1**】的經典場的 Lagrangian 密度 $\mathscr{L}$是：

$$\mathscr{L} = \frac{1}{2}\left\{\frac{1}{c^2}\left(\frac{\partial\varphi}{\partial t}\right)^2 - \sum_{k=1}^{3}\left(\frac{\partial\varphi}{\partial x_k}\right)^2\right\} - \frac{1}{2}\overline{m}^2\varphi^2,$$

c = 光速　$\overline{m} \equiv mc/\hbar$，　m = 靜止質量

則 $\dfrac{\partial \mathscr{L}}{\partial \varphi} = -\overline{m}^2\varphi$

$$\frac{\partial \mathscr{L}}{\partial(\partial\varphi/\partial t)} = \frac{1}{c^2}\frac{\partial\varphi}{\partial t}, \quad \frac{\partial \mathscr{L}}{\partial(\partial\varphi/\partial x_k)} = -\frac{\partial\varphi}{\partial x_k}$$

$$\therefore \frac{\partial \mathscr{L}}{\partial \varphi} - \frac{\partial}{\partial t}\frac{\partial \mathscr{L}}{\partial(\partial\varphi/\partial t)} - \sum_{k=1}^{3}\frac{\partial}{\partial x_k}\frac{\partial L}{\partial(\partial\varphi/\partial x_k)} = -\overline{m}^2\varphi - \frac{1}{c^2}\frac{\partial^2\varphi}{\partial t^2} + \sum_{k=1}^{3}\frac{\partial^2\varphi}{\partial x_k^2}$$

$$= -\overline{m}^2\varphi - \left(\frac{1}{c^2}\frac{\partial^2}{\partial t^2} - \nabla^2\right)\varphi \equiv -\overline{m}^2\varphi - \Box\varphi = 0$$

$$\therefore \Box\varphi = -\overline{m}^2\varphi$$

$$\Box \equiv \frac{1}{c^2}\frac{\partial^2}{\partial t^2} - \nabla \cdot \nabla$$

(B)**量子力學、量子場**（quantum field）

描述粒子運動的分析力學的正則變數（canonical variables）$\boldsymbol{x}$ 和 $\boldsymbol{p}$，在量子力學的 $\boldsymbol{r}$ 表象，即 Schrödinger 波動力學表象，（參見表10－3）是：

$$\left.\begin{aligned} x &\longrightarrow \text{算符}\,\hat{x} = x \\ p &\longrightarrow \text{算符}\,\hat{p} = -i\hbar\nabla \end{aligned}\right\} \quad (4)$$

量子化式(4)的一般表示是：

$$\left.\begin{aligned} [\hat{x}_i, \hat{x}_j] &= 0 \\ [\hat{p}_i, \hat{p}_j] &= 0 \\ [\hat{x}_i, \hat{p}_j] &= i\hbar\delta_{ij} \end{aligned}\right\} \quad (5)$$

（參見第十章的註(16)的式(1),(15)和(18)），式(5)稱爲量子化，是經典力學進入量子力學時必經的操作，它滿足二象性，且沒指定表象，$\boldsymbol{r}$ 或 $\boldsymbol{p}$ 表象都可以，其 $\boldsymbol{r}$ 表象是式(4)。那麼量子場呢？正如經典力學的 $x_i(t) \longrightarrow \varphi(\boldsymbol{x}, t)$，同樣地對應於動量 $\boldsymbol{p}_i(t) \longrightarrow \pi(\boldsymbol{x}, t)$，於是 $\varphi(\boldsymbol{x}, t)$ 和 $\pi(\boldsymbol{x}, t)$ 必須滿足對應於式(5)的場量子化關係：

$$\left.\begin{aligned} [\hat{\varphi}(\boldsymbol{x}, t), \hat{\varphi}(\boldsymbol{x}', t)] &= 0 \\ [\hat{\pi}(\boldsymbol{x}, t), \hat{\pi}(\boldsymbol{x}', t)] &= 0 \\ [\hat{\varphi}(\boldsymbol{x}, t), \hat{\pi}(\boldsymbol{x}', t)] &= i\hbar\delta^3(\boldsymbol{x} - \boldsymbol{x}') \end{aligned}\right\} \quad (6)$$

$$\hat{\pi}(\boldsymbol{x}, t) \equiv \frac{\partial \mathscr{L}}{\partial(\partial\hat{\varphi}/\partial t)} = \hat{\varphi}(\boldsymbol{x}, t)\ \text{的共軛動量} \quad (7)$$

$\hat{\pi}$ 和 $\hat{\varphi}$ 爲連續變化算符，故 $\hat{\varphi}$ 和 $\hat{\pi}$ 的對易關係（對易子（commutator））爲三維的 Dirac 連續 δ 函數 $\delta^3(\boldsymbol{x} - \boldsymbol{x}')$，右上標「3」表示三維，式(6)稱爲經典實標量場（real scalar field）的量子化。場在座標變換時，由其變換特性分爲：標量場、矢量場、張量（tensor）場等。

(2)第二量子化（second quantization）[11]

(A)產生算符（creation operator），**湮沒算符**（annihilation operator）

爲了得到對應於一體 Schrödinger 方程式的、全同粒子多體系統波動方程，想出來的演算方法稱爲第二量子化。因爲在式(5)或(6)已量子化過了，並且量子化僅有式(5)，是從經典力學到量子力學時必須做的工作。爲了配合下面要引入的量子化（不是新的，是演算工具），稱式(5)爲第一量子化，而下面的式(8)或式(15)爲第二量子化，通常所指的第二量子化是式(15)。目前第二量子化相當於處理場的量子化，這是1932年由 V. Fock（Vladimir Alexandrovich Fock, 1899 ~ 1974，蘇聯理論物理學家）開發出來的純處理多體問題的演算方法，沒有新的物理含義。Schrödinger 方程無法處理物質和電磁場的相互作用，即有場參與的多體問題。根據二象性，場有粒子性的一面，例如量子化的電磁場是光子，量子化重力場得重力子，核力場的是介子（meson）等，會遇到**粒子數目不定的現象**。於是 Fock 爲了處理全同粒子的多體體系，尤其是 Fermi 子的多電子系，同時不失去電子二象性的波動性，將單電子 Schrödinger 方程式的解 $\psi(\boldsymbol{x}, t)$，看成在時空間各點 $(\boldsymbol{x}, t)$ 的概率幅算符 $\equiv \hat{\psi}(\boldsymbol{x}, t)$，而設 $\hat{\psi}(\boldsymbol{x}, t)$ 在 $(\boldsymbol{x}, t)$ 的 Hermitian 共軛量爲 $\hat{\psi}^+(\boldsymbol{x}, t)$，$\hat{\psi}^+$ 相當於式(6)的 $\hat{\pi}(\boldsymbol{x}, t)$。於是依據 Bose 子，或 Fermi 子，仿式(6)得非相對論量子化關係：

$$\left.\begin{aligned}&\hat{\psi}(\boldsymbol{x},t)\hat{\psi}(\boldsymbol{x}',t)\mp\hat{\psi}(\boldsymbol{x}',t)\hat{\psi}(\boldsymbol{x},t)\equiv[\hat{\psi}(\boldsymbol{x},t),\hat{\psi}(\boldsymbol{x}',t)]_{\mp}=0\\&[\hat{\psi}^{+}(\boldsymbol{x},t),\hat{\psi}^{+}(\boldsymbol{x}',t)]_{\mp}=0\\&[\hat{\psi}(\boldsymbol{x},t),\hat{\psi}^{+}(\boldsymbol{x}',t)]_{\mp}=\delta^{3}(\boldsymbol{x}-\boldsymbol{x}')\end{aligned}\right\} \tag{8}$$

式(6)和(8)最大的區別是少一個「$i=\sqrt{-1}$」，是因爲 $\hat{\psi}^{+}$ 是 Hermitian 共軛量（參見第十章註(16)的【*Ex*】）。式(8)右下標「－」表示對易關係，是 Bose 子場；「＋」表示反對易關係，是 Fermi 子場的量子化關係。在下面以標量場、Bose 子爲例來說明。

在（$\boldsymbol{x},t$）確實有粒子或沒粒子的概率是「1」（有粒子），或「0」（沒粒子），於是針對這個「1」或「0」，Fock 創造了產生在狀態 l 的粒子算符 a_l^{+}（creation operator of a particle），和湮沒粒子算符（annihilation operator of a particle）a_l。設完全沒粒子的狀態爲眞空，使用符號 $|0\rangle$ 表示，則：

$$a_l^{+}|0\rangle=|l\rangle \tag{9}$$

＝產生在 l 狀態的一個粒子

$$a_l|l\rangle=|0\rangle$$

＝湮沒在 l 狀態的一個粒子，故變成沒粒子

或

$$a_l|0\rangle=0 \tag{10}$$

＝本來就沒粒子，所以等於0

設 l,m,n……各態都有一個粒子，則：

$$a_m|l,m,n,\cdots\cdots\rangle=|l,0,n,\cdots\cdots\rangle$$

＝湮沒 m 態粒子，故 m 態沒粒子了。

式(10)可看成眞空定義式。千萬記住 a_l^{+} 和 a_l 是演算符號，和整個物理系統在（$\boldsymbol{x},t$）的概率不同，故場算符必須是：

$$\left.\begin{aligned}&\hat{\varphi}(\boldsymbol{x},t)\equiv\sum_{k}\{a_k(t)u_k(\boldsymbol{x})+a_k^{+}(t)v_k^{*}(\boldsymbol{x})\}\\&\text{或}\\&\hat{\varphi}^{+}(\boldsymbol{x},t)=\sum_{k}\{a_k^{+}(t)u_k^{*}(\boldsymbol{x})+a_k(t)v_k(\boldsymbol{x})\}\end{aligned}\right\} \tag{11}$$

於是和粒子生命有關的時間變化，由產生和湮沒算符來負責是很自然的，k＝波向量大小，相當於能量大小；如果粒子的狀態變化是連續的，則式(11)變成：

$$\left.\begin{aligned}&\hat{\varphi}(\boldsymbol{x},t)=\int\frac{d^3k}{(2\pi)^{3/2}\sqrt{2\varepsilon_k}}\{a(k)e^{i(\boldsymbol{k}\cdot\boldsymbol{x}-\omega_k t)}+a^{+}(k)e^{-i(\boldsymbol{k}\cdot\boldsymbol{x}-\omega_k t)}\}\\&\text{或}\quad\hat{\varphi}^{+}(\boldsymbol{x},t)=\int\frac{d^3k}{(2\pi)^{3/2}\sqrt{2\varepsilon_k}}\{a^{+}(k)e^{-i(\boldsymbol{k}\cdot\boldsymbol{x}-\omega_k t)}+a(k)e^{i(\boldsymbol{k}\cdot\boldsymbol{x}-\omega_k t)}\}\end{aligned}\right\} \tag{12}$$

爲了方便起見，使用了平面波：$a_k(t)u_k(\boldsymbol{x})\Rightarrow a(k)e^{-i\omega_k t}e^{i\boldsymbol{k}\cdot\boldsymbol{x}}$等等 （13）

當然也可以設爲：

$$a_k(t)\,u_k(\boldsymbol{x}) \Rightarrow a(k)\,\phi(x)\,e^{i(\boldsymbol{k}\cdot\boldsymbol{x}-\omega_k t)} \qquad (14)$$

平面波的式⒀用於無結構粒子，即所謂的點狀（point－like, structureless）粒子，而式⒁是用於有結構粒子。式⑾，⑿稱爲標準模展開（normal mode expansion），$[(2\pi)^{3/2}\sqrt{2\varepsilon_k}]^{-1}$爲規一化用常數，$\varepsilon_k = \hbar\omega_k$，$k = |\boldsymbol{k}|$。這樣一來，把式⑾或⑿代入式⑹，則可得 $a(k)$ 和 $a^+(k)$ 的對易關係：

$$\left.\begin{aligned} &[a(k), a(k')]_- = 0 \\ &[a^+(k), a^+(k')]_- = 0 \\ &[a(k), a^+(k')]_- = \delta^3(\boldsymbol{k}-\boldsymbol{k}') \end{aligned}\right\} \qquad (15)$$

對應於式⑸，稱式⒂爲第二量子化。Fermi 子也同樣，不過 Fermi 子是反對易關係，故式⒂的「－」必須改爲「＋」，並且 Fermi 子是構成物質的基本單元，粒子往往有結構，故標準模展開時必使用式⒁，$\phi(\boldsymbol{x})$ 代表 Fermi 子結構，稱爲旋量（spinor）。

(B)數目表象（number representation，**或**occupation number representation）

怎麼求物理系統各狀態的粒子數呢？設粒子數算符（number operator）爲 $\hat{n}$，如果 $\hat{n}$ 滿足：

$$\langle n' | \hat{n} | n \rangle = n\delta_{n'n} \qquad (16)$$

$|n\rangle$ = 有 n 個粒子的狀態，則由式⑼和⑽得，$\hat{n}$ 必是：

$$\hat{n} = a^+ a \qquad (17)$$

即 $\hat{n}$ = 對角線矩陣的表象，稱爲**數目表象**，式⒂是數目表象時的第二量子化，而整個結構便是：

$$\left.\begin{aligned} &\hat{n}|n\rangle = n|n\rangle \\ &|n\rangle = \frac{1}{\sqrt{n!}}(a^+)^n|0\rangle \longleftarrow (a^+)^n \text{ 有 } n! \text{ 的置換} \\ &a|n\rangle = \sqrt{n}\,|n-1\rangle, \quad \text{或} \langle n|a^+ = \sqrt{n}\langle n-1| \\ &a^+|n\rangle = \sqrt{n+1}\,|n+1\rangle, \quad \text{或} \langle n|a = \sqrt{n+1}\langle n+1| \end{aligned}\right\} \qquad (18)$$

(C)物理量矩陣

第二量子化是藉助於 a^+ 和 a 的對易反對易性，如式⒂自動地完成全同粒子波函數的對稱反對稱操作而已，和物理有直接關係的矩陣仍然必須演算。現以兩個 Fermi 子「1」和「2」，三個狀態 a, b, c 爲例來說明。Fermi 子的狀態函數必須反對稱，如果系統的初態是 ψ_{ab}，終態是 ψ_{ac}，不使用第二量子化的話，則必須用：

$$\left.\begin{aligned} \psi_{ab}(\boldsymbol{x}_1,\boldsymbol{x}_2) &= \frac{1}{\sqrt{2}}\{\varphi_a(\boldsymbol{x}_1)\varphi_b(\boldsymbol{x}_2) - \varphi_b(\boldsymbol{x}_1)\varphi_a(\boldsymbol{x}_2)\} \\ \psi_{ac}(\boldsymbol{x}_1,\boldsymbol{x}_2) &= \frac{1}{\sqrt{2}}\{\varphi_a(\boldsymbol{x}_1)\varphi_c(\boldsymbol{x}_2) - \varphi_c(\boldsymbol{x}_1)\varphi_a(\boldsymbol{x}_2)\} \end{aligned}\right\} \qquad (19)$$

而系統的 Hamiltonian 是：

$$\hat{H} = \sum_{i=1}^{2}\{\hat{T}(i) + \hat{V}_0(x_i)\} + \frac{1}{2}\hat{V}(x_1, x_2) \tag{20}$$

$\hat{T}$ = 動能，$\hat{V}_0$和 $\hat{V}$ 分別爲一體和二體勢能算符，並且：

$$\left.\begin{aligned}\hat{T}(i)\varphi_\alpha(\boldsymbol{x}_i) &= \varepsilon_\alpha\varphi_\alpha(\boldsymbol{x}_i), \quad \alpha = a, b, c\\ \int\varphi_\alpha^*(\boldsymbol{x}_i)\varphi_\beta(\boldsymbol{x}_i)\,\mathrm{d}^3x_i &= \delta_{\alpha\beta}, \quad \beta = a, b, c\end{aligned}\right\} \tag{21}$$

則系統的能量變化是：

$$\begin{aligned}&\int\psi_{ac}^*(\boldsymbol{x}_1, \boldsymbol{x}_2)\hat{H}\psi_{ab}(\boldsymbol{x}_1, \boldsymbol{x}_2)\,\mathrm{d}^3x_1\mathrm{d}^3x_2 \equiv \langle ac|\hat{H}|ab\rangle\\ &= \frac{1}{2}\int[\varphi_a^*(\boldsymbol{x}_1)\varphi_c^*(\boldsymbol{x}_2) - \varphi_c^*(\boldsymbol{x}_1)\varphi_a^*(\boldsymbol{x}_2)]\\ &\quad\times\left[\hat{T}(1) + \hat{T}(2) + \hat{V}_0(x_1) + \hat{V}_0(x_2) + \frac{1}{2}\hat{V}(x_1, x_2)\right]\\ &\quad\times[\varphi_a(\boldsymbol{x}_1)\varphi_b(\boldsymbol{x}_2) - \varphi_b(\boldsymbol{x}_1)\varphi_a(\boldsymbol{x}_2)]\,\mathrm{d}^3x_1\mathrm{d}^3x_2\\ &= \frac{1}{2}\int\varphi_c^*(\boldsymbol{x}_1)\hat{V}_0(x_1)\varphi_b(\boldsymbol{x}_1)\,\mathrm{d}^3x_1 + \frac{1}{2}\int\varphi_c^*(\boldsymbol{x}_2)\hat{V}_0(x_2)\varphi_b(\boldsymbol{x}_2)\,\mathrm{d}^3x_2\\ &\quad+\frac{1}{4}\int[\varphi_a^*(\boldsymbol{x}_1)\varphi_c^*(\boldsymbol{x}_2)\hat{V}(x_1, x_2)\varphi_a(\boldsymbol{x}_1)\varphi_b(\boldsymbol{x}_2)\\ &\quad+\varphi_a^*(\boldsymbol{x}_2)\varphi_c^*(\boldsymbol{x}_1)\hat{V}(x_1, x_2)\varphi_a(\boldsymbol{x}_2)\varphi_b(\boldsymbol{x}_1)]\,\mathrm{d}^3x_1\mathrm{d}^3x_2\\ &\quad-\frac{1}{4}\int[\varphi_c^*(\boldsymbol{x}_1)\varphi_a^*(\boldsymbol{x}_2)\hat{V}(x_1, x_2)\varphi_a(\boldsymbol{x}_1)\varphi_b(\boldsymbol{x}_2)\\ &\quad+\varphi_c^*(\boldsymbol{x}_2)\varphi_a^*(\boldsymbol{x}_1)\hat{V}(x_1, x_2)\varphi_a(\boldsymbol{x}_2)\varphi_b(\boldsymbol{x}_1)]\,\mathrm{d}^3x_1\mathrm{d}^3x_2\end{aligned} \tag{22}$$

如果 $\hat{V}_0(x_1)$，和 $\hat{V}_0(x_2)$ 同形，並且 $\hat{V}(x_1, x_2) = \hat{V}(x_2, x_1)$，則式(22)右邊第一項和第二項的積分等值，第三和第四，以及第五和第六也分別等值，故式(22)變成：

$$\begin{aligned}\langle ac|\hat{H}|ab\rangle &= \int\varphi_c^*(\boldsymbol{x})\hat{V}_0(x)\varphi_b(\boldsymbol{x})\,\mathrm{d}^3x\\ &\quad+\frac{1}{2}\int[\varphi_a^*(\boldsymbol{x}_1)\varphi_c^*(\boldsymbol{x}_2) - \varphi_c^*(\boldsymbol{x}_1)\varphi_a^*(\boldsymbol{x}_2)]\\ &\quad\times\hat{V}(x_1, x_2)\varphi_a(\boldsymbol{x}_1)\varphi_b(\boldsymbol{x}_2)\,\mathrm{d}^3x_1\mathrm{d}^3x_2\end{aligned} \tag{23}$$

或

$$\begin{aligned}\langle ac|\hat{H}|ab\rangle &= \int\varphi_c^*(\boldsymbol{x})\hat{V}_0(x)\varphi_b(\boldsymbol{x})\,\mathrm{d}^3x\\ &\quad+\frac{1}{2}\int[\varphi_a^*(\boldsymbol{x}_1)\varphi_c^*(\boldsymbol{x}_2)]\hat{V}(x_1, x_2)\\ &\quad\times[\varphi_a(\boldsymbol{x}_1)\varphi_b(\boldsymbol{x}_2) - \varphi_b(\boldsymbol{x}_1)\varphi_a(\boldsymbol{x}_2)]\,\mathrm{d}^3x_1\mathrm{d}^3x_2\end{aligned} \tag{24}$$

式(23)和(24)相當於僅做終態或初態狀態函數的反對稱，這是因爲用了對稱相互作用 $\hat{V}(x_1, x_2) = \hat{V}(x_2, x_1)$，一般是式(22)。只有兩個粒子，就如此地繁雜，粒子多了更是費時，所以不得不想簡化演算的方法，這就是第二量子化的方法。從上面兩個粒子的推算過程，相信已看出問題的焦點是：

如何操作狀態函數的對稱性

狀態函數的對稱和反對稱，剛好可使用對易子的對易和反對易來處理，不是嗎？這就是 Fock 洞察出來的（1932年）。使用產生和湮沒算符 a_α^+ 和 a_α 來處理，就不必經過式(20)到(23)的演算，而直接使用 a_α^+ 和 a_α 的對易反對易性就可以，這時的 Hamiltonian 從式(20)到(23)的演算就能推想出：

$$\hat{H} = \sum_{\alpha,\beta} \langle \alpha | \hat{T} + \hat{V}_0 | \beta \rangle a_\alpha^+ a_\beta + \frac{1}{2} \sum_{\substack{\alpha,\beta \\ \alpha',\beta'}} \langle \alpha'\beta' | \hat{V} | \alpha\beta \rangle a_{\beta'}^+ a_{\alpha'}^+ a_\alpha a_\beta \tag{25}$$

$$\left.\begin{aligned} \langle \alpha | \hat{T} | \beta \rangle &= -\frac{\hbar^2}{2m} \int \varphi_\alpha^* (\boldsymbol{x}) \nabla^2 \varphi_\beta (\boldsymbol{x}) \mathrm{d}^3 x \\ \langle \alpha | \hat{V}_0 | \beta \rangle &= \int \varphi_\alpha^* (\boldsymbol{x}) \hat{V}_0 (\boldsymbol{x}) \varphi_\beta (\boldsymbol{x}) \mathrm{d}^3 x \\ \langle \alpha'\beta' | \hat{V} | \alpha\beta \rangle &= \int \varphi_{\alpha'}^* (\boldsymbol{x}_1) \varphi_{\beta'}^* (\boldsymbol{x}_2) \hat{V} (x_1, x_2) \varphi_\alpha (\boldsymbol{x}_1) \varphi_\beta (\boldsymbol{x}_2) \mathrm{d}^3 \boldsymbol{x}_1 \mathrm{d}^3 \boldsymbol{x}_2 \end{aligned}\right\} \tag{26}$$

而僅按照如下量子化關係演算產生和湮沒算符 a^+, a：

$$\left.\begin{aligned} [a_\alpha, a_\beta]_+ &= 0 \\ [a_\alpha^+, a_\beta^+]_+ &= 0 \\ [a_\alpha, a_\beta^+]_+ &= \delta_{\alpha\beta} \end{aligned}\right\} \cdots\cdots\cdots \text{Fermi 子時} \tag{27}$$

由於 $a_\alpha |0\rangle = 0$, $\langle 0| a_\alpha^+ = 0$，故想辦法把湮沒算符 a_α 移到右矢量的右邊去作用到$|0\rangle$，而 a_α^+ 移到左邊去作用在左矢量$\langle 0|$。

【***Ex*.3**】求初態 = $|\sigma\rangle = a_\sigma^+ |0\rangle$，終態 = $\langle \delta | = \langle 0 | a_\delta$ 的 Fermi 子動能值 K.E.

$$\begin{aligned} \text{K.E.} &= \langle \delta | \sum_{\alpha,\beta} \langle \alpha | \hat{T} | \beta \rangle a_\alpha^+ a_\beta | \sigma \rangle \\ &= \sum_{\alpha,\beta} \langle \alpha | \hat{T} | \beta \rangle \langle 0 | a_\delta a_\alpha^+ a_\beta a_\sigma^+ | 0 \rangle \\ &= \sum_{\alpha,\beta} \langle \alpha | \hat{T} | \beta \rangle \langle 0 | (\delta_{\delta\alpha} - a_\alpha^+ a_\delta)(\delta_{\beta\sigma} - a_\sigma^+ a_\beta) | 0 \rangle \\ &= \sum_{\alpha,\beta} \langle \alpha | \hat{T} | \beta \rangle \langle 0 | (\delta_{\delta\alpha}\delta_{\beta\sigma} - \delta_{\beta\sigma} a_\alpha^+ a_\delta - \delta_{\delta\alpha} a_\sigma^+ a_\beta + a_\alpha^+ a_\delta a_\sigma^+ a_\beta) | 0 \rangle \\ &= \sum_{\alpha,\beta} \langle \alpha | \hat{T} | \beta \rangle \delta_{\delta\alpha}\delta_{\beta\sigma} \\ &= \langle \delta | \hat{T} | \sigma \rangle \\ &= -\frac{\hbar^2}{2m} \int \varphi_\delta^* (\boldsymbol{x}) \nabla^2 \varphi_\sigma (\boldsymbol{x}) \mathrm{d}^3 x \end{aligned}$$

附　錄

物理常數（量）表（MKSA）制

物　理　量	符號、式子	值
眞空中光速	c	299 792 458 $\mathrm{m \cdot s^{-1}}$
Planck 常數	h	6.626 075 5（40）$\times 10^{-34}$ J·s
約化（reduced）Planck 常數	$\hbar \equiv \dfrac{h}{2\pi}$	1.054 572 66（63）$\times 10^{-34}$ J·s =6.582 122 0（20）$\times 10^{-22}$ MeV·s
電子電荷大小	e	1.602 177 33（49）$\times 10^{-19}$ C =4.803 206 8（15）$\times 10^{-10}$ esu
轉換（conversion）常數	$\hbar c$	197.327 053（59） MeV·fm
電子質量	m_e	0.510 999 06（15） MeV/c^2 =9.109 389 7（54）$\times 10^{-31}$ kg
質子質量	m_p	938.272 31（28） MeV/c^2 =1.672 623 1（10）$\times 10^{-27}$ kg
統一（unified）原子質量單位	u，或 amu	931.494 32（28） MeV/c^2 =1.660 540 2（10）$\times 10^{-27}$ kg
眞空電容率	ε_0	8.854 187 817 $\times 10^{-12}$ $\mathrm{F \cdot m^{-1}}$
眞空磁導率	$\mu_0(\varepsilon_0\mu_0 = 1/c^2)$	$4\pi \times 10^{-7}$ $\mathrm{N \cdot A^{-2}}$
精細結構常數	$\alpha = \dfrac{1}{4\pi\varepsilon_0}\dfrac{e^2}{\hbar c}$	$\dfrac{1}{137.035\,989\,5(61)}$
經典電子半徑	$r_e = \dfrac{1}{4\pi\varepsilon_0}\dfrac{e^2}{m_e c^2}$	2.817 940 92（38） fm
電子 Compton 波長	$\lambda\!\!\!^{-}{}_e = \dfrac{\hbar}{m_e c} = \dfrac{r_e}{\alpha}$	386.159 323（35） fm
Bohr 半徑（$m_{原子核} = \infty$）	$a_\infty = \dfrac{4\pi\varepsilon_0 \hbar^2}{m_e e^2}$	0.529 177 249（24） Å
Rydberg 常數（$m_{原子核} = \infty$）	$R_\infty = \dfrac{1}{(4\pi\varepsilon_0)^2}\dfrac{m_e e^4}{4\pi\hbar^3 c}$	109 737 31.77（83） $\mathrm{m^{-1}}$
Bohr 磁子（magnoton）	$\mu_B = \dfrac{e\hbar}{2m_e}$	5.788 382 63（52）$\times 10^{-11}$ $\mathrm{MeV \cdot T^{-1}}$
核磁子（nuclear magneton）	$\mu_N = \dfrac{e\hbar}{2m_p}$	3.152 451 66（28）$\times 10^{-14}$ $\mathrm{MeV \cdot T^{-1}}$
萬有引力常數	G_N	6.672 59(85) $\times 10^{-11}$ $\mathrm{m^3 \cdot kg^{-1} \cdot s^{-2}}$ =6.707 11(86) $\times 10^{-39}$ $\hbar c(\mathrm{GeV}/c^2)^{-2}$

物 理 量	符號、式子	值
標準萬有引力加速度大小（海平面）	g	$9.806\ 65\ \mathrm{m \cdot s^{-2}}$
Avogadro 常數	N_A	$6.022\ 136\ 7\,(36) \times 10^{23}\ \mathrm{mol^{-1}}$
Boltzmann 常數	k	$1.380\ 658\,(12) \times 10^{-23}\ \mathrm{J \cdot K^{-1}}$ $= 8.617\ 385\,(73) \times 10^{-5}\ \mathrm{eV \cdot K^{-1}}$
通用（universal）氣體常數	$R = N_A k$	$8.314\ 511\,(21)\ \mathrm{J \cdot mol^{-1} K^{-1}}$
Fermi 耦合（coupling）常數	$\frac{G_F}{(\hbar c)^3}$	$1.166\ 39\,(1) \times 10^{-5}\ \mathrm{GeV^{-2}}$
$W^{\pm}$ Bose 子（boson）能量	$m_w c^2$	$80.41\,(10)$ GeV
Z^0 Bose 子能量	$m_z c^2$	$91.187\,(7)$ GeV
強耦合常數	$\alpha_s(m_z)$	$0.119\,(2)$
圓周率	π	3.141 592 653 589 793 238
自然對數底	e	2.718 281 828 459 045 235
一電子伏特（electron volt）	eV	$1.602\ 177\ 33\,(49) \times 10^{-19}\mathrm{J}$

物理常數使用 MKSA 制，即長度 = 公尺（m）、質量 = 公斤（kg）、時間 = 秒（s）、電流 = 安培（A）。表上其他各量是 J = 焦耳（joule）、C = 庫侖（coulomb）、esu = 靜電單位（electrostatic unit），fm = fermi $\equiv 10^{-15}$m，Å = angstrom $\equiv 10^{-10}$m，c = 眞空光速，N = 牛頓（newton），T = tesla，F = farad，1 MeV = 10^6eV，1 GeV = 10^9eV，mol = mole，K = Kelvin 溫度單位（絕對溫度單位）。各值最後括弧是加減該數之意。【**Ex**】197.327 053（59）= 197.327 053 ± 0.000 059

資料來源：The European Physical Journal C. Review of Particle Physics, vol 3 # 1 ~ 4,1998的 P69，至於最新資料可直接從網址 http：//pdg.lbl.gov.處獲得。

H. Sir Ernest Rutherford的散射微分截面(differential cross section)

——MKSA制——

在1911年Rutherford使用α($_2He_2^4$)粒子彈性碰撞原子A，而發現原子核是存在於約從數f_m到$10f_m$的空間，$1f_m \equiv 10^{-15}$m，其過程如下圖：

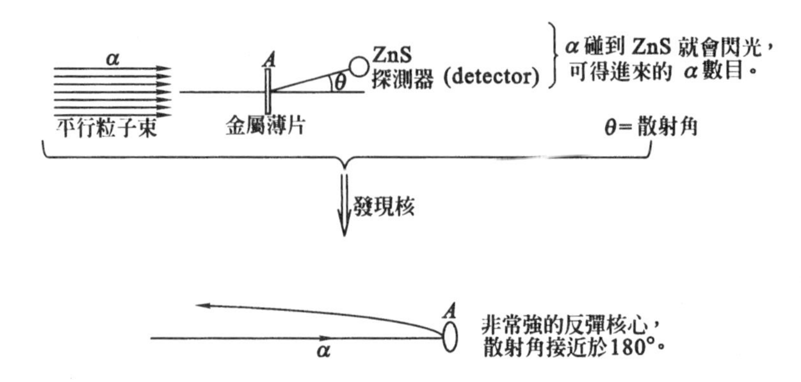

(I)α粒子的軌道方程式

設下面假定：

(i)α粒子的速度v和光速c的比是$\frac{v}{c} \lesssim \frac{1}{20}$，故可以使用非相對論力學，

(ii)α粒子和原子核間的相互作用是庫侖力，

(iii)α和核都是點(物理的「點」即structureless)粒子，或點狀(point-like)粒子，

(iv)核的電荷分布中心爲座標原點，α的入射方向爲($-x$)軸且右手系，

(v)彈性碰撞，如圖一，取靶的電荷Ze的分中心爲座標原點。

(1)證明散射速度大小v'等於入射速度大小v，以及碰撞參數$b'=b$

彈性散射時動能不變，非相對論的動能是：

$$\frac{M}{2}v^2 = \frac{M}{2}v'^2$$

$$\therefore \quad v = v' \qquad (H-1)$$

α粒子和原子核的相互作用是庫侖力，庫侖力是連心力(central force)，連心力$\boldsymbol{F}_c$的一般形式是$f(r)\mathbf{e}_r$，$\mathbf{e}_r \equiv \boldsymbol{r}/r$ = $\boldsymbol{r}$方向的單位向量，而角動量$\boldsymbol{L}$的時間變化是力矩$\boldsymbol{\tau}$，$\boldsymbol{\tau} = \boldsymbol{r} \times \boldsymbol{F}$，$\boldsymbol{r}$徑向量，$\boldsymbol{F}$=作用力

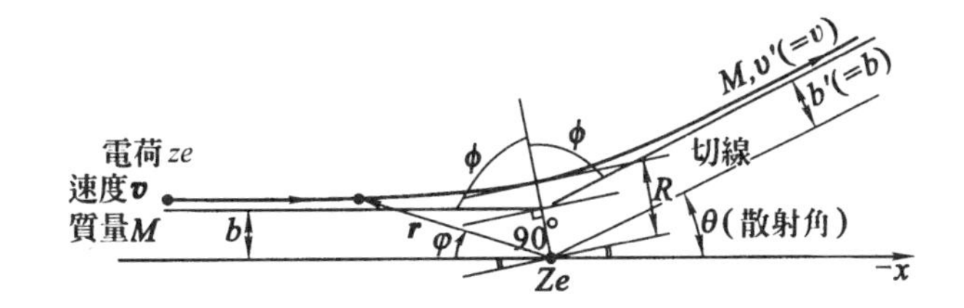

b = 碰撞參數（impact paramter），R = 散射 α 粒子和靶核的最短距離，
r，φ = 在散射面上的 α 粒子的位置，散射面 = 入射線和散射線形成的平面，

圖一

$$\therefore \quad \frac{\mathrm{d}\boldsymbol{L}}{\mathrm{d}t} = \boldsymbol{r} \times \boldsymbol{F}_c$$

質心 — r 連心力 — 質心

$$= \boldsymbol{r} \times (f(r)\,\boldsymbol{e}_r)$$

$$= \frac{f(r)}{r}\boldsymbol{r} \times \boldsymbol{r}$$

$$= 0$$

$\therefore$ $\boldsymbol{L}$ = 常量 l = $\boldsymbol{L}$ 的大小以及方向都不變 （H－2）

在圖一，$|\boldsymbol{L}| = Mvb = Mv'b' = Mvb'$

$$\therefore \quad b' = b \qquad \text{（H－3）}$$

(2) α 粒子的軌道

α 粒子被靶核的 Coulomb 電場散射，這和附錄 F 的 Kepler 的天體運動類似，但後者是引力場，而前者是不會有束縛態（bounded state）的斥力場下的運動。萬有引力和 Coulomb 力都是連心力，於是最好使用如圖一的極座標，並且介紹另一種處理方法：從能量推導運動方程式的分析力學的方法。θ 表示散射角，故極座標使用（r,φ），

$$\therefore \quad 速度\boldsymbol{v} = \dot{\boldsymbol{r}} = \frac{d}{\mathrm{d}t}(r\mathbf{e}_r) = \dot{r}\mathbf{e}_r + r\,\dot{\mathbf{e}}_r$$

從附錄 C 得 $\dot{\mathbf{e}}_r = \dot{\varphi}\mathbf{e}_\varphi$

$$\therefore \quad 角動量大小|\mathbf{L}| = |\mathbf{r} \times M\boldsymbol{v}| = M|r\mathbf{e}_r \times (\dot{r}\mathbf{e}_r + r\dot{\varphi}\mathbf{e}_\varphi)|$$

$$= Mr^2\,\dot{\varphi}\,|\mathbf{e}_r \times \mathbf{e}_\varphi|$$

$\mathbf{e}_r \times \mathbf{e}_\varphi$ = 垂直於散射面的單位向量 = $\boldsymbol{L}/L$，大小等於1，故由（H－2）和上式得：

$$l = Mr^2\,\dot{\varphi} \qquad \text{（H－4）}$$

動能 $K=\frac{M}{2}\boldsymbol{v}\cdot\boldsymbol{v}=\frac{M}{2}(\dot{r}\mathbf{e}_r+r\dot{\varphi}\mathbf{e}_\varphi)\cdot(\dot{r}\mathbf{e}_r+r\dot{\varphi}\mathbf{e}_\varphi)$

$$\therefore\quad K=\frac{M}{2}(\dot{r}^2+r^2\dot{\varphi}^2)=\frac{M}{2}\dot{r}^2+\frac{l^2}{2Mr^2} \qquad (\mathrm{H}-5)$$

α 粒子和靶核的相互作用 Coulomb 力 $=\frac{1}{4\pi\varepsilon_0}\frac{zZe^2}{r^3}\boldsymbol{r}$，$|\boldsymbol{r}|$是$\alpha$ 和靶核的電荷分布中心間的距離，其方向如圖一所示，結果帶來動能僅和 $\dot{r}$ 有關，角度部分約化成和時間無關，卻和 r 有關的能量，相當於有個保守力（conservative force）$\mathbf{f}$，它產生能量 $U=\frac{l^2}{2Mr^2}$，則由保守力和勢能的關係第二章(66)式得：

$$\mathbf{f}=-\left(\frac{d}{\mathrm{d}r}\frac{l^2}{2Mr^2}\right)\mathbf{e}_r=\frac{l^2}{Mr^3}\mathbf{e}_r=\frac{l^2}{Mr^4}\boldsymbol{r} \qquad (\mathrm{H}-6)$$

所以 α 粒子受到 Coulomb 和 $\mathbf{f}$ 的作用，其動量 $M\dot{r}$ 的時間變化是：

$$\frac{d}{\mathrm{d}t}M\dot{r}=\frac{1}{4\pi\varepsilon_0}\frac{zZe^2}{r^2}+\frac{l^2}{Mr^3} \qquad (\mathrm{H}-7)$$

（H－7）式是 α 粒子在靶核 Ze 的電場內運動的運動方程式。（H－7）式也可使用分析力學的方法獲得，分析力學的 Lagrangian$L=$（動能 $K-$勢能 U），Coulomb 力 $\frac{1}{4\pi\varepsilon_0}\frac{zZe^2}{r^3}\boldsymbol{r}$ 的勢能是$\frac{1}{4\pi\varepsilon_0}\frac{zZe^2}{r}$(看（7－3b）式)，

$$\therefore\quad L=\frac{M}{2}(\dot{r}^2+r^2\dot{\varphi}^2)-\frac{1}{4\pi\varepsilon_0}\frac{zZe^2}{r}$$

運動方程$\frac{d}{\mathrm{d}t}\frac{\partial L}{\partial\dot{q}}-\frac{\partial L}{\partial q}=$外力，$q=$廣義座標（指定運動空間的獨立變數，不一定有長度因次），則得：

(I) 角度部分：$\frac{d}{\mathrm{d}t}\frac{\partial L}{\partial\dot{\varphi}}-\frac{\partial L}{\partial\varphi}=\frac{d}{\mathrm{d}t}(Mr^2\dot{\varphi})-0=F_\varphi(\text{外力})=0$

$$\therefore\quad Mr^2\dot{\varphi}=\text{常量}\equiv l$$

(II) 徑向量部分：$\frac{d}{\mathrm{d}t}\frac{\partial L}{\partial\dot{r}}-\frac{\partial L}{\partial r}=\frac{d}{\mathrm{d}t}(M\dot{r})-Mr\dot{\varphi}^2-\frac{1}{4\pi\varepsilon_0}\frac{zZe^2}{r^2}$

$$=F_r(\text{外力})=0$$

$$\therefore\quad \frac{d}{\mathrm{d}t}M\dot{r}=\frac{l^2}{Mr^3}+\frac{1}{4\pi\varepsilon_0}\frac{zZe^2}{r^2}=(\mathrm{H}-7)\text{式}$$

⑵解運動方程式（H－7）

⑴化簡運動方程式

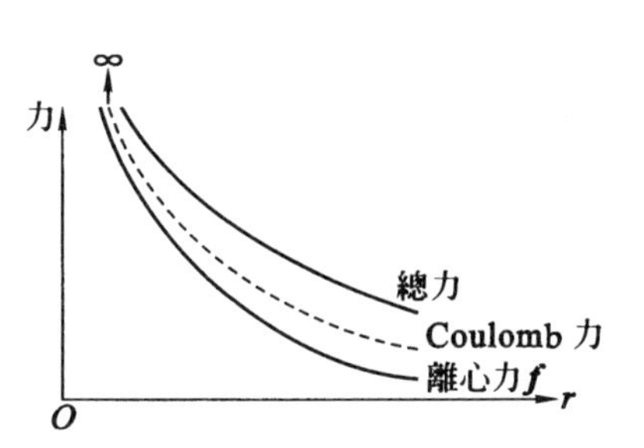

從（H－7）式，兩種力如右圖都是斥力，$\boldsymbol{f}$ 相當於離心力：

$$\boldsymbol{f} = \frac{l^2}{Mr^3}\mathbf{e}_r = Mr\dot{\varphi}^2\mathbf{e}_r$$

因等速率圓周運動的離心力 $= mrw^2$，$w =$ 角速度 $\dot{\varphi}$。上圖暗示著：使用變數變換，能使 Coulomb 力和離心力 $\boldsymbol{f}$ 合爲另一種力。總力大於 Coulomb 力和 $\boldsymbol{f}$，於是可設新變數如下：

$$r \equiv \frac{1}{u}$$

$$\therefore \begin{cases} \dfrac{\mathrm{d}r}{\mathrm{d}t} = \dfrac{\mathrm{d}r}{\mathrm{d}u}\dfrac{\mathrm{d}u}{\mathrm{d}\varphi}\dfrac{\mathrm{d}\varphi}{\mathrm{d}t} = -\dfrac{1}{u^2}\dfrac{\mathrm{d}u}{\mathrm{d}\varphi}\dfrac{lu^2}{M} = -\dfrac{l}{M}\dfrac{\mathrm{d}u}{\mathrm{d}\varphi} \\ \dfrac{\mathrm{d}^2r}{\mathrm{d}t^2} = \left\{\dfrac{d}{\mathrm{d}\varphi}\left(\dfrac{\mathrm{d}r}{\mathrm{d}t}\right)\right\}\left(\dfrac{\mathrm{d}\varphi}{\mathrm{d}t}\right) = -\dfrac{l}{M}\dfrac{u^2l}{M}\dfrac{\mathrm{d}^2u}{\mathrm{d}\varphi^2} = -\dfrac{l^2}{M^2}u^2\dfrac{\mathrm{d}^2u}{\mathrm{d}\varphi^2} \end{cases}$$

將這些式子代入運動方程式，整理後得：

$$\frac{\mathrm{d}^2u}{\mathrm{d}\varphi^2} + u = -\frac{1}{4\pi\varepsilon_0}\frac{MzZ\mathrm{e}^2}{l^2} \qquad (\text{H}-8)$$

⑵解方程式（H－8）式

角動量　$l = Mbv$，　設 $D \equiv \dfrac{1}{4\pi\varepsilon_0}\dfrac{zZ\mathrm{e}^2}{Mv^2/2}$

$$\therefore \quad \frac{\mathrm{d}^2u}{\mathrm{d}\varphi^2} + u = -\frac{D}{2b^2} \qquad (\text{H}-9)$$

這是線性微分方程式，其解分爲互補解 u_c（complementary solution）和特殊解（particular solution）u_p，由附錄(E)的（E－16）式得：

$$u_p = -\frac{D}{2b^2} \qquad (\text{H}-10)$$

而互補解 u_c 是：

$$\frac{\mathrm{d}^2u_c}{\mathrm{d}\varphi^2} + u_c = 0 \text{ 的解}$$

$$\therefore \quad u_c = A\sin\varphi + B\cos\varphi \qquad (\text{H}-11)$$

A 和 B 是由初始條件（initial condition）來決定的未定係數，初始條件是由圖一得：

$$\text{當 } r \to \infty \text{ 時：}\begin{cases} \varphi \to 0 \\ \dfrac{\mathrm{d}r}{\mathrm{d}t} \to -v\text{（因 } \boldsymbol{r} \text{ 和 } \boldsymbol{v} \text{ 的方向相反）} \end{cases} \qquad \text{（H－12）}$$

把上條件代入一般解 $u = u_p + u_c$ 得：

$$\frac{1}{r} = u = 0 = A\sin 0 + B\cos 0 - \frac{D}{2b^2} = B - \frac{D}{2b^2}$$

$$\therefore \quad B = \frac{D}{2b^2} \qquad \text{（H－13）}$$

$$\frac{\mathrm{d}r}{\mathrm{d}t} = -\frac{l}{M}\frac{\mathrm{d}u}{\mathrm{d}\varphi} = -\frac{l}{M}(A\cos 0 - B\sin 0) = -\frac{l}{M}A = -v$$

$$\therefore \quad A = \frac{M}{l}v = \frac{Mv}{Mbv} = \frac{1}{b} \qquad \text{（H－14）}$$

$$\therefore \quad \frac{1}{r} = \frac{1}{b}\sin\varphi + \frac{D}{2b^2}(\cos\varphi - 1) \qquad \text{（H－15）}$$

（H－15）式是雙曲線軌道，如圖二。

(3)散射角 θ 和碰撞參數 b 的關係

從圖二，當 $|\boldsymbol{r}| \to \infty$ 時：

$$\theta \to \pi - \varphi$$

代入（H－15）式得：

$$O = \frac{1}{b}\sin(\pi - \theta) + \frac{D}{2b^2}\{\cos(\pi - \theta) - 1\}$$

$$\therefore \quad \frac{1}{D}\sin\theta = \frac{\cos\theta + 1}{2b}$$

$$\therefore \quad \cot\frac{\theta}{2} = \frac{2b}{D} \qquad \text{（H－16）}$$

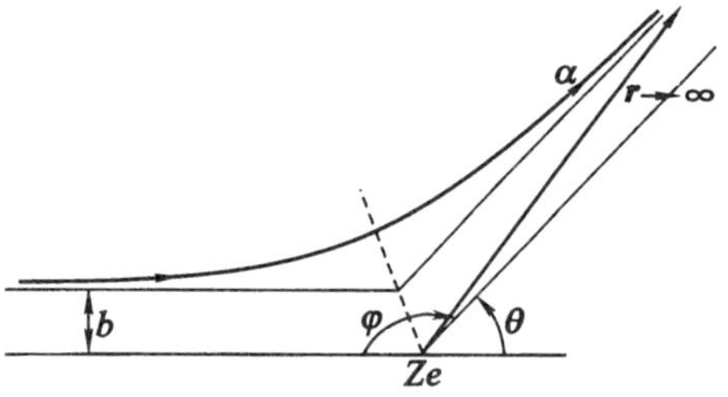

α 粒子被靶核 Ze 散射到 $r \to \infty$

圖二

(4)入射 α 粒子最接近靶核的距離

如圖三，入射 α 粒子以速度 $\boldsymbol{v}$ 進入靶核 Ze 的電場內，一直往靶的方向行，到靠近靶時 α 粒子的 $\boldsymbol{v} \to 0$，瞬間後受到靶核的斥力勢能，慢慢地重獲動能散射到如圖二的 $\boldsymbol{r}$ 等於無限遠的地方再得自由。設 $Q' = v$ 趨近於 O 之點，Q = 入射和散射

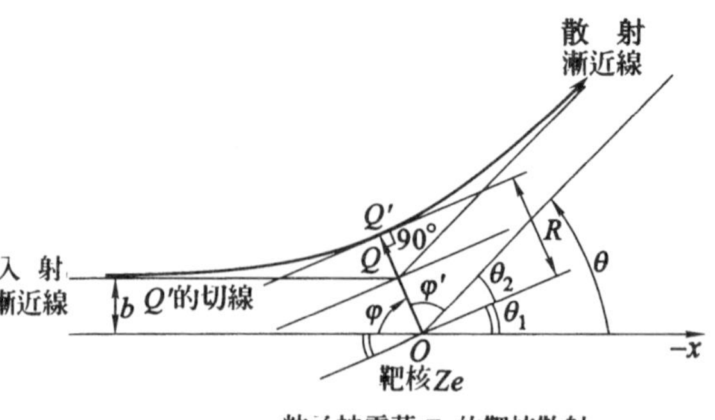

α 粒子被電荷 Ze的靶核散射

圖三

兩漸近線的交點，

$$O = \text{靶核電荷分布中心}$$
$$= \text{極座標}(r,\varphi)\text{的原點}$$
$$R = \overline{OQ'}$$
$$= \overline{OQ} + \overline{QQ'}$$

由對稱性 $\varphi' = \varphi$

$$\varphi = \frac{\pi}{2} - \theta_1$$
$$= \frac{\pi}{2} - \theta_2$$
$$\therefore \quad \theta_1 = \theta_2 = \frac{\theta}{2}$$

所以 $\varphi = \frac{\pi}{2} - \frac{\theta}{2}$，代入（H－15）式得：

$$\frac{1}{R} = \frac{1}{b}\cos\frac{\theta}{2} + \frac{D}{2b^2}\left(\sin\frac{\theta}{2} - 1\right) \qquad (\text{H}-17)$$

但是由（H－16）式得　$\cos\frac{\theta}{2} = \sqrt{1-\sin^2\frac{\theta}{2}} = \sqrt{1-\frac{1}{1+\cot^2\theta/2}} = \frac{2b}{\sqrt{D^2+4b^2}}$

同理得 $\sin\frac{\theta}{2} = \frac{D}{\sqrt{D^2+4b^2}}$，將這些和（H－16）式代入（H－17）式得：

$$\frac{1}{R} = \frac{2}{D}\sin\frac{\theta}{2} + \frac{2}{D}\tan^2\frac{\theta}{2}\left(\sin\frac{\theta}{2} - 1\right) = \frac{2}{D}\sin\frac{\theta}{2}\left(1 + \tan^2\frac{\theta}{2}\right) - \frac{2}{D}\tan^2\frac{\theta}{2}$$

$$= \frac{2}{D}\left(\frac{\sin\frac{\theta}{2}}{\cos^2\frac{\theta}{2}} - \frac{\sin^2\frac{\theta}{2}}{\cos^2\frac{\theta}{2}}\right) = \frac{2}{D}\frac{\sin\frac{\theta}{2}}{\cos^2\frac{\theta}{2}}\left(1 - \sin\frac{\theta}{2}\right)$$

$$\therefore \qquad R = \frac{D}{2}\frac{\left(1+\sin\frac{\theta}{2}\right)\left(1-\sin\frac{\theta}{2}\right)}{\sin\frac{\theta}{2}\left(1-\sin\frac{\theta}{2}\right)} = \frac{D}{2}\left(1 + \frac{1}{\sin\frac{\theta}{2}}\right) \qquad (\text{H}-18)$$

從（H－18）式得 R 的最小值發生在 $\sin\frac{\theta}{2}$ 最大的時候，也就是如右圖 α 粒子和靶核正面（head on）碰撞而沿原入射方向核把 α 粒子彈回的 $\theta = 180°$，所以 α 粒子最接近靶核的距離 D 是：

$$R(\theta = 180°) = \frac{1}{4\pi\varepsilon_0}\frac{zZe^2}{Mv^2/2} = D \qquad (\text{H}-19)$$

（H－19）式的關係也能使用動能和勢能的交換關係來獲得，是保守力場的特徵（參考第5章簡諧振動圖（5－6）），Coulomb 力場是保守力場，入射 α 粒子一直抵抗靶核斥力到，用完所有的動能，瞬間 $\boldsymbol{v}=0$時受到 Coulomb 勢能，設這時和靶核的距離 $r=D$，則得：

$$\therefore \quad \frac{Mv^2}{2}=\frac{1}{4\pi\varepsilon_0}\frac{zZe^2}{(r=D)}$$

$$\therefore \quad D=\frac{1}{4\pi\varepsilon_0}\frac{zZe^2}{Mv^2/2}=（\text{H}-19）\text{式}$$

Rutherford 發現 $D\fallingdotseq$數 $f_m\sim 10f_m$，約爲原子大小的一萬到十萬分之一，稱它爲原子核（nucleus），並且原子的正電都集在核內，如（H－19）式所示。

(III)散射微分截面（scattering differential cross section）

$$\text{微分截面 } d\sigma=\frac{\text{靶在單位時間內引起的變化}}{\text{經單位面積，在單位時間內進來的粒子數目}} \quad (\text{H}-20)$$

取入射 α 粒子的方向爲座標 z 軸，原點 O 是靶核電荷 Ze 的分布中心，且右手系。平行的 α 粒子束形成軸對稱，經碰撞參數 b 和（$b+db$）進入靶核的電場內，被散射到如圖四的微小面積 $r^2\sin\theta d\theta d\phi$，（$r,\theta,\phi$）是球座標變數（看附錄(c)）。則從軸對稱，經$2\pi bdb$ 進來的 α 粒子必是散射到 $r^2\sin\theta d\theta\int_0^{2\pi}d\phi=2\pi r^2\sin\theta d\theta$。假定單位時間經單位面積進來的 α 粒子數等於1個，則單時間一個靶原子引起的變化是：

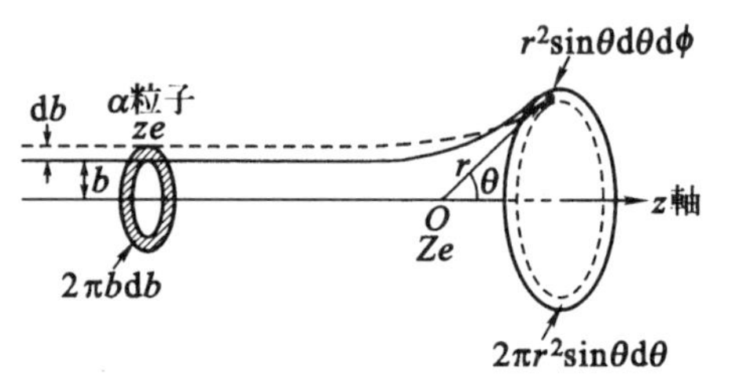

（r,θ,φ）是球座標， b＝碰撞參數
經$2\pi bdb$ 入射的α 粒子被靶核散射

圖 四

$$\{(2\pi bdb)\times 1\times 1\}/\text{面積}$$

由（H－16）式得 $db=\left(-\frac{D}{2}\csc^2\frac{\theta}{2}\right)\frac{d\theta}{2}$，另從散射現象得：

$b\nearrow$（增加）時 $\theta\searrow$（減少）
或 $b\searrow$ 時 $\theta\nearrow$

即 b 和θ 的變化是互爲相反，於是 θ 和 b 的變化關係式必須加上「負符號」：

$$\left(\begin{array}{l}\text{每個 }\alpha\text{ 粒子被一個靶核散射到}\\ \theta\text{ 和（}\theta+d\theta\text{）的概率}\end{array}\right)$$

$$=\{-(2\pi bdb)\times 1\times 1\}/\text{面積}$$

$$=\left\{2\pi\left(\frac{D}{2}\right)^2\left(\cot\frac{\theta}{2}\csc^2\frac{\theta}{2}\right)\frac{d\theta}{2}\right\}/\text{面積}$$

$$= \left(\frac{\pi D^2}{8} \frac{\sin\theta d\theta}{\sin^4 \frac{\theta}{2}} \right) / 面積 \qquad (H-21)$$

把（H－21）和入射 α 粒子是一個代入（H－20）式得：

$$d\sigma = \frac{\left(\frac{\pi D^2}{8} \frac{\sin\theta d\theta}{\sin^4\theta/2} \right) / (時間 \cdot 面積)}{\frac{1}{面積 \cdot 時間}} = \frac{\pi D^2}{8} \frac{\sin\theta d\theta}{\sin^4 \frac{\theta}{2}} \qquad (H-22)$$

撐展球面上的微小面積 $r^2 \sin\theta d\theta d\phi$ 的角度 $\sin\theta d\theta d\phi$ 稱爲立體角（solid angle），由於是軸對稱散射，對 $d\phi$ 積分得了2π，於是對 θ 的角微分截面是：

$$\frac{d\sigma}{\sin\theta d\theta \int_0^{2\pi} d\phi} \equiv \frac{d\sigma}{d\Omega_\theta} = \frac{D^2}{16} \frac{1}{\sin^4 \frac{\theta}{2}}$$

或

$$\frac{d\sigma}{d\Omega_\theta} = \left(\frac{1}{4\pi\varepsilon_0} \right)^2 \left(\frac{zZe^2}{2Mv^2} \right)^2 \frac{1}{\sin^4\theta/2} \qquad (H-23)$$

（H－23）式稱爲 Rutherford 的散射微分截面，是他在1911年獲得的式子，如右圖，當 $\theta \to 0$時 $d\sigma/d\Omega_\theta \to \infty$，是不合物理，最大的原因是演算過程使用了點狀電荷的假定，這是不合理的假定，α 和靶核都有大小。$d\sigma$ 的因次［$d\sigma$］＝面積，而立體角是無因次量。

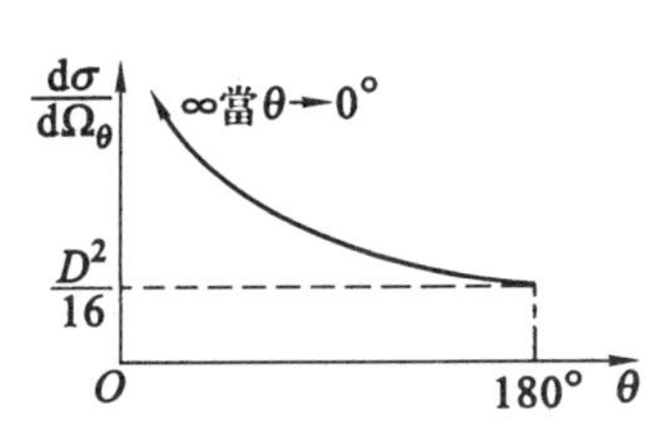

索 引

A

B

C

D

E

F

G

H

I

N

O

P

Q

T

國家圖書館出版品預行編目資料

近代物理Ⅰ：量子力學、凝聚態物理導論／林清凉編著. －－ 三版. －－臺北市：五南, 2015.08
面； 公分.
ISBN: 978-957-11-8083-0（平裝）

1.量子力學 2.凝態物理學

331.3 104004985

5B65

近代物理Ⅰ：量子力學、凝聚態物理導論

作　　者 － 林清凉（131.2）
編輯主編 － 王正華
責任編輯 － 許子萱
封面設計 － 童安安
出 版 者 － 五南圖書出版股份有限公司
發 行 人 － 楊榮川
總 經 理 － 楊士清
地　　址：106 臺北市大安區和平東路二段 339 號 4 樓
電　　話：(02)2705-5066　傳　　真：(02)2706-6100
網　　址：https://www.wunan.com.tw
電子郵件：wunan@wunan.com.tw
劃撥帳號：01068953
戶　　名：五南圖書出版股份有限公司

法律顧問　林勝安律師

出版日期　2001 年 9 月初版一刷
　　　　　2010 年 1 月二版二刷
　　　　　2015 年 8 月三版一刷
　　　　　2025 年 1 月三版三刷
定　　價　新臺幣 500 元